KB261588

설비 보전을 위한

계측제어 공학

임호 · 강구홍 공저

일진사

이 책을 내면서

오늘날 과학 기술의 발전은 산업 사회의 기술 혁신과 변화를 가져왔으며, 이에 효과적으로 대처하기 위해서는 계측 제어 기술에 대한 능력과 신기술에 대한 연구가 요구되고 있다.

프로세스 공업의 플랜트 규모가 대형화 · 고기능화 · 복잡화해짐에 따라 측정 대상도 다양화되고 있으며, 제어 요소 및 제어 이론의 급속한 발전에 따라 현재에는 공정의 자동화, 최적화 제어 기술로 발전하여, 프로세스의 집중화 및 다양한 고집적화로 되어 가고 있다. 또한 계측 제어 기술은 계측 설비를 체계화한 응용 기술로서, 현대 산업 사회의 중추적인 기술로 발전해 가고 있다.

이 책은 대학에서의 계측 제어, PCS 공학 과목의 교과서와 계측 제어 및 설비 보전과 관련된 국가 기술 자격 검정의 지침서가 되도록 다음과 같이 구성하였다.

첫째, 계측 제어의 기본 개념을 이해하기 쉽게 설명하였고, 센서에 대한 내용을 대폭 증편하였으며, 신호 전달과 신호 변환을 같이 취급하여 혼돈을 막았다.
둘째, 계장 및 공정에 필요한 문자 및 기호를 다루어 도면 독해 능력을 배양함으로써 산업 현장에서 꼭 필요한 텍스트가 되도록 구성하였다.
셋째, 기본 원리를 쉽고 빠르게 이해할 수 있도록 내용을 구체화한 그림을 많이 삽입하였다.

끝으로 이 책으로 공부하는 모든 분들이 산업 사회의 유능한 기술인으로서의 소질을 기르고, 이 분야에 대한 전문 지식과 기술의 발전에 이바지하기를 바란다. 또한 이 책이 출간되기까지 많은 도움을 주신 한국 폴리텍대학 차흥식 교수님과 도서출판 일진사 관계자 여러분께 진심으로 감사드린다.

저자 씀

CONTENTS [차례]

01 공업 계측의 개요

1. 개 요 ································· 9
　1️⃣ 계측의 정의 ························· 9
　2️⃣ 계측의 발전 과정 ··················· 10
　3️⃣ 공업 분야에서 계측 및 계측 제어
　　의 기능 ····························· 11
　4️⃣ 계측 시스템의 기본 구성 ········· 11
　5️⃣ 계측의 자동화 ····················· 13
　6️⃣ 계측기의 분류 ····················· 14

2. 측정과 단위 ····················· 15
　1️⃣ 측정 방식 ························· 15
　2️⃣ 측정의 정밀도 ····················· 19
　3️⃣ 단위와 단위계 ····················· 23

3. 계측계 ··························· 25
　1️⃣ 계측계의 구성 ····················· 25
　2️⃣ 계측계의 동작 특성 ··············· 30
　■ 연 습 문 제 ························· 34

02 공업량의 계측

1. 센서의 개요 ····················· 35
　1️⃣ 센서의 개념 ······················· 35
　2️⃣ 센서의 종류 ······················· 36
　3️⃣ 센서용 재료 ······················· 37

2. 온도의 계측 ····················· 44
　1️⃣ 개 요 ····························· 44
　2️⃣ 온도의 단위 ······················· 44
　3️⃣ 온도계의 종류와 측정 범위 ······· 45
　4️⃣ 온도계의 검정 ····················· 64
　5️⃣ 온도 측정상의 주의 ··············· 65
　6️⃣ 열전대의 설치 ····················· 67

3. 압력의 계측 ····················· 68
　1️⃣ 압력 계측의 의미 ················· 68
　2️⃣ 압력의 단위 ······················· 68
　3️⃣ 압력 센서의 종류와 특징 ········· 69
　4️⃣ 압력계의 종류와 측정 방법 ······ 87

　5️⃣ 압력 측정상의 주의 ··············· 93
　6️⃣ 압력 전송기 ······················· 94

4. 유량의 계측 ····················· 97
　1️⃣ 유량 계측의 의미 ················· 97
　2️⃣ 유량계의 종류 ····················· 101
　3️⃣ 유량계의 선정 조건 ··············· 118

5. 레벨의 계측 ····················· 119
　1️⃣ 레벨 계측의 의미 ················· 119
　2️⃣ 레벨 검출용 센서 ················· 119
　3️⃣ 레벨계의 종류 ····················· 123

6. 성분의 계측 ····················· 132
　1️⃣ 성분 계측의 의미 ················· 132
　2️⃣ 농도계 ····························· 132
　3️⃣ 점도계 ····························· 140
　4️⃣ 성분계 선정상의 주의 사항 ······ 141

7. 기타의 계측 ·············· 142

  1 변위, 각도의 계측 ·············· 142

  2 속도 검출용 센서 ·············· 158

  3 가속도 검출용 센서 ·············· 162

  4 전류 검출용 센서 ·············· 163

  5 회전수의 계측 ·············· 164

  6 두께의 계측 ·············· 167

  7 광전 센서 ·············· 169

  8 결함 · 이물(異物) 검출용 센서 ··· 173

  9 습도의 계측 ·············· 180

  10 진동의 계측 ·············· 181

  11 방사선 측정 ·············· 183

  ■ 연 습 문 제 ·············· 186

03 변환기

1. 신호 변환기의 개요 ·············· 189

  1 신호 변환기의 개요 ·············· 189

  2 신호의 종류 ·············· 195

2. 신호 변환의 종류 ·············· 197

  1 기계적 변환 ·············· 197

  2 유체적 변환 ·············· 201

  3 전기적 변환 ·············· 207

  4 광학적 및 기타의 변환 ·············· 219

3. 변환기의 종류 ·············· 219

  1 온도 변환기 ·············· 219

  2 압력 변환기 ·············· 223

  3 유량 변환기 ·············· 224

  4 변위 변환기 ·············· 227

  5 전 · 공 변환기 ·············· 228

  6 공 · 전 변환기 ·············· 229

4. 신호 전송의 노이즈 ·············· 231

  1 노이즈의 발생 원인 ·············· 231

  2 노이즈의 종류 ·············· 232

  3 유도 노이즈의 크기 ·············· 232

  4 노이즈 대책 ·············· 233

  ■ 연 습 문 제 ·············· 236

04 기록계 및 조절계

1. 기록계 ·············· 238

  1 기록계의 분류 ·············· 238

  2 기록계의 기능 ·············· 239

  3 펜 라이트식 기록계 ·············· 240

  4 타점식 기록계 ·············· 243

2. 조절계 ·············· 245

  1 공기식 조절계와 전자식 조절계 ·············· 245

  2 아날로그 전자식 조절계 ·············· 246

  3 디지털 조절계 ·············· 248

3. 설정기와 연산기 ·············· 249 ② 연산기 ······························ 252

 ① 설정기 ························· 249 ■ 연 습 문 제 ····················· 254

05 조작부

1. 개 요 ························· 256 ③ 유압식 구동부 ···················· 277

 ① 조작부의 구비 조건 ·········· 256 ④ 전동식 구동부 ···················· 278

 ② 조작부의 종류 ············· 257 ⑤ 전유식 구동부 ···················· 279

2. 제어 밸브 ··············· 258 ⑥ 자력식 구동부 ···················· 280

 ① 제어 밸브의 분류 ·········· 258 4. 포지셔너 ······················· 281

 ② 제어 밸브의 선정 ·········· 263 ① 개 요 ····························· 281

 ③ 캐비테이션 ··············· 266 ② 공기-공기식 포지셔너 ········ 282

 ④ 수격 현상 ··············· 268 ③ 전기-공기식 포지셔너 ········ 283

 ⑤ 밸브용 재료 ············· 273 ④ 전기-유압식 포지셔너 ········ 284

3. 제어 밸브의 구동부 ·········· 274 ⑤ 전기-전기식 포지셔너 ········ 284

 ① 개 요 ··················· 274 ⑥ 조작부의 설치 ···················· 285

 ② 공기압 작동식 구동부 ········ 276 ■ 연 습 문 제 ····················· 287

06 프로세스 제어

1. 프로세스 제어의 개요 ·········· 289 ⑤ 피드백 제어와 안정성 ·········· 298

 ① 제어(control) ············· 289 3. 프로세스 특징 ···················· 301

 ② 제어의 종류 ············· 291 ① 프로세스의 자유도, 제어량 및 조작량 ··· 301

2. 개루프 제어와 폐루프 제어 ··· 292 ② 프로세스 특성 ···················· 302

 ① 개루프 제어 ············· 292 ③ 프로세서 모델 ···················· 303

 ② 폐루프 제어 ············· 293 4. 공업량의 제어 ···················· 308

 ③ 제어계의 구성 ············· 293 ① 온도 제어 ························· 308

 ④ 제어계의 특성 ············· 294 ② 압력 제어 ························· 310

③ 유량 제어 ································ 313

④ 액위 제어 ································ 315

⑤ 성분 제어 ································ 318

5. 조절계의 제어 동작 ············ **320**

① 단일 루프 제어계 ··············· 320

② 복합 루프 제어계 ··············· 329

6. 시퀀스 제어 ······················ **334**

① 개 요 ······························· 334

② 시퀀스 제어의 종류 ············· 334

③ 시퀀스 제어의 기술 방식 ········ 335

7. 계장용 기호 ······················ **339**

① 계장용 기호의 정의 ············· 339

② 기호의 종류 ······················· 339

③ 현장의 공정 계기도 ············· 360

8. 제조업에서의 계장 실례 ······ **361**

① 석유 공업 ························· 361

② 제철 공업 ························· 363

③ 시멘트 공업 ······················· 365

④ 전력업 ····························· 367

⑤ 식품 공업 ························· 370

⑥ 제지 공업 ························· 372

⑦ 상·하수도 설비 ················· 373

■ 연 습 문 제 ······················· 376

//부록　　**연습 문제 정답 및 해설**

● 연습 문제 정답 및 해설 ·· 381

01 공업 계측의 개요

1. 개 요

1 계측의 정의

[1] 계측 (instrumentation)

플랜트의 제어 변수를 측정·제어하거나 통신하는 데 필요한 장치 또는 시스템으로서의 기기를 의미하며, 오늘날 계측을 계장(計裝)이라고도 표현한다.

또한 계측은 계기(計器)를 장치한다는 뜻으로서 프로세스에 적합한 계측 제어 시스템을 적절히 배치하는 것을 의미한다.

따라서 계측 기술은 주로 프로세스 공업 또는 장치 공업 분야에서 그 생산 설비를 보다 합리적으로 운전하기 위한 목적이 발전된 것으로 공업 계측이 그 중심이 된다.

[2] 계측의 효과

계측을 하는 목적은 합리적 플랜트의 실현과 경제적인 운전을 하여 생산성의 향상 및 고품질화 유지를 하기 위해서이다. 또, 작업자가 작업하거나 위험한 조건에서 보다 안전하고, 사고 방지 및 공해 방지나 환경 보전 등을 목적으로 공정에 적합한 계기를 설치하여 측정, 제어함으로써 다음과 같은 효과를 가지게 된다.

① 직접 효과

- 계측은 합리적이고 효율적으로 공정에 적합한 계기를 설치함으로써 합리적인 플랜트의 실현이 된다.
- 계측과 제어에 의한 플랜트를 고효율로 운전할 수 있게 되므로 원료와 에너지가 효과적으로 이용된다.
- 계측은 일정한 조건에서 좋은 제품이 생산되므로 품질 향상은 물론 불량률이 감소된다.

② 간접 효과

- 생산 공정의 각 계측 자료를 수집함으로써 자료의 상호 관계를 종합적으로 연구, 검토

하고 경향 관리할 수 있어 운전 조작과 플랜트에 문제점이 있을 때 이를 쉽게 발견할 수 있다.
- 이 문제점의 해결 방법을 이용하여 공정을 개선하는데 활용할 수 있다.
- 계측은 사고 방지 플랜트로 설계되므로 사고를 미연에 방지할 수 있고, 사고가 발생되면 신속하고 적절한 조치를 취할 수 있어 사고에 대한 영향을 최소화할 수 있다.
- 사람의 안전과 설비를 보호할 수 있다.

③ 단점
- 고기능의 계측 방식을 채택하면 투자비가 많아진다.
- 보수 유지 및 보전 요원의 증가가 초래된다.

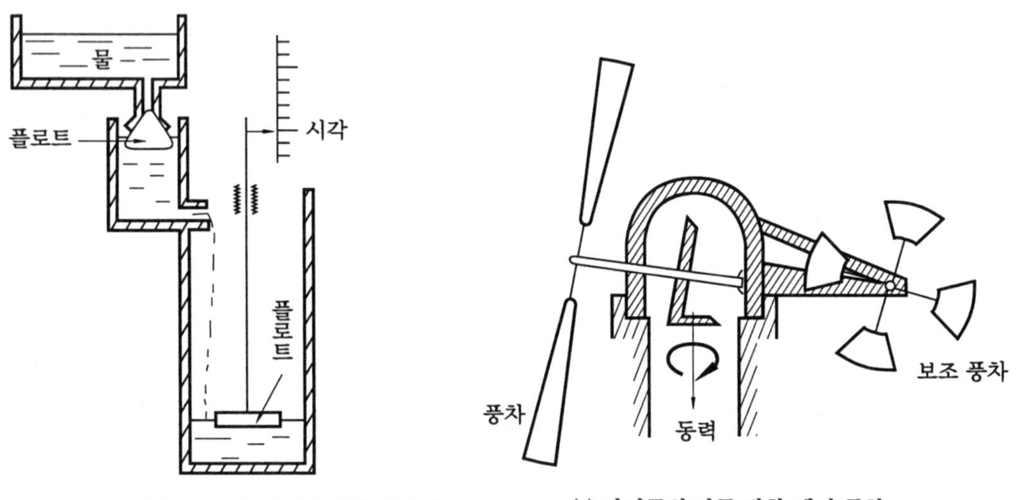

(a) 크테시비오스의 원리에 의한 물시계   (b) 마이클의 자동 방향 제어 풍차

〈그림 1-1〉 최초의 피드백에 의한 계측 기기

② 계측의 발전 과정

〈표 1-1〉 계측 기술의 발전 과정

연대	사 회 환 경	계 장 기 술
1950	• 제2차 세계대전 후의 부흥기 • 외국으로부터 기술 도입 • 화학 섬유 산업의 전성 • 게르마늄 트랜지스터	• 공기식 공업 계기의 통일 신호(3~15psi) • 전자관식 자동 평형 계기의 실용화
1955	• 석유 콤비나트의 건설 • 화력 발전소의 건설 • 컴퓨터 • 실리콘 트랜지스터	• 전전자식 제어 장치의 실용화 • 그래픽 패널

1960	• 고로의 건설 • 생력화 투자	• 컴퓨터 제어 장치
1965	• IC • 설비의 거대화	• DDC
1970	• 마이크로프로세서 • 환경 보전의 투자(공해 문제) • 제1차 석유 쇼크	• 전전자식 제어 장치의 신호 통일 • 4~20mA DC(IEC) • CAD 및 로봇 • OA • 공작 기계의 자동화
1975	• 제2차 석유 쇼크 • 마이컴의 보급	• 분산형 계장 시스템 • 패키지형 시스템
1980	• 저성장 시대 • 다양화	• 단일 루프 DDC • 공장 자동화(FA)

③ 공업 분야에서 계측 및 계측 제어의 기능

- 첫째, 생산 공정에서의 측정 검사 · 시험 기능으로서 어떤 기준에 대한 합격 여부를 판단하는 자료를 제시해 주는 검사 내지 시험 기능이며, 여기에는 단일 부품에서부터 완성된 기계 또는 장치에 이르기까지의 여러 단계가 있다.
- 둘째, 플랜트 또는 시스템에서의 작업, 운전 및 조업 등에서의 여러 가지 조건과 상태의 측정, 감시 및 이들 기능의 자동화와 제어를 들 수 있다. 수동적으로 생산되는 생산 공정에서는 측정과 조작이 서로 분리되지만 자동화된 생산 공정이나 시스템에서는 물리 화학적인 변수와 제어 신호를 센서를 이용하여 자동적으로 측정함과 동시에 제어되므로 사전에 치밀한 계획이 필요하다.
- 셋째, 과학 및 기술의 연구 개발 과정에서 필요로 하는 도구로서 계측 및 제어 기기를 들 수 있다.

④ 계측 시스템의 기본 구성

계측 시스템에 설치하는 계측기는 전기식, 공기식, 전공식, 유압식의 4가지 방법이 있다. 이 네 가지 방법 중 어느 것을 채택하는가는 계측기를 제어하는 보조 동력원이 압축 공기, 전기, 유압을 각각 사용하거나 이들을 서로 병용하는 것에 따라서 결정한다. 이 외에 변환기(transducer)를 사용하는 혼합 방식이 있다. 전기식은 신호의 변환 및 증폭이 간단하여 장거리 전송이 쉽고, 신뢰성이 매우 높은 무정전 장치 개발로 안전하게 계측할 수 있다. 또한 급속한 컴퓨터의 발전으로 공정 제어에 더욱 많이 사용되고 있다. 공기식은 방폭적인 원리와 간단한 구조로 석유 화학이나 화학 공업 등 프로세서 공업에 유리하며 보조 동력원으로 공기압을 사용하기 때문에 압력 공기 탱크에 공기압를 저장하면 정전일 때에도 정상적인 계측이 가능해 진다.

열전대를 이용한 온도 계측을 예로 들어보면 피 측정 온도는 먼저 열전대의 측온 접점에서 감지되어 열기전력으로 검출되어 전압계로 전송된다. 가동 코일형 전압계를 사용하면 전송된 전압은 영구 자석과 코일에 의해 토크로 변환된다.

이 토크는 지침을 움직이게 하는 회전력으로 변환되어 어떤 값을 지시하게 된다. 여기서 지시되는 눈금을 전압과 온도의 변환 관계로 정하면 직접 측정하려는 온도를 알 수 있다.

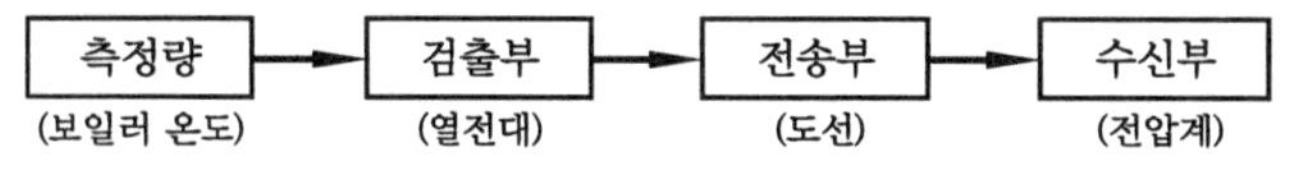

〈그림 1-2〉 열전대에 의한 온도 계측

〈그림 1-2〉에서 얻고자 하는 정보는 온도이므로 계측 중에 온도를 전압으로, 전압을 토크로 변환하는 것처럼 수차례 다른 물리량으로 변환하여 측정되어 마지막 지침의 변위 또는 숫자로 출력된다.

이와 같은, 어떤 양을 그에 대응하는 다른 종류의 양으로 바꾸는 것을 변환이라고 하며, 변환을 수행하기 위한 요소, 기구 또는 장치를 변환기라 한다.

계측기는 몇 개의 변환기가 접속된 시스템에 의해 구성되는 것으로, 측정 대상의 검출에서 시작하여 마지막 지시 또는 기록까지의 변환기 조합을 계측 시스템이라 한다.

현재 많은 공업 계측 기기들은 계측기 자체의 고유 기능인 측정뿐만이 아니라 측정 결과의 데이터를 수집하고 분석 알람 등을 처리하기 위하여 마이크로프로세서와 결합하였다. 즉, 측정의 자동화로 기술자들이 직접 제어하지 않아도 반복 측정이 가능하게 되었으며, 오차의 발생을 크게 감소시킬 수 있게 되었고 측정 정밀도도 크게 향상되었다.

계측 시스템은 측정량을 검출하여 변환하는 검출부, 신호를 전송하거나 증폭(또는 감쇠)하는 등 신호 레벨을 조정하는 기능을 가진 전송기, 마지막으로 신호를 받아 지시, 기록하는 수신기로 구성된다.

GPIB

계측기와 계측기 사이에 상호 통신 및 계측기와 컴퓨터와의 상호 접속을 위한 표준화 작업이 필요하게 되어 GPIB(general purpose interface bus)라는 디지털 버스용 인터페이스가 1972년에 개발, 발표되었다. 이 GPIB는 미국 전기전자공학회(The Institute of Electronics Engineers Inc.)에서 IEEE-488 버스로 공식 채택, 규격화되었는데, 여러 대의 디지털 계측기를 하나로 묶을 수 있으며, 계측 기술을 시스템화 또는 자동화할 수 있다는 데 그 의미가 있다.

【1】 검출부

측정하고자 하는 대상으로부터 수집된 측정량은 보통 그에 상응하는 다른 물리량으로 변환되어 검출된다. 검출부의 입력 신호는 측정 대상에 따라 다르지만, 검출부에서 나온 출력 신호는 변위, 압력, 전압(전류)의 어느 하나가 되어 전송기, 또는 수신기로 전달된다. 검출, 변환에는 여러 가지 물리적인 법칙이 이용되며, 계측 시스템의 구성 요소 중에서 가장 많은 변화가 이루어지는 부분이다. 어떤 양이 측정될 수 있는지는 적절한 변환의 원리가 있는지에 따라 결정되며, 같은 대상, 같은 측정량도 측정 방법이나 계측기가 다르게 존재하는 것도 주로 검출부에서의 변환 원리가 다르기 때문이다.

【2】 전송기

검출부에서 나온 출력 신호가 수신기로 직접 전송되는 경우도 있으나 신호의 레벨이 낮을 때에는 수신기의 표시 장치를 직접 구동시킬 수 없다. 이 경우에 신호 증폭이 필요하며 이 기능은 신호 레벨을 크게 하는 데 목적이 있다.

전송기에서 취급되는 신호는 변위, 압력, 전압 등으로 입출력 신호가 모두 같은 종류일 경우가 대다수이지만 취급하기 쉬운 신호로 변환된다는 의미에서 이것도 일종의 변환기라고 할 수 있으며 증폭부라고도 한다.

【3】 수신기

검출부와 전송기를 통과하여 처리된 신호를 측정자가 모니터링할 수 있는 형태로 변환하거나 기록하는 부분으로 표시부라고도 한다.

5 계측의 자동화

프로세스 산업에서의 제품의 생산 흐름을 보면 〈그림 1-3〉과 같이 상위 공정에서 하위 공정으로 감에 따라 제어 대상이 유체에서 고체로 변화해 가고, 생산 프로세스는 유체를 취급하는 연속 프로세스에서 고체를 취급하는 비연속 프로세스로 변화해 간다. 예를 들면, 제지 프로세스에서는 펄프의 증해(蒸解)에서 초지기(抄紙機)까지의 프로세스는 연속 프로세스이며, 릴에 감아서 셀 수 있는 물건이 될 때의 흐름은 비연속적으로 되어 절단 등의 마무리 공정과 이후의 출하 공정은 비연속 프로세스가 된다.

프로세스의 자동화에 있어서 종래에는 상위 공정을 대상으로 한 공정 자동화(PA)이었으나 생산 프로세스를 최적화하기 위해서 하위 공정의 비연속 프로세스의 자동화, 즉 공장 자동화(FA)도 계측을 대상으로 하게 되었다.

정보의 흐름이라는 점에서 보면, 〈그림 1-4〉와 같이 계층적으로 상위에서 하위로 레벨이 나누어진다고 생각할 수 있다. 예를 들면, 관리 레벨에서는 생산 계획을 모든 공장 내의 각 제조 부문마다의 작업으로 전개되어 제어 시스템으로 구체적인 제조 지시로서 출력한다.

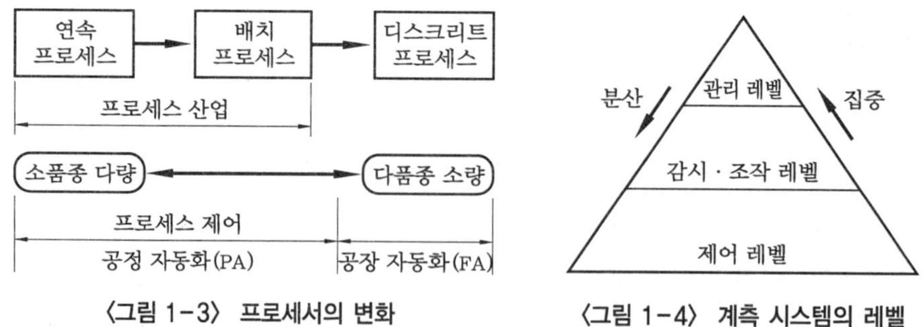

〈그림 1-3〉 프로세서의 변화　　　〈그림 1-4〉 계측 시스템의 레벨

6 계측기의 분류

일반적으로 사용되는 계측기는 크게 전기 계측기, 계측 기기 및 전자 응용 장치로 분류되며, 생산 공장의 프로세스에 널리 사용되는 공업 계기는 전기 계측기에 포함된다.

【1】 전기 계측기

① 전기 계기, 지시 계기, 기록계, 전력량계 등
② **전기 측정기** : 전압 · 전류 및 전력 측정기, IC 측정기, 파형 측정기 등
③ **공업 계기**
- 프로세스용 공업 계기 온도계, 유량계, 지시 · 기록계, 조절계, 보조 기기, 조갈기 등
- 프로세스용 분석계
- 프로세스 감시 제어 시스템
- 기타의 공업 계기

【2】 계측 기기

① **측정 기기** : 마이크로미터, 수도 미터, 분석 기기, 공해 계측기 등
② **시험기** : 재료 시험기 등
③ **측량 기기**

【3】 전자 응용 장치

① X선 장치 의료용 등
② **초음파 응용 장치** : 어군 탐지기, 세정기, 용접기 등
③ 컴퓨터 및 관련 장치

【4】 자동화 장치

① **공장 자동화**(FA : factory automation) : 가공 조립 공정이나 기계 공업에서의 자동화에 주로 이용되며, 고체를 대상으로 시퀀스 제어, PLC나 릴레이(relay)로 구현한다.
② **공정 자동화**(PA : process automation) : 제철 공정, 화학 공정 등에서의 자동화로 이용되며, 액체나 기체를 대상으로 공정의 유체나 성분 등을 제어하기 위해 사용되는데, 계

측 기기와 제어 장치로 구현한다.

③ **수송 자동화**(TA : transportation automation) : 교통이나 물류 수송 등의 자동화에 이용되며, 신호등 제어, 공항이나 항만 등의 물류 제어에 사용된다.

④ FA와 PA는 일반적으로 상호 연결, 결합되어 운용되고 있어 최근에는 EIC 통합 기술의 발전으로 FA, PA의 구분이 모호해지는 경향이 있다.

2. 측정과 단위

◢ 측정 방식

【1】 측정의 종류

① **측정**(measurement)
- 측정(measurement) : 어떤 양을 기준으로 사용한 양과 비교하여 수치 또는 부호를 사용하여 나타내는 것
- 측정 변량(measured variable) : 측정되는 양, 성질 또는 상태
- 측정량(variable) : 온도, 압력, 유량, 속도
- 측정 범위(measuring range) : 측정하려는 양의 최소값과 최대값의 범위
- 측정값(measured value) : 측정하여 취득한 값

② **측정의 종류**
- 직접 측정(direct measurement) : 측정하고자 하는 양을 직접 접촉시켜 그 크기를 구하는 방법으로 버니어 캘리퍼스, 마이크로미터, 휘트스톤 브리지 등의 측정기를 사용하여 측정한다.
- 간접 측정(indirect measurement) : 측정량과 일정한 관계가 있는 몇 개의 양을 측정하고 이로부터 계산에 의하여 측정값을 유도해 내는 경우를 말하며, 예로서 변위와 이에 소요된 시간을 측정하여 속도를 구하는 경우와 사인바에 의한 각도 측정 등이 있다.
- 비교 측정(relative measurement) : 이미 알고 있는 기준 치수와 비교하여 측정하는 방법으로 다이얼 게이지, 전기 마이크로미터, 한계 게이지, 휘트스톤 브리지 등이 사용된다.
- 절대 측정(absolute measurement) : 정의에 따라서 결정된 양을 사용하여 기본량만의 측정으로 유도하는 것을 절대 측정이라고 한다. 예를 들면 압력을 U자관 압력계로 수은주의 높이 · 밀도 · 중력 가속도를 측정해서 유도하여 압력의 측정값을 결정하는 것이다.

【2】 측정 방식의 종류

측정값을 기준량과 비교하기 위한 방법을 원리적으로 분류하면 편위법, 영위법, 치환법, 보상법 등으로 나누어진다.

① 편위법(deflection method)

측정하려는 양의 작용에 의하여 계측기의 지침에 편위를 일으켜 이 편위를 눈금과 비교함으로써 측정을 행하는 방식을 편위법이라고 한다.

예를 들면 〈그림 1-5〉의 (a)와 같이 신호의 흐름이 입력으로부터 출력까지 한 방향으로 되며 측정에 있어 높은 정도를 요구하기보다는 조작의 간편성 때문에 널리 이용되나 정도가 나쁘다.

〈그림 1-5〉의 (b)와 같은 스프링 저울에 의한 중량 측정 시 피측정물의 중량(W)에 의해 변위(x)를 일으키면 이것을 편위로 지시하여 기준량으로서의 눈금과 비교하여 측정값을 얻는다. 다이얼 게이지, 부르동관 압력계, 가동 코일형 전압계 및 전류계 등의 계측기가 이 방식을 취하고 있다.

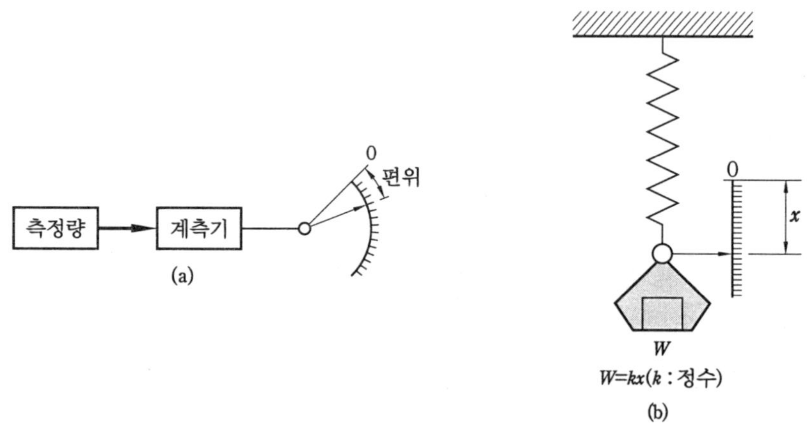

〈그림 1-5〉 편위법

② 영위법(zero method)

측정하려고 하는 양과 같은 종류로서 크기를 조정할 수 있는 기준량을 준비하고 기준량을 측정량에 평형시켜 계측기의 지시가 0 위치를 나타낼 때의 기준량의 크기로부터 측정량의 크기를 간접으로 측정하는 방식을 영위법이라고 한다.

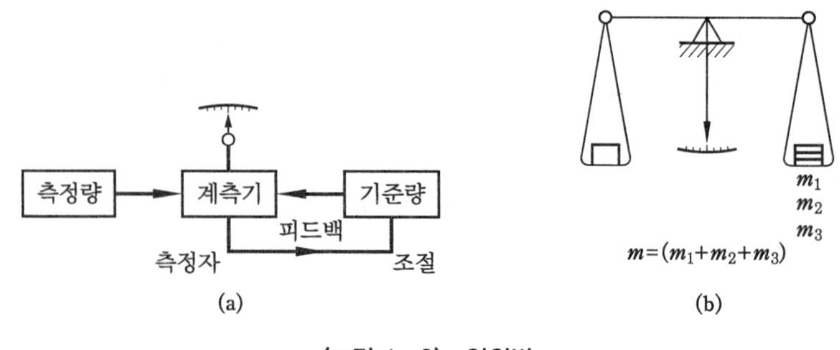

〈그림 1-6〉 영위법

이와 같은 계측기를 평형형 계기라고 하며, 〈그림 1-6〉의 (a)와 같이 측정자가 계측기의 지시를 보면서 기준량을 조절하여 지시가 0이 되도록 피드백(feed back)에 의해 측정한다.

따라서 영위법에 의한 측정 정도는 기준량의 정도에 좌우된다. 〈그림 1-6〉의 (b)와 같이 천평에 의한 질량 측정 시 천평의 저울대가 평형을 나타내도록 기준량(추)을 조정하여 이때의 추의 크기로부터 측정량 크기를 구한다.

마이크로미터나 휘트스톤 브리지, 전위차계 등이 이 방식에 속하며, 일반적으로 미리 알고 있는 양의 정밀도는 사람이 눈금을 보고 읽는 것보다 좋으므로 영위법은 편위법보다 정밀도가 높은 측정을 할 수 있다.

③ 치환법(substitution method)

〈그림 1-7〉과 같이 다이얼 게이지를 이용하여 길이를 측정할 때 블록 게이지에 올려놓고 측정한 다음 피측정물을 바꾸어 넣었을 때의 지시의 차$(h_2 - h_1)$를 읽고 사용한 블록 게이지의 높이 H_0를 알면 피측정물의 높이를 구할 수 있다.

피측정물의 높이 $H = H_0 + (h_2 - h_1)$

이와 같이 이미 알고 있는 양으로부터 측정량을 아는 방법을 치환법이라고 한다.

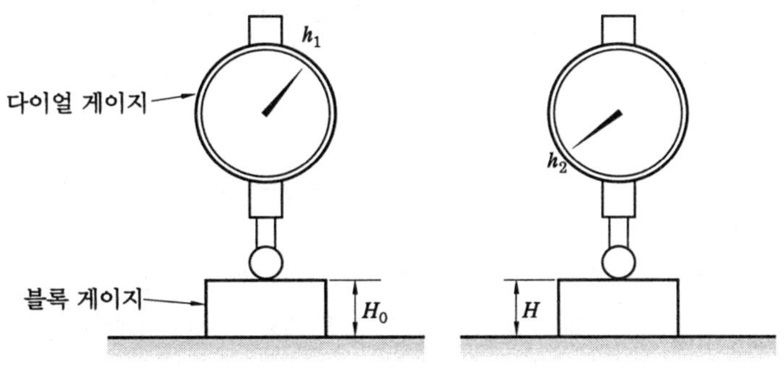

〈그림 1-7〉 치환법

④ 보상법(compensation method)

천평을 이용하여 물체의 질량 m을 측정할 때 〈그림 1-8〉과 같이 불평형 정도 m을 지침의 눈금 값으로 읽어 물체의 질량을 알 수 있다.

이와 같이 측정량과 크기가 거의 같은 미리 알고 있는 양의 분동을 준비하여 분동과 측정

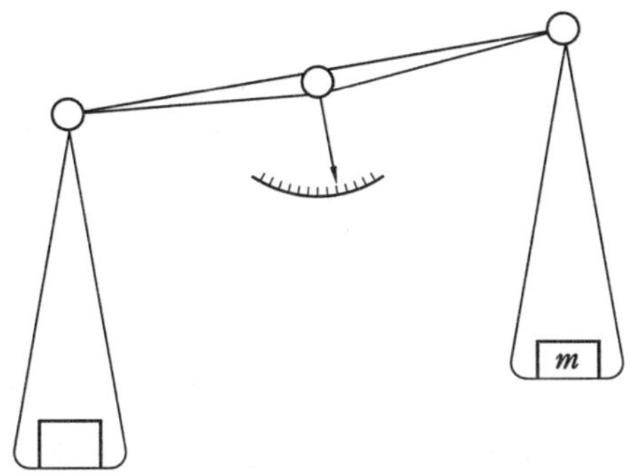

〈그림 1-8〉 보상법

량의 차이로부터 측정량을 구하는 방법을 보상법이라고 한다.

【3】 전위차계와 브리지

공업 계측에서 측정하려는 공업량과 전압, 저항, 임피던스와 같은 전기량의 측정에 전위차계나 브리지 회로가 흔히 사용된다.

① 직류 전위차계 회로

직류 전압을 가동 코일형의 전압계로 측정할 경우 〈그림 1-9〉와 같이 측정 회로에 전류 I_M이 흘러 측정 대상측에 전압 강하 $I_M R_S$가 발생되면 정확한 E_X를 측정할 수가 없다.

따라서 정밀한 직류 전압의 측정에는 영위법에 의한 전위차계(퍼텐쇼미터)가 사용된다.

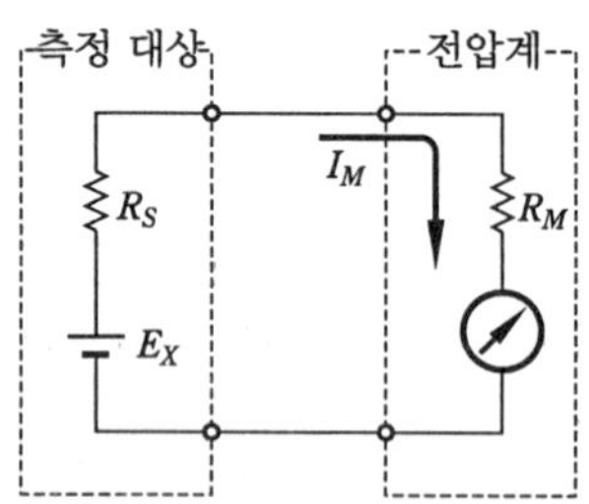

〈그림 1-9〉 전압계에 의한 전압 측정

〈그림 1-10〉에서 표준 전압 E_S에 의해 슬라이드 저항에 일정한 전류 I_S를 흘려 놓고 그림과 같이 미지 전압 E_X와 검류계 G를 접속시켜 검류계의 지시가 0이 되는 점 C를 찾아낸다. 이때의 C-B 간 저항을 R이라면 $E_X=I_S R$가 성립된다. 따라서 슬라이드 저항상에 전압을 눈금으로 만들면 E_X를 눈금으로 읽을 수 있다.

평형된 상태에서는 E_X에 전류가 흐르지 않으므로 표준 전압 E_S와 슬라이드 저항이 정확하다면 정밀한 전압 측정을 할 수 있다.

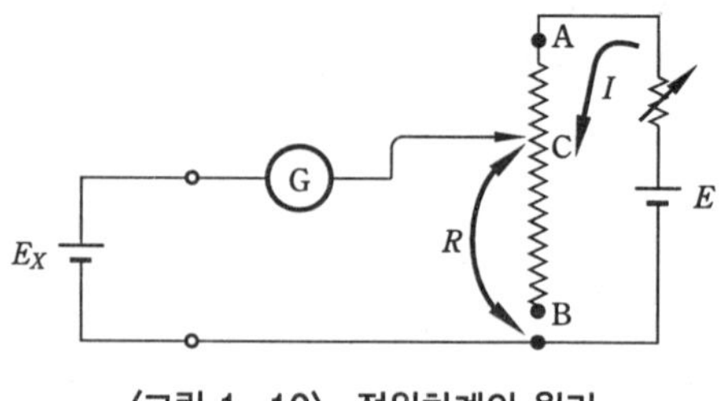

〈그림 1-10〉 전위차계의 원리

② 휘트스톤 브리지 회로

저항 측정에는 영위법에 의한 휘트스톤 브리지 회로가 흔히 사용된다.

〈그림 1-11〉은 저항 브리지 회로에서 R_x를 피측정 저항으로 한다. 슬라이드 저항의 브러시 위치를 움직여 검류계 G가 0을 지시하고 이 브리지가 평형을 이루었을 경우, $R_x R_2 = R_1 R_3$의

관계가 성립된다. R_1, R_2는 평형을 이루었을 때에 슬라이드 저항의 브러시 위치에 의해 결정되고 R_3가 기준값이면 R_x의 값을 슬라이드 저항상의 브러시 위치에 대응시킬 수 있다.

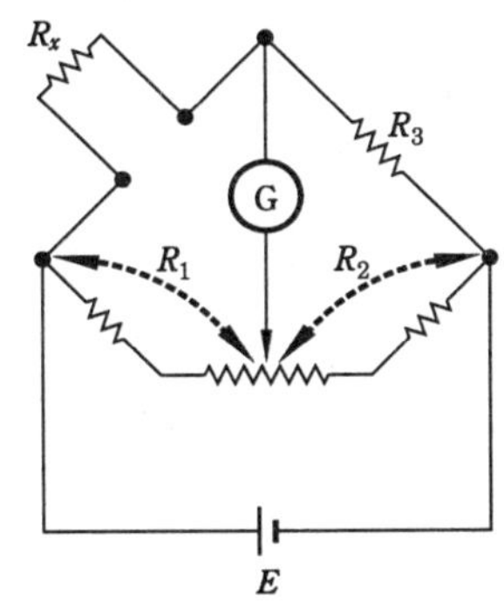

〈그림 1-11〉 휘트스톤 브리지 회로

② 측정의 정밀도

측정 결과의 정확성 정도를 표현하는 척도를 정밀도라 하며, 정밀도는 오차가 작다는 지표로서 오차 한계로 표현된다.

【1】 오 차

측정에 의해 얻어진 측정값에는 여러가지 원인으로 인하여 반드시 오차가 포함되어 있다. 따라서 측정값과 참값의 차를 오차라 하며 다음과 같이 표시된다.

$$오차=측정값-참값$$

$$보정값=참값-측정값$$

$$오차율=\frac{오차}{참값}$$

$$백분율\ 오차(percentage\ error)=\frac{오차}{보정값}\times100\%$$

$$보정률=\frac{보정값}{측정값}$$

$$백분율\ 보정(percentage\ correction)=\frac{보정값}{측정값}\times100\%$$

오차가 생기는 원인은 일반적으로 다음과 같이 분류된다

① **이론 오차** : 측정 원리나 이론상 발생되는 오차로서 예를 들면 탱크의 액위를 차압 액위계로 측정할 경우 설계할 때와 사용할 때의 밀도차에 의한 오차이다.

② **계기 오차** : 계기 오차에는 측정기 본래의 기차(器差)에 의한 것과 히스테리시스(hysteresis) 차에 의한 것이 있다. 예를 들면 기계적인 유극이나 저항값의 오차 등에 의한 것으로써 계측기를 교정함으로써 측정값을 보정할 수 있다

③ **개인 오차** : 눈금을 읽거나 계측기를 조정할 때 개인차에 의한 오차이다.

④ **환경 오차** : 주위 온도, 압력 등의 영향, 계기의 고정 자세 등에 의한 오차로서 일반적으로 불규칙적이다.

⑤ **계통 오차**(systematic error) : 계기 오차와 환경 오차 등에 의한 오차이다.

⑥ **과실 오차** : 계측기의 이상이나 측정자의 눈금 오독 등에 의한 오차이다.

⑦ **우연 오차**(random error) : 계통 오차를 제거하여도 오차는 발생한다. 그 원인은 계측기 운동 부분의 마찰, 미세한 측정 조건의 변화, 측정자의 부주의 등이 있기 때문인데 이 오차를 우연 오차라 한다. 우연 오차를 제거시키는 것은 불가능하나 반복된 측정을 하고 그 결과를 수학적 계산을 하면 이를 줄일 수 있게 된다.

[2] 정밀도

정밀도란 계측기가 나타내는 값 또는 측정 결과의 정확도와 정밀도를 포함한 종합적인 우량도를 의미하며, 측정 오차가 정규 분포로 된다는 것을 전제로 한 확률론을 배경으로 하여 사용되는 용어이다.

〈그림 1-12〉에서는 지정된 조건에서 계측기의 입력과 출력(지시값) 간의 오차 한계를 나타내고 있다.

지정된 조건이란 계측기가 노출되어 있는 외적 조건(온도, 습도, 전원, 진동 등)의 변동이 성능에 주는 영향을 무시할 수 있는 범위를 의미한다.

정밀도에는 오차의 요인이 되는 히스테리시스 차(입력의 변화 방향에 의해 생기는 출력 차), 불감대(출력에 변화를 주지 않는 입력 변화의 최대값), 반복성 등의 영향이 포함된다.

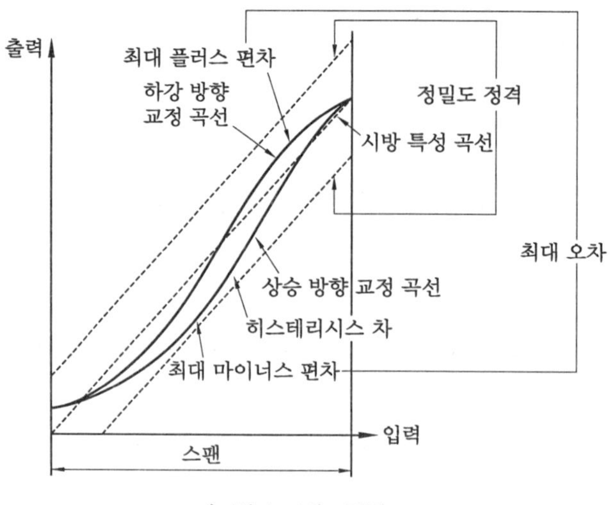

〈그림 1-12〉 정밀도

① **반복성**(repeatability)

동일한 조건과 방법으로 동일한 측정 대상을 비교적 짧은 시간에 반복하여 측정할 경우 각각의 측정값이 일치하는 정도를 말한다. 측정 범위 및 지시값에 대한 정밀도 표현과 오차값의 관계는 〈그림 1-14〉와 같다.

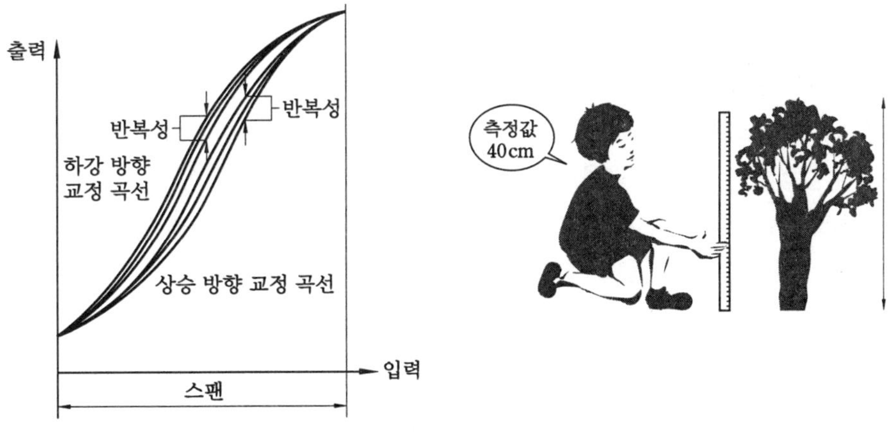

〈그림 1-13〉　반복성

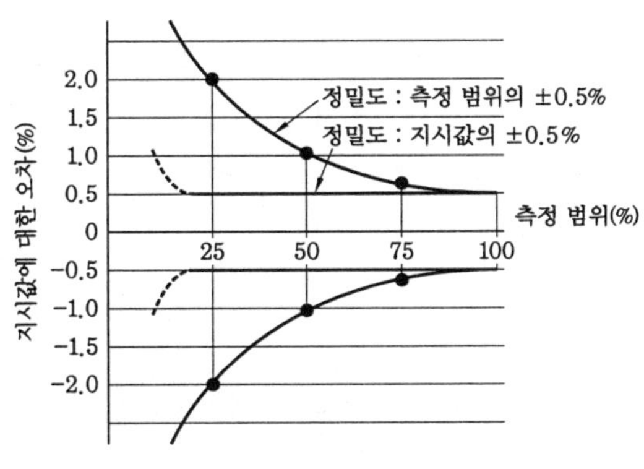

〈그림 1-14〉　정밀도와 오차와의 관계

② 재현성(reproducibility)

　동일한 방법으로 동일한 측정 대상을 측정자, 계측기, 측정 장소, 측정 시간 등 다른 조건으로 측정할 경우 각각의 측정값이 일치하는 정도를 말한다.

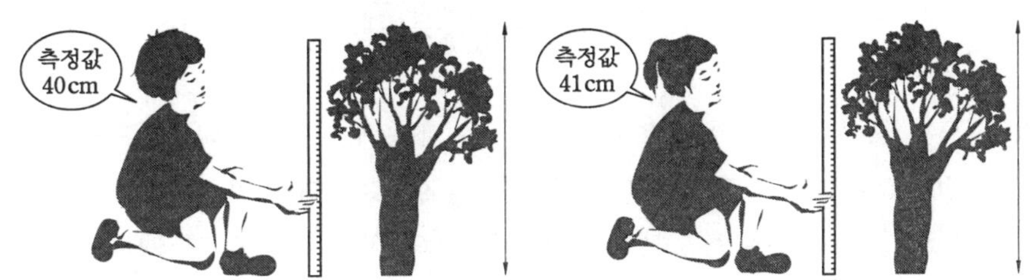

〈그림 1-15〉　재현성

③ 정확도와 정밀도

　측정값은 항상 오차를 가지고 있다. 오차가 작은 측정은 정확도가 좋은 계측이라 하고, 측정값의 불균일이 작은 측정을 정밀도가 좋은 계측이라 한다. 특히, 정확도와 정밀도를 합쳐서 표현할 때 정도란 용어를 사용한다.

〈그림 1-16〉의 (a)는 동일한 측정을 수차례 반복할 경우, 측정값의 불균일한 결과를 나타낸다. 이 경우 A는 B보다 정밀도가 좋은 측정이라 한다.

통상적으로 정확도가 좋은 측정은 측정값의 불균일성도 작아지나 계통 오차가 있는 측정에서는 측정값의 불균일성이 작더라도 정확성이 좋지 않은 경우가 있다. 〈그림 1-16〉의 (b)는 바로 이러한 결과를 나타내며, C는 불균일은 작으나 정확성이 나쁜 경우를 나타낸다. 정도가 좋다는 것은 정확도와 정밀도가 모두 양호하다는 것을 말한다.

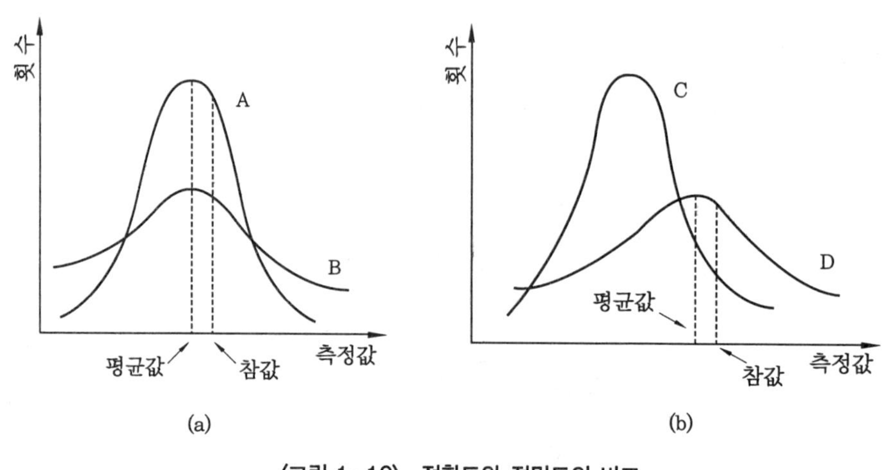

〈그림 1-16〉 정확도와 정밀도의 비교

④ 감 도(sensitivity)

계측기가 측정량의 변화를 감지하는 민감성의 정도를 그 기기의 감도(感度)라고 하며, 그 값은 다음과 같이 표현된다.

$$감도 = \frac{지시량의 \; 변화}{측정량의 \; 변화}$$

보통 정도가 좋은 측정을 하려면 감도가 높은 계측기가 필요하나, 반드시 감도가 높은 계측기로 측정하였다고 해서 정밀도가 좋은 측정을 할 수 있다고 볼 수 없다.

일반적으로 감도가 높은 측정기일수록 진동 등의 외부 환경에 민감하며, 측정 범위가 좁아 사용하기 어렵다. 그러므로 사용 목적에 맞는 적합한 감도를 가진 계측기를 선택하여야 한다.

계측기가 미소한 측정량의 변화를 감지할 수 있는 최소 측정량의 크기를 분해능이라 하며 그 크기를 백분율로 표현하기도 한다. ㉐ 감도 0.05%

③ 단위와 단위계

어떤 양을 측정하여 기준이 되는 양의 몇 배인가를 수치로 표시하기 위해서 기준이 되는 일정한 크기를 정하여야 한다. 이때 비교의 기준으로 사용되는 일정 크기의 양을 단위라 하며, 그 크기는 약속에 의하여 정해진다.

이때 최초로 정한 소수의 단위를 기본 단위, 이로부터 유도한 단위를 유도 단위라 한다.

하나의 기본 단위를 토대로 다른 모든 양의 단위를 유도하면 일관성 있는 계통적 단위군이 형성되며, 이것을 단위계라고 한다.

그러나 단위를 사용할 때 그 양이 현실적이고, 측정에 보편성을 부여하기 위해 사용하는 양의 크기를 구체적으로 나타내는 장치, 방법, 수단 등을 동일한 조건으로 하기 위해 표준화가 되어야 한다. 또 그 크기를 구체적으로 나타내는 장치도 요구되는데 이것을 표준기라 한다.

질량은 원주형 백금-이리듐의 합금을 재질로 한 원주형 원기인 국제 킬로그램 원기 (international prototype kilogram)가 표준으로 되어 있다.

- 국제 표준기(international standards) : 국제 협약에 의해 생산, 측정 기술이 가능한 범위 내에서 가장 근접한 정확도로 측정 단위를 표현한다. 이 표준기는 국제 도량형국에 보관되어 있다.
- 1차 표준기(primary standards) : 각국의 표준 기관에 보관 유지되는 표준기로 우리나라는 한국표준과학 연구원에 보관 중이다. 이 표준기는 각 국의 국립 연구소에서 절대 측정에 의해 교정이 독립적으로 행하여지며, 이 결과는 2차 표준기의 비교와 교정에 사용된다.
- 2차 표준기(secondary standards) : 이 표준기는 공업 연구 기관에서 측정에 사용되는 기준이 되는 표준기이다. 이 2차 표준기는 국가 표준 기관에서 1차 표준기에 의해 비교, 교정되어 검증서와 함께 산업체의 사용자에게 보급한다.
- 상용 표준기(working standards) : 이 표준기는 일반 실험실에서 검사, 교정에 사용되고 공업적 비교 측정에 사용된다.

【1】 절대 단위계

① MKS 단위계 : 기본 단위로서 미터(m), 킬로그램(kg), 초(s)를 사용한 단위계이다.

② CGS 단위계 : 기본 단위로서 센티미터(cm), 그램(g), 초(s)를 사용한 단위계이다.

③ 야드 파운드 단위계 : 야드(yd), 파운드(lb), 초(s)를 사용한 단위계이다.

【2】 중력 단위계

① 미터식 중력 단위계

MKS 단위계의 기본 단위로서 질량의 단위 대신 힘의 단위로서 질량 1kg의 물체에 작용하는 중력의 크기, 즉 중량 킬로그램(kgw)을 사용한 단위계이다.

② 야드 파운드 중력 단위계

야드(yd), 중량 파운드(lbw), 초(s)를 기본 단위로 한 단위계이다.

【3】 국제 단위계(SI)

과학·기술의 여러 분야에서 서로 다른 각종 단위계가 사용된다면 같은 양에 대해서도 단위가 서로 다르게 되어 비교나 계산을 할 때 어느 하나의 단위로 환산해야 한다. 그래서 국제적·학술적으로 기준이 되는 1개의 단위계를 확립하여 모든 분야에서 통일적으로 이를 사용하려는 목적에서 정해진 것이 국제 단위계(system of international units)이며 제11회 국제도량형 총회(1960년)에서 채택되었다.

이 단위계는 7종의 양 단위를 기본 단위로 선정하고 여기에 2종의 양 단위를 보조 단위로서 사용하여 그 밖의 양 단위를 유도한 것이다.

〈표 1-2〉 단위계

단위계		길 이	질 량	시 간
절대 단위계	MKS 단위계	m	kg	s
	CGS 단위계	cm	kg	s
	야드 파운드 단위계	yd	lb	s
중력 단위계 (공학 단위계)	미터식 중력 단위계	m	kgw	s
	야드 파운드 중력 단위계	yd	lbw	s
국제 단위계 (SI)	국제 단위 도량형 총회에서 국제적 학술적으로 통일한 단위계	S I 기본 단위		
		S I 보조 단위		
		S I 유도 단위		

〈표 1-3〉 SI 기본 단위계

양	명 칭	기 호	정 의
길 이	미터	m	빛이 진공에서 1/299,792,458초 동안 진행한 경로
질 량	킬로그램	kg	국제 킬로그램 원기의 질량
시 간	초	s	세슘 원자의 방사에 대한 9,192,631,770 주기의 계속 시간
전 류	암페어	A	진공 중 평행 간격 1m, 도체의 길이 1m에 2×10^{-7}N의 힘이 미치는 일정 전류
온 도	켈빈	K	물의 3중점 열역학 온도의 1/273.16
광 도	칸델라	cd	주파수 540×10^{12}Hz, 방사 강도 1/683W의 광도
물질량	몰	mol	0.012kg의 탄소 12 원자수와 같은 요소 입자의 물질량

〈표 1-4〉 보조 단위

양	명 칭	기 호	정 의
평면각	라디안	rad	원주상 반지름과 같은 길이인 호의 반지름 각도
입체각	스테라디안	sr	구의 반지름과 같은 길이의 정사각형 면적과 같은 구의 입체각

<표 1-5> 고유 명칭을 갖는 SI 단위

양	명 칭	기 호	정 의
주파수	헤르츠	Hz	s^{-1}
힘	뉴턴	N	$kg \cdot m/s^2$
압력, 응력	파스칼	Pa	N/m^2
전기량	쿨롱	C	$A \cdot s$
전기 전도도	지멘스	S	A/V

<표 1-6> SI 유도 단위계

양	명 칭	기 호
면 적	제곱미터	m^2
체 적	세제곱미터	m^3
점 도	파스칼 초	$Pa \cdot s$
전계 강도	단위 미터당 볼트	V/m
저항률	옴 미터	$\Omega \cdot m$
속 도	단위 초당 미터	m/s
가속도	단위 초당 속도	m/s^2
각속도	단위 초당 라디안	Rad/s

3. 계측계

▣ 계측계의 구성

계측의 목적은 측정량에 관한 신호의 검출로부터 시작해서 전송된 신호를 지시 또는 기록하여 측정값을 구하거나 신호를 조절계로 보내어 제어 동작을 행하게 하는 것이다.

검출된 신호는 사용하기 쉽고 전송이 용이한 신호로 변환되어야 하며, 또한 제어 동작 실행을 위해 조절계로의 입력도 통일된 신호로 변환되어야 한다.

측정 대상으로부터 검출된 신호가 미약한 경우에는 확대 · 증폭도 필요하다.

이와 같이 검출된 신호가 사용하기 쉬운 형태로 변환되고 전송되어 결과를 지시 · 기록하는 시스템을 계측계라고 한다.

【1】 계측계의 기본 구성

계측계는 측정량 신호를 검출기로부터 조절계로 보내 제어 동작을 행한다. <그림 1-17>과 같이 계측계는 검출기, 전송기, 수신기로 구분된다.

검출기는 측정 대상으로부터 입력 신호를 검출하여 이것을 그대로 또는 수신기나 전송기에 전달하기 쉬운 신호로 변환하는 것을 말하며 센서라고도 한다.

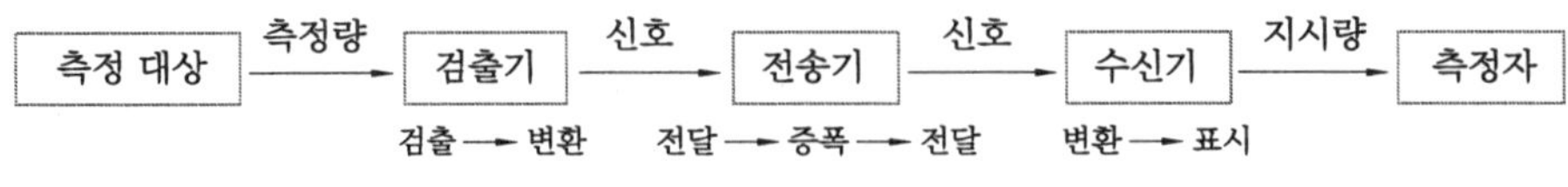

〈그림 1-17〉 계측계의 신호 흐름

수신기는 검출기나 전송기로부터 보내온 신호를 받아서 지시, 기록, 경보 등을 하는 부분을 말하며, 예로는 밀리볼트미터가 있다.

이들의 중간 전송기는 검출기로부터의 신호를 수신기에 전송하는 부분이며, 여기에서도 증폭 변환이 행해진다.

계측의 예로서 〈그림 1-18〉의 다이얼 게이지와 같이 피측정물의 치수는 먼저 접촉자에서 스핀들의 직선 변위로 검출되며, 이것이 래크(rack)와 피니언(pinion) 및 기어 기구에서 각 변위로 변환 · 확대되어 그 크기가 바늘로 지시된다.

이때 바늘의 움직임을 기준값으로 표시하는 눈금과 비교함으로써 측정값이 얻어진다. 이것은 편위법에 의한 방식이다.

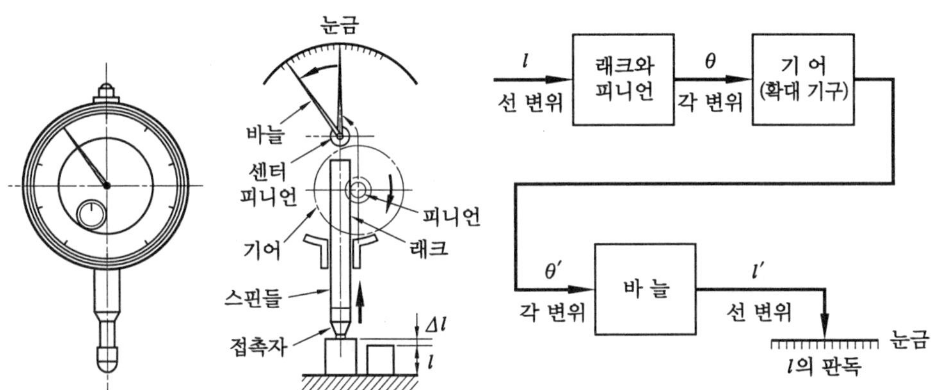

〈그림 1-18〉 다이얼 게이지에 의한 치수 계측   〈그림 1-19〉 다이얼 게이지의 신호 흐름

또한 〈그림 1-20〉의 (a)는 연소로와 같은 측정 대상의 온도를 열전대에 의하여 계측하는 것을 표시하고 있으며, 이 경우에 피측정 온도는 우선 열전대의 측온 접점에서 감온되고 일정 온도의 냉접점과의 온도차에 의한 열 기전력으로 검출된다.

그리고 이것은 도선과 밀리볼트미터의 코일 저항을 통해 전류가 흐르게 되며 자장과의 상호 작용으로 바늘에 토크(torque)가 작용하여 스프링 힘에 대항하면서 바늘이 회전하여 토크와 평형한 위치에 정지하면서 눈금을 지시하므로 측정자는 이것을 읽는다. 이 경우 계측계의 구성은 〈그림 1-20〉의 (b)와 같다.

열전대의 기전력은 보통 1℃에 대하여 수 μV 정도의 미약한 신호이므로 필요하다면 열전대와 지시계기 사이에 증폭기를 놓아 전압을 mV 정도로 증폭하기도 한다.

이상 두 가지 예와 같이 알고자 하는 정보는 길이 또는 온도이지만 도중에 직선 변위를 각변위로 변환한다든지 온도를 전자 토크로 변환하는 것과 같이 다른 물리량으로 변환하여 최후에는 바늘의 변위로 치환함으로써 측정이 이루어진다.

이와 같이 어느 양을 이에 대응하는 다른 종류의 양으로 바꾸는 것을 변환이라고 하며, 측정량 및 변환량의 변화를 신호라고 한다.

위의 예에서 전송기에 해당하는 부분은 없고 검출기에서 직접 수신기로 연결되어 있으며 기계적인 측정기 등에는 검출기, 전송기, 수신기의 경계가 명확하지 않은 경우도 있다.

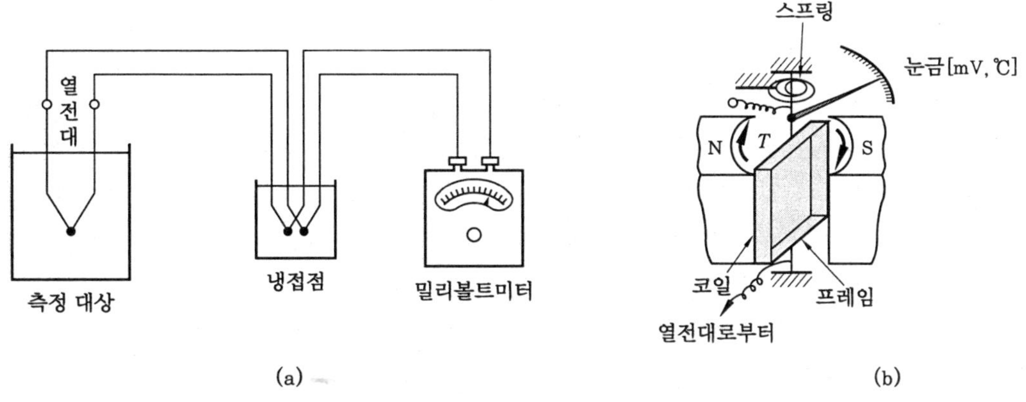

〈그림 1-20〉 열전대에 의한 온도 계측

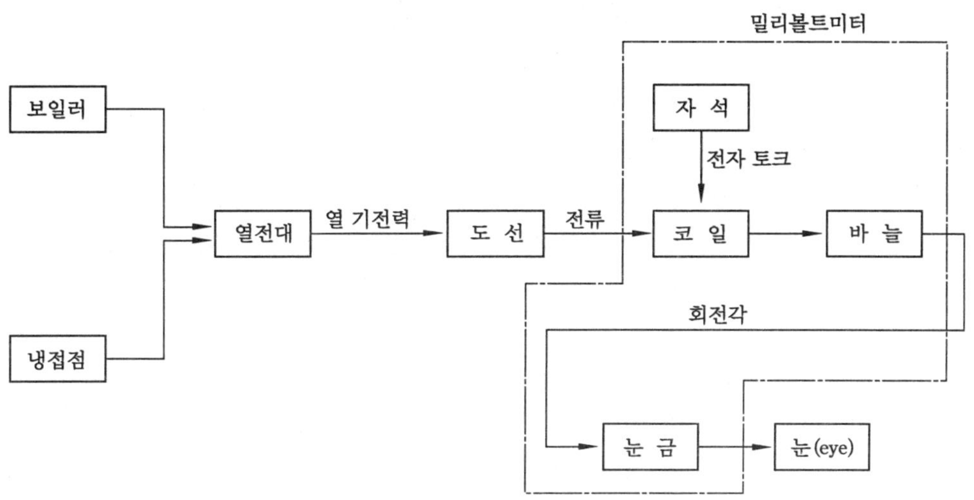

〈그림 1-21〉 열전대를 사용한 온도 측정계의 흐름

【2】 계측계의 구성 요소

① 검출기

측정량을 측정 대상으로부터 검출하는 장치로, 보통 측정량이 이것에 대응하는 다른 물리량으로 변환되어 검출된다. 검출기로의 입력 신호는 각각의 측정 대상에 따라 여러 가지이며, 검출기에서 나오는 출력 신호도 변위, 압력, 전압 등의 신호로 되어 전송기 또는 수신기에 보내진다.

검출 및 변환에는 여러 가지 물리 법칙이나 물리 효과가 이용되며, 계측계의 구성 요소 가운데 가장 변화가 많은 부분이다. 측정량은 변환 방법에 따라 그 측정값이 달라질 수 있다. 동일한 측정값에 대해 여러 방법의 측정법이나 계측기가 존재하는 것도 주로 검출부의 변환 원리 차에 의한 것이며, 전송기 및 수신기는 앞에서 설명한 검출부 출력 신호인 여러 종류의 기본적 신호만이 대상이 되고 측정 대상과는 관계없이 공통되게 만들어진다.

- 온도 검출기 : 측온 저항체와 열전대로 크게 분류된다. 저항이 온도에 의하여 변화하는 성질을 이용한 것으로 백금, 구리, 니켈 등과 같은 금속 측온 저항체와 서미스터, 실리콘, 게르마늄 등의 반도체 측온 저항체가 있다.

  서로 다른 금속을 접속하여 접속점에 온도차를 두면 열 기전력이 발생되는데 이 현상을 이용한 검출기로서 열전대가 사용된다. 공업 계측 분야에 널리 사용되는 열전대에는 백금-로듐(Rhodium), 크로멜-알루멜(Chromel-Alumel), 철-콘스탄탄(Fe-Constantan), 구리-콘스탄탄(Cu-Constantan) 등이 사용된다.

- 압력 검출기 : 외부 압력에 대한 탄성체의 기계적 변위를 이용한 것으로 다이어프램(diaphragm), 벨로스(bellows), 부르동관(bourdon tube)이 있으며, 압력을 전기적 신호로 변환하는 차압 변환기, 변위 검출기, 반도체 스트레인 게이지(strain gauge) 등이 있다.

② 전송기

전송기는 검출기에서 얻어진 신호에 대하여 전송에 필요한 신호 크기로 변환하여 수신기에 전달하는 장치로, 대부분 신호 변환기와 전송기가 동일 구조 형태로 되어 있어 분리할 수 없는 경우가 많다. 전송기에서 얻어지는 신호는 공기압의 경우 20~100kPa이고 전기식의 경우 DC 4~20mA가 많이 사용된다.

- 차압 전송기 : 기본 구성은 본체와 수압 다이어프램, 역평형 기구, 공기 배관 블록의 세 개 부분으로 구성되어 있다. 검출기에서 얻어진 미소한 압력의 차에 대해 20~100kPa의 통일된 신호로 변환·증폭하는 일을 한다.

- 압력 전송기 : 차압 전송기와 비슷한 구조로 게이지 압력 측정용과 절대 압력 측정용이 있다. 이들은 압력 측정 범위에 따라 저압용·중압용·고압용으로 분류된다.

- 온도 전송기 : 온도 전송기에 쓰이는 온도 검출은 증발성 액체를 봉입한 측온체를 사용하여 발생한 압력을 입력으로 하여 공기압으로 변환한 출력을 얻는다.

- 회전 속도 전송기 : 0~1,600rpm 또는 0~2,400rpm까지의 회전 속도를 20~100kPa의

공기압 신호로 변환하는 전송기이다.

〈그림 1-22〉에 나타낸 것처럼 비자성 금속 원판에 접근하여 8극의 영구 자석이 입력 회전축에 직결되어 회전한다. 자극의 회전에 의해서 원판에 발생하는 전류와 자석에 의한 자계와의 전자 작용에 의해 원판에는 회전 속도에 비례한 토크가 발생한다. 이 토크가 역평형 방식에 의해 공기압으로 변환된다.

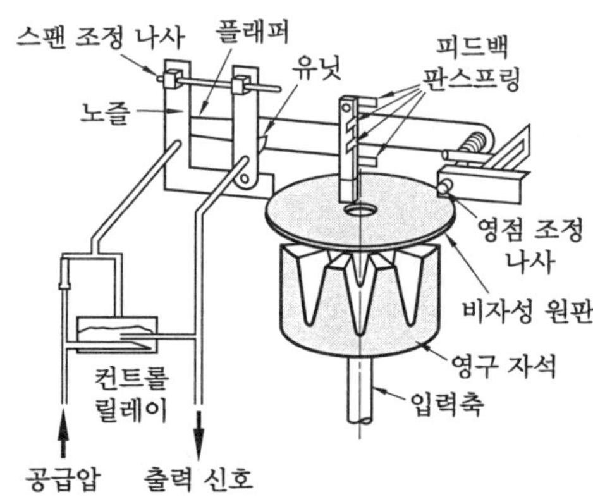

〈그림 1-22〉 회전 속도 전송기의 동작 원리

• 변위 전송기 : 회전 각도 또는 변위를 적당한 전달 기구를 통해서 입력측에 가하면 변위에 비례한 공기압 신호로 변환되는 전송기로서, 조절 밸브의 스트로크(stroke)를 공기 신호로 변환하는 경우에 이용된다.

③ 수신기

검출·변환하여 전송된 신호를 지시 또는 기록하는 계기이다. 수신기의 신호 표시 형태에는 크게 나누어 아날로그식과 디지털식의 두 가지가 있다.

• 아날로그식 표시 : 지시는 신호를 지표의 변위로 변환하여 기준치를 나타내는 눈금과 비교하는 것으로 구성되어 있다. 지표로는 광점, 액면, 선, 바늘 등이 사용되고 있으나 그중에서도 바늘과 눈금판의 조합이 많다. 신호를 바늘의 변위로 변환하는 방법에는 지레, 기어, 스프링 등 기계적인 원리에 의한 경우와 가동 코일형 계기 등 전기 자기적인 원리에 의한 경우가 있다. 기록은 측정량의 변동이 빨라서 관측이 곤란하거나 측정 후 보존이 필요한 경우에 이루어지며, 시간에 비례하여 나오는 종이나 인화지 위 또는 브라운관에 변위로 잔상시키는 방법이 많이 사용된다.

• 디지털식 표시 : 측정 대상에서 검출된 아날로그 신호를 디지털 신호로 변환하여 측정값을 숫자로 표시하는 표시 방법이다. 아날로그식이 표시가 연속적인 표시 형태로 나타나는 것이 비해, 디지털식은 이산적인 표시값으로 표현되는 특징을 갖는다. 디지털식 표시는 분해능과 연관 관계를 갖는다.

④ 조작부

조작부는 조절 신호를 조절기 또는 수동 조작기에서 조작량으로 바꾸어 제어 대상을 움직이는 부분으로 조절기로부터 신호를 받아 이에 비례하는 조작량으로 변하는 부분과 조작량을 받아 제어 대상에 직접 작용하는 부분으로 구성되어 있다.

조작부는 조작 신호에 따라 공압식, 전기식, 유압식으로 분류된다. 공압식은 방폭형이고 본질적으로 안전하지만 전송 거리가 먼 경우에 곤란하다는 단점을 갖는다. 전기식은 대규모의 계장, 연산의 용이, 응답의 신속, 컴퓨터 제어의 용이 등의 장점은 있지만 가격이 비싸고 유지 보수에 고도의 기술이 필요하다는 단점이 있다. 유압식은 응답성이 좋고 큰 조작력을 가지고 있으나 공사비가 많이 드는 결점이 있다.

⑤ 보조 기기

- 감압 밸브 : 높은 압력의 공급 공기압을 저압의 공기압으로 낮추는 목적으로 사용된다.
- 필터가 부착된 감압 밸브 : 감압 밸브에 소형 필터(filter)를 일체식으로 하여 출력압을 가변 또는 고정한 것이 있다.

〈표 1-7〉 계측계의 기본 구성

검출기	측정 대상으로부터 입력 신호를 검출	온도 검출기 압력 검출기
전송기	검출기의 신호를 수신기에 전송하는 부분으로 증폭 변환된다.	차압 전송기 압력 전송기 온도 전송기 회전 속도 전송기 변위 전송기
수신기	검출기나 전송기의 신호를 지시 및 기록을 하는 부분	아날로그식 표시 디지털식 표시
조작부	신호를 조작량으로 바꾸어 제어 대상을 움직이는 부분	공압식 전기식 유압식
보조 기기	공기 압력을 조절하는 보조기	감압 밸브 필터 감압 밸브

② 계측계의 동작 특성

계측계의 특성은 정특성과 동특성으로 크게 나눌 수 있다. 계측에 있어 변환기의 선정 또는 이들의 결합으로 임의의 계측계를 구성하는 경우, 또는 얻어진 측정 결과로부터 측정의 참값을 판단하는 경우에는 계의 특성에 의한 영향을 잘 이해해야 한다.

【1】 정특성

측정계의 입력 신호가 시간적으로 변동하지 않거나 또는 변동이 느려서 그 영향을 무시할 수 있는 경우 입력 신호와 출력 신호의 관계를 정특성이라고 하며, 정특성에는 다음과 같은 것이 있다.

① **감도** : 감도(sensitivity)는 계측기가 어느 정도 민감한가를 표시하는 정량적인 지표로 계측기의 성질에 따라 표시된다.

- 입력 신호의 미소 변화에 대한 출력 신호의 변화 비율은 다음과 같다.

$$S = \frac{dM}{dI}$$

여기서, S : 감도, I : 입력 신호, M : 출력 신호

I와 M의 관계가 직선적이면 S는 일정하며 지시부는 직선 눈금이 된다. 예를 들면, 1mm의 변위에 대하여 0.5V의 출력 전압을 표시하는 차동 변압기의 강도는 0.5V/mm가 된다. I와 M이 직선 관계가 아닌 경우에는 어느 점에서의 감도인가를 표시할 필요가 있다. 또한 길이의 계측기 중 기계적인 기구를 사용한 것에서는 입력 신호와 출력 신호가 전부 길이가 되므로 위 식의 S를 확대율이라고 할 때도 있다.

예를 들어, 최소 눈금 1μm의 지렛대식 비교 측정기의 눈금 간격이 1μm이면 확대율은 1,000배가 된다.

- 어느 일정한 지시량(출력 신호)의 변화를 주는 측정 대상이 되는 양의 변화는 다음과 같다.

$$S' = \frac{dI}{dM}$$

감도 S' 는 S의 역수이다. 예를 들면, 0.1V의 전압 변화로 1눈금 이동하는 전압계의 감도 S' 는 0.1V/눈금이 된다.

② **직선성**(linearity) : 계측기에는 출력 신호가 입력 신호에 대해 직선적인 비례 관계를 유지하며 변화하는 것이 이상적이다. 이 경우 감도는 일정하게 되고 출력 신호의 지시 눈금이 균등 눈금으로 되어 교정 시 유리하다. 그러나 계측기 내부의 신호 변환 요소 특성에 따라 그림과 같이 입·출력 신호의 관계가 비직선적으로 되는 경우도 있다.

이 경우 비직선성은 직선으로부터의 차 ΔM을 측정 범위 또는 최대 출력으로 나눈 백분율로 표시한다. 출력 신호 M에 대한 비직선성은 다음과 같다.

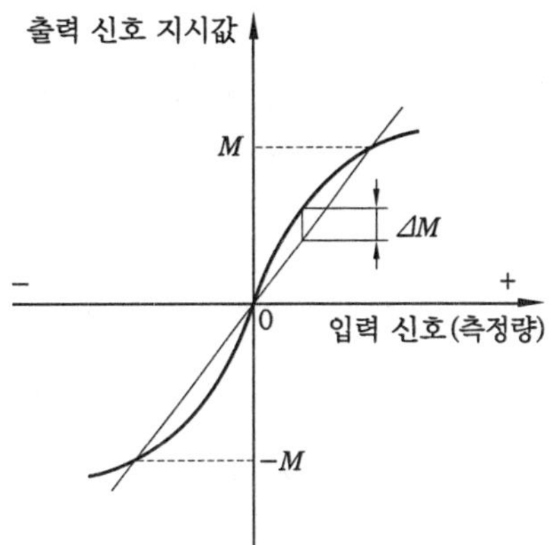

〈그림 1-23〉 입·출력 신호의 직선성

$$비직선성 = \frac{\Delta M}{2M} \times 100\,[\%]$$

③ **히스테리시스 오차** : 그림과 같이 계측기의 측정량을 증가시킬 때와 감소시킬 때 동일 측정량에 대하여 지시값이 다른 경우가 있다. 이와 같이 측정의 이력(履歷)에 의하여 생기는 동일 측정량에 대한 지시의 차를 히스테리시스 오차라고 한다. 히스테리시스 오차는 계측기 내부의 기계적·전기적 재료의 히스테리시스 특성, 요소 간의 마찰, 백래시(backlash) 등의 원인에 의해 발생한다. 예를 들면, 스트레인 게이지(strain gauge)식 하중 변환기에서는 게이지 형상, 베이스 재질, 접착제 등에 기인하여 하중의 증가·감소 사이클(cycle)에서 동일 하중에 대해 스트레인의 지시량에 차가 생길 때가 있다. 이것은 히스테리시스 오차의 최대값 또는 이것을 최대 하중에 대한 스트레인 양으로 나눈 백분율로 표시한다.

지금까지 설명한 여러 가지 원인에 의해 시간적으로 변화하지 않은 측정량에 대한 계측기의 오차를 정오차라고 한다. 그리고 일정한 환경 조건 하에서 측정량이 일정함에도 불구하고 계측기의 지시가 시간과 함께 계속적으로 느슨하게 변화하는 현상을 전기적인 증폭기를 갖는 계측계에서 많이 볼 수 있다. 이와 같은 현상을 드리프트(drift)라고 하며 이것은 자기 가열이나 재료의 크리프(creep) 현상 등에 기인한다.

〈그림 1-24〉 히스테리시스 오차를 이용하여 간단히 설명하면 입력 신호가 증가할 때 A 지점의 출력 신호는 M이고, 입력 신호가 감소할 때 출력 신호는 M′로 나타낸다. 이와 같이 입력 신호가 증가한 후 감소시킬 때 동일한 입력 신호에 대한 출력값의 차, M′−M을 히스테리시스 오차라 한다.

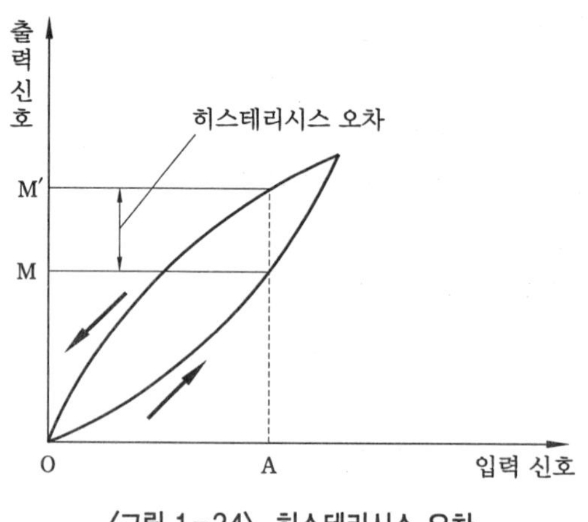

〈그림 1-24〉 히스테리시스 오차

[2] 동특성

계측계를 구성하는 각종 신호 변환기 내부에는 질량, 스프링, 인덕턴스 및 용량 등 신호가 갖는 에너지를 흡수하거나 방출하는 성질의 요소, 즉 점성 저항, 전기 저항 등이 존재한다. 이와 같이 계측계에서 입력 신호인 측정량이 시간적으로 변동할 때 출력 신호인 계측기 지시 특성을 동특성이라 하며, 이때 출력 신호의 시간적인 변화 상태를 응답이라 한다.

① 시간 지연과 동오차

계측계에서 출력 신호가 입력 신호의 변화에 충실히 추종하여 변화하는 것이 이상적이지만 실제로는 어려운 일이며 응답에 시간 지연이 생긴다. 따라서 임의의 순간에 참(입력 신호)값과 지시(출력 신호)값 사이에 차가 존재하게 되는데, 이것을 동오차라고 한다. 이때 응답이 빠른 계측계는 시간 지연이 적고 따라서 동오차도 작아진다.

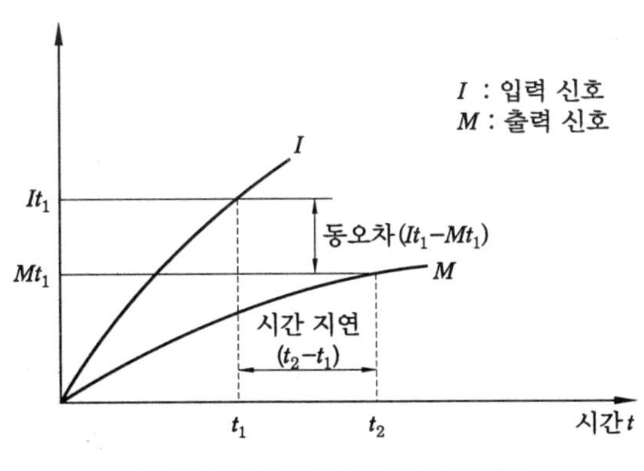

〈그림 1-25〉 시간 지연과 동오차

② 과도 특성

계측계의 응답을 검토할 때 입력 신호가 임의의 형태로 되면 일반성이 없으므로 대표적인 형태의 신호를 몇 개 정하여 이것을 입력 신호로 할 때 출력 신호의 응답을 구하는 방법을 사용한다.

이와 같은 입력 신호로 〈그림 1-26〉과 같이 임펄스(impulse) 신호, 계단(step) 신호, 정현파(sine) 신호 등이 있으며, 입력 신호가 어떤 정상 상태로부터 다른 정상 상태로 돌연 변화하는 경우 응답 상태를 알기 위해 이들 신호를 사용한다. 이때의 응답을 과도 응답(transient response)이라고 한다.

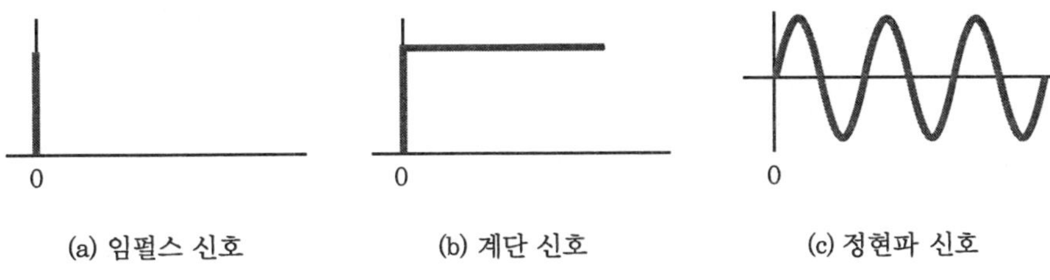

〈그림 1-26〉 과도 응답을 위한 기본적인 입력신호

연 습 문 제

1. 계측계의 기본 구성이 아닌 것은?

   ㉮ 측정 대상   ㉯ 검출기   ㉰ 전송기   ㉱ 송신기

2. 계측계를 기능적으로 크게 분류했을 때 해당되지 않는 것은?

   ㉮ 검출기   ㉯ 조작기   ㉰ 전송기   ㉱ 수신기

3. 계측 시스템의 계층을 구분할 때 최상위 계층에 해당되는 것은?

   ㉮ 제어 레벨   ㉯ 감시 레벨   ㉰ 조작 레벨   ㉱ 관리 레벨

4. 현대 계측 제어 기기의 발전 동향에 대한 설명 중 가장 적합한 것은?

   ㉮ 마이크로프로세서화   ㉯ 통합화, 시스템화
   ㉰ 핸들링화   ㉱ 트랜지스터화

5. 직접 측정, 간접 측정, 비교 측정, 절대 측정에 대하여 설명하시오.

6. 측정 방식 중 편위법, 영위법, 치환법, 보상법에 대하여 간략하게 설명하시오.

7. 측정할 때 오차가 발생하는 원인을 쓰시오.

8. 계측계의 기본 구성 요소에는 무엇이 있는가?

9. 검출기에서 압력의 검출에 쓰이는 소자는 어떤 것이 있는가?

10. 조작부의 종류와 이들에 대한 장·단점에 대하여 설명하시오.

02 공업량의 계측

석유, 화학, 제철, 섬유 등의 프로세스 공업에 있어서는 그 생산 설비에 원료를 공급하고 에너지를 가해 환경 조건에 따라 원료가 물리적·화학적으로 처리되어 제품이 생산된다. 이러한 프로세스 공업에서는 프로세스 각 부의 상태에 관한 모든 양, 예를 들면 온도, 압력, 유량, 액위, 성분 등의 계측과 제어가 행해지고 있다.

한편 자동차나 전기 기계의 생산 등과 같이 물체의 가공, 조립, 검사 등의 기계 가공을 중심으로 한 기계 공업에 있어서 취급되는 대상은 고체이고, 제어량은 주로 위치, 형상, 치수 등의 계측과 제어가 행해지고 있다.

이와 같이 공업의 생산 과정에서 행하는 계측이나 원료의 도입, 제품의 검사 등을 대상으로 하는 측정량을 공업량이라 하는데, 이 장에서는 대표적인 것에 관해 설명한다.

1. 센서의 개요

◼ 1 센서의 개념

센서는 학술 용어로서 정의되어 있지는 않으나 일반적으로 물리학에 있어서 일정한 체계하의 차원이 확정된 단위의 배수로써 나타낼 수 있는 양, 즉 물리량에 대하여 '물리량의 절대값 또는 변화를 감지하는 장치의 총칭'이라 정의한다. 이를 협의로 정의하면 "센서란 대상물이 갖고 있는 정보를 감지 또는 검지하는 기기이다."라고 할 수 있다. 또는 인간의 5감(본다, 듣는다, 만져본다, 냄새 맡는다, 맛본다) 대신에 그 역할을 하는 기기로서 5감으로 느낄 수 없는 에너지의 현상(적외선, 전자파 등)까지 감지 또는 검지할 수 있다. 그러므로 '인간의 5감을 훨씬 넘는 에너지의 현상을 감지 또는 검지할 수 있는 기기'라고 할 수 있다.

일반적으로 센서는 크게 능동 센서(active sensor)와 수동 센서(passive sensor)로 나뉜다.

① **능동 센서** : 대상물에 어떤 에너지를 의식적으로 주고 그 대상물에서 나오는 정보를 감지 또는 검지하거나 또는 주어진 에너지를 대상물에서 정보 검지가 용이한 에너지로 변

환하고 그 에너지를 정보로써 감지 또는 검지하는 기기이다. 대표적인 예로 레이저 센서가 있다.

② **수동 센서** : 대상물에서 나오는 정보를 그대로 입력하여 정보를 감지 또는 검지하는 기기이다. 수동 센서의 대표적인 예로 적외선 센서가 있다.

계측이라는 관점에서 볼 때 센서는 다음에 열거한 4개의 레벨(level)을 생각할 수 있다.

[레벨 1] 계측 항목에 상당하는 것으로서 점·선을 대상으로 하는 위치 계측용의 위치 검출기, 형상 계측용 검출기, 상태 검지용 상황 검출기 등이다.

[레벨 2] 속도, 거리, 변위, 회전각, 레벨, 중량, 토크 등의 검출기를 대상으로 하는 계측 상태의 센서를 말하며, 이를 2차 센서라고도 한다.

[레벨 3] 온도, 자기, 압력 등을 계측 대상으로 하는 검출기이다. 이를 1차 센서라고도 한다.

[레벨 4] 전기 저항, 전기 용량, 빛 등 물리량의 변화를 계측 수단으로 하는 것이다.

〈그림 2-1〉 센서

2 센서의 종류

센서는 검출 대상 또는 검출 수단에 의해 분류되며 각각 능동 센서와 수동 센서가 있다. 검출 대상에 따라 분류하면 다음과 같다.

① **온도 센서** : 대상물이 가지고 있는 온도의 정보를 감지 또는 검지하는 기기이다. 온도 센서는 비접촉형 센서와 접촉형 센서가 있다. 비접촉형 센서는 물체의 적외광을 수광하고 접촉형 센서는 물체의 열을 직접 받는 것이다.

② **습도 센서** : 대상물이 가지고 있는 습도의 정보를 감지 또는 검지하는 기기이다. 습도 센서에는 습도에 의한 전기 저항의 변화를 이용한 것, 적외선의 흡수율 변화를 이용한 것 등이 있다. 간단한 구조의 습도 센서에는 어느 습도 이상이 되면 물질이 변색되는 원리를 이용한 것도 있다.

③ **자기 센서** : 자기의 정보를 감지 또는 검지하거나 대상물에 자기 에너지를 의식적으로 주고 그 자기 에너지를 정보로써 검출하는 기기이다. 자기 센서에는 강재의 표면 흠집을 검지하는 자기 탐상 센서, 자계를 검출하는 자기 센서 등이 있다.

④ **음파 센서** : 음파의 정보를 감지 또는 검지하거나 대상물에 음파 에너지를 정보로써 검출하는 기기이다. 음파 센서는 음파로써 인간이 가청한 음파, 인간에게 불가청한 초음파, 초저음파, 극초음파 등을 사용하고 있다. 또 음파 센서에는 물체 내부의 결함 검출에 사용되는 초음파 센서, 재료의 파괴 예지에 사용되는 AE센서 등이 있다.

⑤ **마이크로파 센서** : 대상물에 마이크로파를 주어서 그 파를 정보로써 검출하거나 대상물에

서 발생하는 마이크로파를 검출하는 기기이다. 마이크로파는 전파의 주파수 구분 가운데 UHF(극초단파, 300~3,000MHz)를 가리킨다. 그러나 때에 따라서는 VHF(초단파)나 SHF(극극초단파)의 일부를 UHF에 포함하여 가리키는 경우도 있다.

⑥ **방사능 센서** : 대상물이 가지고 있는 방사능의 정보를 검지 또는 감지하는 기기이다. 방사능 센서는 방사선으로 X선, β선, γ선 등을 사용한다. 대상물에 방사선을 투사하여 그 파를 정보로써 검출하는 형태로 물체 내부의 결함 검출에 사용되는 X선 센서, 도금 두께를 검지하는 β선 센서, 물체의 두께를 검지하는 γ선 센서 등이 있다. 또한 대상물에서 발생하는 방사선을 검지하는 기기에는 원자력 발전소 부근의 방사능을 검출하는 방사능 센서, Ge 를 사용한 센서, Si를 사용한 센서 등이 있다.

⑦ **압력 센서** : 대상물이 가지고 있는 압력의 정보를 감지 또는 검지하는 기기로서 실리콘 압력 센서 등이 있다.

⑧ **속도 센서** : 대상물이 가지고 있는 속도의 정보를 감지 또는 검지하는 기기이다. 속도 센서는 속도의 정보를 감지 또는 검지하기 위하여 대상물에 음파 에너지나 마이크로파 에너지를 의식적으로 주고 그 음파 또는 마이크로파 에너지로부터 속도의 정보를 검출한다.

⑨ **화학 센서** : 화학 반응들에 의한 수단을 사용하여 감지 또는 검지하는 기기이다.

⑩ **바이오 센서** : 대상물이 가지고 있는 정보를 주로 생물, 수용기 등 각종 생물의 메커니즘을 사용하여 감지 또는 검지하는 기기이다. 이러한 바이오 센서는 넓은 의미의 센서이나 현재 생체 물질을 센서 기능 재료로 사용한 센서를 바이오 센서라 한다. 이 경우의 바이오 센서는 좁은 의미의 센서로서 화학 물질을 검출하기 위하여 설계되어 있으며 특정 화학 물질을 인식하는 부분과 그 부분에서 생기는 변화를 전기 신호로 변환하는 부분으로 구성되어 있다.

③ 센서용 재료

【1】 반도체 재료

센서로 응용되는 반도체 재료는 주로 광도전 재료인데, 예를 들면 Ag_2S 등의 유화물, ZnO 등의 산화물이나 ZnSe 등의 셀렌화물이 광전 재료로서 사용된다. 금속 반도체 재료로는 Ge, Si, Se, Te 등이 광 센서, 자기 센서, 온도 센서에 사용된다.

〈표 2-1〉은 센서에 사용되는 대표적인 반도체 재료를 나타내었다.

광 센서로 응용되는 광도전 효과형 재료 중에서 촬상관의 타깃 광전면 물질에 사용되고 있는 것으로 가시광에서는 Sb_2S_3 증착막, PbO 증착막 등이 있고, 적외광에서는 $PbO-Sb_2O_3$ 증착막이, 자외선에서는 Se계나 As_2S_3계 등의 비정질 증착막이 사용된다.

광도전 셀은 가시광용으로 사용되며, 주로 CdS 분말을 소결한 것이 염가로 제작할 수 있는 이점이 있다. 적외광용은 $3\mu m$보다 단파장일 경우 PbS 다결정증착소자가, $3{\sim}5\mu m$에서는 InSb 단결정이 사용된다.

자기 센서용 반도체 재료로는 홀 효과형에 InSb 증착막이나 GaAs, Si가 이용되며, 자기 저항 효과형에 InSb, InAsBi 등이 사용된다. 압력 센서에서는 Si가 주로 사용된다.

〈표 2-1〉 센서용 반도체 재료

분 류				대표적인 반도체 재료
광 센서	광도전 효과형 재료	촬상관용, 광도전 셀	자기광용	Se계, As_2Se_3계 (X선…PbO)
			가시광용	Sb_2S_3, PbO, CdSe, As-Ts계, ZnS, CdTe계, CdS, CdSe, ZnO, Se(X선, γ선…CdS)
			적외광용	PbO, $PbO-Sb_2S_3$, PbO-PbS, PbS, InSb, CdHgTe, Ge
	광기전력 효과형 재료	포토다이오드, CCD, 포토 트랜지스터	자외광용	Au-AnS, Ag-ZnS, Si
			가시광용	Si, Ge
			적외광용	Ge, SiInP, GaAs, InSb, InAs
자기 센서	홀 효과형 소자 재료			InSb, InAs, Si, Ge, GaAs
	자기 저항형 소자 재료			InSb, InAsBi
압력 센서	압전 반도체 재료			Si
	피에조 저항 효과형 재료			Si, Ge, GaAs, GaSb

【2】 세라믹 재료

세라믹은 내열성, 내식성, 내마모성이 우수한 재료로서 센서용 재료로 이용하는 경우 다음의 3가지 성질이 이용된다.

① **결정 자체의 성질을 이용한 것** : NTC 서미스터, 고온 서미스터, 산소 가스 센서 등

② **입계(粒界) 및 입자 간 석출상의 성질을 이용한 것** : PTC 서미스터, 반도체 콘덴서, ZnO계 바리스터 등

③ **표면의 성질을 이용한 것** : 반도체 콘덴서(표면 언층형), $BaTiO_3$계 바리스터, 가스 센서, 습도 센서, 세라믹 촉매 등을 이용하여 개발된 센서용 재료는 〈표 2-2〉와 같으며, 이들 중 세라믹의 특징을 잘 나타내고 있는 물질은 안정화 지르코니아, 티탄산바륨 반도체, 산화주석(SnO_2), CoO-MgO계 고용체 등이다.

안정화 지르코니아는 내열성, 내식성이 우수하지만 산소 이온 전도성이 있으므로 산소 센서로 사용된다. 산화주석은 n형 반도체이고 공기 중에 방치하면 산소를 흡착하여 고저항이 되므로, 이러한 흡착 산소에 가연성 가스를 반응시키면 저저항이 되므로 가연성 가스 센서로 이용된다. CoO-MgO계 고용체는 반도체의 화학적 변화에 기준해서 산소 센서에 이용된다. CoO는 산소 분압 변화로 도전율이 변하는 기능 소자의 본체이지만 열분해하기 쉬운 결점이 있다. 한편 MgO는 고저항체이고 기능 소자로 사용할 수 없지만 안정한 물질이다. 따라서 세라믹은 고용체의 형성에 의해서 물성의 제어가 가능하게 되는 이점이 있다.

〈표 2-2〉 센서용 세라믹 재료

종 류	출 력	효 과		재료(형태)	용 도
온도 센서	저항 변화	캐리어 농도의 온도변화	(NTC)	NiO, FeO, CoO, $CoO-Al_2O_3$, SiC(벌크, 후 막, 박막)	온도계, 볼로미터, 방사 온도계
			(PTC)	반도성 $BaTiO_3$	과열 보호 센서
		반도체-금속상 전리		VO_2, V_2, VO_3	온도 스위치
	자성 변화	페리자성-금속상 전리		$Mn-Zn$ 페라이트	온도 스위치
위치 속도 센서	반사 파의 파형 변화	압전 효과		PZT : 티탄산 지루콘산연	어군 감지기, 탐상기, 혈류계
광 센서	기전력	초전 효과		$LiNbO_3$, $LaTaO_3$, PZT $SrTiO_3$	적외선 검출
	가시광	형광		$ZnS(Cu, Al)$, $Y_2O_2S(Eu)$	컬러 TV 브라운관
				$ZnS(Cu, Al)$	X선 모니터
		열형광		CaF_2	열형광 선량계
가스 센서	저항 변화	가연성 가스 접촉 연소 반응열		Pt촉매/알루미나/Pt선	가연성 가스 농도계, 경보기
		산화 반도체의 가스 흡 · 탈착에 의한 전하 이행		SnO_2, ZnO, $r-Fe_2O_3$, $LaNiO_3(La, Sr)$, CoO등	가스 경보기
		산화물 반도체의 화학량적 변화		TiO_2, $CoO-MgO$	자동차 배기 가스 센서
	기전력	고온 고체 전해질 산소 농담 전기		안정화 지르코니아 $(ZrO_2-CaO$, $MgO-Y_2O_3$, OLa_2O_3 등), 토니아$(ThO_2-Y_2O_3)$	배기 가스 센서, 용강 중용재 산소 분석계 CO, 산결, 불완전 연소 센서
습도 센서	저항	흡습 이온 전도		$LiCl$, P_2O_5, $ZnO-Li_2O$	습도계
		산화물 반도체		TiO_2, $NiFe_2O_4$, $MgCr_2O_4+TiO_2$, ZnO, Ni 페라이트, Fe_3O_4, 클로미드	습도계
	유전율	흡습에 의한 유전율 변화		Al_2O_3	습도계
이온 센서	기전력	고체 전해질막 농담 전지		AgX, LaF_3, Ag_2S, 유리 박막, CdS, AgI	이온 농담 센서
	저항	게이트 흡착 효과 MOSFET		Si(게이트재 H^+용 : Si_3N_4/SiO_2, S_2^-용 : Ag_2S, X용 : AgX PbO)	이온 민감성 FET (IS, RET)

【3】 유기 재료

센서에 이용되는 유기 재료의 기능별 분류는 다음과 같다.

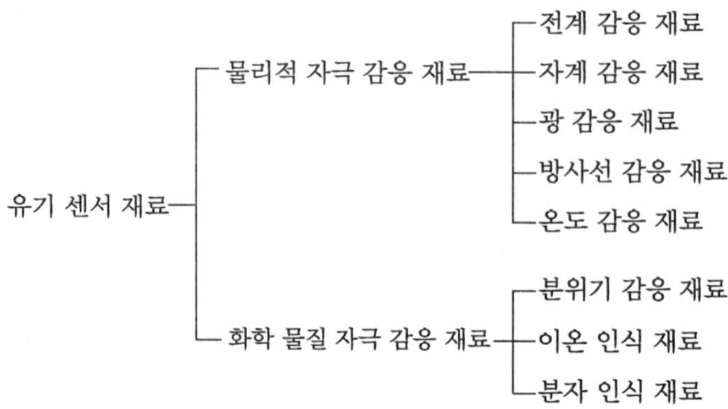

① 전계 감응 기능(電界感應機能)

전계 감응 기능을 분류하면 아래 〈그림 2-2〉와 같으며, 압전 효과, 전기 광학 효과, 전기 화학 반응 등이 포함된다.

압전 효과를 나타내는 고분자에는 폴리불화비닐리덴(PVDF) 이외에 폴리아크릴니트릴, 아크릴산코토리아 등이 있다.

유기 재료에 있어서 일렉트로크로미즘(electrochromism)은 전기 화학 반응에 의해서 색의 변화를 가져오며 비오로겐계 색소가 대표적이다.

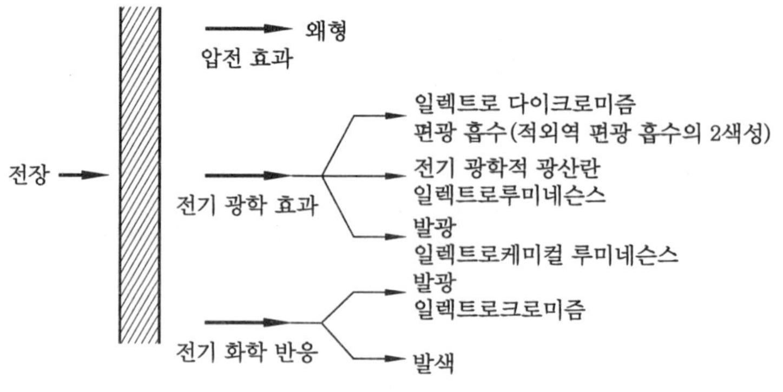

〈그림 2-2〉 전계 감응 기능의 분류

② 자계 감응 기능

자기 감응 효과로서는 제만 효과, 홀 효과, 조셉슨 효과 또는 자기 공명 흡수 등이 있으며, 유기 재료로서 관계 깊은 것은 자기 공명 흡수이고 유기 재료 일반으로 인정된다.

③ 응력 감응 기능

압력과 왜형 등이 가해지면 여러 효과가 나오지만 이 중 대표적인 것이 가압 도전성이다. 이것은 압력에 따라 전기 저항이 절연 상태에서 수십 Ω 이하로 급속하게 가역적으로 변화하는 현상이다. 이와 같은 성질을 이용한 것에는 가압 도전성 고무, 가압 도전성 시트 등이 있다.

④ 광 감응 기능

빛이 조사되었을 때 발생하는 변화를 가리킨다. 유기 반도체의 광도전 효과에서는 폴리비닐＋증감계가 사용되고, 집전 효과에서는 PVDF, TGS가 사용되며, PVA/I_2 필름이 사용된다.

⑤ 온도 감응 기능

유기 반도체는 세라믹 반도체와 같은 온도－저항 특성(NTC)을 나타낸다.

⑥ 대기 감응 기능

가스 분자에 감응하는 유기 재료로서 β－카로틴 박막은 산소 분자가 흡착하면 현저하게 저항이 변화(10^3배)한다.

【4】 금속 재료

센서에 이용되는 금속 재료는 다음의 3가지로 나눌 수 있다.

① 기능성 재료 : 센서의 트랜스듀서 기능을 담당하고 경우에 따라 액추에이터 기능 재료
② 구성 보조 재료 : 기능성 재료의 기능을 위한 보조 기구 및 센서 구조에 필요한 보조 재료
③ 기구 · 보조 양용 재료

<표 2-3> 센서용 금속 재료

기능 분류		금속 재료	응용(센서, 센서 요소)
도전 재료	도전재	Cu, Al, Ag, Au, Pt, Ni, Ti, Ta, W (선, 판, 박막, 인쇄, 도체 등)	계기 · 자심 등의 코일, 리드선, 압전체 · 반도체 · 유전체 전극
	접점재	Ag, Ag 합금, Cu-Pb 합금, Rh, Ru	리드 릴레이, 마이크로 스위치, 바이메탈, 온도 스위치
	초전도재	Pb, Nb	SQUID, 고감도, 자속계, 심자계, 적외선, 마이크로파 검출
열전대 재료	열전대	Pt-13Rh/Pt, Pt-10Rh/Pt, 크로멜－알루멜, Cu-콘스탄탄, 크로멜－콘스탄탄, Fe-콘스탄탄, Pt-30Rh/Pt, Ir/Ir-40Rh, W-5Re/W-26Re, 크로멜/Au-Fe0.07	열전대 온도 센서, 열전형 보호 릴레이, 전력계, 전열식 진공계
	보상 도선	Cu-2Ni, Cu, Cu-30N	
자성 재료	경질 자성체	78.5Ni : 퍼멀로이(PA) 45~50Ni : 퍼멀로이(PB) Mo-퍼멀로이(PC), 터프 폼	릴레이, 자기 실드 릴레이 자기 레드/실드, 고감도 릴레이 자기 실드
	반경질 자성체	49Co-2-5V-bal Fe	래칭 릴레이, 리드 스위치
	위캔트 와이어	10V-52Co-38Fe, 50Ni-50Fe	자기 회전 센서
	영구 자석 (경질 자성체)	알리코계, 회토류－코발트계 (Sm-Co)	마이크로폰, 진동 센서, 가동 코일, 계기, 픽업

감온 자성 재료	정자 분류	Mo-퍼멀로이, 모넬, 더모 폼	계기 자석(자석 온도 보상)
	자기 상전리 합금	Fe-Ni-Co-Si계	온도 릴레이
전기 저항 재료	측온 저항재	Pt, Cu, Ni, W(가는선, 박, 박선)	온도 센서, 유속 센서
	왜형 저항재	Ni, 망가닌, 콘스탄탄, 어드밴스, 니크롬 V, Pt-Ir 합금	왜형 게이지, 로드 셀
	강자성 자기 저항재	퍼멀로이, Ni-Co 합금(박막)	자계 센서, 자기 버블 검출기
자왜재		규소강, Ni, 퍼멀로이	로드 셀, 감자성 파이버
탄성재		Cu-Ni-Mn, Cu-Be, Ni-SpainC, SUS316	압력계 수압막, 수압 벨로스, 부르동관
저팽창재		인발(멤버)	바이메탈, 서모스탯
형상 기억재		Ni-Ti, Cu-Al-Zn, Cu-Al-Ni, Cu-Sn, Cu-Zn	서모스탯 밸브, 정온도 개폐기
내식재		각종 스테인리스강, 모넬, 청동	오리피스, 터빈, 벤투리관
내열재		스테인리스강, 버스테로이, 인코넬	열전대 시스
봉착재		42합금, 46합금, 52합금, 426합금 코발, 무삼소 Cu	센서 패키지
촉매재		Pt, Pb, Ag, Ni	가스 센서
수소 저장재		$LiNi_5H_{6\sim7}$, $FeTiH_{1.5\sim31.95}$, $VH_{1\sim2}$, $NbH_{1\sim2}$, Mg_2NiH_8	수소 서모스탯

【5】 복합 재료(CM)

복합 재료란 다른 재료를 조합해서 만들어진 것으로, 만들어진 재료의 안에서 원래 재료의 특성이 각각 살아 있고 복합화하는 것에 의해서 단일 재료에서는 가질 수 없는 새로운 기능을 갖게 된 재료를 말한다.

복합 재료는 크게 합체계와 생성계로 대별된다. 합체계란 〈그림 2-3〉의 (a)와 같이 복합의 전후에 있어서 구성 소재의 재질, 분율, 형태가 거의 변하지 않는 것을 말하고, 생성계는 〈그림 2-3〉의 (b)와 같이 복합 전후에 있어서 위의 3요소가 많이 변화하는 것을 말한다.

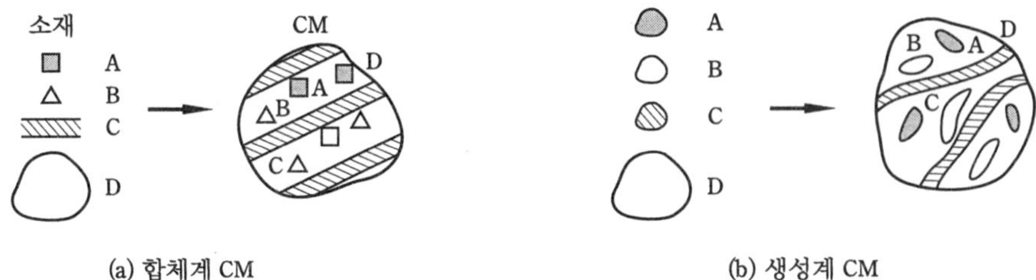

(a) 합체계 CM   (b) 생성계 CM

〈그림 2-3〉 복합 재료의 대별

현재 널리 사용되는 복합 재료는 대부분 합체계이고, 생성계는 일방향 응고 합금 등 일부가 있다. 센서 재료로 응용할 수 있는 복합 재료에는 압전성 복합 재료, 도전성 고분자 재료 및 바이메탈 등이 있다.

① 압전성 복합 재료

압전성 복합 재료의 최초의 것은 압전 세라믹 분말(PZT계)과 고분자 재료의 플렉시블 압전체이다. 고분자 재료에 폴리불화비닐, 6불화플로플렌, 4불화에틸렌과 공중 합체인 불소 고무를 혼합한 것을 이용해서 압전적 특성을 개선하고 그것을 이용해서 압전 키보드가 개발되었다.

최근 PZT 분말과 클로로플렌 고무를 복합화한 압전성 고무가 개발되어 압전 전성형 수중 마이크로폰, 악기용 픽업(pick-up)이나 초음파 음장 센서에 응용되고 있다.

② 도전성 고분자 복합 재료

도전성 고분자 복합 재료로는 도전성(導電性) 고무가 많고, 대부분이 실리콘 고무와 카본 블랙 또는 은(Ag) 입자계이다. 이 밖에 전파 차폐 재료, 고압 송전 케이블용 동피복 재료, 도전성 유지 강화 플라스틱 등에 응용되고 있다.

도전성 고무는 단순한 도전성 고무와는 다르며, 가압일 때에는 그 부분만 도전성을 나타내는 가압 도전성 고무도 있다. 가압 시와 가압 해제 시에 전기 저항차가 $10^6\Omega$ 이상도 있으므로 각종 압력 센서로 이용된다.

〈표 2-4〉 도전성 고분자 복합 재료의 응용 예

재료 분류 (최적 고유 저항)	실용화 예	구성 재료	
		매트릭스	필 터
전기 절연 저항 ($10^{10}\Omega \cdot cm$)	각종 절연 재료		
반도체성 재료 ($10^7 \sim 10^{10}\Omega \cdot cm$)	저저항 밴드(팩스 전극판)	니트릴 고무계 도료	금속 산화물
대전 방지 재료 ($10^4 \sim 10^7\Omega \cdot cm$)	• 정전기 제거기 • 비대전 컨베이어 밸트 • 의학용 고무 제품 • 도전 타이어	고무 플라스틱 합성 섬유	카본 블랙 금속 분말 탄소 섬유 금속 섬유
도전성 재료 ($10^0 \sim 10^4\Omega \cdot cm$)	• 탄성 전극 • 전기 도금 몰드 • 가열용 엘리먼트 건축물의 전기, 난방 옥외 설비	고무 플라스틱	카본 블랙 금속 분말 탄소 섬유
고도전성 재료 ($10^{-3} \sim 10^4\Omega \cdot cm$)	• 도전성 도료 실버 페인트, 카본 페인트 • 도전성 잉크(전기 프린트 배선) • 도전성 고무 • 도전성 접착재	고무 플라스틱 크실렌 수지 에폭시 수지	카본 블랙 금속 분말

③ 바이메탈

열팽창 계수가 큰 금속과 작은 금속의 판을 접합시키면 온도 변화에 따라 변형 또는 내부 응력을 발생하므로 온도 센서가 된다. 바이메탈은 온도계나 텔레비전의 색 차이 방지용 온도좌상에 사용된다.

2. 온도의 계측

1 개 요

공업 계측에 있어서 온도는 프로세스의 상태를 나타내는 기본적인 변수로서 여러 종류의 검출 방법이 있다. 가장 널리 사용되고 있는 것은 열전 온도계이지만 이 밖에 피측정체에 접촉하지 않고 계측할 수 있는 방사 온도계가 있다.

이러한 전기식 검출단에 대해 액체의 열팽창을 응용한 것, 또는 고체의 열팽창을 응용한 바이메탈 등 기계적으로 검출하는 것도 있다.

2 온도의 단위

온도는 물체의 뜨거움 또는 차가움의 정도를 객관적인 숫자로 나타낸 것이다. 물질의 온도는 물체와 그 주변 환경 사이에서 발생하는 열의 흐름을 결정짓는 물체의 특성으로 열에너지가 뜨거운(온도가 높은) 물체로부터 찬(온도가 낮은) 물체로 자발적으로 흐르는 방향을 결정한다. 열이란 물체를 뜨겁게 하거나 차갑게 하기 위해 물체에 주어지는 에너지를 말한다.

온도에는 섭씨온도, 화씨온도 등의 단위가 사용되지만, 법정 기본 단위로서 열역학 온도의 단위인 켈빈(K) 단위가 사용된다. 열역학적 온도는 물의 3중점(얼음, 물, 수증기가 공존하는 상태점)에 있어서 온도를 켈빈 273.16(K)이라고 한다. 즉, 열역학 온도의 단위 켈빈은 물의 3중점 열역학 온도의 1/273.16이다.

각종 온도와의 관계는 다음과 같다.

$$t = \text{K} - 273.16\,[\text{℃}]$$
$$t = (5/9)(\text{℉} - 32)\,[\text{℃}]$$
$$\text{℉} = (9/5) \times \text{℃} + 32$$
$$\text{R} = \text{℉} + 459.67$$

물의 3중점은 섭씨온도로 0.01℃이고, 이들 양 온도의 눈금 간격은 같다. 시각과 시간이 다른 것과 같이 온도와 온도 간격 또는 온도차는 다르다. 온도차를 표시할 때는 켈빈 온도를 사용하지만 섭씨온도를 사용하기도 한다.

열역학 온도를 실제로 사용하기는 어려우므로 열역학 온도와 거의 같게 만들어진 국제 실용 온도 눈금(IPTS : international practical temperature scale)을 사용한다. 이것은 여러 개의 재현하기 쉬운 평형 온도를 정점으로 정하고, 이것을 이용하여 눈금을 교정하며 온도계의 온도 표시와 온도 간의 관계를 결정하는 공식을 만들 수 있다.

　온도 계측에 이용되는 물리적 · 화학적 현상은 물체의 열팽창 결과에 의한 압력 변화, 온도에 의한 전기 저항, 열기전력의 변화 등과 고온일 때 물체에서 방출되는 방사가 이용된다.

　이와 같은 현상들은 각각 사용 가능한 범위가 다르므로 온도계를 사용하는 경우에는 특히 이 점에 주의해야 한다.

<표 2-5> 온도의 표현 방법

온도의 종류	기 호	정 의
화씨온도 (Fahrenheit)	°F	인간의 체온을 예를 들어 이것을 96도로 하고, 낮은 쪽은 당시 얻을 수 있는 저온도(얼음과 소금을 3:1로 섞은 상태)를 0으로 180등분한 것
섭씨온도 (Celsius)	℃	순수한 물이 끓고 있을 때의 수증기 온도를 100으로 하고 물과 얼음이 공존하고 있을 때를 0으로 하여 그 사이를 100등분한 것
랭킨온도 (Rankine)	R	단순히 화씨 눈금과 등가적이며 초기 열역학 분야의 개척자 W.J.M Rankine의 이름을 따라 사용
절대온도 (Kelvin)	K	• 모든 분자가 −273.15℃에서 그 운동이 정지되고 그 이하의 온도는 존재하지 않으므로 이를 절대온도 0도라 한다. 이를 기점으로 켈빈(K) 단위로 나타낸 것을 절대온도라 하고 −273.15℃는 절대온도 0K이며 1K는 1/273.15℃만큼 변하는 온도이다. • 섭씨 0℃는 물의 세 가지 상태, 즉 고체와 액체와 기체가 만나는 점(triple point)으로 정의하며 이 점의 온도가 정확하게 273.15K이다.

3 온도계의 종류와 측정 범위

　공업적으로 이용되는 온도의 범위는 −200℃에서 수만 ℃이며 0.01℃ 이하의 정도가 필요한 경우도 있다. 이와 같이 측정할 온도가 광범위하기 때문에 각종 측정 방법을 알아야 한다.

　일반 공업 프로세스에서 사용되는 온도는 대부분 특수한 경우를 제외하면 −200~+2,000 ℃의 범위에 속하며, 이들의 계측과 제어에는 주로 접촉 방식인 저항 온도계와 열전 온도계, 비접촉 방식인 방사 온도계가 사용된다.

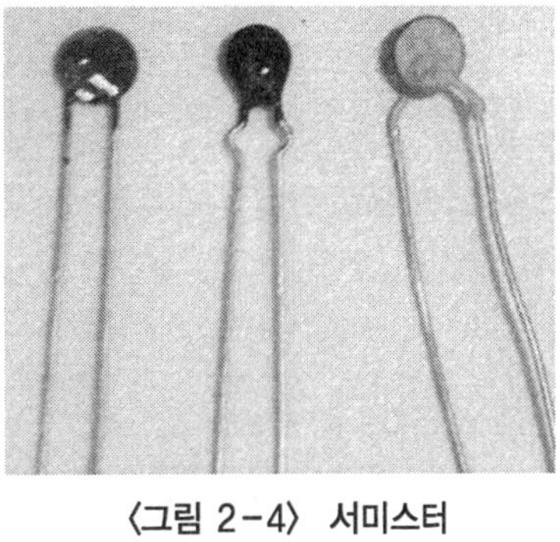

　저항 온도계와 열전 온도계는 단순한 구성으로 값이 싸고 취급이 간편하며 온도 측정의 정도는 높지만, 특징을 잘 이해하지 못하고 사용하면 예상외의 오차가 생기거나 그 기능을 충분히 이용할 수 없으므로 주의해야 한다.

　일반적으로 온도계의 주요 부분은 측온체, 표시부 및 이것을 결선하는 도선 또는 도관이다. 측온체는 온도를 감시하는 부분, 즉 측온부를 가지며, 온도를 측정하는 물체에만

<그림 2-4> 서미스터

가까이하여야 한다. 표시부는 온도를 표시하며 표시 계기라고 한다.

온도계는 종류가 많으며 각각 특징을 가지고 있다. 따라서 온도계의 선정에 있어 측정 대상물의 성질, 상태를 충분히 파악하고 측정 대상물의 온도 측정에 적합한 온도계를 선정해야 한다. 즉 온도 범위, 측정 정도, 동특성, 접촉 또는 비접촉 측정, 원격 측정, 비용 등이 검토되어야 한다.

【1】 접촉식의 온도 계측

센서 자체가 측정 대상 온도에 견디면서 소정의 동작을 해야 한다. 물질은 거의 모두 온도 의존성을 가지므로, 원리적으로는 모든 물질이 온도 센서가 될 수 있다. 그러나 센서는 상태량으로서의 온도에만 의존해서 동작하는 것이 바람직하고, 다른 상태량(예 압력, 전장, 자장 등)에의 의존성이 작을수록 좋다. 이러한 요구에 따라 실제의 센서에서는 종류가 한정된다.

이 밖에 변환 특성의 효율(감도), 안전성, 재현성, 직선성, 그리고 응답성, 열용량, 크기 등이 센서로서의 적성을 결정하는 요소가 된다. 접촉식 센서는 모두 특정 물질의 성질(물성)을 이용하고 있다. 여기서 물성이란 열적, 역학적, 전기적, 자기적 및 이들이 복합된 성질이다. 물성이 평형 상태의 물성인가, 비평형 상태의 물성인가에 따라 두 가지로 분류된다.

① 평형 상태의 물성

열팽창, 탄성의 온도 변화, 포화 증기압의 온도 변화, 자화율(磁化率)의 온도 변화, 결정장(結晶場)의 온도 변화(핵자기 공명), 핵 스핀의 정열(整列), 유전율의 온도 변화, 전자의 열적 흔들림 등이다. 이러한 현상에서 센서 요소는 모두 열평형 상태에 있다는 점에 주의하여야 한다.

② 비평형 상태의 물성

전자, 정공의 수 및 이동도와 관련된 전기 저하의 온도 변화, 반도체 접합의 전압, 전류 특성, 열전 효과 등이다. 이러한 현상에서는 센서 요소의 흐름을 일으켜 비평형 상태를 형성시켜서, 그 특성의 온도 변화를 이용하고 있다. 열전대는 전류와 열류와의 상호 작용을 이용한 센서이다. 열방사란 물체 중의 전자나 원자, 이온이 열적으로 여기(勵起)되어 그 역학적 에너지가 전자파의 에너지로 변환되어 방출되는 것이다. 이것을 간단히 표현하면 전자파의 열적 방출이라 해도 좋을 것이다. 보통 가시광, 적외 방사, 마이크로파가 실제의 온도 측정에서 이용된다. 따라서 센서는 방사 검출기이고, 광학계와 조합시켜 방사계를 구성한다. 다만, 이 방사계는 대상의 방사 휘도가 측정되도록 구성되어야 하며(휘도계), 이것을 흑체에 대해 교정함으로써 방사 온도계로 동작시킬 수 있다.

【2】 비접촉식의 온도 계측

센서가 방사의 검출기일 뿐이므로, 방사 강도에만 의존하는 센서가 바람직하다. 접촉식과 달라서 센서 출력은 센서의 온도에 의존해서는 안 된다. 다른 적성은 접촉식과 같다.

온도 계측을 계획함에 있어, 우선 결정해야 할 것은 접촉식과 비접촉식에서 어느 방식을 채택해야 하는가의 문제이다. 접촉 방식은 온도 센서를 측정 대상물에 공간적으로 근접시켜, 열적 평형 상태를 형성시키는 것이 원칙으로 한다. 반면, 비접촉 방식에서는 측정 대상이 발사하는 열방사를 원격 관측하므로, 관측 장소에서 측정 대상이 '보이는' 것, 즉 측정 파장의 방사에 대해 관측 경로가 투명해야 하는 것이 원칙이다. 따라서, 복잡한 구조물 내부의 1점의 온도를 측정하고자 할 때는, 접촉 방식이 유리하다. 즉, 작은 센서를 골라 그것을 측정 개소에 매입하여 적당한 틈새에 리드선을 끌어내야 할 것이다. 만일 이것을 비접촉 방식으로 한다면, 측정 대상의 1점을 향해 외부에서 똑바로 구멍을 뚫어야 한다. 구멍 지름을 상당히 크게 해야 하는 것이 보통이다. 지표나 해수면 등의 광역에 걸친 온도 분포를 측정하고자 할 때를 생각해 보면, 접촉 방식에서는 센서를 운반하여 측정 개소마다 지표나 해수면과 열접촉시켜야 할 것이다.

이에 반해, 비접촉 방식에서는 인공위성이나 항공기에 방사 온도계를 탑재하여, 기계적으로 시야를 선택시켜 준다면 거의 연속적으로 2차원의 온도 분포를 관측할 수 있다. 광역의 2차원 계획에서는 비접촉 방식이 위력을 발휘한다. 일반적으로 접촉 방식에는 전기 저항 응용의 측온 저항 온도계와 서미스터, 열전대, 반도체 응용 센서, 진동 응용의 수정 온도 센서와 SAW 온도 센서, 자기 응용의 감열 페라이트, 액정 온도계, NQR 온도계 등이 있고, 비접촉 방식에는 서모파일과 파이로 센서 등이 있다.

〈표 2-6〉 접촉 방식과 비접촉 방식의 비교

구 분	접 촉 방 식	비 접 촉 방 식
필요 조건	• 측정 대상과 검출 소자를 충분히 접촉시킬 것 • 접촉시켰을 때, 전자의 온도(측정량)가 실제 사용상 달라지지 않을 것	• 측정 대상에서의 방사가 충분히 검출 소자에 도달할 것 • 측정 대상의 실효 방사율이 명확하게 알려져 있거나, 재현 가능할 것
특 징	• 열용량이 적은 측정 대상은 검출 소자의 접촉에 의한 측정량 변화가 생기기 쉽다. • 운동하고 있는 물체의 온도는 측정하기 힘들다. • 측정 개소를 임의로 지정할 수 있다.	• 검출 소자의 접촉을 필요로 하지 않으므로 측정으로 인해 측정량이 변화하는 일은 일반적으로 없다. • 운동하고 있는 물체 온도도 측정할 수 있다. • 일반적으로 표면 온도를 측정한다.
온도 범위	• 100℃ 이하의 온도 측정은 용이하다.	• 일반적으로 고온 측정에 적합하다.
정 도	• 일반적으로 눈금 스팬의 1% 정도이다.	• 일반적으로 10℃ 정도이다.
지 연	• 일반적으로 크다.	• 일반적으로 작다.

〈표 2-7〉 각종 온도계와 그 사용 범위

온도계의 종류		사용 가능 온도[℃]		상용 온도[℃]	
		하 한	상 한	하 한	상 한
접촉 방식	[액체 봉입 유리 온도계] 수은 온도계	−55	650	−35	350

접촉 방식	유기 액체 온도계	-100	200	-100	100
	바이메탈 온도계	-50	500	-20	300
	[압력 온도계]				
	액체 팽창식 압력 온도계	-40	500	-40	400
	증기압식 압력 온도계	-20	200	40	180
	[저항 온도계]				
	백금 저항 온도계	-200	500	-180	500
	니켈 저항 온도계	-50	150	-50	120
	동저항 온도계	0	120	0	120
	서미스터 온도계	-50	300	-50	200
	[열전 온도계]				
	R 열전 온도계	0	1,600	200	1,400
	K 열전 온도계	-200	1,200	0	1,000
	J 열전 온도계	-200	800	0	600
	T 열전 온도계	-200	350	-180	300
비접촉 방식	[광고 온도계]	700	2,000	900	2,000
	[방사 온도계]	50	2,000	100	2,000

〈표 2-8〉 온도계 종류별 장·단점 비교

측온계	장 점	단 점
열 전 쌍	• 작은 곳의 온도 측정이 가능하다. • 지연을 작게 할 수 있다. • 진동, 충격 등에 대해 견고하다. • 온도차를 측정하는 데에 편리하다. • 가격이 싸다.	• 기준 접점이 필요하다. • 기준 접점 및 보상 도선에 의한 오차를 고려할 필요가 있다. • 상온 부근에서는 보정에 주의하지 않으면 좋은 정도를 얻기 힘들다.
측온 저항체	• 어떤 크기 부분의 평균 온도 측정에 편리하다. • 기준 접점 등을 필요로 하지 않는다. • 열전쌍에 비하여 상온 부근에서 정도가 좋다.	• 지연을 작게 하기 힘들다. • 진동이 심한 장소에서는 파손의 우려가 있다.
서미스터 측은계	• 작은 개소의 온도 측정을 할 수 있다. • 지연을 작게 할 수 있다. • 감도가 매우 좋다. • 도선의 저항에 의한 오차를 무시할 수 있는 경우가 많다.	• 저항과 온도와의 비직선성이 크다. • 자기 가열에 주의하지 않으면 안 된다. • 대개의 경우 호환용 저항을 필요로 한다. • 충격에 의해 파손될 우려가 있다.

[3] 각종 온도계의 특징

가. 저항 온도계(측온 저항체, resistance thermo meter)

도체나 반도체의 전기 저항률이 온도에 비례하여 변화하는 것을 이용한 온도 검출용 전기 저항체를 측온 저항체라 한다. 측온 저항체의 재료는 저항의 온도 계수가 크고 일정하며, 내구성이 있고, 화학적 변화에 따른 변질 및 갱년 변화 등이 작은 것을 사용한다.

<표 2-9> 측온 저항체의 종류와 특징

종 류	구성 재료	사용 온도 범위	특 징
백금 측온 저항체	백 금	−200~640℃	• 온도 범위, 사용 범위가 넓다. • 정확도, 재현성이 양호하다. • 가장 안정하며 표준용으로 사용 가능하다. • −200℃ 이하에서는 측정 감도가 나쁘다. • 자계의 영향이 크다. • 저항 소자의 구조가 복잡하여 형상이 크고 응답이 느리다. • 기계적 충격이나 진동에 약하다. • $R_{100}/R_0 = 1.3901$
구리 측온 저항체	구 리	0~120℃	• 사용 온도 범위가 좁다. • 백금 다음으로 순도가 높고 저렴하다. • 온도 특성 분산이 작은 안정된 소자이다. • 구리는 고유 저항이 작고 형상이 크며 고온에서 산화하기 쉽다. • $R_{100}/R_0 = 1.4250$
니켈 측온 저항체	니 켈	−50~300℃	• 사용 온도 범위가 좁다. • 온도 계수가 크다. • 백금에 비해 저렴하다 • 340℃ 부근에서 온도 계수의 변곡점이 발견된다. • 불순물에 의한 온도 저항값 특성이 분산된다. • 호환성 있는 니켈선을 얻기가 어렵다. • $R_{100}/R_0 = 1.6000$
백금 코발트 측온 저항체 Pt-Co	백금 코발트 합금(코발트 0.5% 함유)	−250~30℃	• 재생성이 좋다. • −200℃ 이하에서도 감도가 좋다. • 실온까지 사용할 수 있다. • 자계의 영향이 크다. • 극저온용으로 저항값 및 저항 온도 계수가 백금보다 크다.

0℃에서의 저항을 R_0, t[℃]에서의 저항을 R_t, t' [℃]$(t' > t)$에서의 저항을 R_t' 라 하고, 저항의 온도 계수를 α라 하면 다음과 같다.

$$R_t = R_0(1+\alpha t), \ R_t' = R_0(1+\alpha t')$$

$$\frac{R_t}{R_t'} = \frac{1+\alpha t}{1+\alpha t'}$$

$$\therefore t' = \left\{ \frac{R_t'}{R_t}(1+\alpha t) - 1 \right\} \times \frac{1}{\alpha} ≒ \frac{R_t'}{R_t}(234+t) - 234$$

즉, 주위 온도 t에서 저항 R_t를 알고 온도 상승 후의 저항 R_t' 를 측정하면 그때의 온도 t' 를 위 식에서 구할 수 있다.

금속 저항체는 <표 2-10>과 같은 3가지가 주로 사용되고 있다.

〈표 2-10〉 측온 저항체의 종별

종 별	기 호	사용 온도(℃)			R_{100}/R_0
		저온용	중온용	고온용	
백금 측온 저항체	Pt	−200〜60	0〜355	0〜550	1.3901
니켈 측온 저항체	Ni	−50〜60	0〜350	−	1.6000
구리 측온 저항체	Cu	−	0〜120	−	1.4250

저항체의 공칭 저항값은 0℃에서 100, 50, 25Ω의 3가지가 있으며, 저항 온도계는 측온체, 보호관, 지시 계기로 구성되어 있다.

일반적으로 얇은 운모판으로 된 형틀 또는 도자기, 유리 및 석영 유리로 된 원통형 틀에 감아서 사용하고 정밀한 실험용은 운모판의 십자형 틀에 감아 보호관에 넣어서 사용한다. 보호관의 재료로는 녹슬지 않게 처리한 연강, 황동, 구리 등을 많이 사용한다. 반도체는 금속선과는 반대로 온도가 올라가면 저항이 감소하며, 재질이나 만드는 방법에 따라 저항이 다르지만 금속선에 비하여 비저항이 크고 그 변화도 크다. 크기가 작고 열용량이 적은 온도계를 만들 수 있으며 판상, 구상 및 봉상 등 여러 형으로도 만들 수 있다.

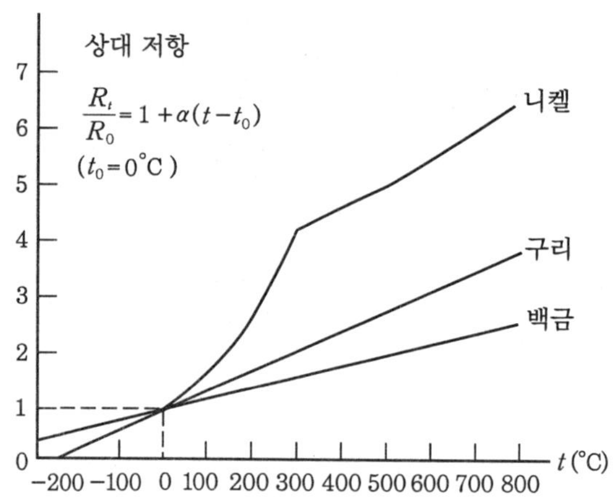

〈그림 2-5〉 측온 저항체의 온도-저항 특성

① 측온 저항체용 재료의 요구 조건
- 저항의 온도 계수가 크고 직선성이 양호할 것.
- 넓은 온도 범위에 걸쳐 안정하게 사용할 수 있을 것.
- 소선의 가공이 용이할 것.

② 측온 저항체의 단점
- 저항 소자의 구조가 복잡하기 때문에 형상이 크고 응답이 느리며 좁은 장소의 측정에는 부적합하다.
- 최고 사용 온도가 600℃ 정도로 낮게 되어 있어 고온 측정은 할 수 없다.
- 기계적 충격이나 진동에 약하다.

- 저항체의 가격이 비싸다.

③ 백금 측온 저항체의 특징

- 구조 : 기계적 변형이나 진동, 충격 등에 의해 소선의 저항값이나 온도 계수가 변화하며, 소선이 단선되지 않도록 가는 백금선을 마이카나 유리로 감고 보호관을 씌운다.

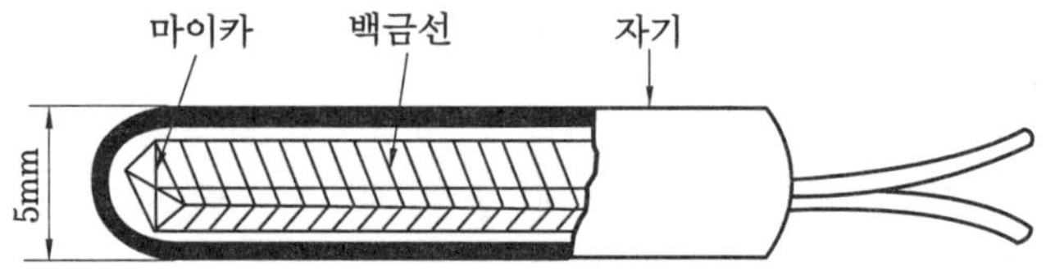

〈그림 2-6〉 보호관 부착 백금 측온 저항체

- 여러 종류의 측온 저항체 중 백금 측온 저항체가 실용화된 온도 센서 중 가장 안정하다.
- 고 정밀도의 온도 계측에 이용된다.

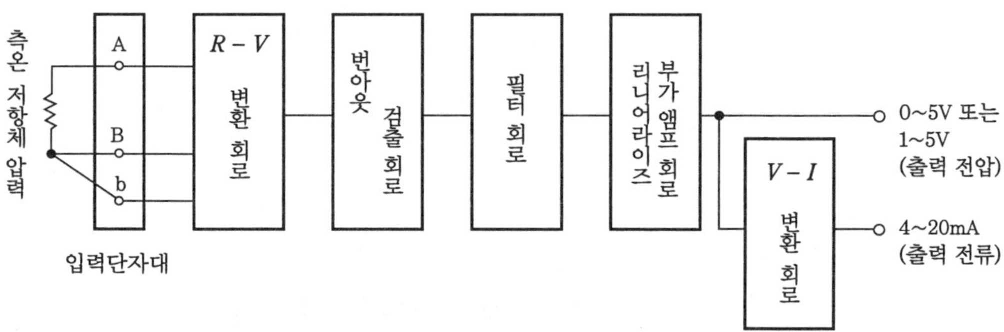

〈그림 2-7〉 백금 측온 저항식 온도계의 구성

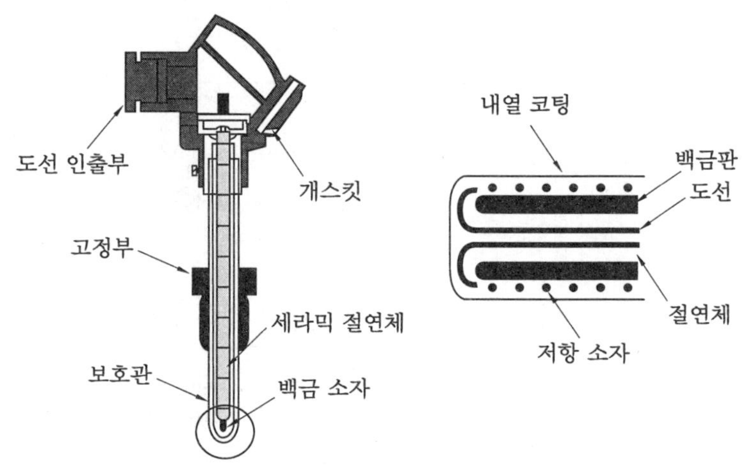

〈그림 2-8〉 보호관 붙이 측온 저항체 소자

④ 측온 저항체의 계측 방법

휘트스톤 브리지에 의한 온도 측정 원리는 다음과 같다. 〈그림 2-9〉에서 고정 저항 P, Q와 측온 저항체 X, 가변 저항 R를 브리지로 연결하면 검류계 G의 바늘이 0으로 가게 되며, 이때 $X = R\dfrac{Q}{P}$ 의 관계가 성립된다. 이 경우 3선을 사용하여 도선의 저항에 의한 오차를 제거한다. 측온 저항체는 전류에 의하여 열이 발생되므로 온도가 약간 높아진다. 이것을 자기 가열이라고 하는데, 오차의 원인이 되므로 흐르는 전류를 적게 해야 한다.

대개 전류는 10, 15, 20 mA가 흐르며 이 전류량을 통했을 때 저항이 3분 이내에 일정하게 되도록 규정하고 있다. 저항 온도계는 정확성이 높은 온도계 중의 하나로 상온에서 0.0001K 의 온도차를 검출할 수 있다.

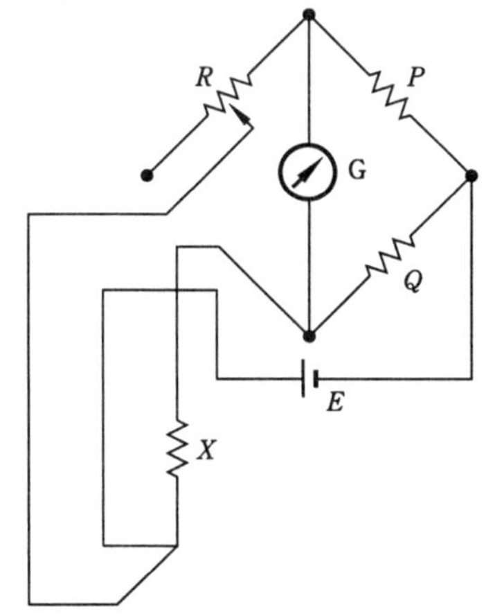

〈그림 2-9〉 휘트스톤 브리지에 의한 측정 방법

측온저항체는 인출선에 따라 2도선식, 3도선식, 4도선식의 3종류로 나눌 수 있다.

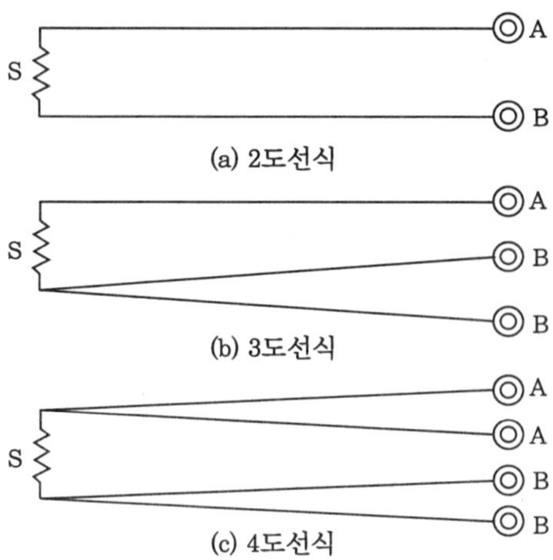

〈그림 2-10〉 측온 저항체의 리드 인출 방식

- 2도선식 계측 방법

㉮ 브리지 출력 V_o는 $V_o = \dfrac{(R_t + 2R_1 - R_0)R_B}{(R_B + R_0 + 2R_1)(R_B + R_0)} V_r$가 되어 도선 저항 R_1이 변화하면 출력 전압에 영향을 주게 된다.

㉯ 이 도선 저항에 의한 비직선 오차를 보상하기 위해서는 〈그림 2-11〉의 점선 내와 같이 브리지의 다른 한 변의 R_0측에 $2R_1$과 등가인 보상 저항 R_C를 넣는 방법도 있다.

㉰ 그러나 이 경우에는 도선의 주위 온도 변화에 대한 오차분을 제거할 수 없다.

㉱ 따라서 2선식 배선의 경우에는 $R_t \gg R_1$의 조건을 만족할 수 있도록 도선 저항이 충분히 작은 것이 필요하다.

㉲ 이 조건을 만족할 수 없는 사용 방법의 경우는 3도선식이나 4도선식과 같은 형식의 온도 저항체를 사용하면 되는데 이것은 인출선의 저항에 의한 측정 오차의 제거도 할 수 있다.

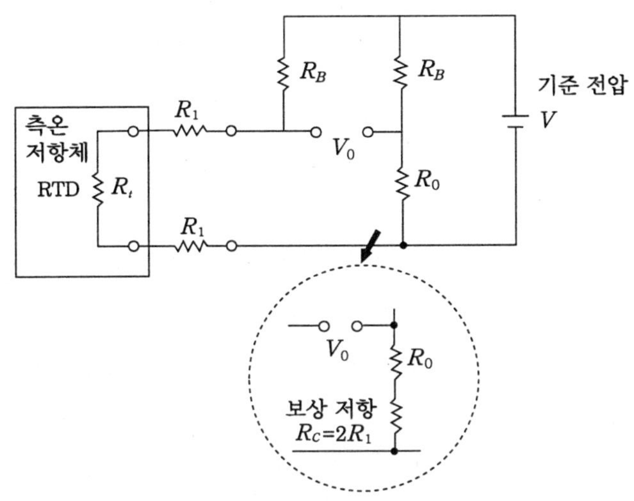

〈그림 2-11〉 2도선식 계측 방법

- 3도선식 계측 방법

㉮ $Rl_1 = Rl_2$라 하면 도선 저항이 브리지의 양변에 배분되어 있으므로 도선 저항의 영향은 거의 무시할 수 있다.

㉯ 단, 실제로 측온 저항체 R_t는 온도에 따라 변화하므로 $i_1 = i_2$의 조건이 무너지고 브리지 출력은 비직선 오차를 일으킨다.

㉰ 그래서 실용적으로는 〈그림 2-12〉에 나타낸 바와 같은 정전류 구동에 의한 브리지 회로가 사용되고 있다.

㉱ 이 회로에서는 R_t가 온도에 따라 변화해도 i_1은 정전류 구동이므로 일정하다. 따라서 R_t의 저항값 변화에 비례하여 출력 전압을 꺼낼 수 있다.

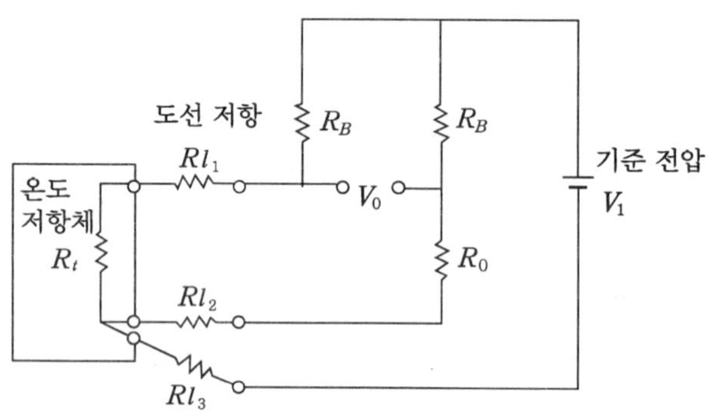

〈그림 2-12〉 3도선식 계측방법

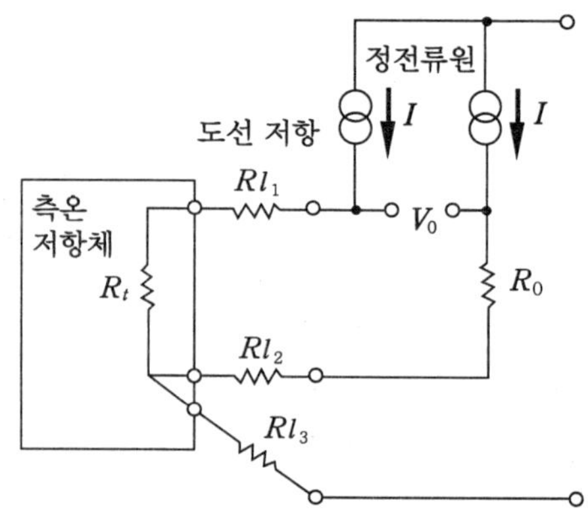

〈그림 2-13〉 정전류 3선식 배선의 등가 회로

- 4도선식 계측 방법

㉮ 4도선식은 정밀 측정 등에 사용되고 있는 4단자법과 같은 원리로 전류 단자와 전압 단자가 구분되어 있다.

㉯ 전압 단자의 계기측 입력 임피던스를 $R_1 \gg R_t$로 하면 도선 저항에 의한 오차를 완전히 제거할 수 있다.

나. 열전 온도계

① 열전 온도계

열전대는 측온 저항체와 같이 비교적 안정되고 정확하며, 일부 원격 전송 지시를 할 수 있는 특징이 있으므로 공업적으로 널리 사용되고 있다. 열전대의 열기전력을 이용한 열전 온도계 (thermo electric pyrometer)는 〈그림 2-14〉와 같다.

- 금속 내에는 자유 전자가 있으며, 금속에 따라 자유 전자의 밀도가 다르고 고온일수록 증가한다.
- 이 성질을 응용하여 그림과 같이 2종의 금속 A, B를 접합하여 폐회로를 구성하여 양단 a, b에 온도차를 준다.

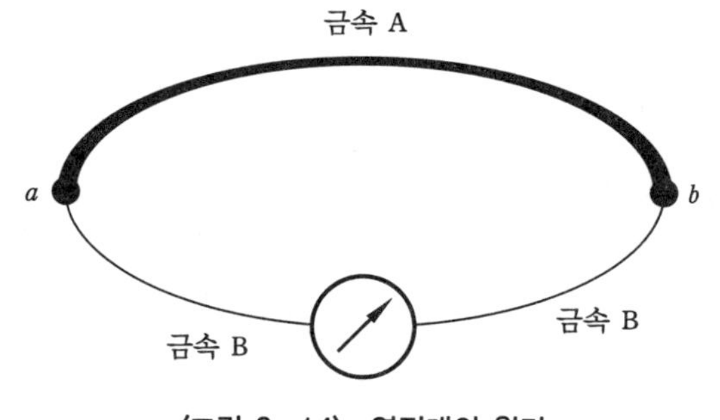

〈그림 2-14〉 열전대의 원리

② 열전 온도계의 원리

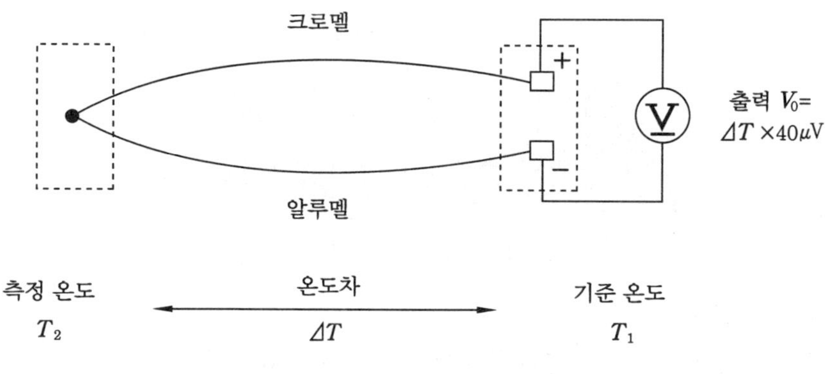

〈그림 2-15〉 열전 온도계의 원리

- +, − 양 금속선 양 끝단 접합점 온도가 동일하면 각선 양 끝단의 전위차는 없다.
- 서로 다른 두 가지 금속의 양단을 접합하면 양 접합점에는 접촉 전위차 불평형이 발생하여 열전류가 저온 측에서 고온 측 접합부로 이동하여 단자 사이에 기전력이 발생된다. 이것을 열기전(thermo electromotive force)이라 하고, 그 현상을 제베크 효과(Seebeck effect)라고 하며, 이 효과를 이용하여 온도를 측정하기 위한 소자가 열전대(thermo−couple)이다.
- +금속에서는 고온 측에서 저온 측으로, −금속에서는 저온 측에서 고온 측으로 열전류가 흐르게 된다.
- 이때 양 접합점 중 기준 접점 온도를 일정하게 유지시키면 다른 한쪽의 변화해 가는 미지의 온도에만 관계하는 기전력을 측정 온도로 환산하여 온도를 측정한다.
- 즉, 한쪽 접점의 온도를 알면 다른 접점의 온도는 열기전력을 측정하여 알 수 있다.
- 이때 기준 측의 접점을 기준 접점(냉접점), 측온 측의 접점을 측온 접점(온접점)이라고 한다.

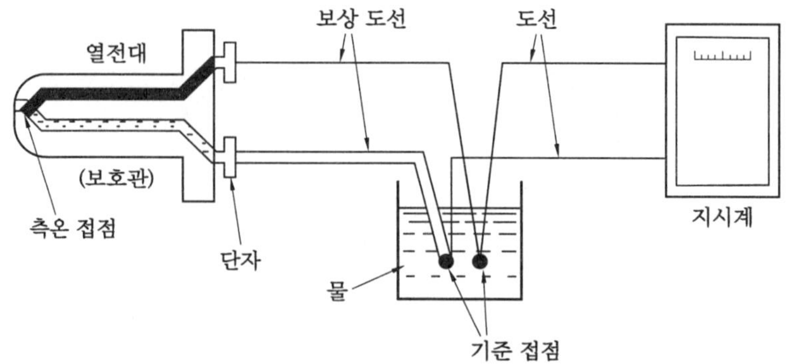

〈그림 2-16〉 열전대에 의한 측정 방법

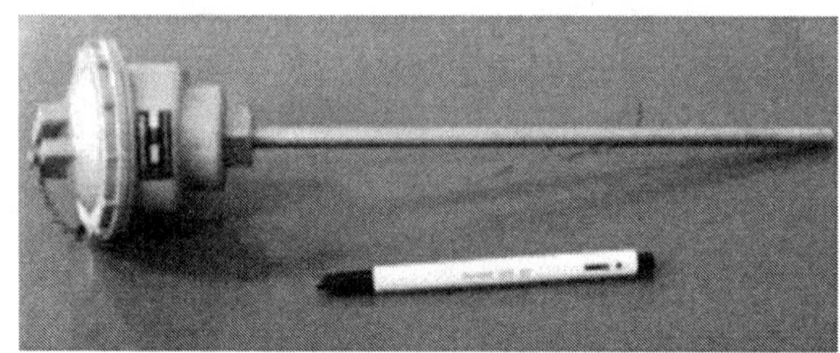

〈그림 2-17〉 열전대의 실물

③ 열전 온도계의 종류

• 일반적으로 많이 쓰이고 있는 열전대 조합의 종류는 표와 같다.

〈표 2-11〉 열전대 조합의 종류

종 류 열전대-금속 (+)　(−)	기 호	사용 한도(℃) 상 용	과 열	기준 열기전력 (V/K)
백금 로듐−백금	R	1,400	1,600	6.4×10
크로멜−알루멜	K	650~1,000	850~1,200	41×10
철−콘스탄탄	J	400~600	500~800	53×10
구리−콘스탄탄	T	200~300	250~350	30~50×10

주) 표 안의 (+), (−) 부호는 기준 접점에서 두 금속의 극성을 표시한다.

〈표 2-12〉 열전대의 특징

종 류	구성 재료 +	−	특 징
B	로듐(30%) 백금	로듐(60%) 백금	상온에서 열전 능력이 약하다.
R	로듐(13%) 백금	백금	안정성이 양호하여 표준용으로 사용되며, 전기 저항이 작다. 가격이 비싸지만 내열성이 좋고 산화 분위기 중에서도 강하며 대개 1,000℃ 이상에서 사용한다.
S	로듐(10%) 백금		

K (CA)	크로멜 Ni:Cr=9:1	알루멜 Ni:Al=94:3	온도와 기전력의 관계가 거의 직선적이므로 편리하다. 비금속으로 안정성이 양호하다. 내열성과 정확도 등은 R 다음으로 좋으며 공업용에 많이 쓰인다.
E (CRC)	크로멜 Ni:Cr=9:1	콘스탄탄 Ni:Cu=45:55	저항이 크고, 열전 능력이 우수하다. 열전대 중 감도가 가장 우수하다.
J (IC)	철	콘스탄탄 Ni:Cu=45:55	기전력, 직선성, 환원성이 양호하여 중간 온도용으로 좋다. 가격이 싸고 열전 능력 크다.
T (CC)	구리	콘스탄탄 Ni:Cu=45:55	극저온 측정이 가능하여 저온용으로 좋다. 열전도 오차가 크고, 가공이 용이하다.

④ 열전 온도계의 구조

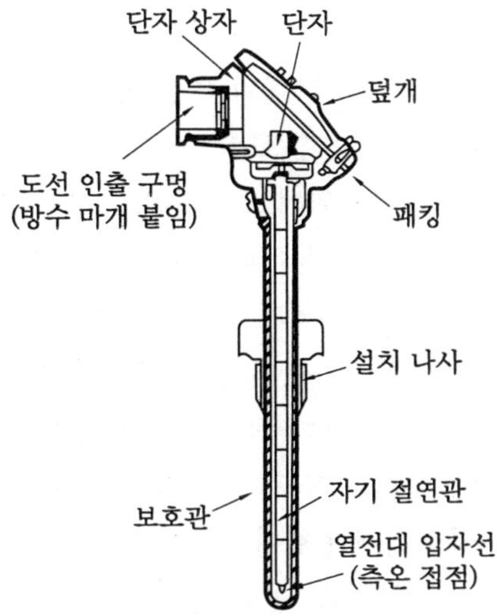

〈그림 2-18〉 열전 온도계의 구조

⑤ 열전 온도계의 구성

• 열전대의 감지부인 측온 접점에 임의의 온도가 되도록 열이 가해지면 기준 접점(냉접점)의

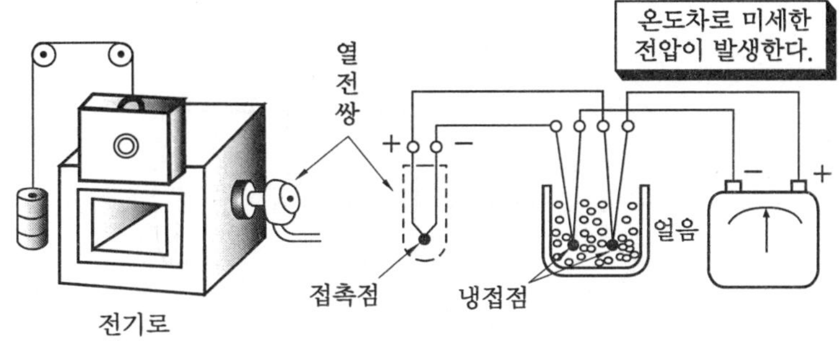

〈그림 2-19〉 열전 온도계의 구성

온도 차이만큼 열기전력이 발생되어 연결된 온도 변환기에 입력된다.

- 온도 변환기는 온도에 따른 출력값을 전송에 적합한 전류 4~20mA로 변환하여 AD 카드 또는 온도 조절기, 전력 조정기로 보내서 온도값에 따라 각종 액추에이터를 제어하게 된다.

⑥ 열전대 배선

- 연장 도선 : 열전대와 같은 재질로 만든 도선
- 보상 도선

㉮ 원리적으로는 열전대의 한쪽 접점은 기준 접점이 되지만 열전대 재질로 온도 검출 장소로부터 계기 또는 변환기까지 직접 배선하면 가격이 비싸게 되어 비경제적이다. 따라서 길어야 할 경우에는 보상 도선(compensating lead wire)을 접속시켜 그 끝을 기준점으로 한다.

㉯ 열전대 소선은 저항이 크고, 유도 장해에 의해 정밀도가 떨어지므로 열전대 소선과 도선의 접속점에 발생하는 접촉 전위의 오차를 방지하기 위해 보상 도선을 설치한다.

㉰ 열전대의 측정 온도 범위 내에서의 기전력 특성과 같지 않더라도 실온 부근의 낮은 온도에서만 열전대의 특성과 같은 저렴한 보상 도선을 사용하는 것이 경제적이다.

㉱ 열전대는 유체의 온도를 측정하기 위해 노출시킨 그대로 온도를 측정하게 되면 열전대가 프로세스 유체에 직접 접촉되어 부식이나 기계적 마모를 일으켜 정도가 나빠진다.

㉲ 열전대가 프로세스 유체에 직접 접촉되지 않도록 보호관에 넣어 사용해야 하며, 낮은 온도일 때는 금속관, 고온일 때는 도자기관 또는 석영관을 사용한다.

㉳ 보호관은 유체의 부식성, 유체의 압력, 유체의 온도, 기계적 강도(유속 설치 장소의 진동 등) 등을 만족하고 일부 열전대에 해를 끼치지 않는 재질을 선정해야 하며, 응답 시간과 정적 및 동적 오차가 작은 구조이어야 한다.

㉴ 보상 도선은 대개 700℃ 이하의 온도 범위 내에서 온도와 열기전력의 관계가 사용하는 열전대와 동일한 것이며, 주로 Cu와 Cu-Ni 합금으로 되어 있다. 높은 정확도를 요구하는 측정에는 보상 도선을 사용하지 않는 것이 좋다.

㉵ 보상 도선의 측온 접점 온도와 기준 접점측의 온도는 다르나 회로 전체의 기전력은 중간 온도의 법칙으로부터 측온 접점과 기준 접점의 온도차에 의하여 정해진다.

㉶ 사용 구분은 일반용(기호 G)과 내열용(H)으로 분류되어 일반용은 −200~90℃, 내열용

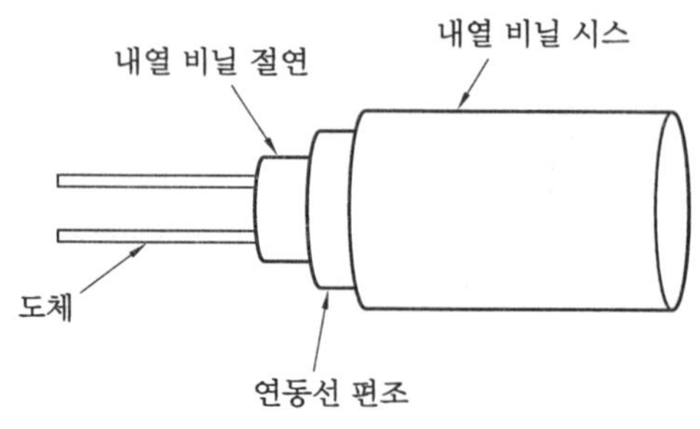

〈그림 2-20〉 보상 도선

은 0~150℃의 온도 범위에서 사용한다.

㉔ 보상 도선의 극성은 심선 피복에 의한 것으로 +쪽은 적색, −쪽은 원칙적으로 백색으로 한다.

㉕ 익스텐션형(extension type)은 열전대와 같은 재질, 컴펜세이션(compensation type)은 열전대와 유사 재질로 사용한다.

⑦ 중간 금속의 법칙과 중간 온도의 법칙

- 열전대에는 중간 금속의 법칙과 중간 온도의 법칙이 있다. 실제의 온도 측정에서는 이러한 법칙을 이용하여 측정에 편리한 회로를 구성한다.
- 중간 금속의 법칙이란 2종의 금속 A, B로 되어 있는 열전대의 임의의 부분을 절단하여 제3의 금속 C를 연결하여도 그 접속점의 온도가 동일하면 회로의 기전력은 변하지 않는다는 것을 말한다.
- 중간 온도의 법칙은 임의의 열전대의 양 접점의 온도가 t_1, t_2일 때의 기전력을 e_1이라 하고 t_2, t_3일 때의 기전력을 e_2라 하면 이 열전대의 양 접점의 온도가 t_1, t_3일 때의 기전력은 $(e_1 + e_2)$가 된다는 것을 말한다.
- 〈그림 2-21〉은 각종 열전대의 열기전력 특성을 나타낸 것이다. 열기전력의 지시는 밀리볼트계(millivoltmeter) 또는 전위차계(potentiometer)를 사용한다. 온도계에 사용하는 밀리볼트계는 영구 자석 가동 코일형 계기로서 고감도, 고저항이며, 열전 온도계는 온도 눈금만 있는 것과 온도 및 전압 눈금, 양쪽 모두 새겨져 있는 것이 있다. 정밀한 측정에는 전위차계를 사용한다.

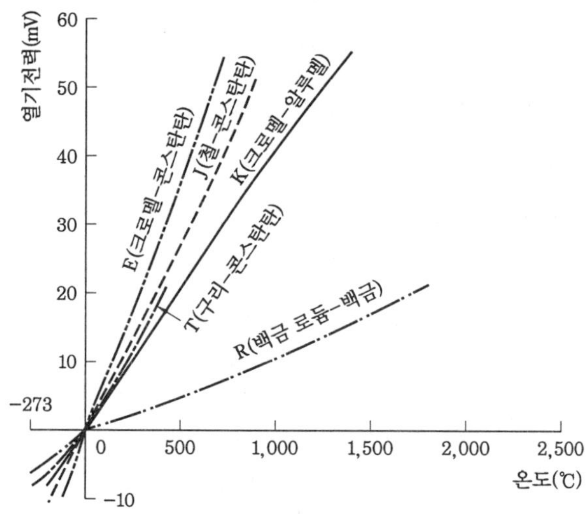

〈그림 2-21〉 각종 열전대의 열기전력 특성

⑧ 열전 온도계와 저항 온도계

- 열전대의 사용상의 오차에는 기준 접점에 의한 것, 보상 도선에 의한 것, 열전도에 의한

것이 있다.

- 열전 온도계는 열전대, 보상 도선 및 수신 계기, 저항 온도계는 측온 저항체, 도선, 전원과 지시 또는 기록계로 구성되어 있다.

<표 2-13> 열전 온도계와 저항 온도계의 비교

비교 항목	열전 온도계	저항 온도계
계기 구조	자기 발전의 미소 전압으로 약함	공급 전원을 가지므로 견고함
냉접점	있음	없음
눈금 범위	전역	필요한 범위만
전원	필요 없음	필요함
내열성	고온에서도 측정됨	고온에서는 적당치 않음

⑨ 기준 접점의 보상 회로

기준 접점의 온도를 등가적으로 0℃가 되도록 그 온도에 상응하는 전압으로 보상하는 회로를 말한다.

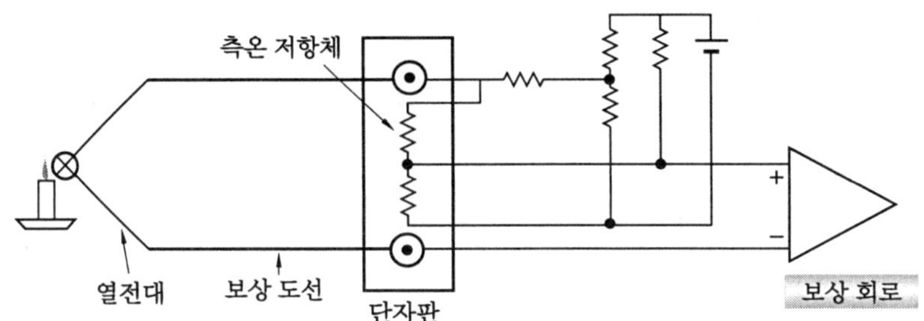

<그림 2-22> 기준 접점의 보상 회로

⑩ 서미스터의 종류 및 특성

절대 온도에 따라 저항값이 부성(負性)으로 변화한다.

$$R = R_0 e^{B(\frac{1}{T} - \frac{1}{T_0})}$$

T : 임의 온도 　　　　R : 임의 온도 T의 저항값 　　　　T_0 : 기준 온도

R_0 : 기준 온도 T_0의 저항값 　　B : T 와 T_0으로 구해지는 상수

<표 2-14> 서미스터의 종류 및 특징

종 류	사용 온도	특 징
NTC	−130~2000℃	온도 상승에 따라 저항값 감소
PTC	−50~150℃	온도 상승에 따라 저항값 증가
CTR	0~150℃	일정 범위에서 저항값 급격히 감소

다. 방사 온도계(복사 온도 검출기)

모든 물체는 다음과 같이 절대 온도의 4승에 비례한 방사 에너지 $E[\text{W/m}^2]$를 방사한다.

$$E = \sigma T^4 [\text{W/m}^2]$$

여기서, $\sigma = 5.67 \times 10^{-8} [\text{W/m}^2\text{K}^4]$이고 이를 슈테판-볼츠만(Stefan-Boltzmann)의 법칙이라 한다. 어떤 방법으로 물체에서 방출하는 방사 에너지를 측정할 수 있는 경우 그 물체에 접촉하지 않고 비접촉으로 물체의 온도를 알 수 있으면 이와 같은 방사를 이용하여 물체의 온도를 측정하는 온도계를 방사 온도계(radiation pyrometer)라 한다.

작동 원리를 보면 물체에서 나오는 복사 에너지를 대물렌즈로 집광하여 수열부에 보내면 복사 에너지는 대부분 열선이므로 수열부의 온도가 상승하고 그 온도는 복사 에너지에 비례한다. 이 수열부의 온도를 열전대로 측정하여 복사체의 온도를 측정한다.

① 방사 온도계의 특징

방사 온도계는 비접촉 측정을 할 수 있고, 비교적 높은 온도도 측정할 수 있다. 그러나 물체에서 방사되는 에너지는 물체의 종류, 표면의 상태 등에 따라 다르다. 즉, 이상적으로 방사하는 것을 흑체(black body)라고 하며, 실제의 물체는 흑체보다 훨씬 적게 방사된다. 같은 상태와 온도에서 실제 방사와 흑체 방사의 비를 방사율(emissivity)이라고 하며, 이것은 물체와 그 표면 상태에 의해서 크게 변하므로 측정 오차의 원인이 된다.

② 방사 온도계의 종류

• 광 고온계

단색 파장에 대한 방사 휘도를 측정하고 흑체 온도를 구하는 온도계로서 방사선 중에서 가시광선을 이용하는 것이며, 700~4,000℃까지 측정할 수 있다. 대물렌즈로 측정 대상의 상을 맺게 하고, 상의 위치에 놓인 필라멘트가 전류를 가감하여 양자의 휘도를 비교한다. 휘도가 같으면 필라멘트가 보이지 않으므로 필라멘트 전류계의 눈금에서 온도를 직접 읽을 수 있다. 고온의 물체에 직접 닿지 않고 측정할 수 있으므로 화염이나 용광로 등의 온도 측정에 용되지만 시각에 의한 오차가 생기기 쉽다. 〈그림 2-23〉은 광 고온계의 원리를 나타낸 것이다.

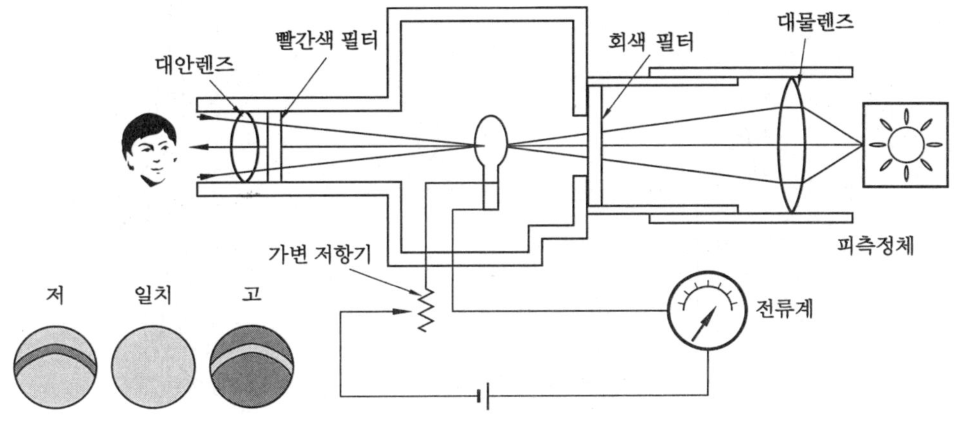

〈그림 2-23〉 광 고온계의 원리

• 광전 고온계

 2색 고온계라고도 하며, 방사율의 영향을 적게 하기 위해 특정 두 파장에 대한 휘도를 측정하고 그 비에서 온도를 측정하는 온도계이다.

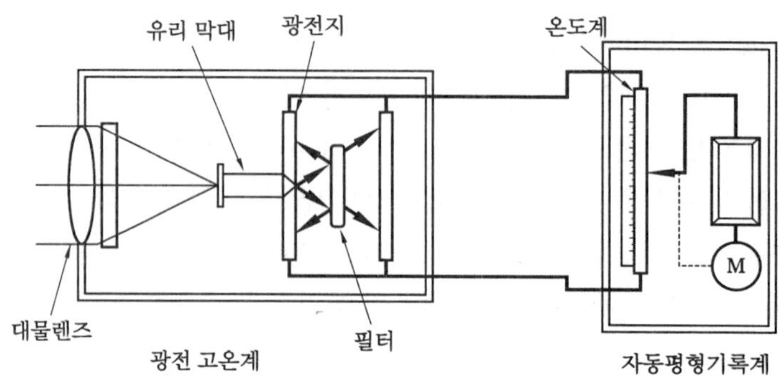

〈그림 2-24〉 광전 고온계

• 방사 고온계

 서모 파일이라고도 하며, 열전대를 직렬로 연결해서 약간의 온도차에서도 높은 출력을 얻도록 한 것이다. 서모 파일과 측정 대상물을 일정한 관계 위치에서 대향(對向)시키면 서모 파일의 수열판은 전방사에 의해 더워지며, 측정 대상물에서 서모 파일로 이동하는 열량 Q는 다음과 같다.

$$Q = \varepsilon \phi \sigma (T_1^4 - T_2^4)$$

 여기서, ε : 측정 대상물의 전방사율, ϕ : 두 물체의 상호 위치나 방사율로 결정하는 상수, σ : 볼츠만 상수($= 5.67 \times 10^{-8} \text{W/m}^2\text{K}^4$), T_1: 측정 대상물의 온도(K), T_2: 서모 파일의 온도(K)

 그러므로 수열판은 주위(냉접점 부분)와의 온도차가 생기며, 이 온도차를 열기전력으로 측정하는 것에 의해 측정 대상물의 온도를 알 수 있다. 그림은 서모 파일의 한 예를 나타낸 것이다.

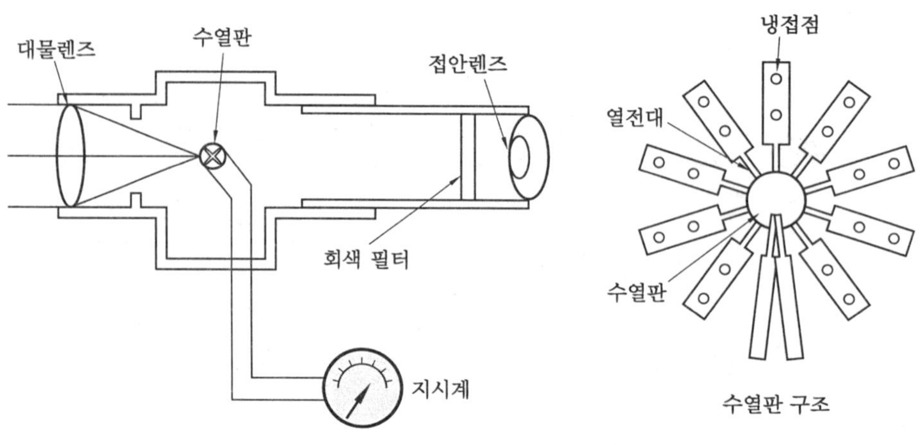

〈그림 2-25〉 방사 고온계

<표 2-15> 고온계의 비교

종 류	파장 범위	측정량	측정법
광 고온계	단색광	필라멘트 전류	수동 제어
광전 고온계	가시광선	전구의 전류	자동 제어
방사 고온계	전파장	열기전력	편위법

라. 압력식 온도계

밀폐된 용기 내에 있는 유체의 압력이 온도에 따라 변화하는 보일·샤를의 법칙을 이용한 온도 검출 방식으로 액체 압력식, 기체 압력식 및 증기압식이 있다.

① 액체 압력식 온도계

그림과 같이 액체를 일정한 체적의 용기 내에 가득 채우고 액체의 열팽창을 압력 변화로 변환시켜 온도를 측정하는 방식이다. 온도 감지부에는 보통 수은을 봉입하지만 탄화수소와 같은 액체를 사용할 수도 있다. 수은의 팽창은 온도 변화에 따라 정비례하므로 수은의 처음 체적 및 최종 체적을 각각 V_0, V_1이라 하고, 수은의 체적 팽창 계수를 β라 하면, 온도 변화 ΔT에 따른 수은의 체적 변화는 $V_1 = V_0(1+T)$으로 나타난다. 수은을 봉입한 압력식 온도계는 $-35 \sim 500$의 온도를 측정할 수 있다.

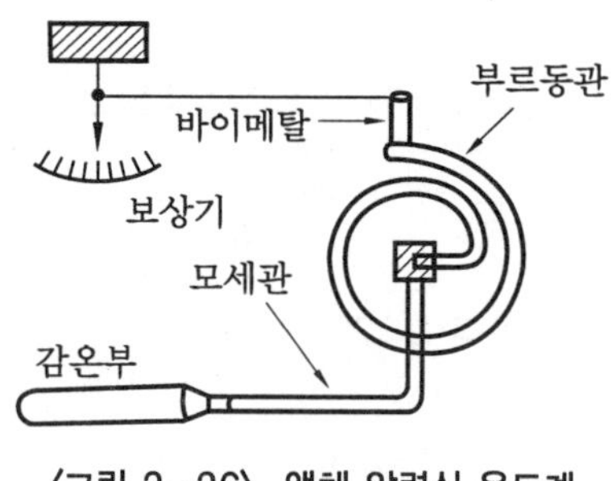

<그림 2-26> 액체 압력식 온도계

② 기체 압력식 온도계

일정한 체적의 용기에 질소 가스와 같은 불활성 기체를 봉입한 후 가스의 팽창으로 인한 압력 변화를 이용하여 온도를 측정하는 것으로 $-130 \sim 420\,℃$의 온도를 측정할 수 있다.

③ 증기압식 온도계

액체의 증기압이 온도에 따라 변화하는 현상을 이용한 것으로 휘발성 액체를 온도 감지부에 절반 정도 봉입하고, 그 증기압의 변화로부터 온도를 측정한다. 사용하는 감온 액체의 종류에 따라 측정 온도의 범위가 변화되며, $-40 \sim 300\,℃$를 측정할 수 있다.

감온액은 메틸클로라이드(methylchloride), 이산화황(sulphur dioxide), 에테르(ether), 프로판(propane), 부탄(butane) 등을 사용하며, 감온부를 보호관 속에 넣어 측정하므로 응답 지연이 발생하고 이 지연 특성은 보호관 벽의 형태와 설치 방법에 따라 영향을 받으므로 사용할 때에는 주의하여야 한다.

4 온도계의 검정

온도계의 검정은 국제 실용 온도 눈금으로 된 정점을 사용하며 규정된 온도계에 의해 실시한다. 광 고온도계를 검정할 때는 전류와 온도의 관계를 미리 알고 있는 표준 전구를 사용한다. 정점은 〈표 2-16〉과 같다.

정점을 실현시키기 위한 각종의 정점 장치가 정확하게 일정한 온도를 유지할 수 있도록 제작되어 있다.

한편, 정확한 온도계가 준비되어 있는 경우에는 검정하려고 하는 온도계를 정확한 온도계와 함께 일정 온도로 유지되어 있는 물체의 온도를 측정하여 비교한다.

〈표 2-16〉 국제 실용 온도 검정

정 점	T [K]	정 점	T [K]
평형 수소의 삼중점	13.81	물의 삼중점	273.16
17.042K점	17.042	물의 끓는점	373.15
평형 수소의 끓는점	20.28	아연의 응고점	692.73
네온의 끓는점	27.10	은의 응고점	1235.08
산소의 삼중점	54.361	금의 응고점	1337.58
산소의 끓는점	90.188		

〈표 2-17〉 온도계의 측정 온도

방 식	원 리	종 류		사용 온도(℃)	비 용
접촉식	팽 창	유리 온도계	수은	−50~+650	염가
			유기 액체	−200~+200	
		바이메탈식 온도계		−50~+500	
	압 력	액체 충만식 온도계		−30~+600	염가
		증기압식 온도계		−20~+350	
	저 항	백금 저항 온도계		−260~+1000	고가
		서미스터 온도계		−50~+350	보통
	열전대	R 열전대 온도계		−200~+1600	고가
		K 열전대 온도계		−200~+1200	보통
		E 열전대 온도계		−200~+800	
		J 열전대 온도계		−200~+800	
		T 열전대 온도계		−200~+350	

비접촉식	열방사	광(光) 고온계	700~3000	보통
		방사(放射) 고온계	100~3000	고가
		광전(光電) 고온계	180~3500	

5 온도 측정상의 주의

온도 저항체나 열전대의 소자 자체의 측정 정도가 높아도 보호관을 씌우기 때문에 검출 소자의 온도가 피측정물의 온도에 정확하게 일치하지 않으므로 오차가 생기는데, 이 오차에는 정적 오차(static error)와 동적 오차(dynamic error)의 두 종류가 있다.

【1】 정적 오차

보호관의 열전도에 의해 생기는 오차이다. 〈그림 2-27〉에서 지름 d의 보호관이 길이 l만큼 피측정물의 내부에 들어가 있고 그 온도가 $t(℃)$라고 하면 보호관의 두부는 외부에 돌출하고 있으므로 주위 온도(상온)이다.

그러므로 열은 보호관 및 내부 도선을 통해서 외부로 흐르며, 오차의 크기도 유체의 상황, 보호관의 삽입 길이와 구조 등에 따라 다르나 〈표 2-18〉에서 보호관의 삽입하는 길이 l을 선정하며 실용상 정적 오차는 무시하는 경우가 많다.

보호관의 지름 d를 작게 하면 삽입 길이 l은 짧아서 좋으나 실제의 적용에 있어서는 기계적 강도상의 배려가 필요하게 된다. 특히 유동하고 있는 기체나 액체, 고형물인 경우 등에서 가는 보호관이나 시스형을 사용하면 진동하거나 마모되어서 수명이 짧아지므로 매우 주의해서 선정해야 한다.

또 보호관의 전 길이는 설치벽의 두께, 보온재의 두께, 단자함의 한계 온도 등에 따라 선정

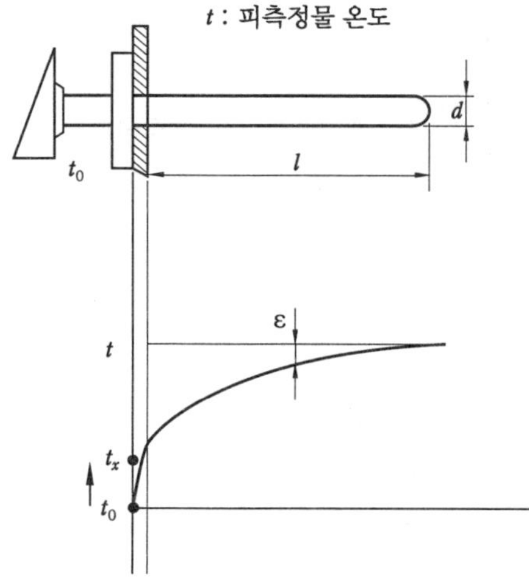

〈그림 2-27〉 온도계 보호관에서의 정적 오차

〈표 2-18〉 보호관의 삽입 길이
(d : 보호관의 지름)

유체의 상황	보호관의 삽입 길이(l)
유동하고 있는 경우	$15d$ 이상
정지 액체의 경우	$20d$ 이상
정지 기체의 경우	$25d$ 이상

할 필요가 있다.

[2] 동적 오차

온도가 변화하고 있는 상태를 측정하는 경우 정적 오차와 함께 동적 오차를 고려하여야 한다. 피측정물 온도→보호관→열전대 또는 측온 저항체→신호의 온도 검출 프로세스로 각 부분의 열 저항이나 열용량으로 늦음이 생겨 피측정물 온도가 변화하면서 검출 신호가 정확한 온도로 되기까지의 시간이 필요하다.

결국 피측정물 온도가 시간적으로 변화하고 있는 경우 열전대 또는 측온 저항체로 검출한 온도는 피측정물 온도의 정확한 온도를 나타내지 않고 시간적으로 늦은 값을 나타내기 때문에 오차를 일으키는데, 이것을 동적 오차라고 한다. 이 동적 오차는 피측정물 온도 변화가 빠르면 빠른 만큼 정도가 크게 된다.

이상에서 설명한 바와 같이 보호관에 의한 정적 및 동적 오차를 작게 하기 위해서는 피측정물 온도에서 열전대(또는 측온 저항체)에 이르는 열 저항을 작게 하고 열전대(또는 측온 저항체)의 열용량을 될 수 있는 한 작게 한다. 이러한 사항을 만족시키는 방법은 다음과 같다.

a. 열전대의 선단을 보호관에 용접한다.

b. 시스형을 사용한다.

그러나 a에서는 열전대만을 교환할 수 없고, b에서는 강도상 또는 마모 등의 문제가 발생하는 경우가 있으므로, 온도 측정의 응답 속도가 문제되는 경우에 대해서는 이들의 조건을 충분히 검토해서 선정해야 한다.

〈그림 2-28〉의 (a)는 피측정물 온도가 계단 상태로 변화하는 경우, (b)는 피측정물 온도가 일정 속도로 변화하는 경우의 응답 특성을 나타낸 것이다.

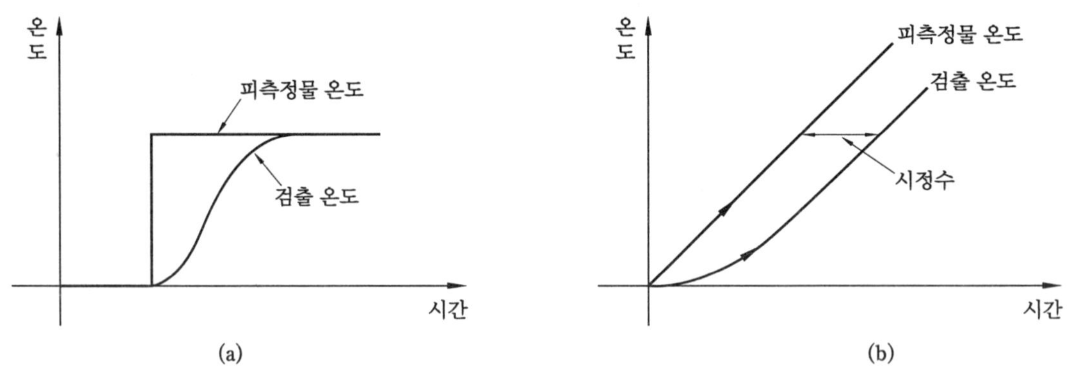

〈그림 2-28〉 응답 특성

6 열전대의 설치

프로세스 온도를 정확하고 안정하게 측정하기 위해서는 먼저 온도 검출단을 바르게 설치하는 것이 기본이다. 여기서는 배관 중의 유체 온도를 측온 저항체 또는 열전대를 사용하여 측정하는 경우의 설치 요령을 설명한다. 노(爐)라든가 탱크 내의 온도 측정의 경우도 이것에 준한다.

【1】 설치 장소의 선정

설치 장소는 다음과 같이 선정해야 한다.
- 진동이 적고 가능한 깨끗한 장소
- 주위 온도의 변화가 적고 80℃ 이하인 장소
- 보수 점검이 용이하고 보호관의 교환이 간단히 될 수 있는 장소

【2】 보호관의 삽입 길이

정적 오차를 작게 하기 위해서는 피측정 유체의 상황에 따라 보호관의 삽입 길이를 선정한다. 각각의 경우에 대한 보호관의 삽입 길이의 예시는 〈표 2-18〉과 같다.

【3】 배 선

배선은 단자함 가까이까지 관로(conduit)로 끌고, 이것으로부터 단자함까지는 가요성 관로(flexible conduit)를 사용하여 여유 있고 둥글게 설치한다. 배선의 주위 온도 조건에 따라 내열 케이블을 사용하기도 한다.

【4】 설치 방법

〈그림 2-29〉와 같은 방법으로 관 지름 D_0와 보호관 지름 d의 크기에 따라 돌기(boss)를 만들어 배관에 용접하여 붙인다.

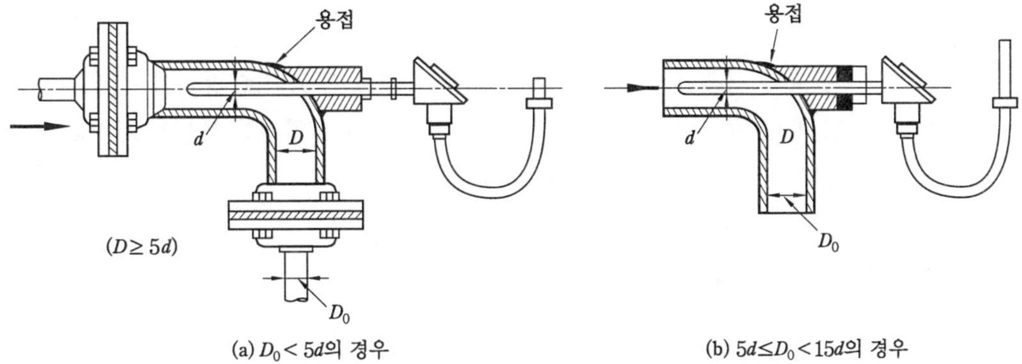

(a) $D_0 < 5d$의 경우   (b) $5d \leq D_0 < 15d$의 경우

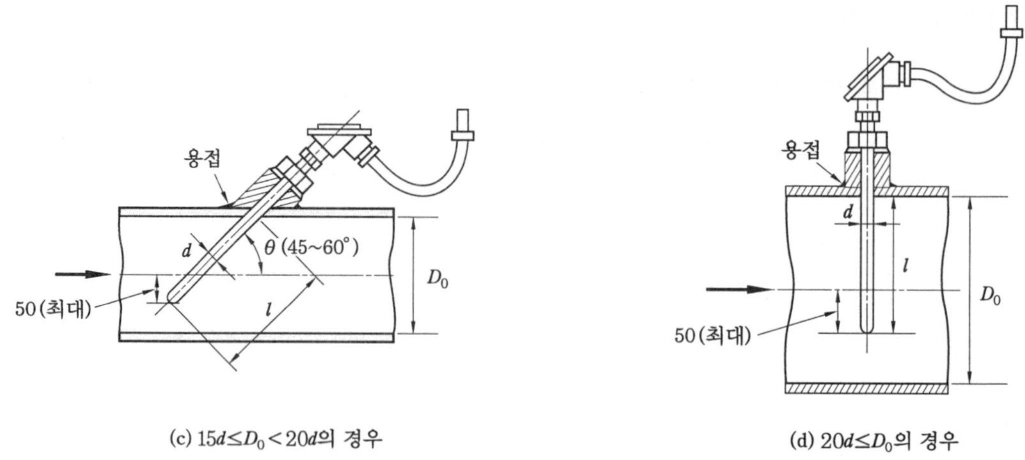

〈그림 2-29〉 열전대·측온 저항체의 설치

【5】 보온이 있는 경우

설치 후 원래대로 보온을 한다. 여기서, 단자 온도가 100℃ 이상으로 되지 않도록 주의한다.

3. 압력의 계측

1 압력 계측의 의미

압력은 온도와 함께 유체의 상태를 나타내는 중요한 파라미터의 하나이다. 유체의 압력은 그 유체의 위치와 에너지로 정해지므로 유량, 액면, 온도 등과 밀접한 관계가 있으며, 차압식 유량계, 액면계 등의 계기를 사용하여 압력을 측정하는 일에 의해 이들 양을 측정하는 일이 널리 이용된다.

보통 유량, 액면, 온도의 검출단 대부분이 압력 검출 소자로 구성되고 압력의 측정 정도가 이들 계기 정도를 결정하는 경우가 많다. 따라서 압력 계측 기술의 향상은 플랜트 계장상 중요한 의의를 갖고 있다.

2 압력의 단위

압력의 정의는 한 물체 내에 임의의 평면을 가상할 때 또는 두 물체의 접촉면을 고려할 때 그 면의 단위 면적당 수직하게 작용하는 힘의 크기로 나타낸다. 응력이라는 개념은 특정한 경우를 말한다.

면적이 A, 가해지는 힘이 F일 때 그 면에 작용하는 압력은 $\dfrac{F}{A}$이고 $ML^{-1}T^{-2}$ 차원을 갖는다. 〈표 2-19〉는 압력 단위 환산표를 나타낸 것이다.

〈표 2-19〉 압력 단위 환산표

bar	kgf/cm^2	psi	atm	mmHg	inHg	mmAq	ftAq	kPa
1	1.02	14.5	0.99	0.75	29.5	10.2	33.5	100.00
0.98	1	14.2	0.97	0.74	29.0	10.0	32.8	98.07
1.01	1.03	14.7	1	0.76	29.9	10.3	34.0	101.33
1.33	1.36	19.3	1.32	1	39.4	13.6	44.6	133.32
0.03	0.03	0.49	0.03	0.025	1	0.35	1.13	3.39
0.10	0.10	1.42	0.10	0.07	2.90	1	3.28	9.81
0.03	0.03	0.43	0.03	0.02	0.88	0.3	1	2.99

③ 압력 센서의 종류와 특징

【1】 압력의 의미

- 압력은 물질이 인접하는 각 부분에 서로 미치는 힘의 크기를 나타내는 양이며, 단위는 면적당에 작용하는 면과 법선 방향의 힘으로 정의한다.
- 즉, 고체의 압력은 방향성을 지니고 있어, 한 점에서의 압력도 방향에 따라 크게 다르다.
- 그러나 기체, 액체와 같은 유체는 힘의 치우침에 따라 유동하므로, 압력은 방향성이 없고 어떤 점에서 어느 방향의 면에 대해서도 같은 크기의 압력이 작용한다. 따라서 한 점에 대해 하나의 압력값이 결정된다.
- 압력은 유체 내에서 단위 면적당 작용하는 힘으로 정의된다.

$$P=\frac{F}{A}$$

여기서, P : 압력(kgf/cm^2), F : 힘(kgf),

A : 면적(cm^2)

$$압력(Pa)=\frac{힘(N)}{면적(m^2)}$$

$$압력(bar)=\frac{힘(N)\times10}{면적(cm^2)}=\frac{힘(N)}{면적(mm^2)\times10}$$

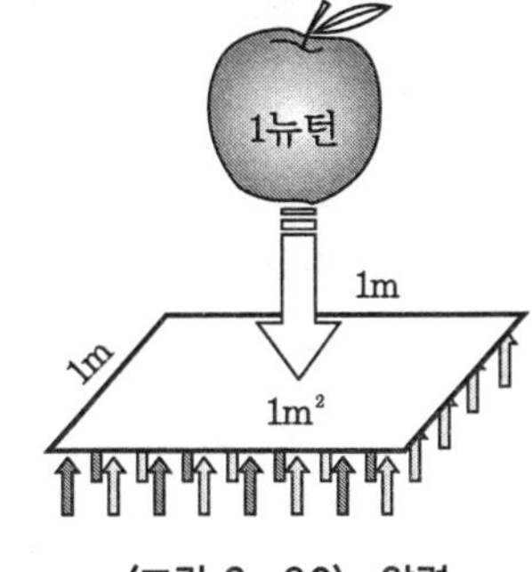

〈그림 2-30〉 압력

【2】 압력의 단위

압력(P)의 단위는 힘(F)과 면적(A)에 어떤 단위를 쓰느냐에 따라 다양하다. 일반적으로 많이 사용하는 단위에는 kgf/cm^2, bar, 기압이라는 단위가 있다.

① 1kgf/cm^2 : 표준 중력 가속도 9.8m/s^{2}하에서 1cm^{2}당 1kg의 질량이 작용하는 힘의 크기에 대응한 압력으로, 압력계의 지시 단위로서 많이 사용되고 있다. 기체, 액체의 게이지압, 차압의 표시에 사용된다. 단위 면적 1cm^{2}당 1kgf의 힘이 작용하는 것을 의미하고, 산

업 현장에서 많이 사용하기 때문에 공학 단위라고도 한다. $1kgf/cm^2$는 $9.81N/cm^2$, 1at는 약 $10.13N/cm^2$이므로 약 $1kgf/cm^2$이다.

② **1bar(바)** : $1cm^2$ 당 10^6다인(dyne$=g \cdot cm/s^2 = 10^{-5}N$)의 힘에 대응하는 압력으로 대기압이나 그 이상의 절대 압력 표시에 사용한다. $1bar = 10N/cm^2$

③ **mmHg(밀리미터 수은주)** : 표준 중력 가속도 $9.8m/s^2$하에서 표준 상태($0°C$, 1기압)의 수은(밀도 $13595.1kg/m^3$)의 액주차 1mm에 대응하는 압력으로, 진공도 표시에 많이 쓰인다. torr(토르, 토리첼리)도 같은 크기이다.

④ **mmH₂O(밀리미터 수주)** : 표준 중력 가속도 $9.8m/s^2$하에서 표준 상태($4°C$, 1기압)의 물(밀도 $1g/cm^3$)의 액주차 1mm에 대응하는 압력으로, 게이지압이나 차압의 저압 영역의 표시에 주로 쓰인다.

⑤ **1기압(at)** : 1 표준 기압(standard atmosphere)은 평균 해수면의 표준 대기압을 의미하며, 760mm 수은주의 높이에 상당하는 압력이다. 1bar를 기준으로 하여 2%의 범위 안에 있어, 일반 산업 현장에서는 같은 크기의 단위로 혼용하여 사용하기도 한다. 공학에서는 $1kgf/cm^2$의 압력을 기준으로 하는데, 이것은 공학 기압이라 하며, 다음과 같은 관계가 성립한다.

- 1 공학 기압$=1at=733.5mmHg=10.00mAq=1.0kgf/cm^2$
- 1 표준 기압$=1atm=760mmHg$(수은주)$=10.33mAq*$(물 기둥)$=1.033kgf/cm^2$

⑥ **1Pa** : 압력의 표준 단위는 N/m^2이고 이를 파스칼(Pa, pascal)이라 한다. 국제 단위계(SI)에 의한 압력 단위로 1제곱 미터당 1뉴턴(N$=kgf \cdot m/s^2$)의 힘에 대한 압력이다. 종이 한 장이 그만한 크기의 면적에 놓여 있을 때 작용하는 정도의 아주 작은 압력 단위이기 때문에 Pa 단위로 작업 현장에서 일반적으로 사용하는 압력을 표현하면 너무 숫자의 단위가 커져서 불편하여 보조 단위가 많이 사용된다. 많이 사용되는 보조 단위에는 다음이 있다.

- 1hPa$=100Pa$　　• 1kPa$=1,000Pa$　　• 1MPa$=1,000,000Pa$

⑦ **1hPa** : 1bar는 $100,000Pa$(1bar$=10N/cm^2=100,000N/m^2=100,000Pa$)이므로 1hPa(헥토 파스칼)은 $1/1,000bar$ 즉, 1 mbar(밀리 바)가 된다. bar 단위와 Pa 단위 사이에는 다음의 관계가 있다.

- 1bar$=100,000Pa=1,000hPa=100kPa=0.1MPa$
- 1hPa$=1/1,000bar=1mbar$
- 1kPa$=1/100bar$　　• 1MPa$=10bar$

⑧ **psi** : 단위는 영국과 미국에서 주로 사용되는 단위로 1 평방 인치($1in^2=2.54 \times 2.54cm^2$)당 작용하는 힘을 파운드(lb) 단위로 나타낸 것이다. psi 단위와 다른 압력 단위 사이에는 다음의 관계가 있다.

- 1kgf/cm²$\fallingdotseq 14.3psi$　　• 1bar$\fallingdotseq 14.5psi$　　• 1at$\fallingdotseq 14.7psi$

⑨ **1torr(토르)** : 수은주의 높이 1mm의 압력, 즉 1mmHg를 의미하며, 주로 진공 압력을 표

시할 때 사용하며 별도의 표시가 없는 한 torr 단위는 절대 압력을 나타낸다. torr 단위와
다른 압력 단위에는 다음의 관계가 있다.

- $1kgf/cm^2 = 735torr$ - $1bar = 750torr$

- $1at = 760torr$ - $1psi = 51.7torr$

⑩ **mmWG(mm water gauge)** : 물기둥 높이 1mm의 압력을 의미한다. mmWG는 아주
작은 단위이어서 물기둥 높이 1m의 압력을 의미하는 mWG등이 사용되기도 한다.
mmWG와 다른 압력 단위 사이에는 다음의 관계가 있다.

- $1kgf/cm^2 = 10,000mmWG = 10mWG$

- $1bar = 10,190mmWG = 10.19mWG$

- $1at = 10,320mmWG = 10.32mWG$

- $1psi = 700mmWG = 0.7mWG$

[3] 압력 측정

압력의 측정은 기본적으로는 기준이 되는 압력과의 차압력의 측정으로서 보통 차압이라 하
면 일반 기준으로 되는 압력을 어느 위치에 설치하는가에 따라 3가지의 표시 방법이 있다. 그
림은 다이어프램형 압력계를 예로서 나타낸 것이다.

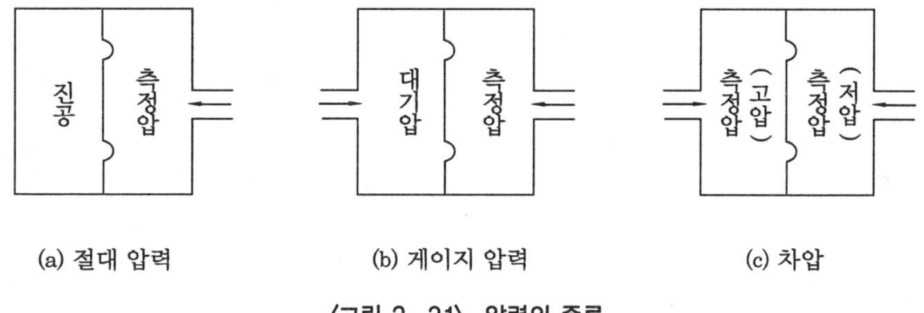

〈그림 2-31〉 압력의 종류

① **절대 압력(absolute pressure Pabs 또는 Pa)** : 절대 진공을 기준으로 대기 압력, 증기
압력을 나타내며 예를 들면 $10kgf/cm^2 \cdot abs$라고 표시한다. 절대 압력과 게이지 압력 사
이에는 절대 압력(ata)=대기 압력(atm)+게이지 압력(atg)의 관계가 있다.

② **게이지 압력(gauge pressure)** : 대기 압력을 기준으로 하므로 산업 분야에 널리 사용되
며, 예를 들면 다른 압력과 구별이 필요할 때는 $10kgf/cm^2 \cdot g$, 구별이 필요 없을 때는 단
순히 $10kgf/cm^2$로 표시한다. 우리가 일반적으로 산업 현장에서 사용하는 압력계가 대기
압 상태에서 0을 나타내도록 만들어져 있어 상대 압력이라고도 하며 P_g, 또는 P_e로 표시
한다. 지상에는 대기압이 항상 작용하고 있지만 우리는 이를 느낄 수 없고, 우리가 작업에
이용할 수 있는 압력도 대기압과의 차이가 되기 때문에 일반 산업 현장에서는 대기압과의
차이를 나타내는 게이지 압력이 주로 사용되며, 별도의 표시가 없을 때에는 게이지 압력
을 나타내는 것으로 한다. 대기압보다 낮은 상태의 압력을 진공 압력이라 한다. 진공 압력

은 게이지 압력으로 표시하면 마이너스 압력인 부압($-P_g$) 또는 진공압(vacuum pressure)으로 표시되고, 절대 압력으로 표시하면 플러스로 표시된다.

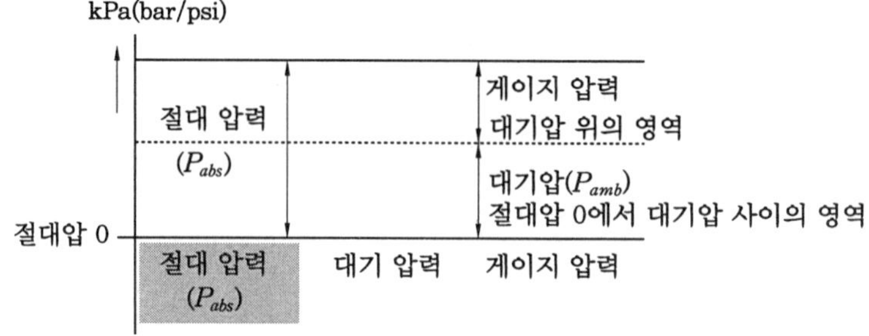

〈그림 2-32〉 게이지 압력과 절대 압력

③ **차압(differential pressure)** : 진공 대기압 이외의 압력을 기준으로 하므로 유량 측정, 액면의 높이 측정에도 응용되며 예를 들면 10kgf/cm^2 · diff라고 표시한다.

【4】 압력 센서

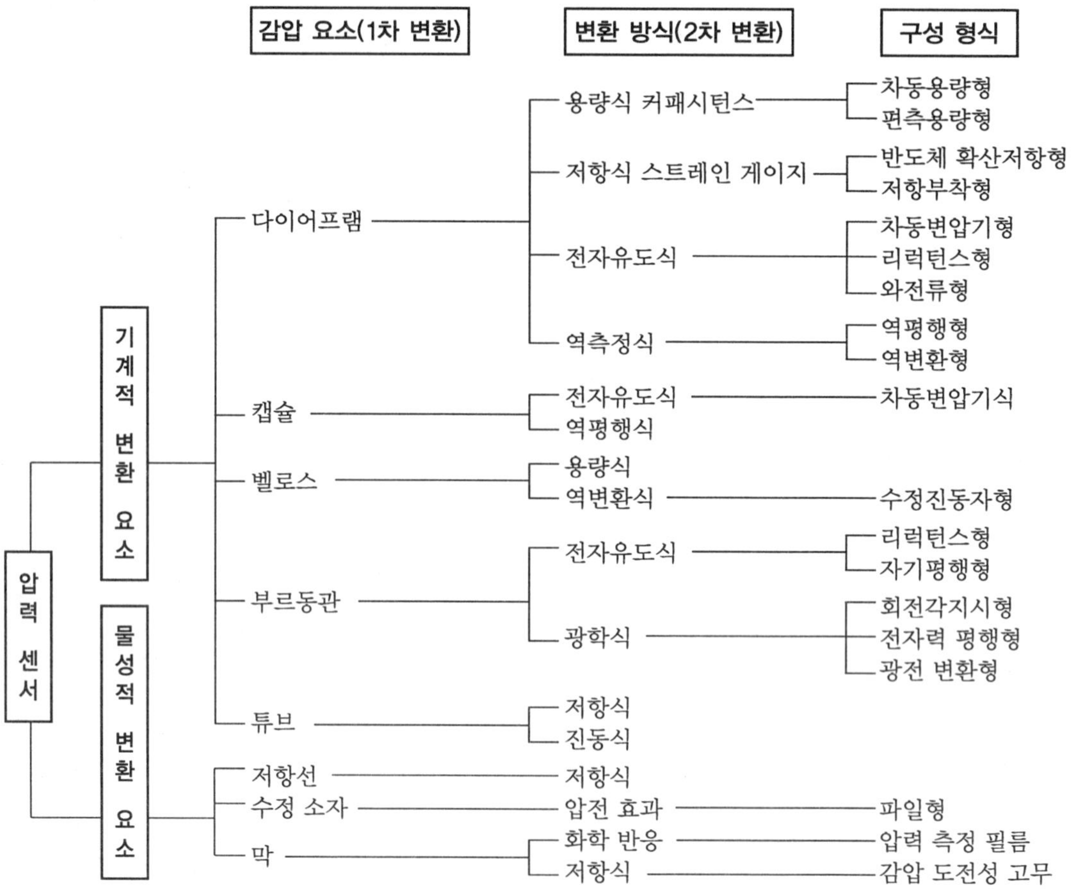

〈그림 2-35〉 압력 센서의 분류

① 압전식 압력 센서

전기식으로 수정, 로셸염(rochelle salt) 및 티탄산바륨(titanate-barium) 등의 양면에 압력을 주면 압력에 비례한 전기가 발생되는데 이 전기량을 측정하여 압력을 검출하는 것이다. 수압부는 압력에 의해 거의 변형되지 않고 가동부가 없어 매우 빠른 응답 속도를 가지고 있어 변동 압력 측정에 사용된다.

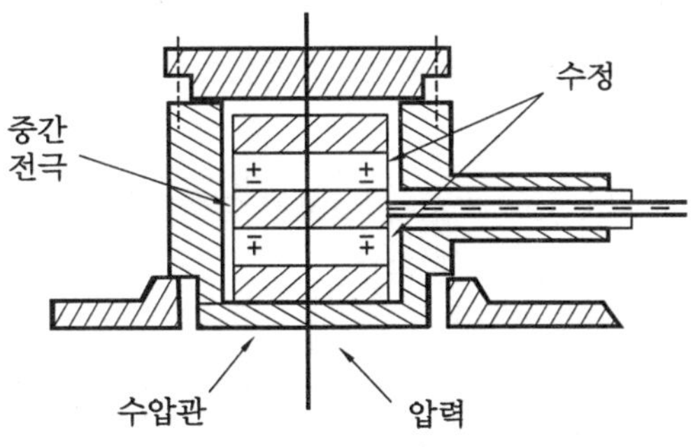

〈그림 2-33〉 압전식 압력 센서

② 정전 용량형 압력 센서

• 〈그림 2-34〉의 (a)는 정전 용량형 압력 센서의 구조로, 고정 전극과 다이어프램 사이에 정전 용량이 형성된다. 인가 압력에 의해서 평판 다이어프램이 변형되면 두 전극 사이의

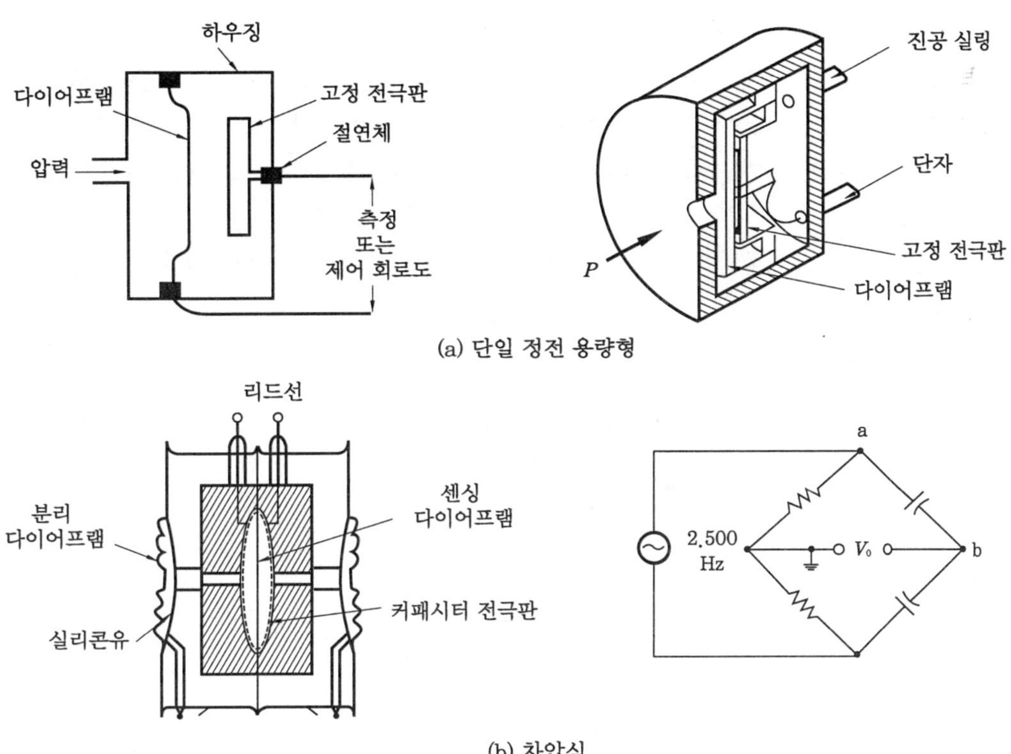

〈그림 2-34〉 정전 용량형 압력센서

거리가 변화하면서 동시에 정전 용량이 변한다.

- 〈그림 2-34〉의 (b)는 원통형 정전 용량형 차압 센서의 구조로 두 정지 전극 사이에 센싱 다이어프램이 위치한다. 내부에는 기름이 채워져 있어 차압이 센싱 다이어프램에 전달된다. 동일한 압력이 인가되면 다이어프램은 변형되지 않으므로 브리지 회로가 평형이 되어 출력 전압은 0V가 되고, 인가 압력이 다르면 다이어프램은 차압에 비례해서 변형되므로, 두 용량 중 하나의 정전 용량은 증가하고, 반대의 다른 정전 용량은 감소한다. 따라서 차압에 비례하는 출력 신호는 2배로 되고, 불필요한 공통 모드 신호의 영향을 제거할 수 있다.
- 특성 : 측정 범위가 매우 넓고, 스트레인 게이지 방식에 비해 드리프트가 작다. 분해능이 높고, 전형적인 온도 영향이 0.25% FS이다.

③ 스트레인 게이지

- 스트레인 게이지는 1856년 L. Kelvin에 의해 "금속체에 외력을 가하면 변형이 발생한다"는 사실에서 금속체를 잡아당기면 가늘게 늘어남으로 전기 저항이 증가하며, 반대로 압축하면 줄어들고 전기 저항은 감소한다는 원리를 발견하면서 사용되었다.
- 스트레인 게이지는 전기식 압력계 중 저항선식 압력계로 금속의 전기 저항이 압력에 의해 변화하는 것을 이용하여 도선의 저항 변화를 검출함으로써 압력을 측정하는 것으로 앞에서 다루었던 스트레인 게이지가 해당된다. 온도 계수가 작은 망가닌(manganin)이 사용되며, 200MPa까지의 고압을 측정할 수 있다.
- 스트레인 게이지는 가해진 변형에 의해 전기 저항 값이 변화하는 원리를 이용한 금속 저항선 게이지가 먼저 개발되었고, 이어서 박형 게이지와 반도체 게이지가 개발되었으며, 응력, 힘, 변형, 압력, 변위 등 외력에 의한 변화를 측정할 뿐만 아니라 점점 그 용도가 넓어지고 있다.
- 스트레인 게이지는 저항값의 변화를 이용한 것이므로, 저항선이 갖는 저항 R은 길이 l, 단면적 A, 고유 저항 $\rho(\Omega \cdot \mathrm{cm})$일 때 다음과 같다.

$$R = \rho \frac{l}{A}$$

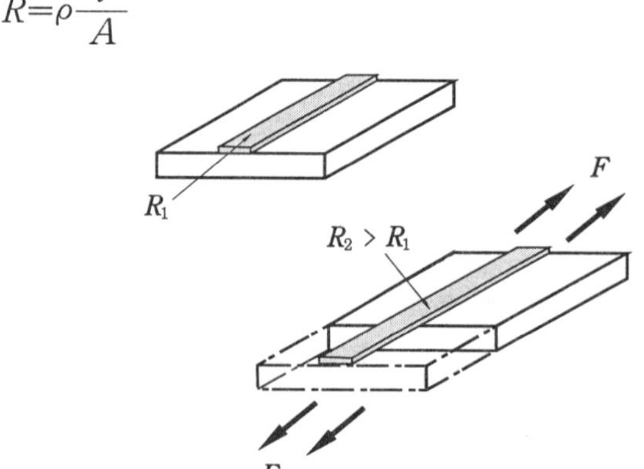

〈그림 2-36〉 스트레인 게이지의 원리

- 스트레인 게이지는 기본적으로 저항체이며 변형이 발생하는 방향으로 저항선을 부착하여 만든다. 이 저항 변화율은 소자가 받는 변형에 비례한다.

$$\frac{\Delta R}{R} = K \cdot \varepsilon, \ \varepsilon = \frac{\Delta l}{l}$$ (단, ε : 소자가 받는 변형, Δl: 외력에 의한 길이의 변화, K: 게이지 고유의 변형 감도로서 게이지율이라 한다.)

- K는 게이지의 재질에 따라 정해지며, 금속의 경우 2에 가까운 값을 갖는다.
- 스트레인 게이지에 사용되는 저항선의 저항값은 120, 350, 600Ω 등이 주로 사용되며, 표준형과 다이어프램식이 있다.
- 표준형은 사각형 구조로 점의 변형을 측정하는 데 사용되고, 다이어프램식은 4개의 스트레인 게이지로 구성되어 압력 센서에서와 같이 측정의 최적화를 요구하는 곳에 사용된다.

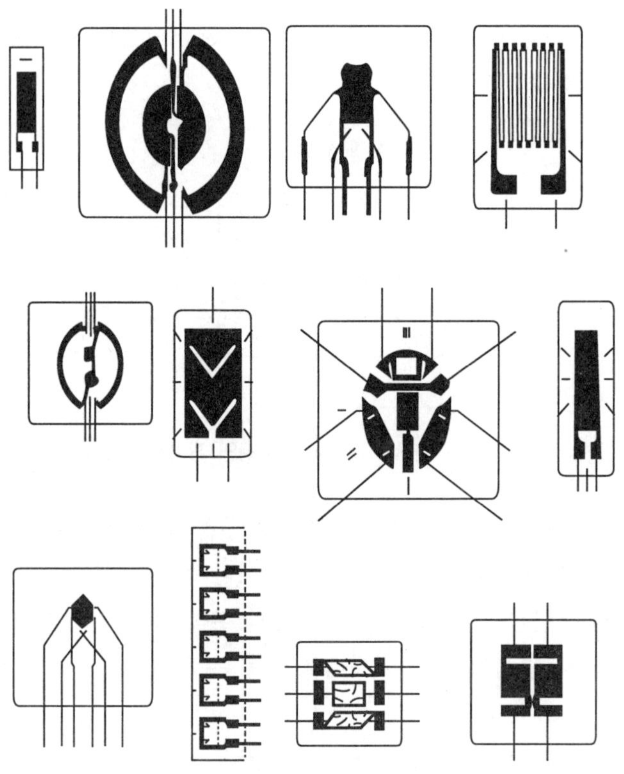

〈그림 2-37〉 각종 박형 스트레인 게이지

- 금속 이외의 스트레인 게이지 재료로서는 실리콘, 게르마늄 등의 반도체가 있으며, 이 경우의 저항 변화는 주로 ρ가 변화함으로써 생기고 게이지는 금속의 수십 배가 된다.
- 스트레인 게이지에는 여러 가지 분류법이 있는데 재질적으로는 금속과 반도체, 구성적으로는 박형, 선, 벌크, 확산 소자 등으로 구분된다.
- 스트레인 게이지는 저항체로서는 선재(線材)뿐만 아니라 두께 5~10μm의 금속 저항 밖

에 유리 페이퍼 등의 수지를 함침한 것과 수지만을 접착한 것이 있다. 여기에 포토 에칭 법을 이용하여 게이지 패턴을 형성한다.

- 포토 에칭법에 의한 것은 복잡한 패턴이 좋은 정밀도로 균일하게 대량 생산이 가능하므 로 이 방법이 주로 이용되고 있다.
- 스트레인 게이지는 일반적으로 피측정물에 접착하여 사용하는데 부착 형태에 따라 측정 의 결과가 영향을 받으므로 부착 시 유의해야 하며, 접착제도 적절한 선택과 사용법 역시 중요하다.
- 반도체 스트레인 게이지의 특징은 다음과 같다.

㉮ 반도체의 재질, 전도형, 캐리어 농도 및 결정축에 대한 방향 등에 따라 그 크기와 극성이 크게 다르다는 피에조 효과를 이용하는데, 게이지율은 100~200으로 그 값이 아주 크다.

㉯ 반도체 스트레인 게이지는 게이지율이 높기 때문에 금속 스트레인 게이지보다 출력이 크고 증폭이 용이하지만 온도에 의한 저항이나 게이지율의 변화도 크기 때문에 사용할 때는 주의가 필요하다.

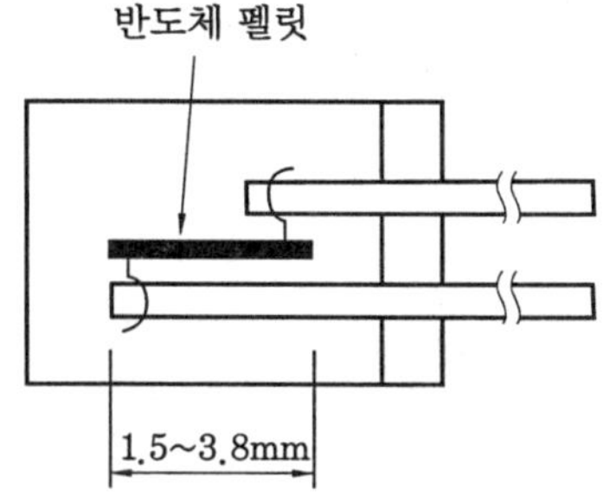

〈그림 2-38〉 반도체 스트레인 게이지의 구조

- 푸시풀 게이지는 게이지 자체만으로는 제작되지 않고 압력 센서에 내장되어 사용할 때는 전극부의 이면이 기왜체에 붙어 있으며, 압력이나 힘 센서로 동작한다. 이 게이지는 게이 지 부(비접착)의 단면적에 비해 전극부 이면의 부착 면적이 크기 때문에 동작 중에 접착 층의 음력이 적고 재현성이 좋은 데이터를 얻을 수 있다.

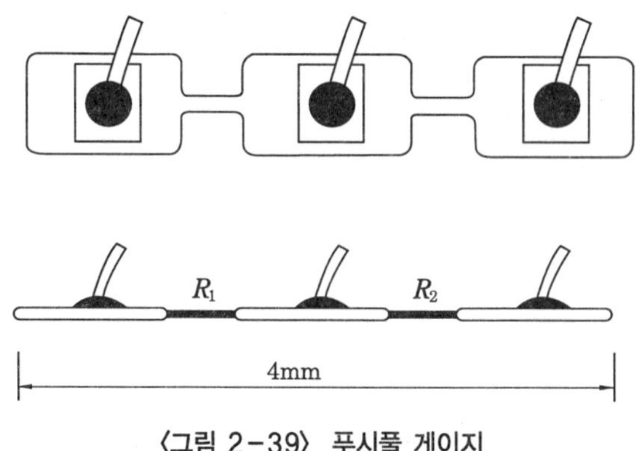

〈그림 2-39〉 푸시풀 게이지

④ 로드 셀

스트레인 게이지를 각각의 피측정물에 접착하는 데는 많은 노력과 기술이 필요하기 때문에 스트레인 게이지와 피측정물을 일체화한 로드 셀(load cell)이라는 하중 변환기가 사용되고 있다. 이것은 금속 탄성체의 비례한도 내에서의 응력과 왜곡을 이용한 것으로 하중에 의한 왜곡을 가장 발생시키기 쉬운 수감부에 스트레인 게이지를 부착한 것이다. 따라서 로드 셀의 용량, 성능 등은 이 수감부의 치수, 재질로 결정된다. 이러한 로드 셀은 이름대로 하중계이므로 저울에서부터 자동차 화물의 중량 계측 및 생산 공정의 자동화, 합리화에 널리 사용되고 있다.

•로드 셀의 원리

로드 셀은 〈그림 2-40〉과 같이 하중을 받는 금속 탄성체의 수감부 4곳에 스트레인 게이지를 가로와 세로 방향으로 접착하고, 이들 게이지를 휘트스톤 브리지 회로를 구성하여 하중에 비례하는 저항 변화를 출력하는 것이다.

스트레인 게이지를 이용한 센서 및 변환기(트랜스듀서)는 그 종류가 매우 많으나 특히 많이 사용하고 있는 로드 셀(load cell), 즉 중량 센서의 일반적인 특징은 다음과 같다.

㉮ 중량을 전기 신호로 변환해서 높은 정밀도(1/1000~1/5000)의 측정이 가능하며, 동적으로 측정할 수 있다.

㉯ 수 g에서부터 수백 ton의 것까지 제작 가능하다.

㉰ 구조가 간단하고 가동부가 없어 수명이 반 영구적이다.

㉱ 검출 방식이 전기식이므로 임의의 장소에 하중을 신호로 전송할 수 있으며 아날로그 표시, 디지털 표시, 제어 등을 자유로이 할 수 있다.

㉲ 로드 셀은 보통 완전히 밀폐된 구조로 되어 있어 내부의 스트레인 게이지가 습도의 영향을 받지 않도록 되어 있다. 그러나 최근에는 여러 형태의 방습 방법이 취해져 완전히 밀폐구조가 아닌 것도 있다.

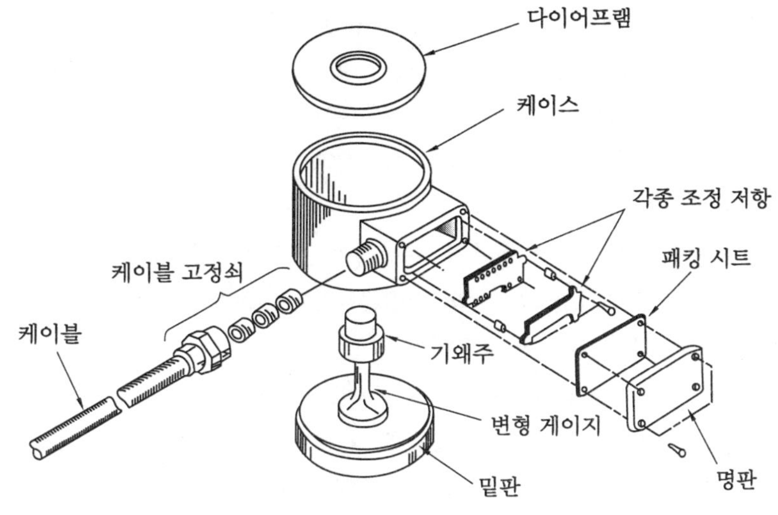

〈그림 2-40〉 로드 셀의 구조

- 로드 셀의 성능을 좌우하는 인자

로드 셀의 브리지 회로에는 온도에 의한 제로점의 이동과 감도의 변동이 일정값 이내가 되도록 스트레인 게이지의 외부에 보상 저항을 추가한다. 또한, 브리지의 초기 상태 제로점을 보상하기 위해서도 보상 저항을 추가하는 것이 일반적이다.

㉮ 주위 온도 변화에 의한 브리지 평형점의 이동

㉯ 주위 온도 변화에 의한 로드 셀 감도의 변화

㉰ 하중에 의한 왜곡을 발생시키는 수감부의 비직선성

㉱ 하중에 의한 왜곡을 발생시키는 수감부의 히스테리시스

㉲ 스트레인 게이지의 클립

㉳ 스트레인 게이지의 이완(relaxation)

- 로드 셀의 출력

㉮ 로드 셀의 출력은 일반적으로 브리지 회로에 가해지는 전압 1V당 출력 전압(mV/V)으로 표시한다.

㉯ 출력 전압은 브리지에 인가되는 전압을 V_i, 브리지의 출력 전압을 V_o, 브리지가 받는 등가 변형을 ε, 스트레인 게이지의 변형률을 모두 동일하게 k로 하면, 다음과 같다.

전압 출력 $\dfrac{V_o}{V_i} = \dfrac{1}{4} k\varepsilon$

㉰ 즉, 로드 셀의 출력 전압 감도는 브리지의 전원 전압 및 등가 변형에 비례함을 알 수 있다. 등가 변형은 수감부의 치수, 재질에 따라 결정되는 것으로 수명과 관계하므로 주의하여야 한다. 따라서 출력 전압을 높이기 위해 브리지의 전원 전압과 브리지의 저항값을 높여야 한다.

㉱ 대부분 350Ω의 스트레인 게이지가 많고, 인가 전압도 10~20V의 것이 주류이다. 출력 전압은 3mV/V를 기본으로 0.5~4mV/V의 범위에 있다. 출력 전압을 마이크로 스트레인(strain 또는 10^{-6}strain)으로 표시하는 경우는 수감부에 부착한 스트레인 게이지가 모두가 받는 변형값으로 표현한 것이다. 예를 들어 3mV/V의 표시를 변형값으로 환산하는 경우, $k=2$(대부분의 스트레인 게이지가 2이다)라 하면 3mV/V$=6000\times10^{-6}$strain이 된다. 반대로 2000μ 스트레인의 표시는 1mV/V가 된다.

⑤ **LVDT 압력 센서**

- 탄성체로 부르동관 센서로 부르동관의 한쪽 끝에 LVDT의 철심을 연결한다.
- 압력이 부르동관에 인가되면, LVDT의 철심은 위로 이동하여 출력이 발생하는데 출력 전압은 부르동관의 변화가 매우 작은 범위에서 압력에 따라 직선적으로 변화한다.
- 이 형태의 압력 센서는 정압(static pressure)을 측정하는 경우에는 안정성과 신뢰성 있는 압력 측정이 가능하나 부르동관과 LVDT의 철심의 질량이 응답 주파수를 약 10Hz로 제한하기 때문에 동압(dynamic pressure) 측정에는 부적합하다.
- 이 압력 센서는 절대압, 차압 검출이 가능하지만 진동이나 자기 간섭에 민감하다.

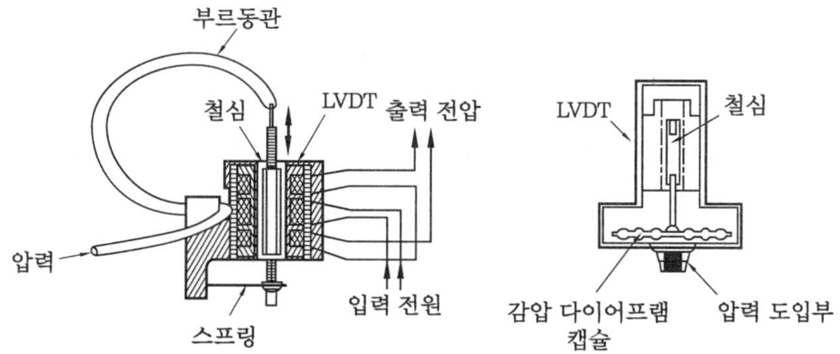

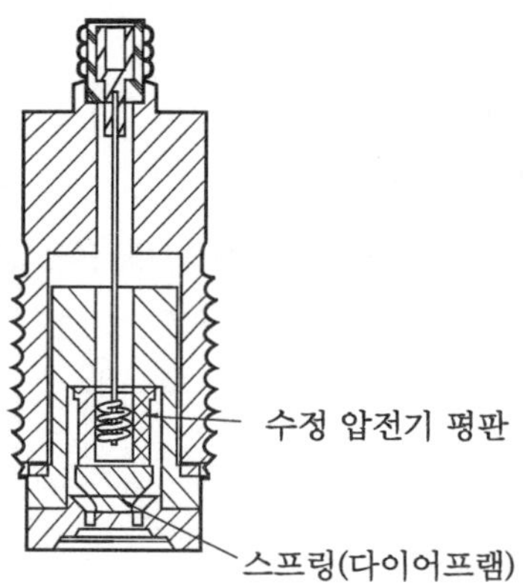

〈그림 2-41〉 부르동관을 이용한 LVDT 압력 센서

⑥ 압전기 압력 센서

- 수정 등과 같은 압전 결정에 힘을 가하여 변형을 주면 변형에 비례하여 그 양단에 정(正), 부(負)의 전하가 발생한다. 압전기 압력 센서는 결정의 압전 효과(piezoelectric effect)를 이용한다.
- 이 압력 센서는 탄성체와 센서로써 압전기 결정이 사용되고 있다.
- 압력이 얇은 다이어프램을 통해 다이어프램에 접촉하고 있는 결정면에 인가되면 전하가 발생한다.
- 압전기는 동적 효과(dynamic effect)이기 때문에 출력은 단지 압력이 변할 때만 나타나므로 이 센서는 정압을 측정할 수 없고 단지 압력이 변하는 경우에만 사용될 수 있어, 폭발 등과 관련된 동압 현상이나, 자동차, 로켓 엔진, 압축기 및 빠른 압력 변화를 경험하는 압력 장치에서의 동압 상태를 측정, 비교하는 데 사용된다.

〈그림 2-42〉 압전기 압력 센서

⑦ 반도체 압력 센서

- 반도체 단결정(monolithic)의 피에조 저항 효과(piezo resistive effect)를 이용한 압력 센서로서 다이어프램을 만들어 그 표면에 스트레인 게이지 저항을 형성한 압력 센서로

일명 피에조 압력 센서라 부른다.
- 반도체 압력 센서는 크게 나누어 확산형과 박막형이 있으며 이들 모두 압력의 변화에 따라 저항이 변화하는 반도체의 피에조(piezo) 저항 효과를 이용하고 있다.
- 반도체 기술로 원칩 압력 센서로 개발되어 넓은 온도 범위에서 사용되고 소형으로 제작될 수 있으며 온도 보상과 교정을 자체적으로 보정하는 기능을 갖고 있고 응답 특성이 빠르므로(1ms~10ms) 기체나 액체 등 빠른 압력 변화의 감지에도 사용할 수 있어 적용 범위가 대단히 넓다.

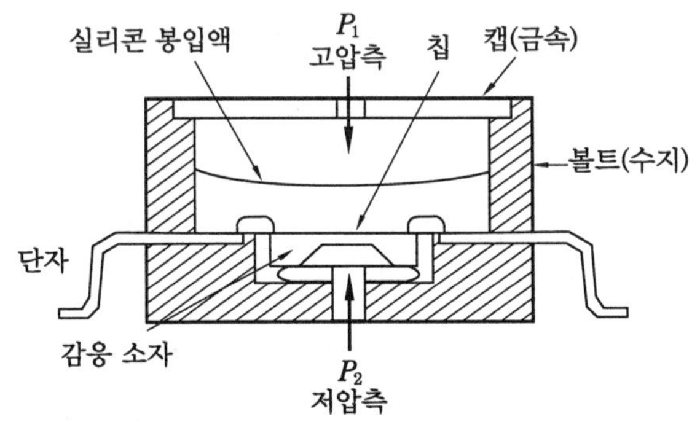

(a) 반도체 압력 센서의 구조

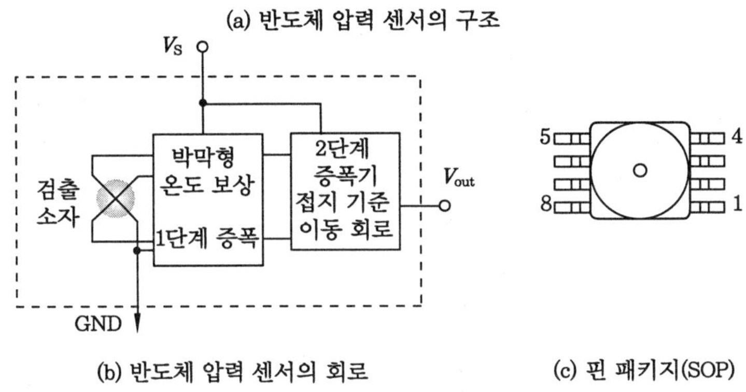

(b) 반도체 압력 센서의 회로   (c) 핀 패키지(SOP)

〈그림 2-43〉 반도체 압력센서의 단면(SOP)

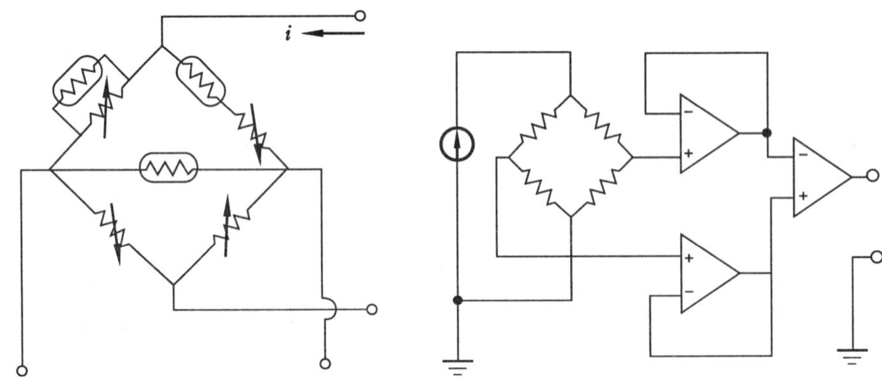

〈그림 2-44〉 반도체 압력 센서의 검출 회로

- 그러나 부식성의 기체나 액체에서는 사용을 피해야 한다.
- 항공기 고도계, 공장 제어, 의료기기(호흡기기, 병원 침구 등), 유량 제어 회로, 누수나 누설 검사, 기체 또는 액체 탱크의 압력 및 액면 측정에서 사용되고 있다.
- 브리지 검출 회로와 차동 증폭기를 사용하는 이유는 압력 변화대 검출 출력이 적을 뿐만 아니라 온도 변화 등의 영향을 줄이기 위해서이다.
- 대개 이들 회로들은 센서 모듈 내에 내장을 시키고 있다.

⑧ 확산형 센서

- 수압 다이어프램 자체도 반도체로 형성되고 그 표면에 소자를 일체화하여 형성한 것으로 감도가 높고 소형이며, 가격이 저렴하다.
- 성능적으로 안정되어 있어 많이 이용되고 있으나 내환경성, 측정 범위 등이 열악하다.
- 확산 소자는 사각형 다이어프램의 증압부와 주변에 각각 한 쌍씩 배치되어 있다.
- 소자는 가압 측에 있어 중앙이 압축 측이 된다.

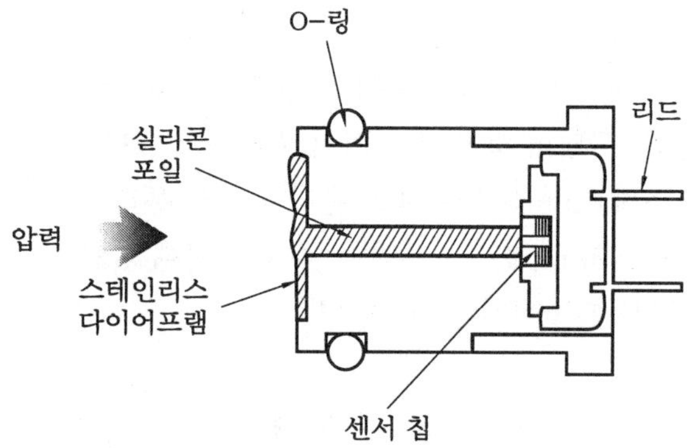

〈그림 2-45〉 확산형 반도체 압력 센서의 구조

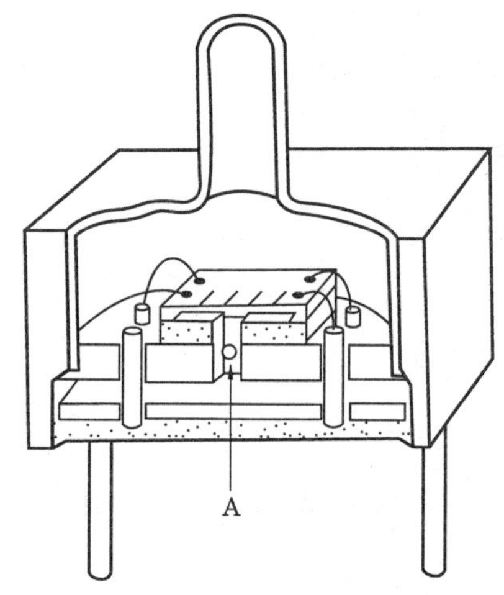

〈그림 2-46〉 확산형 반도체 압력 센서

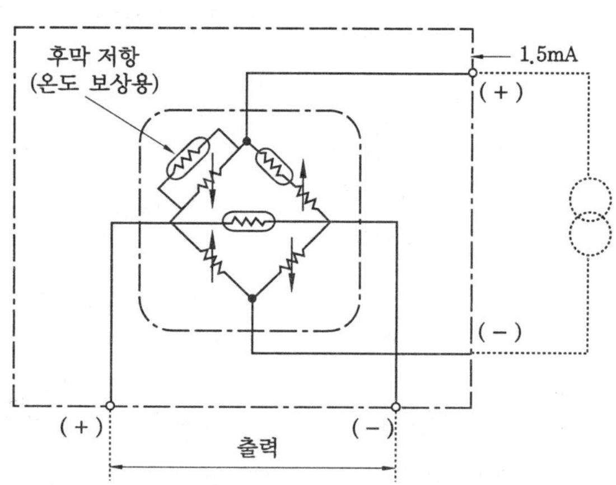

〈그림 2-47〉 확산형 반도체 압력 센서의 내부 회로

- A는 배기공으로 바깥 공기와 통한다.
- 절대 방식은 A 없이 내부를 진공으로 한 것이다.
- 리드 결선부를 유연한 레인지로 포팅한 형식도 있다.
- 확산형 반도체는 이러한 형태 외에도 도입부에 접속 나사가 있는 형식과 금속 실드 다이 어프램을 갖고 봉입액을 통하여 압력을 전달하는 형식도 있다.
- 이 압력 센서의 내부 결선은 풀 브리지 접속으로 되어 있다.
- 개개의 소자 특성에 맞추어 레이저 트리밍 한 후막 저항이 배치되어 있고 온도 특성과 제로, 스팬 등의 보정을 한다.

⑨ 광파이버 센서

- 광탄성 압력 센서

투명 탄성체의 한 방향으로 압력을 가했을 때 타원체로 나타나는 변형, 일그러짐에 의해 빛의 복굴절성 결정과 같이 작용하는 현상을 광탄성 효과라 하며, 이 효과를 이용한 것이 광파이버 압력계이다.

㉮ 구조

- 광축을 맞추어 세트된 로트 렌즈가 부착된 입출력용 광파이버 사이에 편광자, 광학 바이어스용 1/4 파장판, 광탄성 소자, 검광자가 배열되어 있다.
- 광탄성 소자에는 두께 6mm의 파이렉스 유리나 석영 유리가 사용된다.
- 광원에는 파장 $0.8\mu m$의 LED가 사용되며, 수광 소자에는 Si pin-PD, 광파이버에는 석영 유리계 Si형 다모드 광파이버가 사용된다.

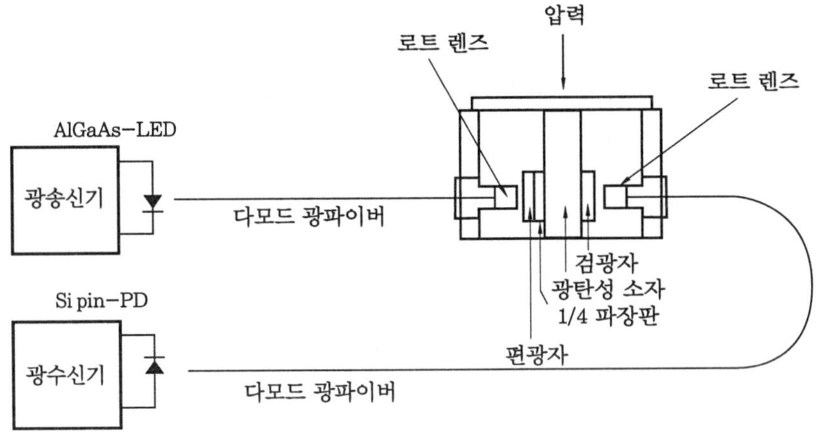

〈그림 2-48〉 광탄성 압력 센서의 구성

㉯ 원리

- 입력용 광파이버에 결합되어 조사된 LED 광이 로트 렌즈에 의하여 접속되고, 편광자에 의해 직선 편광으로 광탄성 소자에 입사된다.
- 입사광의 편광 방향에 대해 $45°$로 이력이 가해질 때 복굴절을 일으켜 타원 편광으로 변

환되며 1/4 파장판을 통과하여 검광자에 의해 입력에 비례한 광출력이 얻어진다.

– 이 광출력은 다시 로트 렌즈로 모아지고 출력용 광파이버에 결합되어 수광 소자에 유도 된다. 입력은 직류 변환이므로 광원의 강도 변동과 광회로 소자의 광축 어긋남 등의 오 차 원인이 된다.

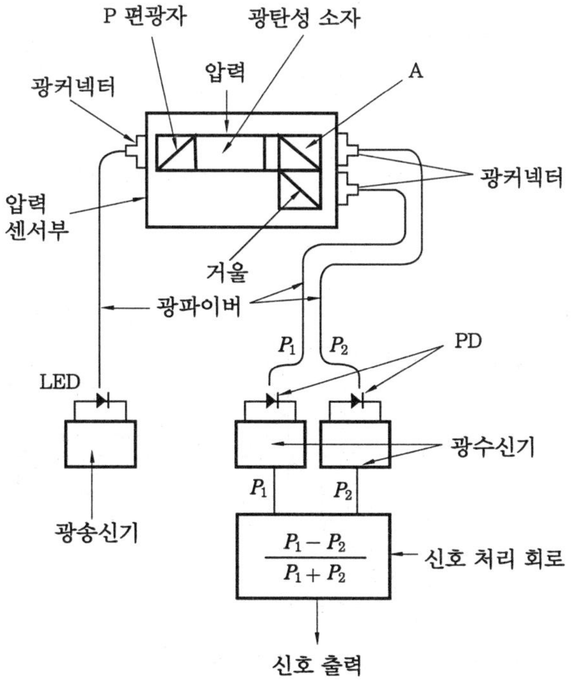

〈그림 2-49〉 광탄성 압력 센서의 연산 처리

– 이 오차를 제거하기 위해 검광자에 의해 얻어지는 직교한 두 편광 출력을 수광하고 연 산 처리한다. 이 결과로 압력 검출 범위 $10^3 \sim 10^6$ Pa, 측정 정밀도 ±1%, 온도 특성 ±2% 이하(–20~80℃)가 얻어지며, 이론적 최소 검출 압력 레벨은 1.4Pa이다.

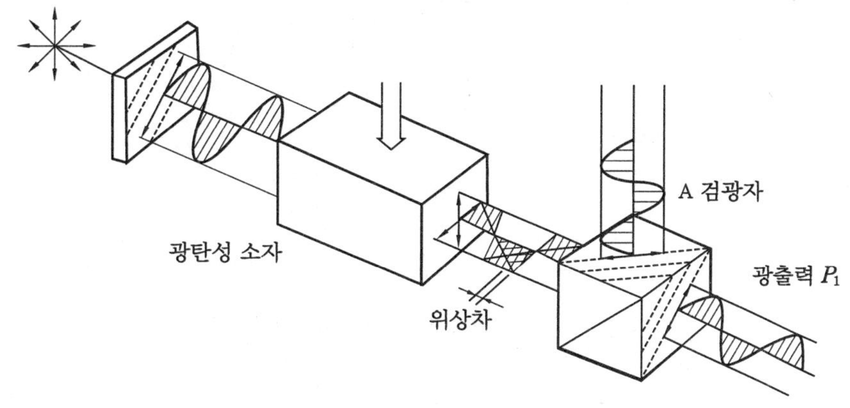

〈그림 2-50〉 광탄성 압력 센서의 원리

　－ 이 센서는 다이어프램 등의 측정 수압면의 힘을 균일하게 광탄성 소자에 가하는 기술이 필요하다.

• 다이어프램 반사형 압력 센서

㉮ 〈그림 2-51〉의 (a)와 같이 다이어프램의 양면 압력이 균등한 상태의 반사광을 검출하여 탱크 속의 압력을 측정하는 방식이다.

㉯ 〈그림 2-51〉의 (b)는 다이어프램에 의한 반사를 이용한 다른 형식의 압력 센서로 광전 송로는 3개의 광파이버로 구성되며, 그 중 2개가 광원으로 송광용, 다른 하나는 다이어프램으로 반사광의 수광용이다.

㉰ 변조 주파수가 다른 두 가지 빛이 광파이버로 다이어프램에 조사되고 양자의 반사광으

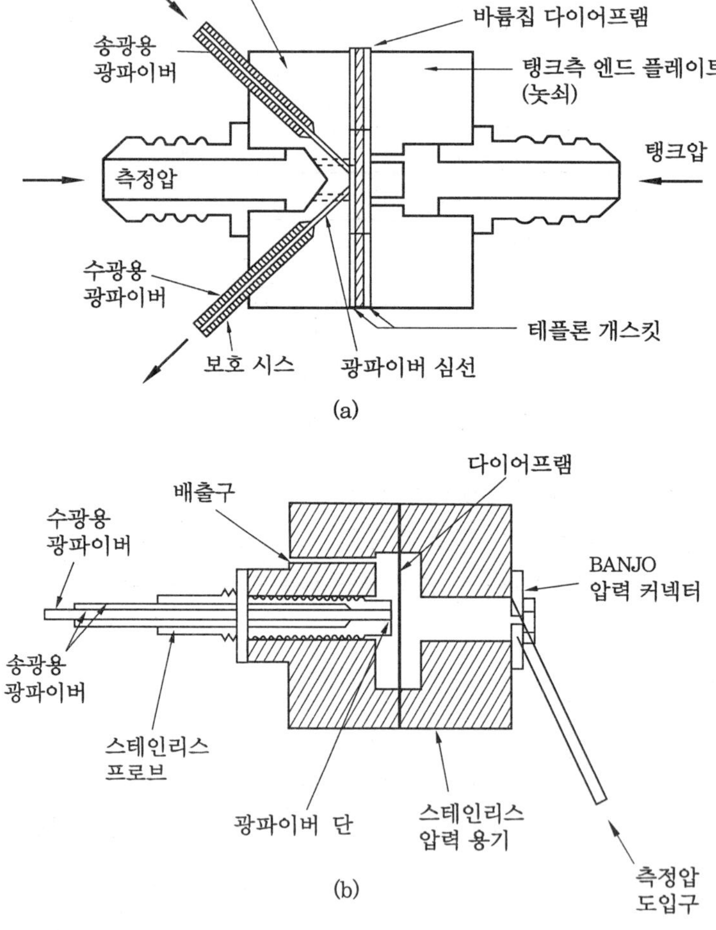

〈그림 2-51〉 다이어프램 반사형 압력 센서의 구조

로부터 광을 검출한 후에 분리, 비교하여 압력 신호를 얻는다.

㉺ 압력 감도는 광파이버 프로브의 입사광 강도를 P라고 했을 때 $5P \times 10^{-6}(\mu\mathrm{m/mbar})$이다.

㉻ 〈그림 2-52〉의 압력 센서는 끝면을 일치시켜 배치한 송광용, 수광용 광파이버로 된 밴들 광파이버의 선단면과 0.12mm 정도의 간격을 두고 스테인리스판으로 된 다이어프램을 마주보도록 설치한다.

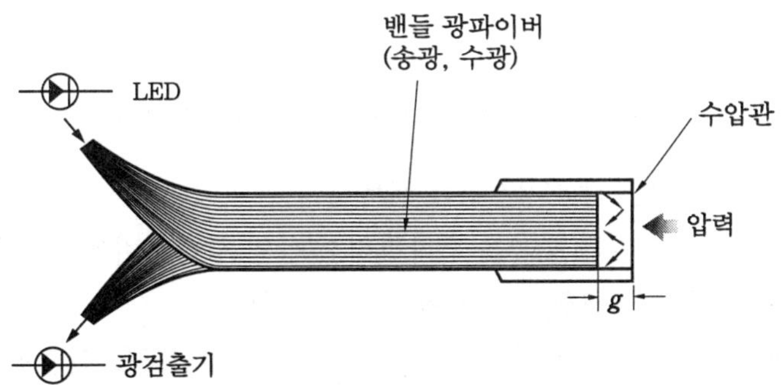

〈그림 2-52〉 수압판의 변위를 이용한 광파이버 압력 센서

㉼ 이 압력 센서에 의한 액체의 압력, 예를 들면 혈압 등의 측정 결과 $2.6 \times 10^{-3}\mathrm{Pa}$ 이하의 검출 감도를 얻을 수 있다.

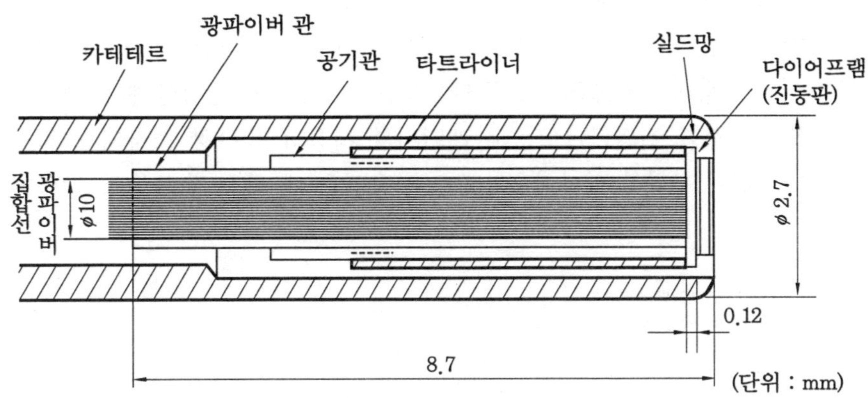

〈그림 2-53〉 밴들 광파이버 끝단에 다이어프램을 이용한 광 파이버 센서

• 액정형 압력 센서

㉮ 압력에 의해 광산란량이 변화하는 액정을 이용하여 광산란 압력 센서를 이용한 혈압 측정기는 $0\sim4 \times 10^{4}\mathrm{Pa}$의 압력을 검출할 수 있다.

㉯ 온도 의존성이 커 사용 전 온도 보정을 해야 한다.

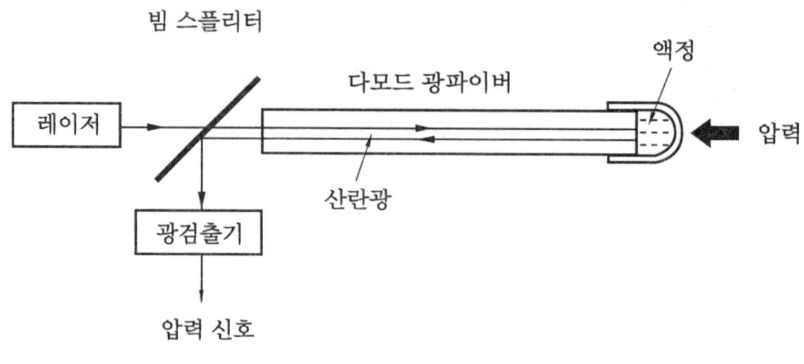

〈그림 2-54〉 액정을 사용한 광파이버 압력 센서

• Mach-Zehnder 간섭계형 광파이버 압력 센서

㉮ 단일 모드 광파이버 속을 진행하는 도파광의 위상이 광파이버에 가해진 외력과 굽힘 등의 변형, 일그러짐에 의한 광탄성 효과에 의해 변화한다.

㉯ 이 위상 변화를 광파이버 간섭계로 구성하면 양호한 정밀도를 검출할 수 있다. 단일 모드 광파이버에 의한 Mach-Zehnder 간섭계를 이용한 음향압 측정용 센서인 광파이버 하이드로폰은 레이저 광원으로부터의 사출과 빔을 빔 스플리터로 분할하고 그 한쪽을 신호 검출용 광파이버(신호암)에, 다른 한쪽을 참조관용 광파이버(참조암)에 결합한다.

㉰ 길이 L의 광파이버를 코일 형상으로 감은 신호암에 음향 압력 신호(P, position wot)를 가했을 때 신호암에 음향 도파광의 위상 변화가 생긴다.

㉱ 이 위상 변화를 받은 신호광과 참조암에서의 참조광을 빔 스플리터를 거쳐 중첩시켜 수광 소자에 의해 광학적으로 호모다인 검파함으로써 고감도를 측정할 수 있다.

㉲ 위상 변조를 측정한 결과로 He-Ne 레이저를 사용하여 수광 소자의 입력 광파워를 1mW, 석영 유리계 광파이버 나선을 100m 사용했을 때 최소 검출 음향 압력은 3.9dB, 1μPa이다.

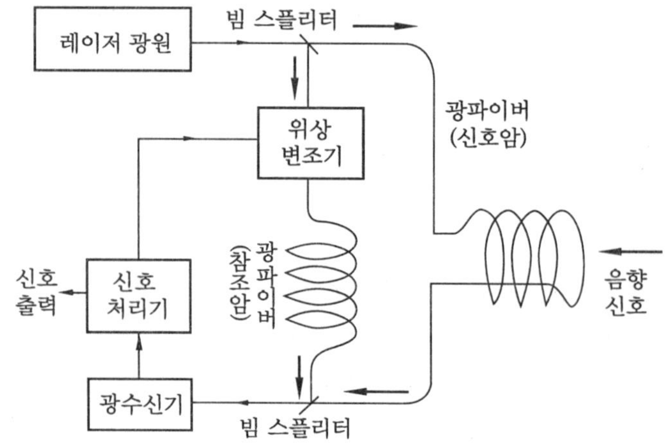

〈그림 2-55〉 Mach-Zehnder 간섭계형 광파이버 하이드로폰의 구조

⑩ 진공계

- 대기압 이하의 압력을 측정하는 계기로 열전대를 이용한 진공계와 열전자 전리 현상을 이용한 진공계가 있다.
- 〈그림 2-56〉의 피라니 게이지(pirani gauge)는 기체압이 13.3Pa 이하의 압력에서는 기체의 열전도율이 압력에 의하여 변화하는 것을 측정하여 진공도를 검출한다.
- 가열되는 물체의 온도는 열전대에 의해 기체로 방출되는 열량에 의해 정해지므로 열전도율의 변화를 가열 물체의 온도 변화로 측정할 수 있는 진공도는 0.1~0.01Pa 정도이다.

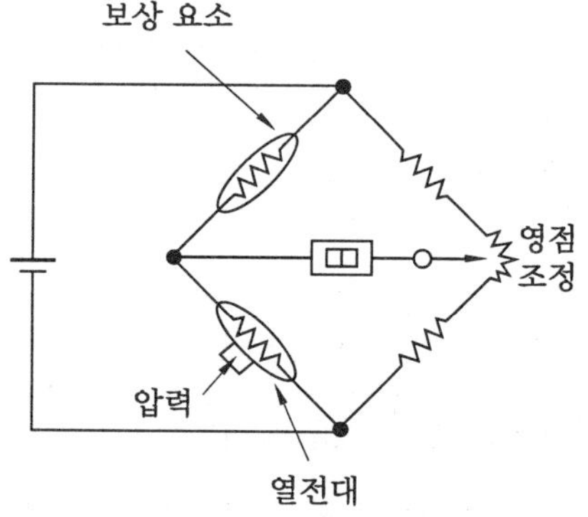

〈그림 2-56〉 피라니 게이지

〈그림 2-57〉 피라니 진공계

④ 압력계의 종류와 측정 방법

- 절대 압력과 게이지 압력 사이에는 절대 압력(ata)＝대기 압력(atm)＋게이지 압력(atg)의 관계가 있다.
- 압력의 측정법에는 크기를 알고 있는 무게와 평형시키는 방법, 탄력성과 평형시켜 스프링의 변위로 압력을 재는 방법, 압력에 의하여 변화하는 물리적 현상을 이용하는 방법 등이 있다.
- 무게와 평형되는 압력계에는 물, 수은 등의 액체 기둥을 사용하는 액체 기둥 압력계와 금속제의 추를 사용하는 분동식 압력계가 있고 이 밖에 침종식 압력계, 환상식 압력계 등이 있다.

- 탄성식 압력계는 압력에 평형된 수압체의 휨에 의해 압력을 측정하며 휨이 아주 작으므로 이것을 여러 방법으로 확대해서 지시 또는 기록한다.
- 수압체 탄성은 온도, 압력 크기에 따라 휨의 상태가 다르므로 장시간 사용하면 휨이 점차 증가하는 것이 이 형식의 압력계에 공통된 결점이다.
- 〈표 2-20〉은 각종 압력계의 종류와 측정 범위를 나타낸 것이다.

〈표 2-20〉 압력계의 종류와 측정 범위

형 식		측정 범위	정밀도	용 도
액체식	U자관식 단관식 경사관식 환상평형식 침종식	$1.0 \sim 2,500$ [mmH₂O] 또는 [mmHg] $1.0 \sim 2,500$ [mmH₂O] 또는 [mmHg] $10 \sim 50$ [mmH₂O] $20 \sim 2,500$ [mmH₂O] $5 \sim 300$ [mmH₂O]	0.1 [mmH₂O] 또는 [mmHg] 0.1 [mmH₂O] 또는 [mmHg] 0.05 [mmH₂O] 1% $1 \sim 2\%$	공업용 실험용
탄성식	부르동관식 다이어프램식(금속) 다이어프램식(비금속) 벨로스식	$0.5 \sim 4,000$ [kgf/cm²] 10 [mmH₂O] ~ 2 [kgf/cm²] $1 \sim 2,000$ [mmH₂O] 10 [mmH₂O] ~ 1 [kgf/cm²]	$1 \sim 2\%$ $1 \sim 2\%$ $1 \sim 2\%$ $1 \sim 2\%$	일반 공정용
	분동식	$2 \sim 4,000$ [kgf/cm²]	0.1%	교정용
전기식	저항선식 압전기식	$1,000$ [kgf/cm²] $5 \sim 1,000$ [kgf/cm²]	2% 2%	일반 공정용

【1】 액체 압력계

① 액주식 압력계(liquid type manometer)

기본 형식은 양 끝이 열려진 U자관에 물, 수은 등의 액체를 넣어 좌우관 2개에 압력을 가하면 액면이 높고 낮게 되며, 그 높이의 차로부터 양쪽 압력의 차를 구하는 것이다. 모세관 현상

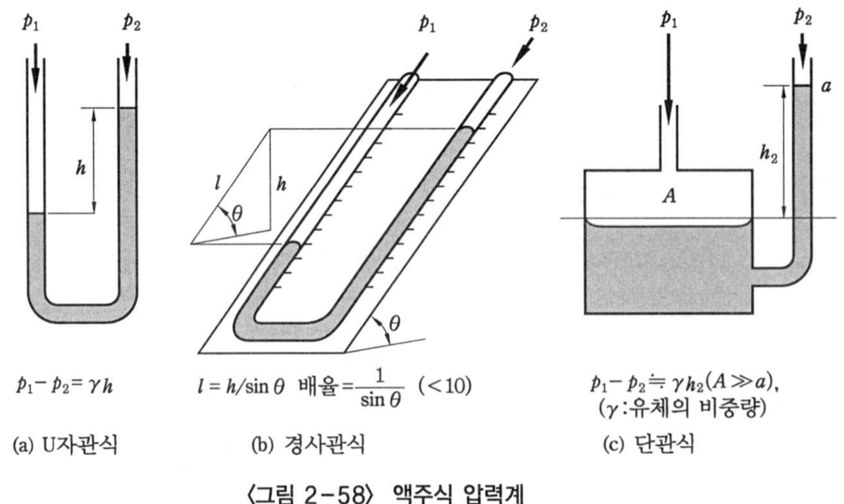

〈그림 2-58〉 액주식 압력계

이나 관 지름의 불균일 등으로 확대율은 10배 정도까지만 하는 것이 좋다. 일반적으로 액주식 압력계는 수주 또는 수은주 10~2,00mm의 범위에서 사용한다.

② 침종식 압력계(inverted bell jar type manometer)

침종(浸種)이라 불리는 용기를 액면에 엎어서 띄워 놓고 용기 내부 및 외부에 압력이 도입되도록 한 구조의 것을 싱글벨 압력계(single bell manometer) 또는 단종 압력계라고 한다.

여기서, 침종의 단면적을 A, 스프링에 의한 침종의 변위를 x, 스프링 상수를 k, 침종 내부의 압력을 p_1, 외부의 압력을 $p_2(p_1 < p_2)$라 하면, $A(p_1 - p_2)$만큼 위로 향하는 힘이 작용하고 침종이 부상하여 스프링이 반발력과 평형을 이루는 곳에 정지한다.

따라서 침종의 변위 x와 차압 $(p_1 - p_2)$의 관계는 침종에 작용하는 부력을 무시하면 다음과 같다.

$$p_1 - p_2 = \frac{k}{A}(x)$$

여기서, $\frac{k}{A}$ 는 장치에 따라 정해지는 상수이므로 침종의 변위로부터 차압을 알 수 있다.

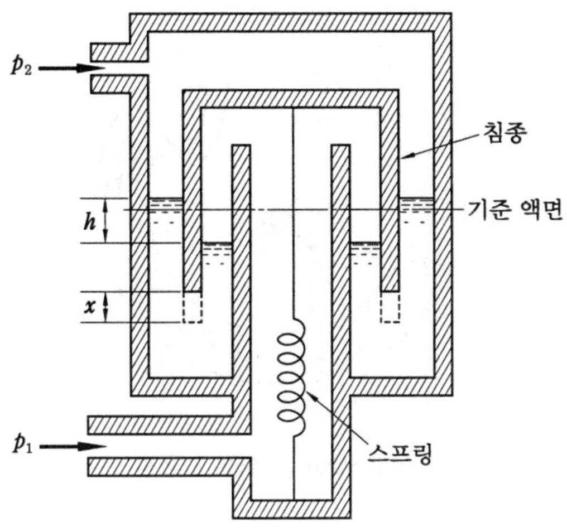

〈그림 2-59〉 싱글벨 침종 압력계

③ 환상식 압력계(ring manometer)

〈그림 2-60〉은 환상의 일부에 수은과 같은 액체를 넣은 것으로 환상의 윗부분이 서로 막혀 두 부분으로 분리되어 있다. 이 환상은 날 끝(knife edge)으로 받쳐져 진자(pendulum)와 같이 작동할 수 있게 되어 있다.

각 부분에 p_1, p_2의 압력이 작용하는 경우 이 압력이 다르면 환상이 기울어지고 이 기울기로부터 차압을 구할 수 있다. 양쪽 도관으로부터 압력 p_1, p_2 $(p_1 > p_2$라 할 때)를 가하면 두 액면 높이의 차 h는 다음 식과 같이 되어 액체가 오른쪽으로 이동한다.

$$h = \frac{(p_1 - p_2)}{r}$$

한편, 격벽 좌우의 액량의 차에 의해 시계 방향의 구동력이 작용하여 환상체가 회전한다. 환상체가 회전하면 중심의 이동에 의한 복원력이 작용하고, 구동력과 복원력이 평형을 이루는 위치에서 환상체가 정지한다.

평형을 이루었을 때의 회전각을 θ, 환상체의 반지름을 r, 단면적을 A, 액체를 제외한 환상체의 무게(추 포함)를 W, 중심에서 G까지의 거리를 l이라고 하면 다음과 같다.

$$(p_1-p_2)Ar=Wl\sin\theta$$

$$p_1-p_2=\frac{Wl}{Ar}\sin\theta$$

여기서, 회전각 θ 이외의 값은 장치에 따라 정해지는 상수이고, 차압 (p_1-p_2)만 회전각 θ에 따라 변화한다.

일반적으로 측정 범위는 2~200torr이고 구동력이 커서 발진기(oscillator)나 기록계 등을 직접 움직일 수 있고, 또 추의 무게나 중심으로부터 거리를 바꾸면 감도의 조절도 할 수 있다.

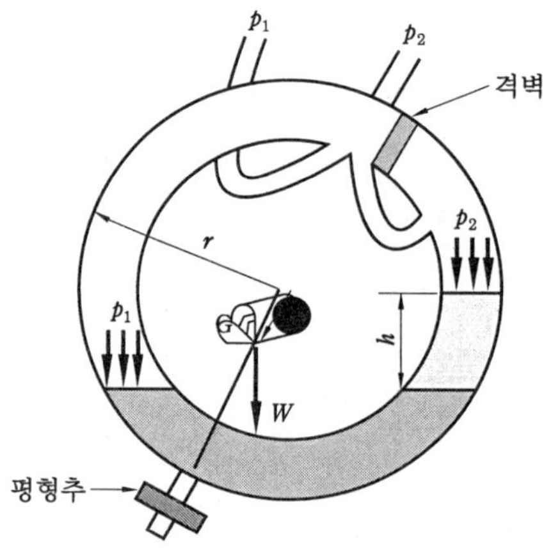

〈그림 2-60〉 환상식 압력계

[2] 탄성 압력계

① 부르동관식 압력계(Bourdon-tube type pressure gauge)

단면이 원 또는 타원형인 관을 환상으로 구부려 만든 부르동관의 한쪽 끝을 고정시키고 다른 끝을 밀폐시킨다. 고정시킨 끝으로부터 압력을 관 안에 작용시키면 관의 단면은 원형에 가깝게 되고 링의 반지름은 크게 변화하여 자유단이 이동한다.

이 변위는 거의 압력에 비례하므로 이것을 링크와 기어로 확대해서 바늘을 회전시킨다.

탄성 수압 소자에는 관의 기동단의 동작을 변형 또는 증폭시키기 위하여 관의 길이를 길게 한 것이 있다. 이들 중 전자는 주로 저압 측정에 사용하고 후자는 고압 측정에 사용된다. 저압용의 부르동관 재료로는 인청동(phosphor bronze) 및 황동을 사용하고, 고압용은 강이나 합금강이 사용되며, 사용 범위는 50kPa~300MPa이다.

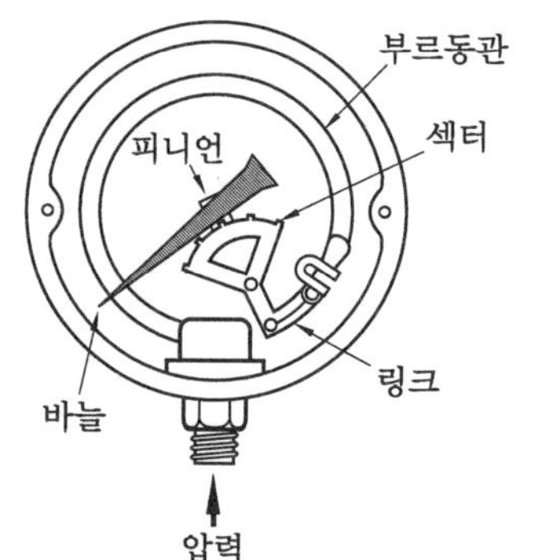

〈그림 2-61〉 부르동관식 압력계

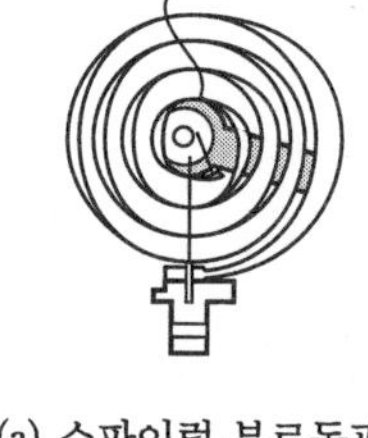

(a) 스파이럴 부르동관

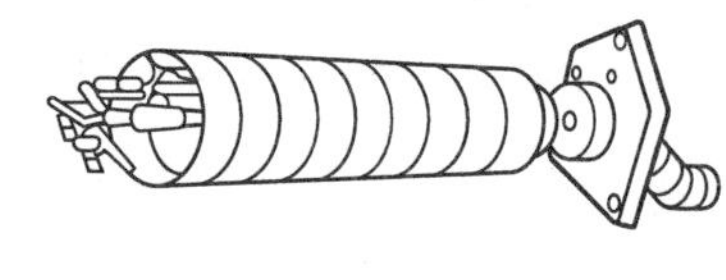

(b) 헬리컬 부르동관

〈그림 2-62〉 탄성 수압 소자

② 다이어프램식 압력계(diaphragm type manometer)

- 다이어프램은 압력에 대한 탄성 특성과 미압에 대한 감도를 좋게 하기 위해 파형이 원형 판막으로 되어 있다.
- 다이어프램식 압력계는 압력을 받는 면적이 넓어 큰 힘이 생기고 감도가 좋기 때문에 저압 측정은 물론 공기압식 자동 제어의 압력 검출 기구에도 사용되며, 다이어프램의 상·하면에 작용하는 차압에 의한 변위를 확대·지시한다.
- 다이어프램의 재료로는 강, 스테인리스강, 인청동, 황동 등이 사용되고, 저압일 때는 고무, 니트릴 고무, 가죽 등의 비금속막이 사용된다. 측정 범위는 금속성에서는 $0.1 \sim 200\text{kPa}$, 비금속성에서는 $0.01 \sim 20\text{kPa}$이다.

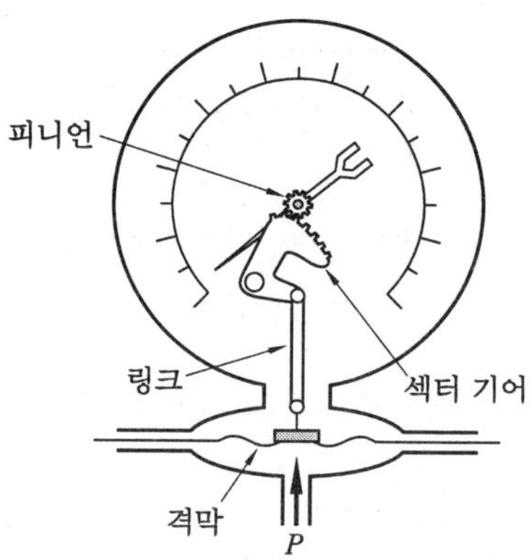

〈그림 2-63〉 다이어프램식 압력계

- 압력이 증가하는 경우
  - 다이어프램에 가해진 압력에 의해 격막이 수축한다.
  - 링크가 위 방향으로 움직인다.
  - 섹터 기어가 반시계 방향으로 회전한다.
  - 피니언은 시계 방향으로 회전한다.
  - 압력 지침은 피니언에 의하여 시계 방향으로 회전한다.

- 압력이 감소하는 경우
  - 다이어프램에 가해진 압력에 의해 격막이 팽창한다.
  - 링크가 아래 방향으로 움직인다.
  - 섹터 기어가 시계 방향으로 회전한다.
  - 피니언은 반시계 방향으로 회전한다.
  - 압력 지침은 피니언에 의하여 반시계 방향으로 회전한다.
- 이 압력계의 장점은 부르동관 압력계에 비해 다음과 같다.
  - 다이어프램의 면적을 크게 하면 큰 힘이 생긴다.
  - 이물질로 인하여 막힐 염려가 적다.
  - 막을 도금하면 부식성 물체의 압력을 측정할 수 있다.

③ 벨로스식 압력계(bellows type manometer)

- 벨로스는 얇은 두께의 금속관에 주름으로 가공하여 바깥쪽 또는 안쪽에 압력을 가할 때 그 신축량으로 압력을 검출하는 것으로 저압, 미압, 차압 측정에 적당하다.
- 벨로스가 압력을 받는 압력계로서 내부에 압력을 걸어도 좋으나 보통은 외측에서 압력을 걸고 내부에는 탄성의 보조로서 코일 스프링이 들어 있다.

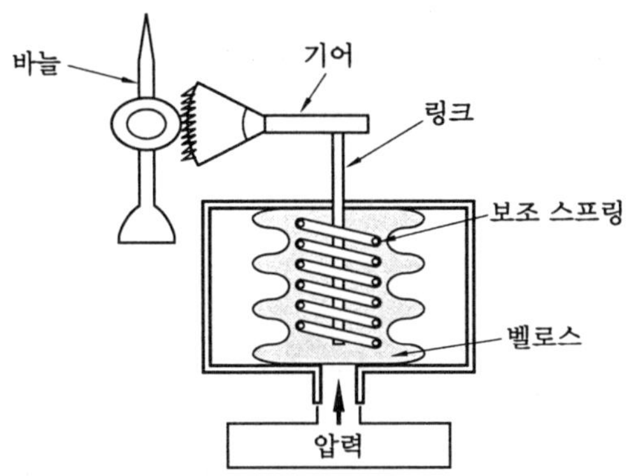

〈그림 2-64〉 벨로스식 압력계

- 벨로스는 금속으로 만든 초롱처럼 주위에 깊은 물결형이 있고 재료로는 인청동, 황동이 사용되며 그 두께는 0.1~0.35mm이다.
- 이것은 벨로스 자체의 탄성 계수를 작게 하여 비금속 다이어프램과 같이 압력을 스프링으로 평형시키고 그 변위량은 링크, 기어 등에 의해서 확대, 지시된다.
- 또한 벨로스는 작동이 느린 결점이 있으나, 큰 힘을 낼 수 있으므로 실제로 압력의 측정보다도 다이어프램식 압력계와 같이 공기식 조절기 · 전송기의 요소로서 사용된다.
- 측정 범위는 0.1~1000kPa이다. 벨로스의 스프링 상수를 k, 압력 p가 작용하는 유효 면적은 A_e, 직선 변위를 s라고 하면 다음과 같다.

$$pA_e = ks$$

$$p = \frac{k}{A_e} s$$

여기서, k는 벨로스의 크기, 두께, 재료의 탄성 계수 등에 의해서 결정된다.

【3】 분동식 압력계

기름의 압력 p[Pa]에 의해 단면적 A[cm²]의 램이 떠오를 때 램(Ram) 위에 분동 W[N]를 얹어서 기름의 압력과 평형시키면 다음과 같다.

$$p = \frac{W}{A}$$

따라서 미리 램의 유효 수압 면적을 재어 놓으면 평형하는 분동의 중량으로 기름의 압력 p를 알 수 있다. 이 압력계는 약 300MPa까지의 표준 압력계로서 다른 압력계의 교정용으로 많이 쓰이며, 0.2MPa 이상의 고압 측정에 적당하다.

〈그림 2-65〉는 분동식 압력계(dead weight tester)를 나타낸 것으로 램과 실린더(cylinder), 기름 탱크 및 가압 펌프로 구성되어 있다.

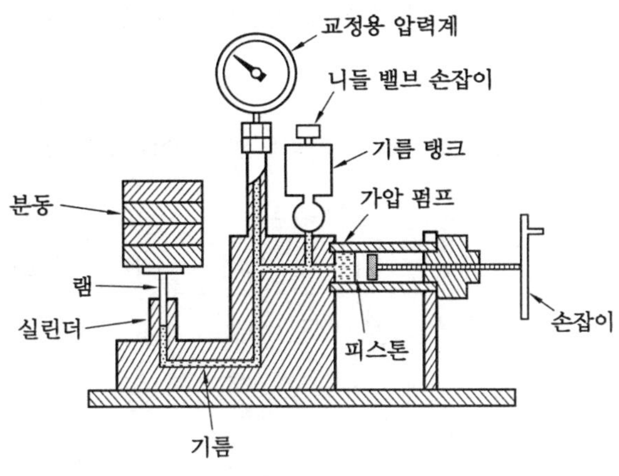

〈그림 2-65〉 분동식 압력계

⑤ 압력 측정상의 주의

압력을 측정하는 경우 온도, 진동, 유지 보수(maintenance) 등으로 전송기를 검출점에 직결할 수 없다. 그러므로 검출점에서 적당한 거리를 두어 설치하는데 그 사이를 도압관을 사용하여 연결한다. 그러나 도압관을 길게 늘이면 전송 오차가 크게 되므로, 오차의 영향을 작게 하기 위해서는 측정 압력의 크기와 압관의 배관 길이에 의해 도압관 지름을 선정하여야 한다. 특히 측정 압력이 미소한 경우에는 주의가 필요하다. 〈표 2-21〉은 도압관 지름의 선정 기준을 나타낸 것이다.

압력 측정에 관한 주의 사항들은 다음과 같다.

① 도압관의 길이는 가능한 한 짧은 것이 좋으나, 고온 또는 저온 프로세스의 압력 측정의 경우 전송기 부분의 유체 온도가 허용 접액 온도 이하로 되는 도압관의 길이로 하여야 한다. 또한 도압관의 길이를 정할 때는 전송기의 유지 보수를 고려하여야 한다.

② 측정하는 유체에 따라 내식성을 고려하여 전송기(본체, 접액 다이어프램) 및 도압관의 재질을 선정한다.

③ 설치 장소는 다음과 같이 선정한다.
  • 진동이 적고 가능한 한 청결한 장소
  • 주위 온도의 변화가 적고 전송기의 허용 주위 온도 범위 내의 장소
  • 보수 점검이 용이하고 전송기의 교환을 간단하게 할 수 있는 장소

④ 배선은 단자함 가까이까지 관로로 하고 이것에서부터 단자함까지는 가요성 관로를 사용하며 가요성 관로는 여유를 두어 둥글게 설치한다. 또한 배선의 주위 온도 조건에 따라 내열 케이블을 사용하기도 한다.

⑤ 설치 방법 : 스탠천(stanchion), 랙(rack)이나 수납함에 설치한다.

⑥ 미소 압력 측정 시 유동하고 있는 유체의 동압의 영향을 받지 않도록 하여야 한다. 특히 노 내의 압력을 측정할 경우 노 내외와 함께 동압의 영향을 방지하는 역할을 할 수 있도록 하여야 한다.

〈표 2-21〉 도압관 지름의 선정 기준(최소 지름)

배관 길이(m)	1 이하		$1<L\leq7$		$7<L\leq15$		비 고
측정압 〳 유체	기체	액체	기체	액체	기체	액체	
±10mmH$_2$O 이내	1B		1B 2B		2B		① 1B는 호칭 1in 파이프를 표시한다. ② 8/6은 바깥지름 8mm, 안지름 6mm의 동관을 표시한다. ③ 도압관의 길이는 보통 7m를 넘지 않도록 하는 것이 좋다.
±100mmH$_2$O 이내	8/6 12/10		1/2B		1/2B 1B		
±100~±500 mmH$_2$O 이내	8/6 1/4B	8/6 1/4B	12/10 1/2B	12/10 1/2B	1/2B	1/2B	
±50kPa 이상	1/4B	1/4B	8/6 12/10 1/4B	8/6 12/10 1/4B	1/2B	1/2B	

⑥ 압력 전송기

• 계측에서의 전송 신호에는 전기 신호와 공기압 신호가 채용되고 있다. 전류를 전송 신호로 할 때에는 국제 전기 표준 회의에서 정한 4~20mA의 직류 전류를 사용하고 있으나 전송 거리가 150m 정도 이내일 때에는 공기압을 전송 신호로 사용하며 이때에는 ISO에서 19.6~98kPa의 공기압을 전송 신호로 사용하고 있다.

- 전기식은 신호 전송에 응답이 빠르고 전송 지연이 없으며, 연산 능력이나 컴퓨터 등과의 통신이 쉽고 배선이 간단하다. 그러나 조작 속도가 빠른 조작부의 제작이 어렵고, 주의 조건 및 방폭성에 주의를 해야 한다.
- 공기압식은 조작부의 구동 속도가 빠르고 주위 환경의 영향과 방폭성이 우수하며 보전성이 좋다. 비교적 견고하여 내구성이 좋으나 신호 전송에 시간 지연이 발생되어 원거리 전송에는 이용할 수 없으며, 연산 능력이나 컴퓨터 등과의 통신이 거의 불가능하고, 별도의 동력원을 필요로 한다.

【1】 공기압식 전송기

공기압 전송기는 검출된 신호, 즉 변위나 힘을 공기압으로 변환하여 계기실의 지시, 기록계 또는 조절계로 전송하는 것이다.

① 노즐 플래퍼

- 노즐 플래퍼(nozzle flapper)는 변위를 공기압으로 변환하는 기본 요소로서, 그림 (a)와 같은 구조로 되어 있다.
- 고정 오리피스를 통과한 공기는 플래퍼와 노즐로 구성되는 가변 오리피스의 지름 0.22mm, 노즐 지름 0.5mm인 노즐 플래퍼에 120kPa의 공급 공기압을 가했을 때의 노즐과 플래퍼 사이의 간극 x와 노즐의 배압 P_c와의 관계를 나타내고 있다.
- 노즐 플래퍼는 미소한 변위를 큰 공기압으로 변환시켜 계기실로 보내는 전송기로서, 또는 공기압식 조절기의 요소로서 널리 이용되고 있다. 노즐 플래퍼에서 공기압 신호로 변환시킨 공기를 긴 관로를 통하여 수신 쪽에 전송하면 에너지가 부족하여 전달 지연이 발생한다.

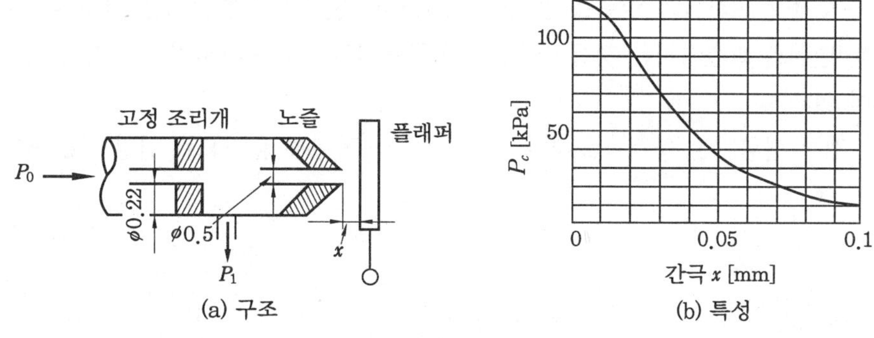

〈그림 2-66〉 노즐 플래퍼

② 파일럿 밸브

- 파일럿 밸브를 이용한 공기압 전송 방식은 출력인 공기압 P_0가 변동하지 않을 때에는 노즐 배압에 의해 바깥쪽 벨로스를 내리미는 힘과 압력 P_0에 의하여 안쪽 벨로스를 올려미는 힘이 평형되어 배기구 및 급기구는 함께 닫혀 있다.

- 노즐 배압이 높게 되면 안쪽보다도 바깥쪽 벨로스에 걸리는 힘이 크므로 밸브는 밀려 내려가고, 배기구는 닫은 채로 급기구를 열게 된다. 그러므로 공급 공기압이 급기구를 통하여 안쪽 벨로스로 들어가서 P_0를 증가시켜 안쪽과 바깥쪽 벨로스에 작용하는 힘이 같아지게 한다.
- 노즐 배압이 내려가면 급기구를 닫은 채로 배기구를 열리게 하므로, 공기는 대기 중으로 방출되어 압력 P_0는 급격히 강하된다.
- 일반적으로, 파일럿 밸브는 안쪽 벨로스의 단면적을 바깥쪽의 $\frac{1}{5}$ 정도로 하여 약 5배의 공기압 변화를 얻는다.

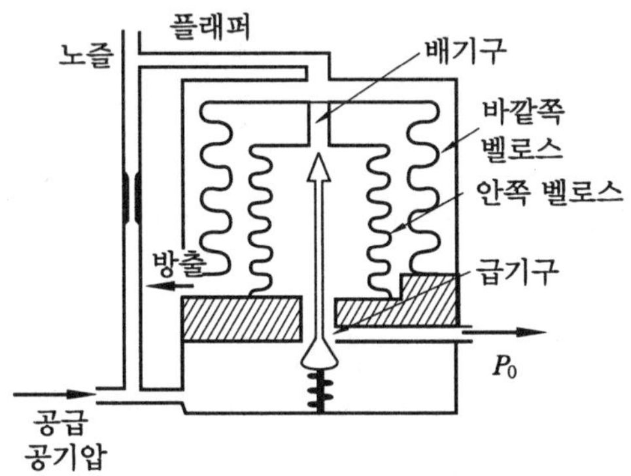

〈그림 2-67〉 파일럿 밸브

[2] 전기-공기압 전송기

① 산업 현장의 공정 제어계에서는 아직도 많은 공기식 제어 기기가 많이 사용되고 있어 검출량이 전기 신호인 경우에는 이를 공기압 신호로 변환하는 변환기가 필요하다.

② 전기-공기압 변환기의 입력을 4~20mA의 직류 전류로 변환시키는 입력-전류 변환기, 전류를 변위로 변환시키는 평형 기구, 변위를 공기압으로 변환시키는 공기식 전송기로 구성되어 있다.

③ 입력 전류 변환기는 공정량을 직류 4~20mA의 정전류 출력으로 변환하여 평형 기구에

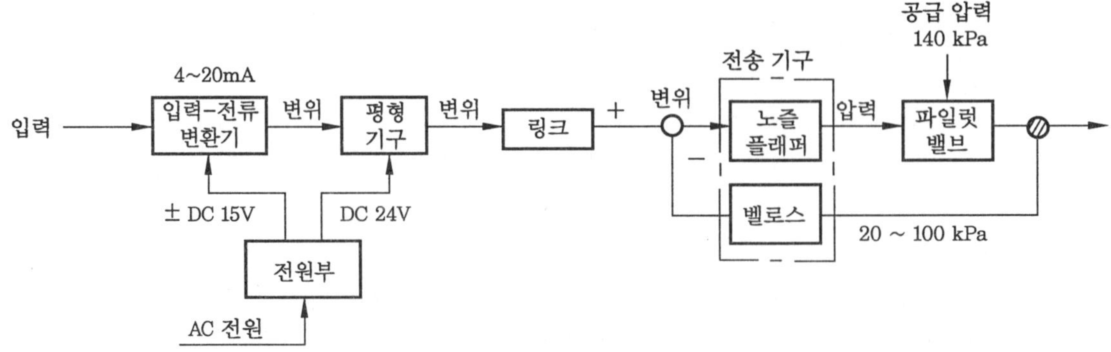

〈그림 2-68〉 전기-공압 전송기의 기본 구성

전달하고, 평형 기구의 출력 변위는 노즐 플래퍼 기구를 채용한 변위 평형식 전송기에 의
하여 20~100kPa의 공기압으로 출력된다.

【3】 압력 전송기의 설치 요령

① 프로세스 압력을 정확하고 안정하게 측정하기 위해서는 올바른 압력 검출점의 선정, 도
  압관의 지름 및 도압 배관 방법의 선정이 기본이다.

② 그림에서 압력 취출구는 증기 본관 중심선에서 약 $60°$ 되는 위치에 소켓을 용접한다.

③ 압력 취출구를 낸 후 증기 콘덴서를 붙이고 응결수를 압력 전송기로 보낸다. 나머지 응결
  수는 증기 본관으로 환류하도록 배관에 경사를 둔다.

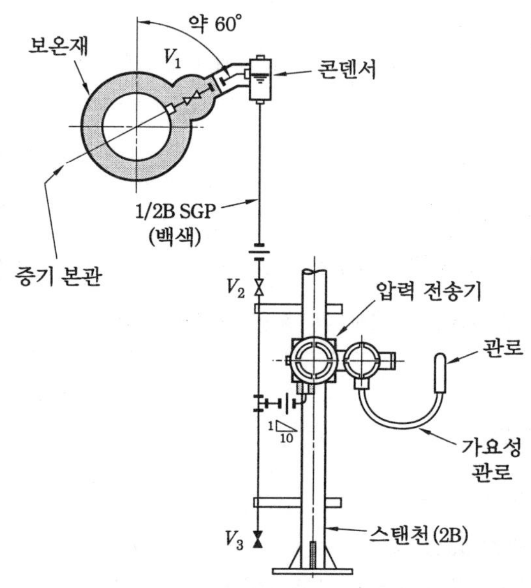

〈그림 2-69〉 증기 압력을 측정할 때 압력 전송기의 설치 방법

4. 유량의 계측

1 유량 계측의 의미

유동(flow)은 유체(fluid)의 운동으로 정의된다. 유체는 전단력(shear force)을 받았을 때
연속적으로 변형하는 물질이다.

유량(flow rate or flux)이란 단위시간에 임의의 단면을 통과하는 유체의 체적(volume) 또
는 질량(mass)으로 나타낸다.

온도·압력이 플랜트의 상태나 제품의 질과 밀접한 관계를 갖는 것처럼, 유량은 주로 제품

의 양에 관계되고 프로세스의 양적 수치를 정하여 준다.

또 다른 프로세스 양, 즉 온도, 압력, 액면 및 성분 분석을 할 때에는 조작량은 반드시 유량이 되고 이것을 변화시켜서 이들의 프로세스 양이 제어되기 때문에 프로세스의 기본 조작량이라고 말한다. 이와 같이 유량은 프로세스의 운전 관리상 대단히 중요한 양이다.

유량을 측정하는 방법에는 여러 가지가 있으며, 측정 방법에는 각각의 특성이 있고, 또 사용할 때의 조건들이 각각 다르다.

그러므로 여러 가지 유량계에 대한 특징과 사용 방법을 알아서 그때마다 가장 적당한 측정 방법을 선택하여야 한다.

【1】 유량의 표현 방법

〈표 2-22〉 유량의 표현 방법

(A : 단면적, V : 유속, g : 중력 가속도, ρ : 밀도 또는 비중)

체적 유량	단면적 × 유속	$Q=AV\,[\mathrm{m^3/s}]$
질량 유량	체적 유량 × 밀도	$M=Q\rho\,[\mathrm{kg/s}]$
중량 유량	체적 유량 × 중력 가속도 × 밀도	$W=Qg\rho\,[\mathrm{N/s}]$
적산 유량	일정 시간 동안에 체적 유량 × 밀도를 계산한 값	$G=t(Q\times\rho)\,[\mathrm{kg}]$

【2】 유량 센서의 구비 조건

① 측정의 정확성, 신뢰성이 우수할 것.
② 고감도이고 측정 범위가 넓을 것.
③ 유체의 종류(기체, 액체, 성분 등)에 의존하지 않을 것.
④ 유체의 조건(온도, 압력, 점도 등)에 의존하지 않을 것.
⑤ 측정할 때 유체의 에너지 손실이 최소일 것.
⑥ 유량 측정과 설치 및 유지 보수가 용이할 것.

【3】 유량 측정의 원리

① 흐르는 유체에는 어떤 형태로든지 에너지의 변화를 나타내고 있다. 이러한 에너지는 열, 화학적, 전기적 에너지, 위치 에너지 및 운동 에너지 등의 여러 가지 형태를 포함하고 있다.
② 유체의 체적유량 $Q[\mathrm{m^3/s}]$는 단위시간에 통과하는 물질의 체적을 나타낸다.

$$Q=\frac{dV}{dt}=A\times v$$

여기서, dV : 시간 dt동안 통과한 체적, A : 관(pipe)의 단면적($\mathrm{m^2}$),
v : 관 속의 평균유속(m/s)

③ 이때 변화하는 유량을 측정하기 위해서는 기본 인자인 변화하는 유속(v)을 정확하게 측

정하는 것이 필수적이다. 직접적으로 유속을 측정하는 것은 곤란하므로 유속에 비례하여 나타나는 프로펠러의 회전, 전자기 신호 변화, 와류 발생, 압력차, 초음파 신호 변화 등과 같이 간접적으로 유속을 구하며 이에 따른 유량을 구하게 되는 것이다.

④ 유량 측정에서 사용되는 이론은 에너지의 변환과 함께 흐르는 유체(기체와 액체 통합)에 관하여 베르누이의 정리(Bernoulli's theorem)를 적용한다.

⑤ 운동하고 있는 유체 내에서의 압력과 유속이 임의의 수평면에 대한 높이 사이의 관계식을 유체 역학의 정리, 즉 베르누이 정리식이라 한다.

$$압력\ 에너지 + 운동\ 에너지 + 위치에너지 = 일정(constant)$$

$$P_1 + \rho\,\frac{v_1^2}{2} + \rho g h_1 = P_2 + \rho\,\frac{v_2^2}{2} + \rho g h_2 = 일정$$

여기서, h : 기준선으로부터 배관의 높이(m)

P : 정압(static pressure) = 절대압력(Pa)

ρ : 유체밀도(kg/m^3)

v : 평균속도(m/s)

g : 중력 가속도(m/s^2)

1 : 상류의 측정점, 2 : 하류의측정점

⑥ 베르누이의 방정식은 압력을 측정해야 유체 속도를 알아내는 데 사용할 수 있으며, 운동 방정식에서 단면적이 좁은 곳에서 속도가 증가한다.

⑦ 베르누이의 방정식에 의해서 그 곳의 압력은 내려가야 한다. 즉 수평관에서 $\frac{1}{2}\rho g v^2 + P$ 는 일정하므로 $\bar{v}$가 증가하면 P는 감소해야 한다.

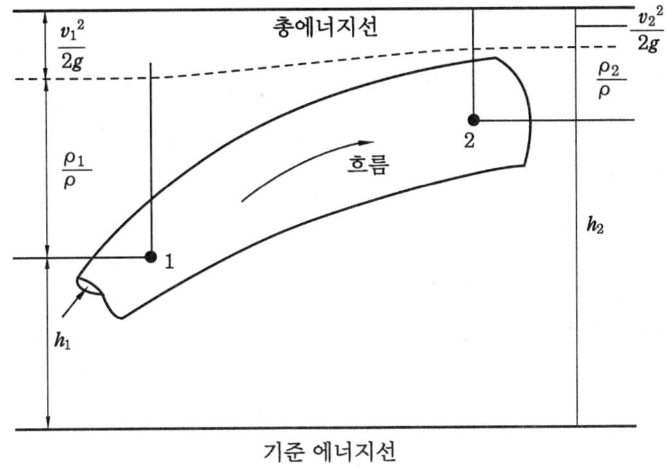

〈그림 2-70〉 베르누이의 정리

⑧ 〈그림 2-71〉과 같이 액체의 유속을 재기 위하여 유관(流管)에 넣은 기기를 벤투리 미터 (venturi meter)라 한다. 밀도가 ρ인 액체가 단면적 A의 관을 흐른다. 목(throat) 부분에

서 단면적은 a로 줄어들고 여기에 압력계가 붙어 있다. 압력계가 수은과 같은 밀도 ρ'의 액체로 되어 있다고 가정하면, 1의 점과 2의 점에 베르누이의 방정식과 연속 방정식을 적용하면 다음 식으로 유도된다.

$$v=a\sqrt{\frac{2(\rho'-\rho)gh}{\rho(A^2-a^2)}}$$

⑨ 단위 시간에 어떤 점을 지나서 수송되는 유체의 유속을 나타내고, 유량 Q라 하면 다음 식으로 유도되어 유량은 차압 P의 제곱근에 비례하는 것을 알 수 있다.

$$Q=A\times v=A\times\sqrt{\frac{2\cdot P}{\rho}}$$

여기서, Q : 유량, A : 유체가 통과하는 단면적, ρ : 유체의 비중(밀도)(kg/m^3),
  v : 유체가 통과하는 평균유속(m/s)

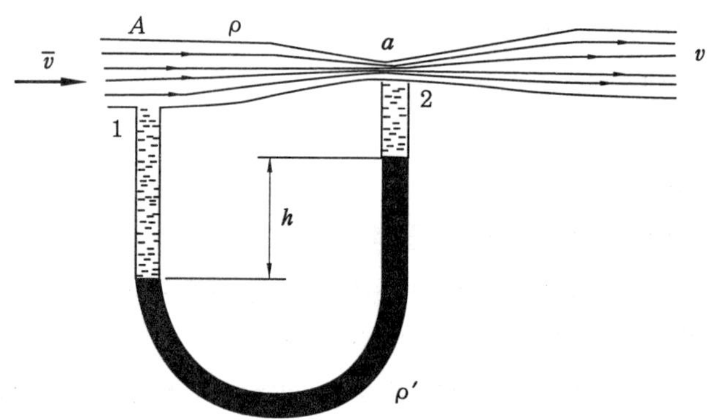

〈그림 2-71〉 유체의 흐름 속도 측정 벤투리 미터

【4】 레이놀즈수

① 유체의 유속은 주어진 단면 어느 부분에서나 일정하다고 가정하지만 실제로는 어느 단면적에서 배관 벽 가까이의 경계면에서는 유속이 0에 접근하고 유속은 벽으로부터 거리에 따라서 변화한다. 이러한 유속의 흐름에서 곡선은 유속계에서 발생하는 유속과 차압 간의 관계에서 중요한 영향을 가지고 있다.

② 흐름이 층류(laminar flow)인가 난류(turbulent flow)인가는 레이놀즈수(Reynolds number)로 결정된다.

$$R_D=\frac{\rho v D}{\mu}$$

여기서, R_D : 레이놀즈수, ρ : 유체의 밀도, v : 평균 유체의 속도
  μ : 점성, D : 유체가 흐르는 관의 지름

③ 일반적으로 레이놀즈수가 4,000 이상이면 난류이고, 2,000 이하이면 층류를 나타낸다. 2,000~4,000이면 난류와 층류 모두 다 존재할 수 있다.

④ 층류는 흩어짐이 없이 질서정열한 규칙적인 흐름이고, 난류는 겉보기에 매우 불규칙하게

소용돌이들이 발생하고 사라지는 무질서한 흐름이다.

⑤ 관의 내면에서는 유체의 속도가 일정하지 않아 평균 속도로 계산한다. 층류는 관로의 중심 속도가 이 평균 속도의 2배가 되고, 난류는 1.5배가 되며, 정확한 속도는 관 벽의 거칠음과 레이놀드 파라미터에 의존한다.

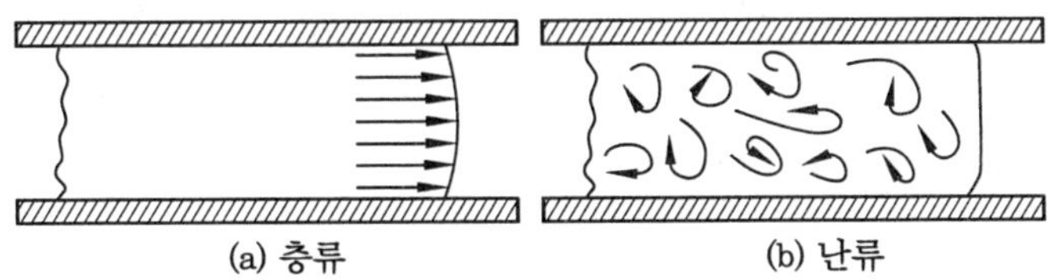

〈그림 2-72〉 층류와 난류

② 유량계의 종류

유량계는 그 측정 방법에 따라 종류가 많고 유량·유속의 측정은 명확한 구별이 없다. 유량 또는 유속만을 측정하는 것도 있으나 대개 유량계 또는 유속계라고 하는데 어느 것이나 무방하다. 한정된 소수의 측정 원리로 모든 경우를 적용시킬 수 없으므로 많은 원리의 특징을 살려 실용화하고 있다.

【1】 차압식 유량계

관로 내에 차압 기구를 설치하여 그 전후(상류 측과 하류 측)의 차압으로부터 유량을 구하는 방법으로 만들어진 유량계이며 공업용 유량계로 가장 널리 사용되고 있다. 차압 기구로는 오리피스(orifice), 노즐(flow nozzle), 벤투리(venturi)관, 피토관(pitot tube) 등이 있으며, 이들의 가격은 순서대로 비싸다. 가격이 고가로 되는 반면 유체의 압력 손실과 측정을 위한 에너지의 손실이 적다. 압력 손실에 지장을 받지 않는 곳에는 오리피스를 사용하는 경우가 많다.

또 차압 기구의 상류의 관로 모양에 따라 유량 측정의 정도에 영향을 주므로 곡관부, 분기 밸브 등의 위치에 대해서는 주의가 필요하다.

① 측정 원리

〈그림 2-73〉과 같이 관로 내에 오리피스를 설치하여 유량을 교축하면 그 전후에 차압이 생긴다. 이 차압은 유량의 제곱에 비례하므로 유량을 알 수 있다. 베르누이(Bernoulli)의 정리를 적용하면 다음과 같다.

$$\frac{p_1}{\gamma} + \frac{v_1^2}{2g} = \frac{p_2}{\gamma} + \frac{v_2^2}{2g}$$

단면, A, B를 단위 시간에 통과하는 유체의 체적 유량은 연속의 법칙에 의해 다음과 같다.

$$Q = Av_1 = Bv_2$$

여기서, Q : 유량(m^3/s), A, B : 교축 전후의 단면적(m^2), v_1 : 교축 전의 유속(m/s), v_2 : 교축 후의 유속(m/s), γ : 유체의 단위 체적당 중량(N/m^3), g : 중력 가속도

위의 식을 정리하면 다음과 같다.

$$Q = \frac{AB}{\sqrt{A^2 - B^2}} \cdot \sqrt{\frac{2g(p_1 - p_2)}{\gamma}}$$

이 식은 이상 유체에서 유도한 것이나 실제로는 유체의 점성, 축류(縮流) 및 압력 취출구의 위치 등에 의한 영향이 있으므로, 개구비 $m = B/A$, C=유출계수, 차압 $\Delta p = p_1 - p_2$라고 하면, 다음과 같이 된다.

$$Q = C \frac{Am}{\sqrt{1 - m^2}} \cdot \sqrt{\frac{2g\,\Delta p}{\gamma}}$$

즉, 차압 기구 전후의 차압 Δp를 측정해서 유량 Q를 구할 수 있다.

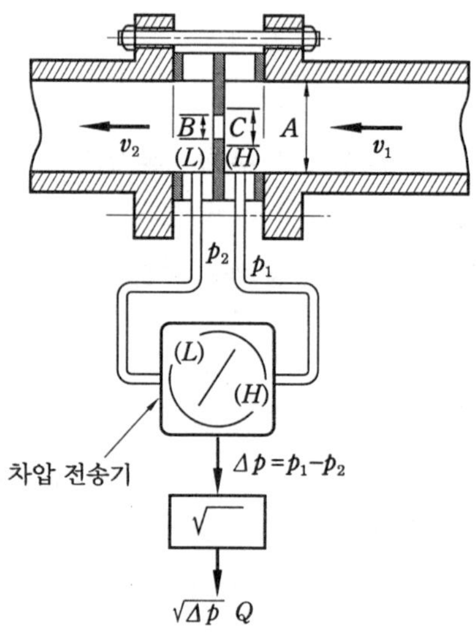

〈그림 2-73〉 차압식 유량계의 측정 원리

② 차압 기구의 종류

차압식 유량계는 검출 기구인 오리피스, 노즐 또는 벤투리관과 이들로부터 나오는 차압을 변환 · 지시하는 차압계로 구성되어 있다.

- 오리피스 : 〈그림 2-75〉는 표준 오리피스의 형상 치수를 표시한 것이며, 이들은 공업 규격으로 정해져 있다.

차압을 뽑아내는 방식에는 코너 탭(corner tap), 플랜지 탭(flange tap), 축류 탭(veneer contracts tap) 3종류가 있다. 하류 측 축류 탭의 위치는 오리피스의 상류면으로부터 $0.34D$ ~$0.84D$ (D : 관의 안지름)이며 면적비에 따라 다르다.

㉮ 코너 탭 : 오리피스의 직전과 직후에서 압력을 검출하는 방식

㉯ 플랜지 탭 : 오리피스 전후에 ±1인치의 거리에서 검출하는 방식

㉰ 축류 탭 : 하류 측 흐름의 단면적이 최소로 되는 축류 위치에서 압력을 검출하는 방식

(보통 상류 측 : $1D$, 하류 측 : $\dfrac{1}{2}D$)

〈그림 2-74〉 차압식 유량계

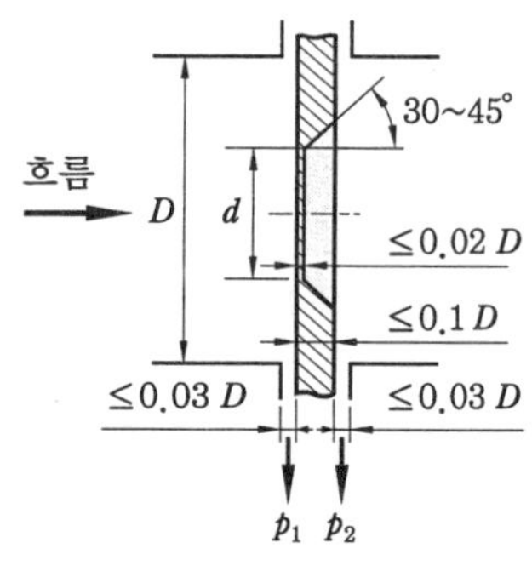

〈그림 2-75〉 오리피스의 단면

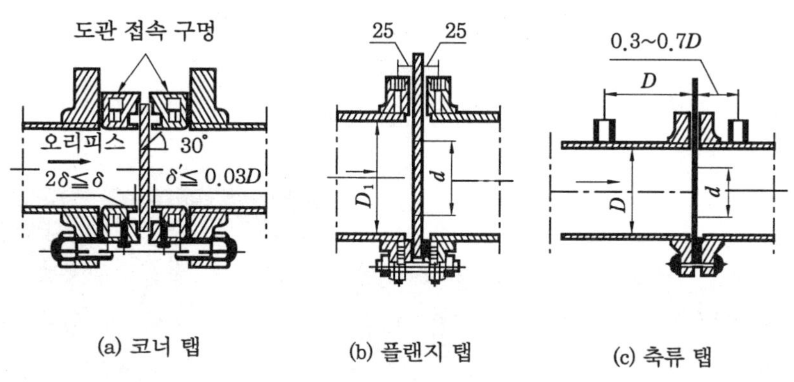

(a) 코너 탭   (b) 플랜지 탭   (c) 축류 탭

〈그림 2-76〉 탭의 종류

- 플로 노즐 : 〈그림 2-77〉 플로 노즐의 단면에서 노즐은 둥근 유입부와 이것에 이어지는 원통부로 되어 있다. 유체는 노즐의 곡면을 따라 흐르고 하류에서 축류를 일으키지 않는다.

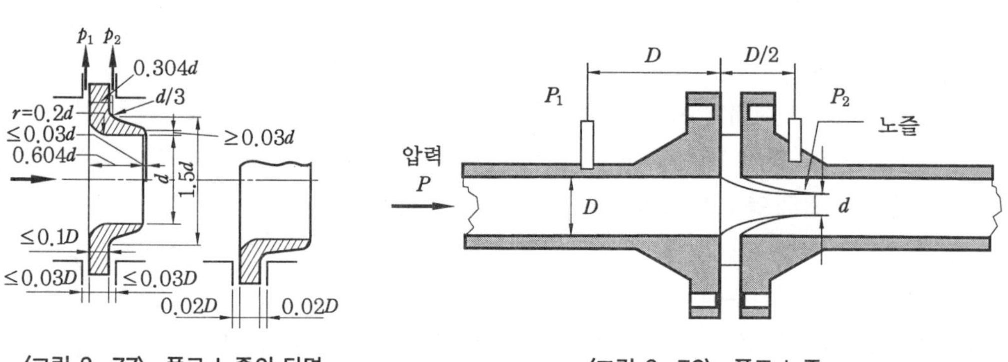

〈그림 2-77〉 플로 노즐의 단면   〈그림 2-78〉 플로 노즐

따라서 유출 계수 C는 1에 가깝다. 그리고 노즐에서 차압을 뽑아내는 방식으로 코너 탭을 사용한다.

- 벤투리관 : 〈그림 2-79〉 벤투리관을 보면, 원통 부분의 중간에 하류 측의 압력 탭이 있다. 벤투리관의 특징은 하류 부분이 확대관으로 되어 있는 1차 요소이며, 오리피스나 노즐의 경우만큼 유량에 대한 차압이 크지 않아 이에 의한 압력 손실이 매우 적고 침전물이 관벽에 부착되지 않아 내구성이 크다는 점 등의 많은 장점이 있다.

  반면에 제작이 힘들어 값이 비싸고 쉽게 교환할 수 없다는 결점이 있다. 물론 축류가 없으므로 유출 계수 C는 거의 1이 된다.

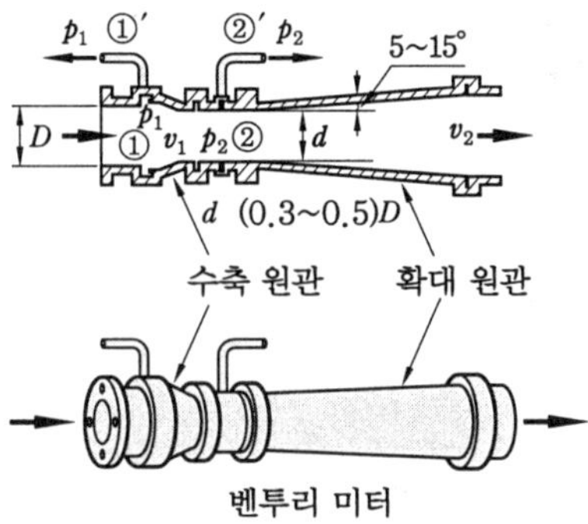

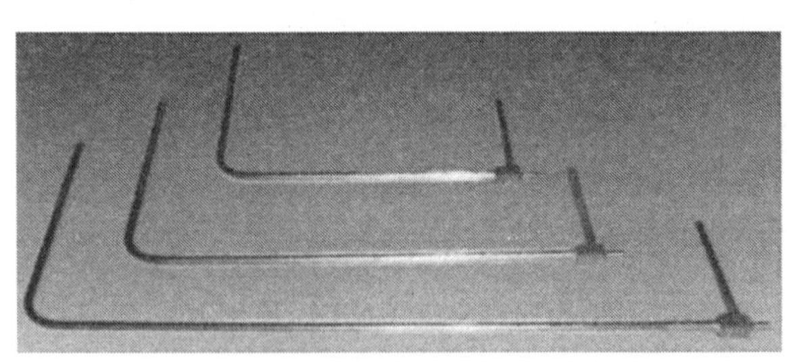

〈그림 2-79〉 벤투리관

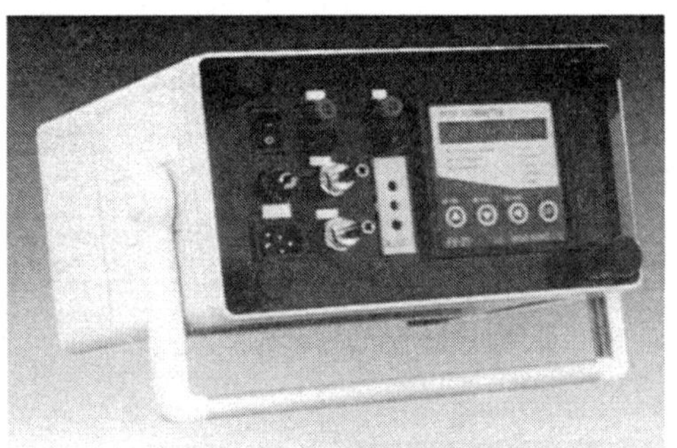

〈그림 2-80〉 피토관   〈그림 2-81〉 피토관 유량계

③ 차압 기구의 설치

검출 기구를 관로에 설치할 때는 상류 측에 직관부가 필요하며, 이것이 불충분할 경우는 오차가 발생한다. 상류 측의 관로 조건에 대해 필요한 직관 길이는 규격에 제시되어 있다. 또 검출 기구의 중심은 관로 축과 일치되도록 설치하여야 한다.

④ 차압계

오리피스 등의 검출 기구에서 발생한 차압은 차압계 또는 차압 변환기에서 측정·변환되어 유량을 지시한다. 가장 간단한 차압계로 액주 압력계가 있으나 원격 지시 또는 조절을 위해

힘 평형식, 정전 용량식 등의 차압 변환기를 사용한다.

〈그림 2-82〉는 이러한 차압 변환기를 나타낸 것으로 이들의 출력 신호는 전기식에서 DC 4 ~20mA이며 공기압식에서는 20~100kPa의 것이 대부분이다. 따라서 차압식 유량계를 써서 유량을 정확하고 안정하게 측정하기 위해서는 올바른 차압 검출점의 선정, 도압관 지름 및 도압 배관 방법의 선정이 기본적으로 이루어져야 한다.

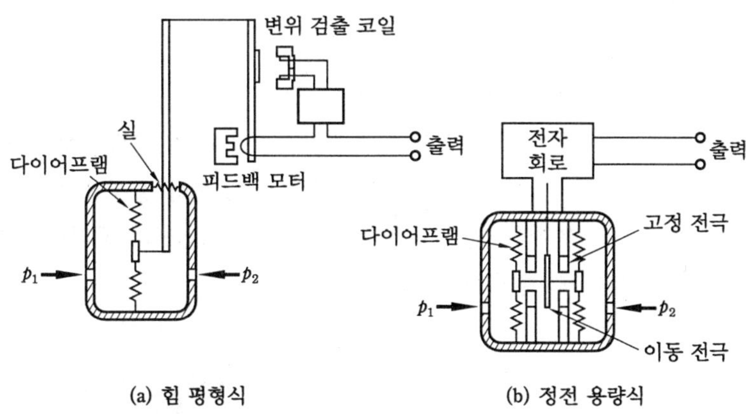

〈그림 2-82〉 차압 변환기의 원리

[2] 면적식 유량계

차압식 유량계는 일정한 오리피스 전후의 차압을 측정함으로써 유량을 알 수 있으며, 면적식 유량계는 부자의 이동으로 유로 면적을 변화시켜 차압을 일정하게 유지하고 이때의 면적을 측정하여 유량을 알 수 있으므로 면적 유량계(variable area flow meter), 로터미터 (rotameter)라고도 한다.

① 측정 원리

〈그림 2-83〉과 같이 테이퍼관 내를 상하로 이동하는 부자의 위치가 유량을 지시한다. 그림에서 Q : 유량(m³/s), A : 부자와 테이퍼관 사이의 환상 통로 면적(m²), C : 유량 계수, g : 중력 가속도, Δp : 차압(kPa), A_1 : 부자의 정지 위치에서 테이퍼관 내의 단면적(m²), W_e : 부자의 전 유효 중량(N/s), A_0 : 부자의 유효 단면적이라고 하면, 부자가 부유하고 있을 때 축류부를 통과하는 유체의 유속 v는 다음과 같다.

$$v = \sqrt{\dfrac{2g\,\Delta p}{1-\left(\dfrac{A}{A'}\right)^2}}$$

따라서 부자는 그 전후의 차압과 자중이 평형을 유지하고 있으므로 다음과 같은 관계가 성립한다.

$$W_e = A_0 \Delta p \quad \therefore \quad \Delta p = \frac{W_e}{A_0}$$

따라서 조리개를 통하여 흐르는 유량, 즉 환상 통로를 통과하는 유량 Q는 환상 통로 면적 A에 비례한다.

$$Q = CAv = CA\sqrt{\dfrac{2g\,\Delta p}{1-\left(\dfrac{A}{A'}\right)^2}}$$

여기서, g, C : 상수, A', A, Δp : 계기에 따라 정해지는 상수

면적식 유량계의 테이퍼관에는 유리관식과 스테인리스강 등의 금속관식이 있다. 유리관식은 부자의 위치에 의해 유량을 직접 읽을 수 있으므로 주로 현장 감시용으로 사용되고, 금속관식은 자석 등으로 부자의 위치를 외부에 취출하여 20~100kPa의 공기압 신호 또는 DC 4~20mA 전류 신호로 변환하여 필요한 장소에 전송한다.

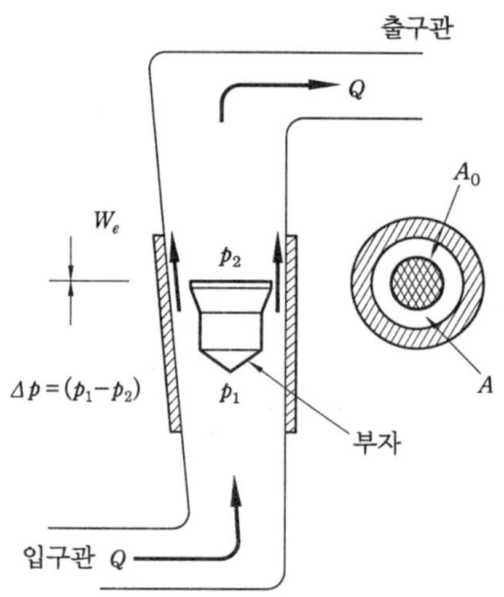

〈그림 2-83〉 면적식 유량계의 측정 원리

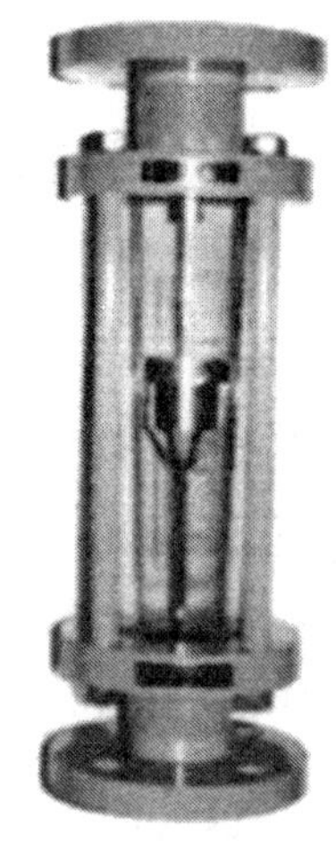

〈그림 2-84〉 면적식 유량계

② 특 징

- 기체 · 액체 어느 것도 측정할 수 있고, 부식성 유체도 측정 가능하다.
- 균등 유량 눈금으로 되어 있다.
- 압력 손실이 작다.
- 전후의 직관부는 거의 필요하지 않다.
- 지름이 크면 비싸므로 지름 100mm 이상은 적합하지 않다.
- 실류 시험에서 교정하여야 한다.
- 액체 중에 기포가 들어가면 오차가 생기므로 기포 빼기가 필요하다.

• 특히 유리관식은 기계적 강도, 내충격력에 약하므로 배관의 무게를 직접 받지 않고 유체가 역류되지 않도록 하며, 급격한 온도, 유량 변화에 주의해야 한다.

〈표 2-23〉 플로트 형상의 특징

플로트 형상	특징 및 용도
	경계 레이놀즈수 이하에서는 가이드가 없어도 안정성이 양호하지만, 유출 계수는 비교적 낮다.
	기체 또는 액체의 미소 유량 계측용에 적합하다.
	비교적 낮은 레이놀즈수까지 점도의 영향이 적어 작은 유량 측정에 적합하다.
	유출 계수가 크지만 점성의 영향을 받기 쉽다.
	슬러리용 플로 미터에 사용되며 유출 계수가 크고 점성의 영향을 비교적 적게 받는다.

③ 면적식 유량계의 설치 요령

〈그림 2-85〉는 유리관식 유량계의 설치 요령을 나타낸 것이며, 금속관식 면적 유량계의 설치도 이것에 준하여 행한다.

• 유체의 유입 방향은 반드시 하부에서 상부 방향으로 한다.
• 설치에 있어서는 수준기 또는 중추를 써서 수직으로 설치한다.
• 하류 측에는 반드시 체크 밸브를 설치하여 유체의 역류에 의한 부자 손상을 방지한다. 이때 역지 밸브의 설치 방향을 틀리지 않도록 한다.
• 유량계의 분리가 편리하도록 계수 또는 플랜지를 사용하여 배관한다.

• 설치할 때 유량계 자체에 세로 · 가로 방향으로 응력이 걸리지 않도록 매우 주의해야 한다.

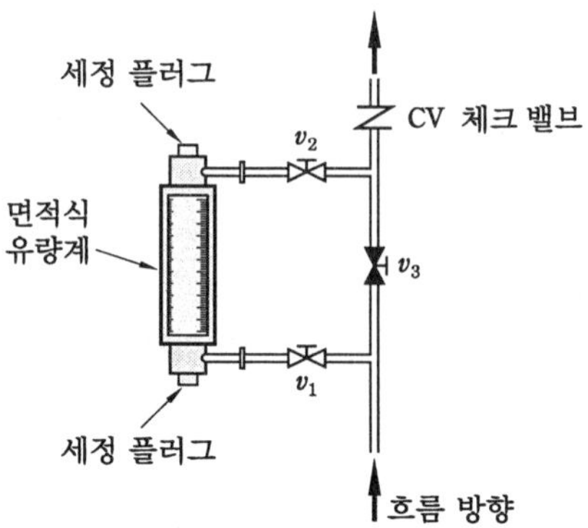

〈그림 2-85〉 면적식 유량계의 설치 방법

【3】 용적식 유량계

PD 미터(positive displacement meter)라고도 부르며 오발(oval) 기어형과 루츠(roots) 미터가 대표적인 것으로 유량계의 기준기이다.

유체의 흐름에 따라 회전하는 회전자(또는 왕복하는 운동자)로 케이스 사이의 공극(계량실)에 유체를 연속적으로 취입해서 송출이라는 동작을 반복하여 회전자의 운동 횟수로 유량을 구하는 것이다.

용적식 유량계에는 액체용과 기체용이 있고, 액체용에는 가동부의 모양에 따라 회전자형과 피스톤형 등이 있으며, 공업용으로는 전자를 많이 사용한다.

① 측정 원리

〈그림 2-86〉은 회전자형의 오발 기어형과 루츠형의 유량계를 나타낸 것이다. 오발 기어형은 케이스 안에 2개의 타원형 기어가 서로 맞물려 조립되어 있고 이것은 상류 측 · 하류 측 면에 작용하는 차압으로부터 발생하는 토크에 의해 그림의 화살표 방향으로 회전한다. 이때 케이스 내벽과 기어 사이에 끼인 일정 용적의 유체가 1/2회전마다 좌우 교대로 통과하게 되며, 기어의 회전수로부터 유량을 측정하게 된다.

루츠형의 작동 원리는 오발 기어형과 같으나 2개의 회전자가 한 점에서 미끄럼 접촉을 하면서 회전하므로 회전자의 주위에는 이가 없다. 〈그림 2-86〉에서 점선으로 표시한 구동 기어에 의해 회전자 상호 위치를 규정하고 있다. 정밀한 공작과 조립으로 회전자와 케이스 벽면 사이의 누설은 적고 그 정도는 ±0.5%, 정밀급, 특히 석유류(휘발유, 등유, 중유 등)에는 정도가 ±0.2%이다. 또 이들은 물, 기름, 특히 고점도 액체 등의 측정에 널리 사용되며, 루츠형은 기체의 측정도 가능하다.

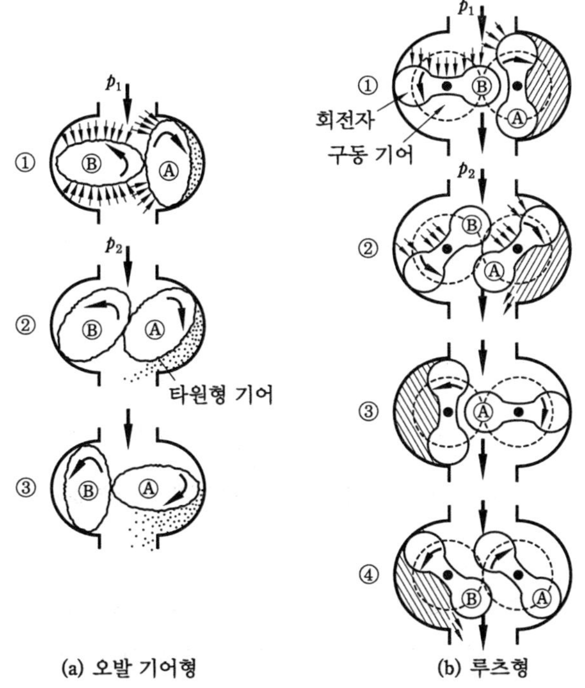

(a) 오발 기어형　　　　(b) 루츠형

〈그림 2-86〉 회전자형 용적식 유량계의 측정 원리

② 특 징

- 액체의 종류·성질에 따른 영향이 적고 점도가 높은 액체나 점도 변화가 큰 액체의 측정에 적당하다.
- 적산 정도가 높으므로 취인용에 사용된다.
- 전후에 직관부를 필요로 하지 않아 맥동의 영향도 거의 받지 않는다.
- 회전자 등의 가동 부분과 케이스의 간격을 좁게 제작하므로 액체 중에 고형물이 혼입하면 회전자가 묶여서 측정 불가능하게 되므로 반드시 필터를 사용한다.
- 구조가 복잡하므로 대형이나 내식형은 가격이 비싸다.

용적식 유량계를 장기간에 걸쳐서 안정하게 고정도로 사용하기 위해서는 주의해야 할 사항들을 잘 지켜서 설치해야 한다.

〈그림 2-87〉은 회전형 용적식 유량계의 설치 방법을 나타낸 것이며, 특히 유량계 설치에 있어서는 전후의 배관을 충분히 세정하여야 한다.

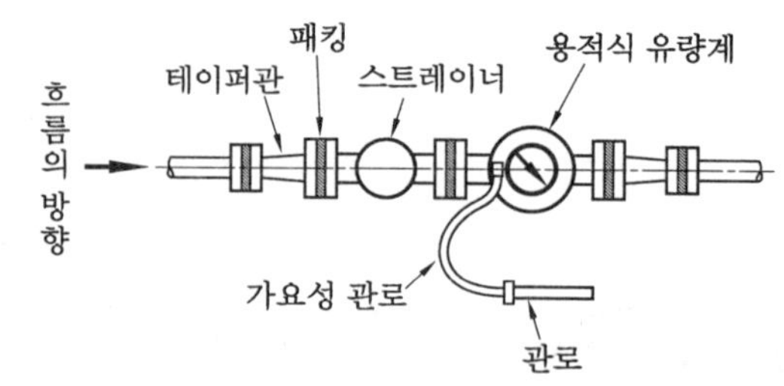

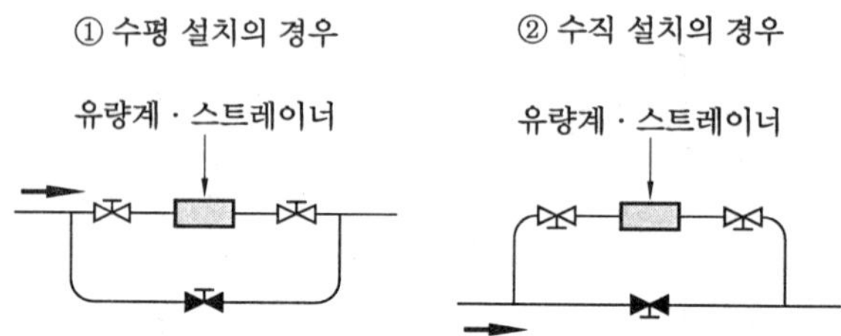

〈그림 2-87〉 회전형 용적식 유량계의 설치 방법

【4】 전자 유량계

도전성의 물체가 자계 속을 움직이면 기전력이 발생한다는 패러데이(Faraday)의 전자 유도 법칙을 이용하여 도전성 유체의 유속 또는 유량을 구하는 것을 전자 유량계(electromagnetic flowmeter)라고 한다.

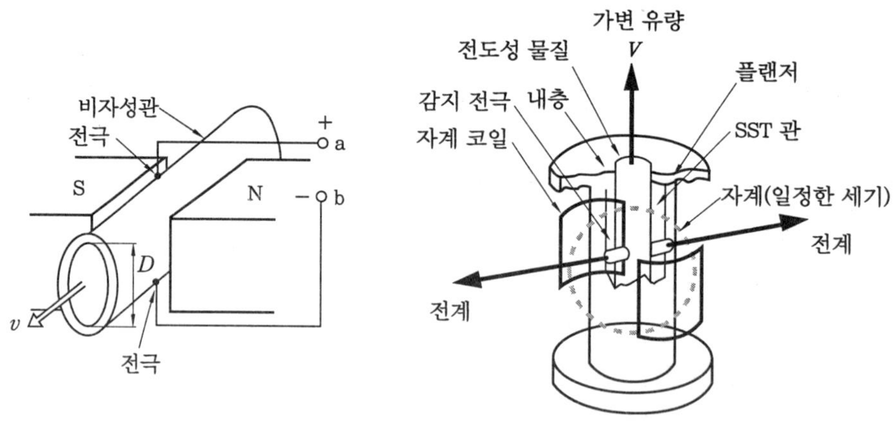

〈그림 2-88〉 전자 유량계의 원리   〈그림 2-89〉 전자 유량계의 구조

① 측정 원리

〈그림 2-90〉과 같이 도전성 유체가 흐르는 측정관을 직각으로 지나는 자계를 주면 각기 직교하는 방향으로 비례하는 기전력이 발생한다. 기전력의 발생 방향은 플레밍의 오른손 법칙에 따르며 기전력 E는 다음과 같다.

$$E = -k_0 \frac{d\phi}{dt}$$

$$\phi = BS$$

여기서, E : 기전력(V), k_0 : 비례 상수, ϕ : 자속(Wb), B : 자속 밀도(Wb/m²), S : 기전력을 발생하는 자속당 유체의 유효 투영 면적(m²)

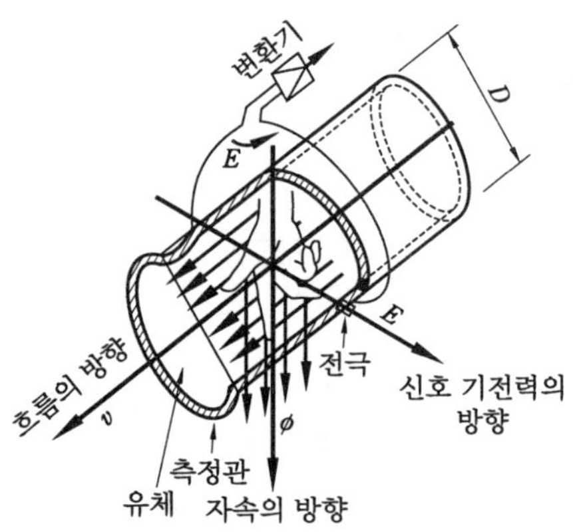

〈그림 2-90〉 전자 유량계의 측정 원리

위의 식을 대입하여 시간에 대해 미분하면 다음과 같다.

$$E = -k_0 \left(B\frac{dS}{dt} + S\frac{dB}{dt} \right)$$

여기서, $\dfrac{dS}{dt}$ 를 Dv(D : 측정관의 안지름, v : 평균 유속)로 하면 다음과 같이 정리된다.

$$E = -k_0 \left(BDv + S\frac{dB}{dt} \right)$$

- 구형파 여자(square wave excitation) 방식의 경우 : 〈그림 2-91〉과 같이 $\dfrac{dB}{dt}$ 는 직류 영역 $B=K$, $B=-K$(K : 상수)의 시간에 대해 미분되기 때문에 $\dfrac{dB}{dt}=0$이 된다. 따라서 다음과 같다.

$$E = -k_0 BDv = -k_0 BQ \ (단, \ Dv=Q : 유량)$$

- 교류 여자(AC excitation) 방식의 경우 : 측정관에 금속 재료를 쓰는 교류 여자의 경우는 자속 밀도 B의 파형이 정현파이므로 와전류(eddy current)가 발생하고, $\dfrac{dB}{dt}$ 의 위상을 갖는 2차 자속이 발생한다. 이 2차 자속이 검출 신호선의 1턴 코일(turn coil)에 교차하면 $\dfrac{d^2B}{dt^2}$ 위상을 갖는 잡음(전압)이 발생한다. 이 잡음을 0° 노이즈(noise) 혹은 동상 노이즈라고 한다.

그러나 구형파 여자 방식에서는 $\dfrac{dB}{dt} = \dfrac{d^2B}{dt^2}=0$이 되며 자속 밀도 B의 시간 미분은 0으로 영점 변동은 본질적으로 발생하지 않는다.

위의 식에서 k_0, B를 일정하게 하면 기전력 E는 전류 신호(DC 4~20mA)로 변환해서 전송된다.

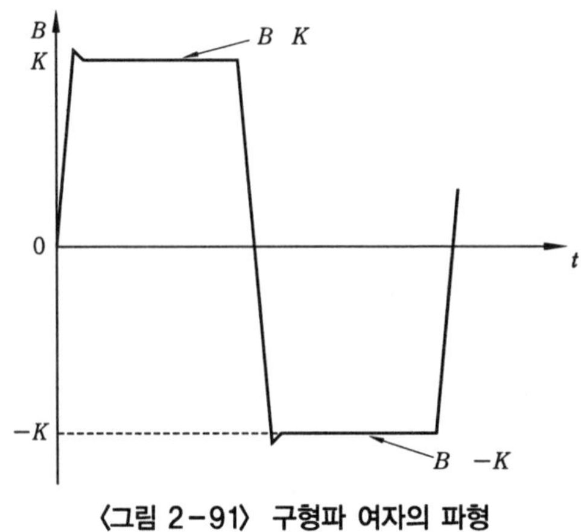

〈그림 2-91〉 구형파 여자의 파형

② 특 징

- 액체의 압력 · 온도 · 밀도 · 점도 등에 영향을 받지 않는다.
- 기전력은 유량에 대해 직선 관계이며 검출 지연도 없고 맥류도 정확하게 측정할 수 있다.
- 발신기 내부에 돌기물이 없고 압력 손실도 없다.
- 액체에 고형물이 포함되어 있어도 지장이 없으며, 또 미립자가 혼재되어 있는 액체도 측정할 수 있다.
- 층류, 난류 등의 영향을 받기 어렵기 때문에 오리피스나 벤투리 등 차압 기구의 유량계에 비해서 전후의 직관부가 대단히 짧아도 좋다.
- 액체의 전기 전도도에 의한 한계가 있어 $5\mu\text{S/cm}$ 정도 이하의 액체는 측정할 수 없다.

【5】 와류식 유량계

와류식 유량계(vortex flow meter)는 측정 대상에 제한 없이 기체 · 액체의 어느 것도 측정할 수 있으며, 유체의 조성 · 밀도 · 온도 · 압력 등의 영향을 받지 않고 유량에 비례한 주파수로서 체적 유량을 측정할 수 있다. 그러나 공통적으로 깨끗한 유체가 바람직하므로 필요에 따라 스트레이너의 설치 등의 배려가 필요하다. 〈그림 2-92〉는 원주의 하류에 있어서 카르만(Karman) 와류를 나타낸 것이다.

① 측정 원리

〈그림 2-92〉에서 와류의 간격 I와 와류 사이의 거리 l의 관계가 $I/l=0.281$일 때만 안정한 와류가 발생한다. 와류의 발생 주파수 f는 어떤 조건하에서는 와류 발생체의 폭 d에 역비례하고, 와류 발생체를 통과할 때의 유속 v에 비례한다. 즉, 다음과 같은 관계가 성립된다.

$$f = S\frac{v}{d} \, [\text{Hz}]$$

(단, S : strouhal수$=0.185$)

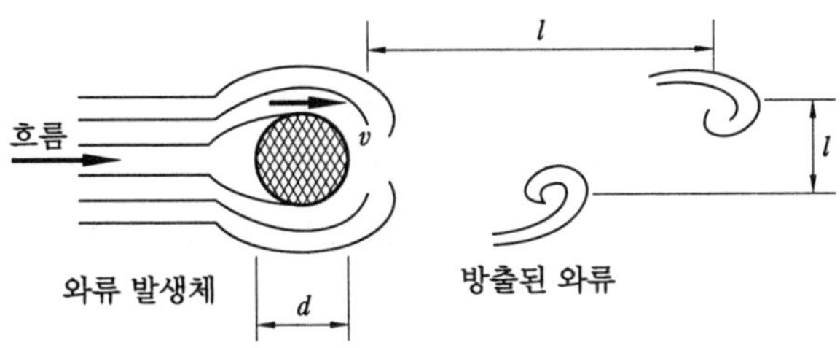

〈그림 2-92〉 원주의 하류에 있어서 카르만 와류

카르만 와류의 수는 와류의 생성 분리에 따른 와류 발생체 주위의 물리적 변화를 서미스터, 스트레인 게이지, 압력 소자나 정전 용량 소자 등으로 측정하여 제어 앰프로 증폭해서 펄스열 신호로 얻는다. 기계적 가동 부분이 없고 비교적 광범위에 걸쳐서 유량에 비례한 신호를 얻을 수 있다.

② **특 징**
- 측정 대상에 제한 없이 액체 · 기체 어느 것도 측정할 수 있다.
- 유체의 온도, 밀도, 조성, 점도 등의 영향을 거의 받지 않는다.
- 영점이 안정하다.
- 출력 신호가 유속에 비례하는 펄스 주파수이므로 적산이 용이하다.
- 압력 손실이 대단히 적고 정도가 좋아 수요가 확대되어 가고 있다.

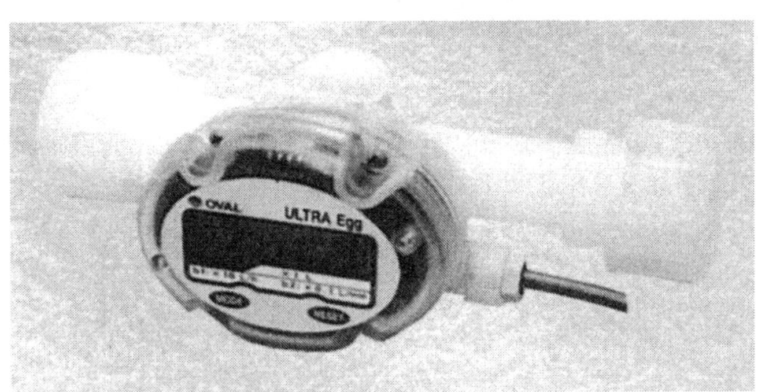

〈그림 2-93〉 와류식 유량계

[6] 터빈식 유량계

유체의 흐름 속에 날개가 있는 회전자(rotor)를 설치해 놓으면 유속에 거의 비례하는 속도로 회전한다. 그 회전수를 검출해서 유량을 구하는 것이 터빈식 유량계이다.

① **측정 원리**

회전자의 축이 흐름에 대해서 직각으로 설치한 접선류식과 흐름에 대해서 평행으로 설치된 축류식이 있다. 접선류식은 구조가 간단하고 싸게 만들어지지만 누설이 상대적으로 커서 고정도는 기대할 수 없으며 가정용 수도 미터 등에 사용되고 있다. 한편 축류식은 마찰력에 대해서 구동력을 상당히 크게 얻을 수 있으며 ±0.2% 이상의 정도를 요구하는 석유류의 취인용 유량계로서 사용되고 있다.

터빈의 지름은 관 지름과 거의 같으며 마찰이 최소가 되도록 고안되어 있다. 유속에 비례해서 회전하는 회전자의 움직임은 인덕턴스(inductance)의 변화 등으로서 외부에 취출되어 프리앰프(preamplifier)에 의해서 전송에 적합한 펄스열 신호로 변환되어 송출된다.

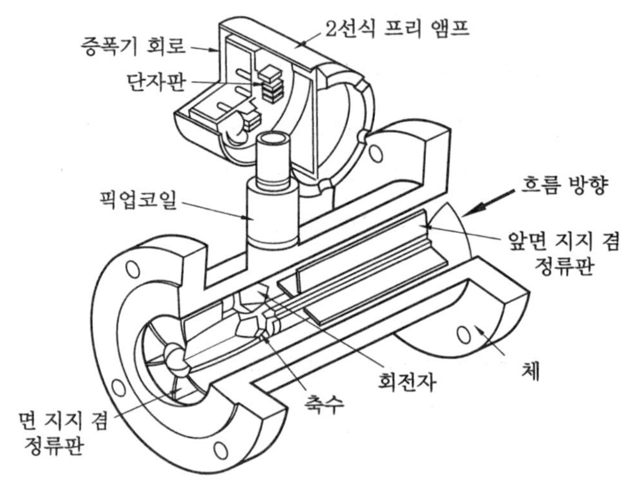

〈그림 2-94〉 터빈식 유량계의 구조

② 특 징

- 용적식 유량계에 비해서 소형이며 구조가 간단하고 제조 비용이 저렴하다.
- 내구력이 있고 수리가 용이하다.
- 고온·저온·고압의 액체나 식품·약품 등의 특수 유체에도 사용된다.

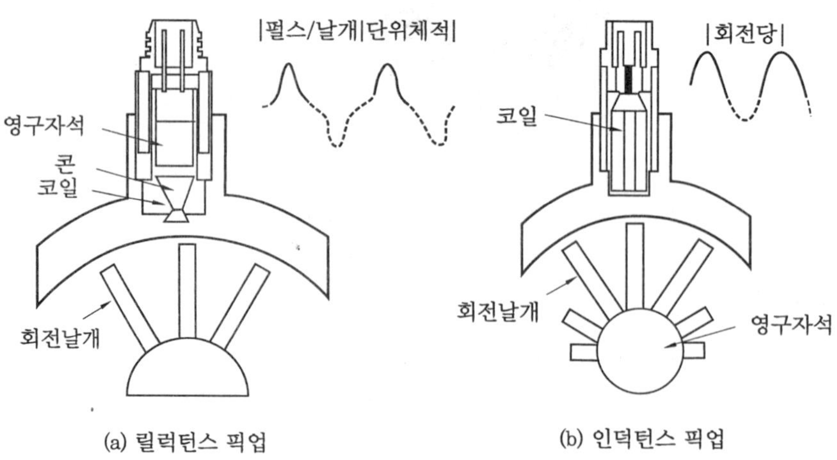

〈그림 2-95〉 터빈 유량계의 신호 발생

- 용적식 유량계보다도 압력 손실이 작다.
- 터빈식 유량계에서 고정도를 내기 위해서는 상류 측에 관 지름의 10~20배, 하류 측에 5배 이상의 직관부가 필요하다.
- 터빈식 유량계는 난류 영역에서 그 성능을 발휘하므로 저유량 영역에서는 오차가 생긴다. 층류 영역에서는 점도의 영향을 받으므로 점도가 낮은 유체에 적당하고 점도가 높게 되는 것에 대해서는 하한 유량값이 상승한다.

【7】 초음파식 유량계

흐름을 타고 나가는 음의 속도와 흐름에 반대로 나가는 음의 속도가 다른 것을 이용하여 유량을 측정할 수 있으며, 이 음(音) 대신에 초음파를 사용하므로 초음파 유량계(ultrasonic flow meter)라고 한다. 하수, 공장 폐수, 공장 배수 등 이물질을 다량 함유한 오수를 측정 대상으로 한다.

초음파 유량 센서는 액체와 기체 모두에 사용 가능한데, 특히 대형 관로의 물이 유량 측정에 많이 사용되고 있다. 이 경우에는 초음파 송수신기를 관로의 외부에 부착하여 관벽을 통하여 초음파를 전파시킬 수 있는 장점이 있다.

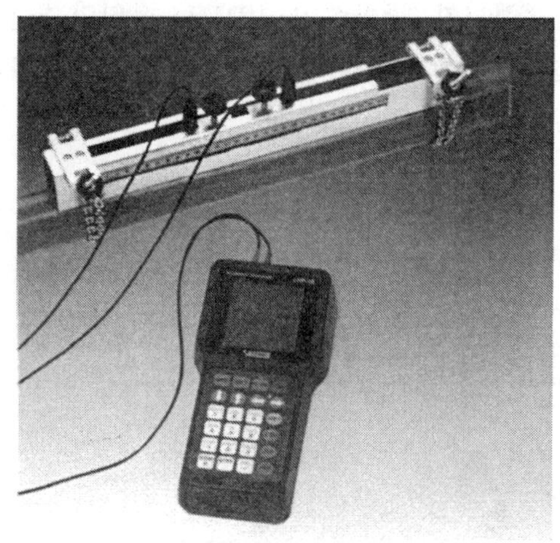

〈그림 2-96〉 초음파 유량계

① 측정 원리

- 도플러(Doppler)법 : 도플러 효과(달리고 있는 기관차가 정지하고 있는 관측자에게 접근할 경우 기관차가 내는 기적의 진동수인 주파수는 기관차가 관측자를 지나 멀어져 갈 때에 비해 높게 되는 효과)를 이용하여 속도를 구하는 것으로, 흐름에 포함된 입자에서 반사되어 오는 초음파의 도플러 시프트(Doppler shift)에 의해 유체의 유속을 구하는 방법이며 응답은 빠르나 음속의 영향을 받는다.

초음파가 전파되는 유체 중에 입자가 유체와 함께 운동한다면, 송신기로부터 보내진 초음파는 입자에 의해 산란되어 수신기에 전달된다. 이때 초음파의 송신 주파수 f_t와 산란되어 되돌아오는 수신 주파수 f_r과의 차를 도플러 주파수 Δf라 한다.

$$\Delta f = \frac{f_t v(\cos\theta_1 + \cos\theta_2)}{C_s}$$

즉, 도플러 주파수는 평균 유속에 정비례함을 알 수 있다.

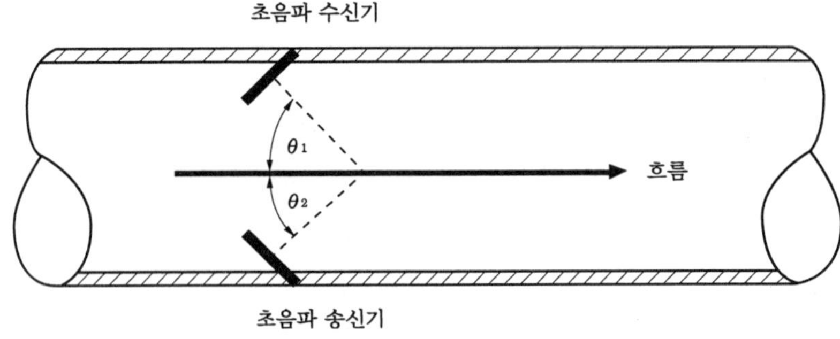

〈그림 2-97〉 도플러법

〈그림 2-98〉은 초음파를 이용하여 혈류(blood flow)를 검출하는 시스템이다. 혈관에 흐르는 혈액의 양을 측정하고자, 주파수 2~12MHz 범위의 초음파를 혈관에 발사하여 수신되는 주파수의 변화로 혈류를 측정할 수 있다. 이를 도플러 혈류 검출기라고도 한다.

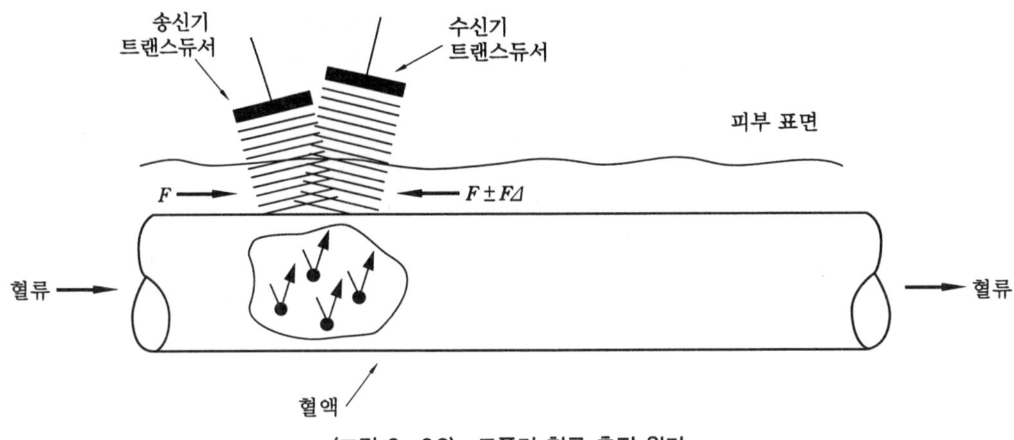

〈그림 2-98〉 도플러 혈류 측정 원리

- 싱 어라운드(sing around)법 : 〈그림 2-99〉와 같이 동일 거리를 나가는 데 요하는 초음파 펄스의 흐름과 같은 방향과 반대 방향의 시간차에 의해 평균 유속을 구하는 방식으로, 응답은 약간 늦으나 유체를 전하는 음속에는 영향을 받지 않는 특징을 가지고 있다.

  이 방식을 이용하여 상류 측, 하류 측에 각 1개의 초음파 변환기를 설치하고, 초음파 펄스의 송신, 수신을 서로 번갈아 실시한다. 상류 → 하류의 초음파 펄스의 운반 시간(t_d)과 하류 → 상류의 운반 시간(t_u)을 측정해서, 연산 처리하고 유량 신호를 회로적으로 변환하면 유체의 평균 속도 v는 다음과 같다. 이것을 통해 결론적으로 유체의 평균 속도는 초음파의 주행 시간에 비례함을 알 수 있다.

$$v = \frac{C_s^2(t_u - t_d)}{2D\cos\theta} = \frac{C_s^2 \Delta T}{2D\cos\theta}$$

여기서, C_s : 유체 중의 초음파의 속도(20℃에서 1,480m/s)

t_u : 초음파의 하류에서 상류 운반 시간(upstream direction)

t_d : 초음파의 상류에서 하류 운반 시간(downstream direction)

ΔT : 주행 시간(transit time)

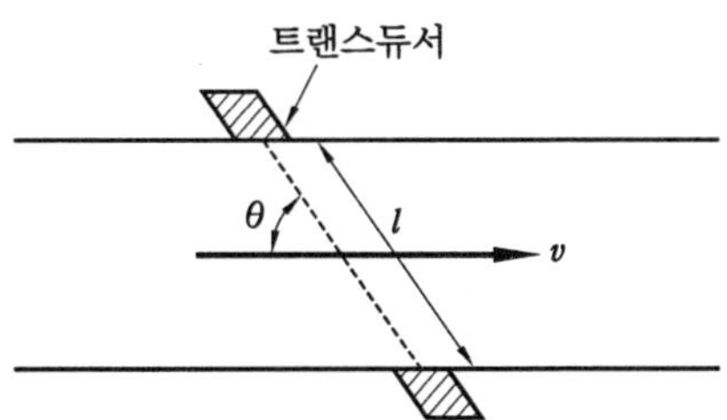

〈그림 2-99〉 싱 어라운드법

〈그림 2-99〉에서 v : 유체 속도(m/s), l : 트랜스듀서 사이의 거리(m), θ : 트랜스듀서와 초음파 속도의 각이라고 하고, t : 트랜스듀서 사이를 음파가 전해지는 데 요하는 시간(s), f : 주파수(Hz), c : 음속(m/s)이라 하면, 다음과 같이 표시할 수 있다.

㉠ 흐름과 동일 방향의 싱 어라운드 주파수

$$f_1 = \frac{1}{t_1} = \frac{c + v\cos\theta}{l}$$

㉡ 흐름과 역방향의 싱 어라운드 주파수

$$f_2 = \frac{1}{t_2} = \frac{c + v\cos\theta}{l}$$

두 식에서 쌍방의 주파수 차 Δf를 정리하면 다음과 같다.

$$\Delta f = f_1 - f_2 = \frac{2v\cos\theta}{l} \qquad \therefore f = \frac{l}{2v\cos\theta}\Delta f$$

따라서 음속 c의 영향이 없으며 Δf에 비례한 유속 v를 구할 수 있다.

② 특 징

- 배관 중에 삽입물이 전혀 없으므로 흐름의 난류나 압력 손실은 생기지 않는다.
- 기설의 배관에도 간단히 설치할 수 있어 공사비가 저렴하다.
- 지름이 커져도 다른 유량계만큼 가격이 올라가지 않는다.
- 배관은 쪼개짐이 없어 개거(開渠)에도 사용된다.
- 유량 눈금은 선형이다.
- 초음파 유량계는 관로 단면의 일부분을 음파 통로로 하여 그것에 대표되는 유속이 계측

되어 유량이 구해지므로 유속 분포나 유체 중 이물의 영향을 받기 쉽다. 상류 측에 관 지름의 10배, 하류 측에 지름의 5배의 직관부가 필요하다.

3 유량계의 선정 조건

유량계에는 여러 가지 측정 원리나 구조가 있어 이들에 의해 각기 다른 특색을 가지고 있으므로 사용 목적, 피측정 유체나 측정 조건 등을 검토하여 최적의 유량계를 선정해야 한다.

[1] 사용 목적

① **취인용** : 검토 대상이므로 적산 유량의 정도 높은 기종을 선정한다.
② **제어용** : 능력 범위와 재현성이 주안점이다.
③ **공정 관리용** : 신뢰성이 높고 재현성이 좋은 기종을 선정한다.

[2] 피측정 유체

① **부식성** : 재질 선정에 주의가 필요하다.
② **온도** : 유체는 일반 온도 변화와 함께 체적이 변하기 때문에 고정도 측정에는 온도 보정이 필요하다.
③ **점도** : 유량계에 의해서 점도 영향도의 차가 있다. 특히 고점도 유체의 선정에는 주의를 요한다.
④ **맥동** : 일반적인 체적 유량계는 맥동의 영향을 받기 쉬우므로 프로세스 측에서 맥동을 흡수하도록 배려한다.
⑤ **이물 혼입** : 이물 혼입에 강한 기종을 선정한다. 용적식 유량계의 경우는 스트레이너에서 제거한다.

[3] 측정 조건

① **유량 변동** : 운전 · 정지 또는 이상이 있을 때에 과대 유량을 확인할 필요가 있다.
② **압력 손실** : 탱크 헤드 등에서 유체를 흘릴 때는 압력 손실을 고려하여 기종을 선정한다.
③ **보수 점검** : 수리의 난이도를 검토한다. 교정 방법은 실류 테스트인가, 건조 구경 측정(dry calibration)인가를 확인한다.
④ **방폭** : 방폭 영역에 설치하는 경우에는 방폭 구조로 해야 한다.

5. 레벨의 계측

1 레벨 계측의 의미

레벨 측정에는 기체와 액체, 기체와 고체, 액체와 액체, 액체와 고체의 경계 측정이 포함되고, 플랜트에 있어서는 중요한 프로세스 변수이다. 레벨 측정은 원료 탱크나 제품 탱크와 같이 정확한 용적 또는 중량 측정을 목적으로 하고 있는 것과 제품 프로세스의 중간 탱크나 주조통 등과 같은 것에 축적 효과를 이용해서 프로세스의 외란 흡수, 체류 시간의 설정 등을 위한 레벨(level)을 계측하여 상대적 레벨을 제어하는 것을 목적으로 한 것의 두 가지로 대별할 수 있다.

어느 목적으로 사용되는 경우에 있어서도 레벨계의 고장에 의한 사고 파급도는 아주 크므로 레벨계의 높은 신뢰성이 요구된다. 특히 최근에는 샘 스페이스(space), 생 에너지를 위해 기기나 탱크 등을 집적해서 고층화한 플랜트가 많이 늘어나고 있으므로 탱크 내의 유체가 유출하여 주변이나 하부 설비 기기에 커다란 영향을 미치거나 때로는 인명 재해, 환경 오염 등을 유발시키는 우려도 있다.

따라서 레벨계 자체 신뢰성 향상과 시스템 신뢰성 향상의 두 관점에서 안전성을 추구하여야 한다. 전기식의 경우는 내압 방폭 구조, 본질 안전 방폭 구조 및 장거리 전송에 있어서 노이즈 대책 또는 중요 계통에 있어서 레벨 측정의 2중화나 레벨 스위치에 의한 백업(backup) 등 시스템의 안전성에 대한 총합 검토와 함께 실시가 필요 불가결하다.

〈표 2-24〉 레벨 센서의 분류

연속 측정	불연속 측정
부력식(플로트식, 디스플레이서식)	도전율식
중량 측정식	열전달식
압력식	정전 용량식
정전 용량식	광학식
초음파식	초음파식
방사선식	마이크로파식
마이크로파식	

2 레벨 검출용 센서

레벨을 검출하는 대상물로는 액체뿐만 아니라 고체 또는 이들의 경계면 및 비중이 다른 두 가지 액체의 경계면 등으로 측정 대상이 여러 가지이며 목적과 용도에 따라 센서의 종류도 다양하다.

레벨을 측정하는 방법에는 초음파식, 방사선식, 정전 용량식, 광전식, 차압식 등 간접적으로 레벨을 측정하는 방법과 유리관 게이지식이나 전극식 또는 부자식 등과 같이 직접적으로 측정하는 방법이 있다.

이와 같이 측정 원리가 다른 각종 센서 중에서 정밀도가 높고 값이 저렴한 부자식(float) 센서가 현재 널리 사용되고 있다.

【1】 부자식 센서의 종류

부자식 센서는 전기 제어부와 부자가 하나로 된 일체형과 2개로 분리된 분리형으로 크게 나뉘며, 일체형 구조에는 부자 섭동식, 피벗식, 투입식 등이 있다. 또한 센서 소자부도 리드 스위치식, 자전 변환 소자식 홀 소자, 자기 저항 소자, 수은 스위치식 등 여러 가지이며, 각각의 목적과 용도에 따라 구분하여 사용하고 있다.

구조에 있어서는 비자성체(금속이나 플라스틱 성형품)로 된 파이프 모양의 축 안에 리드 스위치를 넣고, 축을 따라 상하로 움직이는 부자에는 자석이 들어 있다. 부자의 재질에는 비자성 금속을 용접하여 형성된 것이나 발포 고무 또는 발포 플라스틱으로 된 것이 있으며, 각각 사용 액체에 따라 구분해서 사용한다.

<표 2-25> 부자식 레벨 센서의 종류와 특징

구 조		사용 소자	특 징	단 점
일체형	섭동식	리드 스위치 자전 변환 소자	• 설치 간단 • 높은 정밀도 • 높은 신뢰성 • 탱크 형상과 관계 없음	• 동작 레벨의 변경 불가능 • 저점도 액체용
	투입식	리드 스위치 수은 스위치	• 히스테리시스가 넓음 • 레벨 설정 임의 • 고점도 액체 사용 가능	• 소형 탱크 사용 불가능
	피벗식	리드 스위치 자전 변환 소자	• 설치 간단 • 소형 탱크용	• 저점도 액체용
분리형		리드 스위치 자전 변환 소자	• 레벨 설정 임의 • 설치 자유 • 공간 절약 • 고점도 액체 사용 가능	• 부자의 센서부의 상태 위치 조정 필요

리드 스위치식 레벨 센서는 리드 스위치에 자석을 접근시키면 서로 접점 사이에 자기 흡인력이 가해져서 ON 상태가 되고 떨어지게 하면 OFF 상태가 되는 리드 스위치의 기본 동작 원리를 응용하고 있다. 또한 그 동작 형태는 부자와 리드 스위치가 상대적으로 대향했을 때에 ON 신호를 내는 NO형과 대향했을 때에 OFF가 되는 NC형 및 대향했을 때에 동작이 ON에서 OFF 또는 OFF에서 ON으로 전환되고 그 동작 상태를 기억하는 기억형이 있다.

<표 2-26>은 리드 스위치식 레벨 센서의 종류와 특징을 나타낸 것이며, <그림 2-100>은 리드 스위치식 레벨 센서의 내부 구조이다.

〈표 2-26〉 리드 스위치식 레벨 센서의 종류와 특징

구 조		특 징	결 점	용 도
NO형	쇼트 히스테리시스형	• 가장 범용적 • 동작 안정 • 값이 저렴 • 다점 제어 가능	• 응답차가 적고 불균형의 영향이 있다. • NO 폭이 좁다. • 3점 동작에 주의	자동 판매기, 차량용, 보일러, 난방기, 가습기, 현상액
	와이드 히스테리시스형	• 불균형의 영향을 받지 않음 • 3점 동작이 없음 • NO 폭이 넓음	• 동작 불평형 • 온도나 외부 자계의 영향을 받기 쉬움	선박외기, 발전기
NC형		• 스토퍼에 의한 부자 • 구동폭 제어 불필요	• 부자가 대형 • 동작 위치 불평형	특수 용도 이외에는 사용하지 않음
기억형		• 다점 제어 가능 • 외부 제어 회로의 가격 저하를 기할 수 있다.	• 부자가 대형 • 강한 진동에 약함	수처리 플랜트, 화학 공장

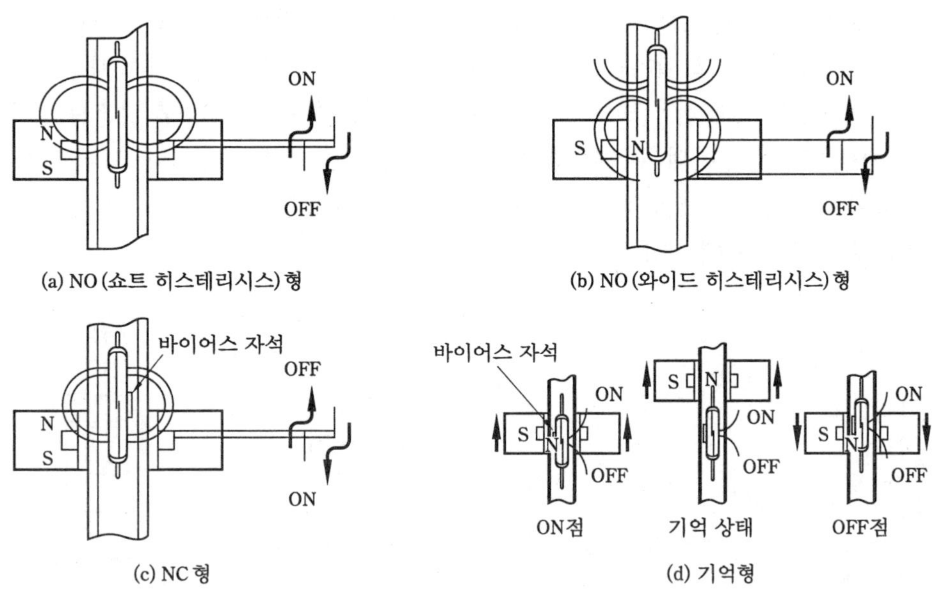

〈그림 2-100〉 리드 스위치식 레벨 센서의 내부 구조

[2] 사용 방법

① 2액 검지 센서의 사용

〈그림 2-101〉은 두 가지 액체의 경계면을 검출하는 센서의 구조를 나타낸 것으로, 부자 부분과 전극부를 일체적으로 구성한 구조로 되어 있으며, 비중이 다른 액체를 검출하는 데 적합하다. 부자 부분에서는 석유나 가솔린 등과 같은 기름의 잔량을 검출하고, 전극부에서는 물과 같은 도전성 액체를 검출하며, 석유난로나 엔진 등의 연료 검출에 이용된다.

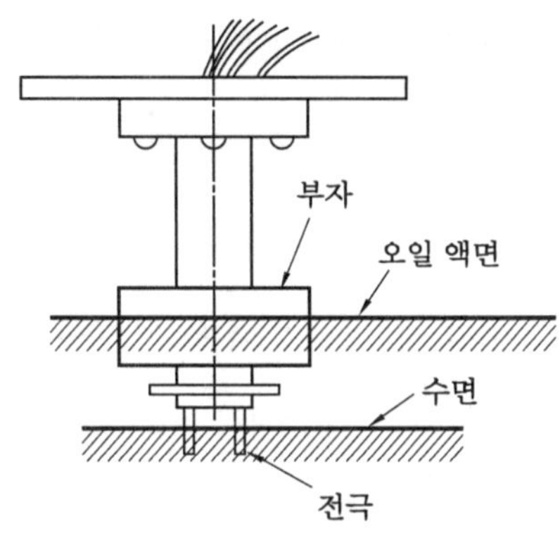

〈그림 2-101〉 두 가지 액체 경계면 검출 센서

② 범용형 NO 센서의 사용

동일한 축 길이 안에서 동작 레벨을 설정하는 것은 리드 스위치와 부자의 상대 위치 설정 및 스토퍼 위치의 변경으로 자유로이 설정할 수 있으며, 또한 부자가 상승해도 ON, 하강해도 ON으로 자유롭게 설정된다. 그러나 액체의 잔량 경보 등에서 가능한 한 낮은 레벨로 신호를 내려는 경우에는 〈그림 2-102〉의 (a)와 같이 어느 정도 제약을 받는다. 이런 경우에 일반적으로 탱크에 스로틀을 설치하는 방법이 사용되는데, 부자 스위치 측에서 대응하는 경우에는 부자의 형상을 얇게 하는 방법의 그림 (b)나 부자 밑 부분에 모서리를 만드는 방법의 그림 (c)를 사용하거나, 부자의 구조를 변경하는 방법의 그림 (d)를 사용한다. 또한 그림 (d)의 방법은 액체 점도가 높고 일반적인 부자에서는 사용이 곤란한 경우 또는 수질이 나쁘고 물때가 끼기 쉬운 경우 등에 사용된다.

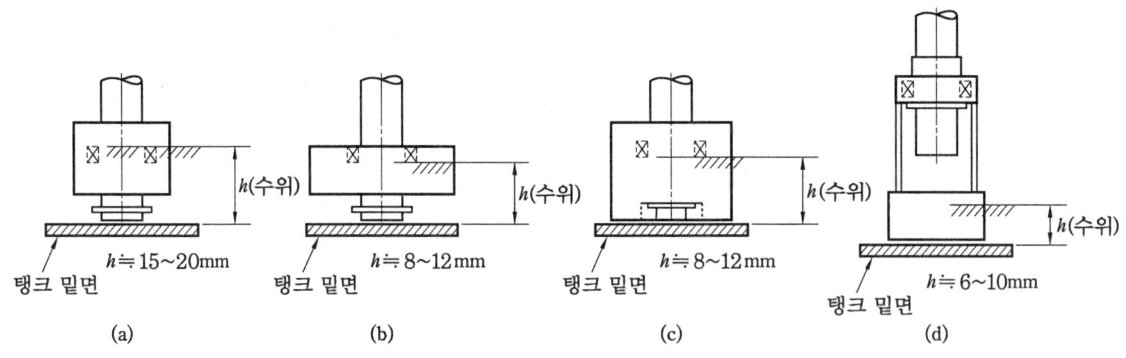

〈그림 2-102〉 범용형 NO 센서 설치 예

③ 기억형 센서의 사용

리드 스위치에 스위치가 ON하는 감도와 OFF하는 감도의 중심 자력이 있는 바이어스 자석을 부가하면 부자의 상승과 하강에 따라 동작이 전환되고 ON 또는 OFF 상태를 유지하는 기억형 센서가 된다. 〈그림 2-103〉은 레벨 제어 응용 예이다.

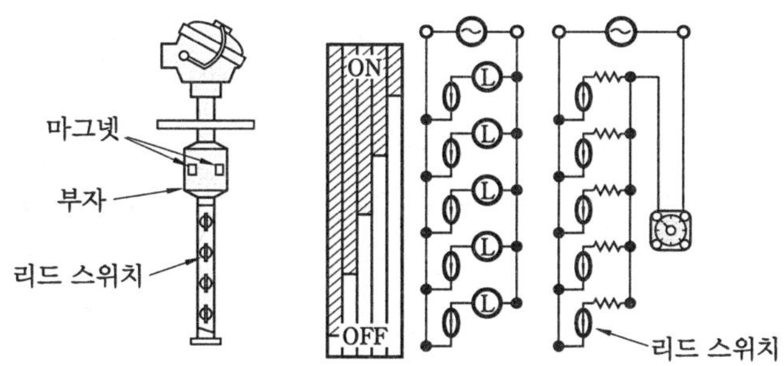

〈그림 2-103〉 기억형 센서의 레벨 제어 예

③ 레벨계의 종류

플랜트 중에는 수많은 탱크가 존재하며, 이들의 탱크를 용도에 따라 분류하면 원료 탱크나 제품 탱크와 같이 저장을 목적으로 하는 것과 제품 프로세스 중에 있는 중간 탱크와 같이 프로세스의 외란 흡수, 중간 생성물의 체류 시간 설정 등의 목적으로 사용되는 것의 두 종류로 나누어진다.

전자의 경우는 탱크를 하나의 계량을 위해 매스(mass)로 해서 사용하고 있기 때문에 탱크 내의 저장량을 정확히 알 필요가 있으므로 정확한 절대값 레벨 측정을 필요로 한다. 후자의 경우는 그 목적으로 보아 레벨의 정확한 절대값은 필요하지 않고 상대값을 알면 좋다.

이 두 가지의 목적에 합치하도록 측정물의 성질이나 상태, 탱크의 구조나 환경 조건에 대응해서 여러 가지 레벨계가 제작되고 있다.

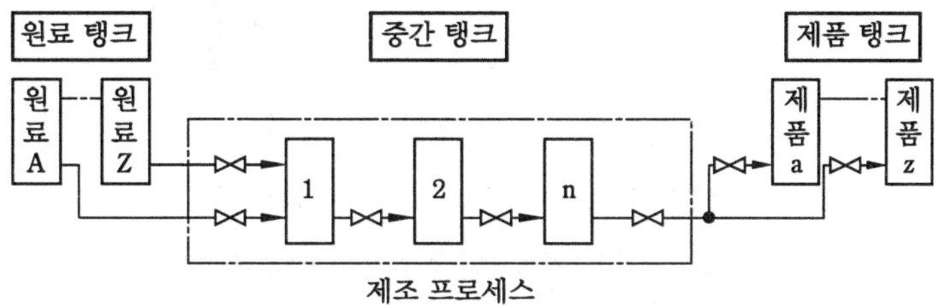

〈그림 2-104〉 플랜트 내의 각종 탱크

【1】 차압식 레벨계

공업 프로세스에서는 감시용, 제어용, 경보용으로서 차압식 레벨계가 가장 많이 쓰이고 있으며, 측정 범위가 넓고 변경이 용이한 특징이 있다.

① 측정 원리

- 드라이 레그(dry leg)법 : 〈그림 2-105〉의 (a)는 밀폐 탱크 내에 있어서 액체가 증발하여 저압 측 도압관 내에 응결할 우려가 없는 경우 밀폐 탱크의 레벨 측정법이다.

고·저압 측에 걸리는 압력 p_H, p_L은 다음과 같다.

$$p_H = p_0 + \rho(h_1 + h)$$

$$p_L = p_0$$

따라서 차압 전송기에 걸리는 차압 Δp_a는 다음과 같다.

$$\Delta p_a = p_H - p_L = \rho(h_1 + h)$$

• 웨트 레그(wet leg)법 : 그림 (b)는 밀폐 탱크 내의 액체가 증발하여 저압 측 도압관 내에 응결할 경우 밀폐 탱크의 레벨 측정법으로, 저압 측 도압관 내에 액체를 채워서 도압관의 응결을 방지한다.

고 · 저압 측에 걸리는 압력 p_H, p_L은 다음과 같다.

$$p_H = p_0 + \rho(h_1 + h)$$
$$p_L = p_0 + \rho(h_1 + h_2)$$

따라서 차압 전송기에 걸리는 차압 Δp_b는 다음과 같다.

$$\Delta p_b = p_H - p_L = \rho(h - h_2)$$

② **특 징**

액체 내의 각 점에 있어서의 정수압은 그 점으로부터 액면까지의 높이에 비례하므로 액체의 밀도가 일정하면 압력을 측정하여 액면의 높이를 구할 수 있다.

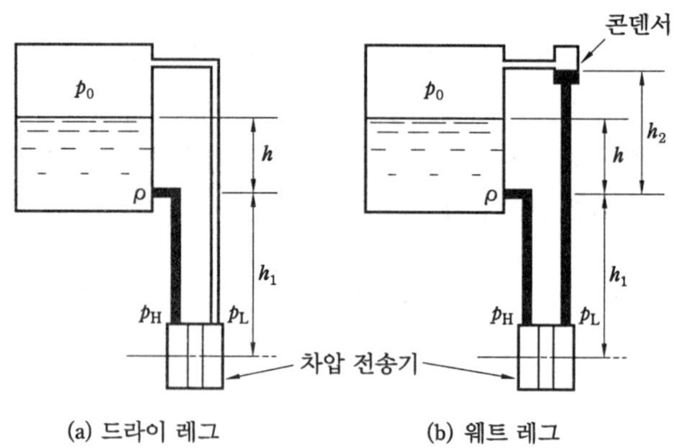

〈그림 2-105〉 **밀폐 탱크의 차압식 레벨 측정법**

[2] 기포식 레벨계

기포식 레벨계(purge type liquid level gauge)는 고온의 액체, 부식성의 액체, 고형물을 혼입하는 액체 등에도 사용한다.

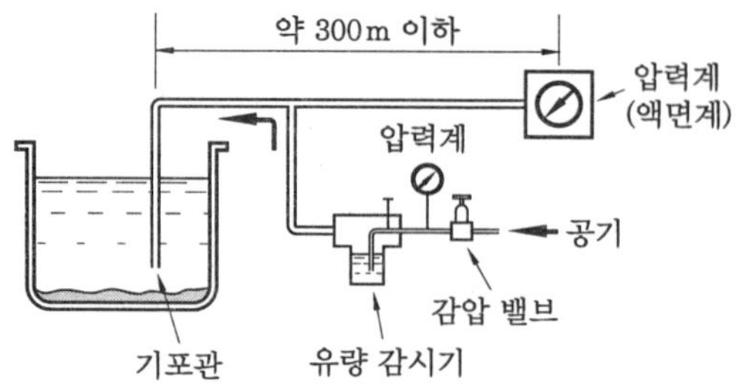

〈그림 2-106〉 **기포식 레벨계**

① 측정 원리

〈그림 2-106〉과 같이 기포관을 액체 중에 삽입하고 공기원으로부터 압축 공기를 적당한 유량으로 보내어 선단으로부터 기포를 방출시키면 기포관의 배압은 액의 정압과 같아지게 된다. 따라서 기포관의 배압을 측정하여 레벨의 높이를 구할 수 있다.

② 특 징

이 기포식 레벨계는 보통 개방 탱크에 사용되며, 부식성이 강하거나 점성이 높은 액체일 때 유리하다.

【3】 부자식 레벨계

부자식 레벨계(플로트 레벨계 : float type level meter)는 레벨 상에 부자를 띄워 부자의 위치를 직접 측정하는 것으로 개발형, 폐쇄형, 일반형 탱크 등에 가장 많이 사용된다.

〈그림 2-107〉과 같이 레벨의 변화에 의한 부자의 변위를 와이어나 금속 테이프, 스프로킷 등을 넣어서 풀리 또는 스프로킷의 회전량으로 얻어내 이 양으로 직접 바늘을 움직이거나 전기식·공기식·디지털식·싱크로식 위치 발신기와 결합해서 원격 전송한다. 이 형식의 레벨계는 측정 원리가 원시적이며 고정도이고 오차가 측정 범위에 관계없이 거의 일정하여 여러 종류의 액체 레벨을 검출할 수 있다. 구조가 간단하고 견고하며 수명이 길고, 고온, 고압 액체에도 계측이 가능하다.

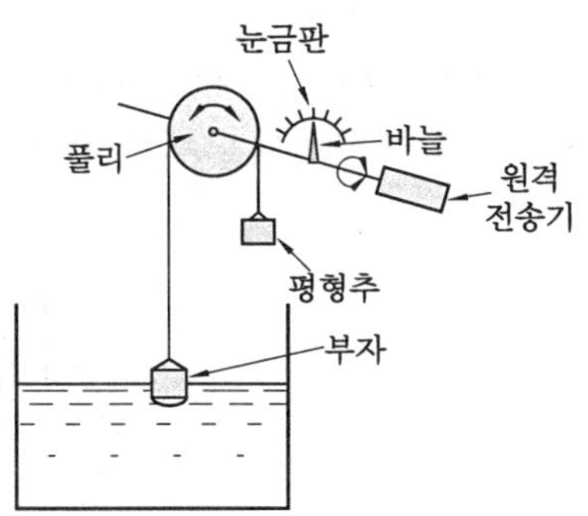

〈그림 2-107〉 부자식 레벨계

① 측정 원리

플로트는 부력에 의해 액체의 표면상에 떠 있어야 하므로, 플로트 밀도는 액체의 밀도보다 더 낮아야 한다. 측정 원리가 원시적이기 때문에 고정도이고 오차가 측정 범위에 관계없이 거의 일정한 것이 특징이다.

• 차동 변압기식 레벨계

액위의 변화에 따라 부력이 변하므로 이 플로트의 부력과 스프링의 힘이 균형을 이루는 위치를 차동 변압기로 검출함으로써 액위를 구하는 것으로 동기 전동기(synchronized motors)를 도르래에 설치하면 액위를 전기적으로 검출할 수도 있다.

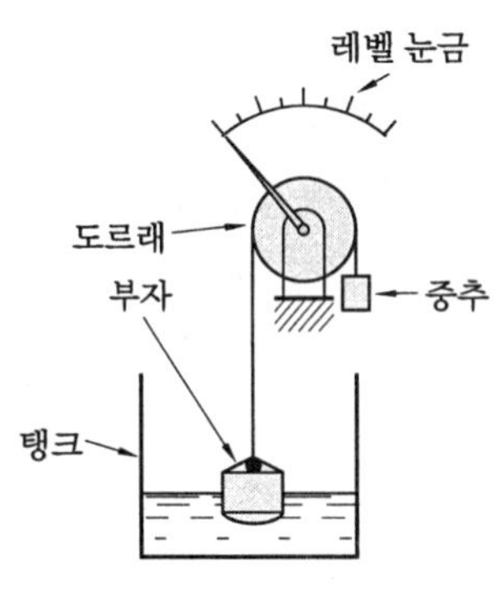

〈그림 2-108〉 도르래식 레벨계

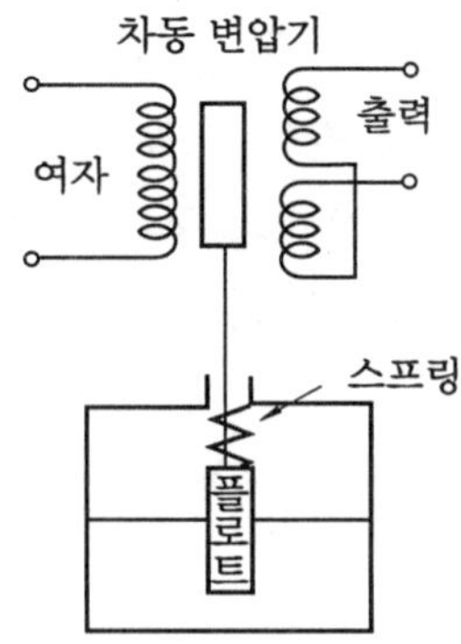

〈그림 2-109〉 차동 변압기식 레벨계

• 레버 암식 레벨계

〈그림 2-110〉은 레버 암(lever arm)을 사용한 레벨 센서로서, 센스 암(sense arm)은 액면에 떠 있는 플로트와 피벗 포인트(pivot point)에 연결되어 있다. 플로트가 레벨의 변화에 따라 상하로 이동하면, 이것이 센스 암의 다른 쪽 끝을 회전시켜 위치 센서나 변위 센서를 작동시킨다. 이 방식의 레벨 센서에서 출력은 액체 레벨에 비례하는 전압 또는 전류이다. 플로트 레벨 센서식은 자동차의 연료 탱크 시스템에 사용된다.

• 마그네틱 플로트 레벨계

〈그림 2-111〉은 플로트와 자기적으로 결합된 리드 스위치(reed switch)를 이용한 레벨 센서이다. 영구 자석을 플로트에 끼워 넣어, 임계 레벨에 리드 스위치를 부착하여 액체 레벨이 증가하면, 임계 레벨을 검출할 수 있다. 역시 이 경우도 연속적인 위치나 변위로 움직일 수 있으며, 출력은 전압 또는 전류에 비례하는 레벨 센서이다.

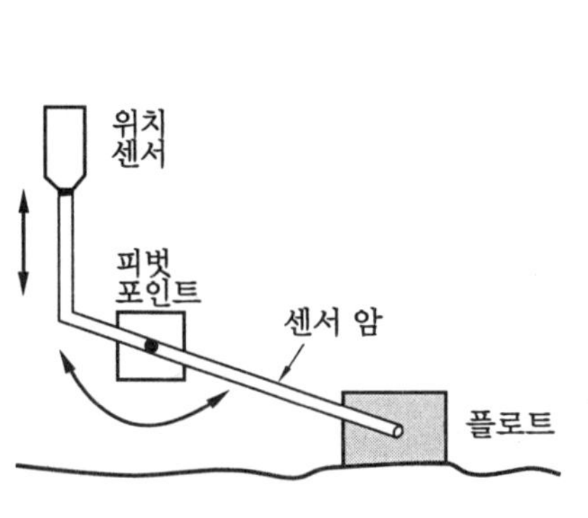

〈그림 2-110〉 레버 암식 레벨계

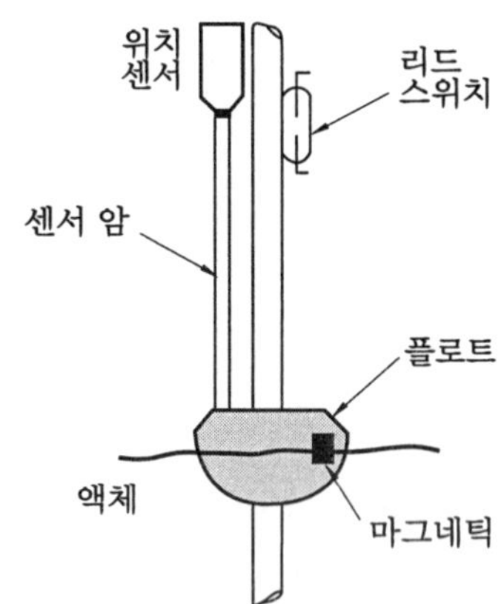

〈그림 2-111〉 마그네틱 플로트 레벨계

【4】 디스플레이스먼트식 레벨계

단면적이 일정한 원통형의 디스플레이서(displacer)가 액으로부터 받는 부력은 디스플레이서의 액 중에 잠기는 체적 또는 깊이 h에 비례한다. 이 힘을 외부로 뽑아내어 측정한다.

토크 튜브(torque tube) 등을 이용한 것도 있으며, 신호 변환 방식에는 힘 평형식 또는 변위 변환식의 두 가지 방식이 있다. 이 레벨계는 구조가 간단한고 견고하므로 고온 고압하의 사용도 가능하여 프로세스에 많이 사용하지만 레벨의 변화가 큰 곳은 부적합하다.

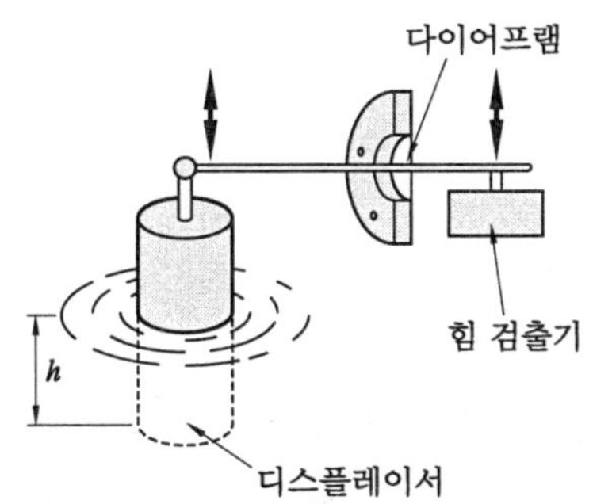

〈그림 2-112〉 디스플레이스먼트식 레벨계

[5] 정전 용량식 레벨계

서로 맞서 있는 2개 전극 사이의 정전 용량은 전극 사이에 있는 물질의 유전율(dielectric constant)의 함수이다. 그리고 기체와 액체의 유전율은 수~수십 배 다르므로 탱크 내에 전극을 놓고 액체 높이의 변화에 따라 전극 사이의 액체 양아 달라지는 구조로 하면 레벨 높이를 정전 용량의 크기로 변환시킬 수 있다.

① 측정 원리

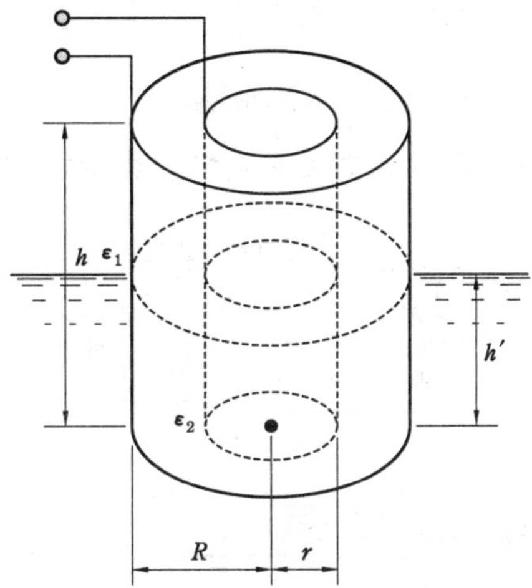

〈그림 2-113〉 정전 용량식 레벨계

〈그림 2-113〉과 같은 원심 원통형의 전극에서 내부 전극의 반지름을 r, 외부 전극의 반지름을 R이라 하면, 전 길이 h에 걸쳐 유전율 ε_1인 물질이 극판 사이에 충만할 때의 정전 용량 C_0은 다음과 같이 나타낼 수 있다.

$$C_0 = k \frac{\varepsilon_1 h}{\log(\frac{R}{r})} \quad (\text{여기서, } k \text{는 상수})$$

지금 아래로부터 h' 만큼의 부분을 유전율 ε_2인 액체로 바꾸어 놓았다고 하면 다음 식과 같다.

$$C_1 = k \frac{\varepsilon_2 h + \varepsilon_1(h - h')}{\log(\frac{R}{r})}$$

$$\Delta C = C_1 - C_0 = k \frac{(\varepsilon_2 - \varepsilon_1)h'}{\log(\frac{R}{r})}$$

이 식에 의해 정전 용량 변화 ΔC로부터 레벨의 높이 h'를 구할 수 있다.

공기의 유전율을 ε_1, 물의 유전율을 ε_2라 하면, $\frac{\varepsilon_2}{\varepsilon_1} = 80$이므로 감도가 높다. 다만 액체가 물과 같이 도전성이면 전극 사이에 단락되어 추정하기 어려우며 전극의 내식성도 고려하여 테플론(teflon) 등으로 전극을 피복한다. 또 내부 전극을 동심으로 하지 않고 편심으로 설치할 경우(대형 탱크에서는 이와 같이 설치하는 것이 보통임)에는 위 식의 계수가 다를 뿐이며 기본적으로는 변화가 없다.

② **특 징**

- 가동부나 정밀한 기구 부분이 없어 견고하다.
- 신뢰성이 높아 두 액의 경계나 분체의 레벨도 측정할 수 있다.
- 도전성이나 비도전성 액체의 수위 제어용의 검출단(sensor)으로 적합하다.
- 측정 대상의 유전율이 변화하거나 전극에 부착물이 있으면 오차가 발생한다.

[6] 사운딩식 레벨계 (sounding type level meter)

분립체의 경우 부자를 써서 연속적으로 레벨을 측정할 수 없다. 그래서 〈그림 2-114〉와 같이

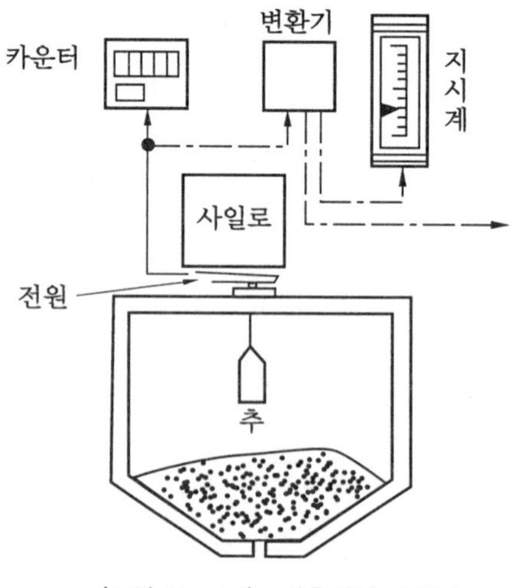

〈그림 2-114〉 사운딩식 레벨계

사일로(silo) 등의 상부에서 테이프 또는 와이어로 매달아 내린 추를 전동기기 동력에 의해서 아래 분입면에 이르게 하고 중량을 잃어버릴 때까지 감아 내려 그 사이에 나온 테이프의 길이에서 레벨을 측정한다.

레벨 측정 후 추는 바로 감아 올려 사일로의 상부에 유지한다. 이 방식의 측정 원리는 원시적이나 측정 범위가 넓어 시멘트, 곡물 사일로, 광석 펄프, 녹차 등의 레벨 측정에 사용된다.

【7】 방사선식 레벨계 (radiation level meter)

방사선 동위 원소(radioactive isotope)에서 방사되는 γ선이 투과할 때 흡수되는 에너지를 이용한 것으로, 〈그림 2-115〉와 같이 탱크 외벽에 방사선원을 놓고 강한 투과력에 의해 탱크 벽을 통해서 투과해 오는 측정 방식이기 때문에 비접촉 측정이다.

이 때문에 고온·고압 용기 내의 레벨 측정, 또 고점도 액체, 분립체의 레벨 측정도 할 수 있고, 다른 레벨계에서 측정할 수 없는 매우 까다로운 조건의 레벨 측정에서 진가를 발휘한다. 그러나 방사선을 사용하고 있기 때문에 규제가 있고 취급상의 주의가 필요하며 고가이기 때문에 특정 용도에 한정되고 있다.

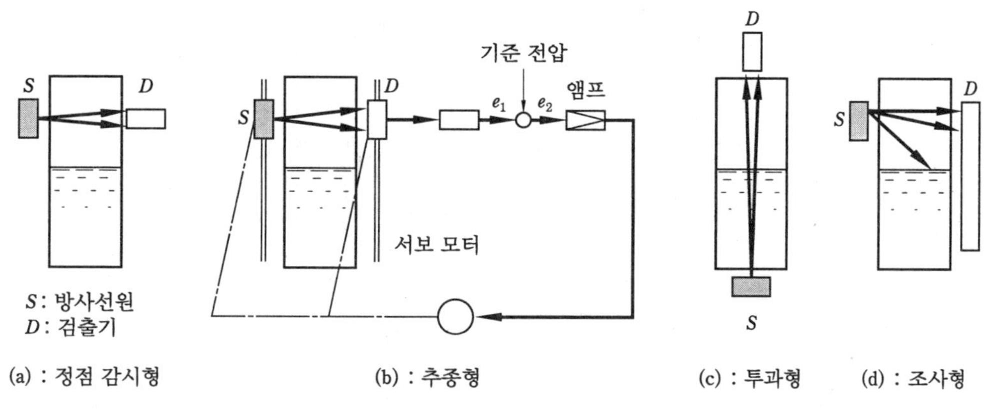

〈그림 2-115〉 각종 방사선식 레벨계

〈표 2-27〉 방사선 레벨계의 분류

형 식	용 도	원 리	측정 범위	특 성	정 도	비 고
정점 감시형	2위 검출	방사선 빔(beam)의 차폐 유무	1점	–	–	–
추종형		방사선 빔(beam)의 차폐점의 추종 검출	약 10cm	직선(liner)	약 ±2%	기계적 가동부 있음
투과형	연속 측정	방사선 빔(beam)의 차폐 유무	1m	지수	약 ±1%	증폭기로 선형화한다.
조사형		방사선 빔(beam)의 차폐 유무	베셀(vessel) 지름의 1.5~2배	비직선 (nonliner)	약 ±1%	증폭기로 선형화한다.

【8】 초음파식 레벨계

〈그림 2-116〉과 같이 초음파의 송·수신기를 설치하고 발신기로부터 발사되는 초음파 펄스가 레벨에서 반사하여 수신기로 되돌아오는 왕복 시간을 측정하여 레벨의 위치를 구한다.

지금 초음파 송·수신기로부터 레벨까지의 거리를 h, 초음파의 매질 중의 전파 속도를 c, 발사된 초음파 펄스가 수신될 때까지 걸린 시간을 t라 하면 다음과 같다.

$$t = \frac{2h}{c}$$

$$h = \frac{c \cdot t}{2}$$

따라서 미리 전파 속도 c를 알고 있으면 시간 t를 측정하여 레벨 h를 구할 수 있다.

초음파 레벨계(ultrasonic liquid level gauge)는 레벨에 접촉하지 않고 측정할 수 있는 비접촉식으로 측정의 정도가 높아 식품이나 고압 또는 부식성이 있는 액체용의 탱크에 사용된다. 그러나 음파의 전파 속도가 공정 온도에 따라 오차가 발생할 수 있어 측정 온도를 보정해야 하며, 고압이나 진공압에서는 측정이 불가능하다.

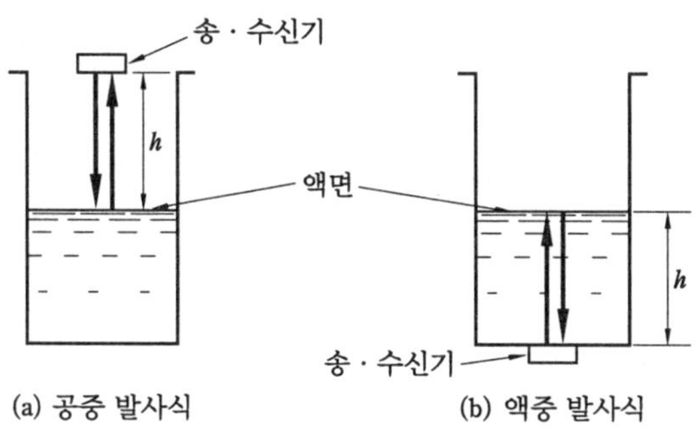

〈그림 2-116〉 초음파식 레벨계

【9】 중량식 레벨계

〈그림 2-117〉은 중량 측정식 레벨 센서(weight level gauge)의 구성으로, 로드 셀로 탱크 속의 액체의 중량을 측정해서 레벨을 결정하는 방식이다.

비어 있는 용기의 중량(tare)을 W_t, 액체가 존재할 때 측정된 총 중량을 W라고 하면, 액체만의 중량 W_L는 다음과 같다.

$$W_L = W - W_t$$

빈 용기의 중량 W_t는 이미 측정된 양이므로, W를 차동 증폭기의 (+)입력 단자에, W_t를 (−)단자에 입력시키면 그 출력 신호는 식과 같이 되어 레벨 L을 측정할 수 있다.

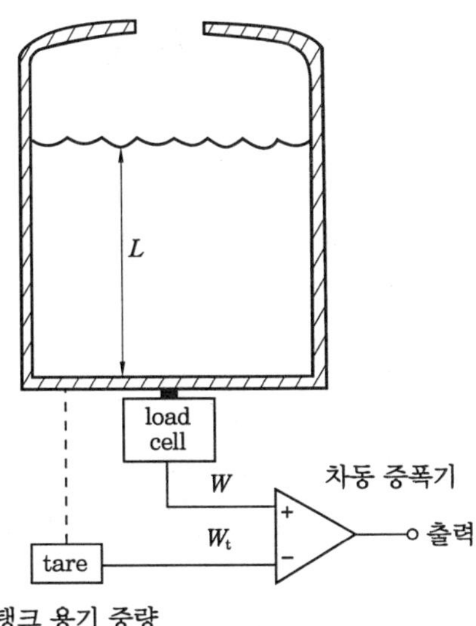

〈그림 2-117〉 중량식 레벨 센서

〈표 2-28〉 주요 레벨계의 일람표

명 칭	측정 원리	측정 범위(m)	정 도	온도 한계(℃)	압력 한계	특징 · 용도
차압식	액압에 의한 차압 변화	0.1~50	±0.4~1%	120	420	공업용 프로세스용에 가장 많이 사용되고 있음
부자식	부자의 부력과 정 장력의 조합	0.5~50	±3~5mm	90	대기압	고정도, 탱크 저장량의 관리용
디스플레이 스먼트식	부자의 부력과 토크 튜브의 조합	0.2~3	±2%	450	30	차압식에 대해 많이 사용되고 있음
정전 용량식	정전 용량의 변화	0.5~20	±5%	170	70	액체 · 분립체의 레벨 측정
사운딩식	추와 척도 (간결 측정)	3~50	±100mm	상온	대기압	사일로 등 분립체의 레벨 측정에 적합
방사선식	방사선의 투과 · 산란 현상	0.01~5	±1mm ±3%	제한 없음(비접촉)		법적 규제가 있음. 특수 레벨 측정
초음파식	초음파의 반사 시간 계측	0.1~25	±0.5%	120	10	전파 부분의 물리적 변동의 영향을 받음
마이크로 웨이브식	마이크로웨이브의 반사 시간의 계측	1~30	±0.05%	투과창의 강도에 의함		고가, 탱커, 석유 탱크, 고로 등의 레벨 측정

6. 성분의 계측

1 성분 계측의 의미

플랜트는 제품의 양과 품질에 의해서 평가되며, 품질에 직접 관계되는 성분은 플랜트를 운전할 때에 있어서 가장 중요한 지표이다.

성분계는 프로세스용 농도계 및 분석계를 뜻한다. 성분계는 그 사용 목적에 따라 원료 및 중간 프로세스용의 성분계와 최종 제품용의 성분계로 대별할 수 있다. 전자의 중간 성분계는 공정 관리용으로서 사용하기 때문에 재현성·안정성·보수성이 중시되고, 후자의 최종 성분계는 다른 성분의 영향을 받지 않고 목적의 성분을 측정할 수 있는 선택성이 우수하며 더욱 고정도의 것이 요구된다.

제품 품질을 소정의 값으로 유지하면서 효율을 최대로 하기 위해 원료, 중간 생성물, 제품 등의 성분을 측정하여 제어를 행하는 것이 필요하다.

보통 성분계의 신뢰성, 측정 시간, 보수성 등에 문제가 있어, 특히 중간 프로세스에서는 프로세스의 온도, 압력 등 품질에 커다란 영향을 주는 양에서 간접적으로 품질을 추정하여 제어하는 방법을 선택하는 경우가 많았다.

그러나 이러한 간접 추정은 측정 정도, 변화의 추종 등에 큰 한계가 있어 플랜트 운전을 고도화시키고, 목적의 성분을 직접 측정하는 것이 필요하다.

검출기의 반도체, 마이크로프로세서 응용에 의한 신호 처리의 고도화나 자기 진단 기능의 부가 등에 의해 온라인 성분계를 플랜트의 필요 부분에 부착하여 사용하도록 요구하고 있다.

특히 최근의 산업은 제품의 고품질화·균질화나 플랜트 운전의 생자원, 생에너지의 극한을 목표로 하므로 성분계는 점점 중요도를 더해 가고 있다.

2 농도계

플랜트 운전에 있어서는 원료의 성분, 첨가하는 약품이나 부원료의 농도, 사용하고 있는 촉매의 열화, 중간 생성물의 성분 등이 제품 품질에 크게 영향을 준다. 따라서 제품 품질을 소정의 값으로 유지하면서 수율을 최대로 하기 위해서는 원료, 중간 생성물, 제품 등의 성분을 측정하여 제어를 행하는 것이 필요하다.

【1】 액체 농도계

액체의 농도를 측정하는 방법에는 여러 가지가 있는데, 그 측정 원리를 바탕으로 분류하면 〈표 2-29〉와 같다.

〈표 2-29〉 액체 농도계의 종류

종 류		측정 원리	측정 농도 범위
물질 상수의 측정	비중법	액체의 비중 측정	0.1~100%
	끓는점법	용액의 끓는점 측정	1~100%
	점도비	고분자 용액 등의 점도 측정	1~100%
	방사선법	서스펜션 등의 방사선 흡수율 측정	1~100%
	음속법	용액, 서스펜션 등의 음파 투과 속도 측정	1~100%
	가스크로마토그래피법	가스 상태 물질의 고체에 의한 흡착, 흡수에 의한 분리	1~100%
전기 화학적 성질의 이용	도전율법	전해액의 도전율 측정	1ppm~100%
	유전율법	액체의 유전율 측정	0.1~100%
	전극전위법	전해액 중 전극 전위의 측정	0.01~0.1%
	폴로라그래프법	전해액 전극 전위의 측정	1ppm~10%
광학적 성질의 이용	굴절률법	액체의 빛의 굴절률 측정	1~100%
	선광도법	당류 용액의 선광도 측정	1~100%
	가시광선 흡수법	용액의 가시광선 흡수율 측정	0.1ppm~1%
	적외선 흡수법	액체의 적외선 흡수율 측정	0.01~100%
화학 반응의 이용	연속 적정법	용량 분석의 연속화	0.01ppm~100%

① 산소 농도의 측정

산소 센서는 지르코니아(ZrO_2) 세라믹 양면에 백금을 피복시킨 것이다.

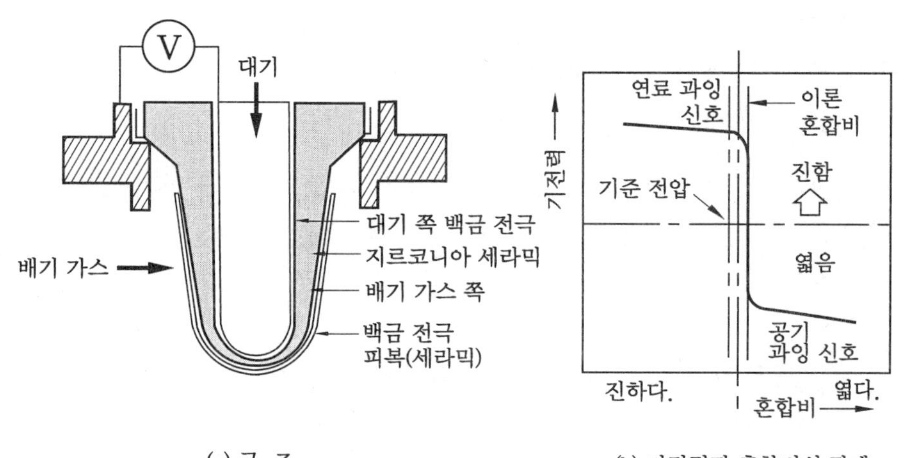

(a) 구 조　　　　　(b) 기전력과 혼합비의 관계

〈그림 2-118〉 산소 농도 센서

지르코니아 소자는 양면에 산소 농도차가 있으면 기전력이 발생하며, 온도가 높아지면 백금의 촉매 작용으로 그림 (b)에서와 같이 공기와 연료의 이론 혼합비를 경계선으로 기전력이 급격히 변하는 특성을 이용하여 가스 중의 산소 농도를 검출하고, 기전력을 신호 처리하여 산소 농도를 측정한다.

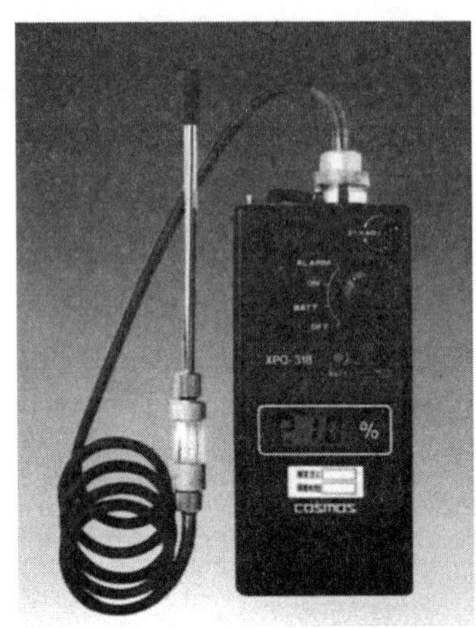

〈그림 2-119〉 산소 농도 측정계

② 수소 농도

• pH의 정의

pH는 수용액의 상태를 나타내는 중요한 양으로 용액의 산도 및 염기도(알칼리)를 표시하며, 일반적으로 수소 이온 농도 $[H^+]$로 통일해서 나타내고 있다.

수소 이온 농도를 간단하게 표시하기 위하여 $[H^+]$의 역수의 상용 로그를 취하여 이를 pH라 하는 기호로 표시한다.

$$pH = -\log(용액 중의 수소 이온 농도)$$
$$= \log\frac{1}{[H^+]}$$

$[H^+]$가 적어질수록 산도가 감소하며 염기는 증가하여 pH값은 커진다. 반대로 $[H^+]$가 커지면 pH값은 작아진다. 따라서, pH<7이면 산성, pH=7이면 중성, pH>7이면 염기성이다.

• pH의 측정 방법

㉮ 지시약법

지시약은 일종의 색소로, pH의 변화에 따라 색깔이 변하기 때문에 이 색깔의 변화를 관측하여 용액의 pH값을 측정한다.

지시약법은 지시약 자신이 약산성 또는 약염기성이므로 완충 작용이 작은 용액의 측정에는 오차가 발생하기 쉽고, 이미 착색되어 있는 용액의 측정에서는 표준색과 비교하기가 곤란하나, 측정이 간단하고 pH 시험지를 이용한 측정 방법이 가장 간편하므로 많이 이용되고 있다.

㉯ 전위차법

화학 전지에서와 같이 일반적인 용액도 전극을 삽입하면 양 전극 간에 전위차가 생기므로, 용액의 농도에 비례함과 동시에 용액의 pH에 비례하여 생기는 양 전극 간의 전위차로부터 pH를 측정할 수 있다.

전극에 생긴 전위의 절대값을 정확하게 측정할 수 없으므로, 표준 전극을 기준 전극으로 하고, 용액의 pH를 지시하는 지시 전극을 다른 한쪽 전극으로 하여 양 전극 간의 전위차를 측정하는 것이다.

일반적으로, 기준 전극은 칼로멜(calomel) 전극이 사용된다. 칼로멜 전극의 전위는 전극 내의 염화칼륨 용액의 농도에 따라 다르므로, 포화 염화칼륨 용액을 사용한다. 이 용액이 내부 전극의 칼로멜과 수은을 사이에 두고 전극 유도선에 연결되어 있다.

칼로멜 전극의 유리 외간 끝 부분에는 전기적으로 접속시키기 위해 용액 연결부로 구성되어 있으며, 이 용액 연결부에서 포화 염화칼륨 용액을 수시로 보충해 주어야 한다.

지시 전극으로는 일반적으로 산화제와 환원제 등에 의한 영향이 적고 측정 시간이 짧으며, 소요되는 용액량이 적은 유리 전극을 사용한다.

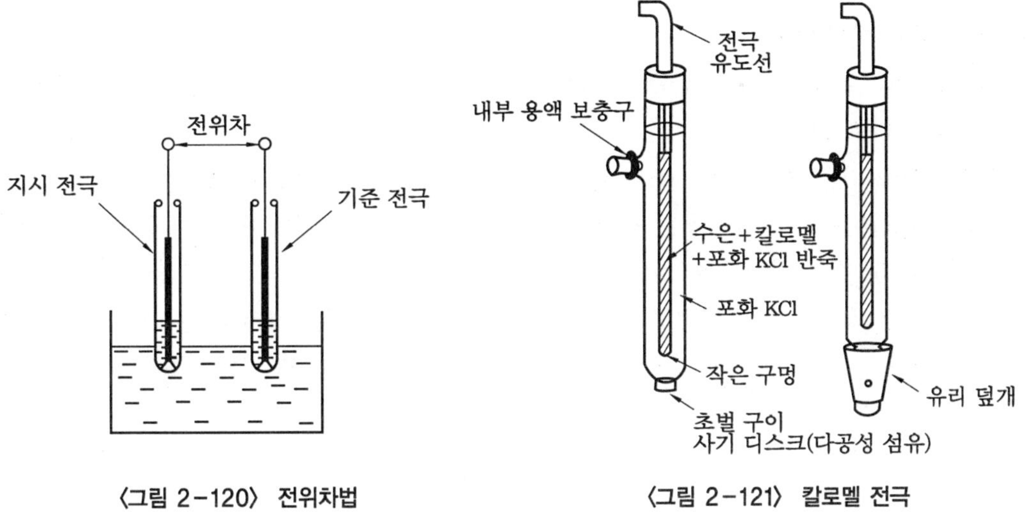

〈그림 2-120〉 전위차법   〈그림 2-121〉 칼로멜 전극

• pH 미터

pH 미터는 유리 전극과 칼로멜 전극 등의 검출부와 검출된 전위차를 지시하는 지시부(증폭기와 pH 지시계)로 구성되어 있다. 검출된 전위차는 증폭기에 의하여 증폭된 값이 pH 지시계에 수치로 표시된다. 증폭 방식으로는 증폭기의 입력 단자에 측정하려는 기전력을 가하면, 이 기전력의 변화가 출력의 변화로 나타나는 것을 이용한 직류 증폭 방식과 전극에서 발생한 직류의 전위차를 변환기를 사용하여 교류로 변환시켜 증폭시키는 교류 증폭 방

식이 있다.

직류 증폭 방식은 pH의 지시가 증폭기의 특성 변화와 전원 전압 변동에 영향을 받기 쉽지만, 한편으로는 pH를 바로 읽을 수 있고 연속적으로 기록할 수도 있다. 교류 증폭 방식은 입력의 직류 전압을 교류 전압으로 변환하여 증폭을 시킨 다음 출력을 직류로 바꾸는 방식으로, 안정하고 높은 증폭도를 쉽게 얻을 수 있다. 회로의 구성은 복잡하나, 조정이 쉽고 공업적인 연속 측정에 적당하다.

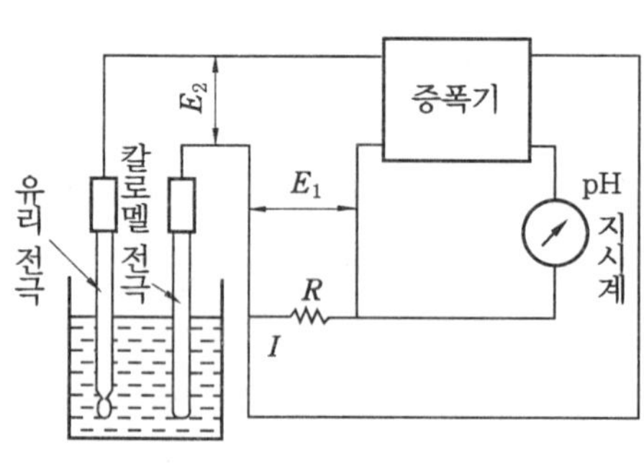

〈그림 2-122〉 직동식 pH 미터

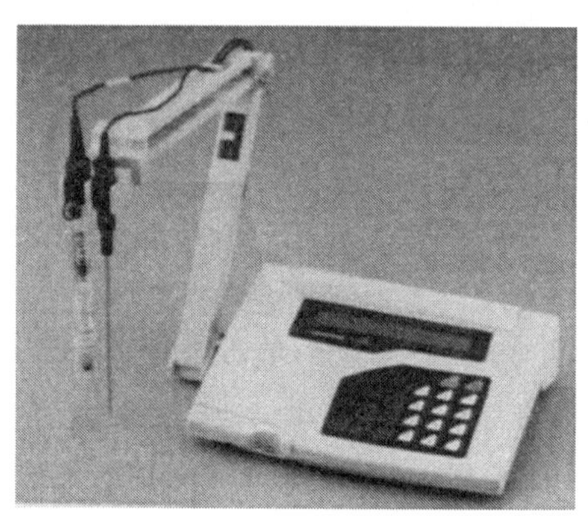

〈그림 2-123〉 디지털 pH 미터

【2】 기체 농도계의 분류

화학 공장에서는 흔히 가스 농도의 분석이 필요한 경우가 있다. 기체의 열전도율은 대개 그 종류에 따라 다르므로, 측정하려는 모든 가스 성분의 열전도율과 가스 농도와의 사이에 일정한 관계를 알고 있는 경우에는 가스의 열전도율을 측정함으로써 가스 농도를 알아 낼 수 있다.

가스 열전도율은 가스 압력에는 관계가 없으며, 일반적으로 절대 온도의 제곱근에 비례한다. 분석만을 할 때는 열전도율의 절대값을 필요로 하는 일은 거의 없으므로 분석하고자 하는 가스 혼합물을 표준 가스의 열전도율과 비교하여 열전도율의 차이로부터 분석할 수 있다. 가스 분석에 쓰이는 여러 가지 방법과 그 측정 원리를 바탕으로 분류하면 〈표 2-30〉과 같다.

〈표 2-30〉 가스 농도계의 종류

종 류		측정 원리	측정 농도 범위
물질 상수의 측정	밀도법	밀도 측정	1~100%
	열전도율법	열전도율 차 측정	0.1~100%
	음속법	가스 중의 음파 전달 속도 측정	1~100%
	가스크로마토 그래피법	흡착·흡수의 속도 차 측정	0.1~100%
	질량분석법	이온화한 것의 질량을 전장 또는 자장 편향시켜 분리 측정	1,000pm~100%

전자기적 성질의 이용	용액 전도율법	용액에 흡수, 반응시켜 그 전도율을 측정	1ppm ∼ 100%
	자기법	자화율이 다른 물질의 자화율 측정	0.1 ∼ 100%
	이온화 전도법	가스를 이온화하여 이온 전류 측정	10ppm ∼ 10%
광학적 성질의 이용	용액 비색법	시약에 흡수시켜 발색의 정도를 측정	0.1ppm ∼ 10%
	광간섭법	2개의 광로 간섭 측정	0.1 ∼ 100%
	적외선법	적외선 흡수도 측정	100pm ∼ 100%
	자외선법	자외선 흡수도 측정	10ppm ∼ 10%
화학 반응의 이용	반응열법	반응에 의한 발생 열량으로부터 농도를 측정	–
	공기 전지법	산소의 감극 작용을 이용	0.1 ∼ 10%
	연속 적정법	적정의 연속화	1ppm ∼ 100%

① 가스 센서

가스(gas)란 지구에 존재하는 여러 가지 기체들 중에서 일상생활 또는 공업적으로 인간과 접촉을 하는 기체들을 말한다.

예로 생명 유지와 연소에 필수적인 산소, 연소 후 완전 연소 여부를 판단하는 CO_2 농도, 유독 가스인 CO, 암모니아, 알코올, 폭발의 위험성이 있는 가연성 가스 프로판, 부탄, 메탄, LPG 등이 센서에서 주로 취급하는 가스들로 매우 광범위하며, 점차 확대되어 가고 있다.

가스 센서는 대부분 검출 대상 가스의 유무나 농도 변화를 전기량으로 변환하는 기능을 가진 것으로 물리적인 센서와 화학적인 센서로 크게 나눌 수 있다.

물리적인 센서는 전위, 전류, 공진 주파수, 전기 전도도, 열량, 온도, 열전도도, 광의 굴절률, 광의 흡수 파장과 흡수량 등의 물리량의 변화를 계측한다.

화학적인 센서는 화학 반응, 전기 화학 반응, 화학 흡착, 발광 등에 의한 변화량을 계측한다.

가스 센서는 기체 중에 포함된 특정의 성분 가스를 감지하여 그 농도에 따라 적당한 전기 신호로 변환하는 소자이다. 가스 센서는 검출하는 가스의 종류에 따라 센서의 재료, 구조 등이 다르다.

가스 센서의 조건은 다음과 같다.

– 가스의 농도를 검출, 측정할 수 있을 것.

– 다른 가스 또는 물질, 물리 현상에 의한 간섭이 없을 것.

– 경년 변화가 없고, 장시간 안정하게 동작할 것.

– 응답 속도가 빠를 것.

– 보수가 간단하고 가격이 저렴할 것.

〈표 2-31〉은 대표적인 가스 센서를 나타낸 것이다.

〈표 2-31〉 대표적인 가스 센서

가스 센서	재 료	검출 가스	응용 예
반도체 가스 센서	SnO_2, ZnO, WO_3 등	도시가스, LPG, 알코올 등 가연성 가스	가스 경보기
접촉 연소식 가스 센서	Pt 촉매/알루미나/Pt선	메탄, 이소부탄, 도시가스(가연성 가스)	가스 경보기, 가연성 가스 농도계
배기 가스 센서	안정화 지르코니아	배기 가스	배기 가스 센서, CO 불완전 연소 센서

• 반도체 가스 센서

반도체가 가스와 접촉할 때 전기 저항이나 도전율이 변하는 성질을 이용한 것으로 소형, 경량일 뿐만 아니라, 가격이 저렴하므로 방범용, 경보용 등 그 응용 범위가 넓어지고 있다.

반도체를 이용한 가스 센서는 반도체의 불순물 농도, 반도체 재료 등을 적당히 선정하면 가스 선택성이 좋아 특정 가스에 대한 감도가 뛰어난 센서를 만들 수도 있다. 재료에는 소자의 제조 과정에 따라 소결형, 후막형, 박막형 등이 있다.

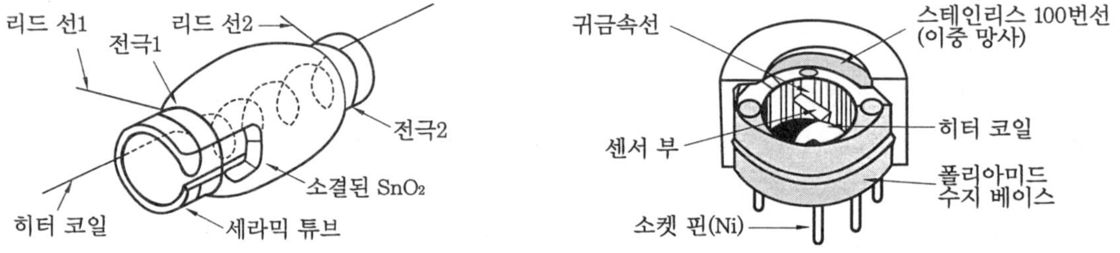

〈그림 2-124〉 금속 산화물 반도체 가스 센서의 구조

• 산소 가스 센서

고체 금속 산화물을 사이에 끼워 놓고 좌우 가스실의 산소 농도에 차이를 준다. 이 산화물 좌우의 면에 백금판을 붙여 기전력을 측정하면 산소 이온 도전체가 된다. 고체 전해질의 양쪽에 있어서 산소 농도에 차가 있을 때, 산소 이온은 산소 분압이 높은 쪽(+)에서 산소 분압이 낮은 쪽(−)으로 기전력이 발생하고, 이것은 산소 이온의 흐름을 막는 방향이다. 산화물이 100% 이온 전도를 나타내는 평형 상태에서 기전력 E는 다음과 같다.

$$E = \frac{RT}{4F} \ln \frac{P_1}{P_2} = 0.0498 \times T \times \log(\frac{P_1}{P_2})$$

여기서, R은 기체 상수, T는 절대 온도, F는 패러데이 상수, P_1은 산소 농도가 높은 쪽(공기)의 산소 분압, P_2는 산소 농도가 낮은 쪽의 산소 분압이다. 이 식을 네른스트 식이라 한다. 따라서 한쪽 전극에 산소 농도를 이미 알고 있는 기체(공기)를 사용하면, 다른 한쪽의 산소 가스의 농도를 측정할 수 있게 된다.

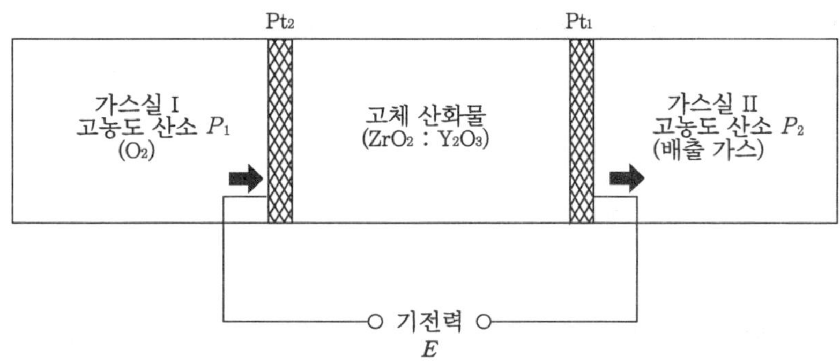

〈그림 2-125〉 산소 센서의 원리

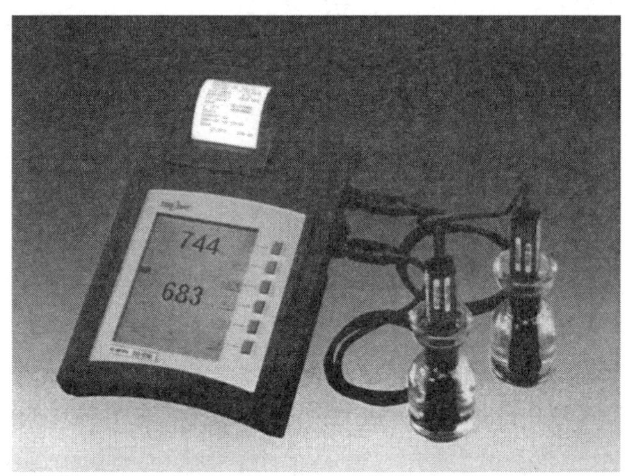

〈그림 2-126〉 용존 산소 계측기

〈그림 2-127〉의 자동차의 배기용 산소 센서의 구조를 보면 고체 전해질의 양면에 가스 투과성이 있는 다공질의 백금(Pt) 전극을 설치하고 500℃ 이상의 고온으로 보존한 상태가 되고 고체 전해질의 양측에 산소 농도가 다른 가스를 비교하여, 양 전극 간에 산소 가스 농도의 차에 반응했던 기전력이 발생한다. 한쪽에 산소 가스 농도의 기체(공기 등)를 이용하면, 다른 쪽의 산소 가스 농도가 구해진다.

휘발유 자동차의 배출 가스 자기 진단장치(OBD) 시스템은 산소 센서가 배기 가스 관련 부품 고장으로 배출 가스가 허용 기준치보다 많이 배출될 때 계기판에 "엔진 체크" 경고등을

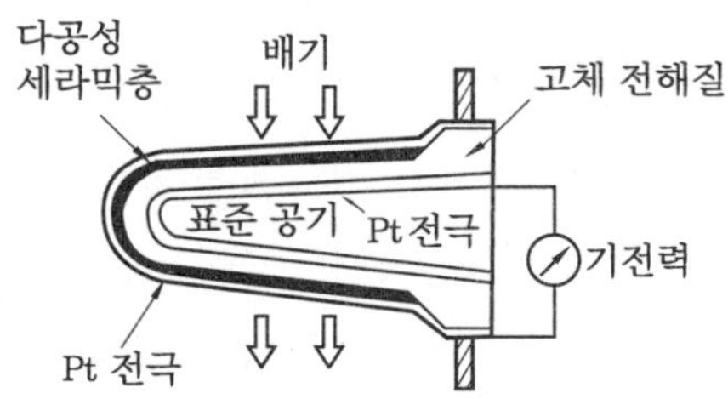

〈그림 2-127〉 자동차의 배기용 산소 센서의 구조

켜지게 하거나 경고음을 발생해 운전자에게 정비를 유도하는 시스템이다. 지구 온난화와 대기 오염의 주범인 자동차 배기 가스에 대한 환경 규제가 강화되면서 OBD를 100% 장착하도록 의무화하고 있다.

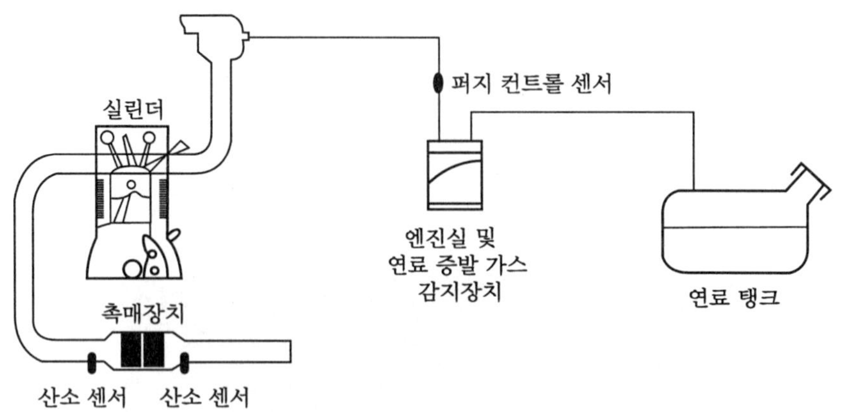

〈그림 2-128〉 자동차의 OBD 시스템

③ 점도계

온도, 압력 등의 반응 조건이나 단위 조작의 변수와는 달리 점도는 주로 제품의 품질에 관련되는 변수이기 때문에 화학 공장에 있어서 점도의 측정은 중요한 의미를 가진다.

최근 제품의 품질을 측정하여 이 측정값을 원하는 측정값으로 만들기 위한 공장 제어가 발달되어 왔으며, 이러한 목적으로 점도계가 널리 사용된다. 점도의 단위는 푸아즈(P ; poise)이며, 1P는 유체 내에 1m마다 1m/s의 속도 기울기가 있을 때 그 속도 기울기의 방향에 수직한 면에서 $0.1N/m^2$의 전단 응력이 생기는 점도이다. 이 단위는 보통 액체에서는 너무 크므로 그 1/100인 센티 푸아즈(cP)가 사용된다. 점도계를 측정 원리에 따라 분류하면 〈표 2-32〉와 같다.

〈표 2-32〉 각종 점도계의 종류

종 류		측정 원리
모세관식	수관 점도계	일정량의 부피 시료가 수관 층을 흘러내릴 때 필요한 시간을 측정
	단관 점도계	일정량의 부피를 짧은 모세관을 통하여 나갈 때까지 필요한 시간을 측정
	차압형 모세관 점도계	액체를 모세관에 넣고 흘러 보낼 때 모세관 양단에 걸리는 차압을 측정
	일정 압력형 모세관 점도계	액체를 모세관에 넣고 흘러 보내며 면적 유량계로 유량을 측정
낙체식	낙구 점도계	액체 중에 구를 낙하시켜 일정 거리의 낙하 시간을 측정
	기포 점도계	일정량의 시료 중에 기포를 상승시켜 상승 속도를 측정
	피스톤식 점도계	액체 속을 피스톤식이 낙하하는 데에 필요한 시간을 측정
	버저식 점도계	면적 유량계로 유량을 일정하게 하고 버저의 위치를 측정

회전식	안쪽통 회전식 점도계	안쪽 통을 일정한 회전수만큼 회전시키는 데 필요한 시간을 측정
	바깥쪽통 회전식 점도계	바깥쪽 통을 일정한 회전수만큼 회전시키는 데 필요한 시간을 측정
진동식	진동식 점도계	유체 중에서 물체를 진동시켜 진동이 줄어드는 정도를 측정

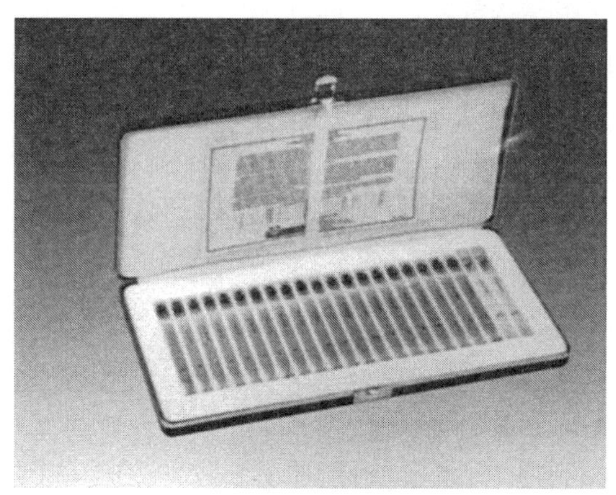

〈그림 2-129〉 기포 점도계

▨ 성분계 선정상의 주의 사항

【1】 성분계 선정상의 주안점

① **최종 제품용** : 선택성이 우수하고 정도가 높은 기종을 선정한다.

② **공정 관리용** : 재현성·안정성이 우수하고 보수가 용이한 기종을 선정한다.

【2】 성분의 검출점

배관에 흐르고 있는 유체의 성분 분포는 일반적으로 균일한 것 외에 장소에 따라 값이 다르게 되는 경우가 많다. 따라서 즉시 처리 방식의 경우 또는 시료 샘플링 방식의 경우에도 배관 내의 성분 분포가 균일하도록 하거나 또는 검출점을 고정하지 않고 가변으로 하여 대표적 검출점을 찾아서 설정하도록 하는 것이 필요하다.

【3】 시료 이송상의 주의점

성분 제어의 경우에는 배관 등의 검출점에서 시료를 취출하여 성분계에 이송할 때까지의 시간이 문제가 되는 일이 종종 있다. 이 경우 시료의 이송 시간을 단축하기 위해 이송 유속을 올리거나 검출점 가까이에 성분계 수납함을 설치해 넣는 등의 대책이 필요하다. 또 이송관 내에서 변화하는 성분을 포함할 때도 이송 배관의 길이를 아주 짧게 하여야 한다. 침전성의 물질을 함유한 유체나 시료 이송관 내에 이끼 등을 생기게 할 우려가 있는 경우는 시료의 이송 속도, 즉 관 내 유속을 1m/s 이상으로 하는 등의 대책이 필요하다.

【4】 신호 처리상의 유의점

배기 가스 CO 농도와 같이 성분 검출 신호가 크게 떠는 것이 있다. 그러나 이러한 검출 신호의 진동은 감시, 기록, 경보, 제어 등에 좋지 않다. 따라서 실제의 운전 지표로서는 평균값이 유용하다. 성분계에 검출 신호의 필터 기능을 갖출 필요가 있고, 이 기능은 될 수 있는 한 신호원의 가까운 곳에 부설하는 것이 바람직하다.

더욱이 성분계에서는 교정(수송 또는 자동)을 행할 필요가 있으므로, 교정할 때에 성분 제어를 고정하도록 구성하며, 이때 성분 신호는 유지해 놓는다.

성분계의 이상 진단 성분은 대단히 중요한 양이기 때문에 성분계가 이상한 상태로 제어나 운전을 속행하면 위험하다. 최근 마이크로프로세서 내장의 성분계가 많아지게 되어 자동 교정 기능이나 자기 진단 기능이 충실해지고 있다.

그러나 선정할 때에는 이들의 기능을 잘 확인하여야 한다. 더욱이 성분계의 진단 기능의 범위를 넓히기 위해서는 디지털 제어 시스템의 연산 기능을 완전하게 하고, 관련된 주변의 프로세스 양을 연산에 의해서 성분을 측정하며, 성분계의 측정값과 비교해서 성분계의 타당성을 검사하는 등의 연구도 필요하다.

7. 기타의 계측

1 변위, 각도의 계측

변위 또는 각도는 그 자체의 측정 이외에 압력, 유량 등의 공업량 측정에 있어서 변환기의 변환부나 기록계의 서보 기구에서의 위치 변환부로 사용된다.

위치, 길이, 각도, 변형 등을 측정할 때의 양을 어떤 기준 상태의 양과 비교하여 생긴 차이가 변위량이다. 이 양을 검출하는 센서를 변위 센서라고 한다. 변위 센서는 절대값의 측정보다도 오히려 기준량과 비교한 작은 차이를 검출하는 데 중점을 두고 있다.

작은 차이는 일반적으로 작은 입력이기 때문에 변환 출력도 작다. 이 때문에 환경 조건에 의한 노이즈(noise)의 영향을 받기 쉽다. 변위 센서에서는 측정 센서와 기준 센서를 사용하여 두 센서의 차이를 출력으로 하는 경우가 많다.

변위 센서는 힘, 압력, 차압, 유량, 레벨, 소리, 진동, 가속도, 토크 등의 공업 변량을 변위로 변환하여 검출하는 경우에 사용하고 있다.

【1】 각도 검출용 센서

각도 검출용 센서로는 퍼텐쇼미터(potentiometer), 싱크로(synchro), 레졸버(resolver), 로터리 인코더(rotary encoder) 등이 각각의 용도로 이용되고 있다.

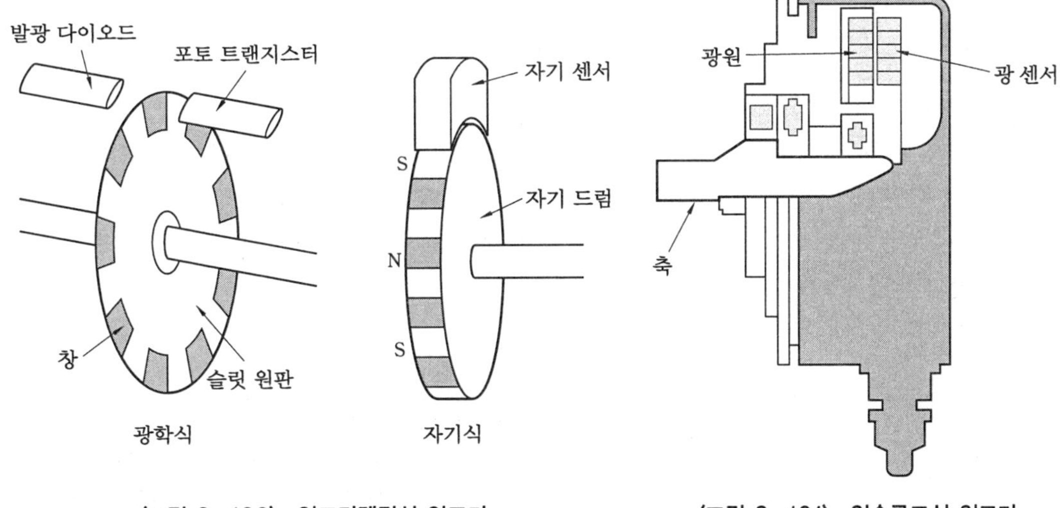

〈그림 2-130〉 인크리멘털식 인코더   〈그림 2-131〉 업솔루트식 인코더

① 퍼텐쇼미터

퍼텐쇼미터는 위치, 각도를 직선형이나 원형 습동 저항기의 브러시 위치 변화로 감지하여 저항값 변화로 변환시키는 방식으로, 구조가 간단하며, 출력할 때에 큰 전압을 직접 얻게 된다. 고정밀도와 고분해도가 가능하며, 필요에 따라 출력 파형을 함수형으로 할 수도 있고 설계상 유리하여 각도 센서로서 널리 사용된다.

개발 초기의 퍼텐쇼미터는 저항선을 사용한 권선 소자였으나 서보계의 발달에 따라 고속 추종성, 긴 수명 및 분해도 등의 면에서 목적을 만족시킬 수 없게 되어 주로 다회전형의 설정용이나 조절용 등에 한정되어 있다. 그리하여 각도 센서로는 일체 성형식이나 프린트식 또는 스프레이식과 같이 콘덕티브 플라스틱 소자의 이용이 급속히 보급되어 현재의 유접점 퍼텐쇼미터의 주류를 차지하게 되었다.

콘덕티브 플라스틱 소자는 저항부가 어떤 폭을 가지고 평면적으로 구성된 트랙 모양이기 때문에 멀티 콘택트(multi contact)에 의한 접촉의 안정성이나 트리밍 가공에 의한 직선도를 수정할 수 있는 큰 특징을 가지고 있다.

특히 일체 성형식은 저항 트랙의 표면이 평면이기 때문에 접점 섭동부의 마모가 적고 고속 섭동에 의한 점핑 노이즈가 발생하기 어렵다는 장점을 갖고 있다. 멀티 콘택트에 의한 접촉의 안정성과 함께 특별하게 조정된 기종에서는 최고 2,000rpm이나 되는 빠른 회전 각도를 검출하는 데도 충분히 실용되고 있다. 섭동 수명은 권선형보다 길고 수천만 번까지 사용할 수 있다. 분해능도 거의 무한소이기 때문에 최근에는 지름 22mm의 소형 크기가 차량용 센서로 생산되고 있다.

또 저항부를 이중 트랙(track)으로 하여 비저항이 작은 트랙 측을 트리밍 가공하고 비직선형의 출력을 얻는 방법으로 정현파형이나 대수 함수형 등도 쉽게 제작된다.

〈그림 2-132〉는 일체 성형식 콘덕티브 플라스틱형과 권선형의 성능을 비교한 것이다. 권

선형은 저항 온도 계수가 작은 금속선(예를 들면, 망가닌선, 콘스탄탄선, 칼마선 등)을 사용하고 있다. 각도 센서의 용도에서 보면 콘덕티브 플라스틱형은 권선형보다 우수한 성능을 가지고 있는 것을 알 수 있다.

비접촉형 퍼텐쇼미터는 접촉자를 사용하지 않고 변위를 검출하기 때문에 비접촉형 변위 센서라고 부른다. 일반적으로 비접촉 변위 센서는 평행판 콘덴서의 원리를 이용한 정전 용량식의 센서나 고주파 코일의 인덕턴스 변화로 검출하는 와전류식, 광파이버식, 에어식 센서 등 여러 가지 센서가 있다.

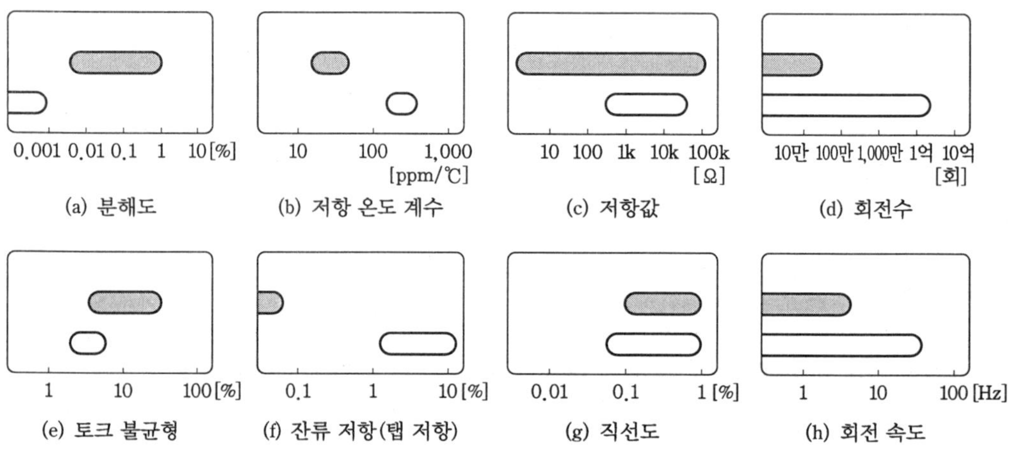

〈그림 2-132〉 콘덕티브 플라스틱형과 권선형의 퍼텐쇼미터 성능 비교

〈표 2-33〉은 최근에 많이 널리 쓰이는 변위 센서의 일람표이다.

〈표 2-33〉 비접촉형 변위 센서의 정격 일람표

품명	방식	형식명	유효수명	출력감도 (%Vm)	정밀도 (%FS)	입력임피던스 (Ω)±30%	입력전압 max (V)	토크 또는 감도max	외형 (mm)
각도센서	엔드리스	CP-2U (2UT)	직선부 90°	>2/10°	±2 (±1.8%)	15k	10	0.5 gf·cm	φ22-17
	광각도	CP-3UY	250°	>0.5/10°	±1 (±2.5°)	20k	14	2 gf·cm	φ37-24
	미소각도	CP-2US10	±6°	>1.5/1°	±1.7 (±0.2°)	7k	8	0.5 gf·cm	φ22-19
직선변위센서	요크식	LP-5UYW	±2mm	>7/1mm	±1 (±40μm)	20k	14	6gf	24× (20~38)
	미소변위	LP-1U	0.6mm	>3/0.1 mm	±0.8 (±5μm)	7k	8	10gf	φ30-38

압력 센서	저압	PP-103U	0~ ±760 mmHg	약 20/FS	±25 (±19 mmHg)	7k	8	–	$\phi33-25$
	고압	PP-8U	0~35 MPa	약 20/FS	±25(±9 mmHg)	7k	8	–	$\phi77-32$
경사각 센서	판스프 링식	PMP-S5Z	±5˚ (XY)	>1.5/1˚	±1.5 (±0.15˚)	7k	8	0.005˚	$\phi25-130$
	분동식	PMP-10U	±10˚	>1.5/1˚	±2 (±0.24˚)	7k	8	0.1˚	$\phi42-53$

• 비접촉형 퍼텐쇼미터의 동작 원리

자계를 주면 전기 저항이 높아지는 성질을 가지고 있는 자기 저항 소자 2개를 직렬로 배열하고 〈그림 2-133〉과 같이 3단자식으로 구성하여 그 근처에 영구 자석을 이동시켜서 출력을 변화시키는 방식, 반대로 자석을 고정하여 소자를 이동시키는 방식, 자석과 소자는 밀착 고정하고 근접한 자성체 요크(yoke)를 이동시켜서 자계를 이동하는 방식이 변위 검출의 내용에 따라 사용되고 있다. 어떠한 경우에도 소자에 근접한 자석이나 요크는 소자와 비접촉인 상태에서 기계량·물리량을 전달하여 전기 신호로 변환하게 된다. 그림은 회전축에 직결한 자석을 회전시켜 출력을 변화시키는 방식이지만, 단자 ①~③ 사이에 입력 전압 V_{in}을 인가하면 단자 ①~② 사이에서부터 〈그림 2-134〉와 같이 출력 전압 V_{out}을 인출할 수 있다.

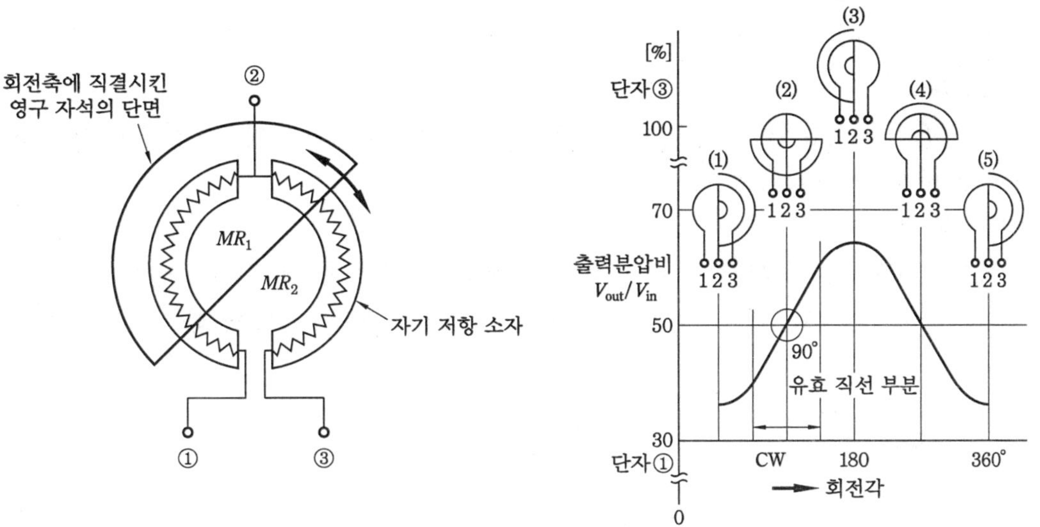

〈그림 2-133〉 비접촉형 퍼텐쇼미터의 등가 회로(각도 센서)　〈그림 2-134〉 비접촉형 퍼텐쇼미터의 출력(각도 센서)

〈그림 2-134〉의 (1)에서는 자석이 MR_2 측에 있으므로 두 소자의 저항값은 $MR_1<MR_2$가 되고 $V_{out}<V_{in}$이 되므로 출력은 작다. 회전축을 시계 방향으로 회전시켜서 (2)의 위치

에 자석이 오면 자계는 MR_1과 MR_2에 균등하게 걸리므로 $MR_1=MR_2$로 되고 $V_{out}=\dfrac{V_{in}}{2}$이 된다. 즉, 출력은 입력 전압의 50%가 된다. 똑같이 (3)에서는 $MR_1>MR_2$이므로 $V_{in}=V_{out}$이 되고 출력은 커진다.

이와 같이 단자 ①~③ 사이에 직류 전압을 인가하고 축을 360° 회전시키면 ①~② 사이에서는 그림과 같은 정현파와 비슷한 출력 전압이 생기며 섭동형 퍼텐쇼미터와 똑같이 동작하게 된다. 일반적으로 정현파의 직선 부분만을 각도에 비례한 출력 전압으로 이용한다. 이와 같은 각도 센서 외에 직선 변위 센서, 광각도 센서, 경사각 센서 등도 모두 같은 동작 원리이다.

• 비접촉형 퍼텐쇼미터의 장단점

　㉮ 장점

　　㉠ 섭동 잡음이 전혀 없다.

　　㉡ 베어링 부분을 제외하면 마찰 부분이 없으므로 동작 수명은 반영구적이다.

　　㉢ 출력의 분해능은 무한소이다.

　　㉣ 섭동 접점이 없으므로 회전 토크나 마찰이 대단히 작다.

　　㉤ 고속 응답성이 우수하다.

　　㉥ 섭동에 의한 아크(arc)가 발생하지 않으므로 방폭성이 있다.

　㉯ 단점

　　㉠ 출력 감도가 불균형적이다. 출력 전압은 인가 전압의 20~30%이며 출력 감도가 일정하지 않고 불균형적이다.

　　㉡ 온도 드리프트(drift)가 크다.

② 전자 유도식

전자 유도식은 철심이나 단락환 등의 변위로써 인덕턴스의 변화를 이용한 것인데, 그 구조에 따라 여러 가지 방식이 있다.

• 차동 트랜스식

변위 센서로 많이 사용되며 상호 인덕턴스의 변화를 이용한 것으로 변위를 전기 신호로 변환하는 소자이다. 〈그림 2-135〉의 (a)에서와 같이 교류 입력용의 1차 코일과 그 양측에 대칭

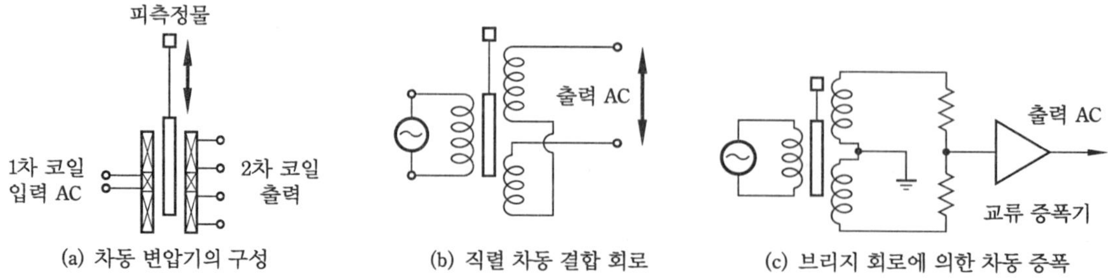

〈그림 2-135〉 차동 변압기의 원리

으로 배치한 2차 코일 사이를 가동 철심이 이동할 수 있도록 한 것이다. 1차 코일에 교류의 여자 전류를 흘리면 2차 코일에 유도 전압이 발생하지만 이것을 차동적(差動的)으로 인출하고, 가동 철심이 중앙에 있을 때는 2개의 2차 코일의 인덕턴스가 같아 전압과 출력은 상호 상쇄되어 2차 코일의 전압은 0이 된다. 철심이 이동하면 2차 코일에 있어서 한쪽 코일의 유도 전압은 증대하고 다른 쪽은 감소한다. 따라서 그 차동 출력은 증대한다. 이 출력과 변위의 관계는 코일의 권선 분포 및 크기에 의해 비례 관계를 가지게 된다.

〈그림 2-135〉의 (b)에서 철심이 1차 코일 중앙에서 위로 올라간 경우와 밑으로 내려간 경우에는 출력 위상이 반대가 된다. 따라서 위상 변별이 필요하게 된다. 〈그림 2-135〉의 (c)에서 브리지의 기준이 되는 두 변의 저항값을 다르게 하여 중앙 위치에서 한쪽 방향을 사용하고 위상 변별의 문제를 피할 수도 있다. 상용 전원의 주파수대로 전압만을 내려서 사용할 수 있으므로 간편하지만 보다 좋은 성능을 얻기 위해서는 수 kHz로 사용한다. 철편의 손실 때문에 그 이상의 고주파로는 사용하지 않는다. 스트로크(stroke)는 최대로 ±200mm이나 일반적으로 작다. 스트로크를 작게 하여 $0.01\mu m$의 감도 한계로 된 것도 얻을 수 있다. 측정 범위는 수 mm에서 수십 mm까지이며, 직선성은 ±0.1~1% 정도, 응답 속도는 10m/s 정도이다.

• 단락환식

〈그림 2-136〉과 같이 L_1, L_2의 2개 코일을 가진 철심의 중앙에 구리로 된 단락환이 있고 이 단락환의 변위에 의해 L_1, L_2의 인덕턴스를 차등적으로 변화시켜 그 변화를 측정하여 변위를 알아내는 방식이다. L_1, L_2를 적당히 선정하여 변위를 어떤 범위로 한정시키면 출력은 변위 x에 비례해서 다음의 근사식이 얻어진다.

$$\frac{x}{a} = \frac{L_1 - L_2}{L_1 + L_2} \frac{i_2 - i_1}{i_2 + i_1}$$

여기서, a는 단락환의 유효 가동 길이, i_1, i_2는 각각 코일 L_1, L_2를 흐르는 전류의 세기이다.

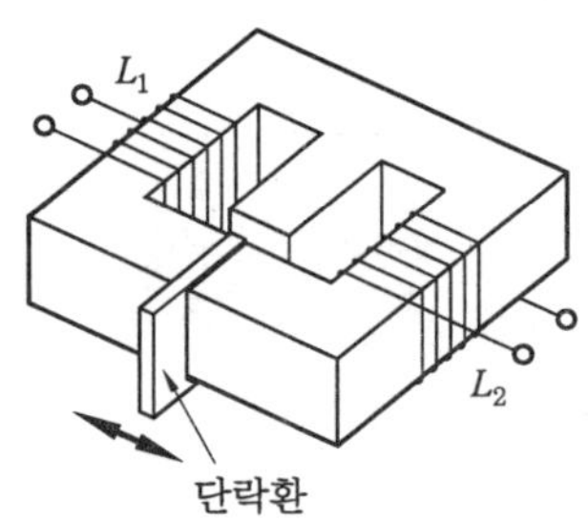

〈그림 2-136〉 단락환식 변위계의 구조

따라서 $(i_1 + i_2)$를 일정하게 유지하여 $(i_2 - i_1)$을 측정하고 변위 x를 구한다. 측정 범위는 1mm이고 직선성은 ±0.1% 정도이다.

• 가변 결합식

이 방식은 프린트 기판에 성형된 코일을 사용하여 변위를 상호 인덕턴스의 변화로서 검출하는 방법이다. 동작 원리는 〈그림 2-137〉과 같이 여자 코일에 교류 전류를 보내면 U형

철심을 통해 수신 코일에 유기 전압이 발생한다. 철심을 X축 방향으로 이동하면 수신 코일과의 결합 면적이 증대하여 유기 전압이 커지게 된다. 이 전압을 정류 증폭하여 철심의 위치에 비례한 출력을 얻는다.

철심의 변위 x와 수신 코일 발생 전압 e_2의 관계는 다음 식으로 나타낸다.

$$e_2 = a \cdot m \cdot x \frac{dB}{dt}$$

여기서, m은 수신 면적과 변위의 관계($f(x)=mx$)를 나타내는 정수, a는 철심의 x축 방향의 길이이다.

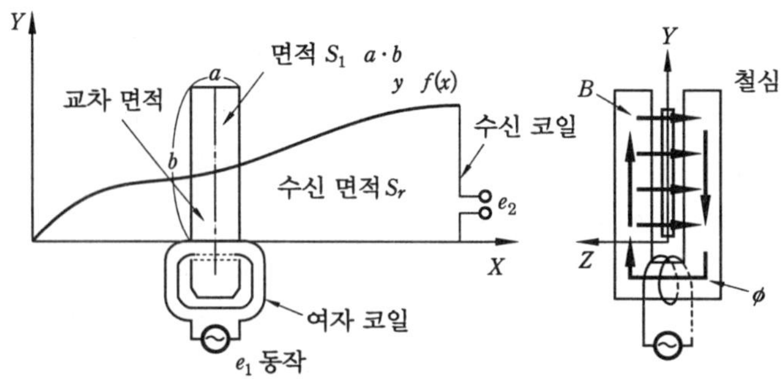

〈그림 2-137〉 가변 결합식 변위계의 동작 원리

〈그림 2-138〉은 각도 변환기에 사용했을 경우의 구조 및 회로도를 나타낸 것으로서, 코일은 프린트 기판상에 패턴 설계되어 있다. 각도 140°에서 직선성 ±0.1% 이하이며 각도 변환기, 전동 밸브 개도(開度) 전송 유닛에 응용된다.

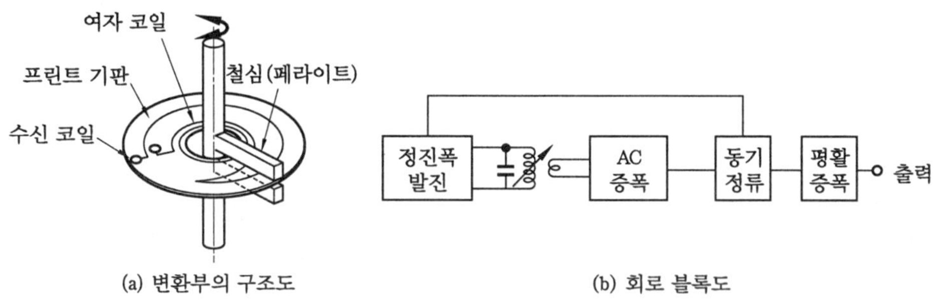

(a) 변환부의 구조도　　　　　　　　(b) 회로 블록도

〈그림 2-138〉 각도 변환부의 구성

• 와전류식

이 방식은 비접촉이며 금속과 같이 도전 물체의 변위를 검출하는 데 사용한다. 변위에 의한 와전류의 차이를 코일의 임피던스 변화로서 인출하는 것으로 〈그림 2-139〉에 그 원리를 나타내고 있다. 변위 측정용의 액티브 코일에 교류 전류를 보내면 이것에 근접한 도체

표면에 와전류가 발생하고 거리 x에 의하여 도체에 발생하는 와전류의 세기가 변화한다.
이 와전류에 의한 자계로서 코일에 실효 임피던스가 변화된다.

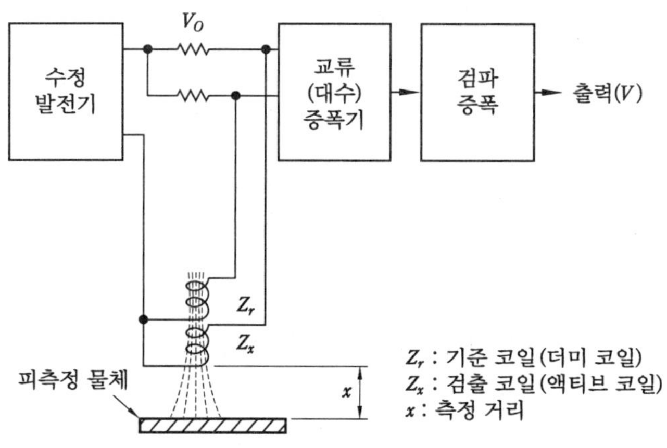

〈그림 2-139〉 와전류식의 원리

이 임피던스는 도체의 도전율, 투자율, 도체의 두께 및 온도가 일정하다면 코일과 도체의
거리 x의 함수가 된다. 거리 x와 출력의 관계는 그대로 일직선이 아니다.

온도에 의한 출력 변화가 크므로 브리지 회로나 기준 코일의 비교 회로에 의하여 보상하
는 등의 온도 드리프트와 주위의 자장에 대한 대책이 필요하다. 코일과 콘덴서의 브리지 회
로에 의해 전압 출력으로서 인출하면 그 전압 V_O는 다음 식으로 나타낸다.

$$V_O = a \cdot e^{-bc} + c \quad \text{(여기서, } a, b, c : \text{정수)}$$

이 출력을 대수 증폭기로 직선화하면

$$V = -bx + l_n \cdot a$$

로 되어 변위와 출력 전압은 비례 관계가 된다. 실제로는 액티브 코일 주위에 더미 코일을
배치하여 온도 보상을 하고 도체와의 여자 주파수는 100kHz 이상으로 하여 도체 두께에
의한 영향을 없앤다. 피측정물 곡면의 곡률 지름이 코일 지름의 3배 이하일 때는 출력이
저하한다. 피측정물의 지름이 코일 지름보다 작을 때는 보정을 해야 하며, 리액턴스만 측
정하도록 하고 있다.

응용 예로서는 대상물을 무접촉으로 측정할 수 있으므로 회전 기기의 축 변위 진동 측정
등에 사용되며, 1~5mm 정도의 측정 영역에서 직선성은 ±1% 이하이다. 측정 범위는 대
개 코일 지름에 대해 50~80%이나 정궤환법에 의해 확대가 가능하다.

③ 가동 철편식

〈그림 2-140〉과 같이 코일의 교류 인덕턴스는 코일에 철편을 접근시켜서 증가하는 것을
이용한 것이다. 차동 변압기식보다는 높은 주파수를 사용한다. 온도나 전원의 변동을 없애
기 위해 기준 코일에 위치를 고정시킨 철편을 설치해서 브리지에 의해 비교 측정함으로써
좋은 재현성을 얻는다.

사용 범위는 1μm~10mm이다. 출력은 거리의 역수에 가까운 비직선성의 특징이 있다.

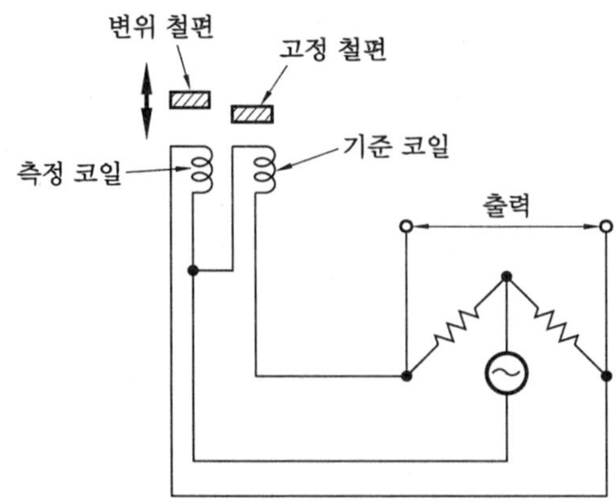

〈그림 2-140〉 가동 철편식의 원리

④ 정전 용량식

정전 용량식 변위 센서는 미소한 변위를 비접촉으로 검출하는 데 사용된다. 커패시턴스 마이크로미터로서 0.01μm를 검출하는 것도 있다. 차압 발신기의 격막 위치를 변위 검출하여 직접 또는 레버 비(lever ratio)로 확대하여 사용한다. 대향하는 두 전극 사이의 정전 용량 C 는 전극 면적 A에 비례하고 전극 사이의 거리 d에 반비례하며, 수식으로 표현하면 다음과 같다.

$$C = \frac{\varepsilon A}{d} \text{ (여기서, } \varepsilon : \text{유전율)}$$

거리 d에 의해 변위를 검출하는 경우 d가 작을 때에 C는 d의 변화에 따라 크게 변화하므로 큰 감도를 얻게 되나 일반조인 경우 변위와 출력의 관계가 비선형이며 스트로크도 작다.

〈그림 2-141〉과 같이 차동 콘덴서로서 교류 브리지를 사용하여 가동판과 2개로 된 고정판 사이의 전기 용량에 대한 비를 출력으로 하면 근사적으로 선형 특성이 되는 범위도 증가하고 사용 스트로크도 크게 된다.

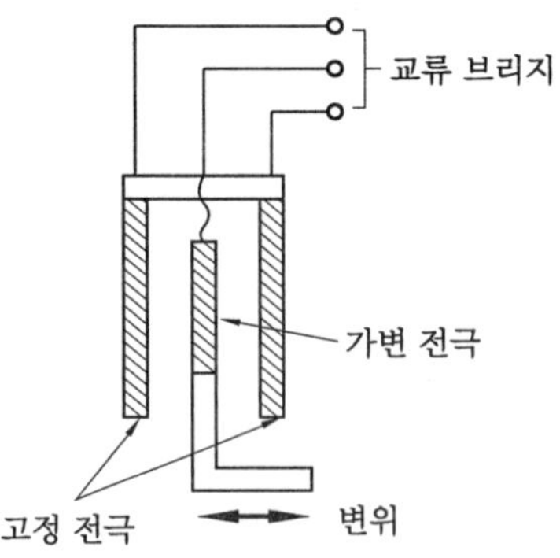

〈그림 2-141〉 차동형 정전 용량식

직선성의 영역을 증가하기 위해 전극 및 그 주변 형상에 대해 연구를 하고 있는 것도 있다.

스트로크는 최대가 1mm 이하이다. 정전 용량을 이용하여 보다 큰 변위를 검출하기 위해 전극 사이의 거리 d를 일정하게 하고 전극 사이의 면적을 바꾸는 가변 콘덴서 방식을 이용한다.

⑤ 저항선 변형 게이지식

변형 게이지는 저항값이 변형에 의하여 변화한다. 길이 l의 앞 끝이 변위 x만큼 움직이면 저항값 R이 ΔR만큼 변화한다. 따라서 게이지율 K는 저항 변화분의 비이며 출력 y는 저항값이 변화하는 비율이기 때문에 y에서 x를 다음과 같이 구할 수 있다.

$$y = \frac{\Delta R}{R} = K \cdot \frac{x}{l}$$

$$\therefore x = \frac{yl}{K}$$

온도의 영향과 이에 따른 보상 방법이나 측정 회로에 의해 게이지율에 걸리는 감도 비율이 변화하는 것에 대해서는 변형을 검출하는 것과 같다. 단, 변위 검출로서 반복 사용하기 위해서는 대개 $1,500 \times 10^{-6}$ 스트레인, 즉 0.15% 이하로 한다. 따라서 변위 스트로크는 작다. $0.01\mu\mathrm{m}$의 감도 한계로 된 것도 가능하다. 이와 같이 변위를 직접 저항값으로 변환하면 작은 변위만 검출된다. 그리하여 스프링의 변위를 이용해서 변위를 힘으로 변환하고 외팔보에 걸리는 스프링의 힘을 보에 설치한 저항선 변형 게이지로 검출하여 큰 변위를 검출할 수 있다.

〈그림 2-142〉는 이와 같은 구조의 예이다. 최대 스트로크는 10~100mm, 직선성 및 히스테리시스는 0.5% 또는 0.2% FS(full scale), 주파수 응답은 1~1.5Hz이다.

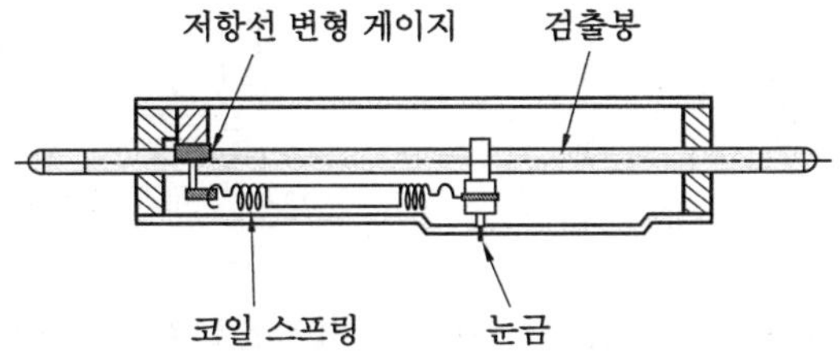

〈그림 2-142〉 스프링과 저항선 변형 게이지의 조합식

⑥ 포토 헤드(photo head)식

포토 헤드식 변위 센서는 움직이고 있는 대상물의 위치 편차를 비접촉으로 검출하는 데에 적합하기 때문에 주행하고 있는 띠 모양으로 되어 있으며, 돌출된 끝 부분의 위치를 검출하는 데 많이 사용하고 있다.

〈그림 2-143〉은 포토 헤드의 내부 구조와 회로이다. 램프 빛을 슬릿을 통하여 투광부에서 내고 수광부의 슬릿을 거쳐서 실리콘 포토다이오드(SPD)로 받는다. 불투명한 피측정물의 변위에 따라 빛을 차단하므로 광량에 의하여 SPD의 출력 전압이 변화한다. SPD는 적외선 영역에 감도의 피크(peak)를 가지고 있으므로 외광(外光)의 영향을 받기 어려우나 외광은 대개 위에서부터 조사하는 일이 많으므로 헤드는 빛이 아래에서 위로 향하도록 설치하여 외광 노

이즈를 줄이는 일이 많다. 빛의 진행 방향 변위에 대해서는 출력이 변화하지 않는 것이 좋다.

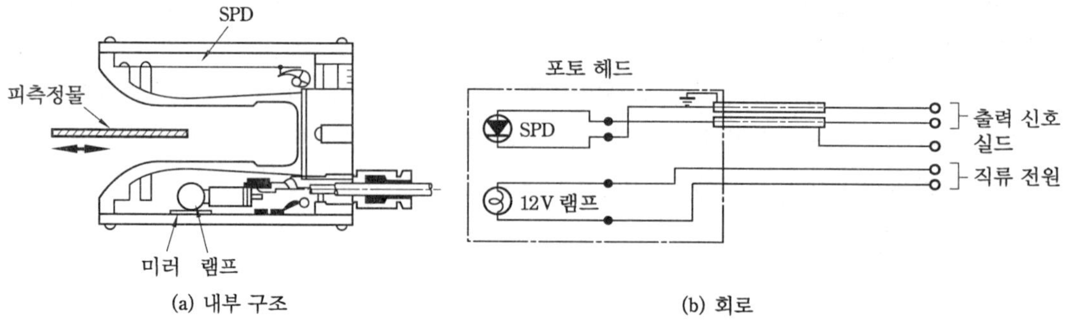

〈그림 2-143〉 포토 헤드식

빛의 진행 방향 변위가 큰 경우에 사용하는 포토 헤드의 외관과 특성은 〈그림 2-144〉와 같다.

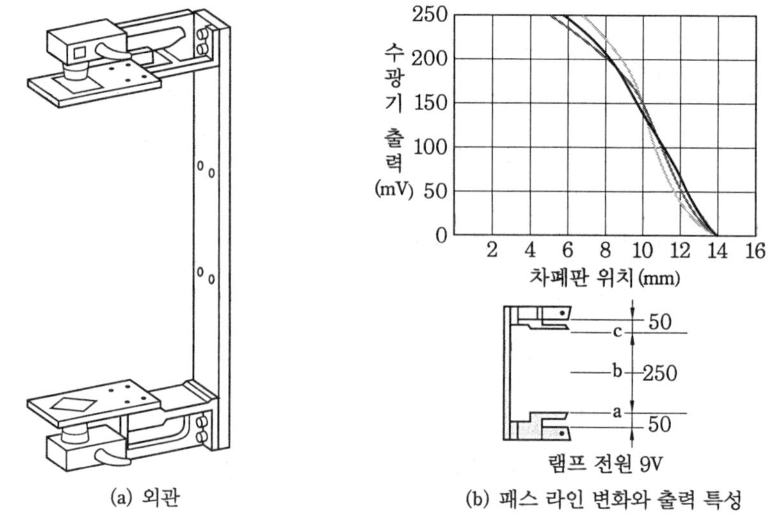

〈그림 2-144〉 빛의 진행 방향에 대한 패스 라인 변화를 크게 하는 포토 헤드

⑦ 라인 플로어 헤드(line floor head)

인쇄된 도안 등을 추종하기 위한 센서이다. 광원의 빛을 피측정물 위에 모으고 그 반사광을 수광 소자 위에 모이게 한다. 수광 소자는 한 쌍의 황화카드뮴(CdS)으로 되는 빛-저항 변환 소자이며 브리지 저항에 대해 각각의 한 변을 형성하고 있다. 이와 같이 회로를 구성하면 피측정 대상의 라인 중앙에 빛의 상이 있을 때나 그 부분에 도안이 없고 균일한 밝기일 때 브리지는 평형이 되어 출력 신호는 0이 된다.

라인의 변위에 대응하여 브리지에서 편차 전압이 나온다. 한 쌍의 수광 소자 중 1개만을 사용하는 회로로 스위치로 전환시키면 빛에 의해 저항이 변화하기 때문에 포토 헤드와 같은 목적으로 반사형의 헤드로서 사용된다. 이 경우에는 피측정물의 배경색이나 반사 특성을 고려하여 선택할 것과 편광 필터나 각 색의 필터를 사용하여 투명한 것이나 금색, 은색 등 여러 가지 피측정물을 검출할 수 있다.

〈그림 2-145〉는 라인 플로어용 헤드의 구성과 외관이다.

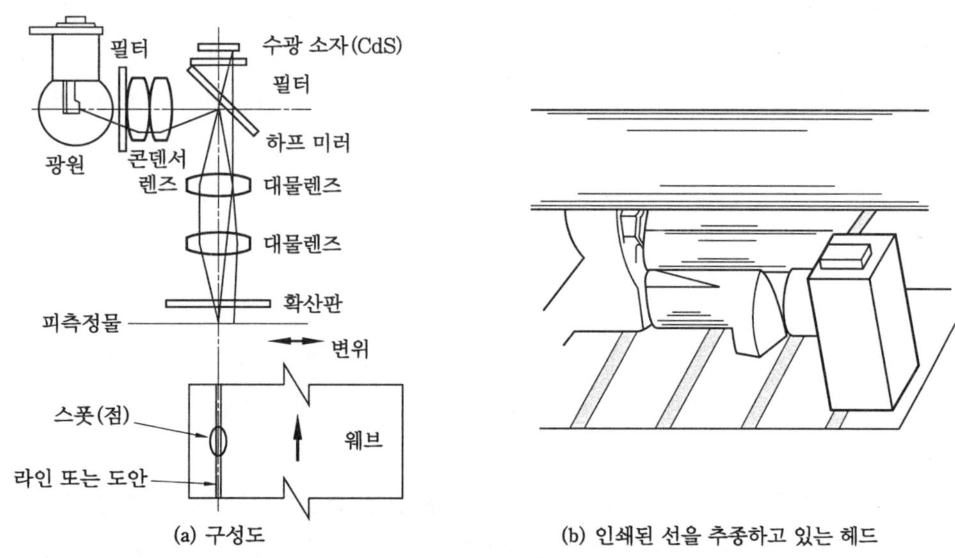

〈그림 2-145〉 라인 플로어용 헤드

⑧ 자기 평형식

자기 평형식은 영구 자석의 각 변위에 의해 발생되는 자속을 전기적으로 검출하고 이것을 귀환 전류에 의한 자속과 평형시켜 영구 자석의 각도를 알아내는 것이다.

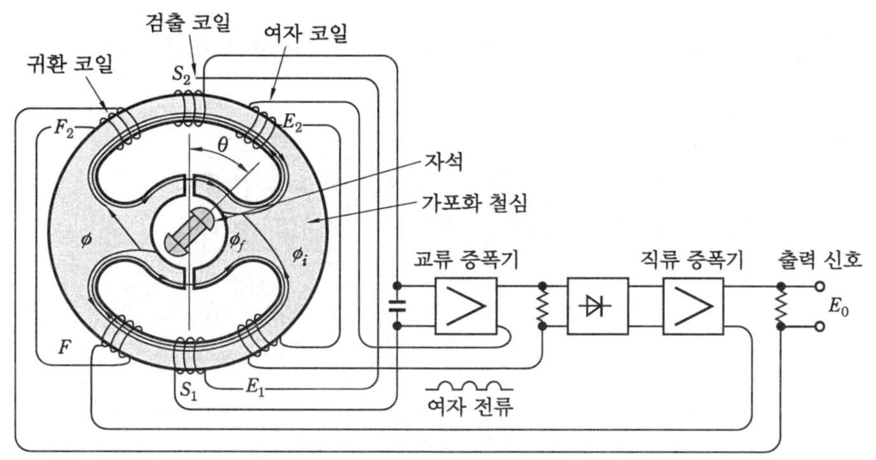

〈그림 2-146〉 자기 평형식 각도 변환기

〈그림 2-146〉은 그 원리를 나타낸 것으로, 고정자는 고투자율의 가포화(可飽和) 철심으로 영구 자석이 회전하면 그 각 변위 θ에 비례하여 자속 ϕ_i가 변화된다.

$$\phi_i = k_1\theta$$

한편, 귀환 코일에 출력 전류 I_0를 보내면 자속 ϕ_f가 발생하고 다음 식으로 나타낸다.

$$\phi_f = k_2 I_0$$

여기서, k_1, k_2는 정수이다.

따라서 철심에는 $\Delta\phi = \phi_i - \phi_f$의 자속이 남게 되므로 $\Delta\phi = 0$이 되도록 I_0를 보내면 각 변위에 대응하게 된다. 자속의 차 $\Delta\phi$를 검출하려면 여자 코일 E_1, E_2는 반파 교류를 보내 그 직류 성분에 의한 자속이 ϕ_i에 대해 E_1에서는 가산되고, E_2에서는 감산되도록 한다. 검출 코일 S_1, S_2는 자동적으로 접속되어 각 변위 ϕ_i에 비례한 전압만 얻어지고 이것을 증폭하여 귀환 전류 I_0을 얻고 있다. 이 각도 변환기는 입력각 40%에 대해서 직선성은 $\pm 0.2\%$ 이하로 되어 있다.

[2] 근접 센서

근접 센서는 검출면에 접근된 물체 또는 주변에 있는 물체를 전자계의 에너지를 이용하여 기계적인 접촉 없이 전기 회로를 개폐 제어하는 스위치라고 말할 수 있다.

① 종 류

- 고주파 발진 회로의 구성 요소로서 발진 코일을 검출 요소로 사용하며 〈그림 2-147〉의 (a)와 같이 검출 물체가 접근할 때 전자 유도 작용으로 생기는 검출 코일의 인덕턴스의 변화에 따라 발진 상태를 변화시켜 스위치 신호로 검출하는 방식이다.
- 유도 브리지형 : 그림 (b)와 같이 검출 물체에 생기는 전류에 의한 자속을 검출 코일과 비교 코일의 차이로써 검출하는 방식이다.
- 자기형 : 그림 (c)와 같이 영구 자석의 흡인력을 이용하여 리드(lead) 스위치를 구동하는 방식이다.
- 정전 용량형 : 그림 (d)와 같이 정전 용량 변화에 따라 발진이 개시되거나 정지되는 발진

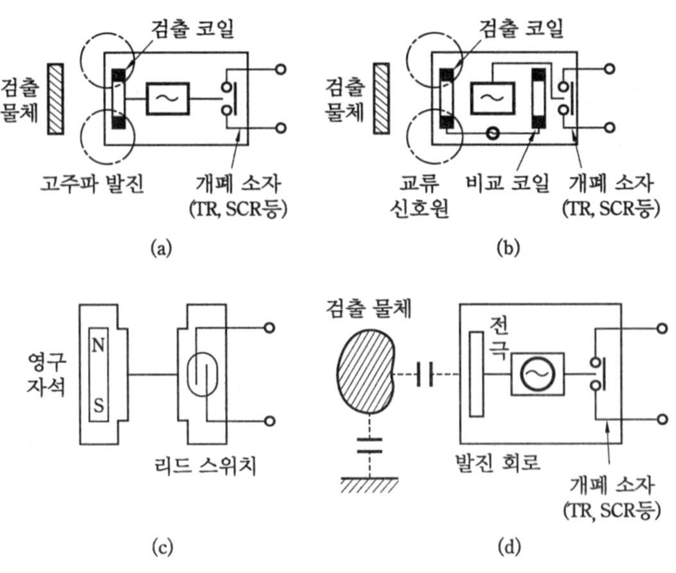

〈그림 2-147〉 근접 센서의 원리

회로로써 검출하는 방식이다.

② 특 성

- 검출 거리의 표시 방법 : 근접 센서는 일반적으로 검출면 부근에서 3차원적인 영역이 되기 때문에 검출 거리는 측정 기준 위치에서의 검출 거리와 검출 물체의 접근 방향을 다음과 같이 정한다.

  ㉮ 수직 검출 거리(원주형, 각주형) : 〈그림 2-148〉의 (a)와 같이 검출 물체를 기준축 방향(검출면에 수직)에 접근시켜 기준면에서 측정된 거리로 표시한다.

  ㉯ 수평 검출 거리(동작 영역도) : 그림 (b)와 같이 검출 물체를 검출면과 기준축에서 측정된 거리로 나타낸다. 그 거리는 통과 위치에 따라 변하므로 동작점 궤적으로 표시할 수 있다.

  ㉰ 관통형 : 관통형과 같은 구형은 측정 기준면을 그림 (c)와 같이 정하고 막대 모양의 검출 물체를 기준축 방향에 접근시켜 측정한다.

  ㉱ 구형 : 검출부의 사이에 얇은 금속판을 통과시키는 방법이 많기 때문에 기준면에서의 삽입 거리를 그림 (d)와 같이 측정한다.

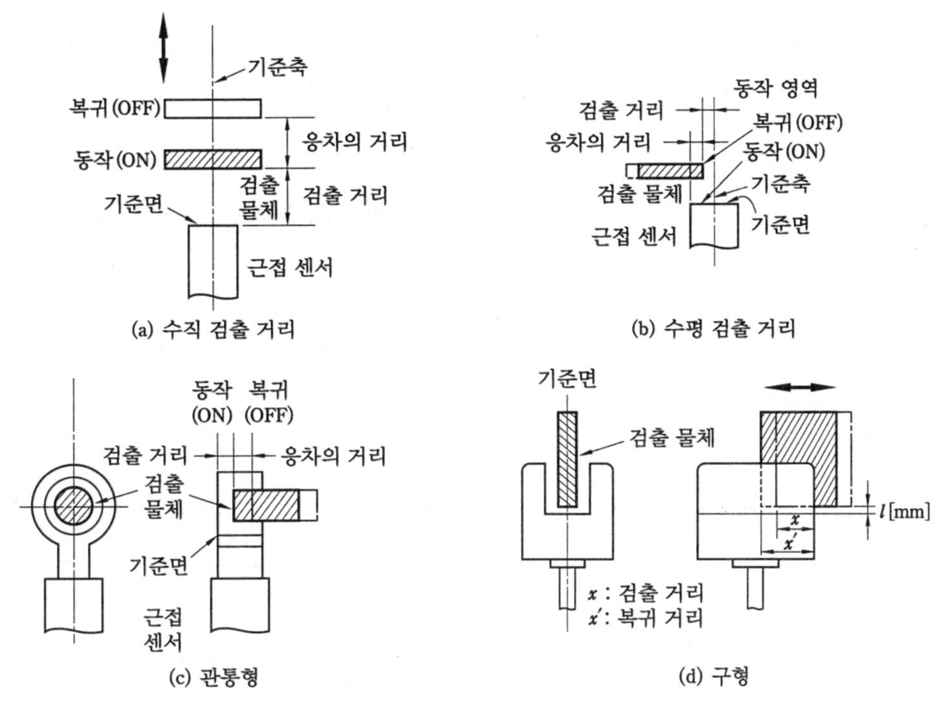

〈그림 2-148〉 검출 거리의 표시 방법

- 주요 특성 : 고주파 발진형 근접 스위치를 예로 들어 살펴본다.

  ㉮ 검출 물체의 크기와 검출 거리 : 검출 물체는 정사각형의 금속판으로 두께 $(t=1nm)$를 일정하게 하여 그 한 변의 길이 l [mm]를 변화시켰을 때 검출 거리 x[mm]를 측정한다. 검출 거리는 검출 물체가 표준 물체 이상의 크기일 때도 거의 일정하다. 관통형은

원주상의 금속봉을 물체로 해서 그 지름에 의한 영향의 값으로 표시한다.

④ 검출 물체의 두께와 검출 거리 : 지정된 검출 물체 형태의 두께를 변화시켰을 때의 검출 거리 x[mm]를 측정한다. 일반적으로 고주파 발진형에서는 검출 물체가 비금속이라도 두께가 0.01mm 정도가 되면 자성 금속과 같은 정도의 검출 거리가 된다.

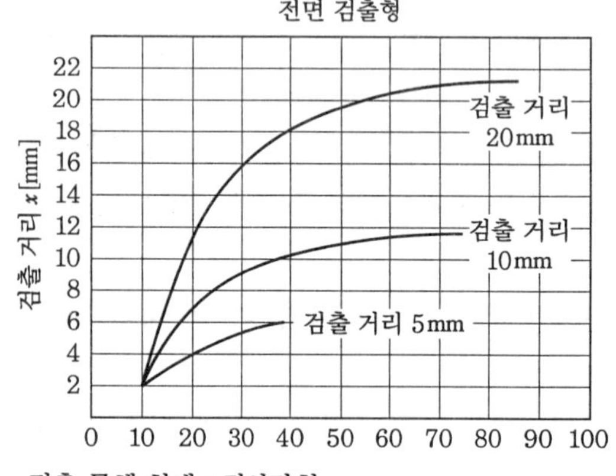

(a) 검출 물체 한 변의 길이 l[mm]

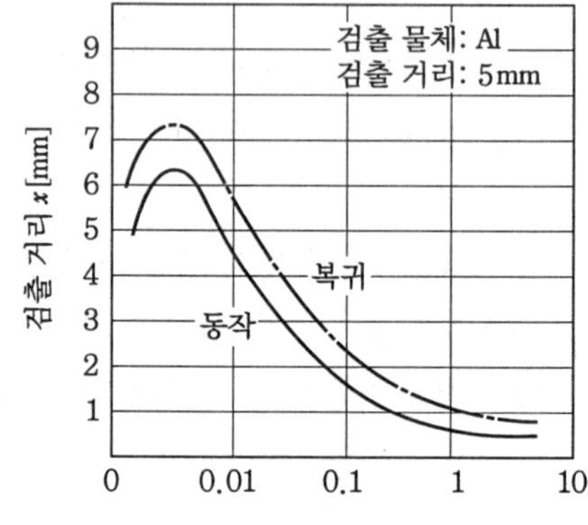

(b) 금속박판 1cm

〈그림 2-149〉 검출 물체의 두께와 검출 거리

③ 선택상의 주의 사항

기종의 선정에 있어서 사용 목적과 사용 장소를 선택할 경우 제반 조건 및 제어 장치와의 관련성을 충분히 파악하기 위해 다음 조건을 고려해야 한다.

• 환경 조건

근접 센서의 내환경 특성은 검출용 스위치와 비교해서 양호하다. 즉, 온도 조건이 엄격한 경우 특수한 분위기에서의 사용에는 충분한 고려가 필요하다.

• 동작 조건

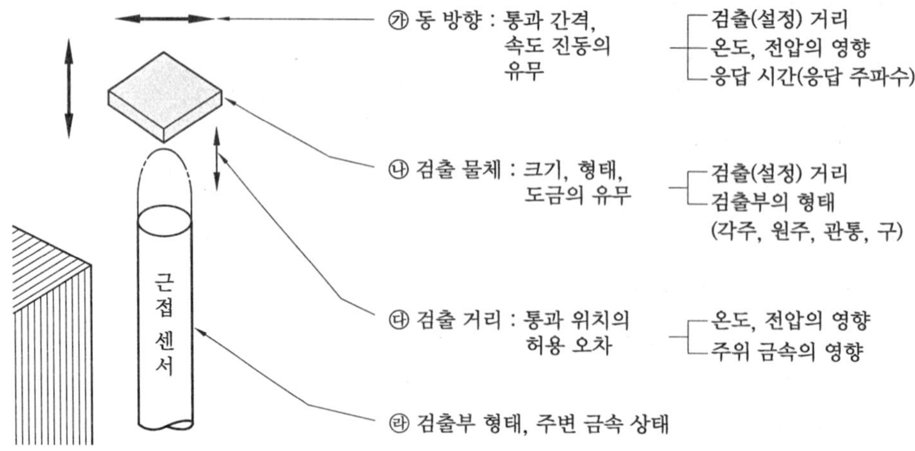

• 전기적 조건

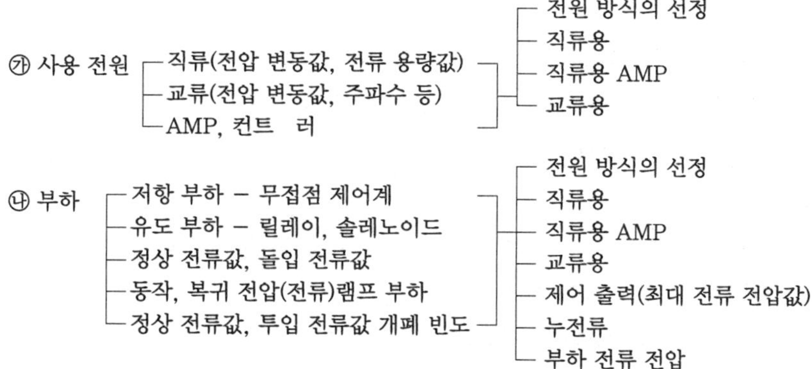

④ **설치상의 주의 사항**

• 주위 금속의 영향

㉮ 차폐형(shield type) : 〈그림 2-150〉의 (a)와 같이 금속으로 측면을 차폐한 기종은 금속체 구조물에 측면 전체를 밀착시켜 취부 가능하며 검출면과 동일한 면까지 투입하여 사용한다.

㉯ 비차폐형 : 〈그림 2-150〉의 (b)와 같이 검출면에서 일정 공간 내에 검출 물체 이외의 금속이 근접되지 않도록 설치한다.

• 상호 간섭

〈그림 2-150〉의 (c)와 같이 두 개 이상 나란히 하거나 마주 보게 하여 사용할 때는 상호 영향을 피하기 위해서 일정 간격 이상을 떼어 놓을 필요가 있다. 대향 설치인 경우 h_2의 거리가 근접 거리의 8배 이상(동일 주파수인 경우), 서로 다른 주파수일 경우 4배 정도 띄워 놓아야 한다. 병렬 설치인 경우 직렬 설치 거리의 $\frac{1}{2}$ 정도가 필요하다.

㉮ 직류용 접속 : 출력은 개폐 소자(TR)와 직렬로 접속된다. 부하로 계전기 또는 전자 밸브가 쓰이지만, 이때 특히 전자 밸브의 초기 전류가 과대하여 근접 센서의 개폐 소자 파

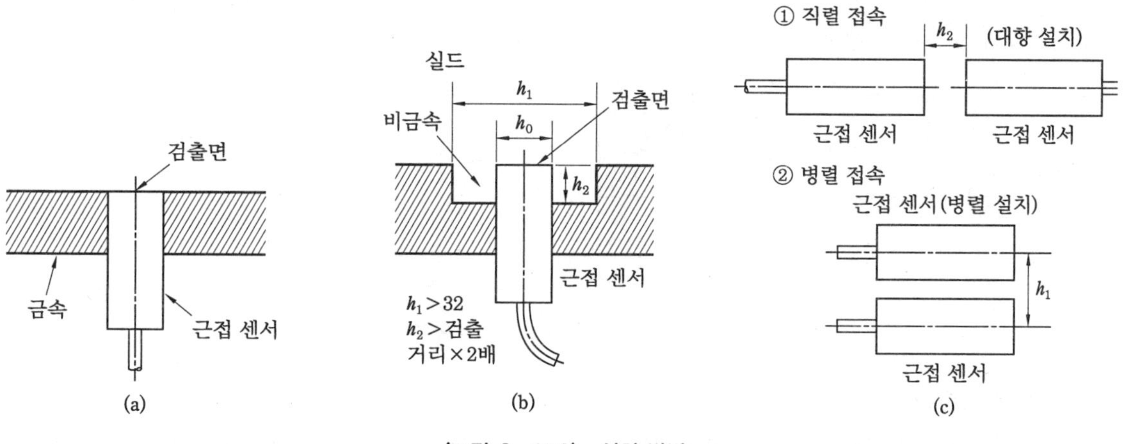

〈그림 2-150〉 설치 방법

괴에 주의해야 한다. 출력의 접속은 3개의 단자 중 적-백 또는 백-흑에 연결되며, 이 것은 근접 센서의 종류에 따라 다르다.

    ㉯ 교류용 접속 : 교류용의 근접 센서는 부하(계전기)와 반드시 직렬로 연결해야 하며, 계 전기를 사용하여 근접 센서를 작동할 때에 전체 전류가 10~400mA의 범위를 만족할 수 있는 계전기 내부 저항에 유의해야 한다.

- 사용상의 주의 사항

    ㉮ 직류 개폐형에서 출력과 0V(+V) 사이에 콘덴서 등을 접속하지 않는다.

    ㉯ 부하의 정격 이상의 전류를 흘리지 않는다.

    ㉰ 램프나 모터 등 돌입 전류가 큰 부하의 경우는 릴레이를 사용하여 구동시킨다.

    ㉱ 부하 전류가 규정값 이하일 경우 블리더(bleeder) 저항을 접속하여 정격 최소 전류 이 상을 흘려준다.

    ㉲ 정현파 이외의 교류 전원을 사용하지 않는다.

② 속도 검출용 센서

【1】 센서의 종류

① 와전류식

측정 원리는 와전류 효과를 이용한 것으로 센서의 코일과 변환부의 콘덴서에 따라 LC 공 진 회로를 형성하고 수정 발진기 등을 설치하여 공진 상태로 한다. 센서와 측정 대상의 거리 에 의해 측정 대상물에 생기는 와전류손이 거리의 대수에 비례하는 특성을 이용한 것이며, 공진 회로의 출력을 진폭 변조해서 아날로그 출력을 얻고 이것을 선형으로 변환한 출력이 변위로 된다.

이러한 변위 출력을 전기적으로 미분해서 속도 신호로 인출할 수 있다. 주파수적으로는 수 십 kHz의 응답성을 갖는데 측정 범위는 좁고 수~수십 mm의 범위이다. 완전한 비접촉 측 정이며 기계 등의 진동을 측정하는 데는 유효한 센서이다. 〈그림 2-151〉은 와전류식 변위계 의 구조를 나타낸 것이다.

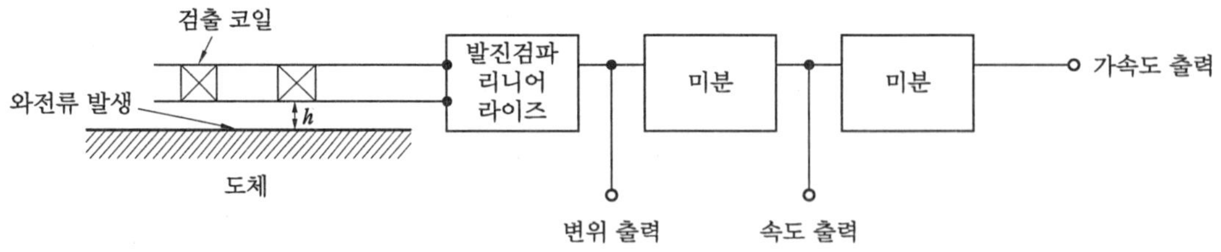

〈그림 2-151〉 와전류식 변위계의 구조

② 정전 용량식

출력의 기본은 변위량에 의한 출력이지만 출력을 미분하면 속도 센서로 사용된다. 측정 범위는 수 mm이며, 주파수 응답은 수 kHz이다. 측정 원리는 정전 용량이 두 전극판의 거리에 반비례하기 때문에 이를 이용하여 변위량에 비례한 출력을 얻는 것이다.

③ 광전식 리니어 게이지

치수를 측정하는 게이지로서 광학적인 슬릿을 이용한 리니어 게이지가 있으며, 이 슬릿을 이용하여 출력 펄스를 주파수로 변환하고, 이 주파수를 고속의 주파수−전압 변환기를 통하면 아날로그 출력의 속도 출력을 얻어 속도를 표시할 수 있다. 이 경우에 슬릿의 출력 펄스는 속도와 비례한 주파수로 되어 있다.

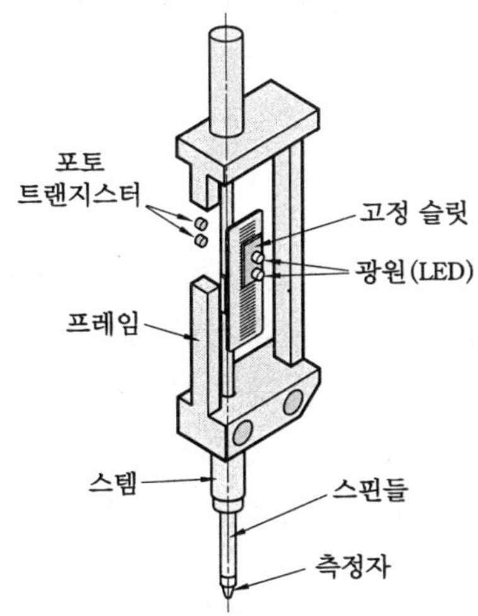

〈그림 2-152〉 리니어 게이지의 구조

④ 자기 격자

자기적으로 스케일링된 스케일에서 자계 검출기에 의해 변위를 전압으로 인출하는 것이며, 자기 변화를 계수한 것을 변위량으로 하고 있다. 이 자기 변화량에서 속도로 산출하는 경우와 같은 원리를 이용하여 고정된 두 점 사이의 변화량을 검출하여 속도를 산출한다.

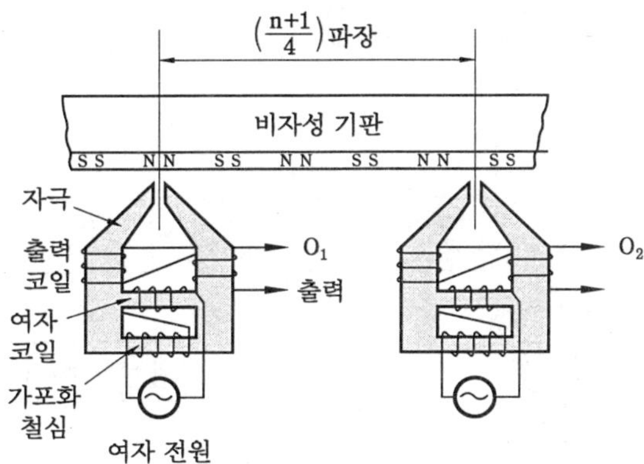

〈그림 2-153〉 자기 격자의 구조

⑤ 이미지 센서

이미지 센서는 일반적으로 입력이 광학적인 상인 정보를 전기적으로 이용하기 쉬운 광학적인 상으로 하거나 다른 모양의 전기적인 신호로 변환하는 장치이며, 종류로서 광도전형 촬상관이나 이미지형 촬상관 또는 고체 이미지 센서 등이 있다.

고체 이미지 센서는 반도체의 기판상에서 서로 공간적으로 독립한 여러 개의 감광 셀을 배치한 것이며 리니어로 된 것과 2차의 에어리어(area)로 된 것이 있다. 이들은 각각의 셀(cell)에 펄스 전압을 인가하는 것으로 각 셀이 갖는 광량에 비례한 신호를 인출하는 것이다. 이미지 센서는 위치나 치수를 측정할 때에 검출기로 많이 사용되지만 속도나 가속도를 측정할 때에도 사용된다.

[2] 응 용

① 가동 코일형 속도계

가동 코일형 속도계는 패러데이의 전자 유도 법칙을 이용하여 속도를 전력으로 변환하는 검출기이며, 영구 자석의 자계 안에서 코일을 어떤 속도로 움직일 경우 코일에서 전압이 유기되어 이를 출력으로 하여 속도에 비례한 출력 전압을 얻는 원리이다. 이것은 외부의 전원이 필요 없으며 출력 임피던스도 낮으므로 잡음이 적은 특징이 있으나 소형화나 내충격성 문제가 있다. 가장 널리 이용되고 있는 것은 접촉식이다.

② 레이저 도플러 속도계

레이저 도플러 속도계는 레이저 광선의 주어진 시간과 공간적인 간섭성을 활용한 것으로, 속도나 유속을 측정하는 데 사용된다. 〈그림 2-154〉와 같이 도플러 주파수를 측정하는 이 방식은 비접촉으로 측정할 수 있으며, 측정 정밀도가 극히 높고 빠른 응답 속도와 높은 분해능 및 광범위한 속도의 측정이 가능하다. 또한 빛의 간섭성이 좋으므로 먼 거리에서도 측정이 가능하다.

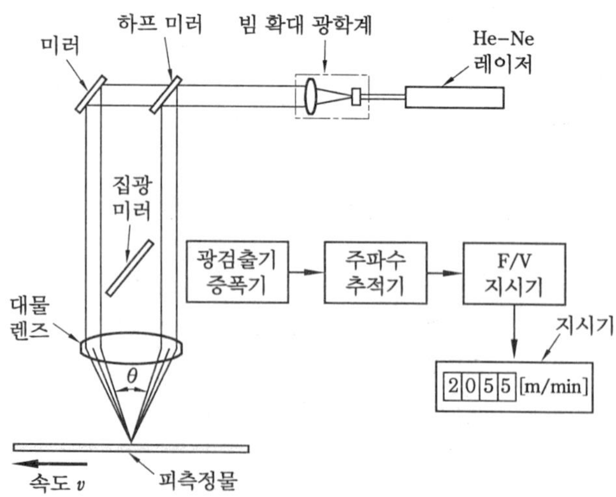

〈그림 2-154〉 속도 측정

③ 전자 유량계

패러데이의 전자 유도 법칙을 이용하여 유체의 유속으로 유량을 측정하는 것이다. 도전성의 유체가 자계를 끊고 흐르면, 자계와 흐름의 양쪽 방향으로 직각인 방향에 유속과 비례하는 크기의 기전력이 생긴다.

이것을 유체가 흐르는 절연체의 관로 벽에 설치한 전극으로 측정하고 전극 사이의 평균 유속을 얻는다. 유속의 측정 범위는 0.5~10m/s이다. 유체는 일정 이상의 도전율을 갖는 유체이어야 하지만, 비접촉의 측정이므로 본래의 흐름은 흩어지지 않고 밀도나 흐름의 영향이 없는 것이 특징이다.

④ 카르만 와유량계

카르만 와유량계는 유체의 흐름 속에 원주나 각주 등과 같은 기둥 모양의 물체를 수직으로 삽입한 경우 하류에는 서로 다르게 배열하는 2열로 된 규칙적인 와류가 형성되는 것을 이용한 것이며, 이러한 와류의 주파수와 유속 사이에는 상당히 좋은 직선 관계가 있다.

이 와류의 수는 초음파 송·수음기를 이용하여 전파의 위상 변조파를 복조하거나 가열된 저항체 또는 서미스터 등을 사용하여 유속의 요동에서 와류 주파수를 측정하여 구한다. 이 방법은 와류의 주파수가 유체의 종류와는 관계가 없고 측정 범위가 넓은 특징이 있다. 유속 분포의 영향이 있으므로 직관부가 필요하다.

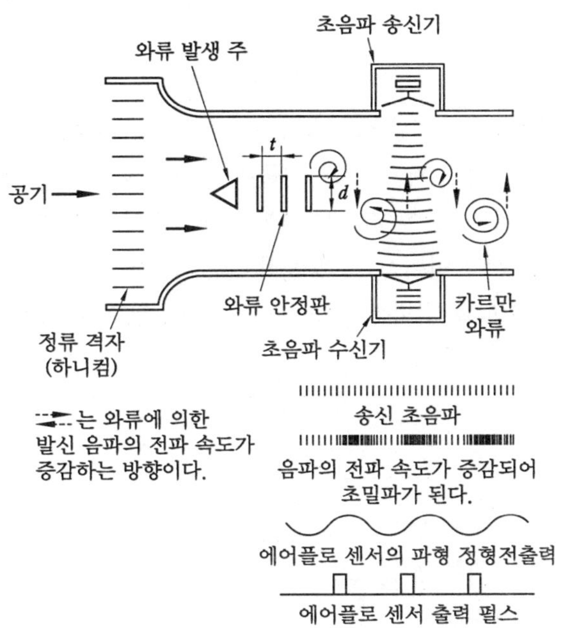

〈그림 2-155〉 와류 공기 유량 센서

⑤ 회전 발전기식

회전 속도 검출기는 영구 자석의 고정자가 만드는 자계 안에서 회전자를 회전시켜서 회전자의 코일이 자르는 자속량의 시간 변화가 유도 전압에 비례하는 원리를 이용한 것이다. 직류식과 교류식이 있으며, 교류식에는 영구 자석식과 교류 유도형이 있고, 영구 자석식은 유도 전압의 크기와 주파수가 모두 회전 속도에 비례하므로 고분해능이다. 교류 유도형은 증폭이 용이하며 $10^{-2} \sim 10^{4}$rpm의 광범위한 회전수의 측정이 가능하다.

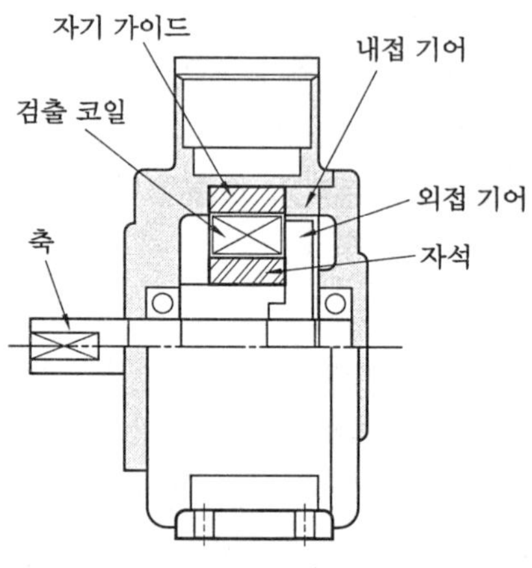

〈그림 2-156〉 회전 속도 검출기

3 가속도 검출용 센서

【1】 동전형 가속도계

① 원리와 구조

영구 자석 NS의 공극에 판 스프링으로 지지되어 있는 코일이 있으며, 이 코일은 자속을 자르도록 되어 있다. 이 코일이 진자가 되고 진동에 따라 상대 변위를 측정한다. 이때 진자의 고유 진동수가 측정 진동수 이상이 되도록 전자 댐퍼 또는 공기 댐퍼를 사용해서 설정하면 가속도에 비례한 출력 전압이 얻어진다. 일반적으로 대부분의 동전형은 진자의 고유 진동수와 측정 진동수가 같게 되도록 댐퍼를 강하게 설치해서 속도에 비례한 출력을 얻는다. 이와

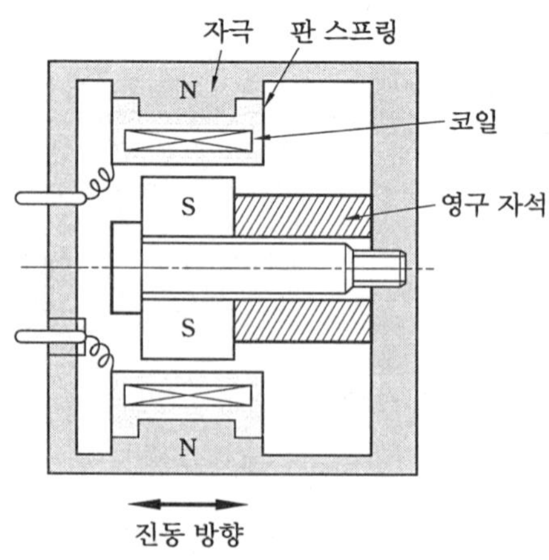

〈그림 2-157〉 동전형 가속도계의 구조

같이 얻은 신호를 미분기에 통하여 가속도 신호로 변환해서 사용한다.

② 특 징

- 감도가 높고 저주파수 진동 측정에 적합하다.
- 동작이 안정하며 동적 범위가 넓다.
- 내부 저항이 작고 자기 발전이므로 전원이 필요 없다.
- 진자의 영점 설정이 용이하다.

[2] 압전형 가속계

① 원리와 구조

티탄산바륨, 티탄산지르코늄 등의 결정 표면에 전극을 설치하고 진동이나 충격에 의해 외력을 가해서 변형시키면 결정 표면에 외력에 비례한 전하(Q)가 발생한다. 구조에 따라 전단형 압축형이 있다. 〈그림 2-158〉은 압전형 가속도계의 구조와 원리를 나타낸 것이다. 전단형의 구조는 압전 소자의 전극 한쪽에 추를 달고 다른 쪽에 케이스를 고정하여 압전 소자와 어긋나게 되어 있다. 이 구조는 압전 상수를 크게 취하기 때문에 저가속도, 저주파수, 고감도의 센서로서 적합하다.

압축형의 구조는 압전 소자 위에 추를 얹어 놓고 볼트로 미리 압력을 가해서 고정한다. 추에 가속도가 가해지면 가속도에 비례한 전하가 발생한다. 이 구조는 기계적인 강도를 크게 취하기 때문에 큰 가속도나 충격의 센서로서 적합하다.

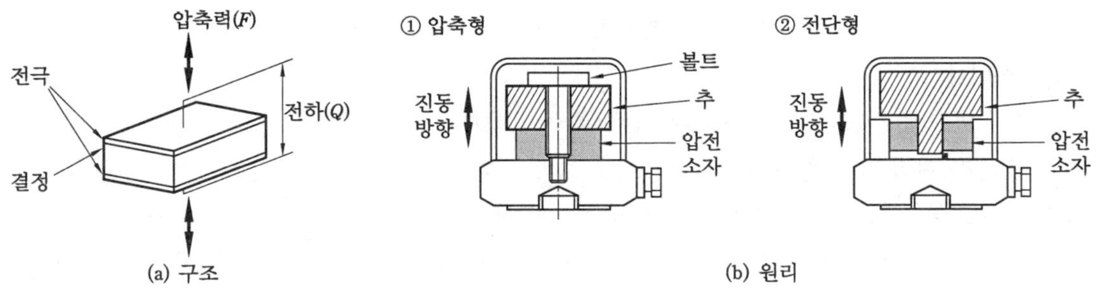

〈그림 2-158〉 압전형 가속도계의 구조 및 원리

② 특 징

- 고주파수 진동, 큰 가속도 측정에 적합하다.
- 소형이며 경량이다. 외부 전원이 필요 없으며, 주파수 범위가 넓다.
- 내부 저항이 높으므로 특수 증폭기가 필요하며, 출력이 작아서 저주파수, 저가속도 측정이 곤란하고 온도 변화의 영향이 크다.

④ 전류 검출용 센서

전류를 검출하기 위한 센서에는 분류기, 변류기 등의 피측정 전로에 직접 삽입되어 연결되는 방식과 클램프식 전류 센서로 전로의 절단이 없이 검출하는 방식의 센서가 있다.

【1】 분류기식

피측정 전로에 삽입한 분류 저항기의 전압 강하에 따라 전류를 검출하는 것이며, 간단한 구조로 직류와 교류를 검출할 수 있다. 피측정 전로와 절연이 되지 않기 때문에 고압 전로 등에서는 안전성에 문제가 있다. 또 분류 저항의 측정 손실이 있으므로 낮은 임피던스 회로에서 사용하는 것은 피측정 전로에 영향을 주며, 대전류에는 과전류에 의해 발열이 있다.

【2】 변류기식

이 방식은 트랜스 결합에 따라 전류를 검출하기 때문에 피측정 전로와 절연을 할 수 있는 것이 최대의 이점이며, 구조가 간단하고 견고하여 전력 계통 등의 교류 전로에서 사용되고 있다. 동작 원리상 직류의 검출은 불가능하다. 용도에 따라서는 주파수 특성상 오차가 큰 단점이 있다.

① 변류기(CT)

일반적인 트랜스형의 구조와 대전류나 고압용으로 사용할 수 있는 1차 도선을 관통하는 형의 구조가 있다. 상용 주파수 범위의 계기용 변류기는 KS 규격에 규정되어 있고, 1차 전류가 0.1~20,000A, 2차 전류가 0.1, 0.5A 중의 한 가지이며 사용 전압은 500kV까지 있다. 이 밖에 누설 차단기에 내장되어 있는 영상 변류기와 같이 수 mA의 미소 전류를 검출하는 것이나 각종 전기 기기에 대한 상용 전원의 전류 검출로서 이와 같은 변류기가 널리 쓰인다. 여기서, 변류기를 사용할 때에 2차 권선을 개방하면 높은 전압이 2차 권선에 발생하거나 또는 1차 권선에 측정 전압의 대부분이 인가되는 경우가 있으므로 주의해야 한다.

② 클램프형

구조가 비교적 간단하기 때문에 수 mA~수천 A까지 교류 센서로서 많이 사용되고 있으며 용도에 따라 여러 가지 형태가 있다. 용도로 보았을 때 고주파까지 요구되므로 자기 재료에는 페라이트 코어가 사용되며, 측정 레벨이 낮기 때문에 자기 차폐 구조로 만들어진다. 클램프식 전류 센서의 특유한 특성으로 누설 자속에 따른 피측정 도선 위치의 영향이 큰 것도 있어 정밀도를 요구하는 경우 주의가 필요하다.

5 회전수의 계측

회전체의 회전 속도, 즉 단위 시간 내의 회전수를 측정할 목적으로 사용되는 것이 회전계이다. 단위로는 일반적으로 1분당의 회전수 rpm이 많이 사용된다. 종래부터 공업 계측에서는 발전기를 검출기로 한 아날로그 방식의 회전체가 널리 사용되고 있었지만, 정밀 계측에 있어서는 주파수 출력형 검출기를 사용한 디지털 계수식 회전체가 사용되고 있다.

【1】 펄스 출력형 검출기

회전체의 회전수에 비례한 전기 펄스 수, 즉 주파수의 신호를 인출하는 검출기이다. 그 대표적인 검출 방식으로 전자식과 광전식이 있다.

① 전자식(電磁式) 검출법

자속 밀도의 변화를 이용하여 펄스 모양의 전압 신호를 인출하는 것이다.

자성체인 기어 모양의 원판의 회전에 따라서 철심과 기어의 치면 사이의 자기 저항이 주기적으로 변화하므로 잇수에 비례한 펄스 모양의 전압 신호가 검출 코일에 발생한다. 정지에 가까운 저속에서는 출력 전압이 감소되므로 저속 회전의 검출은 할 수 없지만 내구성이 우수하고 전원이 필요 없는 등의 특징이 있다.

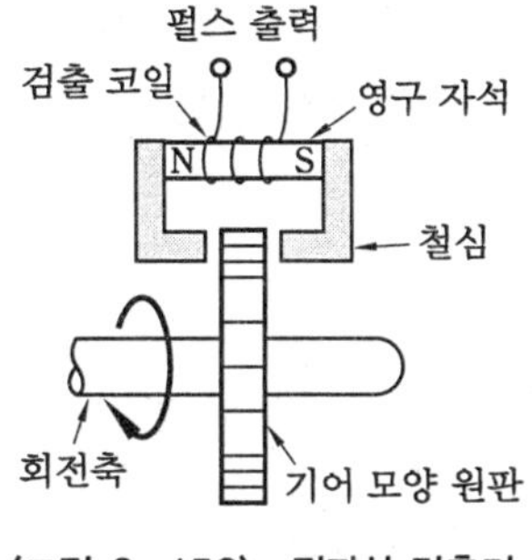

〈그림 2-159〉 전자식 검출기

② 광전식 검출법

광원과 포토트랜지스터 등의 광전 변환 소자를 사용하여 회전수를 펄스 수로 변환시키는 방법이다. 빛의 검출 방법에는 투사형과 반사형이 있다.

투사형은 〈그림 2-160〉의 (a)와 같이 회전축에 설치한 슬릿 원판을 광원과 수광기 사이에 회전시키고 슬릿의 수에 비례한 펄스 수의 신호를 인출하는 것이다. 슬릿 수를 증가시키면 높은 분해능을 검출할 수 있는 특징이 있다.

또한 반사형은 〈그림 2-160〉의 (b)와 같이 회전축의 표면에의 반사율이 다른 마크를 붙여 그 마크에 의해 단속된 반사광을 수광기로 받아 펄스 수의 신호를 인출하는 것이다.

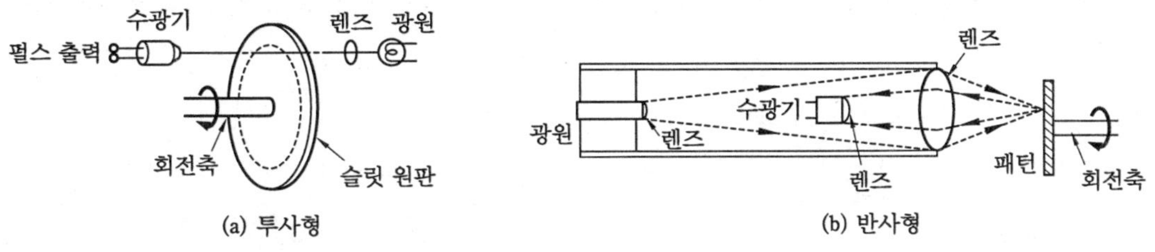

〈그림 2-160〉 광전식 검출기

광전 검출 소자로서 광원에는 발광 다이오드나 통상의 램프가 사용되며, 수광 소자에는 포토트랜지스터 등이 사용된다. 광전 검출법은 측정축에 비접촉으로 회전수를 검출할 수 있으므로 고속 회전수의 검출에 사용된다. 반사형은 회전축에 부하를 두지 않으므로 작은 토크의 회전체 측정에도 적용된다.

[2] 디지털 계수식 회전계

디지털 계수식의 회전수 측정 방식에는 다음과 같은 두 가지 방법이 있다.

① 펄스 수(주파수) 계수 방식

이 방식은 펄스 신호를 일정 시간 직접 계수하여 이 시간 내의 평균 회전수를 구하는 방법으로서 구성은 〈그림 2-161〉과 같다.

　회전체에서 인출된 회전수에 비례한 펄스 상태 신호는 파형 정형 회로에서 펄스열 신호로 되어 게이트에 유도된다. 한편 안정된 수정 발진기에서 분주되어 얻어진 정확한 시간 폭의 게이트 제어 신호에 의해서 일정 시간 게이트 회로가 열려 이 사이에 게이트를 통한 입력 펄스 수가 계수 회로에서 계수되어 수치 표시기에 표시된다.

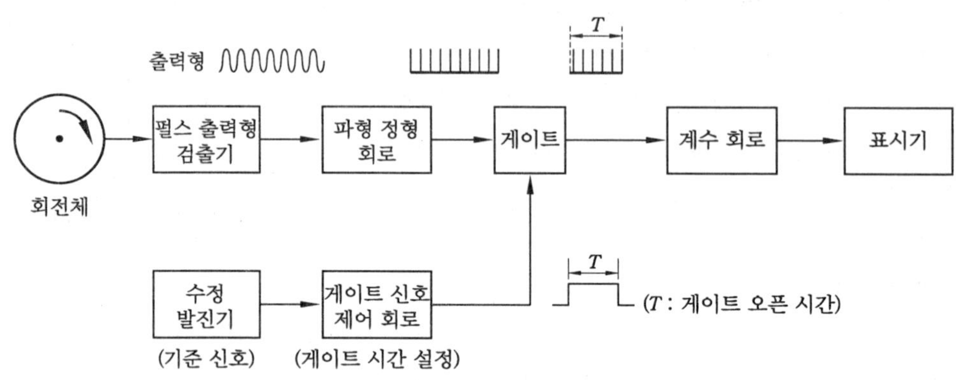

〈그림 2-161〉 펄스식 계수 회로 구성

② 회전 주기 측정 방식

　회전체의 회전 주기를 측정하여 그 역수로 회전수를 구하는 방법이다. 회전체에 회귀성(回歸性) 반사 테이프(테이프 표면에 구면 렌즈를 나열한 것으로 투사광이 테이프 면에 수직이 아니더라도 광원 방향으로 빛을 반사한다.)를 붙이고 초점 조정이 용이한 적색 가시광의 발광 다이오드를 광원으로 이용하여 그 반사광을 포토트랜지스터로 검출하여 펄스 신호로 변환시킨다.

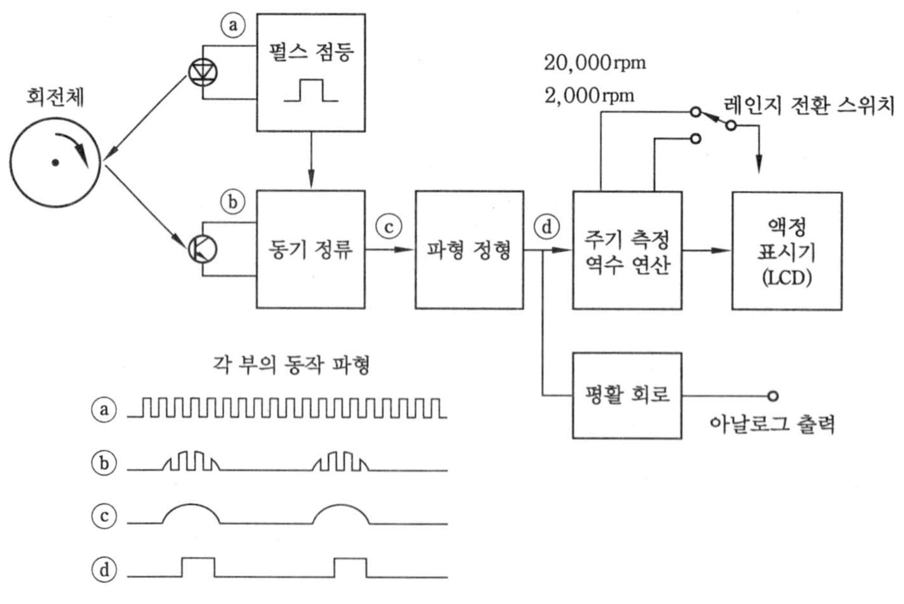

〈그림 2-162〉 광전식 회전계의 기능 구성

〈그림 2-162〉의 동작 파형에서 발광 다이오드를 펄스 점등으로 하여 S/N비가 좋은 펄스 신호를 얻기 위해 수광 측에서 동기 정류를 행하여 회전 펄스를 얻고 있다. 이 회전 펄스의 주기를 측정하여 그 역수 연산으로 회전을 구한다. 따라서 저속 회전의 측정에도 응답이 빠르고 높은 분해능(0.1rpm)의 측정이 가능하다.

6 두께의 계측

【1】 자기적 방법

포화형 두께 계는 영구 자석을 철판 위에 밀착시킬 때 생기는 자속의 변화를 측정함으로써 철판 두께를 측정하는 방법이다. 자석 끝면에 접한 철판으로 자속을 나누면 철편 C에 미치는 자석의 힘이 다르게 되는데 평형이 이루어질 때까지 바늘이 움직인다. 자석의 자화력이 크고 틈이 조금 있더라도 철판이 포화되면 지시에는 영향이 없다. 두께 12mm 정도까지의 철판을 측정하는데 두께가 커지면 자석의 무게도 커지게 되는 결점이 있다.

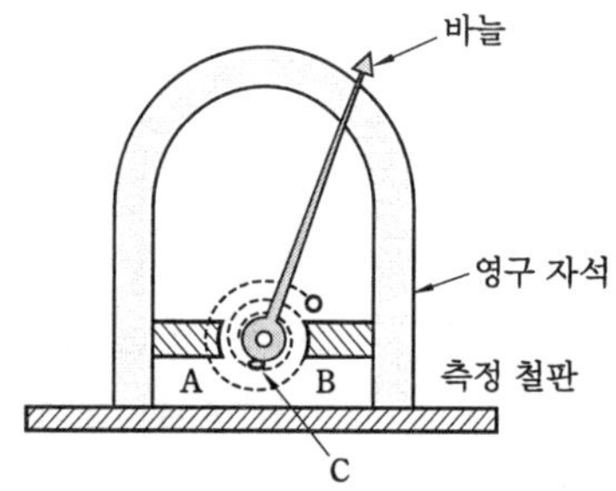

〈그림 2-163〉 포화형 두께 계

【2】 방사선을 이용한 방법

방사선을 이용한 각종 양의 계측은 시료 채취를 할 필요가 없이 비파괴 측정 및 연속 측정이 가능하고 각종 자동 제어에 적합한 특징이 있다.

일반적으로 방사선을 공업 계측에 이용할 때는 다음과 같이 방사성 동위 원소를 추적자로 이용하는 경우와 방사선 원소로 이용하는 경우 등 두 가지로 대별된다.

① 추적자 이용

방사성 동위 원소는 안정한 동종의 원소이면 전부 동일한 화학적 성질을 가지고 있으며, 미량일지라도 방사선에 의한 검출이 가능하므로 어떤 물질 중에 방사성 동위 원소를 혼합해 두고 이 방사능을 검출기로 추적하면 그 물질의 행적을 조사할 수 있다. 이와 같이 사용되고 있는 방사성 동위 원소를 추적자(tracer)라고 하는데 공업적으로 많이 이용되고 있다.

② 방사선원 이용

방사선은 물질을 투과하는 작용이 있지만 투과할 때 그 물질의 두께에 따라 흡수한다. 이 흡수된 상태를 조사하여 물질의 두께를 측정하거나 제품의 비파괴 검사를 할 수 있다.

〈그림 2-164〉와 같은 투과 두께 계에서는 강도 I_0인 입사 γ선이 두께 t인 물질을 투과하여 강도 I로 되었다면 다음과 같은 관계가 성립한다.

$$I = I_0 e^{-\mu t}$$

여기서, μ는 흡수 계수이며 γ선의 에너지가 높을수록 대개 작고 같은 에너지에서는 물질이 무거울수록 커지며 β선의 경우에도 근사적으로 성립한다.

식에서 흡수 계수 μ를 이미 알고 있을 때는 I와 I_0의 비를 측정하면 두께 t를 계산할 수 있으므로 물질의 투과 두께 측정과 액조의 액면계 등에 이용할 수 있다.

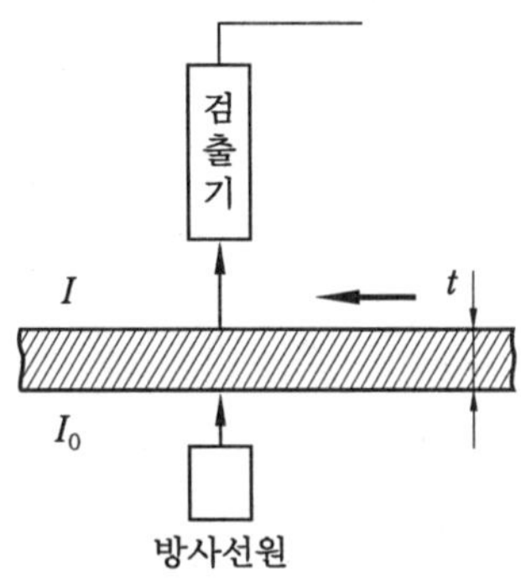

〈그림 2-164〉 투과 두께 계

방사선 원소는 측정 물질의 두께에 따라 적당한 것을 선택해야 한다. 일반적으로 얇은 것에는 β선, 두꺼운 것에는 γ선이 적당하다.

β선의 두께 계에는 인공 방사선 동위 원소가 사용되고 〈표 2-34〉는 그 일부와 측정 범위를 나타낸 것이며, 〈표 2-35〉는 γ선원과 철판 두께의 측정 범위를 나타낸 것이다. γ선 두께 계도 β선 두께 계와 마찬가지로 투과형 이외에 반사형도 있다.

〈표 2-34〉 β선원과 두께의 측정 범위

방사선 동위 원소	반감기	투과형 두께 계	반사형 두께 계
탈륨(^{204}Tl)	3.0년	0.014~0.15mm	0~0.06mm
스트론튬(^{90}Sr)	20년	0.07~0.65mm	0~0.25mm
세륨(^{133}Ce)	280일	0.14~1.2mm	0~0.04mm

〈표 2-35〉 γ선원과 두께의 측정 범위

방사선 동위 원소	반감기	투과형 두께 계	반사형 두께 계
세슘(^{133}Cs)	33년	3~90mm	0~15mm
코발트(^{60}Co)	5.3년	3~80mm	0~20mm

[3] 초음파에 의한 방법

〈그림 2-165〉의 (a)와 같이 연속적으로 초음파 주파수를 변화할 수 있는 발진기의 출력을 수정 진동자 등의 접촉자로 피측정물 내에 보낸다. 피측정물 내의 초음파 파장 λ의 $\frac{1}{2}$ 정수(n)배와 피측정물의 두께 t가 같아질 때$\left(t=\dfrac{n\lambda}{2}\right)$ 정상파가 되고 그림 (b)와 같이 공진하며 이때 발진관의 양극 전류 I_p는 증가하여 그림 (c)와 같이 된다.

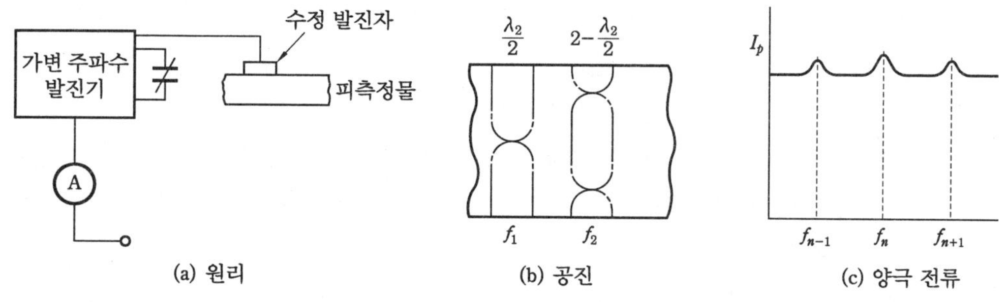

〈그림 2-165〉 초음파 두께 계

피측정물 내 초음파의 주파수를 f_n, f_{n+1}, 속도를 c라고 하면 피측정물의 두께 t는 다음 식과 같다.

$$t = \frac{n\lambda}{2} = \frac{n}{2} \cdot \frac{c}{f_n}, \qquad f_n = \frac{nc}{2t}, \qquad f_{n+1} = \frac{(n+1)c}{2t}$$

$$f_{n+1} - f_n = \frac{c}{2t}$$

$$t = \frac{c}{2(f_{n+1} - f_n)}$$

즉, 서로 인접하는 주파수의 차로부터 피측정물의 두께가 구해진다.

두께 3~30mm의 강판에는 주파수 1.4~3.0MHz가 사용된다. 초음파 두께 계는 이 원리에 의해 만들어지며, 종류로는 공진 전류를 전류계에서 읽는 것, 브라운관으로 보는 것, 발진기의 주파수 변조에 의하여 수화기로 듣는 것 등이 있다.

또 t가 매우 큰 경우 초음파의 왕복 시간 $t' = \dfrac{2t}{c}$ 이므로 초음파의 펄스를 1~5kHz의 주기로 피측정물 내에 보내고 반사파의 돌아오는 시간을 측정함으로써 수심 등의 아주 긴 길이의 측정이 가능하다.

〈표 2-36〉 물질 내의 음속

물질	공기	물	황동	강	알루미늄
$c\,[\text{m/s} \times 10^3]$	0.33	1.50	4.63	5.88	6.35

7 광전 센서

【1】 광전 센서의 종류

① 구성 형태에 의한 분류

- 앰프 내장형 광전 센서 : 제어부가 투·수광부와 일체가 되어 하나의 케이스에 내장되어 있으며 직류 전원을 접속하여 직류 출력을 얻는 것으로, 성능면과 종류의 다양성 등에서 널리 사용되는 형이다.

- 앰프 분리형 광전 센서 : 투·수광부만을 동일 케이스에 내장하여 제어부와 전원부를 분리
시킨 구조이다. 투·수광부는 광원, 수광 소자, 광학계만으로 구성되어 있으므로 크기가
소형화되어 좁은 공간에서도 설치 가능하다.
- 전원 내장형 광전 센서 : 투광부, 수광부, 제어부와 전원부를 동일 케이스 내에 내장하여
부피가 커서 불편하지만 사용하기가 쉬우며 정밀한 검출이 필요 없는 경우에 적합하다.

② 검출 방법에 의한 분류

- 투과형 광전 센서 : 투광기와 수광기를 서로 마주보게 설
치하여 이 사이를 통과하는 물체에 따라 빛의 차단 또는
감쇠를 검출하여 출력하는 센서이다. 부착할 때는 투광기
와 수광기의 광축을 일치(광축 조정)시켜야 한다. 설정 거
리(수 mm~수 100m)는 여러 가지이며 각 사양란에 표시
되어 있으므로 그 표시값 이하의 거리에서 사용해야 한
다. ㄷ자 투과형은 〈그림 2-167〉의 (b)와 같이 광원과
수광 소자가 한 케이스에 내장되어 있다.

〈그림 2-166〉 투과형 광전 센서

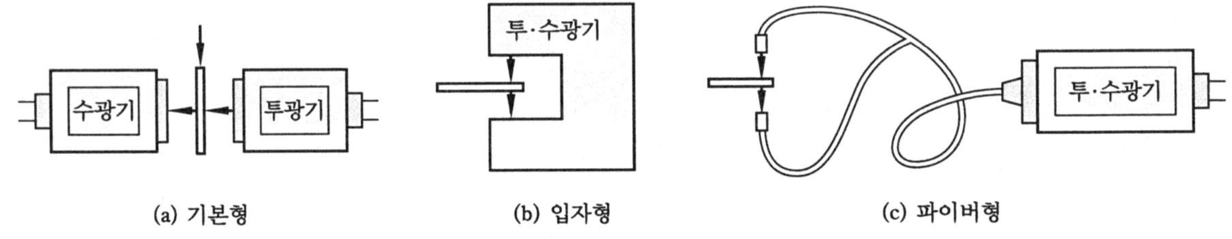

〈그림 2-167〉 투과형 광전 센서

- 거울 반사형 광전 센서 : 거울 반사형 광전 센서는 투·수광기와 반사 거울 간을 대상 물체
가 통과되는 것을 검출하는 것으로 대상 물체의 진동, 광축을 조정할 때에 다소의 광축(光
軸) 차이가 있어도 안정되게 작동한다.

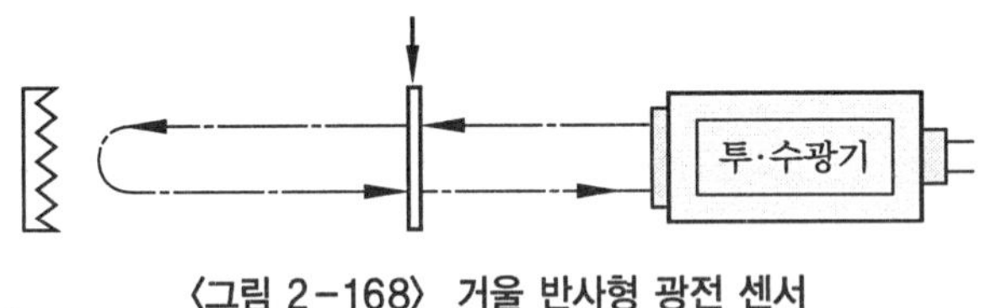

〈그림 2-168〉 거울 반사형 광전 센서

- 직접 반사형 광전 센서 : 직접 반사형 광전 센서는 투·수광부가 일체로 되어 있어 투광부에
서 방사된 빛이 대상 물체에 닿으면 그 반사광을 직접 수광부로 받아서 검출한다. 따라서
투과형과 거울(mirror) 반사형 같이 미리 일정한 간격으로 빛을 결합시켜 놓고 그 사이에
생기는 빛의 변화를 검지하는 것과는 기본적으로 다르다. 가장 큰 특징은 "한 방향에서의
검출이 가능하다."는 점으로 한정 반사형과 색 감지 센서(color mark sensor) 등에도 이 특

징을 효과적으로 나타내고 있다. 또 최근의 직접 반사형 광전 센서는 설정 거리를 대단히 길게 잡을 수 있는 형도 개발되어 7m 설정이 가능한 것까지 실용화되고 있다.

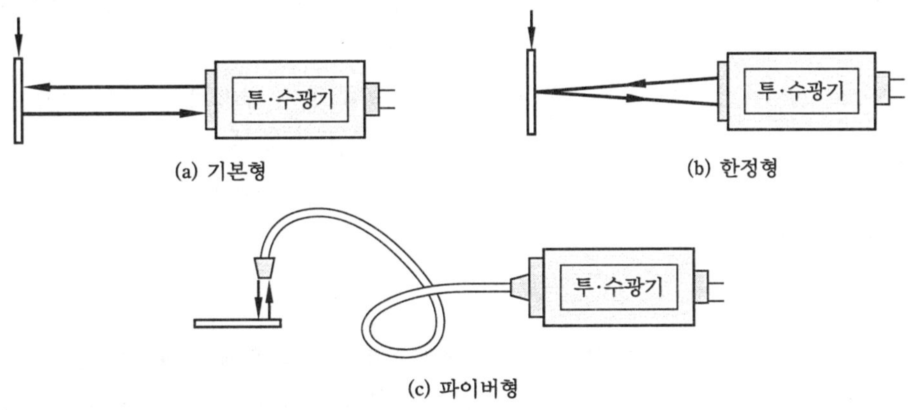

〈그림 2-169〉 직접 반사형 광전 센서

- **복사광형 광전 센서** : 복사광형 광전 센서는 적열 물체에서 방사되는 적외선을 직접 수광기로 검지하여 물체의 통과 검출과 위치 검출을 하는 것으로 투광기는 없고 수광기만으로 구성되어 있다. HMD(hot metal detector)라 부르기도 한다. 주로 제철소, 중공업 현장 등과 같이 열, 물, 먼지 따위가 많은 열악한 환경의 사용 조건에서도 충분히 견딜 수 있도록 설계되어 있다.

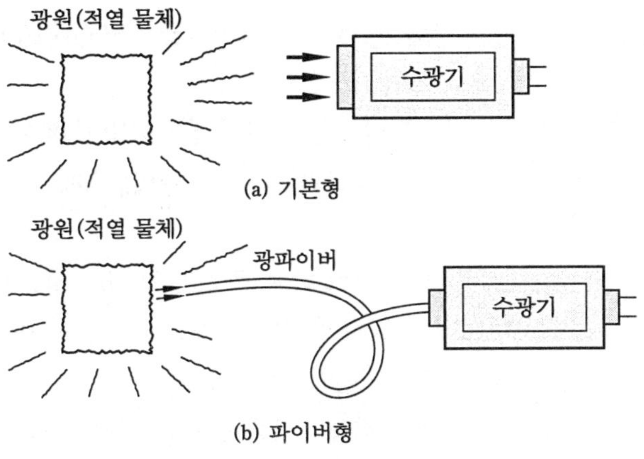

〈그림 2-170〉 복사광형 광전 센서

[2] 광전 센서의 용도

① **통과 검출 계수** : 합판, 금속판 검출, 자동 개찰기의 통과 검출, 종이·천의 통과 검출, 모터의 회전수 검출, 출입자 계수, 상자 입고 제품의 계수, 지폐 검출, 나사산의 유무 검출
② **정 치수, 위치 결정** : 판자·종이 따위의 일정 치수 절단, 기어의 정위치 정지, 자동차 세차기의 위치 결정, 자동 창고의 위치 결정, 무인 운반차의 이동 위치 결정, 도장용 로봇의

위치 결정

③ **안정 · 경보** : 프레스의 안전용, 크레인의 충돌 방지, 공장, 산업 기지, 주택 등의 방범용, 차량의 높이 제한, 승강기의 승강자 확인, 산업용 로봇의 주변 안전용, 점화 장치의 불꽃 확인

④ **레벨 검출** : 분기관의 레벨 검출, 탱크 내의 원료 레벨 제어, 판자 쌓기 높이 제한

⑤ **표시 검출** : 포장기의 등록 마크 검출, 컨베이어 상의 물체 표시 검출

⑥ **식별 · 분류** : 컨베이어 상의 상자 표시 검출에 의한 배분, 필름 따위의 투명체 이음새 검출, 액체의 농도 검출

【3】 특 징

- 비접촉으로 검출할 수 있다 : 광전 센서는 검출하고자 하는 물체에 대해 비접촉으로 검출할 수 있기 때문에 리밋 스위치 등의 접촉 스위치에 비해 물체에 손상을 주지 않으며 물체로부터의 영향(온도, 자기)을 받지 않는다.

- 모든 물체가 검출 대상이 된다 : 물체의 표면 반사, 투과광 등 빛의 변화로 검출하므로 인간의 눈으로 식별이 곤란한 물체(투명 유리, 금속, 액체, 기체)를 검출할 수 있으며, 검출 물체 크기에 제한이 없다.

- 검출 거리가 길다 : 투과형에서는 10mm 정도에서 수백 m까지 검출 거리를 설정할 수 있으며, 반사형도 10mm 정도에서 물체의 검지가 가능하다.

- 응답 속도가 빠르다 : 광 자체의 전달 속도가 대단히 빠르고 광전 센서 내에 기계적 작동 부분이 없어서 응답 속도가 대단히 빠르다. 빛으로 레이저를 사용한 경우에는 고속형에서 $5\mu s$의 응답 속도까지 가능하다.

- 분해능이 높은 검출이 가능하다 : 빛은 직선성이 뛰어나고 파장이 짧기 때문에 분해능이 높고 인간의 눈으로 분별하기 어려운 미소 물체, 대 · 소 판별, 두께, 위치 등 고정밀도의 검출이 가능하다.

- 검출 거리의 조정이 용이하다 : 빛을 매체로 하는 광전자 센서는 렌즈나 반유리 등의 광학계와 슬릿, 차광판 등으로 비교적 간단하게 집광 · 확산 · 굴절이 가능하며, 대상 물체나 사용 환경에 따른 최적한 검출 거리를 설정할 수 있다.

- 자기나 진동의 영향을 받지 않아 수명이 길다 : 다른 검출용 센서는 일반적으로 주위 환경의 영향을 많이 받지만 광전자 센서는 본질적으로 주위 환경의 영향이 적어 안정된 동작이 얻어진다. 또한 비접촉식이기 때문에 수명이 길며, 특히 광원에 발광 다이오드를 사용하는 경우 수명은 반영구적이다.

- 색 판별과 농도를 검출할 수 있다 : 다른 검출용 센서와 구별되는 특징으로 색은 특정한 파장에 대해 흡수 작용이 있어 눈으로 색을 식별할 수 있다. 다른 검출용 센서와 구별되는 특징으로 광전자 센서는 수광하는 빛의 변화에 따라 색 판별 및 농도 검출을 할 수 있다.

- 빛을 굴절하여 검출할 수 있다 : 광 파이버식 광전자 센서는 유연성이 있는 광섬유를 사용

하므로 차폐물에 관계없는 빛을 굴절시켜 검출 위치로 이끌 수 있어 협소한 장소나 번잡한 장소에서도 검출이 가능하다.

• 렌즈를 사용한 광전자 센서는 기름 또는 오염된 먼지 등에 의해 렌즈 표면이 흐려져서 시야가 좁아지는 현상이 있으며, 강한 외광에 의해 오동작하는 경우도 있다.

8 결함 · 이물(異物) 검출용 센서

〈표 2-37〉 센서의 종류와 적용 분야, 검출 대상

명 칭	검출할 수 있는 것	응용 범위
금속 이물 검출 장치	비금속 물체 안에 혼입한 금속 조각	식품 안에 금속 조각 혼입
중량 검출 장치	물체의 중량	내용물의 과부족, 이물 또는 이형의 혼입
표면 상처 검출 장치	평활한 금속 표면의 상처	압연기, 도금
라인 센서	밝거나 어두운 부분의 폭	압연기, 재단기, 충전기
	일정한 위치에 놓인 물체의 누락	정제 결정 검출
광전 센서	차광 또는 반사되는 물체의 유광	일반 공업 제품의 부품, 소재
유도형 근접 센서	금속 물체의 유무	일반 공업 제품의 부품, 소재
정전 용량형 근접 센서	금속 또는 비금속 물체의 유무	식품, 약품의 포장

【1】 금속 이물 검출 장치

금속 이물 검출 장치는 〈그림 2-171〉과 같은 형태이며, 문(門)형으로 된 검출기 안을 통과한다.

검출기는 일정한 강도로 된 자계 안에 놓여 있는 코일이며, 만약 피검사 물체 내부에 금속으로 만든 이물이 혼입되어 있으면 자계가 산란되므로 코일 안에 유도 전압이 발생한다. 이 유도 전압을 증폭 검출한다.

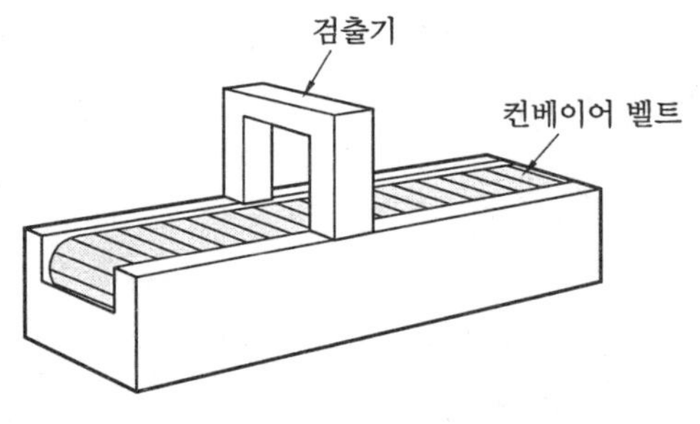

〈그림 2-171〉 금속 이물 검출 장치

【2】 라인 센서

투명 플라스틱 시트(sheet)에 포장된 정제나 캡슐이 누락된 것을 검출한다. 원리적으로는 정제가 존재하는 위치에 광전 센서를 배열하면 검사가 가능하며 소규모로 된 검사 장치는 이와 같은 구성을 하고 있다. 대규모로 된 것이나 정제의 피치가 다른 것에도 사용하게 되면 광전 센서를 일정한 피치로 배열한 것은 상태가 나쁘므로 라인 센서를 사용한다. 라인 센서는 IC와 동일한 외관으로 된 검출기이다. 그 중에는 많은(512~2,048) 광검출 소자가 직선으로 배열되어 있으며 렌즈에 의하여 투영된 상을 광검출 소자의 수로 분할한다. 라인 센서에서 보고 있는 부분은 직선상의 시야이다.

라인 센서의 광검출 소자는 극히 정확한 피치로 배열되어 있으며, 센서에서 피검출 물체까지 거리가 변하지 않으면 치수 측정 정밀도는 상당히 높다. 예를 들면, 20cm의 시야를 2,048 비트의 라인 센서로 본 경우에 광검출 소자의 1피치당 치수는 약 0.1mm에 상당한다. 전후 1 피치의 오차를 예상하면 0.5mm의 차이를 알 수 있다.

〈그림 2-172〉는 라인 센서로 측정할 수 있는 결함이나 이물의 검출 예를 나타낸 것이다. 라인 센서는 피검출체의 위치가 시야 안에 있으면 약간 좌우로 어긋나도 측정값에는 거의 차이가 나지 않는다.

사용상의 주의 사항으로는 우선 광원을 들 수 있다. 라인 센서는 반사형에서 사용하는 것은 곤란하며 투과형에서 사용되는데 넓은 면적을 균일하게 비추기 위하여 형광등 또는 관 모양의 백열등을 사용하며, 또한 그 앞면에 불투명한 유리나 유백색 수지판을 놓고 빛을 확산시킨다. 형광등을 사용하는 경우에 상용 전원에서 어른거리는 것이 나쁜 영향을 주며 고주파 점등이 유리하다.

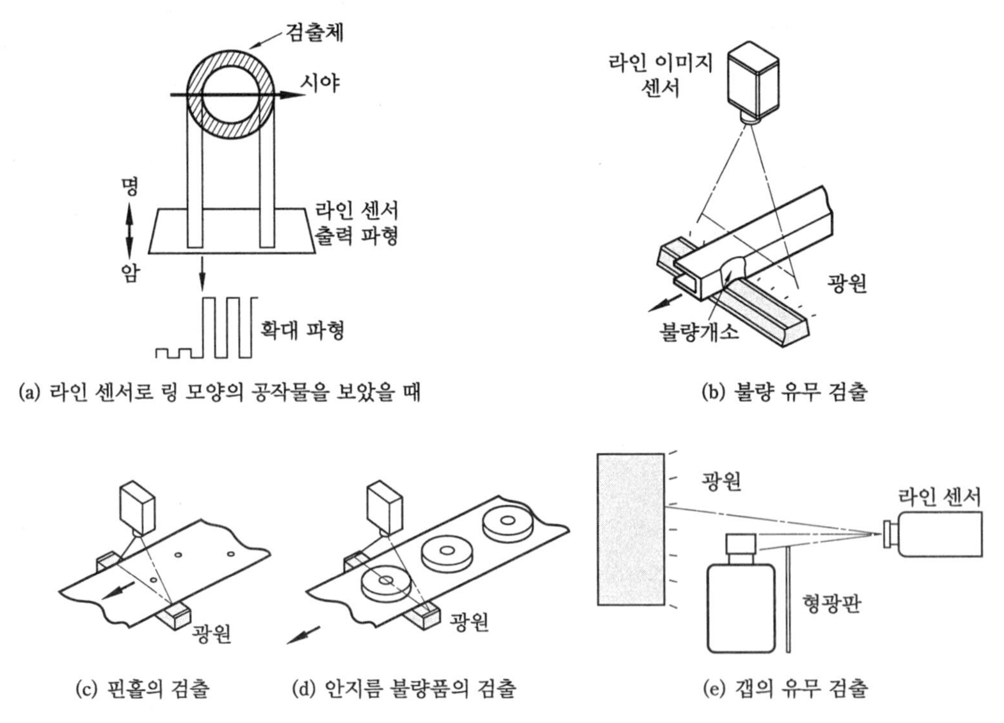

(a) 라인 센서로 링 모양의 공작물을 보았을 때

(b) 불량 유무 검출

(c) 핀홀의 검출

(d) 안지름 불량품의 검출

(e) 갭의 유무 검출

〈그림 2-172〉 라인 센서의 응용 예

또 피측정 물체에서부터 라인 센서까지의 거리가 짧으면 시야가 커져서 여러 가지 오차가 발생하기 쉽다. 렌즈까지의 거리가 멀어지면 시야각이 작아지고 오차가 발생하기 어려우므로 초점 거리가 긴 렌즈을 사용하여 떨어진 장소에서 측정하는 것이 좋다. 단, 멀리 떨어지면 광원의 광량이 커야 하며 진동에 약하게 되므로 주의해야 한다.

[3] 광 센서

광 센서는 인간의 5감에서 '시각'에 해당하며 〈표 2-38〉과 같이 분류된다. 이러한 광 센서는 인간의 시각 기능으로 검출할 수 없는 자외선이나 적외선도 감지 또는 검지가 가능하다.

따라서 광 센서는 자외선에서 적외선까지의 광선을 감지 또는 검지하는 것으로서 종류가 대단히 많다.

〈표 2-38〉 광 센서의 분류

기본 기능	물리 효과	동작 원리	센서의 재료
광→전기	광 기전력 효과	광에 의하여 기전력이 발생	포토다이오드라 불리는 Si, Ce, CdTe
광→전기	광 전도 효과	광에 의하여 전기 저항값이 변화	광 도전 셀의 CdS, 적외선 센서에 사용되는 Hg, CdTe 등
적외광(열선)→전기	초전 효과	적외광(열선)에 의하여 기전력이 발생	수정, 로셀염, TGS 등
광→전자 방사	광 전자 방사 효과	광에 의하여 2차 전자가 방사	광전관 등의 전극 재료에 사용되는 것
적외광(열선)→기계	열전 효과(제베크 효과 등)	적외광(열선)에 의하여 전기 저항값의 변화 또는 기전력의 발생을 이용하는 것	볼로미터에 사용되는 Ni, Si, Sb 등의 증착막, 또는 서보 파일에 사용되는 열전대의 재료
적외광(열선)→기계	열 변형 효과	적외광(열선)에 의하여 가요막의 변형량을 광학적으로 측정	Golay 셀
원적외광→전기	조셉슨 효과	원적외선에 의하여 전류·전압의 특성이 변화	Nb 등의 초전도 재료

〈표 2-39〉는 광 센서의 변환 원리를 나타낸 것이다.

〈표 2-39〉 광 센서의 변환 원리

계측량	변환 원리·검출 기구	재료·부품	검출량
온도	열팽창 변형에 의한 광로의 쬠, 편향, 차단	바이메탈 수은주, 광지레 등과 광파이버대	광 강도, 광 유무
	열응력 복굴절	투시 등방 탄성체	편광, 색
	복굴절, 굴절률, 투과율의 온도 변화	1축 결정, 유리	편광, 간섭 강도
	형광 발광의 온도 의존성	형광체	발광 강도, 발광 시간 상수

힘, 압력	응력 복굴절	투명 등방 탄성체	광 강도
	광파이버 코어 응력 복굴절	광파이버 가변형 디바이스	광 강도
유량	빛의 회전 단속	터빈식 광 초퍼	펄스광 주파수
	와진동에 의한 광변조	카르만 와진동계	변조광 주파수
	광 도플러 효과, 비트 검출	간섭계	광 비트 주파수
도방사	형광 신틸레이션	형광 파이버, 신틸레이터	발광 펄스 계수
	방사선 손상 광 흡수	Ge 첨가 광파이버	광 강도(누적 흡수)
회전각	새그낙 효과	링 레이저 간섭계	간섭 무늬
	광 인코더	코드판	코드 신호광
속도	스트라이프형 반사체의 광점 주사	스트라이브 반사체	광 펄스 수/단위 시간
액위	광 빔 차단·흡수	발·수광대, 어레이	광 유무, 광 강도
	액침(液侵) 누광	U자 광파이버 코너 큐브	광 강도(2차)
농도	포토 루미네센스	여기 광원	광 강도
	액체 굴절률, 흡수	광빔계	편광, 광 감도
습도	흡습 신축제	광지레	편광
	결로 산란	경면	광 강도
탁도, 진농도	자외/가시광 빔의 산란율	광 빔계	산랑광 강도
진동, 소음	진동체 광변조	공진자	변조주기
	광파이버 응력 복굴절	광파이버, 간섭계	광비트 주파수
자계(전류)	자기 선광(페러데이 효과)	상자성/반자성 유리	편광(광 강도)
	자기 복굴절(코턴·무튼 효과)	투명체	편광
	자변형막 구동 광파이버 복굴절 효과	자변형막 코드 광파이버	모드 변화, 광 강도
전계(전압)	전계 유기 복굴절(포켈스 효과)	투명 유전체 결정	편광(광 강도)
	전계 유기광 흡수(프란츠·켈디시 효과)	GaAs	광 강도

〈그림 2-173〉은 전자파와 광의 파장 관계를 나타낸 것이다. 광 센서는 광전 효과에 따라 광전자 방출 효과, 광도전 효과, 광기전 효과, 초전 효과 등으로 분류된다.

〈그림 2-174〉는 광 센서의 파장 범위를 나타낸다. 〈표 2-40〉은 광전자 방출 효과를 이용한 광전관 및 광전자 증배관의 구조, 재질, 동작 원리를 나타낸 것이다.

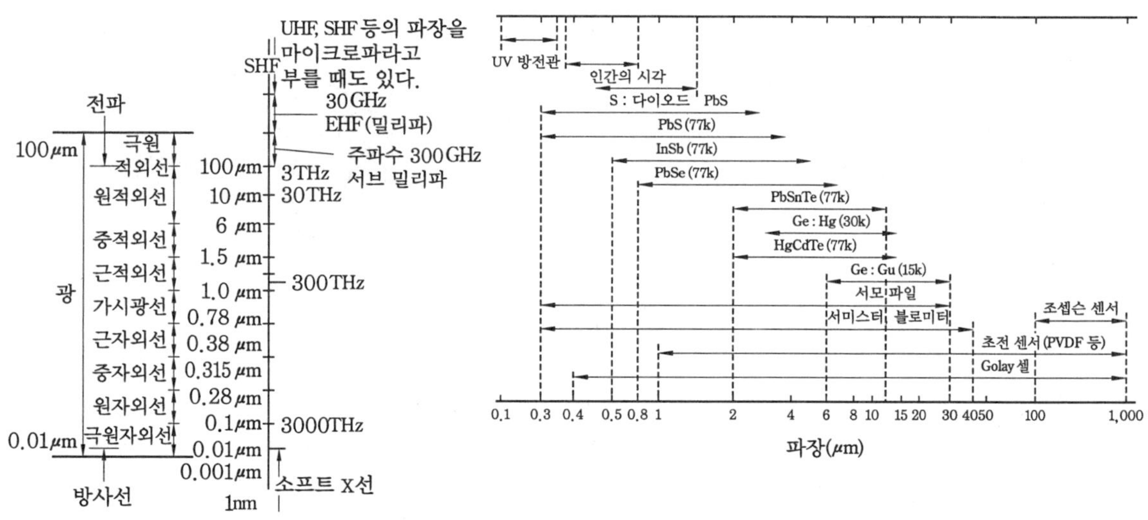

〈그림 2-173〉 전자파와 광의 관계
〈그림 2-174〉 광 센서의 사용 파장 범위

〈표 2-40〉 광전자 및 광전자 증배관의 구조, 지질 및 동작 원리

구 조	재 질	동작 원리
(a) 광전관의 구조 — 광전 음극, 창, 광, 광전 양극 1~10 다이오드 헤드온형 관 — 반투명 광전 음극, 양극, 광 (b) 광전자 증배관 — 측면창형 관, 집속 격자, 양극, 광, 광전 음극	• 창 – 붕규산 유리 – UV 유리 – 석영 유리 등 • 광전 음극 – Ag-O-Cs – Sb-Cs – Ag-Bi-O-Cs – Cs-Te – 바이 알칼리 – 멀티 알칼리 – CaAs(Cs) • 애노드 – Sb-Cs – Ag-Mg 의 합금	광이 유리 밸브 창에 입사하고 밸브 내벽에 도포된 광전면에 닿으면 광전자를 방출한다. 광전 음극에는 전자가 방출되기 쉬운 물질이 사용되고 있으며 방출된 광전자는 컬렉터(양극)에 모아진다. 음극과 양극 간에는 직류 전압이 인가된다. 일반적으로 40~100V이다. 광전관에는 진공의 경우와 가스(아르곤, 네온) 봉입이 있다. 광전자 증배관의 경우에는 헤드온형과 측면창형이 있는데 광의 입자 위치가 다르다. 광전관과 마찬가지로 광전면에서 광전자를 방출하나 바로 양극에 모으지 않고 애노드를 여러 개 설치하여 2차 전자를 방출, 10^6~10^7로 증폭한다. 각 애노드에는 양극에 가까워짐에 따라 큰 전압이 인가되도록 배분된 전압이 인가된다.

광전자 방출 효과를 이용하고 있는 광 센서에는 2차 전자 증배기를 내장한 광전자 증배관이 있는 광전 물질에 의해 자외선부터 적외선까지 검지할 수 있는 센서가 있다. 특히 광전자 증배관은 고속 동작으로 큰 출력을 얻을 수 있고 S/N비도 크므로 정밀 계측에 사용되고 있다.

광도전 효과를 이용한 대표적 광 센서에는 CdS 셀을 들 수 있다. 소결형 셀은 싼 값으로 제조할 수 있고 사용이 간단하므로 거의 모든 광 검지 회로에 사용되고 있다.

〈표 2-41〉은 CdS 셀의 구조·재질 및 동작 원리를 나타낸 것이다.

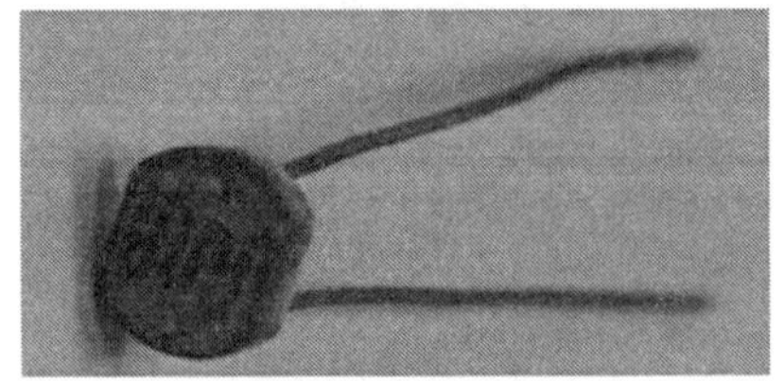

〈그림 2-175〉 CdS

〈표 2-41〉 CdS 셀의 구조·재질 및 동작 원리

구 조	재 질	동작 원리
CdS 감광층 전극　창　전극 CdS 감광층 패키지　리드판　세라믹 기판	감광층 ─ CdS(가시용) ─ CdSe(가시용) ─ PbS(가시용) 전극 ─ In ─ Ag 외기 커버 ─ 금속 ─ 유리 ─ 수지	• 광도전 효과를 이용한 도전 셀은 광의 조사에 의하여 저항을 변화시키는 것이다. • 광 조사 부분을 길게, 그리고 대면적으로 하면 대전류를 취급할 수 있고 저항 변화도 크게 할 수 있으므로 사행(蛇行) 형상으로 만든다. • 양 전극에 전압을 인가하고 광을 조사하면 양 전극 간의 전압이 변화하므로 흐르는 전류값이 변화한다. • 응답은 느리나 감도가 좋고 큰 전류를 취급할 수 있다. 주로 소결형 셀이 사용되고 있다.

사용 목적에 따라 유리 밸브형, 메탈 케이스형 등이 있다. CdS 셀의 분광 감도 특성은 〈그림 2-176〉과 같다. 이 그림에서 분광 감도 특성이 인간의 시감도에 가까운 것을 알 수 있다.

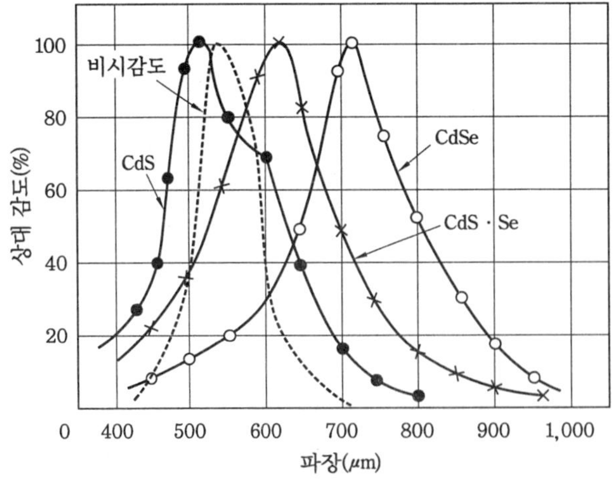

〈그림 2-176〉 CdS 셀 등의 분광 감도 특성비

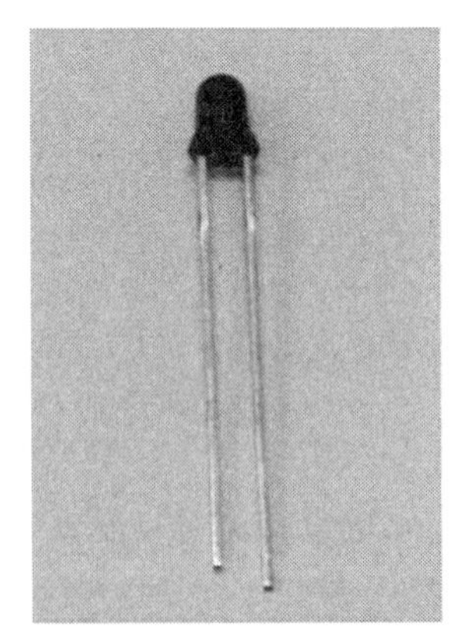

〈그림 2-177〉 트랜지스터

CdS 셀과 CdS의 분광 감도 특성을 비교하면 피크 파장이 적외선 쪽으로 옮겨지고 있으며, 피크 분광 감도 특성이 적외선 쪽으로 옮겨진 것에는 PbS 셀, PbSe 셀 등이 있다. 이러한 셀 들은 적외선 센서로 이용된다.

〈표 2-42〉는 포토다이오드, 포토트랜지스터, 포토사이리스터, 포토커플러의 구조·재질 및 동작 원리를 나타낸 것이다. 여기서, 포토다이오드는 광 센서용과 태양 전지용이 있으며, 반도 체의 PN 접합부에 빛이 닿으면 양단에 전압이 발생하는 광기전력 효과를 이용한 수광 소자로 카드 판독 센서, 연기 센서, 분석 센서 등에 이용되고 있다.

〈표 2-42〉 포토다이오드, 포토트랜지스터, 포토사이리스터, 포토커플러의 구조·재질 및 동작 원리

구 분	구 조	재 질	동작 원리
포토다이오드·태양 전지	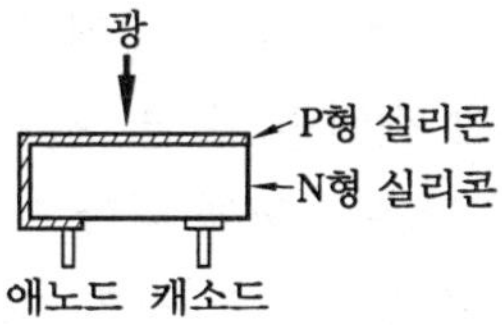 광 / P형 실리콘 / N형 실리콘 / 애노드 캐소드	실리콘(Si) 기판은 N형 상부는 P형 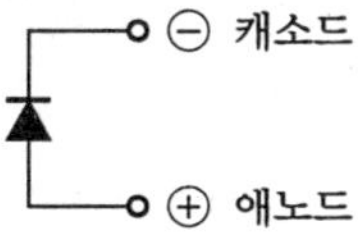 / ⊖ 캐소드 / ⊕ 애노드	• N형 실리콘 기판 상에 P형 실리콘 층이 아주 얇게 형성된 다. 광은 P층을 통과하여 P-N 정크션에서 정공과 전자를 만드는데, 정공은 P층, 전자는 N층에 편향하여 전극을 통하여 나간다. • P층이 얇을수록 단파장 광으로 동작한다. 그러므로 자외 선용에서 근적외선용까지 같은 구조의 것이 만들어진다.
포토트랜지스터	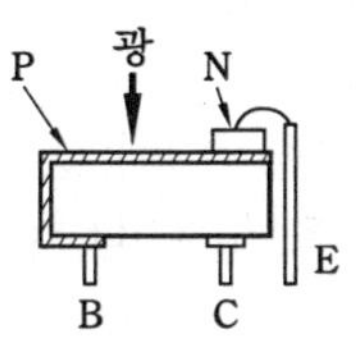 P 광 N / B C / E / (주) 베이스 단자가 없는 것도 있다.	포토다이오드의 심벌 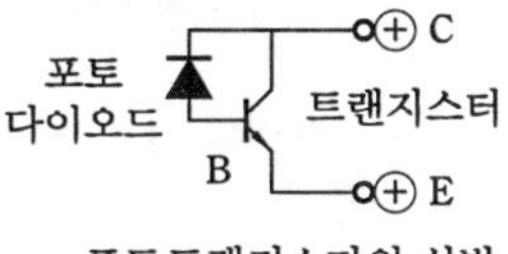 / 포토다이오드 / ⊕ C / 트랜지스터 / B / ⊕ E / 포토트랜지스터의 심벌	• 포토트랜지스터의 경우에는 왼쪽 심벌도로 나타내는 바와 같이 C와 B 간에 포토다이오 드를 삽입하면 C에 대하여 B 가 정전압이 되어 트랜지스터 로서 동작한다. 즉, 포토다이 오드의 전류가 B 전류로 된 다. 또 B에 바이어스 전압을 인가할 수도 있다. • 포토다이오드는 전원 불필요, 포토트랜지스터는 일반적인 트랜지스터와 같다.
포토사이리스터	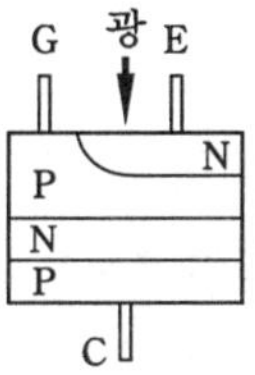 G 광 E / P N / N / P / C	실리콘(Si) 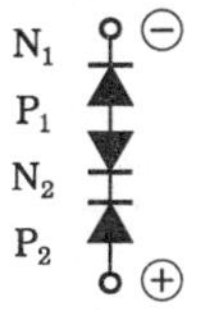 / N_1 ⊖ / P_1 / N_2 / P_2 ⊕ / 심벌	• B와 C의 전극에 순방향 전압 을 인가하면 P_1-N_1 정크션이 역바이어스가 되어 전류는 흐 르지 않는다. 그러나 광 조사 에 의하여 캐리어를 발생시키 면 에버렌셜 효과에 의하여 turn-on 상태가 되어 순방 향 전류가 흐른다. 또 G에 전 압을 인가해 두면 약간의 광 으로 동작시킬 수 있다.

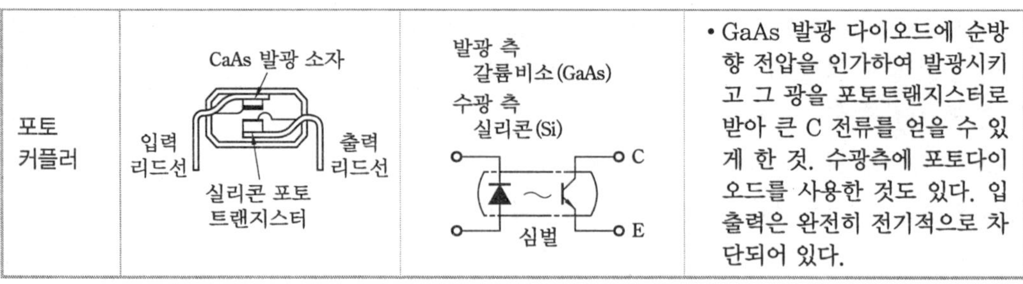

⑨ 습도의 계측

【1】 습도 센서의 종류

전기 신호의 변화에 따른 대표적인 습도 센서 중에서도 용량 변화형과 저항 변화형이 일반적으로 많이 쓰인다. 용량 변화형은 고분자 박막(약 $1\mu m$의 두께)의 흡습, 건조에 따른 유전율의 변화로부터 대기 중의 상대 습도를 구하는 것이다. 따라서 감습 고분자에는 유전율이 2~7인 재료가 사용되고 있다. 온도 특성이 좋은 특징이 있으나 환경 오염에 대해서 취약하다.

저항 변화형은 수분 흡착에 의한 도전성의 변화를 이용한 것이며, 감습 재료로 감습 자기나 고분자 전해질 막을 사용하고 있다. 측정 회로가 간단하며 이온 전도에 의한 저항 변화를 습도 검출의 원리로 측정하기 때문에 온도 변화에 의한 전도도 변화가 크고 정밀 습도 측정에는 온도 보정이 필요하다.

<표 2-43> 습도 센서의 종류

센서의 종류	검지 원리
염화리듐 습도 센서	LiCl의 흡습에 의한 이온 집도 전도
고분자 습도 센서 ① 용량형 ② 저항형	고분자의 흡습에 의한 전기 용량 변화, 고분자나 저분자 전해질의 흡습에 의한 이온 전도
세라믹 습도 센서 ① 가열형 ② 비가열형	수분 흡착에 의한 물 또는 세라믹 구성 이온의 전도(약 500℃의 리프레시 가열)
서미스터 습도 센서	수분 함유 공기의 열전도도 변화
수정진동자 습도 센서	수분 흡착에 의한 공진 주파수의 변화

【2】 특 징

고습도 스위칭 센서는 두 가지 특징이 있다. 하나는 저습도 영역에서는 소자 저항이 높은 저항값으로 일정하게 되며 고습도 영역에서는 갑자기 저항값이 작게 되는 감습 특성이다. 이 특성은 고습도에서 기기의 제어를 목적으로 하여 실현된 것으로 습도 제한기 등의 센서에 적합하다. 다른 특징은 신뢰성이다. 대개 습도 센서는 수분이 있으면 감습 특성이 저하되고, 특히 고분자 습도 센서에서는 물방울이 부착되면 사용이 곤란하다는 단점을 갖고 있다.

① 감습 특성

저항-습도 특성의 그림을 보면 저습도 영역에서 저항값은 일정하지만 고습도 영역에서는 소자 저항값이 습도에 의해 크게 변화한다. 이러한 큰 저항 변화는 흡습에 따른 이온 전도에 의해 생긴다. 소자 저항은 상대 습도 약 75%에서 약 1MΩ이다.

② 응답 특성

상대 습도 60%의 환경에 센서를 설치하고 상대 습도를 갑자기 80%로 변화시켰을때 흡습 과정의 소자 저항 변화와 반대로 탈습 과정의 저항 변화를 각각 비교해 보면, 90% 응답 시간이 흡습 과정에

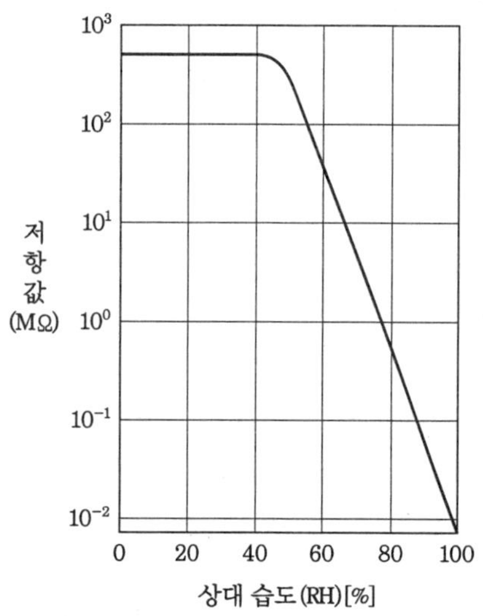

〈그림 2-178〉 저항-습도 특성

서 약 95s, 탈습 과정에서 약 140s로 차이를 보이나 습도 조절계에서는 고속 응답이 필요하지 않으므로 실용상의 문제점은 없다.

⑩ 진동의 계측

【1】 진동 센서의 종류

진동 센서란 기계 내의 진동 에너지에 의해 동작하고 전기계에 에너지를 공급하는 변환기를 의미한다. 변환기에는 일반적인 기계량을 전기적으로 측정하기 위해 많은 종류의 소자를 이용하고 있으며, 주된 것으로 저항선 변형 게이지, 습동 저항, 가변 용량, 가변 인덕턴스, 차동 트랜스, 동전형, 압전형, 광전형, 반도체 변형 게이지 등이 있다. 현재는 압전형 가속도 센서, 동전형 속도 센서, 서보형 가속도 센서, 와전류형 변위 센서 등이 널리 쓰이고 있다.

〈표 2-44〉 진동 센서의 종류

설치 방법	형 식	감진 기구	주파수 범위(Hz)
접촉형	압전형	가속도	1~50,000
	동전형	속 도	2~1,000
	차동 트랜스	변 위	DC~100
	스트레인 게이지	변위 · 가속도	DC~500
	서보형	가속도	DC~400
비접촉형	용량형	변 위	DC~10,000
	전자 광학식		
	와전류형		

【2】 특 징

〈표 2-45〉는 진동 센서의 특징과 용도를 나타낸 것이다. 〈표 2-46〉은 진동 센서를 선정할 때 특히 유의해야 할 사항에 대하여 정리한 것이다.

<표 2-45> 진동 센서의 특징과 용도

구 분		특 징	주용도
동전형 속도 센서	장점	• 검출 강도가 높고 동작이 안정하며 직선 범위가 넓다. • 출력이 비교적 크다. • 내부 저항이 작으므로 긴 케이블을 사용할 수 있다. • 자기 발전형이므로 외부 전원이 필요 없다.	출력 특성이 좋고 사용하기 쉬워 기계 진동, 지반 진동 측정에 가장 많이 사용되고 있다.
	단점	• 저진동 수용에서는 고유 진동수를 낮게 하기 때문에 취급이 미묘하고 중량도 커진다. • 정적인 감도 교정이 되지 않는다.	
압전형 가속도 센서	장점	• 고진동수, 큰 가속도를 측정할 수 있다. • 구조가 간단하고 내진성이 대단히 높다. • 소형 경량이므로 소형기를 제작할 수 있다. • 동작이 안정하고 직선 범위가 넓다. • 외부 전원이 필요 없다.	기계·차량·공해 진동 레벨 등의 측정용으로 이용되며, 특히 고진동수, 큰 가속도 및 충격 가속도 측정에 많이 사용된다.
	단점	• 내부 저항이 높아 특수 증폭기가 필요하다. • 출력이 작아 저진동수의 미소 범위 측정이 곤란하다.	
서보형 가속도 센서	장점	• 0Hz부터 검출이 되고 진동수 범위가 넓다. • 직선성이 좋고 분해능이 높다. • 검출 감도가 대단히 높고 출력 전압이 크다. • 중력 가속도로 ±1G의 정적인 감도 교정이 된다. • 내부 저항이 비교적 작아 긴 케이블을 사용할 수 있다. • 소형 경량이다.	지진 측정, 토목, 건축 건조물, 차량, 교량, 교각, 공해 진동 레벨 등의 측정용, 경사 측정
	단점	• 정밀 구조이므로 취급에 주의해야 한다. • 증폭기가 내장되어 있어 약 80℃ 이상의 사용이 불가능하다. • 외부 전원 다심 케이블이 필요하다.	
와전류형 변위 센서	장점	• 구조가 간단하며 비접촉식으로 측정할 수 있다. • DC 10kHz로 진동수 범위가 넓다. • 절대값의 교정이 마이크로미터로써 정적으로 된다.	고속 회전기의 진동 측정, 회전수 측정, 신장차 측정, 위치 측정, 표면의 요철 검사 계측 측정
	단점	• 진동 물체가 금속만 사용해야 한다. • 진동 물체의 형상, 재질의 변화에 따라 교정이 필요하다. • 전치 증폭기가 검출기에서 3~5m 범위에 있어야 하고, 그 뒤에도 다심 케이블이 필요하다.	

〈표 2-46〉 진동 센서의 선정 시 유의사항

항 목	유의점
형 식	센서 출력이 대응하는 진동의 범위, 즉 변위, 속도, 가속도 출력인가?
설치 방법	나사, 접착제 등에 의한 고정인가 또는 휴대용인가?
성 분	센서가 응답하는 진동이 직선 1성분인가 3성분인가, 동전형 속도 센서에서는 중력에 의한 진자의 수하량에 따라 설치 자세가 결정되는 경우가 많으므로 수직, 수평 등 사용 가능한 방향을 확인한다.
치수 · 중량	측정 대상의 크기에 따라 설치되는가 또는 중량에 따라 대상물의 영향이 없는가?
케이블	사용하는 케이블의 종류, 길이, 실드, 커넥트 등을 확인한다.
보조 장치	필요로 하는 보조 장치의 종류(예 : 와전류 변위 센서의 경우에는 전치 증폭기가 필요하고 압전형 가속도 센서의 경우 충전 증폭기가 필요)를 확인한다.
측정 범위	센서가 측정할 수 있는 범위와 내진 값
감 도	센서의 진동 범위에 대한 단위당의 출력은 얼마인가?
진동수 범위	감도가 균일한 진동수 범위가 측정 대상물의 진동수를 커버하고 있는가?
사용 온도 범위	측정 대상물 및 주위의 온도를 허용하고 있는가?

11 방사선 측정

원자로의 출현에 따라 방사선 동위 원소를 공업 계측에 이용하는 새로운 분야가 급속히 발전되어 산업의 여러 분야에서 이용되고 있다.

방사선 계측은 방사선 물질이 방출하는 방사선을 검출하여 측정할 수 있고, 방사선이 물질에 따라 투과하는 과정에서 물리적 또는 화학적 작용을 하게 되며, 또 방사선의 종류에 따라 물질의 흡수 및 산란 등의 작용을 하는 특성을 이용하여 계측하는 것이다.

【1】 전리함

전리함은 오래전부터 사용되어 온 것으로, 〈그림 2-179〉와 같이 서로 잘 절연된 2개의 전극으로 되어 있는 상자이다.

음극은 상자의 벽과 겸용이고, 그 중심에 양극이 설치되어 있다. 양극은 지름 5mm 또는 그 이상의 크기로 되어 있고, 끝 부분은 둥글게 되어 있다. 그 전극 사이에 수백 볼트의 전압을 가하면, 방사선에 의하여 발생한 음이온은 재결합하지 않고 발생된 그대로 전극에 도달한다. 전리함을 통하는 전류는 보통 10^{-6}A 정도의 미소한 전류이며, 저항 R의 양쪽에 걸리는 전위차 E를 전위차계로 읽어서 구한다.

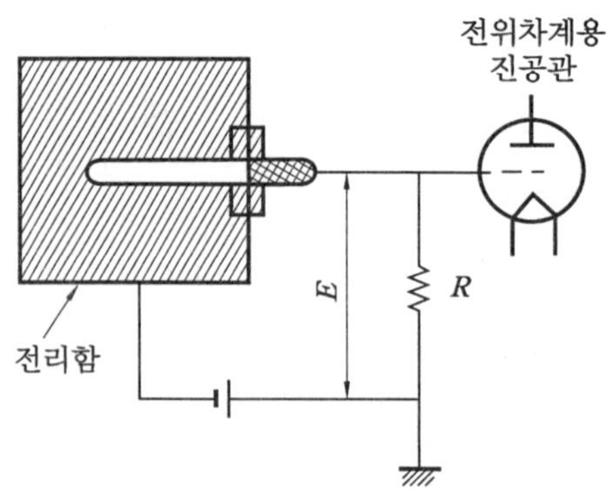

〈그림 2-179〉 전리함

[2] 비례 계수관

비례 계수관은 〈그림 2-180〉과 같이 원통형의 음극과 그 중심에 설치된 가는 바늘 모양의 양극으로 되어 있는 2극관이다.

관 내는 순수 메탄 또는 아르곤(95%)과 이산화탄소(5%)의 혼합물로 채워져 있다.

전리함은 방사선에 의하여 만들어진 이온쌍에 따라 전류가 흐르지만, 전압을 증가시키면 이것보다도 많은 전류가 흐르게 되고, 이 전류는 이온쌍의 수에 비례한다.

이와 같이, 비례하는 정도의 전압을 가한 것을 비례 계수관(proportional counter)이라 하며, 주로 중성자 측정에 사용되고 있다.

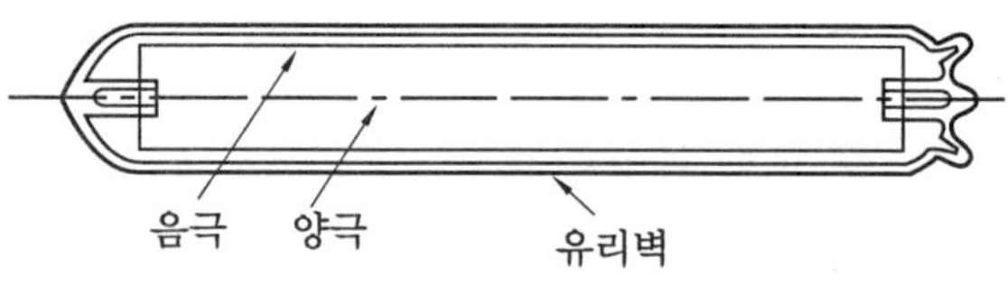

〈그림 2-180〉 비례 계수관

[3] G-M 계수관

〈그림 2-181〉과 같이, G-M 계수관은 100mmHg 정도의 아르곤이 가득 채워져 있는 비례 계수관과 같은 구조로 되어 있으며, 인가하는 전압을 좀 더 높이면 최초에 생성된 이온쌍의 수와는 관계 없이 일정한 전압의 맥류가 전극에 발생하게 된다.

방사선이 입사되면 양극에 방전이 시작된다. 이 방전은 그대로 방치하면 언제까지라도 지속되므로, 소멸용 가스로서 10mmHg 정도의 유기물 증기(에틸렌, 무수 알코올 등) 또는 할로겐 원소를 넣어 단시간 내에 자기 소멸하도록 하고 있다. 이 때문에, G-M 계수관(Geiger-Müller counter)은 각각의 방사선을 전압 펄스로 변환시켜 이 펄스를 계수 장치로 측정한다.

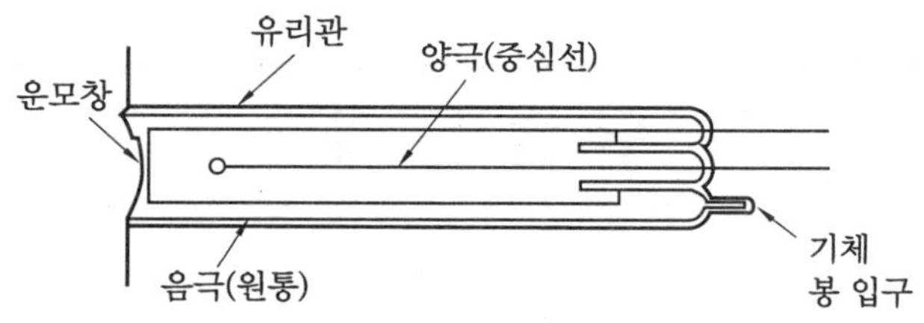

〈그림 2-181〉 G-M 계수관

【4】 신틸레이션 계수관

신틸레이션 계수관은 2개의 중요한 요소로 구성되어 있다. 즉, 방사선이 입사되면 발광하는 형광체(scintillator)와 형광체로부터 나온 빛을 전류 펄스로 바꾸어 증폭하는 광전자 증배관으로 이루어져 있으며, 그 원리도는 〈그림 2-182〉와 같다.

방사선이 형광체에 충돌하면 야광 도료처럼 발광한다. 이 빛은 광전관과 같은 광전자 증배관의 광전면에 도달하면 흡수되어 전자를 발생하며, 이것이 관 내에서 증폭되어 큰 전류 펄스로 되므로, 이것을 계수한다.

형광체는 전에는 황화아연을 사용하였지만, 최근에는 그 종류가 많아졌고, 결정체 외에 플라스틱이나 액체도 있다.

신틸레이션 계수관(scintillation counter)은 분해 시간이 매우 짧으므로 G-M 계수관의 $10^2 \sim 10^5$배의 고속 계수가 가능하며, 각종 방사선의 측정에 이용되고 있다.

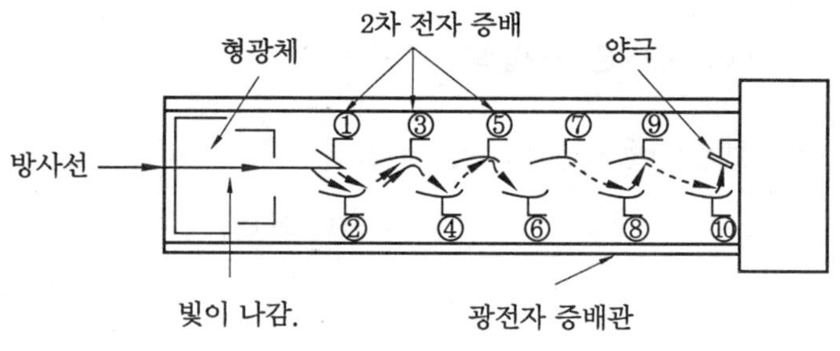

〈그림 2-182〉 신틸레이션 계수관

연 습 문 제

1. 열전대의 재질로 온도 검출 장소로부터 계기 또는 변환기까지 직접 배선하면 가격이 비싸게 되어 비경제적이므로 배선이 길어야 할 경우에 사용되는 것은?

　㉮ 보상 도선　　　　　　　　　　㉯ 노즐
　㉰ 벤투리관　　　　　　　　　　　㉱ 접지선

2. 액체의 레벨에 따라 탱크 바닥 압력 변화를 감지하여 레벨을 측정하는 방식은?

　㉮ 플루드식 레벨계　　　　　　　㉯ 부력식 레벨계
　㉰ 차압식 레벨계　　　　　　　　㉱ 중추식 레벨계

3. 마그네틱 플로트형 레벨 미터의 원리를 설명한 것 중 옳은 것은?

　㉮ 부력의 원리
　㉯ 레벨의 변화에 따른 정전 용량의 변화
　㉰ 중추의 이동 거리의 변화
　㉱ 리드 스위치의 ON/OFF에 따른 저항값의 변화

4. 차압 유량계가 아닌 것은 다음 중 어느 것인가?

　㉮ 오리피스미터　　　　　　　　㉯ 벤투리미터
　㉰ 로터미터　　　　　　　　　　㉱ 피토관

5. 플로트의 이동으로 흐름 관로의 면적을 변화시켜 차압을 일정하게 유지하고 이때의 면적을 측정하여 유량을 계측하는 것으로 일명 로터미터(rotameter)라고 하는 것은?

　㉮ 면적 유량계　　　　　　　　　㉯ 용적 유량계
　㉰ 터빈 유량계　　　　　　　　　㉱ 전자 유량계

6. 케이스 안에 2개의 타원형 기어가 서로 맞물려 조립될 때 상류 측과 하류측 면에 작용하는 차압으로부터 발생하는 힘에 의해 회전하여 유량을 측정하는 용적식 유량계는?

　㉮ 루츠형　　　　　　　　　　　㉯ 오벌 기어형
　㉰ 로터리 베인형　　　　　　　　㉱ 로터리 피스톤형

7. 다음 중 진동 센서가 아닌 것은?

   ㉮ 변위 센서   ㉯ 속도 센서

   ㉰ 가속도 센서   ㉱ 근접 센서

8. 열전대의 구성 재료와 접합선이 잘못 나열된 것은?

   ㉮ 기호 종류(R) : (+ 접합선 : 백금–로듐 합금, – 접합선 : 백금)

   ㉯ 기호 종류(T) : (+ 접합선 : 니켈 합금, – 접합선 : 동)

   ㉰ 기호 종류(E) : (+ 접합선 : 니켈–크롬 합금, – 접합선 : 동–니켈 합금)

   ㉱ 기호 종류(K) : (+ 접합선 : 니켈–크롬 합금, – 접합선 : 니켈 합금)

9. 다음 중 광학식 인코더의 내부 구성 요소가 아닌 것은?

   ㉮ 발광부   ㉯ 고정판

   ㉰ 회전원판   ㉱ 리졸버

10. 도전성의 물체가 자계 속을 움직이면 기전력이 발생한다는 패러데이 법칙을 이용하여 도전성 유체의 유량을 구하는 유량계는?

   ㉮ 초음파식 유량계   ㉯ 와류식 유량계

   ㉰ 전자 유량계   ㉱ 정전 용량식 유량계

11. 다음 그림은 변위 검출용 센서에서 어떤 원리를 이용한 것인가?

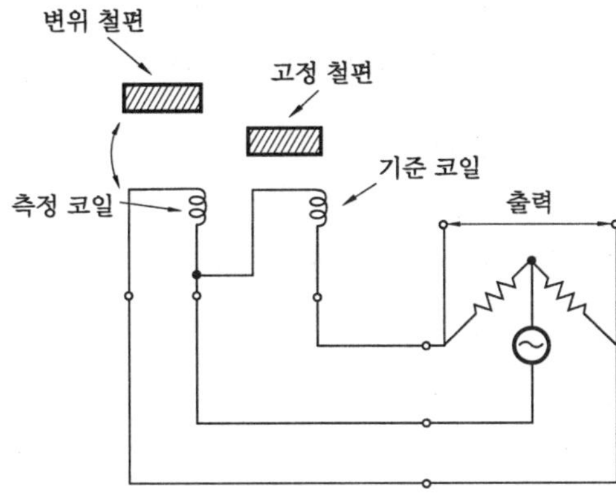

   ㉮ 차동 변압기의 원리   ㉯ 가동 철편식의 원리

   ㉰ 와전류식의 원리   ㉱ 정전 용량식의 원리

12. 회전체의 회전수를 측정하는 방법 중 정지에 가까운 저속에서는 출력 전압이 감소되므로 저속 회전의 검출은 할 수 없지만 내구성이 우수하고 별도의 전원이 필요치 않은 측정법은 무엇인가?

  ㉮ 회전주기 측정법   ㉯ 주파수 계수법
  ㉰ 전자식 검출법   ㉱ 광전식 검출법

13. 유체의 흐름 속에 날개가 있는 회전자를 설치한 후 그 회전수를 검출해서 유량을 구하는 유량계는?

  ㉮ 터빈식 유량계   ㉯ 와류식 유량계
  ㉰ 용적식 유량계   ㉱ 면적식 유량계

14. 서보 모터에 사용되고 있는 회전 속도 검출기로 적당하지 않는 것은?

  ㉮ 태코 제너레이터   ㉯ 인코더
  ㉰ 리졸버   ㉱ 로드셀

15. 근접 센서의 종류가 아닌 것은?

  ㉮ 유도 브리지(bridge)형   ㉯ 자기형
  ㉰ 정전 용량형   ㉱ 로터리 인코더(rotary encoder)형

16. 통에 시료를 넣어 회전시켜 점도를 측정하는 점도계는?

  ㉮ 회전식   ㉯ 진동식
  ㉰ 모세관식   ㉱ 버저식

17. 저항 온도계와 열전대 온도계의 특징을 비교하여 설명하시오.

18. 온도를 측정할 때 주의할 점은 무엇인가?

19. 탄성을 이용한 압력계를 분류하고 그 특징을 쓰시오.

20. 압력계에는 어떤 종류가 있는가?

21. 유량계에는 어떤 종류가 있는가?

22. 액면계에는 어떤 종류가 있는가?

23. 점도계의 종류와 측정 방법에 대하여 설명하시오.

03 변환기

1. 신호 변환기의 개요

1 신호 변환기의 개요

프로세스 제어 시스템에서 물리량을 측정할 목적으로 각종 검출기가 사용되고, 각각의 검출기로부터 여러 가지 신호가 발신된다. 이러한 신호를 다른 요소, 예를 들면 기록계나 조절계 또는 컴퓨터 등과 접속하기 편리한 형태로 변환시킬 필요가 있다.

이를 위해 다음과 같은 각종 변환을 행한다.

【1】 신호의 변환

계장에서의 전송 신호로는, 일반적으로 전기 신호와 공기압 신호가 채용되고 있다. 전류를 전송 신호로 할 때에는 국제 전기 표준 회의에서 정한 4~20mA의 직류 전류를 사용하는 것이 일반적이다. 그러나 전송 거리가 150m 정도 이내일 때에는 공기압을 전송 신호로 사용하는 경우가 많은데, 이때에는 국제적으로 통일된 20~100kPa의 공기압을 전송 신호로 사용하고 있다.

전기식은 신호 전송에 응답이 빠르고 전송 지연이 없으며, 연산 능력이나 컴퓨터 등과의 결합이 쉽고 배선이 간단한 이점이 있는 반면, 조작 속도가 빠른 조작부의 제작이 어렵고, 주의 조건 및 방폭성에 주의를 해야 하는 단점을 가지고 있다.

이에 비하여, 공기압식은 신호 전송에 시간 지연이 생기므로 원거리 전송에는 이용할 수 없으며, 연산 능력이나 컴퓨터 등과의 결합이 제약을 받고, 별도의 동력원을 필요로 하는 결점이 있는 반면, 조작부의 구동 속도가 빠르고 주위 환경의 영향과 폭발의 위험이 없으며, 보수가 쉽고 비교적 견고하므로 내구성이 좋다.

【2】 신호 레벨 변환

신호 레벨 변환 검출기에서 발신되는 아날로그 신호에는 저레벨로부터 고레벨에까지 다양한 전압 레벨 신호를 증폭기에 통과시켜 통일된 신호 레벨로 변환시킨다(예 0~10mV → 1~

5V DC).

이러한 신호는 증폭기를 통과함으로써 일정한 신호 레벨로 변환된다. 프로세스 제어 시스템에서 일반적으로 사용되는 전압 신호는 1~5V DC, 0~10V DC가 있다.

【3】 신호 형태의 변환

신호의 형태를 다른 신호로 변환시킴으로써 처리를 간편하게 하는 예도 있다. 예를 들면, 저항값의 변화로 표시되는 신호는 전압 신호로 변환시킴으로써 증폭이나 전달이 용이해진다. 검출기와 수신계와의 거리가 멀리 떨어져 있는 경우에는 전류 신호로 변환시킴으로써 전송 도중에 신호의 감쇠를 없앨 수 있다.

전류 신호로는 4~20mA DC가 흔히 사용된다. 이 신호의 특징은 선로 저항의 변화에 무관하고, 수신 측 정합이 편리한 이점이 있다는 점이다.

【4】 직선화

검출기의 입출력 특징은 비선형인 것이 많다는 점이다. 예를 들면, 열전대, 측온 저항체나 차압 유량계 등에 의한 검출 신호의 비선형성을 신호 변환기로 직선화한 후에 지시계나 기록계에 전달함으로써 프로세스의 상태를 알기 쉽게 한다.

【5】 필터링

프로세스 제어에서 전동기나 전자 밸브 등 큰 전력을 소비하는 기기와 미소 신호를 측정하는 기기를 병용할 경우 60Hz의 전원 주파수에 동기한 잡음이나 펄스성 잡음이 존재하는 수가 많다. 이와 같은 잡음에 의한 수신계의 오동작을 방지하는 것도 신호 변환기의 역할이다.

【6】 신호 절연

컴퓨터 시스템 및 다수의 입력 신호를 동시에 처리하거나 또는 하나의 신호를 다른 시스템에서 동시에 이용할 때, 신호 상호간을 절연시킴으로써 우회 전류 등에 의한 오동작을 방지한다. 절연 방식에는 트랜스를 이용하는 방법이나 포토커플러를 사용하여 전기적으로 절연시키는 방식이 있다.

【7】 신호 변환기의 전송부

신호 변환기와 전송부는 일반적으로 동일 구조와 형태로 되어 있고, 각각 분리할 수 없는 경우가 많다. 검출부에서도 검출부와 변환기가 한 부분으로 구성된 것과 어느 정도 분리시킬 수 있는 경우가 있다. 전자의 예가 차압 변환기, 후자의 예가 온도 변환기이다.

검출기에서 나오는 신호를 각각의 용도에 따라 필요한 기능을 부가하여 통일된 신호로 변환하는 부분이 변환기 및 전송부이다.

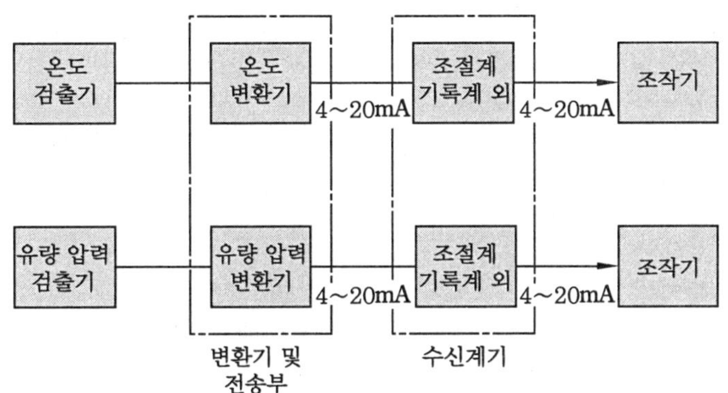

<그림 3-1〉 전자식 제어 장치의 예

[8] 아날로그 및 디지털

① 아날로그

- 아날로그 신호는 흔히 우리가 접하게 되는 길이, 온도, 전압, 압력 또는 사람의 목소리 등과 같이 정보를 연속적인 물리량으로 표시하는 것을 말한다.
- 테스터와 같이 전압이나 전류에 비례해서 미터의 바늘이 움직는 것, 자동차의 속도계의 바늘이 움직이는 것도 아날로그이다.
- 자연계에 존재하는 대부분의 물리량은 연속적인 성질을 갖는다. 이러한 연속적인 특성을 갖는 물리량을 전기적으로 바꾸어 처리하고자 전기 및 전자 회로가 개발되었으며, 일반적으로 물리량 신호를 전기적 신호로 바꾸어 주는 것이 센서이다.
- 아날로그 시스템은 센서로부터 얻어진 연속적인 전기적 신호, 즉 아날로그 신호를 처리하여 연속적인 전기적 신호로 출력하는 시스템으로서 증폭기 등이 여기에 속한다.

② 디지털

- 조명의 스위치와 같이 on/off 중 어느 한 상태밖에 유지할 수 없는 회로 또는 이러한 것들의 조합으로 이루어지는 회로를 디지털이라 한다.

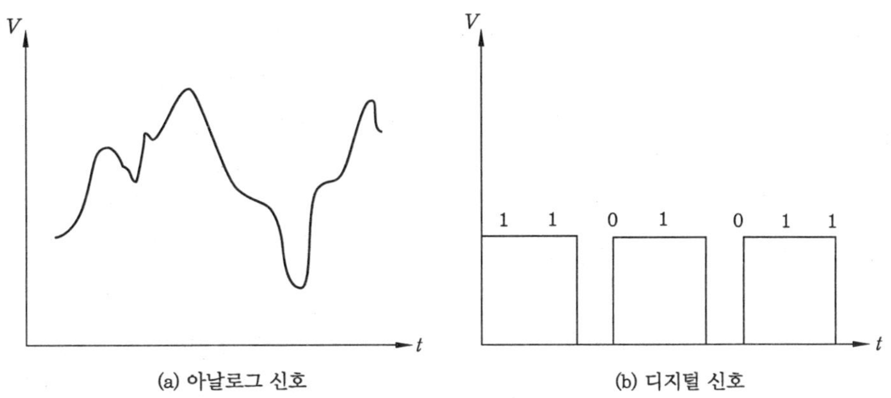

(a) 아날로그 신호   (b) 디지털 신호

〈그림 3-2〉 아날로그 신호와 디지털 신호

- 디지털 시계의 표시와 같이 시간이나 분이 어떤 단위 스텝으로 변화하는 것도 디지털이라고 부르고 있다.
- 디지털 신호는 항상 0이나 1의 값만을 가지며, 어느 한순간 그 값이 변화한다. 즉 신호의 변화가 불연속적인 특징을 갖고 있다.
- 디지털 시스템은 디지털 신호를 처리하는 시스템으로, 아날로그 시스템에 비하여 정밀하고 높은 신뢰도를 유지한다. 이러한 디지털 시스템을 대표하는 것은 우리가 흔히 사용하는 컴퓨터이며, 이밖에도 전자 교환기, 광통신 시스템, 디지털 온도계, 디지털 저울, 디지털 계산기 등 수없이 많은 것들이 있다.

[9] A / D, D/A 변환

① 디지털 계기의 대표적인 것으로 디지털 전압계를 들 수 있다. 그러나 디지털 전압계 회로에서는 기본 장치, 즉 A/D 변환기가 들어가므로 디지털 전압계의 원리를 이해하기 위해서는 A/D 변환 동작을 이해해야 한다. 아날로그 신호를 디지털 신호로 바꾸기 위해서는 A/D 변환기(analog to digital converter)를 사용한다.

② **표본화**

표본화(sampling)는 〈그림 3-3〉의 (a)와 같은 시간적으로 연속적인 아날로그 신호(원신호)에서 〈그림 3-3〉의 (b)와 같이 어느 시간 간격마다 원신호의 크기를 추출하는 조작을 말하며, 원신호에서 추출된 신호를 샘플값이라고 한다. 샘플값에서 원신호를 완전히 복원하기 위해서는 샘플링 주기 T가 원신호에 포함되는 최고 주파수 성분 주기의 $\frac{1}{2}$보다 작아야 한다. 이것을 샘플링 정리(sampling theorem)라고 한다.

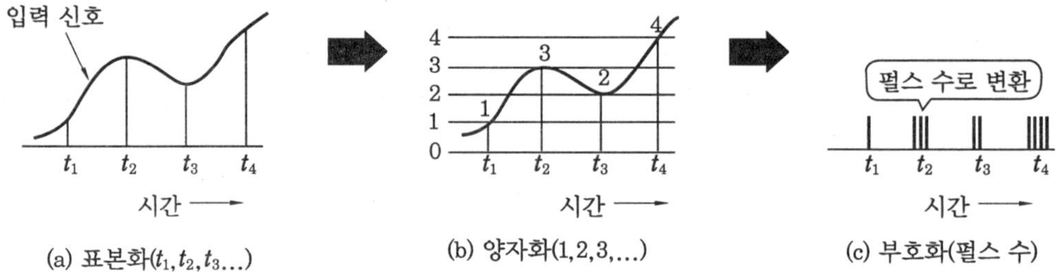

〈그림 3-3〉 아날로그 양을 디지털 양으로 변환하는 과정

③ **양자화**

표본화된 샘플값은 연속적인 양이기 때문에 이것을 디지털 양으로 변환하기 위해서는 이 샘플값을 소구간으로 분할하여 유한의 자릿수를 가지는 수치를 할당하는 것이 필요하다. 이 과정을 양자화(quantization)라 하며, 소구간 하나하나를 양자(quantum)라고 말한다. 예를 들면, 〈그림 3-3〉의 (b)와 같이 1~4까지로 된 크기의 펄스 중에서 샘플링값으로 가장 가까운 크기의 것을 선택한다. 예를 들면, 샘플링값이 0에서 4V의 범위에 있을 때 4.3V 등의 연속적인 양을 4V와 같은 이산적인 양으로 변환하는 조작이기 때문에 나머지인 0.3V는 오

차가 된다. 이것을 양자화 잡음이라고 하고, 반올림에서는 기준량의 소구간인 $\frac{1}{2}$, 즉 0.5V
의 오차, 잘라 올림과 잘라 버림에서는 기준량, 즉 1V의 오차가 된다. 기준량인 소구간을 최
소 비트라고 한다.

④ 부호화

부호화(coding)는 〈그림 3-3〉의 (c)와 같이 양자화된 개개의 펄스 진폭을 부호로 변환하
는 조작으로 그림에서는 4단위 2진 부호로써 나타내고 있다. 그리고 원신호를 부호화하는
방식을 펄스 부호 변조(pulse code modulation, PCM)라고 한다. 이것은 통신 공학의 펄스
변조에서 발달한 것으로 현재는 계측 제어에 많이 사용하고 있다.

• D/A 변환

㉮ D/A 변환은 2진수의 데이터를 그 값에 비례하는 전압이나 전류로 바꾸는 동작이다. 다
음 그림에 일반적인 형태의 4비트 D/A 변환기의 블록 다이어그램을 나타내었다.

㉯ 디지털 입력이 4비트이므로 이에 해당하는 아날로그 출력전압은 $2^4=16$이 되어 16가지
의 전압 레벨을 갖게 된다.

㉰ 〈그림 3-4〉와 같이 아날로그화된 출력 전압 사이의 간격은 1V이다. 이와 같이 출력이
발생할 수 있는 가장 작은 변화값을 분해능(resolution) 또는 스텝 크기라 부른다.

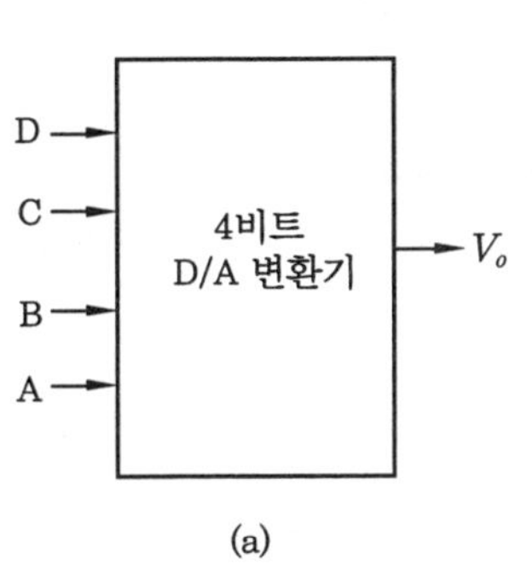

(a)

디지털 입력				아날로그 출력 V_o
D	C	B	A	
0	0	0	0	0 V
0	0	0	1	1 V
0	0	1	0	2 V
0	0	1	1	3 V
0	1	0	0	4 V
0	1	0	1	5 V
0	1	1	0	6 V
0	1	1	1	7 V
1	0	0	0	8 V
1	0	0	1	9 V
1	0	1	0	10 V
1	0	0	1	11 V
1	1	0	0	12 V
1	1	0	1	13 V
1	1	1	0	14 V
1	1	1	1	15 V

(b)

〈그림 3-4〉 4비트 D/A 변환기

㉒ 〈그림 3-5〉의 (a)에 연산 증폭기를 이용한 4비트 D/A 변환기의 회로를 나타내었다.

㉓ 입력 A, B, C, D는 디지털 신호 0과 1에 해당하는 0V 또는 5V 중 한 가지가 입력된다.

㉔ 연산 증폭기를 이용한 가산기의 출력을 나타내는 식을 이용하면 4비트 D/A 변환기의 출력은 다음과 같다.

$$V_O = -(V_D + 0.5V_C + 0.25V_B + 0.125V_A)$$

㉕ (b)에 입력되는 2진수에 대해 D/A 변환된 출력 전압 레벨을 표시하였다. 분해능은 0.625V이다.

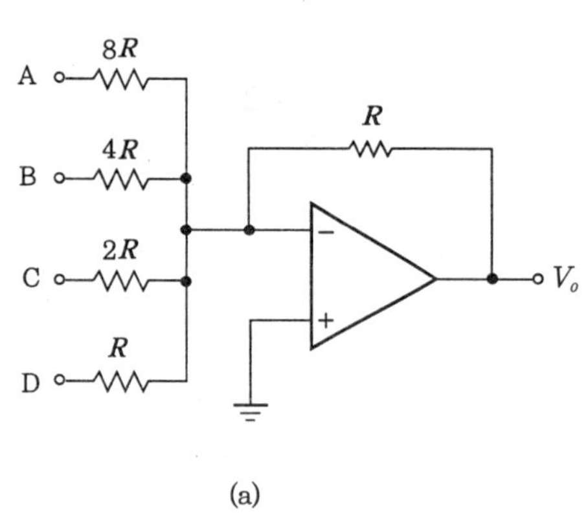

(a)

디지털 입력				아날로그 출력 V_o
D	C	B	A	
0	0	0	0	0 V
0	0	0	1	−0.625 V
0	0	1	0	−1.250 V
0	0	1	1	−1.875 V
0	1	0	0	−2.500 V
0	1	0	1	−3.125 V
0	1	1	0	−3.750 V
0	1	1	1	−4.375 V
1	0	0	0	−5.000 V
1	0	0	1	−5.625 V
1	0	1	0	−6.250 V
1	0	0	1	−6.875 V
1	1	0	0	−7.500 V
1	1	0	1	−8.125 V
1	1	1	0	−8.750 V
1	1	1	1	−9.375 V

(b)

〈그림 3-5〉 연산 증폭기를 이용한 4비트 D/A 변환기

- A/D 변환

㉮ D/A 변환기와 반대의 동작을 하는 소자가 A/D 변환기이다.

㉯ A/D 변환은 아날로그 시스템이 디지털 시스템에 입력을 인가하거나 센서 데이터를 수집하는 경우에 필요한 인터페이스 과정으로 디지털화된 아날로그 데이터를 얻는 과정을 데이터 수집(data acquisition)이라고 한다.

㉰ A/D 변환을 하는 방법은 여러 가지가 있으나 그중 변환 속도가 가장 빠른 플래시(flash) 또는 동시(simultaneous) A/D 변환을 〈그림 3-6〉에 나타내었다.

㉱ 이러한 플래시 A/D 변환은 2진수를 표현하기 위해 많은 수의 비교기를 필요로 하는 단

점도 있으나 변환 시간이 짧다는 장점을 갖고 있다.

㉤ 입력되는 아날로그 값에 대해 연산 증폭기를 이용한 각각의 비교기가 동작을 수행하며, 이때 각각의 비교기에서 비교되는 기준 전압은 저항으로 이루어진 전압 분배기에 의해 결정된다.

㉥ 이네이블 펄스에 맞추어 샘플링되며, 동작되는 비교기 중 가장 상위의 비교기가 우선순위 인코더에 의해 선택되어 가장 높은 입력을 표현하는 2진수를 출력하게 된다.

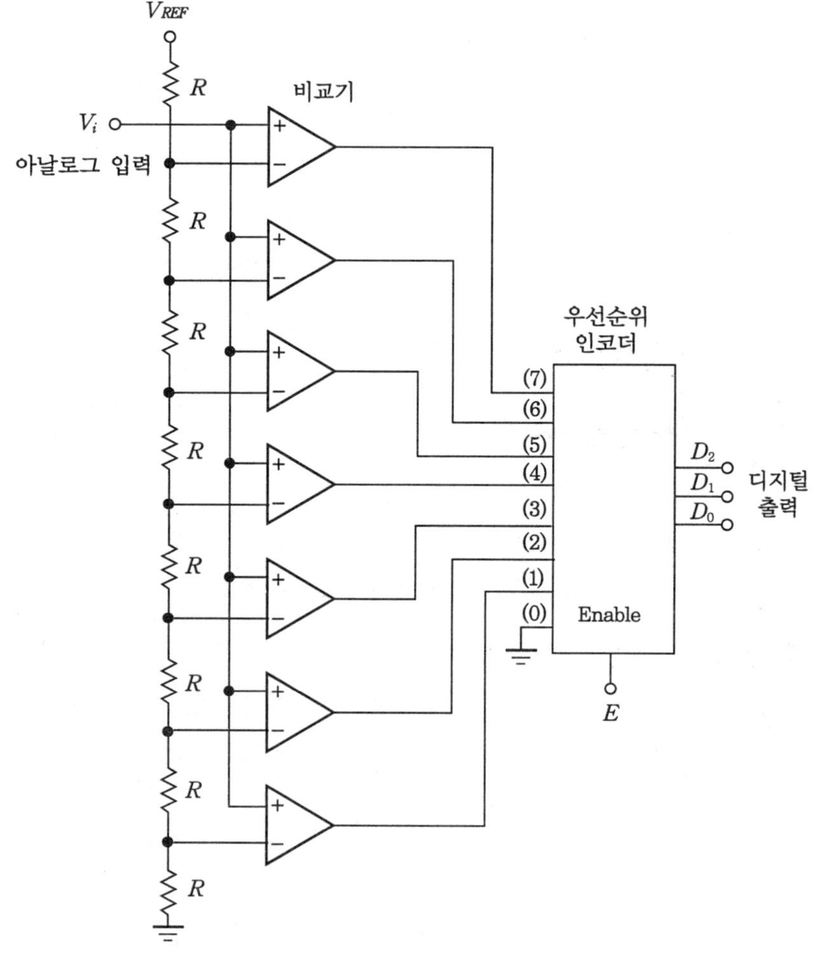

〈그림 3-6〉 3비트 플래시 A/D 변환기

② 신호의 종류

【1】 공기압 신호 방식

공업 계측의 전송 신호의 크기는 일반적으로 20~100kPa으로 사용된다. 입력이 영(zero)일 때 20kPa을 사용하는 것은 다음과 같은 관점에서이다.

① 공급 공기압이 컴프레서의 고장이나 관의 파손 등에 의해 단절 시 출력 신호 영과 구분될

  수 있다.

② 제어 시스템의 고장인 경우, 공기압 신호 구동의 조작기를 전폐하는 경우에 기본 신호 (base signal)가 필요하다.

③ 공기압 증폭기의 특성을 살펴보면 〈그림 3-7〉과 같이 출력 공기압 P_o가 10kPa 이하에서는 완만하고, 그 상태가 증폭기에 따라 조금씩 차이가 있으므로, 특성을 균일하게 유지하기 위해서는 10kPa 이하를 커트(cut)하는 것이 제조상 편리하다.

공기압 신호 방식은 본질적으로 구조가 단순하고 조작부의 구동 속도가 빠르지만 전송 거리가 먼 경우 송출단의 공기압 변동이 일정하지 않고 신호의 전송에 시간 지연을 가져오는 결점이 있다. 따라서 전송 거리는 100m 이내로 제한하며 컴퓨터와 결합이 어려운 결점이 있다.

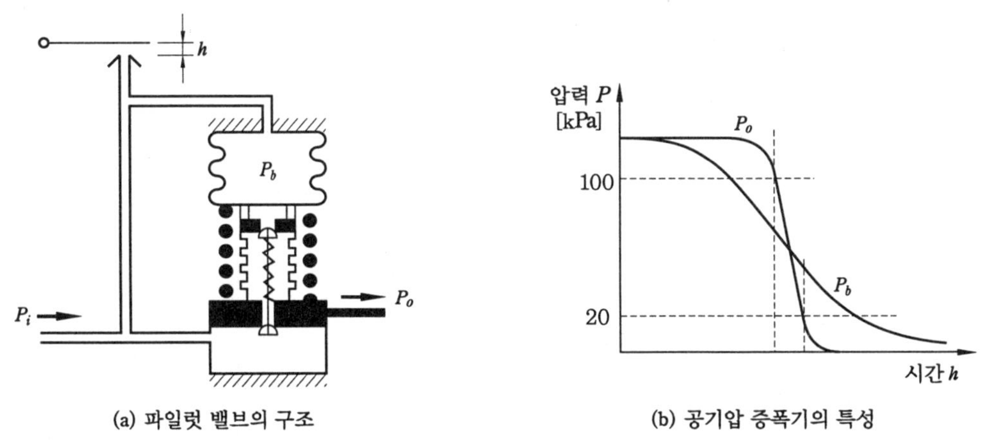

(a) 파일럿 밸브의 구조   (b) 공기압 증폭기의 특성

〈그림 3-7〉 파일럿 밸브 및 공기압 증폭

[2] 전기 신호 방식

전기 신호는 응답이 빠르고 전송 지연이 거의 없으며, 열기전력, 저항 브리지 전압을 직접 전기적으로 측정할 수 있다. 또한 전송 거리의 제한을 받지 않는 특징이 있고, 컴퓨터와의 결합도 공기식보다 더욱 용이하다.

〈표 3-1〉 공기압 신호와 전기 신호와의 비교

구 분	공기압식	전기식
검출과의 관계	직접 검출할 수 있는 경우는 좋으나 제한이 있다.	좋다.
신호 전송	시간 지연이 큼, 전송 거리 100mm 이내	시간 지연 없음
연산 능력	전기식에 비해 떨어지지만 비교적 좋음	매우 좋다.
컴퓨터 등과의 결합	변환기 필요	좋다.
조작부	압축성 때문에 조작 지연이 있음	조작 지연이 큰 경우는 사용 불가
동력원	압축기, 냉각 장치 등 부속 설비 필요	간단함

배관, 배선	공기 누출의 주위를 요함	배선 용이
내구성	비교적 튼튼함	주의를 요함
보수	비교적 용이함	고도의 기술 요구
장치	비교적 소형	소형
가격	가격 저렴	고가

2. 신호 변환의 종류

1 기계적 변환

하중과 토크 및 온도 변화 등을 직선 또는 회전 변위로 변환하는 데는 탄성 변형, 열 변형, 중력과의 평형 등의 원리를 응용한 변환기(converter)가 사용된다. 변위는 측정계의 최종 단계에서 측정량을 바늘이나 기록 펜의 이동으로 출력되는 경우에 중요한 신호이다. 이 중 탄성 변형을 이용하는 변환기에는 스프링, 벨로스, 다이어프램, 부르동관 등이 있고, 이들은 하중, 토크, 압력을 변위로 변환하는 데 이용된다.

【1】 스프링

스프링은 하중을 변위로 또는 토크를 각변위로 변환하는 경우에 사용되는 변환기이다. 판 또는 코일 스프링은 하중을 변위로, 나선형 스프링은 토크를 각변위로 변환한다. 또 링 스프링은 힘에 의한 굽힘 변형을 이용한 것으로 수백 뉴턴에서 수십 톤까지의 하중에 대한 변위 신호로 변환할 때 이용된다. 이 경우 미소 변위는 기계적 기구에 의하여 확대·지시하거나 전기적으로 검출된다. 스프링은 설치 또는 하중의 전달 상태에 따라 오차의 원인이 되며 하중이 0의 상태에서는 사용하지 않고 예압(base pressure)을 가하여 사용한다.

하중 W와 변위 δ의 관계는 스프링의 상수를 k라 하면 $\delta = \dfrac{W}{k}$ 이므로, 예압을 W_0이라 하면 $\delta_0 = \dfrac{W_0}{k}$, 측정량 W_1, W_2에 대한 변위는 $\delta_1 = \dfrac{W_0 + W_1}{k}$ 및 $\delta_2 = \dfrac{W_0 + W_2}{k}$ 이며, 따라서 $(W_2 - W_1)$은 $(\delta_2 - \delta_1)$에 대응하여 $\dfrac{W_2 - W_1}{k}$ 이므로 예압을 고려할 필요가 없다. 또 W와 δ의 관계가 직선적이 아닐 경우에는 스프링의 감는 방법이 반대인 같은 스프링 2개를 동시에 작동시키면 하나는 늘어나고 다른 하나는 수축하므로 차동 형식으로 작용하여 그 직선성을 개선할 수 있다.

【2】 벨로스, 다이어프램 및 부르동관

〈그림 3-8〉의 (a)는 원통 내외의 차압에 의해 축 방향으로 신축하여 변위로 변환된다.

그림 (b)의 다이어프램은 금속 또는 비금속의 탄성막이 있으며, 그 한쪽에 압력이 걸리면 변형하여 변위로 변환된다. 평평하고 동심원 상의 파형의 터를 만들어 변위를 확대하기도 하고,

탄성막 자신의 탄성만이 아니고 스프링을 병용(倂用)하여 하중의 대부분을 스프링에 걸리도록 특성을 개선하기도 한다.

그림 (c)는 타원형으로 굽어진 장원형 단면(長圓形斷面)의 관 한쪽 끝 부분을 고정하고 반대편 부분을 자유단으로 하여 그 선단을 막은 것이다. 관 내에 압력을 가하면 자유단은 외측으로 이동하며 거의 일정한 직선상을 압력에 비례하여 움직인다.

일반적으로 벨로스와 다이어프램은 비교적 낮은 압력 또는 차압의 측정에 사용하고, 부르동관은 비교적 높은 압력의 측정에 쓰인다.

〈그림 3-8〉 압력 측정 요소

【3】 자이로스코프

회전 속도 또는 각속도의 기계적인 검출은 원심력을 이용하여 하중이나 변위로 변환하는 방법과 자이로스코프(gyroscope)에 의하여 검출하는 방법 등이 있다.

자이로스코프는 〈그림 3-9〉와 같이 관성 모멘트 I_y의 원판을 Y축 주위에 일정 각속도 ω_y로 고속 회전시켜 놓은 다음에 측정하고자 하는 회전 속도 ω_y로 X축 주위를 회전하면 Z축 주위에는 토크 T_z가 발생한다. 즉, T_z는 다음과 같다.

$$T_z = (I_y \omega_y) \omega_x$$

이것을 스프링에 의하여 평형시킴으로써 변위로 변환할 수 있으며, I_y 및 ω_y는 일정하므로 토크 T_z는 ω_x에 비례한다. 또 이 원리는 질량 유량계에도 적용된다.

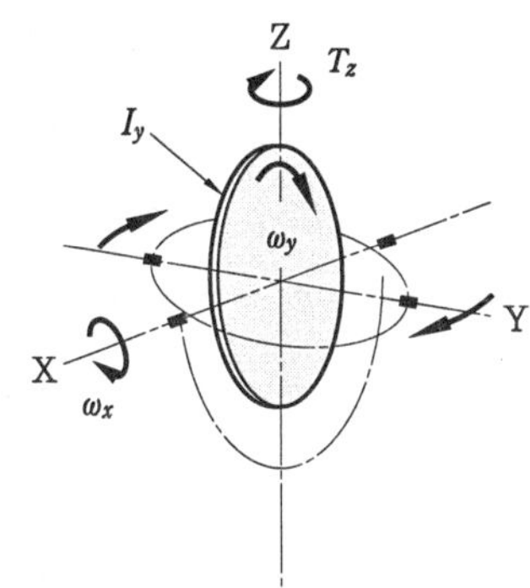

〈그림 3-9〉 자이로스코프

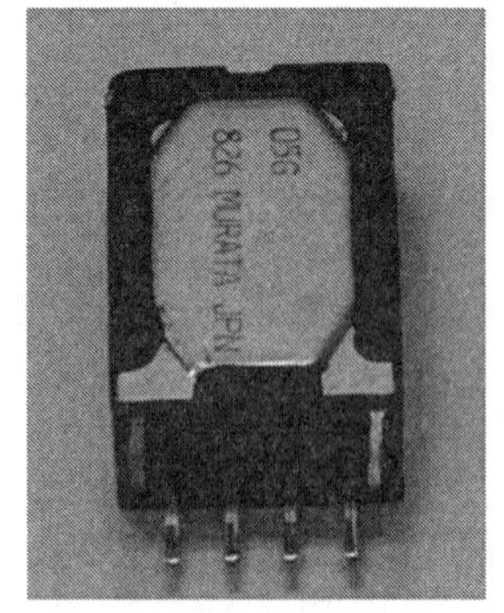

〈그림 3-10〉 반도체 자이로스코프

【4】 바이메탈

유체나 고체의 열팽창을 이용하여 온도를 변위로 변환시켜 온도 계측뿐만 아니라 제어 장치에도 이용되는 바이메탈(bimetal)이 있다. 또한 액체의 열팽창을 이용한 것으로 유리관에 수은, 알코올 등의 액체를 봉입하여 온도를 변위로 변환한 것에 유리 온도계가 있다.

바이메탈은 선팽창 계수가 서로 다른 두 종류의 금속판을 붙여서 합한 것으로 판형, 코일형, 나선형 등이 있다.

온도가 상승하면 한쪽의 금속이 보다 많은 팽창을 하므로 반대쪽으로 바이메탈은 거의 온도에 비례하여 변위를 일으킨다. 바이메탈의 재료로는 황동과 인바(invar), 모넬 메탈(monel metal)과 34~42%의 니켈강 등의 합금이 사용된다.

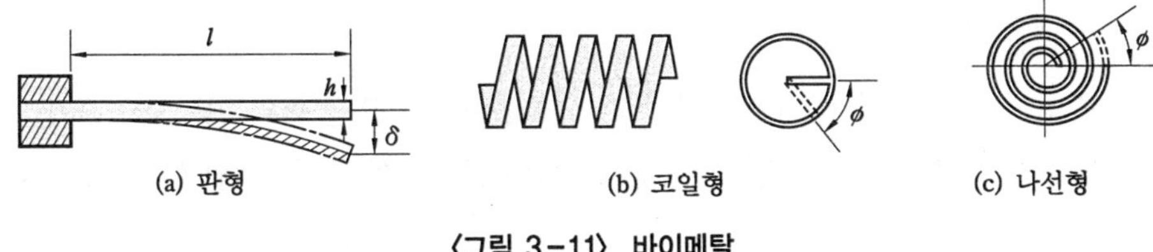

〈그림 3-11〉 바이메탈

【5】 확대 변환 기구

① 레 버

기계적 확대 기구의 기본형은 레버(lever)이다. 〈그림 3-12〉에서 점 A에 직선 변위 h가 가해질 때 레버의 회전 변위 θ는 $\dfrac{h}{l_1}$로 되며, 이때 다른 끝 B에서 생기는 선 변위 $l=l_2\theta$이다. 따라서 이 레버의 확대율 m은 다음과 같다.

$$m=\frac{l}{h}=\frac{l_2\theta}{l_1\tan\theta}$$

회전 변위 θ가 작을 경우에 $\tan\theta\fallingdotseq\theta$이므로 확대율은 다음과 같다.

$$m=\frac{l}{h}=\frac{l_2}{l_1}$$

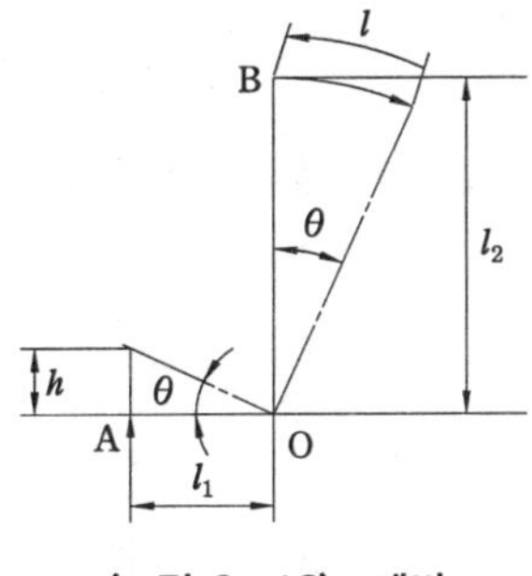

〈그림 3-12〉 레버

② 기 어

연속 회전하는 레버를 대신하여 기어(gear)를 사용한다. 그러나 이것은 백래시(backlash)와 물림 오차의 문제점을 가지고 있다. 기어가 양쪽으로 회전하는 경우에 백래시가 크면 큰 히스테리시스 오차가 발생한다.

〈그림 3-13〉의 (a)와 같은 기어 열에서 잇수 Z_1의 기어에 회전 변위 θ_1이 주어질 때 잇수 Z_4의 기어에 생기는 회전 변위 θ_2는 다음과 같다.

$$\theta_2 = \frac{Z_1 \cdot Z_3}{Z_2 \cdot Z_4}\theta_1$$

따라서 회전 변위의 확대율 m은 다음과 같다.

$$m = \frac{Z_1 \cdot Z_3}{Z_2 \cdot Z_4} = \frac{\theta_2}{\theta_1}$$

〈그림 3-13〉의 (b)에서와 같이 피치가 P인 래크(rack)의 직선 변위 h를 잇수 Z_1인 피니언(pinion)의 회전 변위로 변화하여 반지름 r인 바늘 선단(先端)의 선 변위 l로 변환하는 경우 다음과 같다.

회전 변위 $\theta_1 = \frac{2\pi h}{Z_1 P}$, 따라서 바늘의 회전 변위 $\theta_2 = \frac{\theta_1 Z_1}{Z_3} = \frac{(2\pi Z_2 h)}{(Z_1 Z_3 P)}$ 로 되어 바늘 선단의 선변위 $l = r\theta_2 = \frac{(2\pi r Z_2 h)}{(Z_1 Z_3 P)}$ 이다.

또한 이 기구의 확대율 m은 다음과 같다.

$$m = \frac{l}{h} = \frac{2\pi r Z_2}{Z_1 Z_3 P}$$

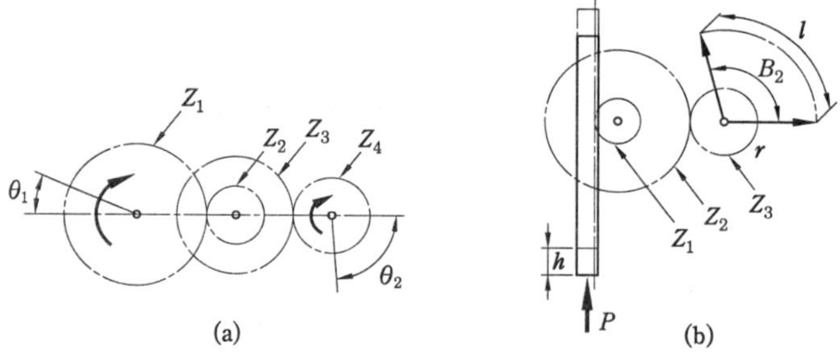

〈그림 3-13〉 아날로그 양을 디지털양으로 변환하는 과정

③ 나 사

나사를 사용하여 직선 변위를 이것과 직각인 방향의 회전 변위로 확대 변환할 수 있다. 나사의 리드(lead)를 L이라 하면 〈그림 3-14〉에서 직선 변위를 h에 대응하는 회전 변위 $\theta = \frac{2\pi h}{L}$ 이다. 따라서 반지름 r에서의 선 변위 l은 다음과 같다.

$$h = r\theta = \frac{2\pi r h}{L}$$

또 확대율 m은 다음과 같다.

$$m = \frac{l}{h} = \frac{2\pi r}{L}$$

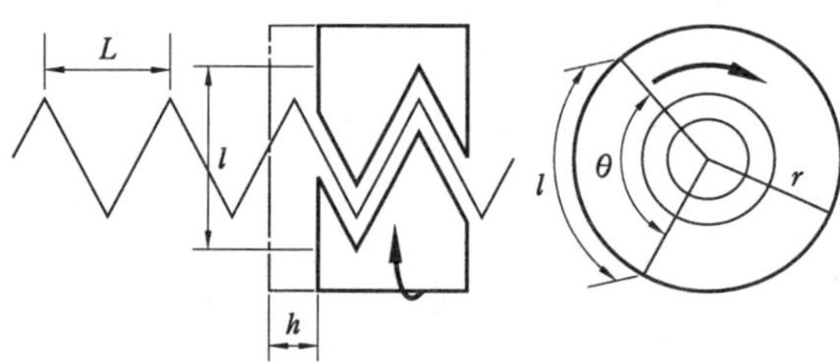

<그림 3-14> 나사

④ 평행 박편

측정기는 측정력이 작기 때문에 레버나 기어의 피벗(pivot) 또는 나이프 에지(knife-edge)의 마찰이 문제가 된다. 따라서 마찰이 개입하지 않은 확대 방법이 평행 박편을 이용한 것이다. <그림 3-15>는 이든(Eden)의 평행 박편으로서 2매의 얇은 박판 스프링을 작은 간격 d로 평행하게 놓고 일단을 접합한 것이며, 다른 일단에서 한쪽의 박편을 평행하게 h만큼 미소 변위시켰을 때 박편은 원호 모양으로 구부러져 바늘에 회전 변위 θ로 확대된다. 이때 바늘의 회전 변위 θ는 h가 d에 비해 작은 경우 $\sin \theta = \dfrac{h}{d}$, θ가 작은 경우에는 $\sin \theta \fallingdotseq \theta$이므로 $\theta \fallingdotseq \dfrac{h}{d}$이다. 따라서 바늘 선단의 선 변위 l은 근사적으로 다음과 같이 된다.

$$l = l_3\theta \fallingdotseq \left(\frac{l_1}{2} + l_2 \right) \frac{h}{d} \fallingdotseq \frac{L}{d} h$$

또 확대율 m은 다음과 같다. 즉, d를 작게 하면 확대율은 커진다.

$$m = \frac{l}{h} \fallingdotseq \frac{l_1 + 2l_2}{2d} \fallingdotseq \frac{L}{d}$$

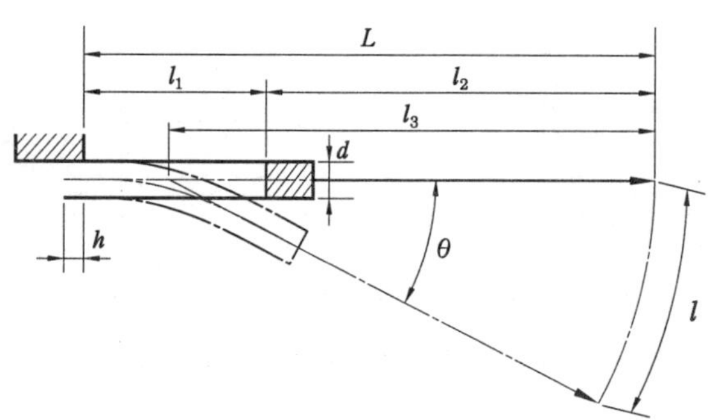

<그림 3-15> 평행 박편

② 유체적 변환

유체의 연속성과 유동성에 의한 중력과의 평형을 이용하여 유체의 변화를 변위 또는 압력으로 변환하는 각종 변환기를 만들 수 있다.

【1】 액주 변환기

  액주에 의하여 압력을 검출하는 변환기로 U자형의 관 내에 물, 알코올, 수은 등을 넣어 관의 양단에 압력 p_1, p_2를 작용시키면 〈그림 3-16〉의 (a)와 같이 차압 (p_1-p_2)와 액주 h에 작용하는 중력과의 평형으로부터 차압이 변위로 변환된다. U자관에서는 양쪽 액주의 높이를 읽어야 하므로 압력 변화가 빠를 때는 정확한 측정이 어렵다. 그러므로 그림 (b)와 같이 한쪽 액주의 면적을 다른 쪽에 비하여 매우 크게 하면 큰 쪽의 액면 이동은 거의 무시할 수 있어 근사적으로 작은 관의 액위만으로 압력을 구할 수 있다. 이것을 단관식 압력계라고 한다.

  큰 관, 작은 관의 단면적을 A, a라 하고 $p_1=p_2$ 일 때, 즉 동일 수준의 액면으로부터 변위를 $-h_1$, $+h_2$라 하면 $h_1A=h_2a$이므로 다음과 같다.

$$h=h_1+h_2=h_2\left(1+\frac{a}{A}\right)$$

  따라서 작은 관의 액주 h_2만을 h로 할 때 오차의 비율은 a/A로 된다.

  액주에 의한 압력은 액주의 높이로 표현되지만 실제로는 액주의 (중량/면적)이므로 액체의 밀도의 변화가 오차의 원인이 되어 온도와 압력의 영향을 받게 된다. 그러나 압력의 영향에 대해서 고압이 아닌 한 액체는 비압축성으로 보아도 무방하므로 보통은 온도에 대해서만 고려한다.

  액주 변환기는 사용하는 액체의 밀도가 작은 것일수록 액주의 변위가 확대되어 감도가 높아진다. 또 그림 (c)와 같이 U자관의 한쪽을 경사지게 하여 액주의 변위를 크게 확대할 수 있다. 관의 수평에 대한 경사각을 θ라 하면 액면의 높이 h_2에 대응하는 관에 따른 액주의 변위 l $=\dfrac{h}{\sin\theta}$ 로 되어 $\dfrac{1}{\sin\theta}$ 배로 확대된다.

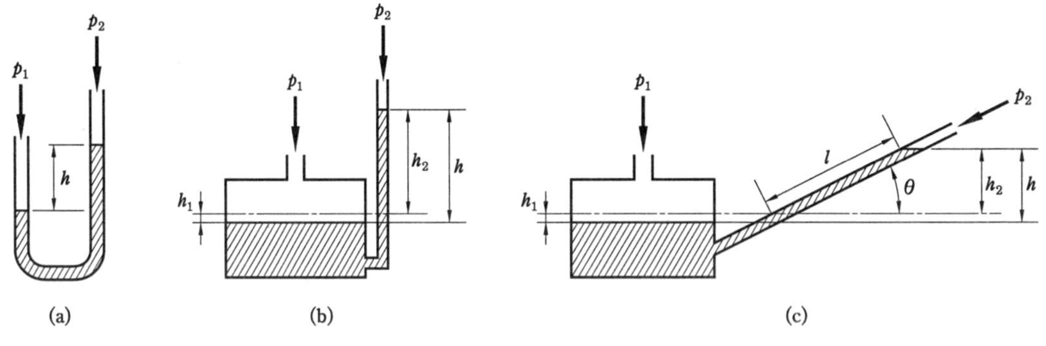

〈그림 3-16〉 액주 압력계

【2】 유량과 변위

  유량을 변위로 변환하는 변환기에는 〈그림 3-17〉과 같이 투명한 수직의 테이퍼 관 속에 원통형의 부자(float)가 들어 있는 구조의 유량계가 있다. 유체가 관의 아래부터 위로 흐르게 되면 부자 주위가 환상의 교축 기구로 되어 부자의 상하에 차압이 생기고 부자는 상승하게 되지

만, 유체 중에서 부자에 작용하는 중력과 같은 차압이 되는 환상 면적의 위치에서 부자는 정지
된다. 이 위치에 의해 유량을 알 수 있게 된다.

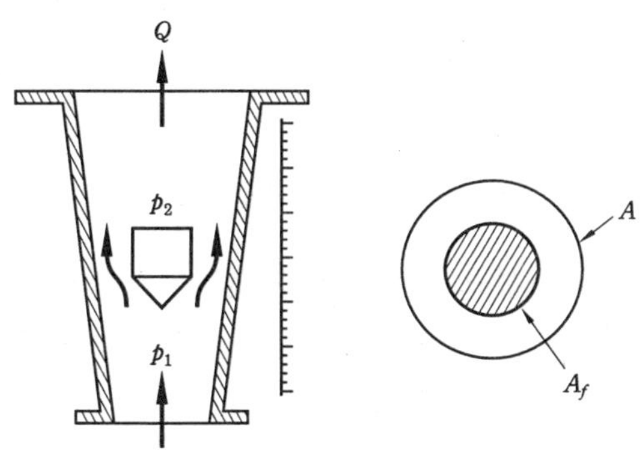

〈그림 3-17〉 면적식 유량계

부자의 체적, 밀도, 단면적을 각각 V_f, ρ_f, A_f, 부자 상하의 차압을 $\Delta p = p_1 - p_2$, 유체의 밀도
를 ρ, 중력 가속도를 g라고 하면, 부자에 작용하는 위 방향의 힘은 $(\rho g V_f + \Delta p A_f)$이며 아래 방
향의 힘, 즉 중력은 $p_f g V_f$로 되어, 부자의 정지 위치에서 다음 식이 성립한다.

$$g\rho V_f + \Delta p A_f = g\rho_f V_f$$

이로부터 차압 Δp는 다음과 같다.

$$\Delta p = p_1 - p_2 = \frac{g(\rho_f - \rho)V_f}{A_f}$$

테이퍼 관과 부자 사이의 유통 면적을 A라고 하면, 여기에 흐르는 유체의 유량 Q는 다음과
같다.

$$Q = aA\sqrt{\frac{2(p_1 - p_2)}{\rho}}$$

여기서, a는 유량 계수이다.

이 식들을 대입하여 정리하면 다음과 같다.

$$Q = aA\sqrt{\frac{2g(\rho_f - \rho)V_f}{\rho A_f}}$$

위의 식에서 우변의 근호 속은 일정하므로 유량 Q는 부자 위치에서의 원통 면적 A에 비례한
다. 테이퍼 관의 구조로부터 원통 면적 A는 부자 높이의 함수이므로 부자 높이로부터 유량을
구할 수 있다.

【3】 압력으로의 변환

① 차압 검출 기구

차압 검출 기구는 유체의 동력학적 성질을 이용하여 유량 또는 유속을 압력으로 변환하는
변환기이다. 교축 기구는 유체가 흐르는 관로의 단면적을 좁게 한 장치로서 대표적인 것에

는 오리피스(orifice), 노즐(nozzle), 벤투리(venturi) 관이 있다.

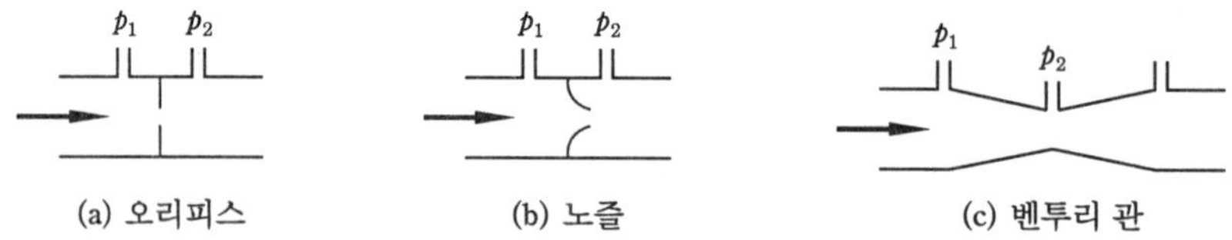

(a) 오리피스   (b) 노즐   (c) 벤투리 관

〈그림 3-18〉 차압 검출 기구(1)

유량과 차압의 관계는 모두 공통으로 검출 기구 전후의 압력을 p_1, p_2, 유량을 Q라고 하면, 베르누이의 정리 및 연속의 법칙에 의해 다음과 같이 유량이 차압으로 변환된다.

$$Q = aA\sqrt{\frac{2(p_1-p_2)}{\rho}} = aA\sqrt{\frac{2(p_1-p_2)}{\tau}}$$

여기서, a : 유량 계수, A : 교축부 단면적, ρ : 유체의 밀도, τ : 유체의 비중량($=\rho g$)

피토(pitot) 관은 유속을 전압과 정압의 차, 즉 동압으로 변환한다. 아래 그림과 같이 속도 v, 압력 p_0의 흐름 안에 피토 관을 놓으면 관의 선단에서는 흐름이 막혀 속도는 0으로 되고, 속도 수두가 압력 수두로 변환하여 압력은 p_1로 상승한다. 관의 선단과 관 측면 사이에 베르누이의 정리를 적용하면 다음과 같다.

$$p_1 = p_0 + \frac{1}{2}\rho v^2 \text{에서}$$

$$v = \sqrt{\frac{2(p_1-p_0)}{\rho}}$$

그러나 실제로 엄밀하게 이 관계식은 성립하지 않으므로 여기에 계수를 곱하여 다음과 같이 표시한다.

$$v = C\sqrt{\frac{2(p_1-p_0)}{\rho}}$$

여기서, C는 속도 계수, p_1을 전압, p_0을 정압, p_1과 p_0의 차를 동압이라 한다.

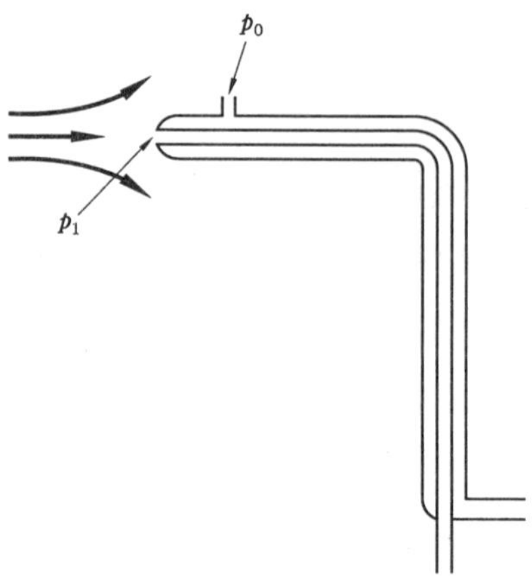

〈그림 3-19〉 차압 검출 기구(2)

② 압력식 온도계

　일정 용기 안에 충전한 유체의 압력이 열팽창에 의하여 변화하는 것을 이용하여 온도를 압력으로 직접 변환할 수 있다. 〈그림 3-20〉의 (a)는 에틸알코올, 수은 등의 액체를 사용한 것으로 액체의 팽창은 부르동관의 변형으로 흡수되어 변위로 변환한다. 그림 (b)는 용기의 일부에 넣은 액체의 포화 증기압을 이용한 것으로 에테르, 톨루엔 등을 사용한다.

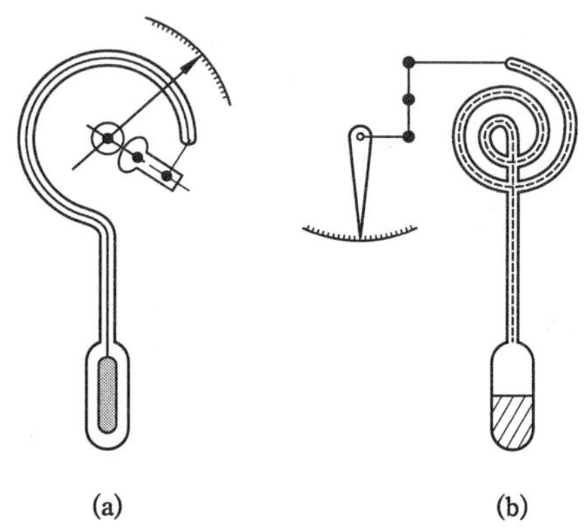

〈그림 3-20〉 압력식 온도계

③ 노즐 · 플래퍼 기구

　〈그림 3-21〉을 노즐 · 플래퍼(flapper) 기구라고 하며, 주요부는 고정 오리피스, 노즐 및 플래퍼로 구성되어 있다. 일정 압력원으로부터의 공기류를 고정 오리피스를 거쳐 노즐과 플래퍼의 틈 사이로 유도하면, 플래퍼의 미소 변위에 따라 노즐의 배압이 크게 변한다. 즉, 일정 압력원으로부터 공급되는 공기류를 입력 신호에 의해 변조하여 입력 신호의 변화에 대응하는 공기압 신호로 변조 · 변환한 것이다. 이 기구는 틈새 변화에 대한 압력 변화가 크므로 측정계 중에서 일종의 증폭기로 사용되기도 한다.

　측정량이 물체의 치수인 경우 플래퍼를 직접 피측정물로 치환한 것이 〈그림 3-22〉의 (a)이다.

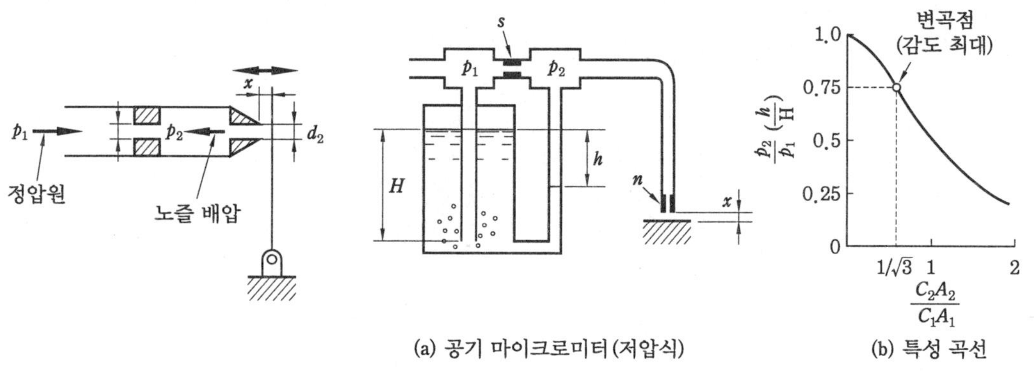

(a) 공기 마이크로미터 (저압식)　　(b) 특성 곡선

〈그림 3-21〉 노즐 플래퍼 기구　　　　〈그림 3-22〉 노즐 · 플래퍼의 응용

p_1, p_2는 각각 일정 압력원의 압력 및 지시부의 압력을 표시하고 모두 게이지 압력이며 s, n 은 고정 오리피스와 노즐을 표시한다. p_1의 크기에 따라 저압식(수주 2,000mm 이하), 고압식(200~300kPa) 및 이의 중간인 중압식으로 분류된다.

예를 들면, 〈그림 3-22〉의 (a)와 같이 저압식의 경우에는 2개의 오리피스가 존재하게 되는데, 하나는 고정 오리피스 s이고 또 하나는 출구 노즐과 피측정체 사이에 유동 억제로 인하여 생기게 된다.

첫 번째 고정 오리피스의 안지름과 면적을 d_1, A_1, 다음 노즐의 안지름과 유출 면적을 d_2, A_2라 하고 여기에 베르누이의 정리와 연속의 법칙을 적용하면 다음과 같다.

$$Q=C_1 A_1 \sqrt{\frac{2g(p_1-p_2)}{\gamma}}=C_2 A_2 \sqrt{\frac{2gp_2}{\gamma}}$$

$$\therefore \ p_2=p_1 \times \frac{1}{1+\left(\dfrac{C_2 A_2}{C_1 A_1}\right)^2}$$

여기서, C_1, C_2 : 유량 계수, γ : 공기의 비중량

그리고 A_1과 A_2는 다음과 같다.

$$A_1=\frac{\pi}{4}d_1^2 , \ A_2=nd_2 x$$

A_1은 고정이므로 입력 신호 x에 의하여 A_2를 변화시키는 경우 p_2 변화를 그림 (b)에 표시한다. 이 그림은 $\dfrac{C_2 A_2}{C_1 A_1}$과 $\dfrac{p_2}{p_1}$로 무차원화하여 표시한 것이다. 간단한 계산으로부터 $\dfrac{C_2 A_2}{C_1 A_1}=\dfrac{1}{\sqrt{3}}$ 이 변곡점이며 이 점에서 $\dfrac{p_2}{p_1}=0.75$이고 감도는 최대가 된다. 그리고 이 부근에서 직선성도 비교적 좋다.

④ 분사관

〈그림 3-23〉은 변위 또는 힘을 유압으로 변환하는 분사관의 원리를 나타낸 것이다. 상하를 베어링으로 가볍게 지지한 분사관의 선단(지름 1.2~2.5mm)으로부터 압유(0.5~1.5MPa)를 이것과 마주 놓인 두 개의 구멍 중앙에 있을 때는 압력 p_1과 p_2는 같으나 입력 신호에 의하여 좌우 어느 쪽으로 미소 변위하면 한쪽의 수류(受流) 구멍의 유압이 다른 쪽보다 상승하므로 이때의 차압을 측정하면 변위를 알 수 있다.

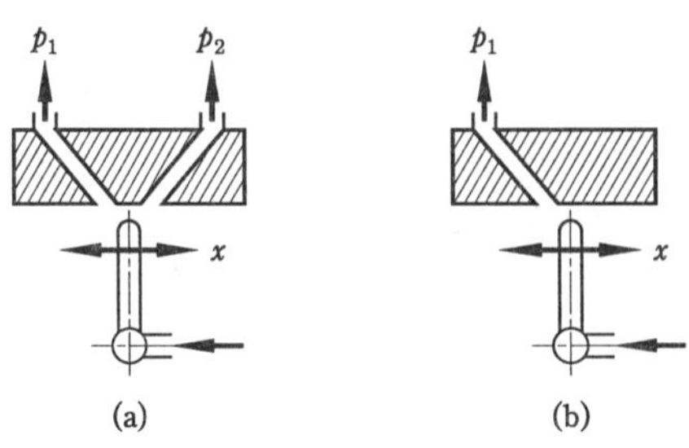

〈그림 3-23〉 분사관

수류 구멍이 두 개로 된 차동식 외에 단공식(單孔式)으로 된 것도 있다. 수류 구멍 유량을 q 라고 하면 수류 구멍의 차압 Δp와 분사관의 변위 x와의 사이에는 다음과 같은 관계가 있다.

$$\Delta p = p_1 - p_2 = \mu x - rq$$

여기서, μ : 증폭 계수, r : 내부 저항

위 식에서 내부 저항 r를 무시할 수 있을 때 차압은 변위에 비례함을 알 수 있다.

3 전기적 변환

【1】 기초 변환

측정량을 전기적인 신호로 변환하면 전달 · 확대 · 증폭하는 데 편리하며, 특히 고속으로 변화하는 측정량을 측정할 경우는 다른 변환에 비해 응답 지연이 작고 감도가 높으므로 원격 계측이나 자동 제어 등에 이용되고 있다.

전기적 변환기를 크게 나누면 다음과 같다.

- 측정량의 변화를 전기 저항, 인덕턴스, 정전 용량 등의 임피던스의 변화로 변환하는 것
- 압전 효과, 열전 효과 등의 물리적 현상에 따라 발생하는 기전력으로 변환하는 것
- 측정량의 크기에 대응하는 전압이나 전류의 펄스로 변환하는 것

위의 분류에서 임피던스의 변화로 변환하는 것을 변조식 변환이라고 하고, 기전력으로 변환하는 것을 직동식 변환이라 하며, 이들을 아날로그적 변환으로 분류하기도 한다. 그리고 펄스의 신호로 변환하는 것을 디지털 변환이라고 하며, 이 변환은 데이터의 저장과 전송이 가능하여 컴퓨터와의 접속이 용이하다.

① 간단한 전기 계기

전기적인 양을 지시 또는 기록하는 계기를 전기 계기라고 한다. 전기적인 양을 직접 힘으로 변환하여 지시하는 지시형 전기 계기의 기본 구성 요소는 바늘 등의 가동부를 구동하는 구동 기구와 가동부를 특정의 위치로 정지시키는 제동 기구 및 내부 변환 회로 등으로 구성되어 있다.

- 구동 장치

전기적인 측정량, 즉 전압, 전류, 전력 등의 측정은 전기 자기적인 원리에 의하여 이들의 측정량을 힘으로 변환한다. 힘을 발생하는 기구에 따라 가동 코일형, 가동 철편형, 유도형 및 전류력계형, 정전형 등이 있다. 이들 중에서 가장 많이 사용되는 계기로서 가동 코일형과 가동 철편형이 있다. 가동 코일형은 정밀급에 널리 쓰이며, 가동 철편형은 배전반용 계기로 널리 쓰인다.

가동 코일형은 가동 코일에 흐르는 전류 I와 고정된 영구 자석에 의한 자계의 자속 밀도 B와의 사이에 작용하는 전자력을 이용한 것으로, 가동 코일의 폭, 높이 및 권수를 각각 b, h, n, 가동 코일에 발생하는 토크를 T라고 하면 다음과 같은 관계가 성립한다.

$$BbhnI = T$$

한편, 제동 스프링의 토크 T_c는 다음과 같다.

$$T_c = k\theta$$

$T = T_c$에서 가동 부분의 회전각, 즉 바늘의 회전각 θ는 다음과 같다.

$$\theta = k\frac{Bbhn}{k}I$$

여기서, k : 제동 스프링의 스프링 상수

가동 철편형은 고정 코일 안에 고정 철편과 가동 철편을 놓은 것으로, 코일에 전류를 통과시키면 자계가 형성되고 양 철편이 동시에 같은 방향으로 자화되어 서로 반발하게 되므로 가동 철편이 움직인다.

코일의 인덕턴스를 L, 가동 철편의 회전 변위를 θ, 가동 철편에 발생하는 토크를 T라고 하면 다음과 같은 관계가 성립한다.

$$T = \frac{1}{2}I^2\frac{\partial L}{\partial \theta} = k_1 f(\theta)I^2$$

이를 $T_c = k\theta$와 같게 놓으면 다음과 같다.

$$I = \sqrt{\frac{k}{k_1}\cdot\frac{\theta}{f(\theta)}} = k'\sqrt{\frac{\theta}{f(\theta)}}$$

여기서, k_1, k 및 k' 는 상수이며, 위의 식에서와 같이 이 형의 계기는 불균등 눈금으로 된다.

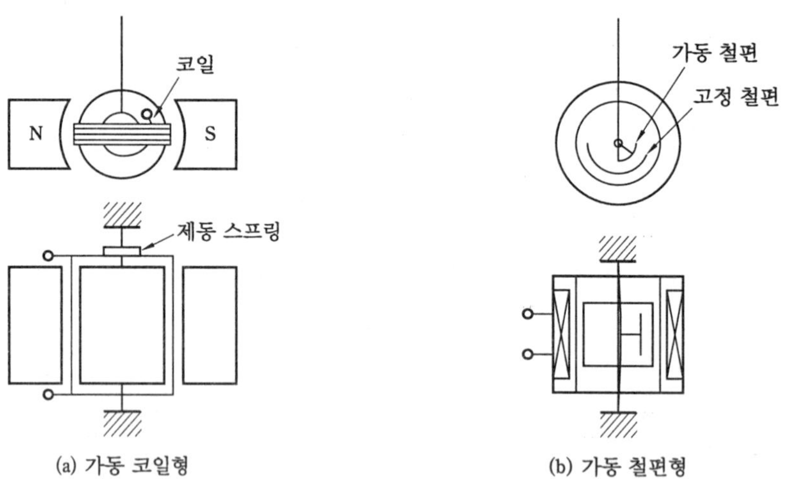

〈그림 3-24〉 전기 자기형 계기의 구동 장치

• 전류, 전압 및 저항계

전류계에서 전류의 범위를 늘리기 위해서는 최대 눈금의 편위를 일으키는 전류의 크기를 변화시켜 줄 필요가 있다. 이것은 〈그림 3-25〉에 표시한 것과 같이 전류계와 병렬로 저항을 연결하여 전류계에 흐르는 전류의 일부를 분류(shunting)시키면 된다. 전류계에서는 코일의 내부 저항 R_m의 값이 표시되어 있다.

키르히호프(Kirchhoff)의 법칙에 따라 $I=I_m+I_s$ 및 $I_mR_m=I_sR_s$이므로 전류 I는 다음과 같다.

$$I=I_m+\frac{I_mR_m}{R_s}=I_m\left(1+\frac{R_m}{R_s}\right)$$

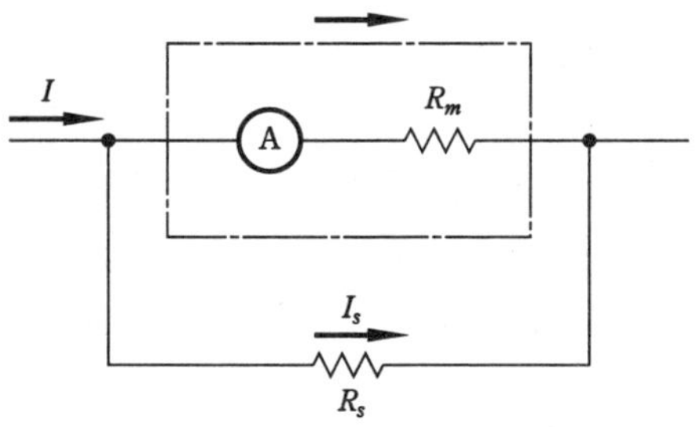

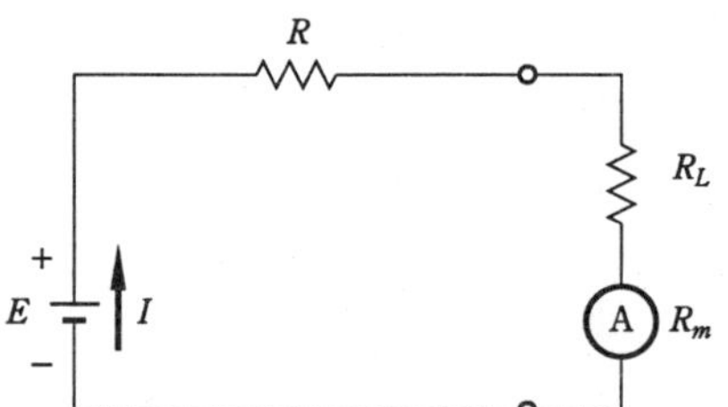

〈그림 3-25〉 전류계의 전류 용량 확대

만약 분류기의 저항이 계기 저항의 $\frac{1}{9}$이면 $1+\left(\frac{R_m}{R_s}\right)=10$이 되고, 최대 눈금 편위는 계기 자체 감도의 10배가 된다.

전류계를 사용할 때는 항상 계기 저항이 회로에 미치는 영향을 고려하여야 한다.

〈그림 3-26〉 전류계의 저항이 회로 전류에 미치는 영향

〈그림 3-26〉과 같은 테브난(Thevenin)의 등가 회로의 R_L에 흐르는 전류를 내부 저항이 R_m인 전류계로 측정하는 경우를 살펴보면, 전류계가 회로에 연결되어 있을 때의 전류는 다음과 같다.

$$I=\frac{E}{R+R_L+R_m}$$

따라서 전류계의 내부 저항 R_m은 $R_m\ll R+R_L$인 조건이 성립하지 않으면 전류계가 지시하는 전류값은 전류계를 연결하기 전의 회로 전류, 즉 측정하고자 하는 전류값과 같지 않다. 이 때문에 전류계의 내부 저항은 항상 작은 값을 갖는 것이 요구된다. 한편 내부 저항을 회로 저항에 비하여 무시할 수 없는 경우는 계기 저항이 일으키는 영향을 교정할 수 있으며, 따라서 측정하고자 하는 전류값을 구할 수 있다.

가동 비하형 계기는 전류계로 주로 사용되나 계기 내부 저항 R_m에 걸리는 전압은 $E_m=R_mI$에 의하여 나타나므로 전압계로도 사용이 가능하다. 만일 전압계로 사용하여 측정 범

위를 확대시키기 위해 항에 계기와 직렬로 외부에 적당한 저항을 삽입하면 된다. 이때 사용되는 외부 저항을 배율기(multiplier)라고 하며, 배율기를 사용할 때에 회로에서 측정하고자 하는 전압을 E라고 하면 다음과 같다.

$$E=I_m(R_m+R_s)$$

따라서 같은 계기를 사용할 때에 외부 저항 R_s를 크게 하면 측정 전압의 범위를 확대시킬 수 있다. 보통의 전압계는 전압의 측정 범위를 확대하기 위해서 여러 개의 직렬 저항 배율기를 내장하여 측정 범위에 따라 적당한 저항값을 선택하게 되어 있다.

〈그림 3-27〉은 전압계에 배율기가 연결되는 회로를 나타낸 것이다. 전류계의 경우와 마찬가지로 전압계의 내부 저항이 회로에 주는 영향을 고려해야 한다. 전압계의 바늘을 편위시키기 위해서 계기에 작은 전류를 흘려주어야 하며, 만일에 계기 전류를 회로 전류에 비해 무시할 수 없는 경우는 계기가 회로에 부하를 건다고 말하며, 계기에 의해서 변동되기 전의 전압을 구하기 위해서는 계기의 지시값은 교정되어야 한다.

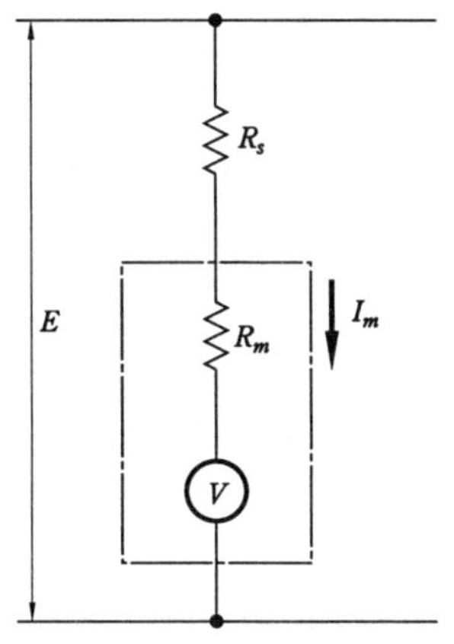

〈그림 3-27〉 배율기가 접속된 전압계

고감도 가동 코일형 계기는 극히 작은 전류에 의해서 최대 눈금 편위를 일으킬 수 있으므로 전압계로 사용하는 데 적합하다. 실제로는 보통 내부 저항과 측정 최대 전압값과의 비로 전압계의 감도를 표시하며 [Ω/V]로 표시된다.

위의 식에 의하면, (R_m+R_s)와 최대 눈금 편위를 일으키는 데 필요한 전압과의 비는 바로 계기의 전류 감도와 같아지므로 이들 두 가지 감도는 서로 대등하다. 예를 들면, 1mA의 최대 눈금 감도를 갖는 가동 코일형 계기를 전압계로 사용할 때 감도는 $1/10^{-3}=1,000\,[\Omega/V]$가 된다. 이것은 최대 측정 범위 100V인 눈금을 사용할 때에 100,000Ω의 내부 저항을 갖게 됨을 의미한다. 50μA의 계기를 사용한 20,000[Ω/V] 전압계는 100V 눈금을 사용할 때에 2MΩ의 내부 저항을 갖는다.

회로망의 특정 부분의 저항을 구하기 위해서는 전류와 전압을 측정하고 옴(Ohm)의 법칙을 이용하면 된다. 이때 계기를 회로에 연결시키는 방법은 두 가지가 있으며 이것을 전압계-전류계 방법이라고 한다. 두 가지 방법 중에서 선택은 내부 저항과 회로 저항의 상대적인 크기에 의해 정해진다.

〈그림 3-28〉은 전압계-전류계 방법의 두 가지 형태를 나타낸 것이다. 그림 (a)의 경우 키르히호프의 법칙에서 다음과 같다.

$$E=IR+IR_1$$

여기서 E, A는 각각 계기의 지시값이다. 이때 미지 저항의 값은 다음과 같이 구할 수 있다.

$$R=\frac{E}{I}-R_A$$

그러나 저항의 참값은 지시값의 비 $\frac{E}{A}$ 보다 작다. 마찬가지로 그림 (b)에서 전류 I는 R 및 R_V의 두 병렬 지로에서 분배되어 흐르게 되므로 다음과 같다.

$$E=\frac{R_VR}{R_V+R}A$$

이 식을 정리하면 미지 저항 R은 다음과 같다.

$$R=\frac{E}{A\{1-(E/A)/R_V\}}$$

R에 관한 위의 두 식을 비교하여 보면 그림 (a)의 회로는 전류계의 저항이 미지 저항값(또는 $\frac{E}{A}$)에 비해서 작은 경우, 그림 (b)의 회로는 전압계의 저항이 미지 저항에 비해서 큰 경우에 적합함을 알 수 있다. 이와 같은 두 경우에 미지 저항은 단순히 $\frac{E}{A}$ 와 같아진다.

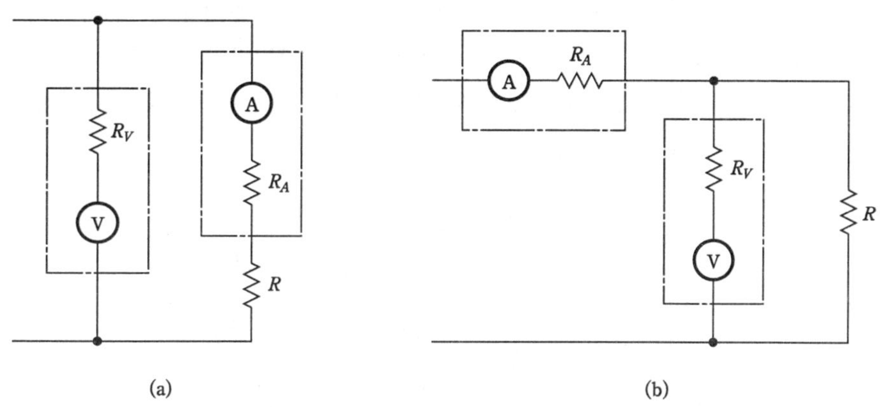

(a)　　　　　　　　　　　(b)

〈그림 3-28〉 저항 R을 측정하는 두 가지의 전압계-전류계 결선 방식

전압계-전류계 회로를 이용한 것의 하나로 저항계가 있으며 계기의 눈금은 Ω으로 표시된다. 대표적인 예로 〈그림 3-29〉와 같은 간단한 저항계 회로에서 미지 저항에 걸리는 전압을 측정하고, 저항에 흐르는 전류를 측정하는 데 같은 계기가 사용된다.

먼저 단자 a와 b를 서로 단락시켰다고 한다면 이때 전압계는 전지 전압 E를 측정하게 된다. 다음에 테스트 단자를 미지 저항과 연결시킨다. 이때 계기로 측정한 R_1 양단의 전압을 E_R이라고 하면 옴의 법칙에서 다음과 같다.

$$R_V + R_1 = \frac{E}{E_R / R_1}$$

또한 R_V에 대해서 풀면 다음과 같다.

$$R_V = R_1 \left(\frac{E}{E_R} - 1 \right)$$

따라서 위의 식에 의해서 미지 저항의 값은 위의 두 지시값(E, E_R)에 의하여 계산될 수 있으나 실제로는 보통 다음과 같은 방법으로 계기의 지시값이 바로 저항값을 표시하도록 하는 것이 더 편리하다. 먼저 두 테스트 단자를 서로 단락시켰을 때 계기의 지시가 최대 눈금값, 즉 최대값이 되도록 가변 저항 R_2를 조절한다. 이때 스케일상의 바늘의 지시점은 0Ω이 된다.

다음에 테스트 단자를 미지 저항에 연결했을 때 계기가 최대 눈금의 $\frac{1}{2}$ 을 지시하면, 이 것은 $E_R = \frac{E}{2}$ 이므로 $R_V = R_1$임을 나타낸다. 따라서 스케일의 중앙점을 R_1의 저항값으로 표시할 수 있다. 마찬가지 방법으로 최대 눈금의 $\frac{1}{4}$ 을 지시하는 점인 $E_R = \frac{E}{4}$ 의 점을 $3R_1$의 저항값을 갖는 점으로 표시할 수 있다.

한편 테스트 단자를 개방했을 때의 지시점은 $\infty[\Omega]$인 점이 된다. 이때 저항계의 지시 스케일은 비직선적이다.

저항계의 바늘이 스케일의 중앙값을 지시할 때의 미지 저항값은 R_1의 값에 따라 달라지기 때문에 여러 가지 R_1의 값을 취함으로써 측정 저항값의 범위를 넓게 할 수 있다. 윗 식에서 계기 전류는 무시하였으나 R_1이 큰 고저항 범위에서는 무시할 수 없다. 따라서 실제 저항계 회로는 그림에서의 회로보다 다소 복잡하지만 동작 원리는 같다. 전압계, 전류계 및 저항계의 기능을 1개의 계기가 갖도록 할 수 있으며, 이때 1개의 가동 코일형 계기만을 사용하면 되기 때문에 매우 편리하다.

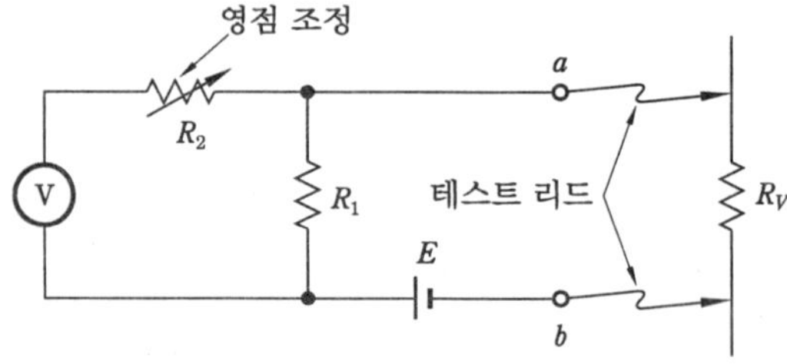

〈그림 3-29〉 간단한 저항계 회로

② 입력 회로의 기본

전기적 변환에 널리 사용되는 기본적인 입력 회로의 종류에는 전류 감지 입력 회로, 전압 감지 입력 회로, 전압 분할 회로, 전압 평형 전위차계 회로 등이 있다.

• 전류 감지 입력 회로

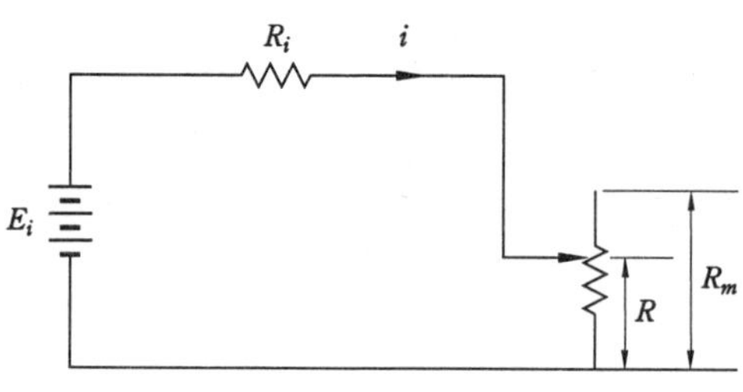

〈그림 3-30〉 전류 감지 입력 회로

〈그림 3-30〉은 가변 저항 요소를 갖는 변환기가 직렬로 연결되어 있는 전류 감지 입력 회로이며, 전원의 이론 전압을 E_i, 회로의 내부 저항을 R_i, 그리고 변환기의 저항을 R라고 할 때 전류 I는 다음과 같다.

$$i = \frac{E_i}{R + R_i}$$

변환기의 최대 저항을 R_m이라 하고 저항을 무차원 형태로 나타내어 윗 식을 대입하면 다음과 같다.

$$\frac{i}{i_{\max}} = \frac{i}{\frac{E_i}{R_i}} = \frac{1}{\left(\frac{R}{R_m}\right)\left(\frac{R_m}{R_i}\right) + 1}$$

위의 식에서 $\dfrac{R}{R_m}$과 출력 $\dfrac{i}{i_{\max}}$와의 관계는 비선형이다.

• 전압 감지 입력 회로

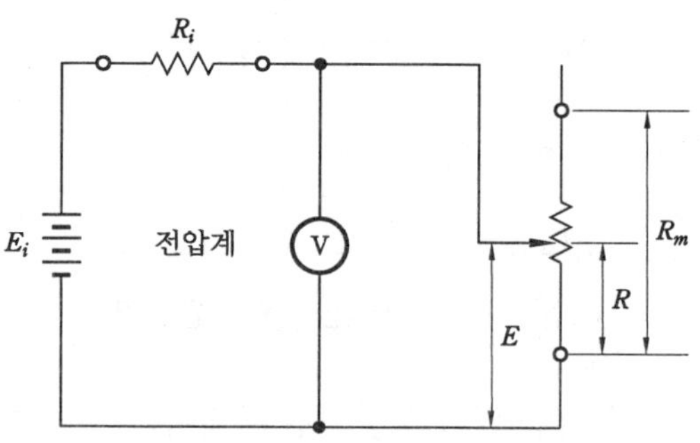

〈그림 3-31〉 전압 감지 입력 회로

앞의 회로에 전압계를 사용하면 〈그림 3-31〉과 같이 수정할 수 있다. 이 회로를 전압 감지 입력 회로 또는 안정 회로라고 한다.

전압계의 내부 임피던스는 회로의 저항에 비해 매우 크기 때문에 전압계가 소모하는 전류는 무시할 수 있다고 가정하면 전압계는 개회로(open circuit)와 유사하다고 생각할 수 있다. 따라서 전류 i는 다음과 같이 주어진다.

$$i = \frac{E_1}{R + R_i}$$

그림에서와 같이 E를 변압기 양단의 전압이라고 하면 다음과 같다.

$$\frac{E}{E_i} = \frac{iR}{i(R + R_i)} = \frac{\left(\dfrac{R}{R_m}\right)\left(\dfrac{R_m}{R_i}\right)}{1 + \left(\dfrac{R}{R_m}\right)\left(\dfrac{R_m}{R_i}\right)}$$

여기서, 전압을 저항 R의 측정값으로 나타내었지만 아직 비선형이다. 그러나 〈그림 3-30〉의 전류 감지 입력 회로에 비해서 전압 감지 입력 회로의 장점은 전압 측정이 전류 측정보다 용이한 경우가 많다는 점이다. 측정 회로의 감도, 즉 변환기의 입력(R) 변화에 대한 출력(E)의 변화율을 S라고 하면 S는 다음과 같다.

$$S = \frac{dE}{dR} = \frac{E_i R_i}{(R_i + R)^2}$$

감도 S가 최대로 되는 회로를 설계한다고 할 때, 회로 설계 변수는 안정 저항 R_i이고, 이 변수에 대해서 감도를 극대화시켜 보면 최대 조건은 다음과 같다.

$$\frac{dS}{dR_i} = \frac{E_i(R - R_i)}{(R_i + R)} = 0$$

그러므로 감도를 최대로 하려면 $R_i = R$이다. 그러나 R는 가변 저항이므로 R의 범위 내에서 감도가 최대가 되도록 R_i를 택한다.

• 전압 분할 회로

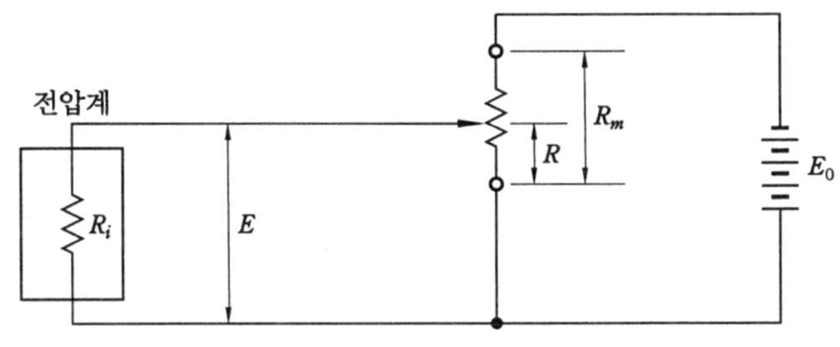

〈그림 3-32〉 간단한 전압 분할 회로

앞의 두 회로는 모두 가변 저항 변환기를 연결한 회로이다. 그러나 어떤 경우에는 〈그림 3-32〉와 같은 전압 분할 회로를 사용하는 것이 더욱 편리하다. 이 회로에서는 고정 전압 E_0가 변환기의 총 저항 R_m에 가해지며 내부 저항 R_i인 전압계와 가변 접점으로 연결되어 있다.

만일 전압계의 임피던스가 충분히 높다고 가정하면, 지시 전압 E가 가변 저항 R에 직접 비례하며 다음과 같이 나타낼 수 있다.

$$\frac{E}{E_0} = \frac{R}{R_m} \ (\text{단, } R_i \gg R)$$

전압계에는 내부 저항이 존재하므로 전압 측정에 영향을 미치는 전류가 흐르게 된다. 전압계의 내부 저항을 고려하면 전원으로부터 줄어들 전류는 다음과 같다.

$$i = \frac{E_0}{R_m - R + \dfrac{R_i R}{(R + R_i)}}$$

따라서 지시 전압은 다음과 같다.

$$E = E_0 - i(R_m - R) \quad \text{또는} \quad \frac{E}{E_0} = \frac{\left(\dfrac{R}{R_m}\right)}{\left(\dfrac{R}{R_m}\right)\left(1 - \dfrac{R_m}{R_i}\right)\left(\dfrac{R_i}{R_m}\right) + 1}$$

위의 식에 나타나는 전압비와 개방 회로 조건, 또는 매우 큰 계기 임피던스 아래에서 관측되는 선형 관계의 식에서 표시되는 전압비 사이에 어느 정도의 차이가 있는지를 알아보기 위해서는 참값을 얻고 선형 지시를 가정하여 부하 오차를 계산하면 다음과 같다.

$$\text{분수 부하 오차(fractional loading error)} = -\left(\frac{R}{R_m}\right)\left(1 - \frac{R}{R_m}\right)(R_m \cdot R)$$

분수 부하 오차 식은 부하 오차를 얻어지는 전압값에 대한 분수로 나타내고 있으며, $R/R_m = 0$과 1일 때 부하 오차가 0임을 알 수 있다.

순오차 또는 선형 지시로부터의 편차는 다음과 같다.

$$\text{편차} = \frac{-\left(\dfrac{R}{R_m}\right)^2\left(1 - \dfrac{R}{R_m}\right)}{\left(\dfrac{R}{R_m}\right)\left(1 - \dfrac{R}{R_m}\right) + \left(\dfrac{R_i}{R_m}\right) + 1}$$

• 전압 평형 전위차계 회로

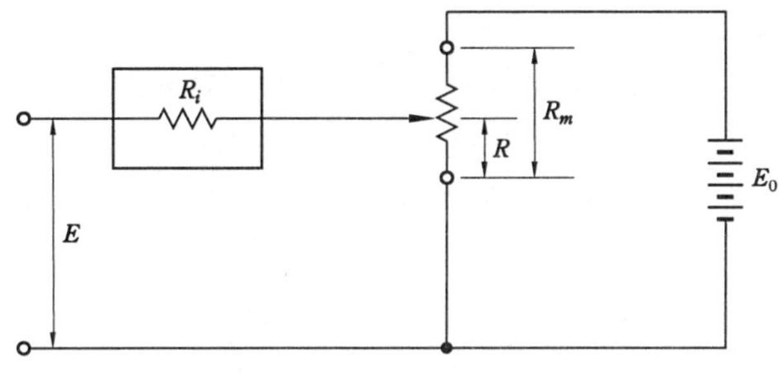

〈그림 3-33〉 전압 평형 전위차계 회로

전압 분할 회로는 지시 전압이 전압계 부하의 영향을 받는다는 단점이 있다. 이러한 문제는 〈그림 3-33〉과 같이 전압 평형 전위차계 회로를 사용하면 제거가 가능하다. 이 회로에서는 저항기 R_m에 이미 알고 있는 전압 E_0가 걸려 있고, 한편 저항기 R_m에 가변 접점을 갖고 있으며, 내부 저항 R_i인 검류계를 통한 동일 저항기에 미지의 전압이 걸려 있다.

가변 접점의 어느 위치에서 검류계는 0전류를 지시할 것이며, 이때 미지의 전압 E는 다음과 같다.

$$\frac{E}{E_0} = \frac{R}{R_m}$$

이 경우에 검류계의 내부 저항은 지시에 영향을 끼치지 않는다. 이와 같은 전압 평형 전위차계 회로는 열전대에 의해 발생하는 작은 기전력의 정확한 측정에 사용된다.

[2] 변조 변환

저항, 용량 또는 인덕턴스(inductance) 등의 임피던스(impedance) 소자를 이용하면 입력 신호를 전압·전류로 변조 변환할 수 있다. 즉, 임피던스 소자가 들어 있는 전기 회로에 일정 전압 또는 전류를 공급하여 이것을 입력 신호에 따른 임피던스 변화에 의해 변조함으로써 입력 신호에 비례한 전압·전류의 변화로 변환한다.

① 저항 변환

입력 신호를 저항이나 전기 전도도 등의 도전성의 변화로 변환하고, 이것을 전압이나 전류의 변화로 변환하는 변환기에는 가변 저항, 스트레인 게이지(strain gauge) 및 측온 저항체 등의 비교적 단순한 저항 소자가 있다.

• 가변 저항기(변위→전기 저항)

기계적인 선 변위 또는 회전각 변위를 저항으로 변환한 것으로 가변 저항기가 있다. 온도 계수가 작은 저항체의 표면에 접촉자를 이동시켜 저항 변화를 얻는다.

• 저항선 스트레인 게이지(힘→저항)

저항선이 축 방향으로 인장 또는 압축을 받으면 선의 길이와 단면적이 변화하여 저항값이 변화한다. 또 저항선의 고유 저항 자체도 변화한다.

이러한 성질을 이용하여 힘에 의한 미소 변위를 저항 변화로 변환할 수 있으며, 이와 같은 원리의 게이지를 스트레인 게이지라고 한다.

스트레인 게이지에는 접착형과 비접착형이 있으며, 접착형은 지름 0.025mm 정도의 가는 저항선을 폴리에스테르나 베이클라이트 등의 얇은 기판 상에 붙여 만들거나 선 대신에 두께 $5\mu m$ 정도의 어드밴스(advance) 박을 기판에 붙여서 에칭(etching) 가공하여 만든다. 이것을 박 게이지(foil gauge)라고도 하는데, 이는 허용 전류가 크다.

비접착형 게이지는 고정 틀과 가동 판에 설치되어 있는 핀 사이에 저항선을 당겨 감아서 설치한 것으로, 가동 판에 약간의 힘이 가해지면 2개의 저항선은 수축하고 다른 2개는 늘어난다. 비접착형은 작은 힘이나 미소 변위의 측정에 사용한다.

• 저항 온도계(온도→저항)

금속의 저항은 온도에 의해 변화하며, 이것을 이용하여 온도 검출에 시용할 수 있다.

② 정전 용량 변환(변위→정전 용량)

변위 등의 입력 신호를 정전 용량으로 변화시켜 전압이나 전류의 변화로 변환할 수 있다. 이 변환기는 기본적으로 유전체와 이를 사이에 두고 끼어 있는 전극 판으로 구성되어 있다.

정전 용량을 변화시키는 방식에는 가변 면적식과 가변 간격식, 그리고 가변 유전율식이 있으며, 미소 치수 변화의 검출에는 가변 간격식을 많이 사용한다.

③ 인덕턴스 변환(변위→인덕턴스)

입력 신호로 코일의 자기 인덕턴스 또는 상호 인덕턴스를 변화시켜 이것을 전압, 전류로 변환할 수 있다. 자기 인덕턴스 변화를 이용하는 경우 코일에 일정 전압을 인가하면 인덕턴스 변화에 따라 전류의 변화를 얻으며, 상호 인덕턴스의 경우는 1차 코일에 일정 전압을 인가하면 상호 인덕턴스의 변화에 따라 2차 코일에 전압의 변화를 얻는다.

인덕턴스를 변화시키는 방법에는 코일 안에 코어(core)를 이동시키는 가변 철심형과 코어의 일부에 공극을 만들어 이를 변화시키는 가변 공극형이 있다. 따라서 이 변환기의 입력 신호는 변위 또는 힘이다.

④ 자기 변환

인덕턴스 변환기와 크게 차이는 없으나 물성적인 효과를 이용하고 있다.

• 자기 스트레인 변환기

자성체를 자화하면 그 치수가 변화하여 스트레인이 발생하고, 또 역으로 자화된 재료에 외력을 가하여 스트레인을 일으키면 자화 특성이 변화하는 현상을 총칭하여 자기 스트레인 효과(magnetostriction effect)라고 한다. 후자의 현상을 이용하여 힘 또는 토크의 전기적 변환기를 제작할 수 있다.

자기 스트레인 재료는 철, 니켈, 코발트 등의 금속이나 이들을 포함한 합금 또는 페라이트 등의 자성체이며 큰 하중에 대해서는 규소 강관이 실용되고 있다.

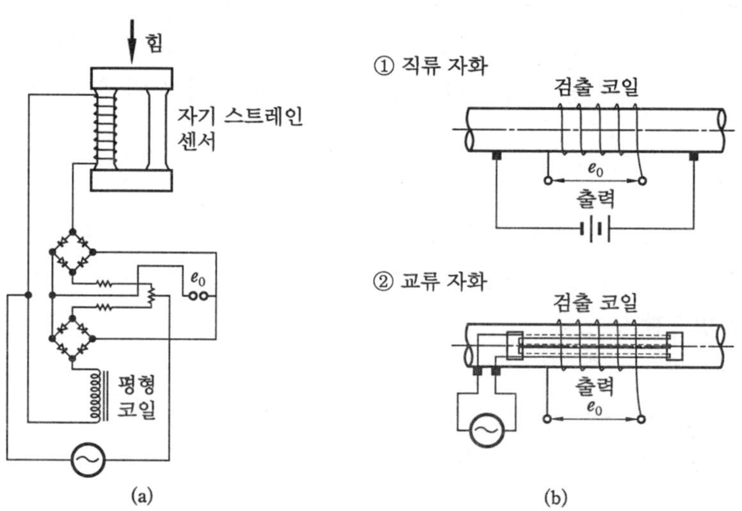

〈그림 3-34〉 자기 스트레인 효과를 이용한 센서

• 홀 효과(Hall-effect) 변환기

게르마늄, 실리콘, 인듐-안티몬, 인듐-비소 등의 반도체로 만들어진 판상편의 한쪽 끝에 전류 I를 흐르게 하고 이 전류와 직각으로 전압 단자를 설치한다. 여기에 직각으로 자계를 걸면 반도체 내부의 반송자가 수평으로 이동하여 전압 단자에 홀 전압이 발생하는 현상을 말하며, 자속 밀도를 B라고 하면 기전력은 다음과 같다.

$$e = R_H IB = \frac{f(\frac{l}{b})}{t}$$

여기서, R_H는 홀 계수라고 하며, $f(\frac{l}{b})$는 소자의 형상으로 정해지는 정수로서 $\frac{l}{b} > 4$에서 $f(\frac{l}{b}) \fallingdotseq 1$이 된다. 그리고 t는 판의 두께이다.

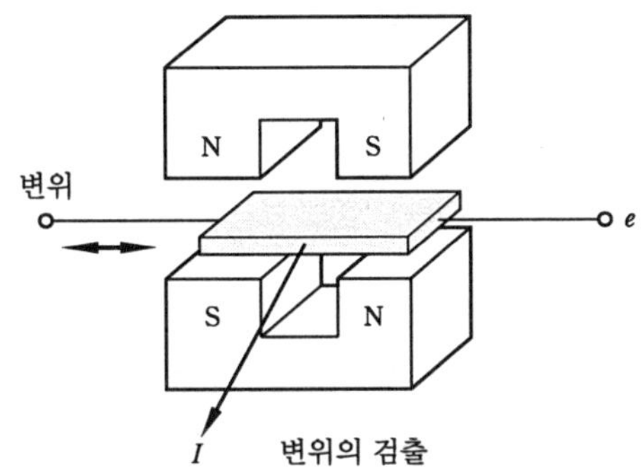

〈그림 3-35〉 홀 효과 변환기

[3] 직동 변환

여러 가지 입력 신호를 이에 비례하는 전압 또는 전류의 변화로 직동적으로 변환하는 경우 물리 법칙이나 물리 효과를 이용한다. 대표적인 예로는 전자 유도 작용, 압전 효과, 열전 효과 등이 있으며, 이들은 전원이 필요 없고 측정량 자체에 의해 전압을 발생하므로 기전력 변환이라고 한다.

① 전자 유도 변환기

자계 안에 코일을 놓고 이 코일 안을 통과하는 자속을 변화시키면 자속의 변화량에 비례하는 전압이 발생하며, 이때 코일 양단에 적당한 전기적 부하를 접속시키면 전류가 흐르고 측정량을 전류로 변환할 수 있다.

② 압전 효과 변환기

어떤 종류의 결정체로부터 잘라낸 판상의 작은 조각에 특정 방향으로 힘을 가하면 결정축에 직각인 판의 표면에 압력에 비례한 전하가 발생되는 현상을 말하며, 수정, 로셀염, 티탄산바륨 등이 널리 쓰이고 있다.

③ 열전 효과 변환기

서로 다른 2종의 금속, 합판, 반도체 선의 양단을 연결하여 회로를 만들고 두 개의 접점 간에 온도차를 주면 회로에 기전력이 발생하는 현상으로 제베크(Seebeck) 효과라고 한다.

④ 광학적 및 기타의 변환

【1】 빛으로의 변환

여러 물체의 광학적인 성질을 이용하여 입력 신호를 빛의 강도로 변환할 수 있다. 이 경우에 입력 신호를 직접 빛의 강도로 변환하는 직접 변환은 거의 없고, 일정 광원으로부터 공급되는 빛을 입력 신호로 변조하여 빛의 강도의 변화로 변환하는 변조 변환 방법이 널리 쓰이고 있다. 빛으로의 변조 변환에는 물질이 특정의 파장 빛을 선택적으로 흡수하여 빛의 강도를 변화시키는 성질을 이용한 것과 광로차에 의해 광파를 강하거나 약하게 하는 간섭의 성질을 이용한 것이 있다.

【2】 빛의 전기적 변환

물질이 빛을 흡수하여 자유 전자를 발생시켜 기전력이 발생하거나 또는 전도도가 증가하는 현상을 광전 효과라고 하며, 광도전 효과와 광기전력 효과 등으로 나눌 수 있다.

【3】 기타 변환

① 시간 변환

초음파는 예민한 지향성을 가지고 있으며 물질의 경계면에서 반사하는 성질이 있다. 이러한 성질을 이용하여 초음파 펄스를 피측정물 내에 발사하고 초음파가 피측정물 내의 경계면, 결함 등에서 반사하여 돌아오는 시간으로부터 거리를 알 수 있다.

② 주파수 변환

발신기로부터 피측정물 내에 보내지는 초음파의 주파수를 변화시켜 가면 피측정물의 두께가 바로 반파장의 정수배일 때 입력파와 반사파가 겹쳐서 정상파가 생긴다. 이 점이 공진점이며, 이것을 이용하여 피측정물의 두께를 주파수로 변환할 수 있다.

③ 온도 변환

가는 금속선에 전류를 흐르게 하면 발열하여 열선으로 된다. 여기서 바람이 가해지면 열 발산이 증가하여 온도가 변화한다. 즉, 송풍이 온도로 변환된 것이다. 온도가 변하면 열선의 저항이 변하므로 이것을 측정하여 온도의 변화, 풍속의 크기를 알 수 있다.

3. 변환기의 종류

① 온도 변환기

온도 변환기는 열전대 또는 측온 저항체와 조합시켜 온도를 전류 신호로 변환하는 경우가 많다. 검출기로는 고감도의 서미스터가 있으나 프로세스 제어에는 잘 사용되지 않는다.

【1】 온도 변환기의 구성

〈그림 3-36〉은 온도 변환기의 구성 예를 나타내고 있다. 온도 변환기가 요구하는 기능은 다음과 같다.

① mV 레벨 신호를 안정하게 높은 레벨까지 증폭할 수 있을 것.

② 입력 임피던스가 높고, 장거리 전송이 가능할 것.

③ 온도와 열전대의 열기전력 관계 또는 온도와 측온 저항체의 저항값 변화에서 생기는 비직선 특성을 보정하여 온도와 출력 신호의 관계를 직선화시킬 수 있는 리니어 라이저(linear riser)를 갖고 있을 것.

④ 외부의 노이즈(noise) 영향을 받지 않는 회로일 것.

⑤ 주위 온도 변환, 전원 변동 등이 출력에 영향을 주지 말 것.

⑥ 입출력 간은 직류적으로 절연되어 있어야 할 것.

온도 변환기는 〈그림 3-36〉에 보는 바와 같이 레인지 유닛(range unit) 부분과 증폭기 및 전원으로 구성된다.

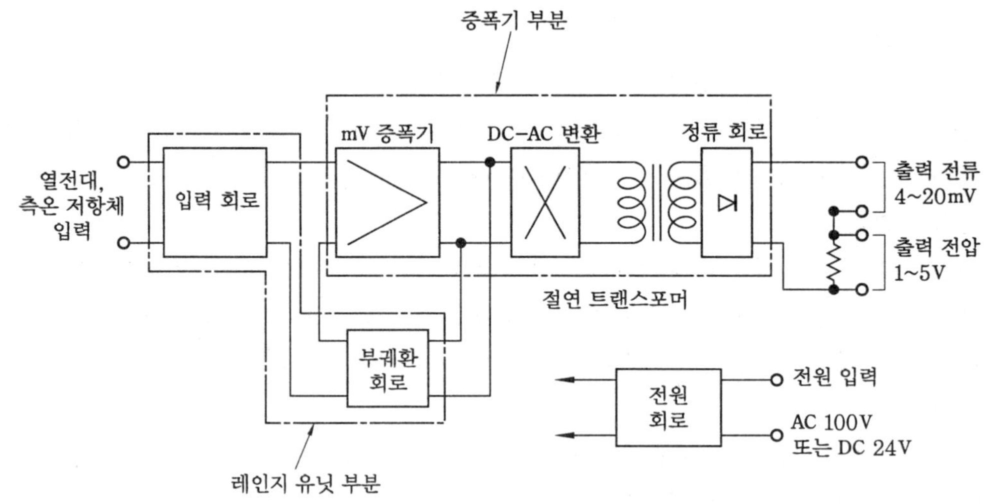

〈그림 3-36〉 온도 변환기의 구성 예

열전대와 측온 저항체인 경우에는 검출기의 레인지 유닛 회로 구성이 다르다. 또 이 유닛에서는 입력 온도 레인지에 맞추어 정수를 변경시킬 수 있게 되어 있다.

가장 일반적인 온도 변환기는 〈그림 3-37〉에서 보는 바와 같이 열전대 입력은 기준 접점 보상 회로의 전압 e가 가산되어 0℃ 기준의 열기전력 e_{mt}로 되며 증폭기에 입력된다.

측온 저항체 입력은 저항 간의 변화가 브리지 회로에 의해 mV 레벨의 전압으로 변화되어 증폭에 입력된다.

여기서 브리지 회로를 구성하는 저항 R_{11}, R_{13}, R_{14}와 기준 전압 E_s는 직접적으로 측정도에 영향을 줌으로써 충분한 안정도, 즉 50ppm/℃ 이하의 특성이 요구된다.

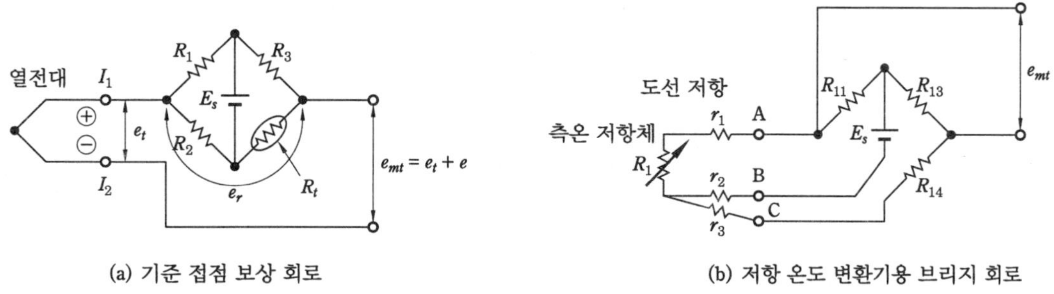

(a) 기준 접점 보상 회로   (b) 저항 온도 변환기용 브리지 회로

〈그림 3-37〉 온도 변환기의 입력 회로 예

열전대의 열기전력 또는 측온 저항체의 저항치와 온도 관계는 아래 그림에 나타난 것처럼 직선 관계가 아니므로 단지 직선(linear) 증폭만 하면 출력 전류－온도 관계는 비직선이 된다. 따라서 지시계나 기록계의 눈금을 직선적으로 만들면 눈금판이나 차트의 종류가 여러 가지가 되어 불편하므로 눈금을 비직선적으로 하는 것은 불가피하다.

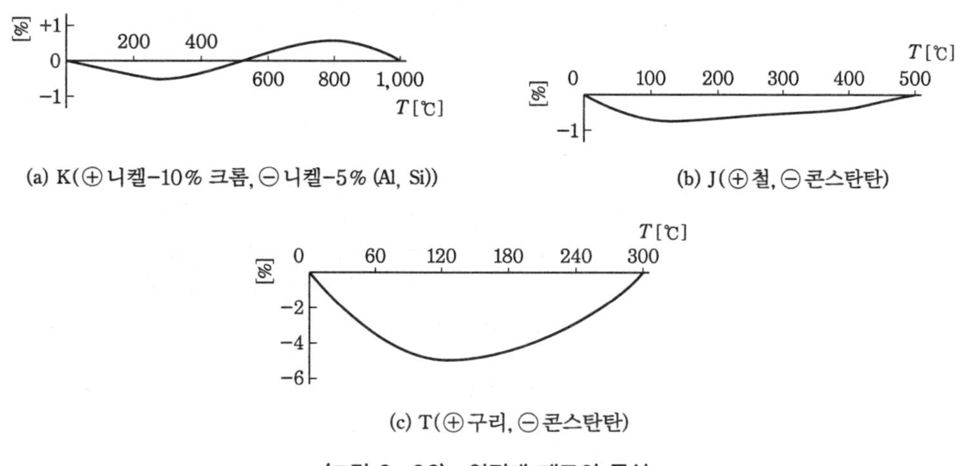

(a) K(⊕ 니켈-10% 크롬, ⊖ 니켈-5% (Al, Si))   (b) J(⊕ 철, ⊖ 콘스탄탄)

(c) T(⊕ 구리, ⊖ 콘스탄탄)

〈그림 3-38〉 열전대 재료의 특성

[2] 온도 변환기의 특성

입력 회로에 사용되는 열전대 입력용의 기준 접점 보상 회로의 특성을 그림에 나타내었다. 측온 저항체 입력의 경우에서 측온 브리지를 사용한 경우의 입력 도선의 영향은 오른쪽 그림과 같다. 입력 도선은 3선식으로 하여 각 도선의 저항값을 균등히 하는 것이 필요하지만, 브리지의 전원 측에 들어오는 도선 저항을 무시할 수 없으므로 오차가 발생한다.

〈표 3-2〉는 동 도선의 지름에 따른 저항값을 나타낸다.

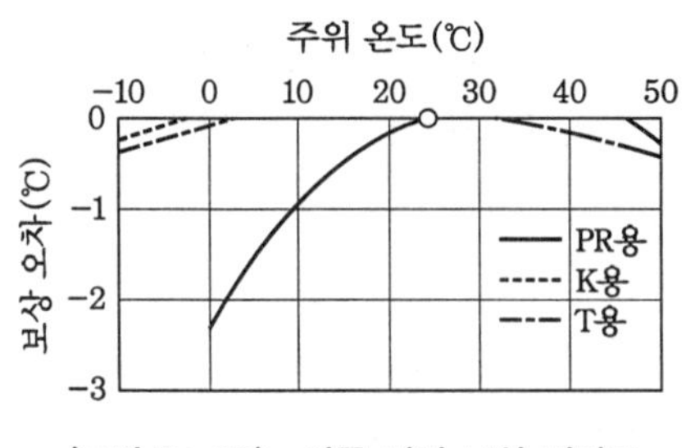

〈그림 3-39〉 기준 접점 보상 정밀도

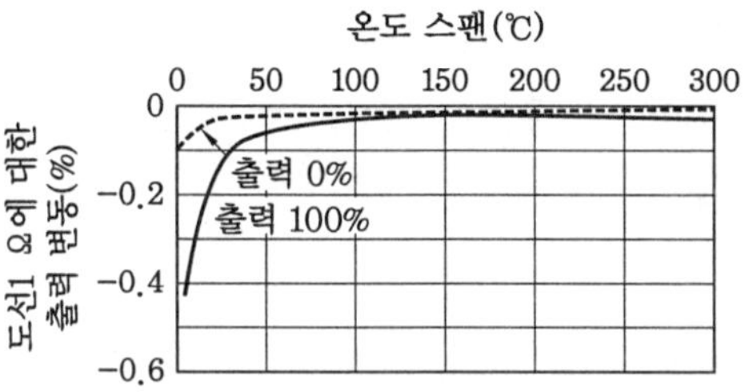

〈그림 3-40〉 도선 저항에 의한 오차

〈표 3-2〉 동 도선의 저항표

동 도선 지름(mm)	2.0	1.8	1.6	1.4	1.2
편선 저항값(Ω/m)	0.006	0.007	0.009	0.012	0.016

〈표 3-3〉 온도 변환기의 입력 온도 범위 예

종별	검출기	측정 범위	스 팬	범위(℃)				
열전대	PR	0~1600℃	500℃ 이상	0~800 0~1000 0~1200 0~1400	400~1000 400~1400	700~1400 900~1400	0~1600 500~1500 800~1600	
	K	0~1200℃	100℃ 이상	0~300 0~400 0~500 0~600 0~800 0~1000	100~500 200~500 200~700 200~1000 300~600 300~800	400~800 400~1000 500~800 500~1000 600~1000 700~1000	0~1200 500~1200 700~1200 0~100 0~200 100~300	
	J	0~600℃	100℃ 이상	0~200 0~250 0~300 0~350 0~400	0~500 0~600 100~300 100~500	200~400 200~500 300~500 300~600	200~400 200~500 300~500 300~600	
	T	-200~300℃	100℃ 이상	0~200 0~250	0~300	100~300	-0~150 -100~250 -150~150 -200~100	0~100 50~150 100~200
저항체	Pt 100Ω	-200~500℃	20℃ 이상	0~50 0~70 0~100 0~120 0~150 0~250	0~200 0~300 0~400 0~500 50~100 50~150	5~200 100~200 100~250 100~300 200~400 300~500	-20~50 -40~60 -50~50 -50~50 -100~50 20~50	0~20

② 압력 변환기

【1】 힘, 평형식 압력 변환기

① 절대압 변환기

절대압을 측정하는 것으로 차압 변환기와 동일하지만, 저압 체임버(chamber)를 10^{-3}mmHg 의 진공 상태로 봉하고 있다.

측정 범위는 절대압에서 0~50mmHg에서 0~1520mmHg 사이의 여러 가지가 있으며, 최대 사용 압력은 10.5MPa이다.

② 중압용 압력 변환기

수압부는 SUS316으로 된 벨로스(bellows)이며, 측정 범위에 따라 종류가 다양하다. 이 벨 로스는 압력 검출 소자로서의 성능을 완전히 갖추고 최대 정압의 3.5배 이상의 내압을 갖고 있으며 과압 방지용 장치가 부착되어 있다.

벨로 플렉 슈어 (belloflexure)는 압봉(force bar)에 연결되고 벨로스에 걸리는 힘은 압봉 을 통하여 힘 평형 변환기에 전달된다.

변위용 스프링은 측정 범위가 0이 아닌 경우에 부가되는 것으로서, 이것을 조정하여 최저 측정 압력을 선정할 수 있다.

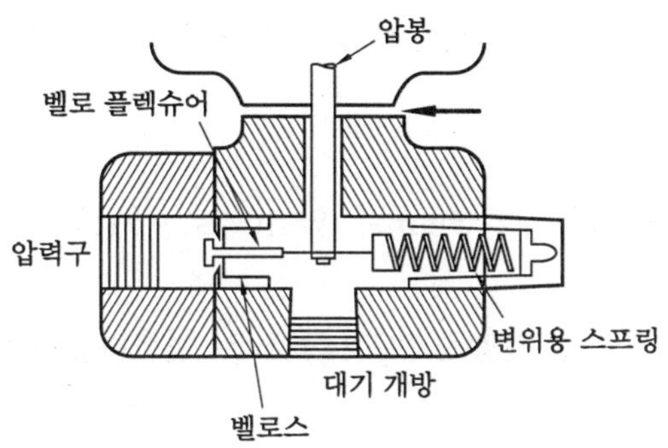

〈그림 3-41〉 중압용 압력 변환기의 수압부

③ 저압용 압력 변환기

수압 부분에 사용되는 벨로스의 재질은 청동 또는 SUS316이고, 구조 및 동작 원리는 중 압용과 같다. 측정 범위는 0~70에서 0~420kPa, 최대 허용 압력은 보통 700kPa이다.

④ 고압용 압력 변환기

수압용 요소는 부르동 관으로서 과압 방지 장치가 부착되어 있다. 고감도, 고내압으로 구 조가 간단하고 측정 범위는 0~7에서 0~84MPa이며, 최대 허용 압력은 126MPa이다.

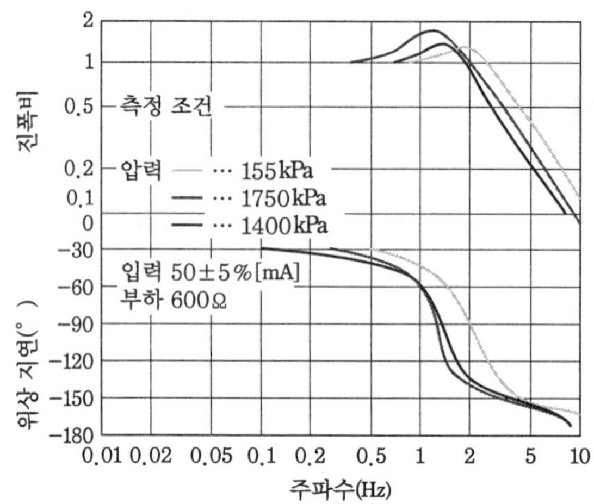

〈그림 3-42〉 압력 변환기의 주파수 특성

【2】 지시 전송기

지시 전송기는 측정 현장에서 측정량을 지시하면서 신호를 변환하여 원격의 수신계로 전송하는 것이다. 지시 전송기 중 편위식 압력 전송기는 현장 지시 외에 차압의 측정과 힘 평형식 전송기로는 측정하기가 곤란한 경우에도 사용된다.

지시 전송기의 예로서 자기 평형식 변위−전류 변환기를 사용하며, DC 24V로 구동되고 전원 선과 신호선을 공유하는 2선식 전송 방법을 이용한 전자식 지시 전송기의 특성은 다음과 같다.

① 변환기의 특성

- 입출력 특성 : 입력각 변위의 구간(span)은 약 40%로 이 범위 내에서는 DC 10∼50mA의 출력을 얻는다.
- 전원 전압 변동의 영향 : 전원 전압을 DC 24±2V로 변화하였을 때 ±0.1%의 출력 변동을 나타낸다.
- 주위 온도의 영향 : 주위 온도를 −10∼80℃로 변화시키는 경우 0점 및 구간의 변화는 ±0.5%이다.

② 측정 요소

압력 전송기의 요소는 다이어프램, 벨로스 부르동관을 사용한다. 이들 요소에 의하여 254mmH$_2$O에서 210kPa까지의 압력을 측정할 수 있고, 절대 압력 및 진공압의 측정도 가능하다.

■ 유량 변환기

【1】 차압 변환기

차압 전송기라고 하는 차압 변환기는 유량, 압력, 액면, 밀도 등을 공기압 신호나 전기 신호로 변환할 수 있는 변환기인데, 널리 사용되는 유량 변환기는 다음과 같다.

① 힘 평형식 차압 전송기

차압 전송기의 가장 대표적인 것은 힘 평형식으로 공기식, 전기식에 널리 사용된다. 이 방식은 정밀도, 응답 속도가 다른 방식에 비해 우수하다.

동작 원리는 유체의 차압에 의하여 실리콘 오일이 채워진 격막 캡슐이 움직이면 로드(rod)를 매개로 하여 차동 변압기의 성층 철심을 움직여 차동 변압기의 출력을 변화시킨다. 차동 변압기의 출력은 트랜지스터, 증폭기에 의해 증폭 정류되어 직류 10~50mA의 출력 신호로 된다. 증폭기의 출력 신호는 부하와 직렬로 접속되어 평형한 힘으로 차압에 비례한 전류 신호를 얻는다.

② 스트레인 게이지를 이용한 차압 변환기

이것은 격막으로 차압을 받아 막대 레버(cane lever)에 접착된 스트레인 게이지의 출력을 압력 용기에서 얻는 단순한 기구로서 원리는 〈그림 3-43〉과 같다.

수압 부분의 구조는 〈그림 3-44〉와 같이 측정 압력이 고압 측, 저압 측에 도입되면, 그들의 차압에 의하여 격막체(diaphragm assembly)는 그림에서의 왼쪽으로 눌리게 된다.

이 격막체가 차압에 의하여 눌리는 힘은 막대 레버 끝 부분을 변위시켜 그 탄성력과 평형이 된다. 이 막대 레버는 스트레인 게이지가 4장 접착되어 브리지를 구성하고 있다. 스트레

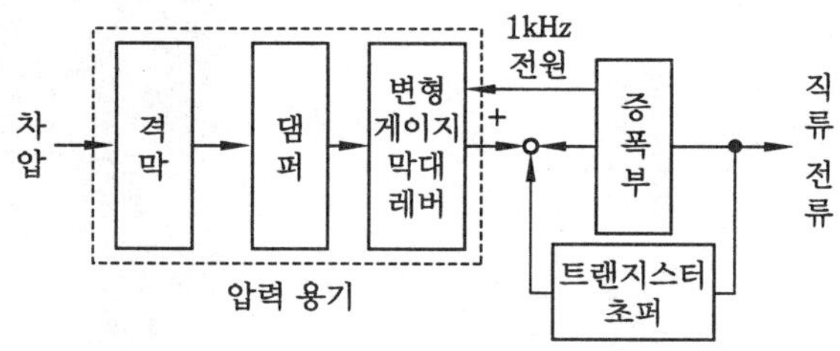

〈그림 3-43〉 스트레인 게이지를 이용한 차압 변환기의 원리

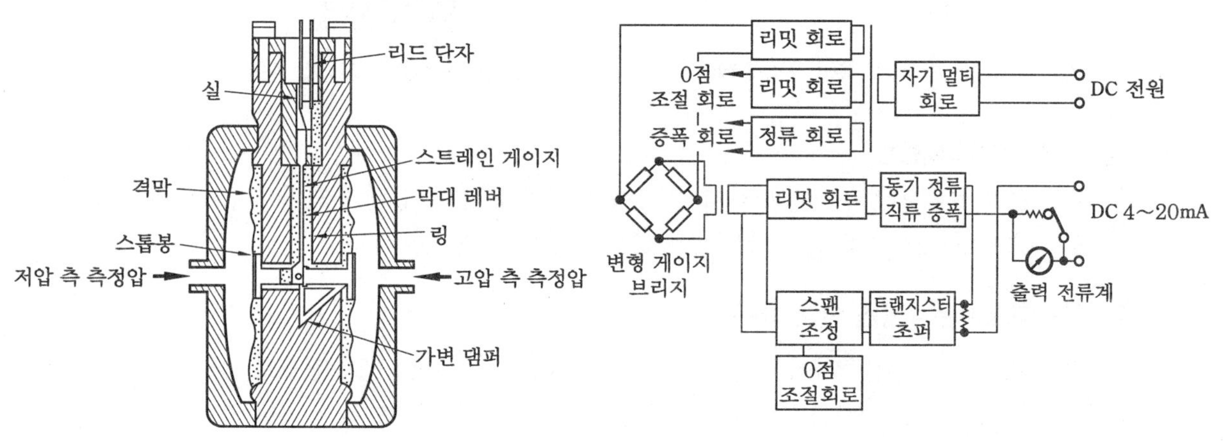

〈그림 3-44〉 수압부의 구조　　　　〈그림 3-45〉 증폭부의 블록도

인 게이지의 변형은 보통 1.2×10^{-3}mm 이내이고, 온도 특성이 일치되어지는 것을 사용하여 브리지의 온도 보상을 하여 안정화되어 있다.

〈그림 3-45〉는 증폭부의 블록도를 나타내고 있다. 스트레인 게이지의 브리지는 1kHz의 여진 전압이 주어져 교류 증폭 후에 동기 정류되어 직류 출력 신호를 얻는다.

반도체 스트레인 게이지를 사용한 검출부의 구성은 〈그림 3-46〉과 같으며, 측정 레버의 형태는 〈그림 3-47〉과 같다.

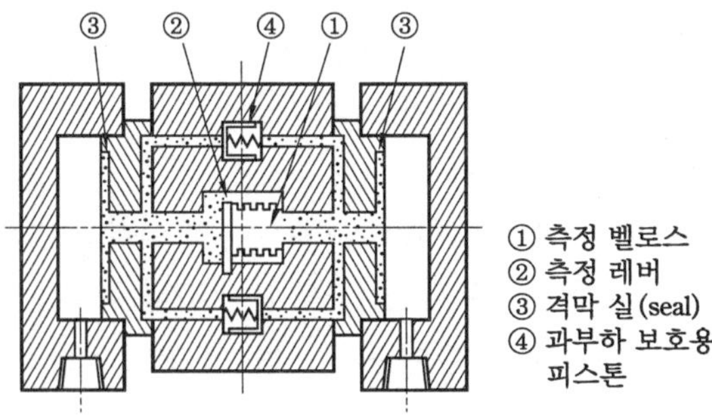

〈그림 3-46〉 차압 검출부의 구성

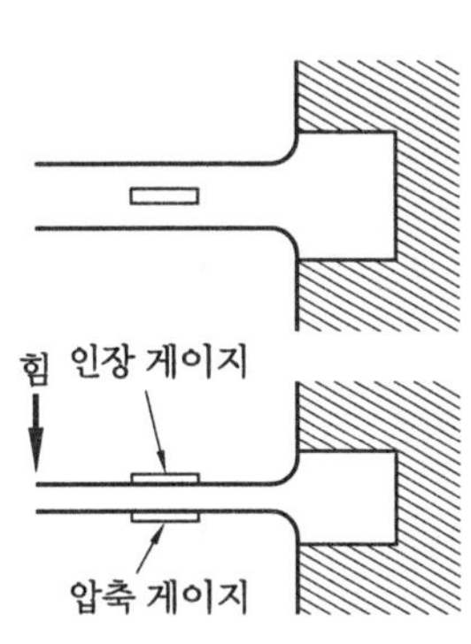

〈그림 3-47〉 측정 레버의 형태

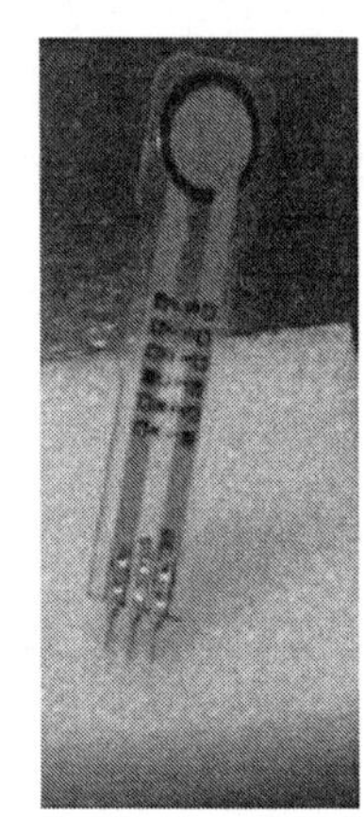

〈그림 3-48〉 스트레인 게이지

③ 차압 변환기의 응용

차압 변환기는 차압 유량계용 외에 매우 응용 범위가 넓다. 압력 변환기로서도 응용되며, 다른 유량계 용도로 타깃(target)식 유량 변환기로도 사용된다.

[2] 전자(電磁) 유량계용 변환 증폭기

이 변환기의 기능은 검출기에서 얻어진 기전력을 이것에 비례한 전송 신호로 변환하는 것으로서, 입력 신호의 성질 및 특수성의 면에서 이것을 안정하게 정밀도를 높이면서 변환하기 위해서는 복잡한 회로 구성이 요구된다.

④ 변위 변환기

유량, 액면 압력, 진공 등의 측정에서 측정량은 벨로스, 격막, 부르동관 튜브 등에 의하여 기계적 변위량으로 검출되는 것이 많다. 이 기계적 변위량을 전기적 신호로 변환하는 것이 변위 변환기이다.

변위를 전기 신호로 변환하는 방법으로는 차동 변압기, 홀(Hall) 발전기, 변위 자기 변조기 등이 있다

【1】 홀 발전기

홀 효과는 1879년 홀(E. H. Hall)에 의하여 발견된 전류 자기 효과로, 반도체 연구에 매우 중요한 현상이다. 이것은 〈그림 3-49〉와 같이 x, y, z에 각 변의 길이가 2ω, $2l$, 직육면체의 샘플에서, 빗금을 친 부분의 전극에서 샘플 내부로 전류를 x 방향으로 흘려 z 방향에 자계를 가하면, y 방향에 전계가 나타나는 현상이다. 이와 같은 현상을 사용한 소자를 홀(Hall) 발전기라고 한다.

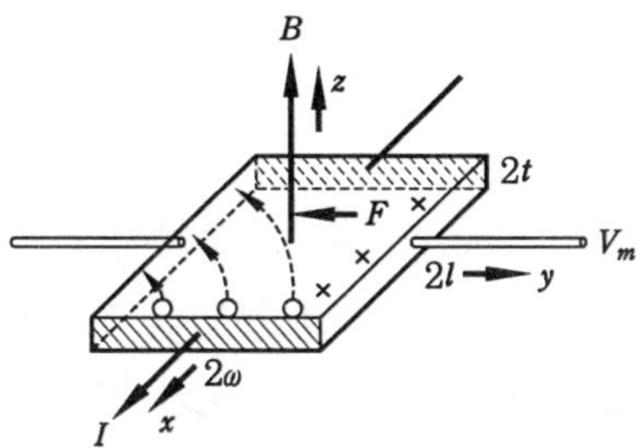

〈그림 3-49〉 홀 효과

【2】 홀 발전기를 이용한 변위 변환기

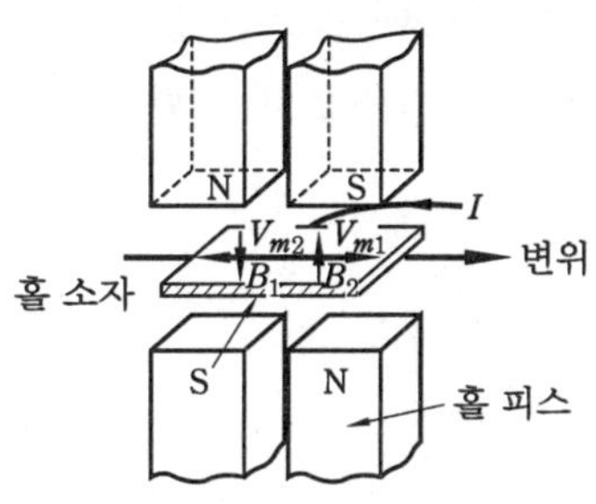

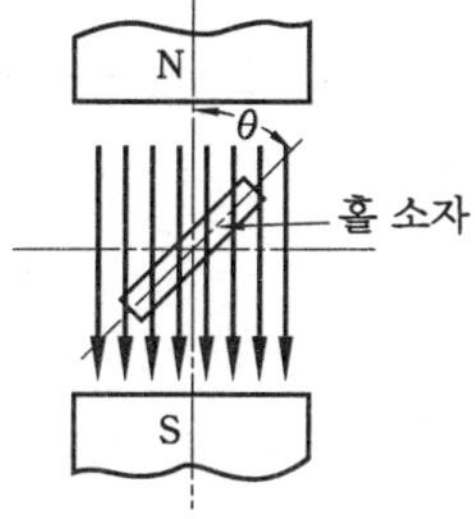

〈그림 3-50〉 변위-전압 변환기 　　　　〈그림 3-51〉 회전각 변위-전압 변환기

홀 발전기를 이용한 변위 변환기에는 다음과 같은 것이 있다.

- 공간적 강도의 변화로 자계를 만들어 홀 소자를 이용시키는 것.
- 평등자계 내에서 홀 소자에 각 변위를 주어 유효 자계를 변화시키는 것.
- 자기 회로의 중간에 공극을 2군데 설치하여 각각에 회전자석, 홀 소자를 삽입하여 회전자

석의 회전 변위에 의해 홀 소자의 자계를 변화시키는 것.

홀 발전기의 출력 전압을 V라고 하면,

$$V = RIB \sin\theta$$

여기서, R : 홀 정수, I : 제어 전류, B : 자속 밀도, θ : 자계와 홀 소자의 각도

위의 식에서 RI의 값은 B의 크기, 주위 온도의 변화에 대하여 항상 일정하여야 한다. 이러한 조건을 만족시키기 위해서는 홀 정수 R가 자계 강도, 주위의 온도 변화에 무관하고 보정이 가능해야 한다.

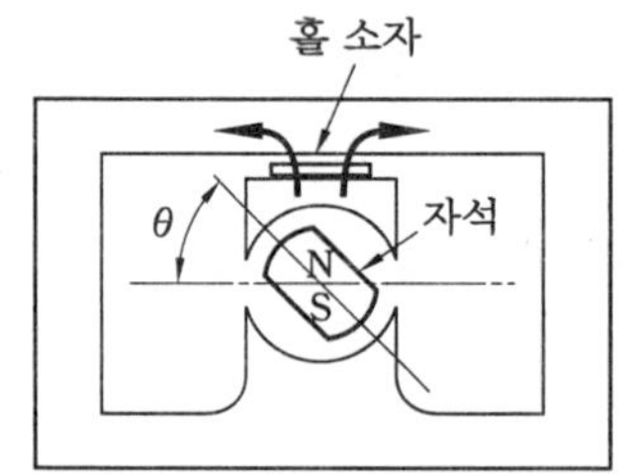

〈그림 3-52〉 회전 변위-전압 변환기

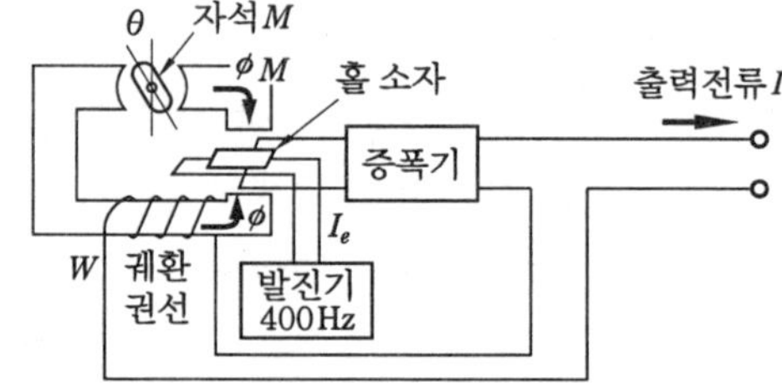

〈그림 3-53〉 홀 발전기를 이용한 변위-직류 전류 변환기

5 전·공 변환기

전·공 변환기란 전기-공기 변환기를 의미하며, 공기식 계기를 사용하여 온도를 측정할 때에 가스 또는 액체의 체적이나 압력 등의 변화를 봉입식 측온체로 검출하여 공기압으로 변환하는 온도 변환기가 쓰이지만, 조정이나 측정 정밀도가 전기적으로 검출한 것보다는 떨어진다. 그러나 프로세스 제어에서는 공기식 제어 기기가 많이 사용되며, 전기적으로 검출, 공기압으로 변환하는 변환기를 말하기도 한다.

【1】 전·공 변환기의 구성

〈그림 3-54〉에서 전원부는 입력-전류 변환기 및 평행 기구에 필요한 전력을 공급하며, 입력-전류 변환기는 프로세스 양을 DC 10~50mA의 정전류 출력으로 변환하여 평행 기구에 입력으로 만든다.

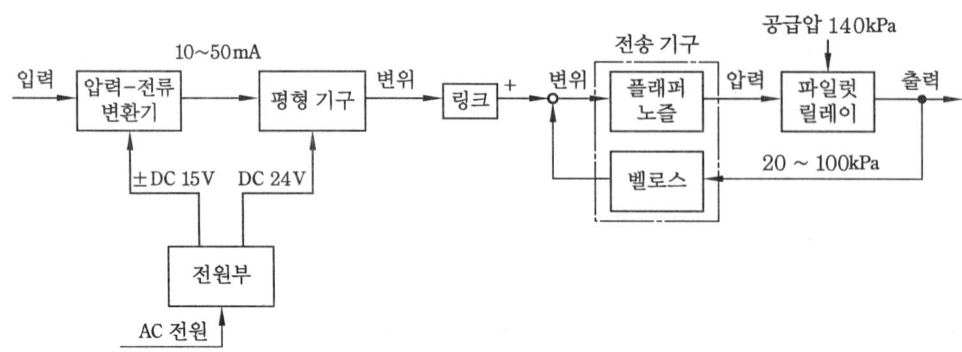

〈그림 3-54〉 전·공 변환기의 구성

평행 기구는 입력 신호에 비례한 레버의 변위를 출력으로 하여 링크를 통해 공기식 전송 플래퍼(flapper)를 변위시킨다. 이 플래퍼의 변위에 의해 노즐의 배압이 변하며, 이 변화는 파일럿 릴레이로 들어와서 증폭되므로 20~100kPa의 출력으로 된다.

[2] 전·공 변환기의 특성

〈그림 3-55〉와 같이 변환기의 직선성은 공기 회로 부분이 갖는 특성과 평행 기구의 특성을 서로 없애는 경향이 있다.

히스테리시스(hysteresis)의 주된 원인은 링크 기구의 마찰, 공기식 전송 기구의 배관 부분의 마찰에 의한 것이다.

주위 온도에 의한 영향은 출력 100%에서 온도 특성이 $\dfrac{0.2\%}{10\,℃}$ 이다.

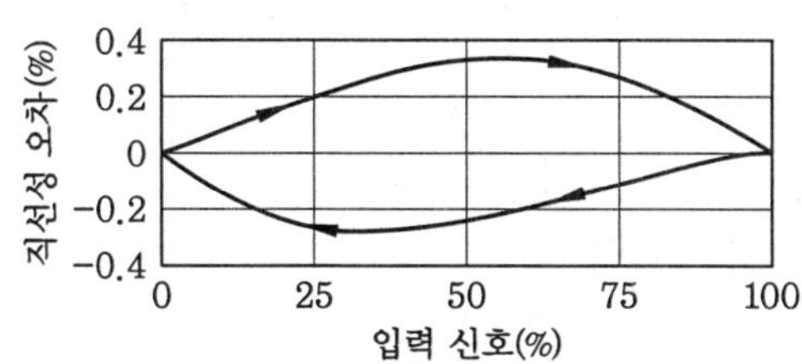

〈그림 3-55〉 전·공 변환기의 직선과 히스테리시스

6 공·전 변환기

공·전 변환기란 공기-전기 변환기를 의미하며, 공기압 계기의 출력을 전자식 계기로 수신할 경우나 공기압 계기로 계장되어 있는 프로세스를 컴퓨터와 인터페이스할 때에는 공기압 신호를 전기 신호로 변환할 필요가 생긴다. 이와 같은 목적으로 만들어진 것이 공기-전기 변환기이다.

【1】 작동 원리

입력 신호는 벨로스에 들어가 공기압에 비례한 힘을 발생시킨다. 이 힘과 판 스프링의 끝 부분에는 동으로 된 짧은 링크가 붙어 있어 이 링크가 변위하면 LVDT(linear variable differential transformer)에 전자(電磁)적인 불평형이 생긴다. 즉, LVDT 양측에 대칭으로 감겨진 코일은 발진기의 출력에 의하여 구동되므로 짧은 링크의 움직임에 의해 양측 코일의 인덕턴스에 차가 생긴다. 히스테리시스 변화에 의해 생긴 전류차는 10~50mA의 전류로 증폭되어 외부의 부하에 공급된다.

- 벨로스와 단락 링크의 위치 왼쪽에 있다.
- 20kPa의 공기압 신호가 벨로스에 입력하여 벨로스가 팽창하면 판스프링이 오른쪽으로 밀린다.

〈그림 3-56〉 LVDT

- 전류 출력 4mA가 출력된다.
- 60kPa의 공기압 신호가 벨로스에 입력하여 벨로스가 팽창하면 판스프링이 오른쪽으로 밀린다.
- 전류 출력 12mA가 출력된다.
- 100kPa의 공기압 신호가 벨로스에 입력하여 벨로스가 팽창하면 판스프링이 오른쪽으로 밀린다.
- 전류 출력 20mA가 출력된다.

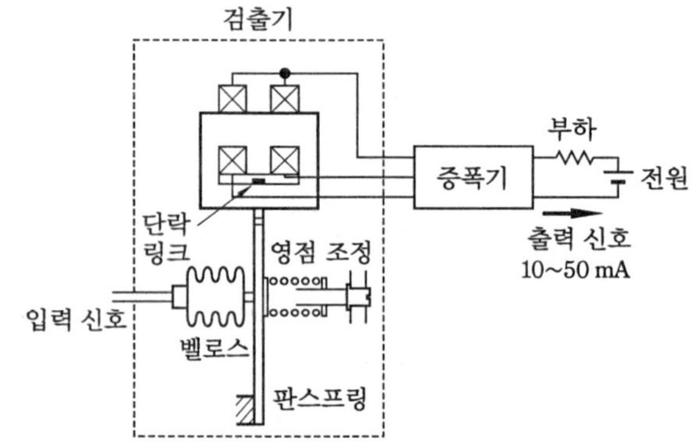

〈그림 3-57〉 공·전 변환기의 작동 원리

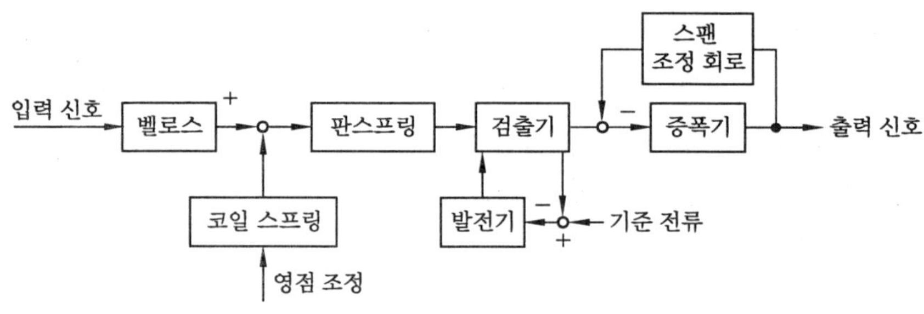

〈그림 3-58〉 공·전 변환기의 구성

[2] 공·전 변환기의 특성

〈그림 3-59〉는 공·전 변환기의 입출력 특성을 나타내며, 전원 전압의 변동에 의한 영향은 전압을 ±10% 변화시켰을 때 출력 변화는 출력 0% 및 100%의 점에서 스팬(span)의 ± 0.05% 이하이다. 주위 온도 변화에 의한 영향은 주위 온도가 25℃에서 85℃까지 상승할 때에 0점의 이동은 스팬의 −0.55%, 변화는 스팬의 ±0.4%라는 특성이 얻어진다.

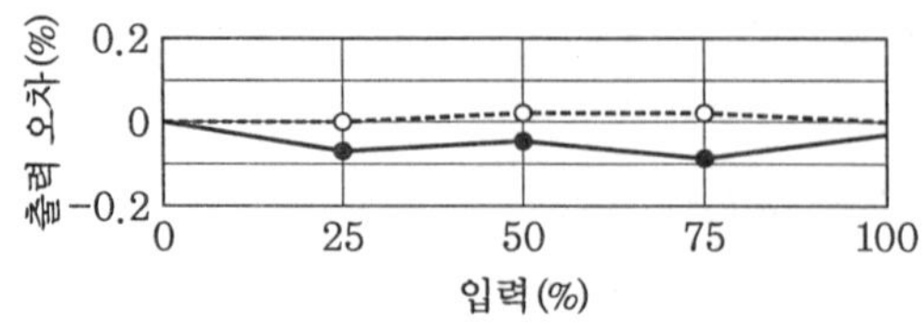

〈그림 3-59〉 공·전 변환기의 입출력 특성

4. 신호 전송의 노이즈

신호 전송 중 특히 낮은 레벨의 신호를 전송할 때에는 전송 라인의 임피던스와 그 사이의 노이즈(noise)가 문제가 된다.

일반적으로 프로세스 제어 시스템에서의 노이즈는 ① 측정 대상 노이즈, ② 측정기 내부의 노이즈, ③ 신호 전송 · 라인에서 발생하는 노이즈가 있다.

1 노이즈의 발생 원인

신호 전송 라인에 노이즈가 발생하는 원인은 다음과 같다.

① 전도(傳導)

수분이나 절연 불량에 의한 리크(leak)로 인해 수신 측의 입력 단자 사이에 전압이 발생한다.

② 정전 유도

전력선이나 그 밖의 외부 전원에 의한 전계(電界)가 신호 전송 라인과 정전 결합되어 노이즈와 전압으로써 신호에 중첩된다.

③ 전자 유도

전력선, 모터 릴레이 등에 의한 자계를 신호 전송 라인이 통할 때 유도 전류가 흘러 노이즈로 된다.

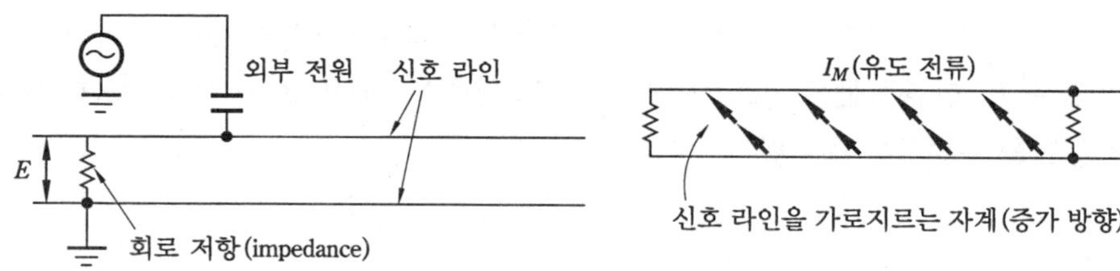

〈그림 3-60〉 정전 결합에 의한 노이즈   〈그림 3-61〉 유도 전류에 의한 노이즈

④ 중첩(cross link)

서로 접근하고 있는 신호 전송 라인의 전자적(電磁的) · 정전적(靜電的)인 결합에 의하여 한쪽에 다른 쪽의 신호가 중첩하는 현상으로써 양자의 신호 레벨이 다른 만큼 크게 되는 현상을 말한다.

⑤ 접지 루프(loop)

측정점이 2점 이상 접지되어 있을 때, 각 접지점의 전위가 다르면 신호 전송 라인에 전류가 흘러 노이즈 전압이 발생한다.

⑥ 접합, 전위차

각종 금속 결합부에 노이즈 전압이 발생하여 온도에 의해 그 크기가 변화한다.

2 노이즈의 종류

노이즈의 종류를 크게 나누면 신호 전송 라인에서 나타나는 정상 모드(normal mode) 노이즈와, 접지와 라인 사이에서 나타나는 일반 모드(common mode) 노이즈의 2가지가 있다.

〈그림 3-62〉는 계기에 영향을 주는 2종류의 노이즈 등가 회로를 나타낸 것이다.

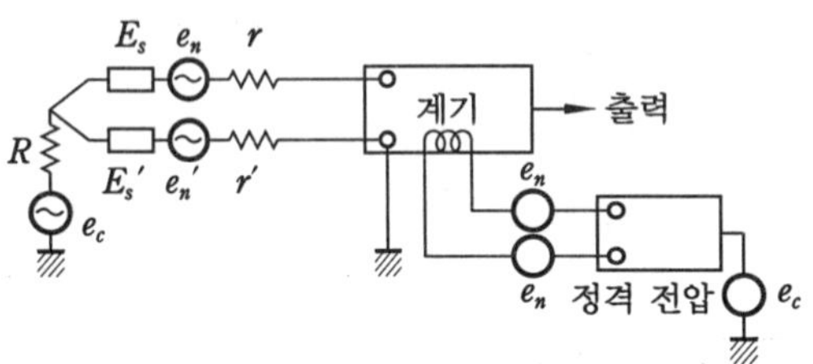

〈그림 3-62〉 노이즈의 등가 회로

계기의 입력 단자 사이와 그 각각의 접지에 대한 임피던스를 이상적으로 무한대로 할 경우 입력 단자 사이에는 E_s+E_s' 의 신호 전압에 e_n+e_n' 의 정상 모드 노이즈가 가해져 있으므로 계기 기준 접지점과 입력 신호 회로와의 사이에는 다시 e_c의 일반 모드 노이즈가 가해진다.

계기의 전원선에 혼입되어 오는 노이즈에 대해서도 위와 같은 등가 회로를 생각할 수 있다. 가령, 정격 전압 100V 자체가 변할 때는 정상 모드 노이즈이고, 계기의 기준 접지 전위에 대한 전원 전위의 변동은 일반 모드 노이즈이다.

3 유도 노이즈의 크기

〈그림 3-63〉은 300m의 평면에 3선의 평행 도선을 깔고 그중의 1선은 접지에 대하여 50Hz 100V의 전위를 주고, 다른 2선은 신호선이라 보고 그 한쪽을 3kΩ으로 단락시켰을 때 다른 선에 유도되는 전압을 측정하는 예이다.

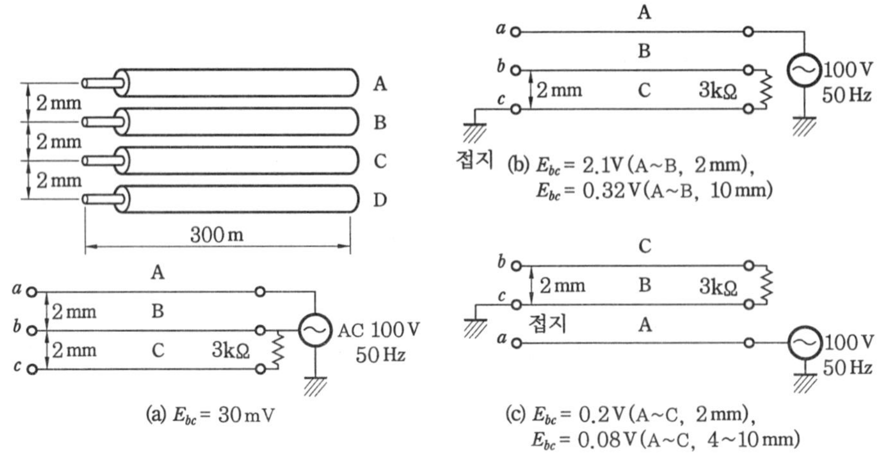

〈그림 3-63〉 정전 유도의 크기의 예

또한 신호선 B, C를 접지와 띄워 측정할 때 전자 유도에 가까운 상태에서는 유도 노이즈가 30mV밖에 되지 않으나, 신호선의 한쪽을 접지시켜 정전 유도로 인한 2차적 저항 노이즈를 발생시킬 경우에는 2V에 달하는 정상 모드 노이즈가 발생함을 알 수 있다.

▣ 노이즈 대책

【1】 신호 전송 라인의 격리

신호 전송 라인을 노이즈 원(源)으로부터 멀리 두며, 원칙적으로는 각각에 다른 덕트(duct)로 배선하고 신호 전송 라인과 전력 배전선 간의 거리는 〈표 3-4〉와 같이 한다.

〈표 3-4〉 신호 전송 라인과 전력 배전선 간의 거리

전력선 용량	전력선과 신호선과의 최저 격리 거리(mm)
125V 10A	300
250V 50A	460
440V 200A	610
5kV 800A	120 또는 그 이상

【2】 실드(shield)선의 사용

강(steel)으로 된 실드선이나 구리로 된 실드선은 정전 유도에 대한 효과를 얻을 뿐, 전자 유도계에 대한 효과는 거의 없다.

〈그림 3-64〉는 전자 유도에 대한 실드선의 효과를 나타낸 것으로서, 약 3m 길이의 텔레비 전용 케이블을 약 2.5cm 간격으로 평행 배치하고, 한쪽 케이블에 교류 전류 1A를 흐르게 하고 주파수를 변화시킬 때 다른 쪽의 케이블에 등가된 전자 유도량의 측정값을 나타낸다.

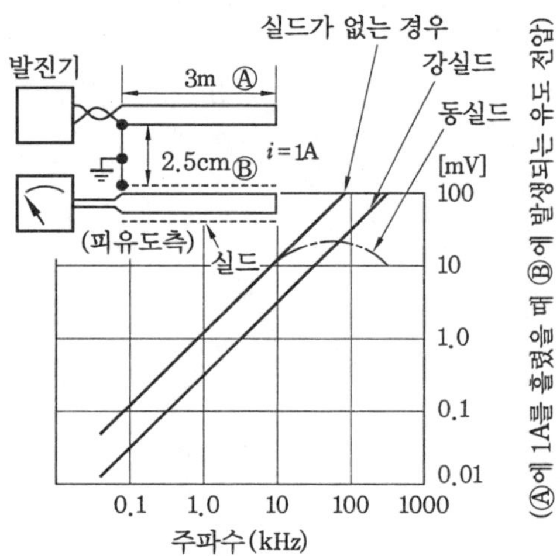

〈그림 3-64〉 전자 유도에 대한 실드선의 효과

【3】 접 지

접지에는 보통 패널이나 계기를 접지하는 것과 SN비의 개선으로 노이즈에 의한 장애를 막기 위한 접지가 있다.

접지할 때에 주의 사항은 다음과 같다.

- 1점으로 접지할 것.
- 가능한 한 굵은 도선(도체)을 사용할 것.
- 직렬 배선을 피하고 병렬로 할 것.
- 실드 피복, 패널류는 필히 접지할 것.

【4】 회로 밸런스

수신 계기의 접지 임피던스가 매우 높으면 일반 모드 노이즈로 변환될 염려가 없고, 충분히 높지 않더라도 회로 밸런스를 잡음으로써 2차적으로 발생하는 노이즈를 소거할 수 있다.

〈그림 3-65〉는 접지와 회로 밸런스의 영향을 나타내고 있으며, 〈표 3-5〉는 노이즈 대책을 나타낸 것이다.

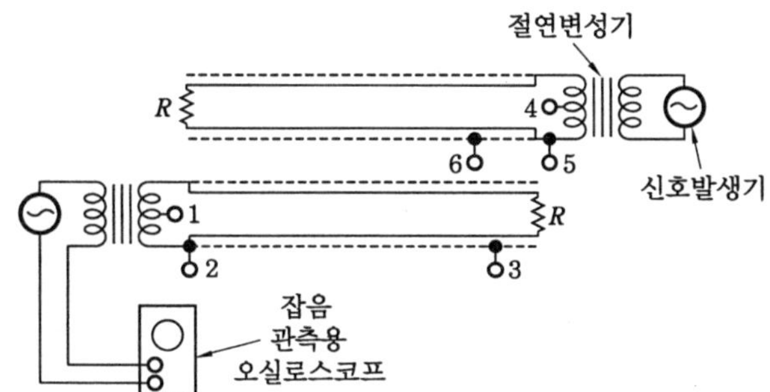

시험 조건	접지점	잡음량
실드 없음 비평형 접지 평형 접지	 2, 5 1, 4	 100mV $50\mu V$
실드 있음 비평형 접지 실드 접지 않음	 2, 5	 100mV
평형 접지 실드 접지 않음	 1, 4	 $10\mu V$
비평형 접지 구동측 실드 접지 수신측 실드 접지 양방 접지	 2, 5, 6 2, 5, 3 2, 5, 3, 6	 $80\mu V$ $40\mu V$ $10\mu V$

〈그림 3-65〉 접지와 회로 밸런스의 영향

〈표 3-5〉 노이즈 대책

노이즈 대책	효 과	주의 사항
실드의 사용	정전 유도의 제거	• 실드의 접지는 발신 측의 1점만으로 처리한다. 실드의 대지로부터의 절연에 주의할 것 • 보통 실드는 자기 유도에 대하여 효과가 없다.
관로 사용	자기 유도의 제거	
연선 사용	자기 유도의 제거	• 케이블의 접속 부분은 2in 정도가 적당하다.
저 임피던스 신호원의 사용	CMNR의 증대	• 가능하면 중간 탭이 붙은 것을 사용하여 중간 탭에 접지하는 것이 바람직하다.
신중한 배선	유도 장애 경감	• 신호선은 가능한 한 짧게 하고, 절연에 대해 주의할 것 • 신호선은 전력선 등 장해를 주는 전원으로부터 되도록 멀리할 것, 또 경우에 따라서는 직교시킬 것 • 접촉 불량에 주의할 것
필터 사용	정상 모드 노이즈 제거	• 필요한 신호의 주파수 대역을 좁히지 말 것

연 습 문 제

1. 검출기에서 나오는 신호를 각각의 용도에 따라 필요한 기능을 부가하여 통일된 신호로 변환하는 부분을 무엇이라고 하는가?

2. 신호 변환기에서 직선화(리니어 라이즈)를 하는 이유는 무엇인가?

3. 신호 방식의 종류를 들고 그 특징을 설명하시오.

4. 공기압 신호와 전기 신호를 비교 설명하시오.

5. 온도 변환기가 갖추어야 할 요구 기능에 대하여 설명하시오.

6. 압력 변환기의 종류를 들고 그 특징을 설명하시오.

7. 기계적 변위량을 전기적 신호로 변환하는 방법의 예를 들고 간단히 설명하시오.

8. 홀 발전기에서 홀(Hall) 효과란?

9. 홀 발전기를 이용한 변위 변환기의 종류는?

10. 전·공 변환기와 공·전 변환기에 대하여 비교 설명하시오.

11. 신호 전송 라인에 노이즈(noise)가 발생하는 원인은?

12. 노이즈 대책에 대하여 간단히 설명하시오.

13. 노이즈에 대한 장애를 막기 위하여 접지할 때에 주의할 점은?

14. 다음 중 아날로그 값을 디지털 값으로 변환하는 것을 무엇이라 하는가?

   ㉮ D/A 변환기   ㉯ A/D 변환기

   ㉰ A/A 변환기   ㉱ D/D 변환기

15. 저항 측정에 주로 사용되는 회로는?

   ㉮ 휘트스톤 브리지 회로   ㉯ 열전대 회로

㉐ 부자식 레벨 센서 회로　　　　　㉑ 퍼텐쇼미터 회로

16. 다음 중 하중을 변위로 또는 토크를 각 변위로 변환하는 경우 널리 쓰이는 변환기는?

　㉮ 벨로스　　　　　　　　　　　㉯ 바이메탈
　㉰ 스프링　　　　　　　　　　　㉱ 부르동관

17. 어떤 종류의 결정체로부터 판상으로 가공된 작은 조각에 특정 방향으로 힘을 가하면 판의 표면에 압력에 비례한 전하가 발생되는 현상을 이용하는 변환기는?

　㉮ 압전 효과 변환기　　　　　　㉯ 전압 전류 변환기
　㉰ 압력 변환기　　　　　　　　　㉱ 공·유압 변환기

18. 다음 중 압력을 변위로 변환하는 장치는?

　㉮ 퍼텐쇼미터　　　　　　　　　㉯ 차동 변압기
　㉰ 다이어프램　　　　　　　　　㉱ 서미스터

19. 다음 중 물리적, 화학적인 양을 전기적인 양으로 변환하는 방법으로서 시간 변환에 해당하는 것은?

　㉮ 전기 저항의 온도 계수를 이용하는 저항 온도계
　㉯ 주파수나 펄스 간격 등으로 변환하는 방법으로 원격 측정
　㉰ 저항 측정에 의한 고장 점의 검출
　㉱ 열전 온도계와 같이 전압, 전류 등으로 변환하는 것으로 열전 현상, 압전 현상 등

20. 압력을 전기적 신호로 변환하는 것은?

　㉮ 차압 변환기　　　　　　　　　㉯ 압력 전송기
　㉰ 변위 검출기　　　　　　　　　㉱ 승압 변환기

21. 다음 중 차압 변환기를 이용하여 공기압 신호나 전기 신호로 변환할 수 없는 것은?

　㉮ 온도　　　　　　　　　　　　㉯ 유량
　㉰ 밀도　　　　　　　　　　　　㉱ 액면(레벨)

22. 변위를 전압으로 변환하는 장치는?

　㉮ 서미스터　　　　　　　　　　㉯ 노즐 플래퍼
　㉰ 차동 변압기　　　　　　　　　㉱ 벨로스관

04 기록계 및 조절계

1. 기록계

공업용 기록계는 프로세스 제어 시스템에서 계속적으로 신호의 시간적 변화를 감시하거나 기록하여 데이터 관리를 할 경우에 사용된다.

1 기록계의 분류

공업용 기록계는 다음과 같이 분류된다.

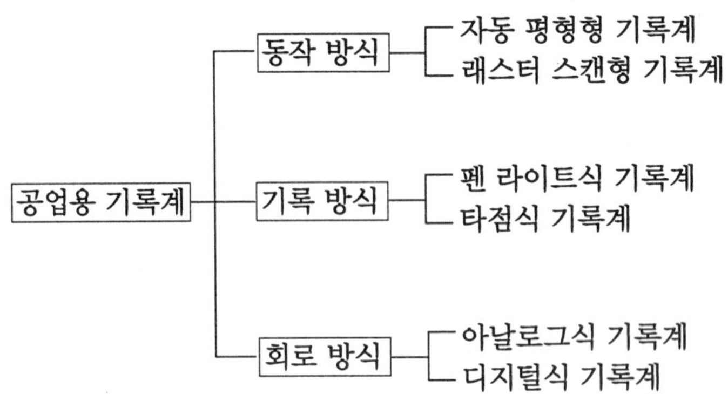

자동 평형형 기록계는 영위법에 의한 것으로, 〈그림 4-1〉에 그 원리를 나타내었다.

입력 신호는 전치 증폭기에서 서보 증폭기로의 교환 신호 레벨로 변환된다. 서보 증폭기에는 이 전압과 펜을 결합시킨 퍼텐쇼미터의 출력 전압이 인가되어 그 전압차를 증폭시켜 전동기를 구동한다. 이 방식의 기록계는 현재 많이 사용되고 있다.

또한 기록계의 기록 폭은 보통 100mm, 180mm, 250mm 등이 있으며, 기록 정확도는 0.1~0.5% 스케일 정도이다.

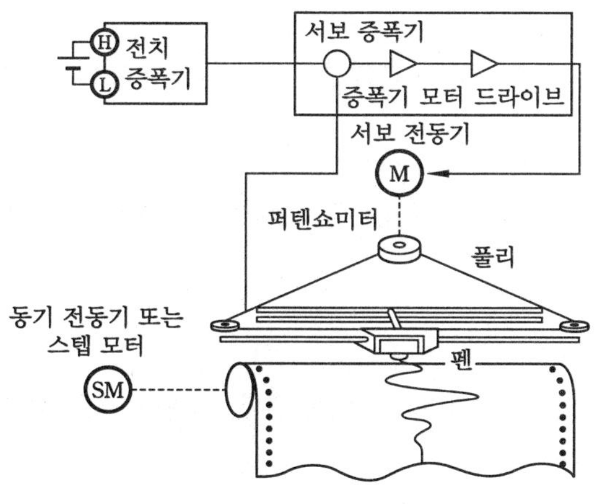

〈그림 4-1〉 자동 평형형 기록계의 원리

② 기록계의 기능

기록계의 기능은 〈그림 4-2〉와 같이 측정, 처리, 기록으로 분류된다. 자동 평형형 기록계에서 측정과 기록은 주로 서보 기구로써 실행되며, 기록지 이송 및 타점 기구는 동기 전동기에 의해 작동된다. 이것은 구성이 단순하고 완성된 방식이지만 더욱 많은 기능, 예를 들면 인자, 표시, 연산, 원격 제어 기능 등이 요구되게 되면 회로나 기구가 복잡해진다.

한편, 입력 신호를 A/D 변환기를 이용하여 디지털 정보로 변환하여 마이크로프로세서로 제어함으로써 비교적 용이하게 기능을 실현할 수 있다.

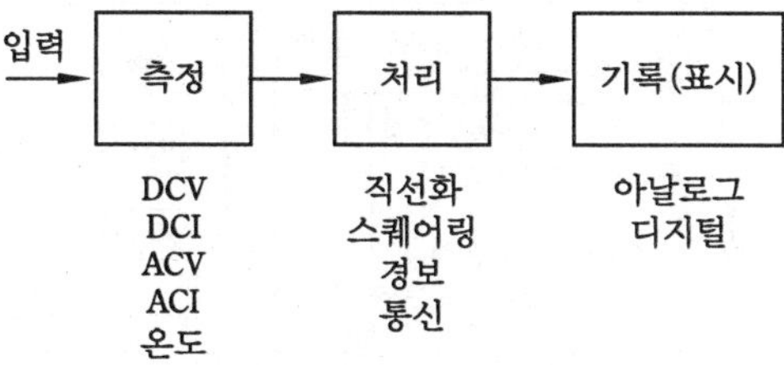

〈그림 4-2〉 기록계의 기능

【1】 측 정

〈표 4-1〉은 측정할 수 있는 입력의 종류와 측정 범위를 나타낸다.

〈표 4-1〉 입력의 종류와 범위

입력의 종류	범 위
직류 전압	20~50mV
열전대	R, S, B, K, E, J, T, N, W
측온 저항체	Pt 100/50[Ω], Ni 100/120[Ω]

【2】 기 록

입력을 파악하기 편리한 아날로그 기록과 측정값, 시간, 눈금값 등의 디지털 인자를 사용한다.

【3】 표 시

각 채널의 측정값, 연월일, 시간을 표시하는 디지털 표시 이외에 측정값, 경보 설정값, 경보 시 점멸 등을 표시한다.

【4】 연 산

각 채널의 차연산(差演算), 전압 신호 입력의 공업량 변환, 선형화 연산, 제곱근 연산이 가능하다.

【5】 경보 및 통신

각 채널마다 경보가 설정되고 GPIB, RS-232C 등의 통신 기능을 갖춤으로써 컴퓨터와 통신이 가능하며, 컴퓨터의 출력 장치로서도 활용할 수 있다.

③ 펜 라이트식 기록계

【1】 동작 원리

측정 신호는 미리 설정한 측정 범위에 따라 증폭된 후 적분형 A/D 변환기에 의해서 디지털 신호로 변환된다. 변환된 디지털 신호는 연산 제어부에서 선형화 또는 경보 처리 등의 연산을 실행한 후 램 메모리에 일시 기억되며 기록 데이터로 변환된다. 또한 이 데이터는 D/A 변환기

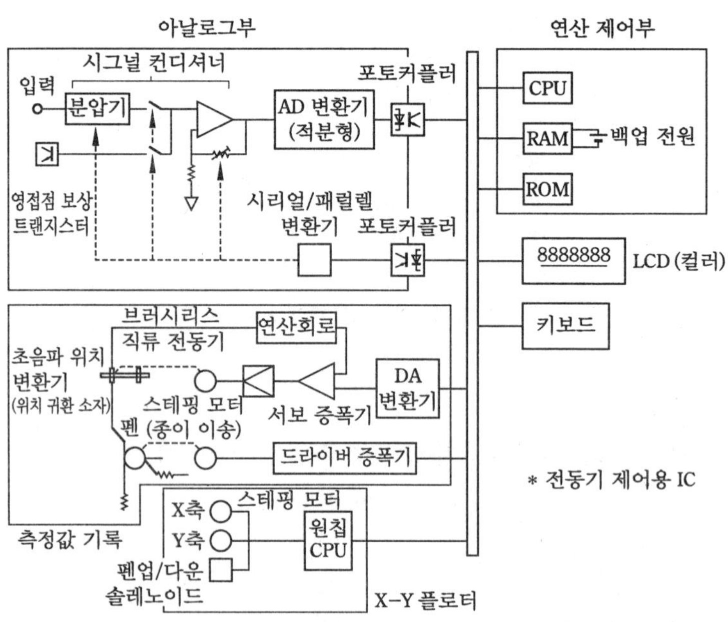

〈그림 4-3〉 펜 라이트식 기록계의 기능 블록도

에 의해 다시 아날로그 신호로 변환되고 서보 증폭기에 전송되어 위치 귀환 소자에서 얻어지는 펜 위치 신호와 비교된다. 〈그림 4-3〉은 펜 라이트식 기록계의 기능 블록도를 나타낸 것이다.

[2] 구성 요소

〈그림 4-4〉는 A/D 변환기와 서보 유닛의 구성을 나타낸다.

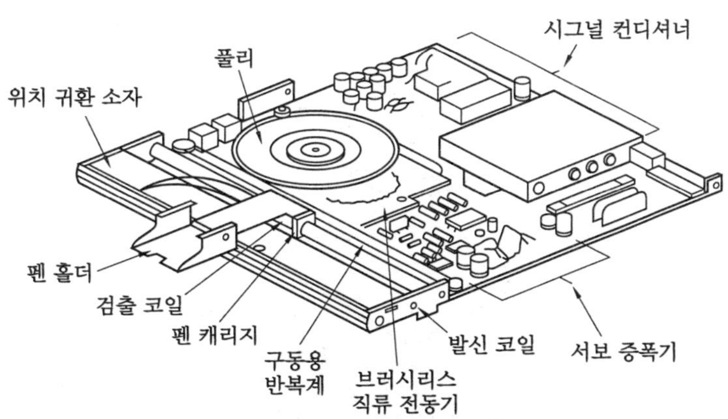

〈그림 4-4〉 A/D 변환기와 서보 유닛의 구성

① 신호 조절기와 A/D 변환기

신호 조절기는 열전대 전압 입력과 측온 저항체 입력의 2가지 모델로 분류된다. 열전대 전압 입력 모델은 분압기와 가변 이득을 갖는 증폭기에 의해서 20mV에서 206종류의 범위를 구성하고 있다. 증폭기의 출력은 귀환 펄스 폭변조 방식 적분형 A/D 변환기에 입력되어 얻어진 펄스 폭 출력이 포토커플러로 절연되어 연산 제어부에 출력된다.

측온 저항체 입력의 모델인 경우 입력은 약 1mA의 정전류원과 300Ω의 기준 저항으로 구성되는 저항-전압 변환 회로에 의해서 전압으로 변환되어 A/D 변환기에 입력된다. 연산 제어부에서의 제어 신호는 포토커플러를 통해서 직렬 데이터 형식으로 아날로그부에 전송되고, 직렬-병렬 변환에 의해서 증폭기 또는 각종 스위치에 제어 신호로 변환된다.

② 서보 시스템

측정값에 대응한 기록 위치 신호와 위치 귀환 소자 신호의 편차를 증폭하여 직류 전동기 회로에 전송한다. 기록 위치 신호는 A/D 변환부에 있어서 300Hz의 반복으로 펄스 폭 변조된 후 평활되어져 직류 신호가 된다. 또한 초음파 위치 변환기에서는 발진 코일에 펄스 신호를 보내고 검출 코일에서 얻어진 직접파와 반사파를 아날로그 연산 회로에서 위치 신호로 변환한다.

③ 브러시리스 직류 전동기

공업용 기록계에는 마모가 없고 수명이 긴 2상 교류 서보 모터가 많이 사용된다. 그러나 최근 브러시 부분을 전자 회로로 치환하여 발열이 작고 소형 경량인 브러시리스 직류 전동기가 개발·사용되고 있다.

〈그림 4-5〉는 기록계에 내장된 박형 브러시리스 직류 전동기의 구성을 나타낸 것이다. 이 전동기는 고정자에 코일이 고정되어 계자 마그넷이 회전하는 회전 계자형 직류 전동기이다.

전기자 코일과 회전 계자의 상태 위치를 비접촉으로 검출하는 위치 검출기로서는 홀 소자를 사용하고 있다.

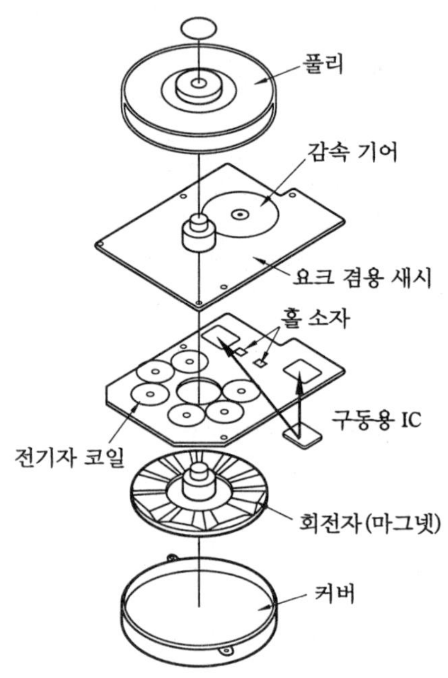

〈그림 4-5〉 브러시리스 직류 전동기의 구성

④ 초음파 위치 변환기

〈그림 4-6〉에 초음파 위치 변환기의 원리를 나타내었다. 발신 코일인 초음파 구동용 코일 N_0에 전류를 통함으로써 N_0의 위치에 펄스 자계가 발생하면, 자왜효과에 의해서 자왜 재료의 초음파가 가이드 속에서 기계 변형이 발생되어 초음파 펄스가 전반된다. 이 초음파 펄스(N_0에서 N_1으로의 반사파)가 코일 N_1에 도달하면 역자왜효과에 의해서 검출 코일에 펄스 전압이 발생한다. 이때 발생한 펄스 파형의 전반 시간을 측정함으로써 가동부의 위치를 구할 수 있다.

샘플 주기마다 얻어지는 t_1, t_2의 시간폭 신호를 사용하면 다음과 같이 연산된다.

$$\frac{x}{L} = \frac{t_2 - t_1}{t_2 + t_1}$$

이와 같이 상대 변위를 구하는 연산을 하므로 온도 등의 환경 조건의 변화에 따라 음속 V_0

가 변해도 출력은 영향을 받지 않는다. 따라서 분해능과 직선성이 매우 좋다.

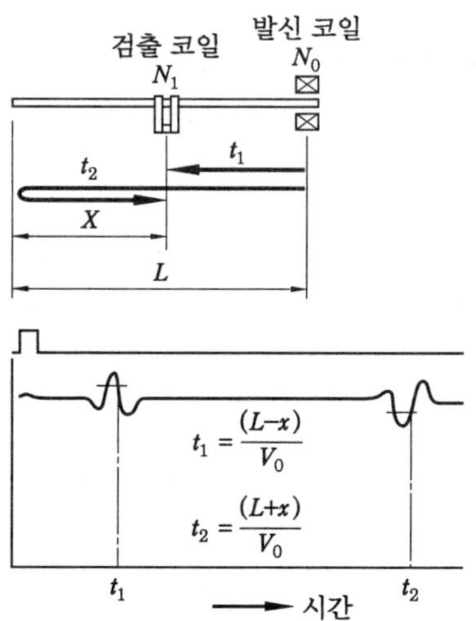

〈그림 4-6〉 초음파 위치 변환기의 동작 원리

④ 타점식 기록계

타점식 기록계는 아날로그 방식과 디지털 방식이 있으며, 〈표 4-2〉는 구성 방식을 비교한 것이다. 디지털 방식의 기록계는 하이브리드식 기록계라고도 부른다.

〈표 4-2〉 타점식 기록계의 아날로그 방식과 디지털 방식의 비교

기능 / 방식	측 정			처 리			기 폭		
	스캐너	시그널 컨디셔너	변환기	직선화	경보	내부 시퀀스 제어	방식	인자	종이 이송
아날로그	로터리 스위치	직류 증폭기	D/A 변환기	함수 퍼 텐쇼미터	아날로그 콤퍼레이터	동기 전동기 및 기어 기구	서보	잉크 해머 (모터, 캠 구동)	동기 전동기
디지털	릴레이	프로그래머블 직류 증폭기	A/D 변환기	ROM 테이블	디지털 연산	마이크로 프로세서	래지스터 스캔	와이어 도트	스텝 모터

【1】 구 성

〈그림 4-7〉과 같이 아날로그부, 연산 제어부, 기록부 및 키보드부로 구성되어 있다. 아날로그부는 릴레이 스캐너와 프로그래머블 증폭기로 이루어지는 다점 측정 회로와 4.5자리의 분해능을 가진 펄스폭 변조 적분형 A/D 변환 회로로 구성되어 있다. 연산 제어부는 2개의

마이크로프로세서와 ROM/RAM 및 주변 회로로 이루어진다.

　기록부는 와이어 도트식 하이브리드 인자 헤드, 종이 이송 기구, 전동기 구동 장치 등으로
구성되며, 키보드부는 각종 설정키와 LCD 표시기로 구성된다.

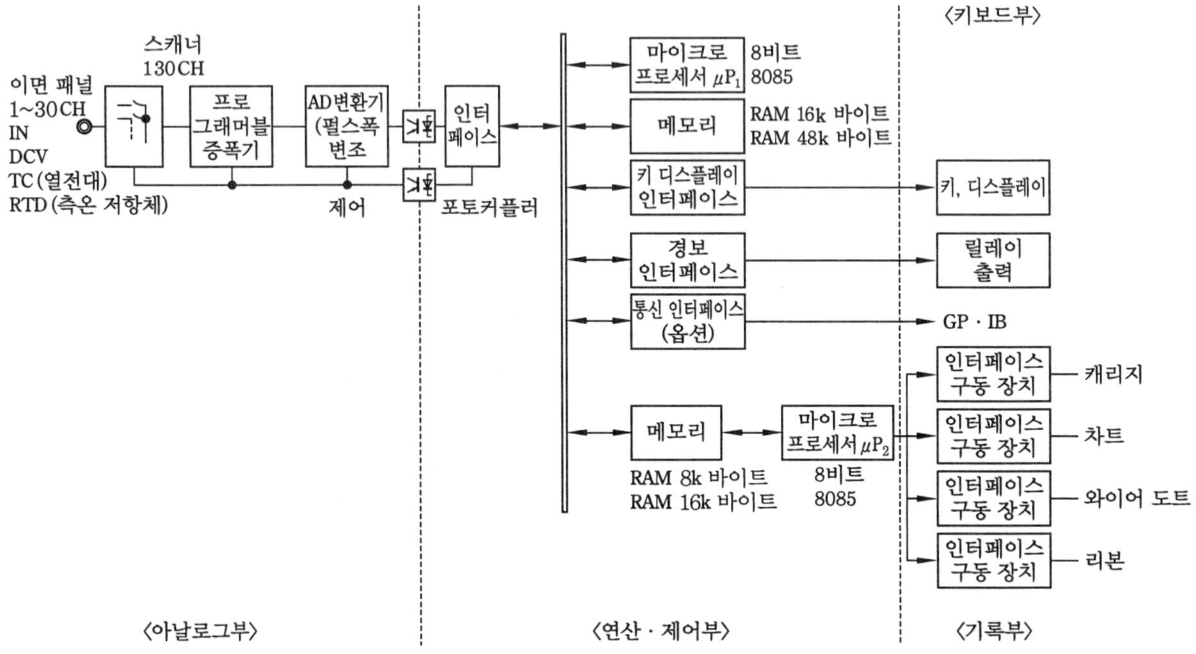

〈그림 4-7〉 하이브리드식 기록계의 블록도

[2] 구성 요소

① 입력 스캐너

　직류 전압 열전대 입력용과 측온 저항체 입력용의 2종류 스캐너가 있으며, 전환 소자로서
는 각각 저열 기전력형 릴레이와 릴레이 및 COMS 반도체 스위치를 사용한다.

② 와이어 도트 헤드

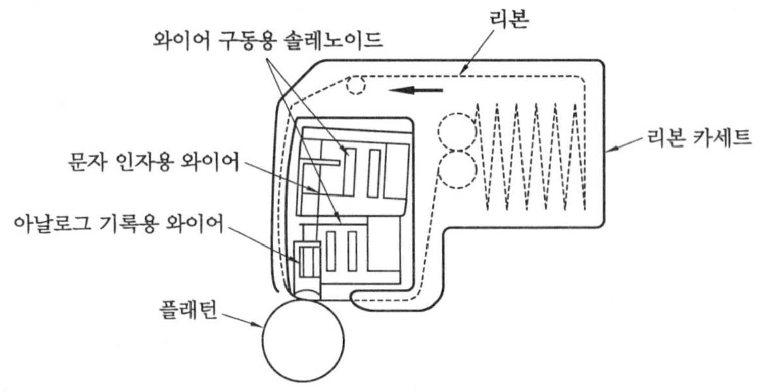

〈그림 4-8〉 인자 헤드의 구조

〈그림 4-8〉은 인자 헤드의 구조를 나타낸다. 인자 헤드는 와이어 도트 방식으로서 구동용 솔레노이드에 아날로그용과 문자 인자용이 있다. 다점 기록계의 기록 방식은 각 와이어가 6색으로 각각 색깔이 다른 잉크 리본에 대응한다. 와이어는 솔레노이드의 아마추어가 요크에 닿아서 정지된 후에도 자유 비행하고 잉크 리본과 종이에 부딪쳐 움직이게 된다.

잉크 리본은 카트리지식으로 아날로그 기록용 와이어에 대응해서 6색으로 각각 염색되어 있고, 타점할 때에 모터에 의해서 이송된다.

다점 기록계의 기록 방식에는 컬러 와이어 기록 방식, 다색 타점펜 헤드 방식, 감열 기록 방식, 컬러 잉크젯 기록 방식 등이 있다.

2. 조절계

조절계는 검출부에 의하여 측정된 측정값(PV)을 받아 이것을 설정값(SV)과 비교하여 편차 신호를 만들어 연산하여 제어량이 목표값에 정확하고 신속하게 일치되도록 조작부에 신호를 보내는 부분으로 제어계의 핵심부이다.

1 공기식 조절계와 전자식 조절계

전자 산업의 발달과 함께 조절계의 방식도 점차 공기식에서 전자식으로 바꿔어 가고 있으며, 컴퓨터에 의한 프로세스 제어에는 전자식 조절계가 널리 사용된다.

그림에는 유량 프로세스를 대상으로 한 공기식과 전자식의 루프 구성도를 나타내고 있으며, 표에 각각의 특징을 나타내었다.

공기식은 폭발성 가스의 분위기 속에서도 사용할 수 있는 점이 가장 큰 장점이지만, 컴퓨터를 사용한 프로세스의 집중 감시, 또는 디지털 제어에서는 전자식 조절계가 많이 사용된다.

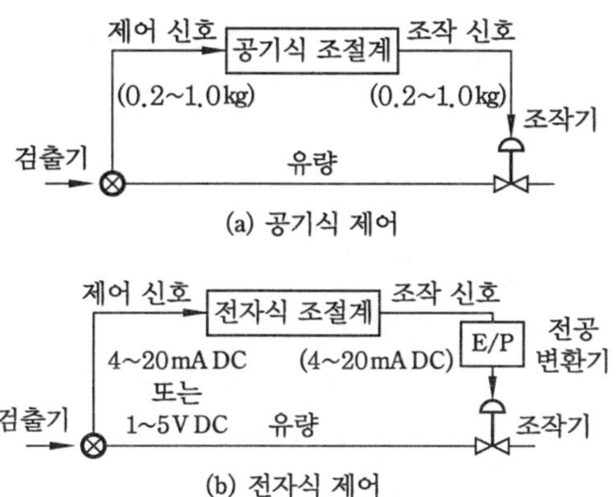

〈그림 4-9〉 공기식과 전자식 조절계의 루프 구성도

〈표 4-3〉 공기식과 전자식의 비교

항 목	공기식	전자식
신호의 전송 특성	늦다	빠르다
폭발성 가스 분위기에서의 사용	안전	주의
컴퓨터와의 결합성	나쁘다	양호
조작기와의 결합성	양호	나쁘다

② 아날로그 전자식 조절계

〈그림 4-10〉은 조절계의 기본 구성도를 나타내고 있다. 조절계의 동작은 수동(M), 자동(A), 캐스케이드(C)의 3가지 모드로 전환시킬 수가 있다.

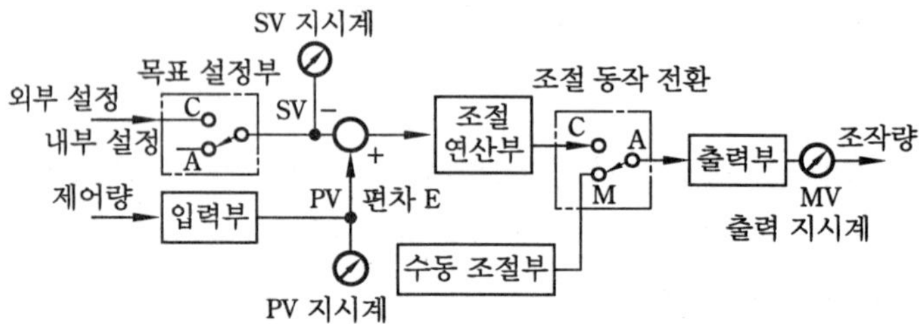

〈그림 4-10〉 조절계의 기본 구성도

'M' 모드일 때에는 수동 조작부에서 직접 출력 신호(조작량)를 조작할 수 있다. 'A' 모드에서는 조절계 자체에서 설정한 목표값과 현재의 입력 신호(제어량)를 비교하여 그 편차가 제로가

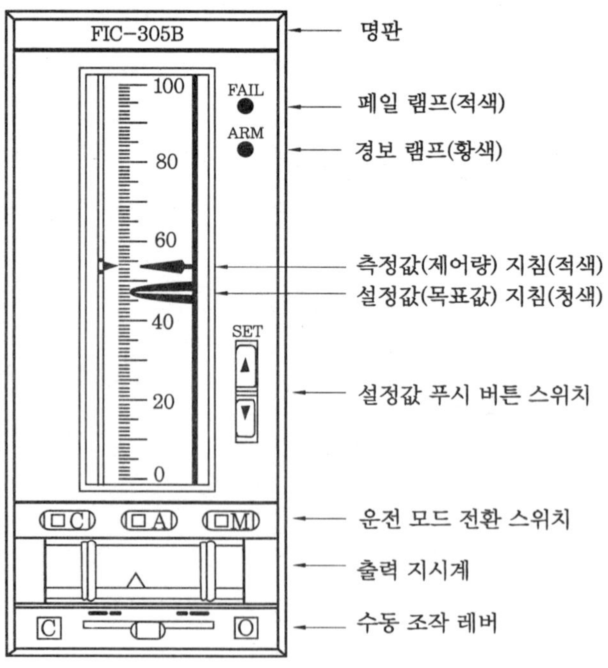

〈그림 4-11〉 조절계의 지시부

되도록 조절 연산부가 작동하여 출력 신호(조작량)를 조작부에 전달한다. 'C' 모드에서는 목표값이 조절계의 외부로부터 주어진다는 점이 'A' 모드와 다른 점이다. 이와 같은 조절계의 지시 조작부 예를 〈그림 4-11〉에 나타낸다.

목표값과 제어량의 관계를 한눈에 보기 쉽게 배치하는 것이 일반적이며, 목표값 설정 및 수동 조작은 계기 전면에서 할 수 있도록 배치되어 있지만 그 밖의 제어정수의 기능은 측면에 부착되는 것이 일반적이다.

【1】 조절계의 구성 예

〈그림 4-12〉는 아날로그 연산 회로를 사용하여 PID 조절계를 구성한 예이다. 편차 신호 E에 대해서 연산 증폭기 A_1에서 미분, 비례 연산을 하고, 증폭기 A_2에서 적분 연산을 실행하여 출력하는 방식이다.

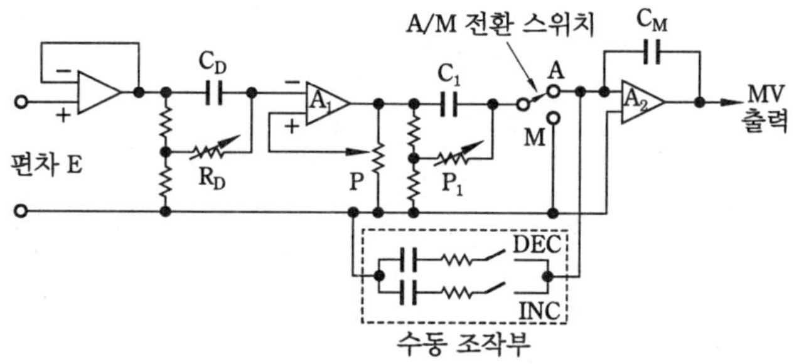

〈그림 4-12〉 아날로그 조절계의 회로 예

조절 동작의 자동(A)과 수동(M) 전환을 증폭기 A_2의 앞에서 행하고, 수동일 때에는 A_2를 홀드 앰프로 하여 동작시키는 방법이다.

【2】 수동 조작부

수동 조작부는 플랜트의 스타트 업(start up)이나 이상이 발생할 경우에 오퍼레이터가 직접 조작 스위치를 조작할 수 있는 기능으로서 중요하다. 따라서 수동→자동, 자동→수동으로 전환하더라도 출력이 급변하지 않는 기능이 필요하게 된다.

예를 들면, 〈그림 4-12〉의 회로에서 A/M 전환 스위치가 'M'의 위치에 있을 때 출력 신호는 콘덴서 C_M의 전하량으로 결정된다. 수동 조작부의 INC 증가 스위치, DEC 감소 스위치를 통해 충전 · 방전시킴으로써 출력 신호를 조작할 수 있다.

【3】 조절 동작

조절 동작에서 온-오프(ON-OFF) 동작이 가장 간단하다. 예를 들면, 히터에 의한 온도 제어의 경우 목표값보다 온도가 높아지면 히터를 오프(OFF)하고, 낮아지면 온(ON)하는 방식이지만, 목표값에서 오버 슈트나 귀환이 커서 지그재그의 제어 결과가 된다. 따라서 양호한 제어 결과를 얻기 위해서는 PID 동작이 일반적으로 사용된다.

③ 디지털 조절계

【1】 구 성

〈그림 4-13〉은 마이크로프로세서를 사용한 디지털 조절계의 구성 예를 나타낸다. 조절계의 모든 동작은 시스템 ROM 메모리 속에 프로그램된다. 먼저 아날로그 입력 신호는 멀티 플렉서를 통해 순차로 A/D 변환되어 디지털 양의 형태로 마이크로프로세서에 도입되어 디지털 방식으로 제어 연산을 실행한 후 D/A 변환기를 통해 다시 아날로그 신호로 되돌려 출력하는 방식이다.

이러한 동작이 0.1초 또는 0.2초 주기로 반복 실행되고, 출력된 신호는 다음 주기에서 갱신될 때까지 일정 값을 유지한다.

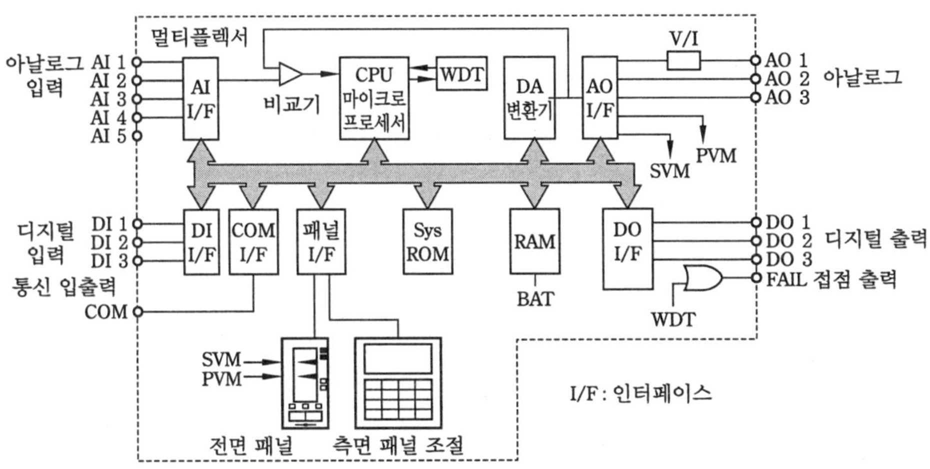

〈그림 4-13〉 디지털 조절계의 구성

〈그림 4-14〉는 1개의 D/A 변환기를 A/D 변환, D/A 변환의 양쪽으로 겸용하고 있는 예이다. 먼저 스위치 SW_1은 ON으로 하고 비교기, D/A 변환기 및 마이크로프로세서로 축차 비교 방식의 A/D 변환기를 구성하여 아날로그 입력 신호를 디지털 신호로 변환하며, 마이크로프로세서에서 연산한 결과를 아날로그 입력 신호로 변환한다.

또한 마이크로프로세서에서 연산한 결과를 아날로그 출력 신호로 변환시킬 때에는 스위치

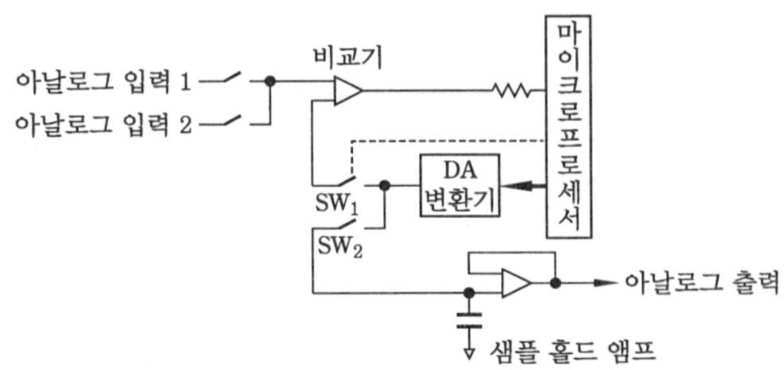

〈그림 4-14〉 마이크로프로세서를 응용한 A/D, D/A 변환

SW_2를 ON으로 하여 같은 D/A 변환기를 통해 샘플 홀드 앰프에 출력한다.

【2】 조절 동작

디지털 조절계에서는 각종 제어 연산을 자유롭게 구성할 수 있는 특징이 있다. 같은 프로세스에 대해 조절계의 A 모드와 C 모드를 사용하여 설정값을 계단 모양으로 변화시켰을 때 제어량의 응답 차는 〈그림 4-15〉와 같이 나타난다. 디지털 조절계에서는 이와 같이 목적에 따라 최적의 제어 연산이 가능하다.

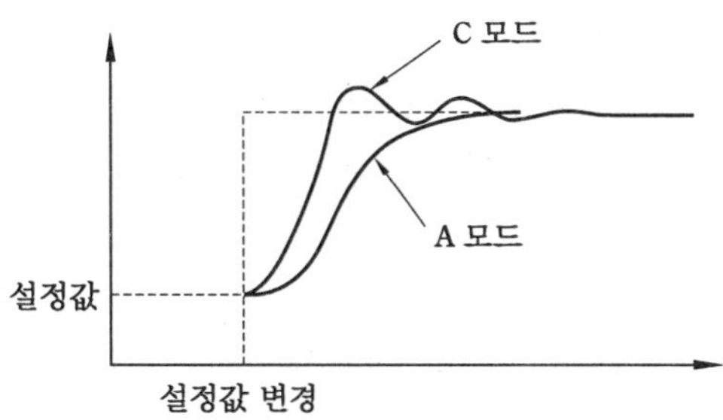

〈그림 4-15〉 설정값을 변경할 때의 제어량 응답

【3】 자기 진단 기능

마이크로프로세서를 사용한 디지털 조절계의 특징은 자기 진단 기능이 있는 것이다. 조절계 자체의 동작 상태를 확인하여 이상이 검출되었을 때에는 신속하게 램프 또는 버저(buzzer) 등으로 오퍼레이터에 알림으로써 플랜트 운전의 안전성과 보수성을 높이는 기능이다.

일반적으로 다음과 같은 항목이 진단되고 있다.

- 마이크로프로세서의 이상
- A/D 변환기 및 D/A 변환기의 정밀도
- 입력 신호의 범위 초과
- 연산의 과다
- 전류 출력의 단선 검출

3. 설정기와 연산기

1 설정기

설정기(set controller)에는 경보 설정기, 비율 설정기, 프로그래머블 설정기 등이 있다.

【1】 경보 설정기

경보 설정기는 각종 변환기로부터 신호를 받아 경보 동작을 하는 것으로서, 경보 설정점은 입력 신호가 통과할 때에 출력 릴레이가 ON, OFF로 되어 경보 램프를 점등하든지 시퀀스 회로 등에 접점 신호를 준다.

또한 시스템의 안전 운전을 위해 조절계와는 독립된 시스템 요소로서 경보 설정기를 사용하여 제어 상태를 감시하는 것이 있다.

〈그림 4-16〉은 경보 설정기의 사용 예를 나타내고 있으며, 방식에 따라 측정 신호의 절대값을 감시하는 것과 2종류 신호의 편차값을 감시하는 것이 있다.

상하한값 경보 설정기는 일반적으로 경보가 발생할 때에 출력 릴레이를 여자로 하든가 비여자로 하든가를 선택할 수 있도록 구성된다.

입력 신호가 경보 설정점 부근에 있을 때 릴레이 출력이 ON-OFF를 반복하지 않도록 로크 업(lock-up) 기능이 부과되어 있다. 릴레이의 동작 모드와 로크 업 동작의 관계는 오른쪽 그림에 나타내었다.

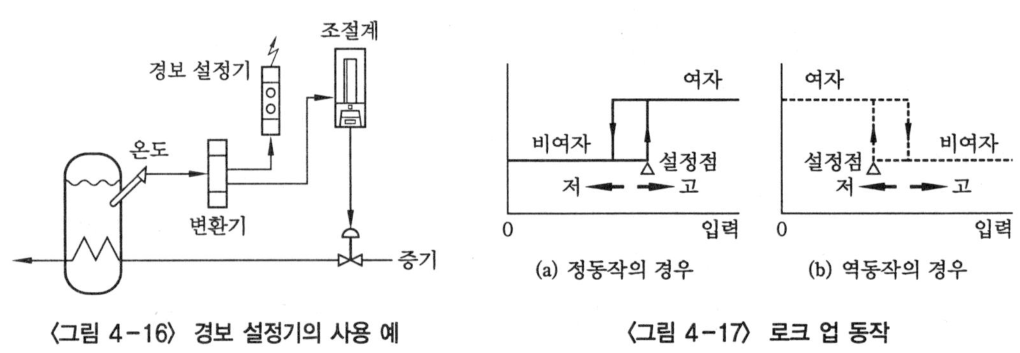

〈그림 4-16〉 경보 설정기의 사용 예　　〈그림 4-17〉 로크 업 동작

[2] 비율 설정기

비율 설정기는 입력 신호에 비율 연산을 하여 출력 신호를 조절계에 설정 신호로 주는 것이다. 일반적으로 지시계의 흑색 바늘은 비율을 지시하므로 비율 설정 휠(wheel)로 비율을 변화시킬 수 있다.

또한 흑색과 적색으로 된 2개의 바늘이 있는 계기를 사용하면 적색 바늘로 측정 입력 신호를 지시할 수도 있다.

[3] 프로그래머블 설정기

프로그램에 따라 프로세스를 제어할 경우에 사용되는 설정기로서, 조절계와 조합하여 사용된다.

프로그래머블 설정기에는 탄소 피막의 저항판에 임의의 프로그램을 설정하여 서보 기구의 슬라이드 저항에 의해 설정한 프로그램에 대응한 신호를 얻는 임의 프로그래머블 설정기와 설정 변경이 간단한 절선 프로그래머블 설정기가 있다.

【4】 수동 설정기와 수동 조작기

〈그림 4-18〉은 수동 설정기의 기능을 나타내고 있다. 내부의 기능으로서는 조절계에서 PID 연산 기능을 제외한 구성으로 되어 있다. 수동 설정기는 복수의 조절계에 대하여 공통의 목표 값을 줄 경우에 설정기로서 사용하는 일이 있다.

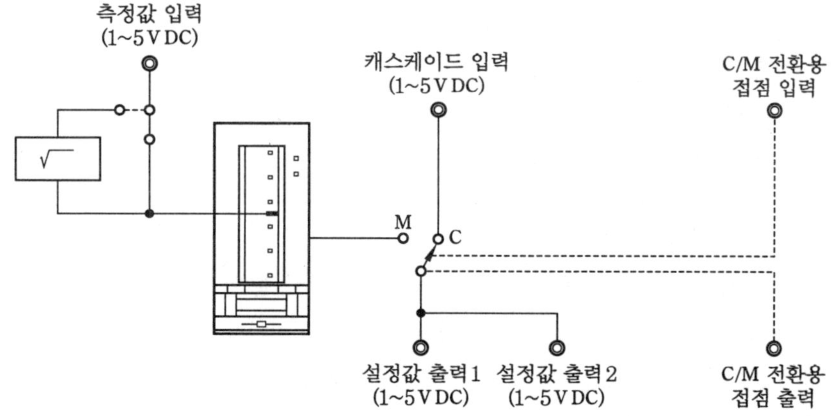

〈그림 4-18〉 수동 설정기의 기능

한편, 수동 조작기는 제어 시스템의 안전 설계 관점에서 백업 기기로서 사용되거나 1대의 조절계 출력으로 복수의 조작단을 제어하는 응용 예로 각 조작단의 조작기로서 사용된다. 〈그림 4-19〉는 수동 조작기의 기능을 나타낸 것이다.

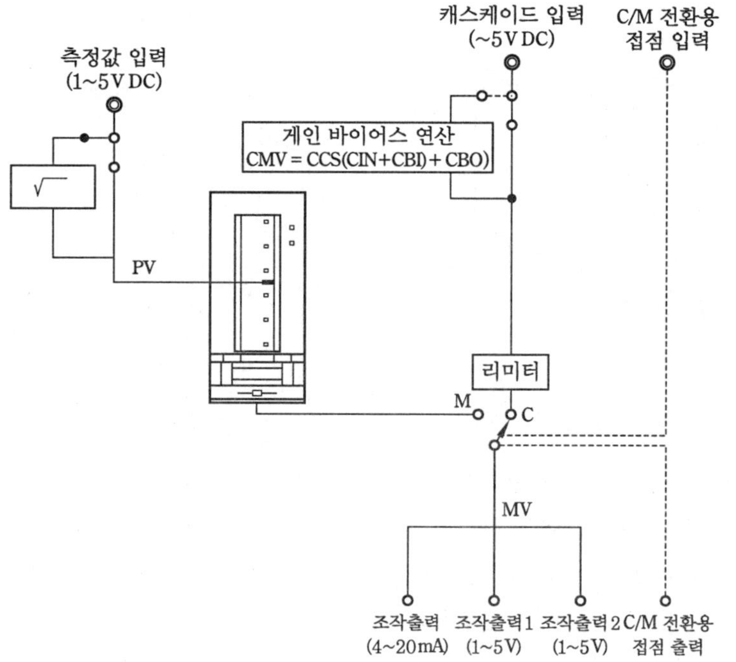

〈그림 4-19〉 수동 조작기의 기능

② 연산기

【1】 개 요

연산기에는 가감 · 승제 · 적산 연산기 등이 있으나, 최근 마이크로프로세서를 이용한 프로그래머블 연산기가 널리 사용되고 있다.

입력 신호로서 DC 1~5V가 많이 쓰이지만 정확한 연산을 하기 위하여 고정된 1V를 제외한 0~4V로 바꾸어 입력 0%를 0V에 대응시킬 필요가 있다.

단, 연산 후에는 다시 고정분 1V를 가산하여 출력 0~100%를 1~5V(또는 4~20mA) 등과 같은 고정분을 갖는 신호로 변환하여 출력을 얻는다.

【2】 프로그래머블 연산기

검출기에서의 신호에 대하여 제곱근 연산 또는 온도, 압력 등의 보정 이외에 필터 처리를 실시하여 기록계나 조절계에 입력시킬 필요가 있다.

이와 같은 용도에 대해 종래에는 아날로그 연산기를 사용하여 처리하고 있었지만, 하드웨어로 연산을 실행하기 때문에 복잡한 연산이 되고 정밀도가 나쁘게 되는 단점이 있다.

따라서 마이크로프로세서를 응용함으로써 복잡한 연산 모듈을 소프트웨어로 조합함에 따라 자유롭게 실현할 수 있게 된다.

〈그림 4-20〉은 프로그래머블 연산기의 외관을 나타낸 것이며, 〈그림 4-21〉은 연산기의 내부를 표현한 것이다.

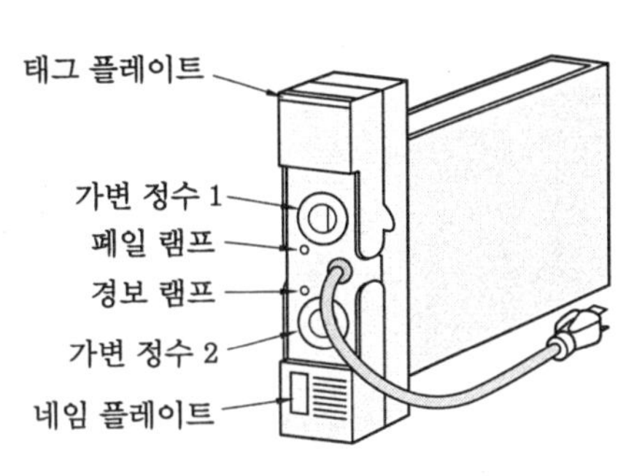

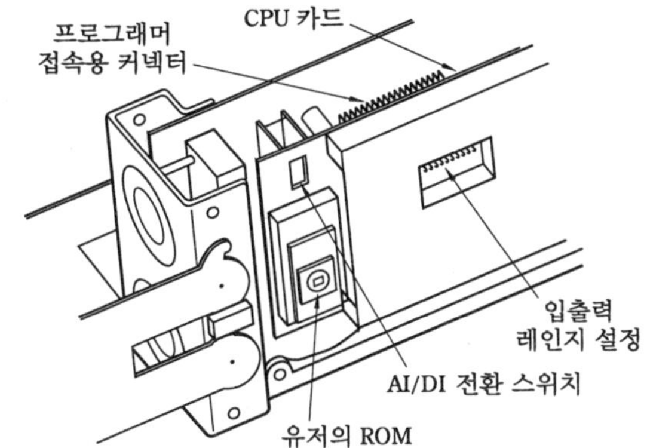

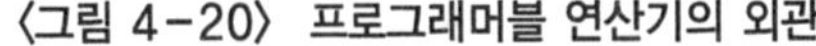

〈그림 4-20〉 프로그래머블 연산기의 외관　　　〈그림 4-21〉 프로그래머블 연산기의 내부

프로그래머블 연산기는 오퍼레이터가 조작하는 일이 없으므로 표시부, 조작부를 가지고 있으며, 프로그램은 전용 프로그램을 사용하여 스텝 기술 방식으로 작성하여 ROM에 기록한다.

이러한 연산기의 주요 사양을 〈표 4-4〉에 나타냈다. 종래의 아날로그 연산기 10대분에 상당하는 연산을 처리할 수 있으므로 프로세스 제어에 널리 사용된다.

〈표 4-4〉 프로그래머블 연산기의 주요 사양

항 목	내 용
아날로그 입력	1~5V 3점(디지털 입력을 사용하지 않는 경우는 4점까지 가능)
아날로그 출력	1~5V 2점
디지털 입력	접점 입력 또는 전압 레벨 1점
디지털 출력	트랜지스터 오픈 컬렉터 출력 1점
가변 정수	1회전 퍼텐쇼미터 2점(0~100% 눈금)
페일 출력	트랜지스터 오픈 컬렉터 출력 1점
연산 함수	가감승제, 논리합 등 26종
프로그램 스탭수	최대 99 스텝

연 습 문 제

1. 공업용 기록계를 동작 방식에 따라 크게 2가지로 분류하시오.

2. 펜 라이트식 기록계의 동작 원리를 설명하시오.

3. 공업용 기록계에 브러시리스 직류 전동기를 사용하는 이유는 무엇인가?

4. 초음파 위치 변환기의 원리를 설명하시오.

5. 타점식 기록계에서 아날로그 방식과 디지털 방식의 기능을 비교 설명하시오.

6. 타점식 기록계의 구성은 무엇으로 이루어져 있는가?

7. 계측 제어 시스템에서 조절계의 기능을 설명하시오.

8. 프로세스 제어에서 전자식 조절계가 널리 사용되는 이유는 무엇인가?

9. 공기식 조절계와 전자식 조절계의 신호 전송의 특성을 비교하시오.

10. 조절계의 기본적인 동작 3가지는?

11. 조절계의 동작 특성 중 ON−OFF 동작이 간단하지만 PID 동작이 사용되는 이유는?

12. 디지털 조절계와 아날로그 조절계를 비교할 때 디지털 조절계의 장점은?

13. 디지털 조절계의 자기 진단 기능으로 진단할 수 있는 항목은?

14. 설정기의 종류를 분류하시오.

15. 경보 설정기에서 로크 업(lock up) 기능이란?

16. 연산기에 널리 사용되는 입력 신호의 전압은?

17. 프로세서 제어에서 조절계의 설정값은 다음 중 어느 것인가?

  ㉮ PV   ㉯ SV

  ㉰ MV   ㉱ IV

18. 눈금의 범위가 0~500℃인 조절계의 비례대가 60%일 때 비례동작을 하는 온도 범위 (℃)는?

  ㉮ 100   ㉯ 200

  ㉰ 300   ㉱ 400

19. 조절계에서 PID 제어와 관계없는 것은?

  ㉮ 비례 제어   ㉯ 적분 제어

  ㉰ 미분 제어   ㉱ ON-OFF 제어

20. 조절계의 제어 동작에서 비례 동작의 비례 이득이 4인 경우 비례대는 몇 %인가?

  ㉮ 20   ㉯ 25

  ㉰ 30   ㉱ 35

21. 다음 중 조절 기구가 취급하는 신호의 종류에 따른 분류가 아닌 것은?

  ㉮ 공기식   ㉯ 유압식

  ㉰ 전자식   ㉱ 전기식

22. 제어 동작 신호를 연산하여 제어량이 목표값에 신속하고 정확하게 일치하도록 조작부에 신호를 보내는 것은?

  ㉮ 조절기   ㉯ 검출기

  ㉰ 조작기   ㉱ 비교기

23. 조절기 중 조작력이 가장 큰 것은?

  ㉮ 전자식   ㉯ 전기식

  ㉰ 유압식   ㉱ 공기식

05 조작부

1. 개 요

프로세스 제어 시스템에 있어서 조작부란 조절기 또는 수동 조작기에서 조절 신호를 받아 조작량으로 바꾸어서 액체, 기체, 증기 등의 제어 대상을 움직이는 부분이며, 신호 또는 수동에 의하여 조작된다. 인간에 비유하면 조절계가 두뇌인 것에 대하여 조작부는 팔다리에 해당된다.

조작부의 구성은 조절계로부터 신호를 받아 그에 대한 조작량으로 변하는 부분과 조작량을 받아 제어 대상에 직접 작용하는 부분으로 되어 있다. 필요에 따라 신호를 조작량으로 변화시키는 부분에 포지셔너(positioner)라고 부르는 일종의 비례 동작 조절기를 쓸 경우도 있다.

신호의 변환 방식에 따라 전기 신호를 공기식이나 유압으로 변화시켜 구동부를 조작하게 하거나 전기 신호로 직접 전자 개폐기가 SCR의 전력 조정기를 구동한다든지 전자 밸브(solenoid valve), 전동 밸브에 의해 유체를 제어하는 것들도 있다.

또한 자력식 제어 밸브(self control valve)와 같이 제어 대상의 변화를 스스로 검출하여 제어 대상에서의 에너지에 의하여 제어하는 것도 있다.

1 조작부의 구비 조건

조작부는 프로세스에 있어서 사람의 팔다리에 해당되므로, 다음 조건을 갖추어야 한다.

① 제어 신호에 정확히 동작할 것.
- 직선성 또는 미리 설정된 특성을 가질 것.
- 재현성이 좋고 오동작을 하지 말 것.
- 응답성이 좋고 히스테리시스(hysteresis)가 작을 것.

② 주위 환경과 사용 조건에 충분히 견딜 것.

③ 보수 점검이 용이할 것.

　표준품, 규격품으로서 호환성을 갖는 것을 선택하여 고장이 발생할 때 교환이 용이할 것.

④ 가격이 저렴할 것.

② 조작부의 종류

【1】 공기식 조작부

① 공기압

　일반적으로 조작량에 비례한 20~100kPa의 공기압이 사용되며, 큰 조작량이 필요한 경우 40~200kPa의 공기압이 사용된다. 또한 실린더식이나, 대형 구동부와 전송 거리가 먼 경우에는 포지셔너를 사용하여 그 출력으로 구동한다.

② ON-OFF 신호

　0 또는 140kPa의 공기압 신호를 모터 또는 실린더에 가하여 밸브 등에 ON-OFF를 행한다.

【2】 전기식 조작부

① 전류(전압) 신호

　조작량에 비례하여 10~50mA DC, 4~20mA DC 등의 직류 전류 또는 전압의 아날로그 신호이다. 현재 IEC(International Electrotechnical Commission)의 권고에 따라 4~20mA DC로 사용되고 있다. 이 전류 신호를 사용할 경우 전기/공기, 전기/전기, 전기/유압 등의 포지셔너를 통하여 구동부를 조작한다.

② 펄스 신호

　펄스 신호 중 펄스 폭 신호는 전동 밸브나 전자 밸브의 조작에 적합하며, 펄스 열(pulse train) 신호는 펄스 모터를 구동하여 유압식의 조작 기구를 움직인다.

③ ON-OFF 신호

　전자 접촉기를 중간 매체로 하여 전자 밸브나 펌프 또는 전기로의 발열체를 ON-OFF하며, 이 신호는 펄스 신호의 일종이다.

【3】 유압 및 수압식 조작부

　구동부의 응답이 양호하고 출력이 크므로 널리 사용된다. 동작 특성은 유압 펌프가 조작기 내부에 있고, 조잘계로부터 전기 또는 공기압 신호를 받아 동작된다.

【4】 자력식 조작부

　압력, 차압 등의 프로세스 변수를 직접 동력원으로 하든지 감온부(感溫部)에 봉입된 액체의 증기압 변화를 이용하여 밸브를 조작하는 것으로서 현장 설치형의 간이 조절기로 이용된다.

2. 제어 밸브

1 제어 밸브의 분류

제어 밸브는 조절 밸브라고도 하며, 프로세스의 요구에 따라 여러 종류의 형식이 있는데, 크게 조작 신호와 밸브 시트의 형태에 따라 분류하면 다음과 같다.

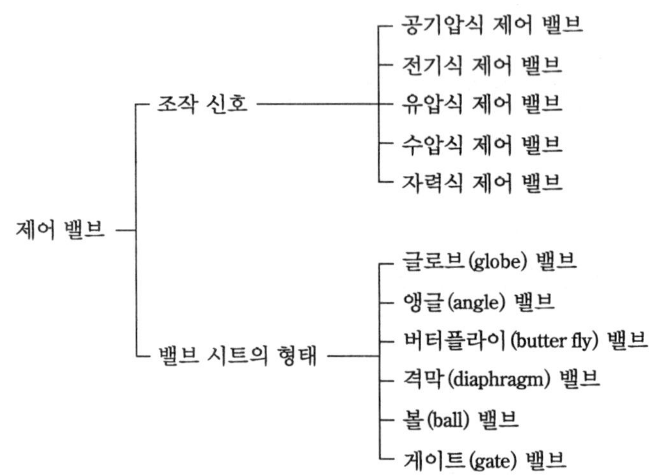

【1】 리프트 밸브(lift valve)

유체 흐름의 차단장치로 가장 널리 사용되는 스톱 밸브로 유체의 에너지 손실이 크나 작동이 확실하고, 개폐를 빨리 할 수 있으며, 밸브와 밸브 시트의 맞댐도 용이하고 가격도 저렴하다. 유체의 입구 및 출구가 일직선상에 있는 달걀형으로 흐름의 방향이 동일한 글로브 밸브(globe valve)와 흐름의 방향이 90° 변화하는 앵글 밸브(angle valve)가 있으며, 이음매 형상에 따라 나사 박음형과 플랜지형이 있다. 시트에는 평면 시트, 원추 시트, 구면 시트, 삽입 시트가 있다. 밸브 시트의 구멍 지름은 관의 안지름과 같게 결정하고, 유체가 밸브를 통과하는 속도는 최대 리프트의 경우 관내 유속과 같게 한다.

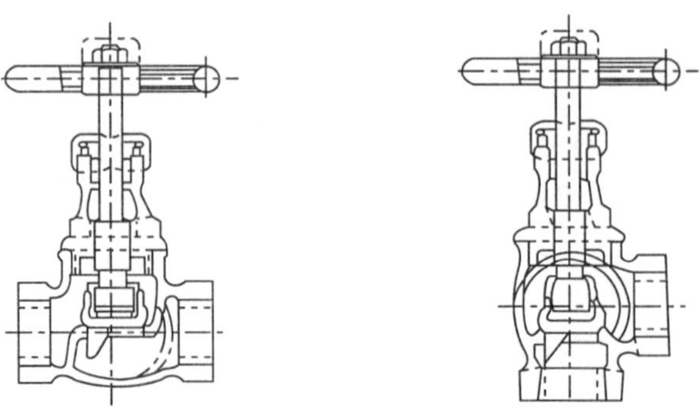

(a) 나사 박음형 글로브 밸브　　(b) 나사 박음형 앵글 밸브

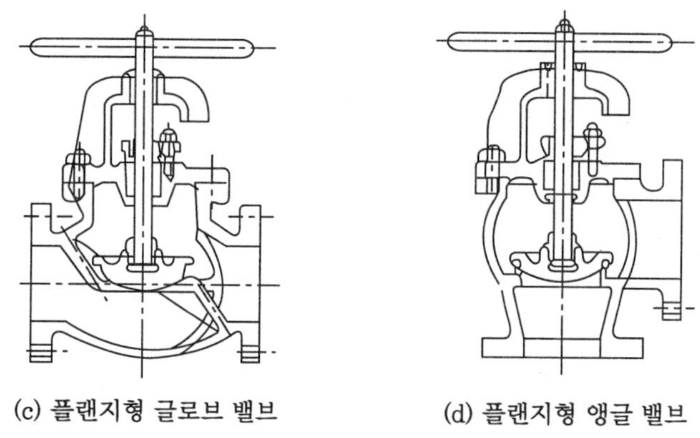

(c) 플랜지형 글로브 밸브   (d) 플랜지형 앵글 밸브

〈그림 5-1〉 리프트 밸브

보통 밸브의 시트는 청동, 스테인리스강 등으로 만든다. 단, 밸브 박스와 재질이 다르면 팽창계수의 차에 의하여 밸브 시트가 이완되는 수가 있으므로 주의하여야 한다.

① 글로브 밸브

보통 밸브 박스가 구형으로 만들어져 있으며 주로 밸브의 개도를 조절해서 교축(絞縮) 기구로 이용된다. 구조상 유로가 S형이고 유체의 저항이 크므로 압력 강하가 큰 결점이 있다. 그러나 전개(全開)까지의 밸브 리프트가 적으므로 개폐가 빠르고 또 구조가 간단해서 싸므로 많이 사용되고 있다.

- 나사형 글로브 밸브 : 〈그림 5-2〉의 (a), (b) 모두 청동제이고 밸브 자리는 밸브 박스와 일체로 만들어져 있다. 이 청동제의 것은 호칭 지름이 10~100mm까지는 소형에 쓰이며 호칭 지름의 크기에 따라 그림과 같이 뚜껑의 형상이 다르다. 또한 주철, 주강제의 것은 규격화되어 있지 않으나 밸브 자리 재료는 사용 조건에 따라 다른 것이 사용된다.

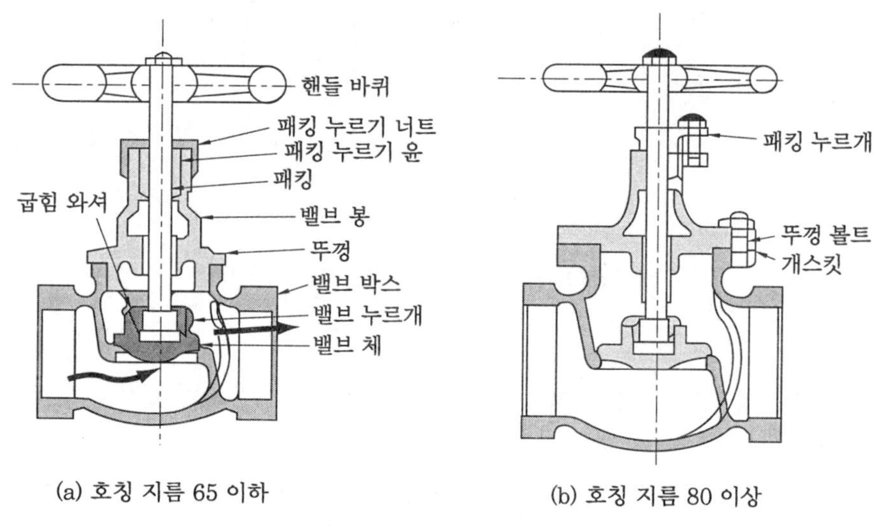

(a) 호칭 지름 65 이하   (b) 호칭 지름 80 이상

〈그림 5-2〉 나사형 글로브 밸브

- 플랜지형 글로브 밸브 : 청동제 및 주철, 주강제의 것이 있으며 청동제는 비틀어 넣기 형과 마찬가지로 지름 100mm까지는 소형용이며 호칭 지름의 크기에 따라 뚜껑의 형상이 다르다. 주철, 주강제는 호칭 지름이 200mm까지는 대형용이고 밸브 봉(棒)은 〈그림 5-4〉의 (b)와 같이 왼 나사형으로 규격화되어 있다.

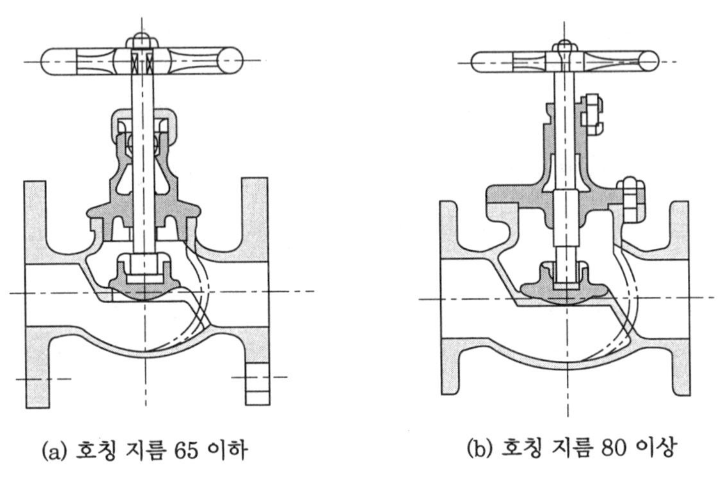

〈그림 5-3〉 플랜지형 글로브 밸브 청동제

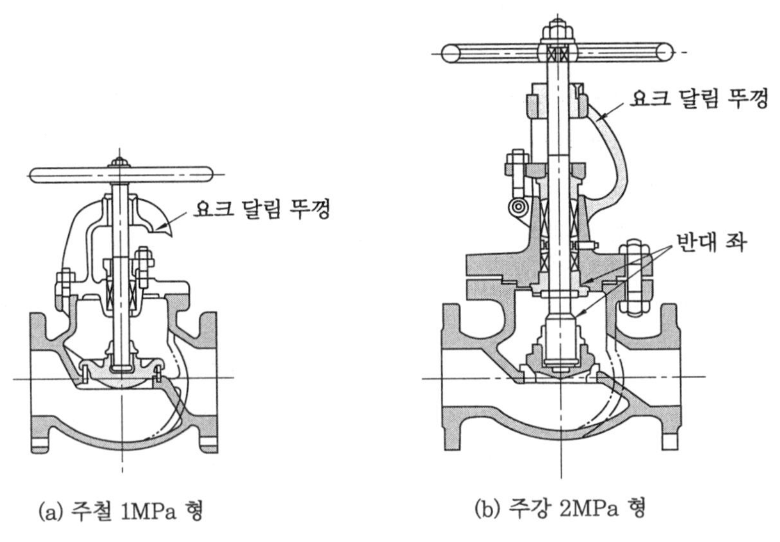

〈그림 5-4〉 플랜지형 글로브 밸브 주철, 주강제

② 앵글 밸브

글로브 밸브의 일종으로 L형 밸브라고도 하며 관의 접속구가 직각으로 되어 있어 취급법이 글로브 밸브와 같다.

- 나사형 앵글 밸브 : 청동제이며 호칭 지름 100mm까지는 소형으로 하고 크기에 따라 뚜껑의 형상도 글로브 밸브와 마찬가지로 〈그림 5-5〉의 (a), (b)와 같이 규격화되어 있다.

• 플랜지형 앵글 밸브 : 글로브형과 마찬가지로 청동제와 주철, 주강제가 있으며 청동제는
호칭 지름이 100mm까지는 소형이고 크기에 의한 뚜껑 형상도 글로브 밸브와 같다.

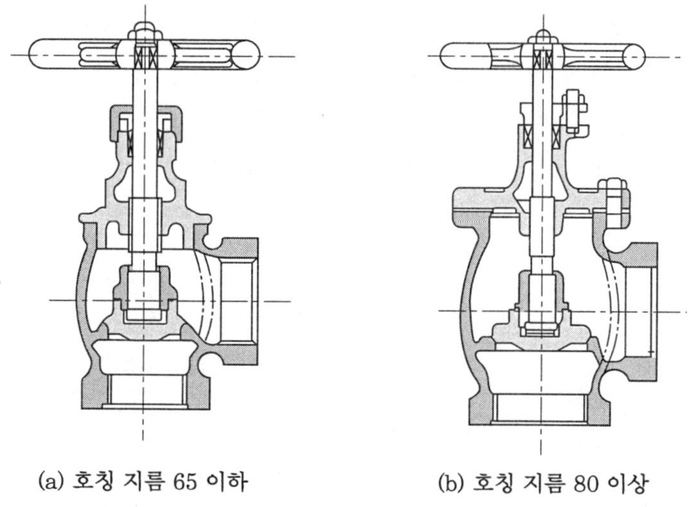

(a) 호칭 지름 65 이하   (b) 호칭 지름 80 이상

〈그림 5-5〉 나사형 앵글 밸브(청동)

③ 슬루스 밸브의 구조와 취급

칸막이 밸브라고도 하며 밸브 체는 밸브 박스의 밸브 자리와 평행으로 작동하고 흐름에 대
해 수직으로 개폐한다. 일직선으로 흐르기 때문에 유체 저항이 가장 적고, 죄임 힘은 글로브
밸브에 비해 적으며 보통 전개 전폐로 쓰인다.

• 나사형 슬루스 밸브 : 청동제로 소형으로 각 부의 형상, 밸브 시트의 재질 등은 글로브 밸
브와 같다. 〈그림 5-6〉의 (a)와 같이 밸브 봉 상승형이란 일반의 밸브에서 핸들을 돌려
밸브를 개폐하면 밸브 봉이 상하로 이동하는 것이며 〈그림 5-6〉의 (b)는 비상승형으로
상하 이동이 없는 것이다. 따라서 밸브 체의 개폐 상태를 외부에서 보고 분간할 수 없으

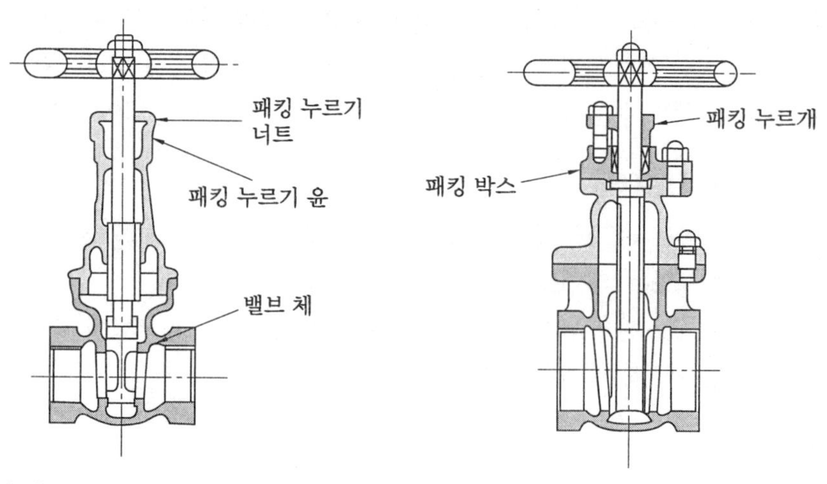

(a) 호칭 지름 50 이하(밸브 봉 상승형)   (b) 호칭 지름 65 이상(밸브 봉 비상승형)

〈그림 5-6〉 나사형 슬루스 밸브(청동)

므로 개폐의 지시반(指示盤)이나 눈금을 낸 것도 있다.

- 플랜지형 슬루스 밸브 : 호칭 지름, 온도, 압력 등에 의한 재질, 형상은 글로브 밸브의 경우와 마찬가지로 규격화되어 있다. 주철, 주강제의 경우 밸브 봉 나사가 밸브 박스 내측에 있는 내 나사식과 외측에 있는 외 나사식이 있고, 명칭에는 반드시 '내 나사' 또는 '외 나사'로 표시된다. 또 (b)의 밸브 봉은 비상승형으로 되어 있다. 이 형은 핸들바퀴에 요크 슬리브를 부착하며 밸브 봉은 회전하지 않고 밸브의 개폐를 한다.

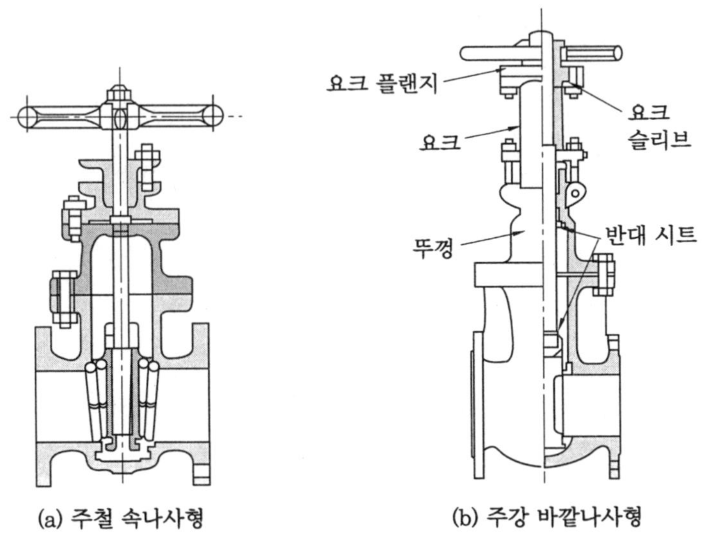

〈그림 5-7〉 플랜지형 슬루스 밸브

【2】 게이트 밸브

게이트 밸브는 밸브 봉을 회전시켜 열 때 밸브 시트면과 직선적으로 미끄럼 운동을 하는 밸브로 밸브 판이 유체의 통로를 전개하므로 흐름의 저항이 거의 없다. 그러나 1/2만 열렸을 때는 와류가 생겨서 밸브를 진동시킨다. 밸브를 여는 데 시간이 걸리고 높이도 높아져 밸브와 시트의 접합이 어렵고 마멸이 쉬우며 수명이 짧다. 밸브의 경사는 1/8~1/15이고 보통 1/10이다.

【3】 플랩 밸브와 나비형 밸브

플랩 밸브(flap valve)는 관로에 설치한 힌지로 된 밸브판을 가진 밸브로 밸브판을 회전시켜 개폐를 한다. 스톱 밸브 또는 역지(逆止) 밸브로 사용된다.

나비형 밸브는 원형 밸브판의 지름을 축으로 하여 밸브판을 회전함으로써 유량을 조절하는 밸브이나 기밀을 완전하게 하는 것은 곤란하다.

【4】 다이어프램 밸브

산성 등의 화학 약품을 차단하는 경우에 내약품, 내열 고무제의 격막 판을 밸브 시트에 밀어 붙이는 다이어프램 밸브(diaphragm valve)가 사용된다. 유체 흐름의 저항이 적고 기밀 유지에 패킹이 필요 없으며 부식의 염려도 없다.

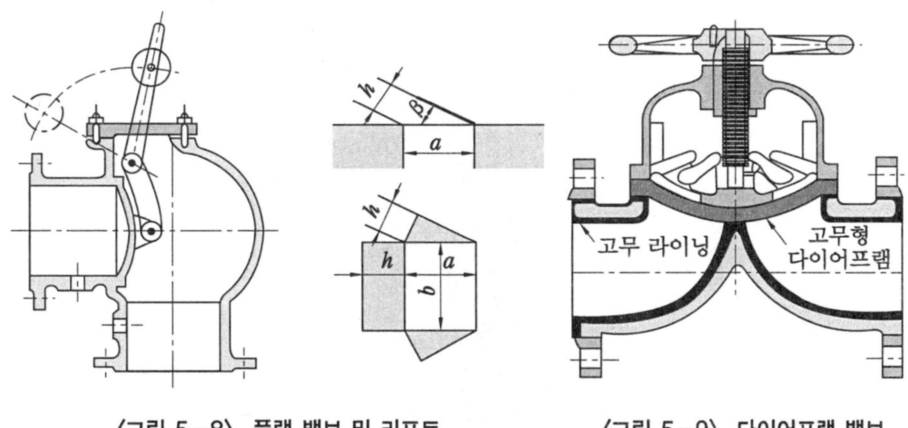

<그림 5-8> 플랩 밸브 및 리프트   <그림 5-9> 다이어프램 밸브

【5】 체크 밸브 및 자동 밸브

체크 밸브는 밸브의 무게와 밸브의 양면에 작용하는 압력차로 자동적으로 작동함으로써 유체의 역류를 방지하여 한쪽 방향에만 흘러가게 하는 밸브이다.

자동 밸브는 펌프 등의 흡입, 배출을 행하여 피스톤의 왕복 운동에 의한 유체의 역류를 자동적으로 방지하는 밸브이다.

【6】 감압 밸브

유체 압력이 사용 목적에 비하여 너무 높을 경우 자동적으로 압력이 감소되어 감압시키고 감소된 압력을 일정하게 유지시키는 데 사용되는 밸브이다.

② 제어 밸브의 선정

【1】 선정 조건

① **대상 프로세스** : 제어 밸브를 포함한 시스템의 전체적인 이해와 파악이 필요하며, 프로세스의 시동, 정지 및 긴급할 때 대책이 필요하다.

② **사용 목적** : 제어 밸브는 프로세스의 변수를 제어하는 것만이 아니라, 유체의 차단 또는 개방, 두 유체의 혼합, 두 방향으로 분류, 유체의 전환, 압력 강하 등을 목적으로 하는 것 등이 있다.

③ **응답성** : 신호의 변화에 대한 밸브 스템이 그랜드 패킹 등의 마찰에 이겨내고 동작될 때까지의 정체 시간(dead time) 동안 규정된 거리만 이동하기 위한 작동 시간이 있으므로 시스템 전체의 제어성 및 안전성을 고려해야 한다.

④ **프로세스의 특성** : 자기 평형성의 유무, 필요 유량 변화 범위, 응답 속도 등을 확인한다.

⑤ **유체 조건** : 유체의 명칭, 성분, 조성, 유량, 압력, 온도, 점도, 밀도, 증기압, 과열도 등이다.

⑥ **밸브 시트의 누설량 :** 밸브가 차단될 때 밸브 시트의 누설량이 어느 정도까지 허용될 수 있는가를 확인한다. 누설량의 표현은 일반적으로 밸브의 정격 C_v값 비율%로 표현한다.

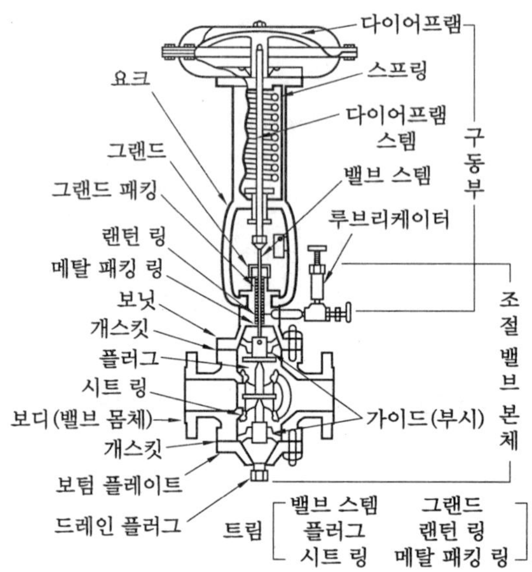

〈그림 5-10〉 제어 밸브의 구조와 각부 명칭

⑦ **밸브 작동**

밸브의 작동에는 페일 세이프로서의 작동과 밸브의 압력 신호에 대한 작동의 2가지가 있다. 전자는 입력 신호 또는 동력원 상실 시에 밸브 동작 방향을 안전 측의 방향으로 동작시키는 것으로, 공기압이 없을 때에 폐(closer), 개(open) 또는 유지(lock)로 구분된다.

후자는 신호량의 증감에 대한 밸브의 개폐 방향을 말하며, 입력 증가로 밸브가 닫히는 것이 정동작(direct action), 입력 증가로 밸브가 열리는 것이 역동작(reverse action)이다.

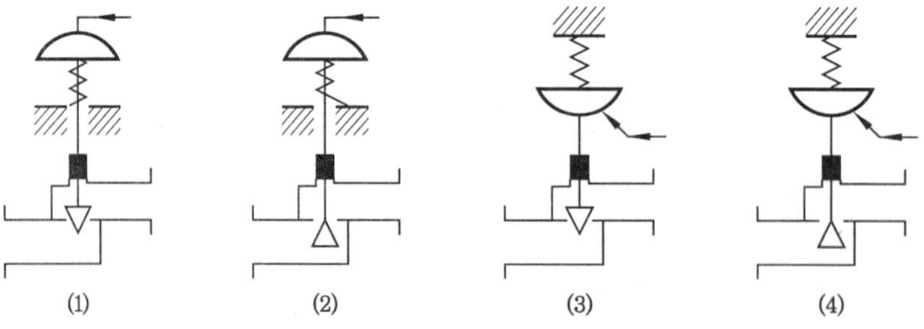

그 림	구동부	내부 밸브	밸브 작동
(1)	정	정	정작동
(2)	정	역	역작동
(3)	역	정	역작동
(4)	역	역	정작동

〈그림 5-11〉 밸브의 작동

다이어프램 구동식 글로브 밸브에서는 구동부, 내부 밸브 각각에 정, 역이 있으며, 그 조합에 의한 밸브의 작동은 〈그림 5-11〉에 나타내었다.

⑧ 배관 시방 : 제어 밸브가 설치되어 있는 배관의 시방에 관해 확인한다. 예를 들면, 호칭 지름, 배관 규격, 재질, 접속 방식 등이다.

[2] 정격 용량

제어 밸브의 정격 용량은 밸브를 통과하는 유체 조건으로부터 산출하며 C_v로 표시한다. 이때 제어 밸브의 정격 C_v값을 산출하여 적절한 밸브를 선정하는 것을 사이징이라고 한다.

액체에 대한 C_v의 계산식은 다음과 같다.

$$C_v = 1.17 Q_t \sqrt{\frac{G_t}{\Delta p}}$$

여기서, Q_t : 액체의 체적 유량(m³/h), G_t : 액체의 비중, Δp : 밸브의 차압($p_1 - p_2$)(kgf/cm²)

[3] 유량 특성

① 유량 특성의 종류

- 퀵 오프(quick open) 특성(접시형)−ⓐ
- 스퀘어 루트(square root) 특성(2차 특성, V 노치 특성)−ⓑ
- 리니어(linear) 특성−ⓒ
- 이퀄 퍼센트(equal %) 특성(등비율형)−ⓓ
- 하이퍼볼릭(hyperbolic) 특성(쌍곡선 특성)−ⓔ

유량 특성의 종류에는 위와 같은 것이 있으며, 이 중 ⓐ, ⓒ, ⓓ의 특성이 널리 이용된다.

② 고유 유량 특성

밸브 전후의 압력차를 일정하게 하고 비압축성 유체를 흘렸을 때의 유량 특성을 나타내면 〈그림 5-12〉와 같다. 밸브의 입구에서 출구 면까지 밸브 몸체를 통하여 유지되는 일정한 압력 강하로써 구해지며, 이 특성은 이상적인 것으로 모든 밸브에 적용된다.

퀵 오픈 특성은 작은 개도 변화에 대해 유량 변화가 크기 때문에 ON−OFF용에 한해서 사

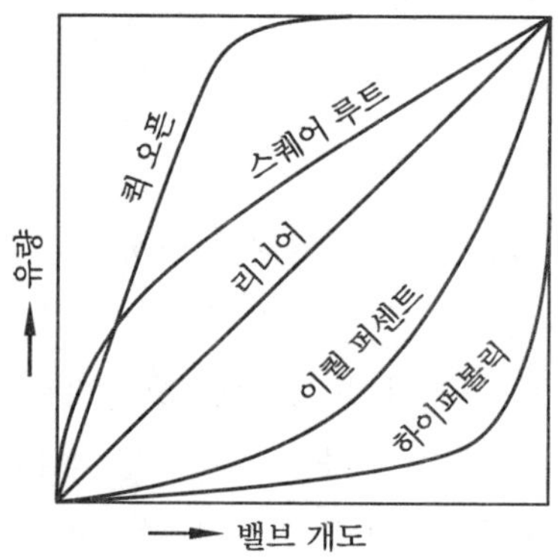

〈그림 5-12〉 고유 유량 특성

용되며, 제어용으로서는 리니어 특성, 이�퀄 퍼센트 특성 등이 사용된다.

③ 유량 특성의 선정

제어 밸브가 배관에 설치된 상태에서는 유량 변화에 따라서 밸브의 차압이 변화되고, 고유 유량 특성과는 다른 특성이 된다. 이것을 유효 유량 특성이라고 한다.

시스템 전체의 압력 손실에 대한 밸브의 압력 손실의 비율에 따라 변화한다. 이때 비율을 유효 유량 계수 P_R로 표시하며, 각 특성의 예는 〈그림 5-13〉과 같다.

유효 유량계수 P_R는 제어계의 전체 압력 손실에 대한 밸브의 압력 손실을 말한다. P_R을 $\dfrac{\text{밸브의 압력 손실}}{\text{시스템의 압력 손실}}$ 이라고 하면, 특성의 변형은 밸브의 압력 손실 비율 P_R 이 작아짐에 따라서 증가한다.

제어 밸브의 $P_R=0.05$가 허용 한계이다.

실용적인 표준으로서 압력 배분이 불명확하거나 유량이 작고 Δp가 큰 경우나, 유량이 크고 Δp가 작아지는 경우에는 이퀄 퍼센트 특성을 선택한다.

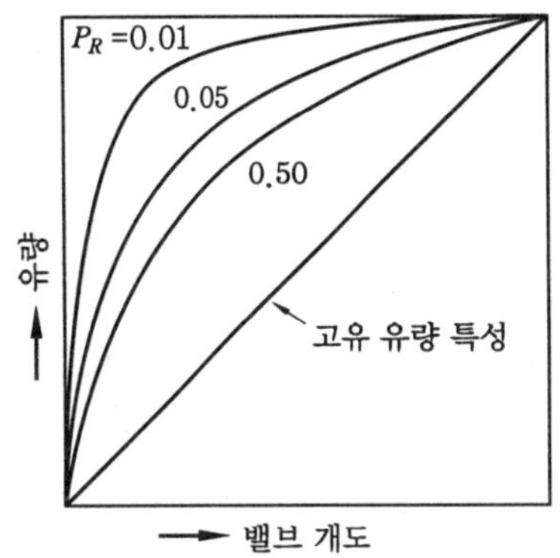

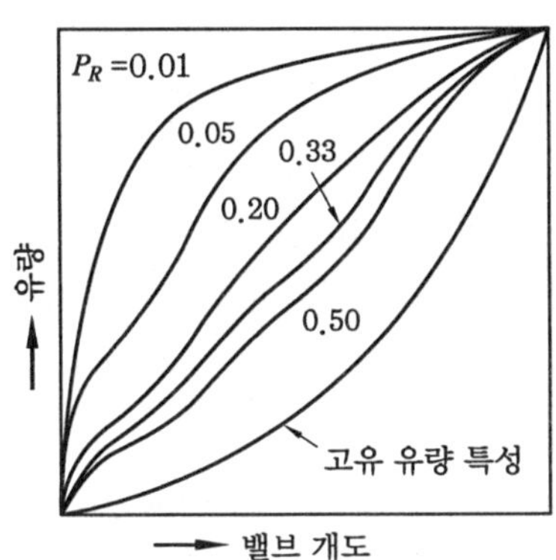

〈그림 5-13〉 유효 유량 특성

③ 캐비테이션

【1】 현상과 특징

① 정 의

물은 1기압하에서 100℃가 되면 끓으나 압력이 낮아지면 물의 끓는점은 100℃보다 낮아지고 압력을 더욱 낮추면 상온에서도 끓는 현상이 일어난다. 이것은 압력이 그때 물의 온도에 해당하는 포화증기압 이하로 내려가 물이 증발하여 기포가 생기기 때문이다. 펌프의 내부에서도 흡입 양정이 높거나 흐름 속도가 국부적으로 빠른 부분에서 압력 저하로 유체가 증발하는 현상이 발생하게 되며 원심 펌프 내부에 있어서는 〈그림 5-14〉처럼 임펠러 입구의 압력이 가장 낮은데 그 이유는 임펠러 눈(eye)으로 유입된 유체는 속도가 증가하게 되고,

이 증가된 속도는 임펠러 날개에서 압력 감소로 나타나기 때문이다.

만일 감소한 압력이 유체의 포화 증기압보다 낮을 경우에는 임펠러 입구에서 유체의 일부가 증발해서 기포가 발생하게 된다. 이때 생긴 기포는 임펠러 안의 흐름을 따라 펌프 고압부인 토출구로 이동하여 압력 상승과 함께 순간적으로 기포가 파괴되면서 급격하게 유체로 돌아온다. 이 현상을 캐비테이션(cavitation, 空洞現像)이라 한다.

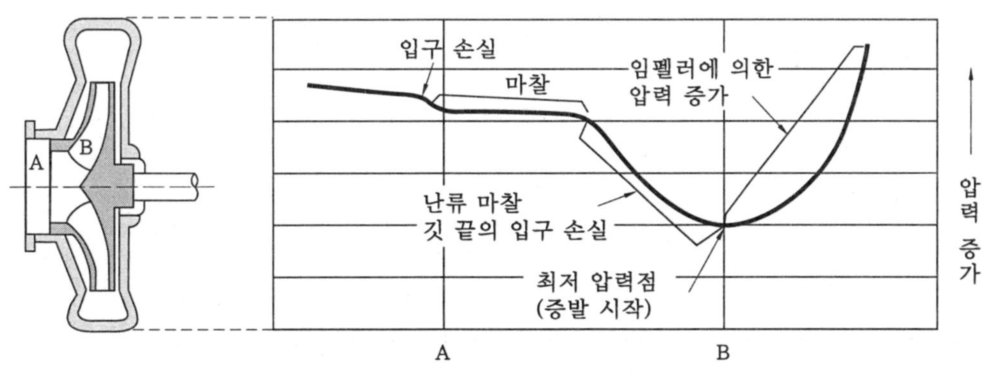

〈그림 5-14〉 원심 펌프의 캐비테이션

② 영 향

- 캐비테이션은 펌프에 소음(큰 돌로 치는 듯한 소리), 진동, 점 침식을 유발할 뿐 아니라 펌프의 효율과 성능을 저하시키며, 흡입 압력이 더욱 저하되면 나중에는 양수가 불가능한 상태에 이르게 된다. 따라서 펌프에 캐비테이션이 발생되지 않도록 흡입 조건은 신중하게 결정하여야 한다.
- 캐비테이션 현상이 오래 지속되면 발생부 근처에 여러 개의 홈집이 생겨 재료를 손상시킨다. 이것을 점 침식(pitting)이라 하며, 이는 캐비테이션에 따라 생긴 여러 기포가 터질 때의 충격이 반복적으로 발생할 경우 일어난다.
- 점 침식은 기포가 파괴될 때의 압력이 커서(약 10~20MPa) 임펠러 부위에 침식(erosion)을 일으키는데, 이는 유체 내의 고형 물질에 의한 침식과 구별하여 부르는 것이다.

③ 포화 증기압

어떤 온도에서 액체가 더 이상 증발하지 않을 때의 증기 압력을 그 온도에서의 포화 증기압(saturated vapor pressure)이라 한다.

[2] 캐비테이션 발생 원인

① 펌프의 흡입 측 수두가 큰 경우
② 펌프의 마찰 손실이 클 경우
③ 펌프의 흡입관이 너무 작은 경우
④ 이송하는 유체가 고온일 경우

　⑤ 펌프의 흡입 압력이 유체의 증기압보다 낮은 경우
　⑥ 임펠러 속도가 지나치게 큰 경우

【3】 캐비테이션 발생 방지 대책

　① 캐비테이션의 방지 근본책은 유효흡입수두(NPSH : net positive suction head)를 필요 NPSH보다 크게 하는 데 있으며 필요 NPSH를 감소시키는 방법으로 임펠러 입구에 인듀서(inducer)라고 하는 예압용의 임펠러를 장치하여 이곳으로 들어가는 물을 가압해서 흡입 성능을 향상시키는 경우가 있다.

　② 펌프 설치 높이를 최대로 낮추어 흡입 양정을 짧게 한다.

　③ 펌프의 회전 속도를 작게 한다.

　④ 단, 흡입이면 양 흡입으로 고친다.

　⑤ 펌프 흡입 측 밸브로 유량 조절을 하지 않는다.

　⑥ 흡입부에 설치하는 스트레이너의 통수 면적을 크게 하고 수시로 청소한다.

　⑦ 부득이한 경우에는 캐비테이션에 강한 재질을 사용한다.

　⑧ 흡입판은 짧게 하는 것이 좋으나 부득이하게 길게 할 경우에는 흡입관을 크게 하여 손실을 감소시키고 밸브, 엘보 등 피팅류 숫자를 줄여 흡입관의 수두를 줄인다.

　⑨ 펌프의 전 양정에 과대한 역류를 만들면 사용 상태에서는 시방 양정보다 낮은 과대 토출량의 점에서 운전하게 되어 캐비테이션 현상하에서 운전하게 되므로 전 양정의 결정에 있어서는 캐비테이션을 고려하여 적합하게 만들어야 한다.

　⑩ 이미 캐비테이션이 생긴 펌프에 대해서는 소량의 공기를 흡입 측에 넣어 소음과 진동을 적게 한다.

【4】 인듀서

　펌프 임펠러 입구에 인듀서를 설치하면 압력 강하가 줄어들어 펌프의 필요 흡입수두(NPSHre) 수치가 낮아지므로 캐비테이션 발생을 방지할 수 있다.

▟ 수격 현상

　운전 중인 펌프가 그 구동력을 잃어도 회전체의 관성에 의해 회전이 지속되지만, 유체를 이송시키는 에너지에 비해 작을 뿐 아니라 보유하고 있는 에너지는 양수를 위한 에너지로 시간이 경과함에 따라 소비되어, 회전수는 급격히 저하하여 양수량도 감소한다.

　한편, 송수관 내의 물은 관성력에 의해 송수 상태를 지속하기 때문에 펌프 토출구 부근의 압력은 급격히 강하한다. 펌프의 회전수가 더욱 감소하게 되면, 펌프는 회전함에도 불구하고 토출 측 압력에 대해 송수 불능으로 물의 흐름은 정지한다.

　이때 생기는 압력 강하는 주로 펌프와 원동기의 회전 관성 및 유속, 관 연장 등의 영향을 받는데 심한 경우는 유체가 포화 증기압 이하로 되어 송출관 내에서 국부적으로 기화 증발되어,

소위 수주 분리라 부르는 현상을 수반한다.

【1】 특 징

① 관로에서 유속의 급격한 변화에 의해 관내 압력이 상승 또는 하강하는 현상

② 펌프의 송수관에서 정전에 의해 펌프의 동력이 급히 차단될 때, 펌프의 급 가동 밸브의 급 개폐 시 생긴다.

③ 수격 현상(water hammer)에 따른 압력 상승 또는 압력 강하의 크기는 유속의 상태(펌프의 정지 또는 기동의 방법), 밸브의 닫힘 또는 열기에 필요한 시기, 관로 상태, 유속 펌프의 특성에 따라 변화한다.

【2】 현 상

펌프에서 동력 급차단 시 생기는 3가지 형태

• 토출 측에 밸브가 없는 경우

• 토출 측에 체크 밸브가 있을 경우

• 토출 측에 밸브를 제어할 경우

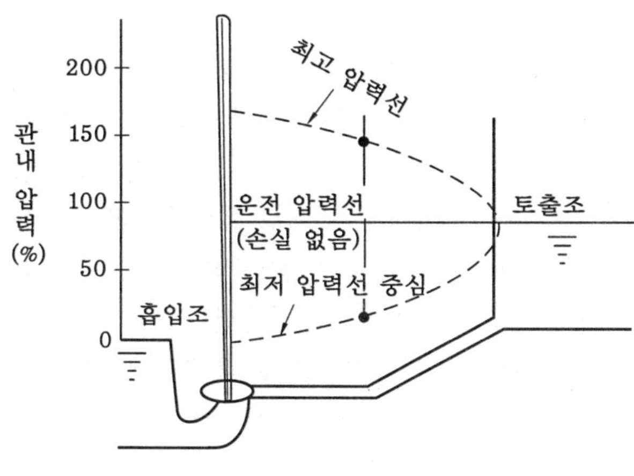

〈그림 5-15〉 수격 현상

① 토출 측에 밸브가 없는 경우

• 제1단계(正輕正流 : 펌프 운전) : 펌프는 동력 공급이 중단되어도 펌프 회전부의 관성에 따라 계속 회전을 하려고 하나 보유 에너지는 물을 보내는 데 필요 에너지로 시간에 따라 소비되어 펌프 토출 양정이 급격히 떨어져 발생 압력이 토출 측의 관로 압력과 일치된 순간 펌프는 정 방향으로 회전하는 물을 보내지 못해 흐름이 정지된다.

• 제2단계(正輕正流 : brake 운전) : 일단 정지한 물은 다음 순간 역류로 변환하여, 펌프의 임펠러를 역회전시키나 저항으로 인해 펌프 토출측 압력은 상승을 시작 1단계에서 강하된 압력과 반사해서 반대로 상승 압이 되고, 펌프 관로 측의 압력은 상승을 계속한다. 펌프는 역류하는 물의 제동 작용에 의해 더욱 회전이 감소하여 나중에는 회전이 정지된다.

- 제3단계(正輕正流 : 수차 운전) : 다음 순간 펌프는 역류하는 물에 의해 수차로 되어 역전을 시작하고 차차 가속되어 나중에는 무부하 수치로서 일정한 무구속 속도의 상태에 달한다. 이 과정에서 역류량, 회전수는 일시적으로 증가하는데, 최종 상태에서는 역류량이 정규 유량의 60~80%, 역회전수는 정규 회전수의 110~130%로 된다.

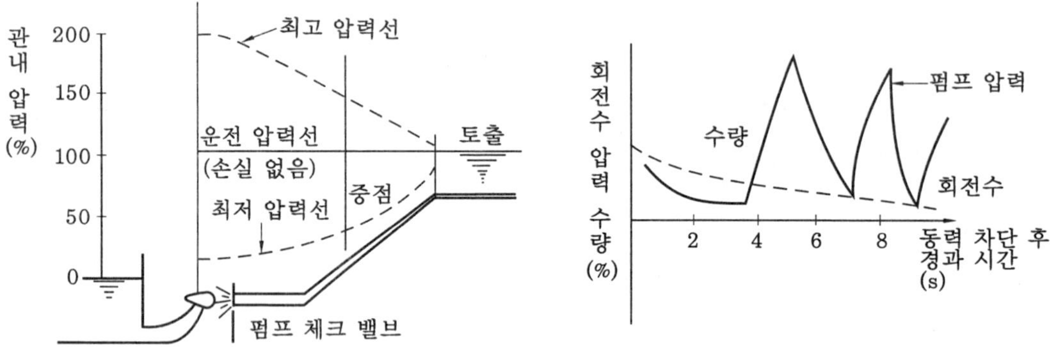

〈그림 5-16〉 펌프의 압력

② 토출 측에 체크 밸브가 있을 경우

- 체크 밸브가 있으면 제2단계에서 물이 역류의 시작과 동시에 닫히므로 역류는 생기지 않는다. 펌프는 물속에서 회전을 계속하나 차차 에너지를 잃고 나중에는 정지한다.
- 체크 밸브가 폐쇄한 다음 순간 관로의 압력 상승이 생긴다. 물 흐름이 멈추는 순간 체크 밸브가 닫히면 수격 현상은 생기지 않는 것으로 생각되나 체크 밸브가 닫히기까지 1단계에서 생긴 압력 강하에 토출 조에서 반사된 동일량의 압력 상승이 되어 체크 밸브에 되돌아오므로 정상 상태에서 강하한 만큼 압력이 상승한다.
- 실제 체크 밸브는 역류가 시작한 후 닫히므로 그 역류를 급격히 차단하기 위한 압력 상승이 더욱 여분에 가해져 체크 밸브 상태가 나빠서 역류가 상당히 큰 후 갑자기 물에 유도되어 닫히면 압력 상승은 상당히 커진다.
- 체크 밸브가 닫힌 후는 상승된 압력이 일정한 주기로 상승, 하강을 반복하면서 차차 감소한다.

③ 토출 측의 밸브를 제어했을 경우

- 토출 측에 밸브(체크 밸브 포함)를 갖고 있을 때 이것을 인위적으로 제어하면 과도 현상은 변화한다.
- 수격 현상 제어의 목표는 될수록 짧은 시간 내에 최소의 압력 변화로 가능한 작은 역류, 역전으로 물 흐름을 차단하는 데 있다.
- 제1단계 압력 저하는 관로와 펌프에 의해 자동적으로 정해지므로 밸브 제어 목적은 주로 제2단계 이후의 역류를 심하게 증가시키지 않고 천천히 멈추는 데 있다.
- 관로가 짧고 약간 급경사 시에 주 밸브의 유압 조작은 제2단계 조작으로 니들 밸브를 써

서 1단은 빠르게, 2단은 천천히 폐쇄함으로써 압력 상승도, 역전도 대단히 작다는 것을 알 수 있다.

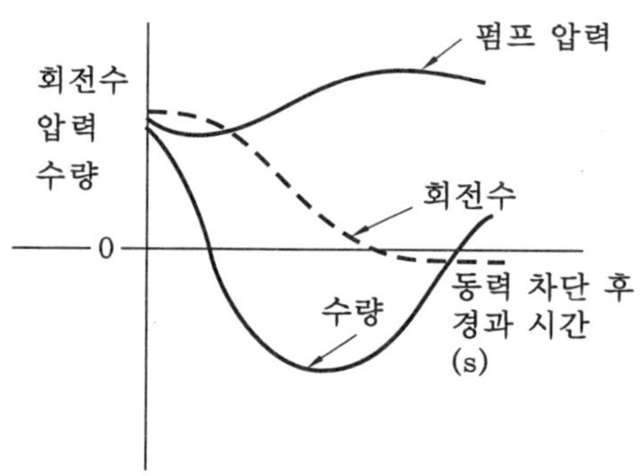

〈그림 5-17〉 펌프의 압력과 회전수

[3] 수격 현상의 피해 및 경감 방법

① 수격 현상의 피해

- 수격 현상 상승압에 따라 펌프 밸브, 관로 등 여러 기기 파손
- 압력 강하로 관로가 압궤하거나 수주 분리가 생겨 재결합 시에 발생하는 격심한 충격파에 의해 관로가 파손
- 진동, 소음의 원인
- 주기적인 압력 변동 때문에 자동 제어계 등의 난조를 발생
- 펌프 및 원동기에 역전 과속에 따른 사고 발생

② 수격 현상의 방지책

- 부하(수주 분리) 발생의 방지책

㉮ 플라이 휠(fly wheel) 장치로 회전 속도가 갑자기 감속되는 것을 방지하여 제1단계 급격한 압력 강하를 완화시킨다.

㉯ 관로에서 펌프 급정지 후에 압력이 강하하는 장소에 서지 탱크를 설치, 물을 관로에서 보급해 주는 이 방법은 펌프 출구에서 발생한 압력과는 서지 탱크 자유 표면에서 반대가 되므로 반사 펌프의 워터 해머로서는 펌프에서 서지 탱크까지를 생각하면 된다.

㉰ 한 방향 서지 탱크(one way surge tank)는 서지 탱크와 관로의 연결부 배관에 체크 밸브를 만들어 관로보다 탱크 수면보다 낮아졌을 때 관로에 물을 보급할 수 있으나 이 반대로는 물이 흐를 수 없다. 물이 넘칠 우려가 없으므로 탱크의 높이를 낮게 할 수 있고 서지 탱크에 비해 경제적으로 제작할 수 있다. 근래에는 공기 조(air chamber)를 이용하거나 또는 이를 조합하여 사용하는 경우가 많다.

㉱ 공기 밸브는 관로의 부하 발생점을 만들어 부하 시 관로에 공기를 넣는 것이며 공기 밸브 설치점 이후의 송수 관로의 물이 유출될 경우 사용한다.

㉲ 펌프 토출구 부근에 공기 조를 만들어 제1단계에서 펌프 토출량의 증감에 따른 압력 강

하가 경감되도록 공기 조에서 물 또는 공기를 보낸다.

㉺ 관로의 지름을 크게 해서 관내 유속을 감속하면 관로 내 수주의 관성력이 작아지므로 압력 강하가 작아진다.

㉻ 관로 중에서 수평에 가까워지는 배관은 수주 분리가 일어나기 쉬우므로 펌프 부근에 관로 모양을 변경시킨다.

• 압력 상승의 방지책

㉮ 밸브 제어 : 밸브의 폐쇄 속도를 2단 또는 3단으로 나누어 최초의 스트로크의 대부분을 펌프의 역전 역류량을 적게 하기 위해 약간 빨리 닫고 나머지 닫는 부분은 천천히 닫아 전폐 시의 압력 상승을 경감하게 되는 것이다.

㉯ 안전 밸브 : 상승압을 직접 도피시키는 것으로 사용된다.

㉰ 체크 밸브 : 보통 체크 밸브에서는 역류 시에 폐쇄 지연이 생겨 역류가 커진 후 밸브가 급히 닫히면 압력 상승이 크게 된다. 이를 방지하기 위해 스프링이나 중량에 의해 역류가 생기는 직전에 물 흐름을 견디면서 강제적으로 닫히려는 밸브가 있다. 소구경(40mm 이하)에서는 스프링식 급폐 체크 밸브, 대구경(500mm 이상)에서는 중량 체크 밸브(weight check valve)가 사용된다. 이 종류의 밸브는 폐쇄 지연에 따른 압력 상승을 방지할 뿐 관로에 생기는 본래의 워터 해머를 방지할 수 없으나 관로가 짧고 실제 양정이 큰 것에는 대단히 유효하다.

【4】 기동 시의 수격 현상

① 펌프의 기동 전 송수관 내 물이 없고 기동한 펌프에서 물 흐름에 따라 관내 공기를 밀어내어 송수관 내를 물로 채우는 경우 송수관의 말단 혹은 송수관의 일부가 파손될 수 있다.

② 절반 정도 열린 밸브를 공기가 통과할 때와 물이 통과할 때 밸브의 저항이 다르기 때문에 발생한다. 유체의 저항은 유체 밀도에 비례하나 표준 상태 동기 밀도에 대해서 물의 밀도가 약 800배이기에 송수관 내 공기주가 밀려 나와 수주의 앞 끝이 밸브에 도달한 순간 밸브의 저항은 800배가 되므로 이것에 해당하는 교축 현상이 나타나 유속이 급상승하여 수격 현상이 생기게 되는 것이다.

③ 압력 상승의 최대값은 송수관의 저항, 즉 말단 밸브의 저항 및 펌프 특성에 의하여 알 수 있고, 말단 밸브 또는 펌프에서 떨어진 위치에 있는 밸브를 반개(半開)로 하고 또한 송수관 내를 비운 채로 기동하는 것은 바람직하지 못하며, 펌프의 토출 밸브를 조절 송출관내 낮은 유속으로 충만한 후 정규 운전 상태로 들어가야 한다.

【5】 기동 정지 시 흡수조의 수위 변동

수원 및 흡수조로 되어 있는 계열의 경우 펌프를 가동하면 흡수조 내의 수면은 일단 정상 운전 수위에 도달하도록 변동한 후에 정상 운전 상태에 도달할 수가 있다. 이와 같은 경우 흡입관 끝단이 노출되는 일이 있어서는 안 되며 또 펌프 급정지 시는 반대로 흡수조 수위는 일단 정지 수위를 넘어서 상승하고 그 변동을 반복하여 여지 상태에 도달한다. 이 경우도 흡수조가 넘치는 일이 없도록 한다.

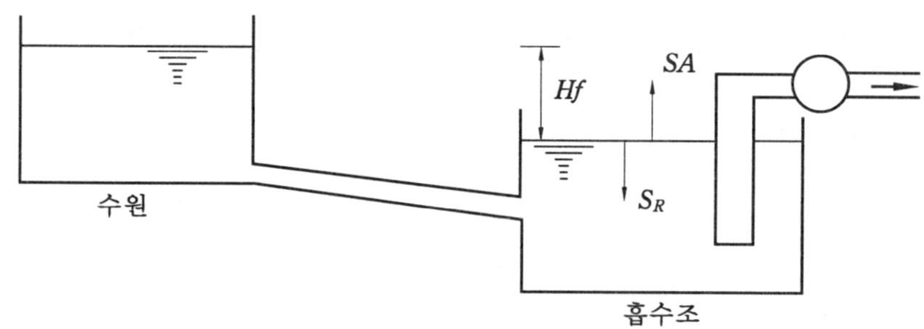

〈그림 5-18〉 흡수조 수위

5 밸브용 재료

밸브용 재료는 크게 본체 재료, 트림(trim) 재료, 실(seal) 재료로 구분된다.

【1】 본체 재료

〈표 5-1〉은 주로 사용되는 본체 재료를 나타낸 것이다.

〈표 5-1〉 제어 밸브용 본체 재료

재 료		재료 기호		사용 온도 범위 (℃)	주된 용도
		KS	유사 ASTM		
주철		FC20, FC25	–	0~250	일반용
주강	탄소강	SCPH1	A216-WCB	-5~540	
		SCPL1	A352-LCB	-45~350	저온용
	Cr-Mo강	SCPH21	A217-WC6	-5~593	고온 고압용
		SCPH61	A217-C5	-5~650	
스테인리스강		SCS 13A	A315-CF8	-196~800	내식용, 고온용, 극저온용
		SCS 14A	A51-CF8M		

【2】 트림 재료

트림(trim)이란 직접 유체에 접촉되어 교환이 가능한 부품으로서 본체 재료보다 1단계 상위의 재료를 사용한다. 트림 재료로는 SUS440C, SUS630, 스텔라이트 등이 널리 사용된다.

【3】 실 재료

실 재료로는 정지 부분의 밀봉에 사용되는 개스킷 및 습동부의 밀봉에 사용되는 그랜드 패킹이 있다.

3. 제어 밸브의 구동부

제어 밸브의 개폐 조작을 하는 구동부는 조절계로부터 조작 신호를 받아 그에 대응하여 확실한 개도를 얻기 위해 필요한 구동력을 발생하는 부분의 총칭이다.

1 개 요

【1】 구동원

구동부의 동력원으로서는 공기압, 유압, 전기 등이 사용된다. 그 중에서도 다음과 같은 이유로 공기압이 가장 많이 사용된다.

① 구조가 다른 형식에 비해 간단하고 고장이 적으며 큰 구동력이 얻어진다.

② 방폭성을 보유하고 있어 취급이 용이하다.

③ 신호의 원거리 전송에 대해 전기/공기 포지셔너, 전기/공기 변환기, 전자 밸브 등의 병용으로 용이하게 대응할 수 있다.

④ 다른 형식에 비해 비교적 값이 싸다.

한편, 공기는 압축성이 있으므로 고정밀도, 고응답성에는 한계가 있다. 따라서 서보 모터식 전유식(電油式) 등의 요구가 증가하고 있다.

【2】 구동부의 종류와 특징

구동부에 조합되는 밸브의 종류, 입력 신호의 종류에 따라 여러 종류가 있는데, 이들의 분류는 다음과 같다.

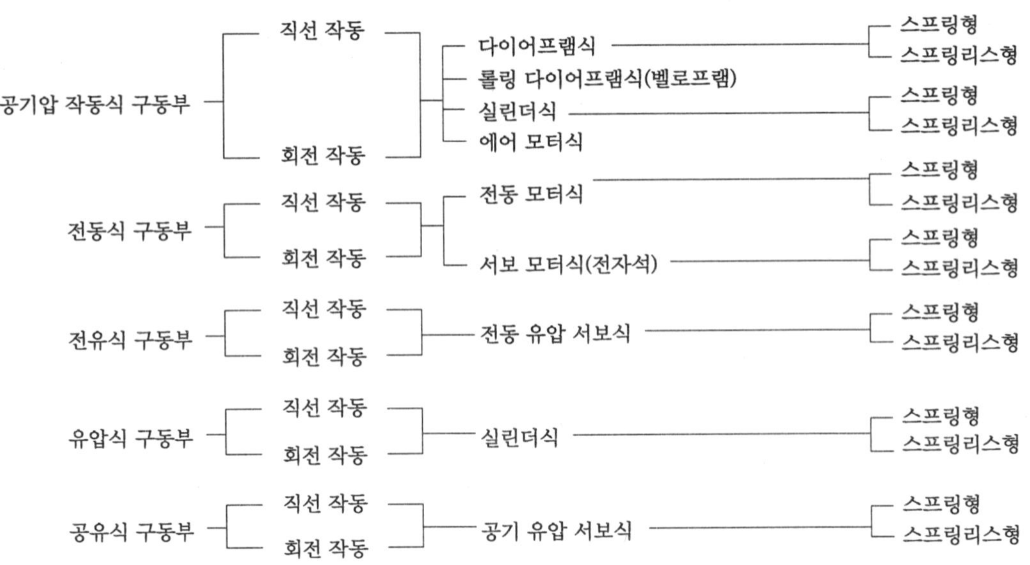

(주) 스프링형은 단동형, 스프링리스형은 복동형으로 표현되는 경우도 있다.

〈표 5-2〉는 구동부의 구조와 특징을 나타낸 것이다.

〈표 5-2〉 구동부의 구조와 특징

방식	출력축 동작	형식	약도	조작 출력	스트 로크	동력원	형상	포지 셔너	동력원 정지 시
공기압 작동식 구동부	직선	다이어프 램식 스 프링형		소	소	공기압 120~400 kPa	대	필요 또는 불필요	스프링 리턴
		실린더식 스프링리 스형	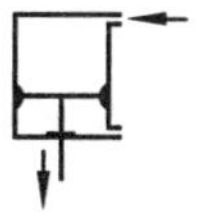	대	대	공기압 0.3~0.7 MPa	대	필요	자유
	회전(직 선 작동 밸브와 조합)	에어 모 터식 스 프링리스 형	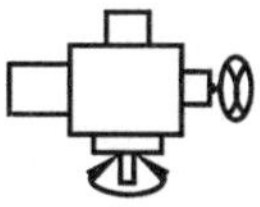	대	대	공기압 또는 가스압 0.4~7 MPa	대	필요	그 위치 유지
	회전	다이어프 램식 스 프링형	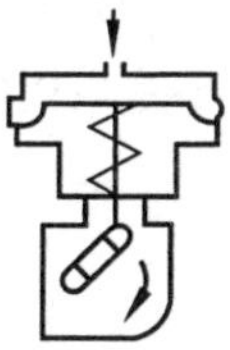	소	60° 또는 90°	공기압 120~400 kPa	소	필요	스프링 리턴
전동식 구동부	회전(직 선 작동 밸브와 조합)	전동 모 터식 스 프링리스 형	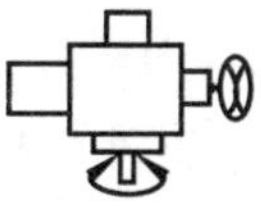	대	대	AC 200V 220V 440V	중	필요	그 위치 유지
	직선			소	소	AC 100V 200V	소	필요 (내장)	그 위치 유지
		서보 모 터식(전 자석) 스 프링리스 형		소	소	AC 100V	소	내장	그 위치 유지
	회전		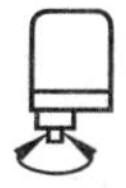	소	60° 또는 90°	AC 100V	소	내장	그 위치 유지

전유식 구동부	직선	전동 유압 서보식 스프링리스형		중	소	AC 100V 200V	중	필요	자유 (고정)
		전동 유압 서보식 스프링형		소	소	AC 100V 200V	중	필요	스프링 리턴
유압식 구동부	직선	실린더식 스프링리스형		대	대	유압 1~21 MPa	소	필요	자유
	회전	실린더식 스프링형		대	60° 또는 90°	유압 1~21 MPa	중	필요	자유

② 공기압 작동식 구동부

공기압 작동식 구동부를 크게 나누면 다이어프램식과 실린더식으로 구분되며, 다이어프램식은 수압부를 다이어프램(격막)으로 쓰는 것으로 스프링 힘에 의하여 복귀하는 스프링형과 스프링리스형이 있는데, 저압에서 행정이 작을 경우에는 다이어프램식이, 고압으로 행정이 큰 경우는 실린더식이 적합하다.

【1】 다이어프램식

다이어프램식은 제어 밸브의 구동부로서 널리 사용되는 형식으로, 구조가 간단하고 정밀도, 응답성 모두가 공기압식 구동부 중에서 가장 우수하고 신뢰성이 높다.

형식은 출력축이 직선 운동하는 것, 회전 운동하는 것의 2종류가 있고, 각각 정작동형과 역작동형이 있다.

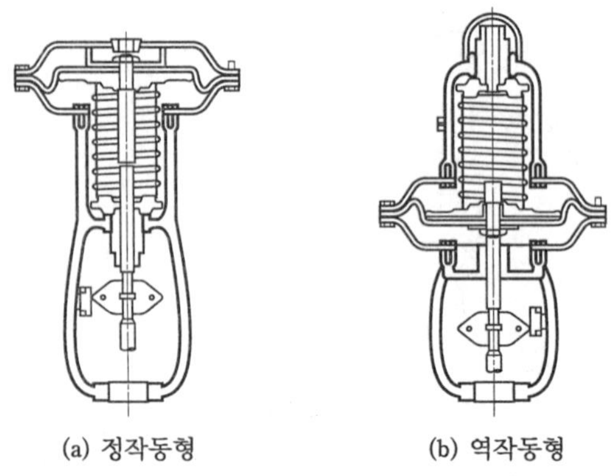

〈그림 5-19〉 직선 운동형 다이어프램 구동부

[2] 실린더식

실린더식은 다이어프램식에 비하면 응답성 등에서 약간 뒤떨어지지만, 높은 조작 압력에서 사용되고 소형으로 고출력이 얻어지는 등의 이점이 많다. 특히 회전 밸브, 온-오프 밸브, 대구경 밸브 등의 구동부로 널리 사용된다.

출력축이 상하 작동하는 직선 운동형과 출력축이 회전 운동하는 회전 운동형이 있으며, 또한 각각에 스프링형, 스프링리스형이 있다.

실린더식의 조작 공기압은 일반적으로 0.4MPa이상에서 사용되며, 비례 동작을 시키기 위해서는 포지셔너를 필요로 한다.

스프링리스형은 스프링형에 비해 출력이 크고 긴 행정에도 대응할 수 있다.

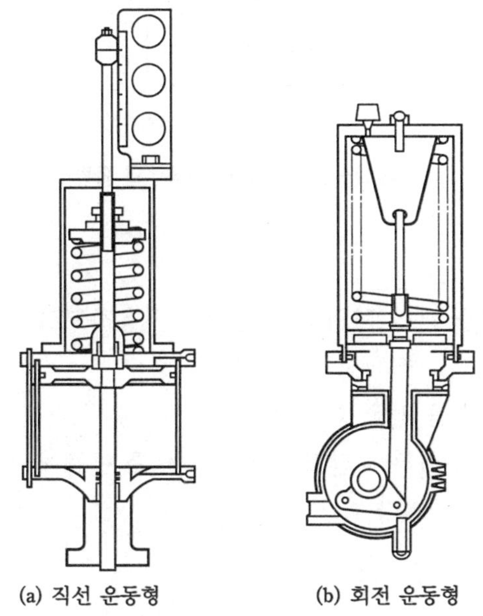

(a) 직선 운동형   (b) 회전 운동형

〈그림 5-20〉 실린더 구동부(정작동형)

③ 유압식 구동부

유압식 구동부는 유압의 힘을 높임으로써 보다 큰 조작력과 높은 응답성이 얻어지므로, 동특성이 좋은 소형 조작부로서 다른 방식에 비해 큰 이점을 갖고 있다.

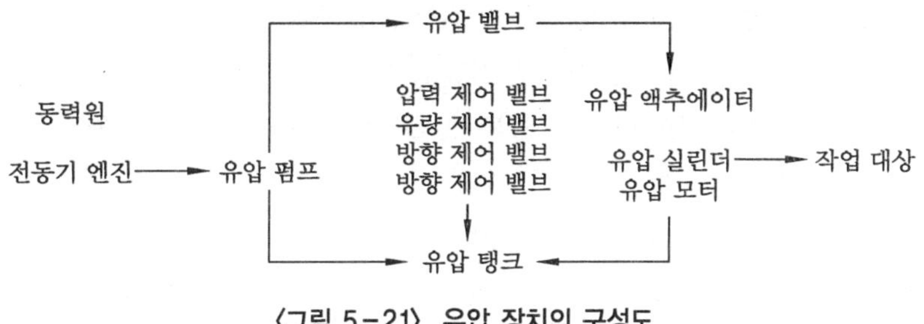

〈그림 5-21〉 유압 장치의 구성도

【1】 종 류

스프링형과 스프링리스형이 있지만, 스프링형은 큰 조작력을 얻기 어렵기 때문에 거의 사용하지 않고 있다.

스프링리스형은 차압형이라고도 하는데, 〈그림 5-22〉와 같이 운동 방향에 따라 직동형, 크랭크형, 회전형으로 세분된다. 스프링리스형은 무정위(無定位) 적분성의 특성을 갖기 때문에 정위성(定位性)을 위하여 포지셔너를 사용한다.

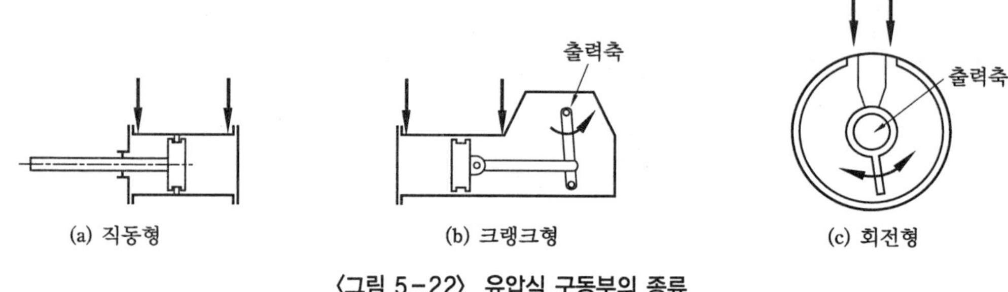

〈그림 5-22〉 유압식 구동부의 종류

【2】 특 징

① 유압식은 오일의 압력을 1~21MPa의 고압에서 사용하므로 유압원과 고압 배관이 필요하다.

② 비교적 소형으로 큰 출력을 얻을 수 있다.

③ 구조상 오일이 외부로 누설되지 않도록 배관 회로를 만들어 동작 후의 오일을 유압원으로 되돌리는 방식으로 되어 있다.

◢ 전동식 구동부

전동식은 동력원을 구하기 쉽고 큰 조작력이 얻어지며 신호 전달의 지연이 없다는 것이 큰 특징이다. 한편 구조가 복잡하여 방폭 구조가 필요하며, 공기압에 비해 가격이 높아진다. 하지만 석유 탱크원 밸브, 상하수도용 슬루스 밸브 등 대구경의 밸브에 널리 사용된다.

【1】 전동 모터식

① 소구경 밸브용의 소형과 대구경 밸브용의 대형으로 구분한다.

② 모터의 회전은 기어를 통해서 출력축에 전달된다.

③ 소형은 보통 AC 110V의 전원으로 구동되며, DC로 작동되는 전전(電電) 포지셔너 내장형도 있다.

④ 대형은 AC 220V의 3상 전원으로 구동된다.

⑤ 입력 신호가 DC 4~20mA로 작동되는 전기-전기 포지셔너 내장형도 있다.

[2] 서보 모터식

① 서보 모터식은 소형 밸브와 조합하여 사용되는데, 작은 출력이지만 고정밀도로서 응답성이 좋은 것이 최대 특징이다.

② 입력 신호로 4~20mA DC를 인가하면 입력 신호와 개도의 편차가 없어지는 방향으로 DC 모터를 구동한다.

③ 모터의 회전은 평기어를 통해 축과 연결된 사다리꼴 나사를 상하 이동시킨다. 이 동작은 래크 기어로 개도 검출용 차동 변압기에 피드백(feedback) 된다. 이 동작에 의해 입력 신호에 비례한 출력축 위치가 얻어진다.

④ 회전 동작을 필요로 하는 경우는 출력축을 월과 웜 기어의 조합으로 회전시킨다.

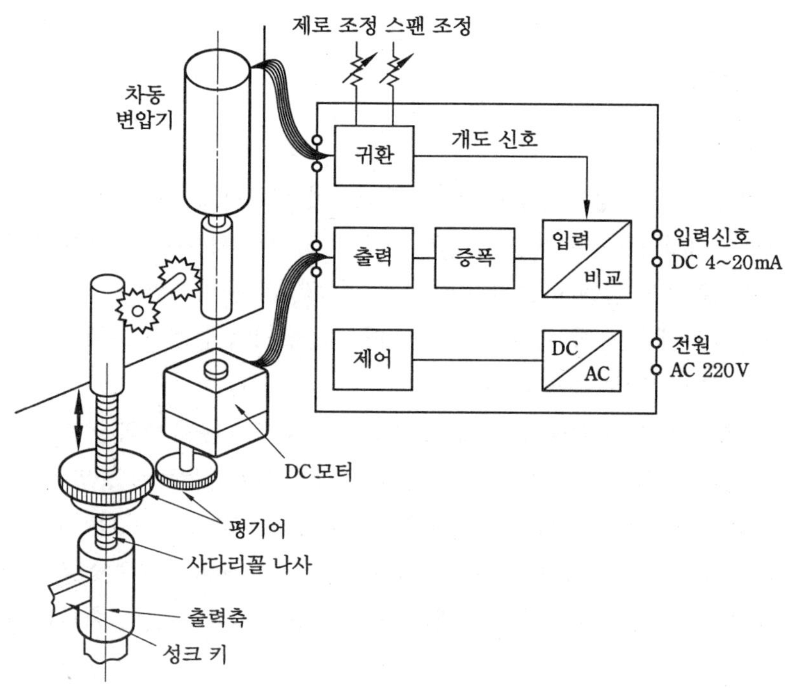

〈그림 5-23〉 서보 모터식의 구성

5 전유식 구동부

전유식은 유압 펌프와 유압 장치를 일체형으로 한 것으로서, 다음과 같은 특징이 있다.

① 비압축형 유체가 사용되므로 강성이 크고 조작 정밀도가 높다.

② 유압 부분은 패키지화되어 있고 입력은 전원뿐이므로 취급이 용이하다.

③ 구조가 복잡하고 방폭 구조를 필요로 한다. 직류 작동 스프링형의 구조는 〈그림 5-24〉와 같다.

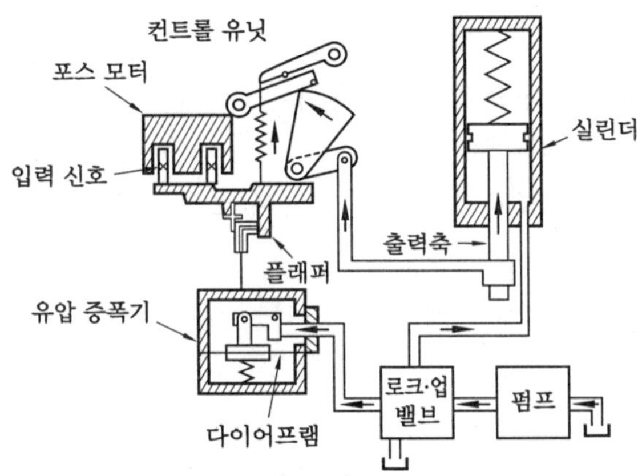

〈그림 5-24〉 직류 작동 스프링형 (단동 역작동형)

⑥ 자력식 구동부

【1】 자력식의 특징

① 프로세서 계장은 주로 정보 센터를 중앙 관리실에 위치하고 집중 관리하는데, 플랜트가 더욱 대형화·복잡화될 경우 계장 장비의 경감, 공사 기간의 단축, 유지비 등의 면에서 보조 동력을 필요로 하지 않는 현장 설치의 자력 밸브가 사용되고 있다.

② 자력 밸브는 동작에 필요한 에너지를 제어 대상에서 직접 얻게 되므로 그 조작량에 제한을 받으나, 구조가 간단하고 경제적이다.

③ 자력식 조절 밸브는 밸브 작동 힘이 밸브 내 스프링과 흐르는 유체의 압력, 차압 등 프로세스 변수를 직접 동력원으로 하여 설정값 내에 조절하거나 감온부에 봉입된 액체 증기압의 변화를 이용하여 밸브를 조작하는 자립식이므로 현장 설치형 간이 조절기로서 이용된다.

④ 자력식 조절 밸브는 제어 대상에 직접 가동을 거는 가장 중요한 역할을 담당하고 있는 기기이기 때문에 제어 대상, 제어 목적에 알맞은 기종을 선정하는 것이 중요하다.

【2】 자력식의 종류

① 압력 제어 밸브

- 압력 제어 밸브는 직동식과 파일럿식이 있다.
- 감압 밸브는 1차압의 변동에 관계없이 항상 안정된 2차압을 유지하기 위해 사용된다.
- 파일럿식은 다이어프램에 의해 파일럿 밸브를 동작시켜 피스톤에 걸리는 1차압을 가감하는 것으로 원격 조작 방식이고, 직동식에 비해서 오픈셋은 작지만 밸브 전후의 차압이 일정 압력 이하가 되면 동작되지 않는 단점이 있다.

② 온도 제어 밸브

- 온도 제어 밸브는 증기 또는 냉수의 유량을 조절하여 프로세서의 온도를 일정하게 유지하는 자력식 밸브이다.

- 온도에서 조작력을 얻는 방법으로 가장 많이 사용되는 증기압식과 그 밖에 액체 팽창식, 가스 팽창식 등이 있다.

③ 유량 제어 밸브

- 유량 제어 밸브는 오리피스 등의 교축부와 정차압 밸브를 조합한 것으로, 교축부를 통과하는 유체의 발생 차압을 항상 일정하게 유지할 수 있도록 밸브를 조작하는 것이다.

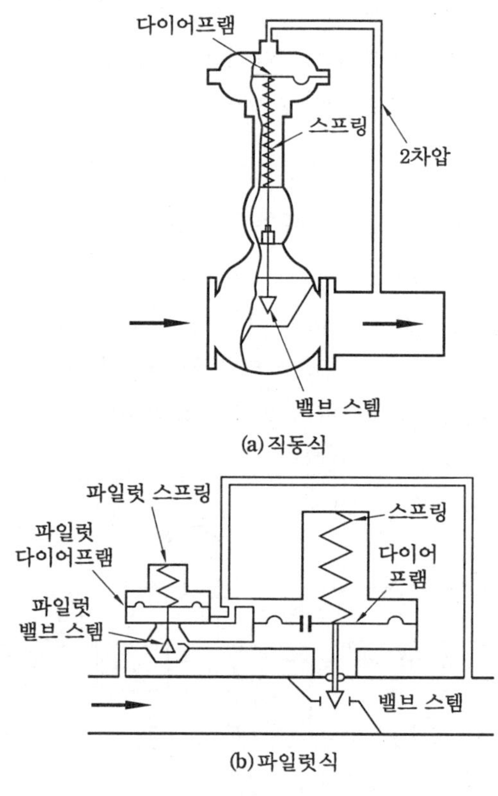

〈그림 5-25〉 압력 제어 밸브

4. 포지셔너

1 개 요

포지셔너(positioner)는 조절계로부터의 신호와 구동축 위치 관계를 외부의 힘에 대하여 항상 정확하게 유지시키고 조작부가 제어 루프 속에서 충분한 기능을 발휘할 수 있도록 하기 위해 사용한다.

【1】 포지셔너의 역할

① 밸브 전후의 차압이 크고 유체압 변동의 영향을 받기 쉬운 경우

② 그랜드 패킹의 마찰이 크고 히스테리시스가 있어 직선성을 나쁘게 하는 경우

③ 조절계 신호와 구동부 신호가 다른 경우

④ 조절계와 제어 밸브가 멀리 떨어져 있어 응답이 지연되는 경우(공기압 신호의 경우)

⑤ 제어 밸브와 구경이 100mm를 초과하여 부하 용량이 크고 응답이 지연되는 경우

⑥ 하나의 신호로 2대 이상의 제어 밸브를 동작시킬 경우

⑦ 큰 조작력을 필요로 하기 때문에 작동 신호를 확대할 경우(공기압 신호의 경우)

⑧ 버터플라이 밸브와 같이 구조상 유체의 영향을 받기 쉬운 경우

⑨ 다이어프램 밸브와 같이 제어 밸브의 특성을 개선할 필요가 있는 경우

【2】 작동 원리

포지셔너는 조절 신호를 설정값으로 하고 구동축의 위치를 측정값으로 하여 구동부에 출력을 조절하는 비례 조절기라고 볼 수 있다.

작동 형식에 따라 변위 평형형(motion balance)과 힘 평형형(force balance)으로 구분된다. 변위 평형형은 구동부의 움직임이 링크를 축으로 하여 신호에 의한 변위와 비교하는 데 비해, 힘 평형형은 구동부의 움직임을 스프링의 힘으로 피드백하여 신호에 의한 힘과 비교하는 것으로 실린더와 같이 행정이 큰 경우에 유효하다.

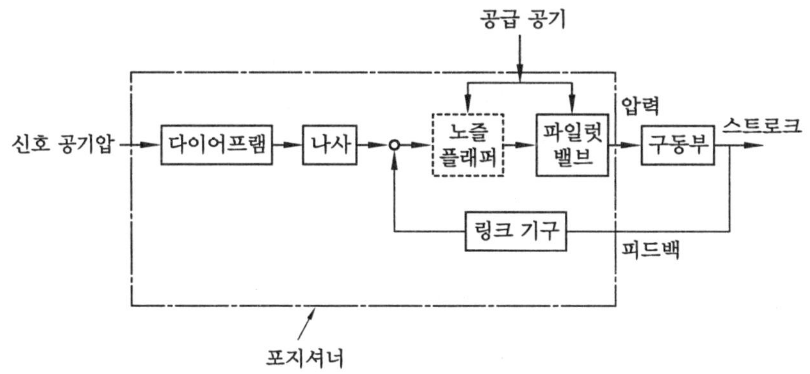

〈그림 5-26〉 변위 평형식 포지셔너의 블록도

2 공기-공기식 포지셔너

조절계로부터의 신호나 그 밖의 공기압 신호를 받아 작동한다. 특히 고온에서 사용하는 포지셔너나 큰 조작 공기압을 필요로 하는 복동 실린더와 조합하는 복동형 포지셔너로서 이용된다.

〈그림 5-27〉의 공기압식 포지셔너는 파일럿부에 노즐 플래퍼를 써서 출력에 릴레이를 사용한 것으로, 밸브 축의 움직임을 회전 운동으로 바꾸어 플래퍼에 피드백하는 변위 평형형이다. 스팬(span)의 조정과 작동 방향의 정역 변경은 원판을 돌림으로써 할 수 있다.

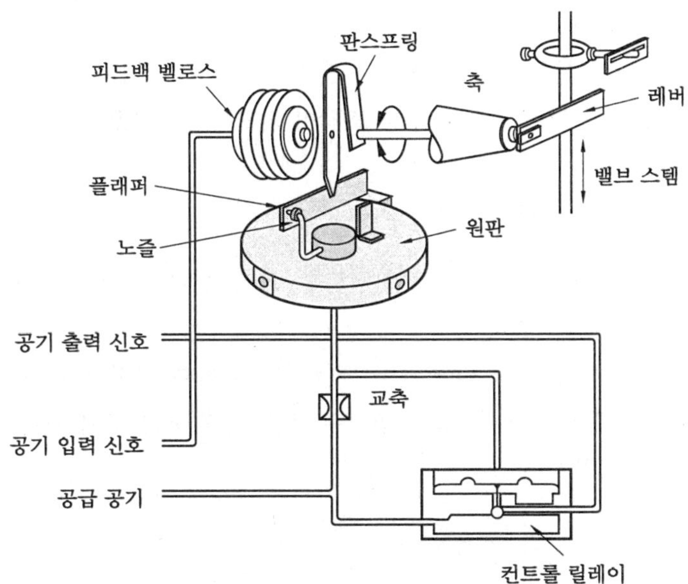

〈그림 5-27〉 공기압식 포지셔너의 동작 원리

③ 전기-공기식 포지셔너

전기 신호를 받아 공기식 조작부를 움직일 경우에는 전기-공기압 변환기에 의하여 공기압으로 변환하면 가능하지만, 일반적으로 전기-공기압 변환기와 공기식 포지셔너의 기능을 조합한 전기-공기식 포지셔너가 사용된다.

이 작동 원리는 공기-공기식 포지셔너의 공기압 입력부의 벨로스 대신에 영구 자석과 코일을 이용한 모터 또는 토크 모터를 사용한다. 힘 평형형으로 토크 모터를 사용한 포지셔너의

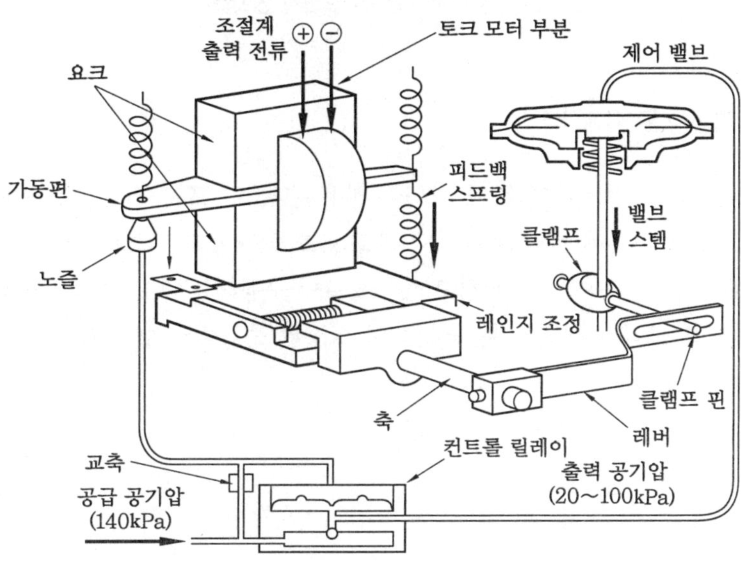

〈그림 5-28〉 전기-공기식 포지셔너의 동작 원리

원리는 〈그림 5-28〉과 같다.

이러한 포지셔너는 만일 신호 전류가 고장인 경우에는 수동−자동 전환 스위치를 사용하여 공급 공기용 감압 밸브를 움직여 임의로 수동 조작이 되도록 되어 있다.

④ 전기−유압식 포지셔너

전기−유압식 구동부는 전류 수신부, 유압 변환부, 조작 실린더, 피드백 기구, 유압 펌프 및 오일 탱크가 1세트로 구성되어 있다.

또한 밸브에 직접 부착시킨 것과 댐퍼 등을 구동하기 위하여 크랭크 레버를 외부에 설치한 것이 있으며, 이 중에서 전류 수신부, 유압 변환부, 피드백 기구는 포지셔너에 상당하고, 포지셔너로서 단일체인 것은 없다.

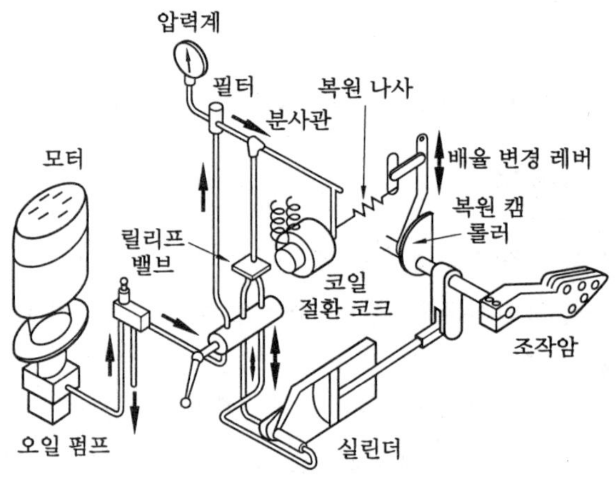

〈그림 5−29〉 전기−유압식 조작부

⑤ 전기−전기식 포지셔너

전동 밸브의 제어성을 양호하게 하기 위하여 사용된다. 이 포지셔너는 전동 밸브와 연동되는 퍼텐쇼미터로 밸브 개도에 비례한 피드백 신호 x_i를 받아 x_i와 밸브 조작 신호 x_s를 각각 독립시킨 2개의 비교기 A_1, A_2에서 비교하고 A_1, A_2로써 구동되는 #1, #2의 릴레이 접점 신호에 의해 전동 밸브용 모터가 정전 또는 역전하여 설정된 중립대의 범위 내에서 x_i가 x_s에 일치하도록 제어하는 것이다.

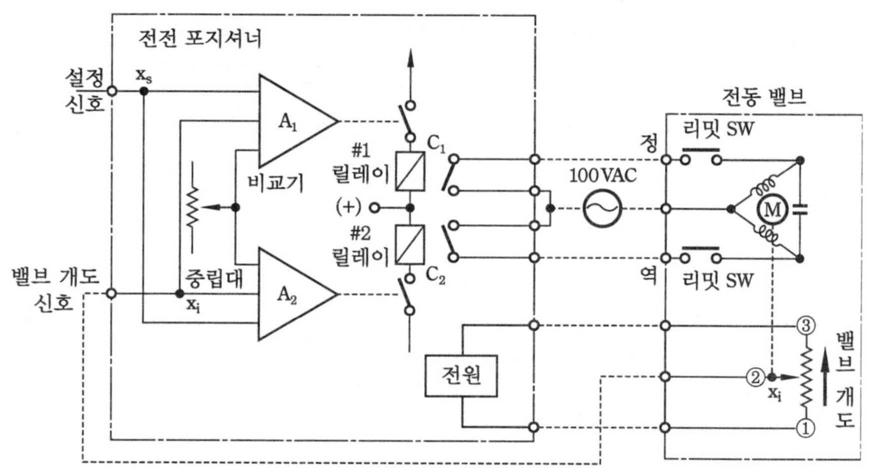

〈그림 5-30〉 전기-전기식 포지셔너의 동작 원리

6 조작부의 설치

조절 밸브는 보전하기 쉬운 장소에 설치한다. 특히 보수하기 쉽더라도 〈그림 5-31〉과 같이 나쁜 부위에의 설치는 피해야 한다.

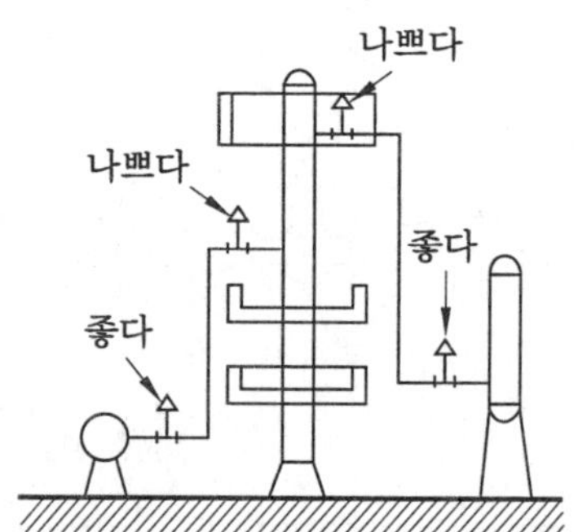

〈그림 5-31〉 조절 밸브의 설치 위치

조작부인 밸브의 설치 방법은 많지만 〈그림 5-32〉의 (a), (b)와 같이 설치해야 분해 조립이 용이하다. 그림 (c)와 같이 조작 밸브의 치수가 커 바이패스 밸브를 위쪽으로 설치하면 밸브의 높이가 높아지므로 수평 방향에 설치한다. 조작 밸브를 분해할 때 드레인 밸브는 상류 또는 하류 한 곳에만 드레인 밸브를 설치하면 된다. 블록 밸브는 게이트 밸브로 하고, 바이패스 밸브에는 글로브 밸브를 사용하는 것이 가장 일반적이다. 4B 또는 6B를 초과할 경우에는 게이트 밸브를 사용한다.

　조작 밸브를 설치할 때에는 조작부가 위쪽 방향으로 수직이 되도록 한다. 만약 어쩔 수 없는 경우에는 공기식과 전동식은 조작부를 수직 아래 방향, 또는 수평 방향으로 부착한다.

　조작 밸브의 전후 및 바이패스 밸브는 〈그림 5-33〉과 같이 배관의 지름과 같은 지름의 블록 밸브를 설치한다. 나사형 밸브는 앞, 뒤에 유니언을 부착하며, 지름이 다를 경우에는 리듀서를 사용하여 설치한다.

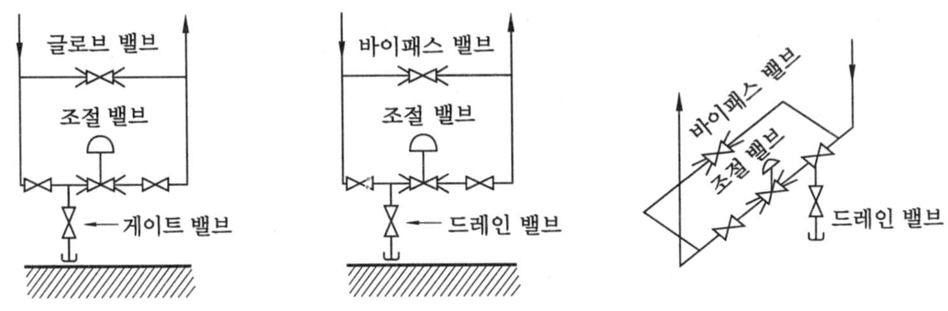

〈그림 5-32〉 조작 밸브의 설치(1)

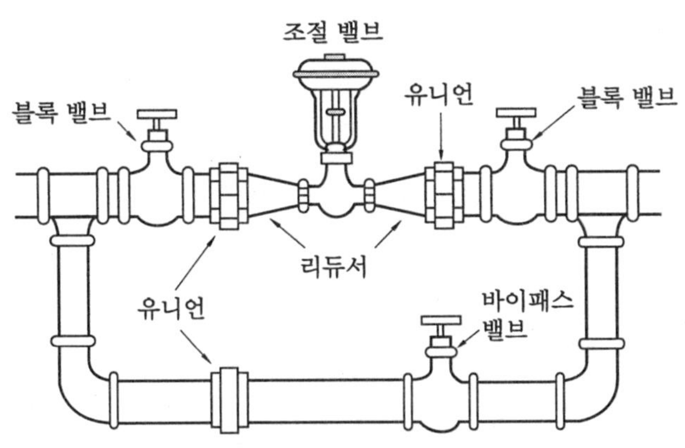

〈그림 5-33〉 조작 밸브의 설치(2)

연 습 문 제

1. 프로세스 제어에서 조작부의 기능은?

2. 포지셔너(positioner)란?

3. 조작부의 구비 조건 4가지는?

4. 조작부의 종류를 분류하시오.

5. 공기식 조작부에서 널리 사용되는 공기압은 얼마인가?

6. 전기식 조작부에 사용되는 직류 전류는 IEC 규정에 몇 mA로 되어 있는가?

7. 큰 출력이 요구될 때 사용되는 조작부의 방식은?

8. 자력식 조작부의 특징은?

9. 제어 밸브를 조작 신호에 따라 분류하시오.

10. 사이징이란?

11. 제어 밸브의 정격 용량은 어떻게 표시하는가?

12. 제어 밸브용 재료를 크게 3가지로 구분하시오.

13. 제어 밸브의 구동부의 구동원으로 공기압이 널리 사용되는 이유는?

14. 공기압 작동식 구동부의 형식 중 고압으로 행정이 큰 경우에 사용되는 방식은?

15. 유압식 구동부와 전동식 구동부의 장·단점을 비교하시오.

16. 제어 밸브의 구동부 종류를 설명하시오.

17. 서보 모터식 구동부의 작동 원리를 설명하시오.

18. 포지셔너의 역할을 간단히 설명하시오.

19. 전동 밸브의 제어성을 양호하게 하기 위하여 사용하는 포지셔너는?

20. 제어 대상을 움직이는 부분으로 신호에 따라 공압식, 유압식, 전기식으로 분류되는 계측 계의 구성 요소는?

   ㉮ 검출기   ㉯ 전송기
   ㉰ 수신기   ㉱ 조작부

21. 제어 동작 신호를 증폭하는 증폭부는 어떤 부인가?

   ㉮ 검출부   ㉯ 비교부
   ㉰ 제어부   ㉱ 조작부

22. 전기식 조작 기기의 설명 중 잘못된 것은?

   ㉮ 전자 밸브는 전자석과 밸브로 되어 있다.
   ㉯ 조작용 전동기(교류)로 2상 유도 전동기가 많이 사용된다.
   ㉰ 전자 밸브를 설치할 때는 바이패스 파이프를 설치해야 한다.
   ㉱ 전동 밸브는 밸브축이 어떤 위치까지 이동 후 정지시킬 때 푸시 버튼 스위치를 사용하여 전기 회로를 끊어주도록 한다.

23. 조절기에서 조절 신호를 받아 제어 대상을 직접 제어하는 조작부의 특징이 아닌 것은?

   ㉮ 가동부에 이력 현상이 없고 응답 속도가 빠를 것.
   ㉯ 조작부는 신호 종류에 따라 공기식, 유압식, 전기식으로 나눈다.
   ㉰ 신뢰성이 높고, 유지, 보수가 쉬울 것.
   ㉱ 동작 범위 특성(방위 특성) 크기는 상관없다.

24. 공기식 조작 기기의 장점을 나타낸 것은?

   ㉮ 간단하게 PID 동작이 된다.
   ㉯ 신호를 먼 곳까지 보낼 수 있다.
   ㉰ 선형 특성이다.
   ㉱ 다른 방식에 적용시키기 쉽다.

06 프로세스 제어

계장은 생산 설비를 대상으로 하며, 최근에는 여러 가지 프로세스 계장뿐만이 아니라 생활 환경의 보전을 목적으로 한 계장도 중요한 역할을 하고 있다. 그 예로 대기, 하천 등의 오염 상태를 감시하고 방지 및 개선하기 위한 계측 제어로서 분석계를 중심으로 한 환경 기술이 이용되고 있다.

또 세계적인 에너지 위기를 극복하기 위한 한 가지 방법으로 생 에너지 문제에 대처하는 기본적인 것이 에너지 양의 계측이다. 즉, 에너지를 어떻게 관리하고 제어하느냐가 목적을 달성하는 데 중요한 수단이 된다.

1. 프로세스 제어의 개요

1 제어 (control)

【1】 제어의 용어

① 제어 : 어떤 목적에 적합하도록 되어 있는 대상에 필요한 조작을 가하는 것.

② 제어계 (control system) : 제어 대상, 제어 장치 등의 계통적인 조항을 말한다.

③ 제어 대상 (controlled system) : 제어의 대상이 되는 것으로서 기계, 공정, 시스템 등의 전체 또는 그 일부가 해당된다.

④ 작동부 (actuator) : 제어하려는 질량 유동이나 에너지 유동에 어떤 작업을 행하는 것.

⑤ 제어 장치 (control device or controller) : 제어 대상에 속하여 제어를 행하는 장치

⑥ 조절부 (controlling element) : 제어 장치에 속하며 목표값에 의한 신호와 검출부로부터 얻어진 신호에 의해 제어 장치가 소정의 작동을 하는 데 필요한 신호를 만들어서 조작부에 보내주는 부분

⑦ 조작부 (final controlling element) : 제어 장치에 속하며 조절부 등으로부터 나온 신호

를 조작량으로 바꾸어 제어 대상을 작동시키는 부분, 서보 기구에서는 조작부를 명확히 할 수 없는 경우가 많다.

⑧ **외란**(disturabnce) : 제어계의 상태를 교란시키는 외적 작용

⑨ **목표값**(command value) : 제어계에 있어서 제어량이 그 값을 가지도록 목표로서 주어지는 값

⑩ **제어량**(controlled variable) : 제어 대상에 속하는 양 중에서, 그것을 제어하는 일이 목적으로 되어 있는 양

⑪ **신호**(signal) : 신호라는 표현은 물리량이나 또는 물리량의 변화와 정보의 전달, 처리, 저장 등에 관계되는 것

[2] 수동 제어와 자동 제어

인간의 판단과 조작에 의해 이루어지는 수동 제어와 제어 장치에 의해 자동적으로 수행되는 자동 제어로 구분된다.

수동 제어는 〈그림 6-1〉에 나타낸 것과 같이 사람이 물통의 물을 급수하는 것을 예로 들 수 있으며, 자동 제어는 〈그림 6-2〉 태코미터에 의한 전동기의 속도 제어를 예로 들 수 있다.

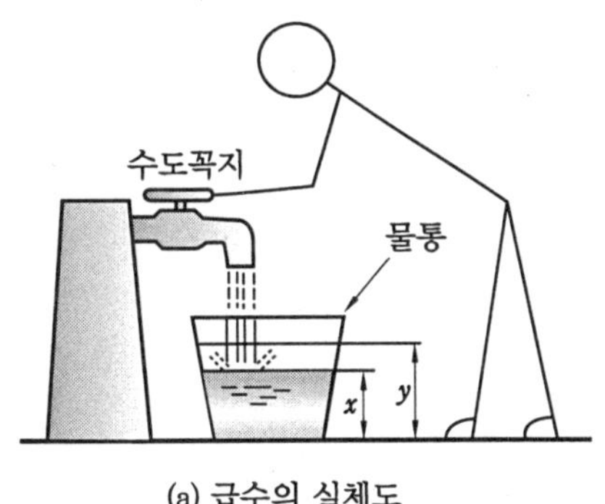

(a) 급수의 실체도

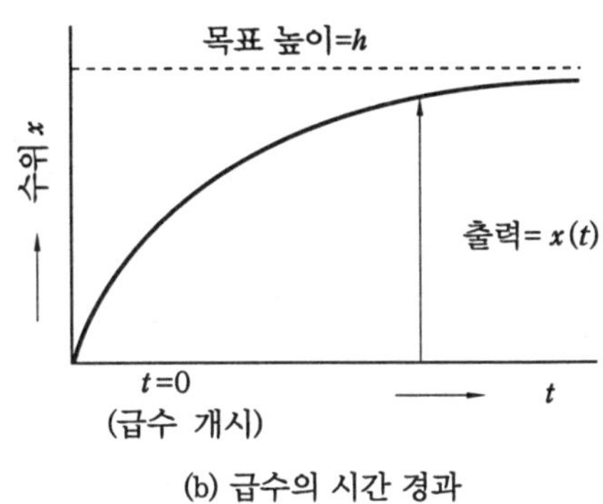

(b) 급수의 시간 경과

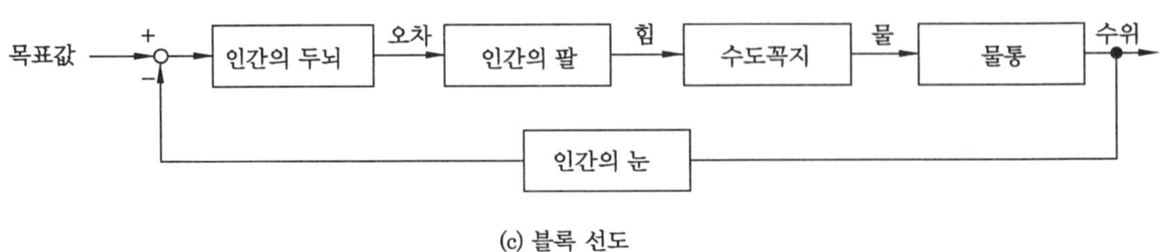

(c) 블록 선도

〈그림 6-1〉 수동 제어의 예

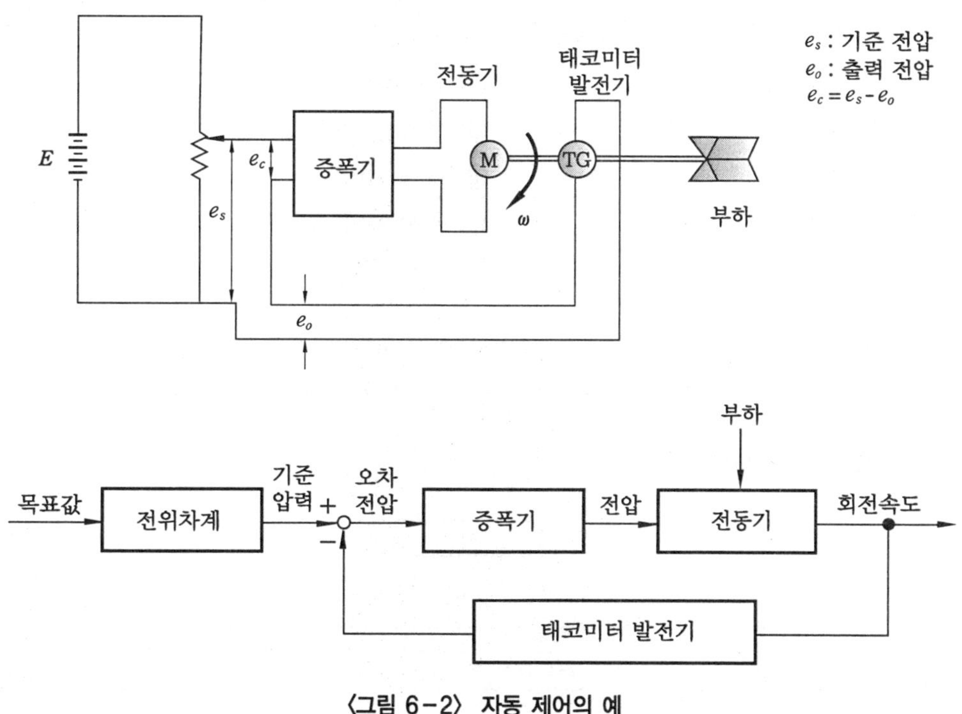

〈그림 6-2〉 자동 제어의 예

2 제어의 종류

【1】 오픈 루프 제어와 클로즈드 루프 제어

① 오픈 루프 제어(open loop control) : 출력이 제어 자체에 아무런 영향이 미치지 않는 것으로 입력과 출력의 오차에 대한 수정 과정이 없다.

② 클로즈드 루프 제어(closed loop control) : 출력 신호를 감지하고 목표값과 비교하여 입력과 출력의 오차를 제어 장치에 입력함으로써 이 오차를 줄이는 제어로 목표값과 결과값이 일치하게 된다.

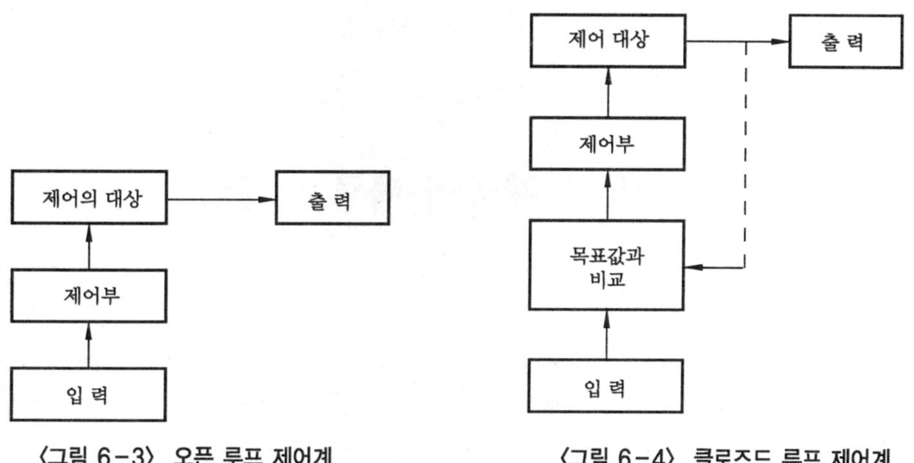

〈그림 6-3〉 오픈 루프 제어계   〈그림 6-4〉 클로즈드 루프 제어계

【2】 사용되는 제어 에너지에 따른 분류

① 기계적인 에너지 ② 전기적인 에너지
③ 전자적인 에너지 ④ 정상 압력 공압 제어
⑤ 저압력 공압 제어 ⑥ 유압 제어
⑦ 전기 공압 제어 ⑧ 전기 유압 제어

【3】 신호 처리 방식에 의한 분류

① **조합 제어** : 입력 신호가 항상 특정한 출력 신호와 조합을 이루며 시간 특성이 없다.
② **시퀀스 제어** : 시간 특성이 있는 요소로만 이루어진 모든 제어가 여기에 속한다.

【4】 작동 시퀀스의 형태에 따른 분류

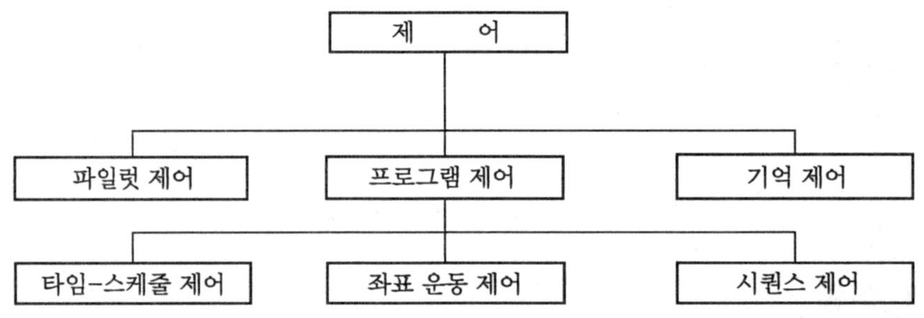

〈그림 6-5〉 작동 시퀀스의 형태에 따른 분류

【5】 제어 대상에 따른 분류

① 온도 제어 ② 압력 제어
③ 유량 제어 ④ 레벨 제어

【6】 제어 동작에 따른 분류

① ON-OFF 제어 ② 비례 제어(P)
③ 적분 제어(I) ④ 미분 제어(D)
⑤ 비례 적분 미분 제어(PID)

2. 개루프 제어와 폐루프 제어

■ 개루프 제어

개루프 제어 시스템은 제어 동작이 출력과 관계없이 신호의 통로가 열려 있는 제어 계통을 의미한다. 예를 들어 세탁기나 자동판매기와 같이 어떤 정해진 작업을 수행하기만 한다. 이러한 개루프 제어 시스템은 정해진 작업만 수행할 뿐 그 결과에 대해 점검하고 확인할 수가 없다. 자동세탁기의 경우 작동 시간을 사람이 정해주면 주어진 시간 동안만 일정한 수순에 따라 세탁만 할 뿐 세탁물의 세척 정도와 상관없이 작업을 끝낸다. 이와 같이 출력의 상태를 확인하여 목표와 일치하는가를 확인하는 과정이 없는 것을 개루프 제어라 한다.

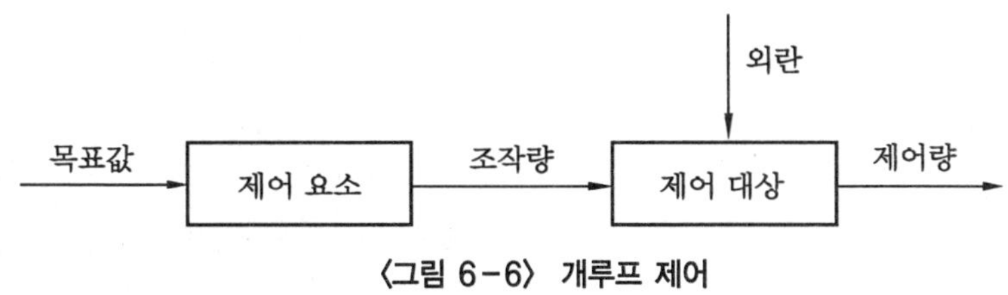

〈그림 6-6〉 개루프 제어

② 폐루프 제어

출력의 상태를 확인하여 목표와 일치하는가를 확인하는 과정이 있는 것을 폐루프 제어라 한다. 폐루프 제어는 외부 조건의 변화에 대한 영향을 줄일 수 있고 제어 시스템의 성능을 향상시키며 목표값을 정확히 달성할 수 있다는 장점이 있는 반면 제어 시스템의 설계가 다소 복잡해지고 이에 따라 제어기의 제작 비용이 비싸지는 단점을 가지고 있다.

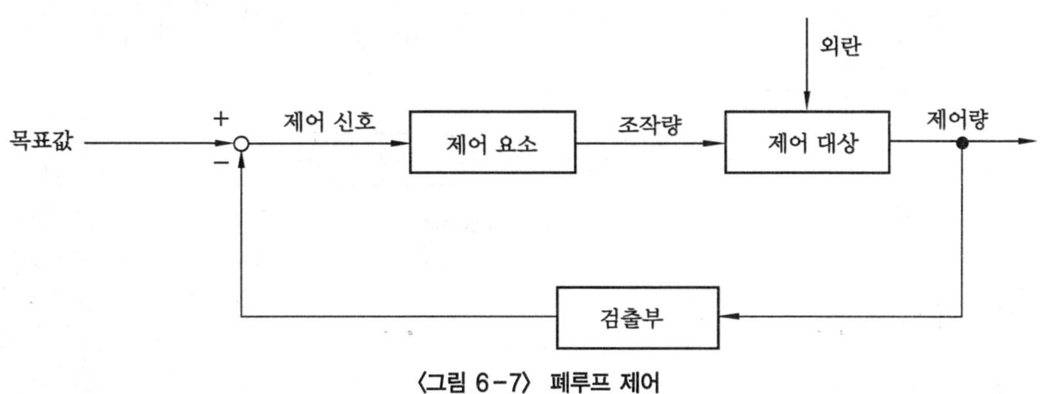

〈그림 6-7〉 폐루프 제어

③ 제어계의 구성

공업 프로세스 계측 제어 용어에 의하면, 피드백 제어란 "피드백에 의하여 제어량과 목표값을 비교하고 그들이 일치되도록 정정 동작을 하는 제어"로 되어 있다.

예를 들면, 공조는 실내 온도(제어량)를 검지하여 설정된 온도(목표값)와 비교하고 차이(제어 편차)가 있으면 그것이 0이 되도록 전원(조작량)을 ON · OFF함으로써 압축기를 회전 또는 정지시킨다(정정 동작).

〈그림 6-8〉 공조 장치의 블록 선도에서 공조 장치는 폐루프를 구성하고 있다는 것을 알 수 있다.

이상은 실온을 측정하여 목표로 하는 온도와 비교하여 전원을 ON · OFF하는 수동 제어의 경우에도 제어 루프는 인간을 통한 폐루프를 구성하므로 피드백 제어계라고 할 수 있다.

피드백 제어계를 일반화하여 블록 선도로 나타낸 것이 〈그림 6-9〉 피드백 제어계이며, 프로세스 제어에서 일반적인 피드백 제어계는 〈그림 6-10〉 피드백 제어이다.

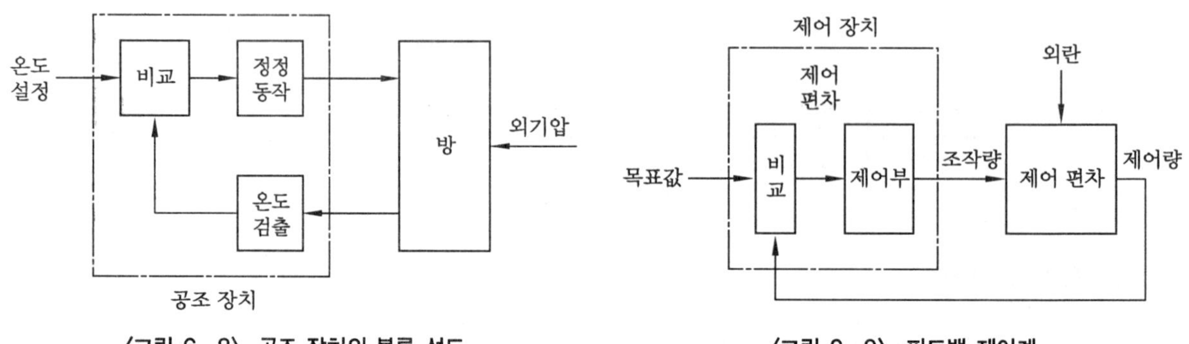

〈그림 6-8〉 공조 장치의 블록 선도   〈그림 6-9〉 피드백 제어계

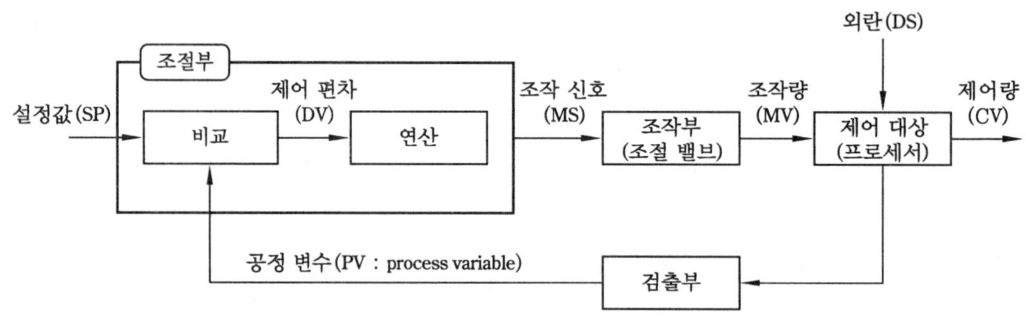

〈그림 6-10〉 피드백 제어

4 제어계의 특성

【1】 블록 선도

제어계는 그 안정성이나 응답 속도 등으로 평가되며, 이들을 알기 위해서는 제어계의 특성을 조사해야 한다. 따라서 제어계의 구성 요소를 블록과 신호 흐름을 나타내는 선으로 표시하는데, 이것을 블록 선도(block diagram)라고 한다.

〈그림 6-11〉은 블록 선도의 구성 요소를 나타낸 것이다.

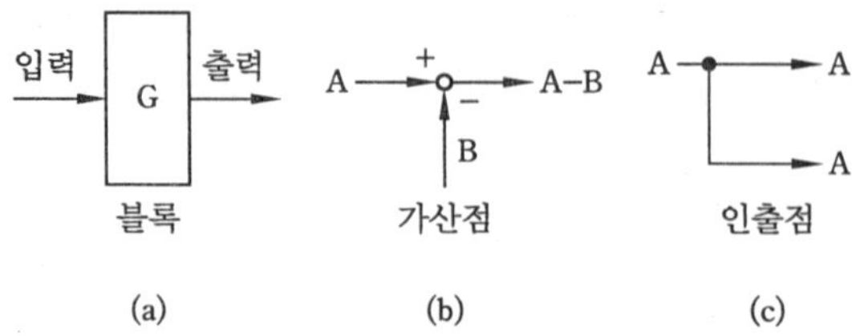

〈그림 6-11〉 블록 선도의 구성 요소

① 블 록

입·출력 사이의 전달 특성을 나타내는 신호 전달 요소로 사각의 블록과 화살표 선을 가지고 있다.

② 가산점

신호의 부호에 따라 가산을 한다. 따라서 신호의 차원은 일치되어야 한다.

③ 인출점

신호의 분기를 말한다.

[2] 전달 함수

신호 전달 요소를 표현하는 것으로서 보통 전달 함수(transfer function)가 사용되며 라플라스 변환에 의해 정의된다. 즉, 전달 요소 입력 신호 $x(t)$ 및 출력 신호 $y(t)$의 초기값을 0으로 했을 때의 라플라스 변환을 각각 $X(s)$, $Y(s)$라 하고, 그 입·출력 신호의 비 $Y(s)/X(s)$를 $G(s)$로 표시하며, 이 $G(s)$를 전달 함수라고 한다.

〈그림 6-12〉는 전달 함수와 주파수 전달 함수의 전달 요소를 나타낸 것이다.

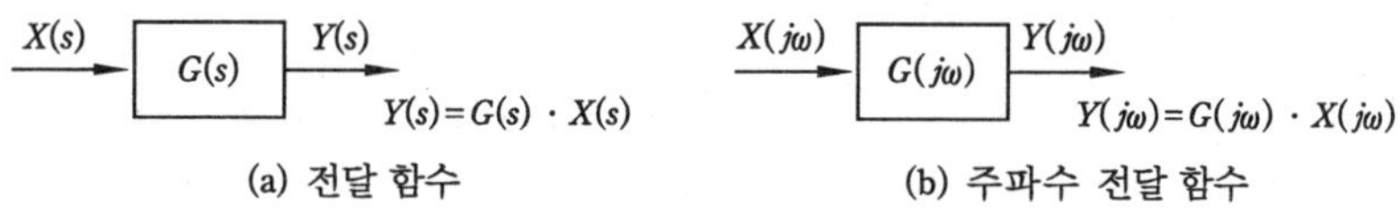

(a) 전달 함수 (b) 주파수 전달 함수

〈그림 6-12〉 전달 요소

[3] 라플라스 변환

전달 함수는 전달 요소의 특성을 주파수 영역에서 표현한 것으로, 시간 영역에서 어떤 특성을 가지는 것은 주파수 영역에서도 특정한 특성을 나타낸다.

시간 함수 $f(t)$와 주파수 함수 $F(\omega)$ 사이의 변환에는 푸리에 변환(Fourier transform)이 사용된다.

$$F(\omega)= \int_{-\infty}^{\infty} f(t)e^{-j\omega t}dt : [\text{푸리에 변환}]$$

$$f(t)= \frac{1}{2\pi} \int_{-\infty}^{\infty} F(\omega)e^{j\omega t}d\omega : [\text{푸리에 역변환}]$$

제어 공학에서는 과도 신호를 취급하므로 $t<0$에서 모든 초기값이 0이 되는 신호를 취급하는 라플라스 변환(Laplace transform)이 적합하다.

시간 함수 $f(t)$가 $t<0$에서 0, 또한 $\int_{0}^{\infty} |f(t)| dt<\infty$이면 $F(\omega)=\int_{0}^{\infty} f(t)e^{-j\omega t}dt$ 이고, 여기서 $j\omega=s$라고 하면 $f(t)$를 s의 함수로 변환하고 $L[f(t)]$로 표시하면 다음과 같다.

$$L[f(t)]=F(s)= \int_{0}^{\infty} f(t)e^{-st}dt : [\text{라플라스 변환}]$$

또한 $f(t)$에의 역변환을 $L^{-1}[f(s)]$로 표시하면 다음과 같다.

$$L^{-1}=[f(s)]=f(t)=\frac{1}{2\pi j}\int_{-j\infty}^{+j\infty}F(s)e^{-st}ds : [\text{라플라스 역변환}]$$

【4】 과도 응답

입력 신호가 어떤 정상 상태에서 다른 상태로 변화했을 때 출력 신호가 정상 상태에 도달하기까지의 특성을 과도 특성이라고 하며, 과도 응답(transient response)으로 표시한다. 과도 응답을 얻기 위한 입력 신호에 의하여 스텝 응답(step response), 임펄스 응답(impulse response), 램프 응답(ramp response) 등이 있으며, 단위 스텝 신호 $u(t)$를 가했을 때의 스텝 응답은 많이 사용된다.

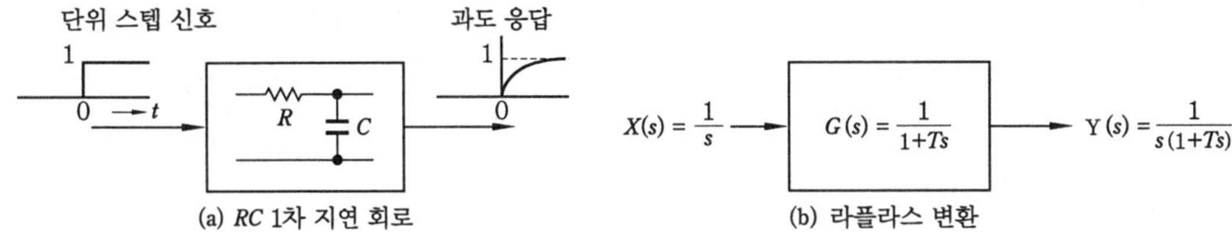

〈그림 6-13〉 RC 1차 지연 회로

〈그림 6-13〉과 같은 R, C로 된 1차 지연 회로에 전압의 단위 스텝 신호를 가했을 때의 과도 응답을 구한다. 이때 콘덴서의 초기 전압은 0이다.

단위 스텝 신호의 라플라스 변환은 $u(t)=\dfrac{1}{s}$로 구해지는데, 라플라스 변환의 공식을 사용하여 계산하면 단위 스텝 신호는 $t>0$에서 1이므로 다음과 같다.

$$f(s)=\int_0^{\infty}e^{-st}dt=-\frac{1}{s}[e^{-st}]_0^{\infty}=\frac{1}{s}$$

또 RC 1차 지연 회로의 라플라스 변환을 〈표 6-1〉의 전기 회로 소자의 s변환을 사용하여 풀면 다음과 같다.

$$Y(s)=G(s)\cdot X(s)=\frac{1/Cs}{R+(1/Cs)}\cdot X(s)$$

$$\therefore G(s)=\frac{1}{1+CRs}=\frac{1}{1+Ts}$$

〈표 6-1〉 전기 회로 소자의 s변환

	전기 회로 소자		s 변환
(a)	저항	R	$Z(s)=R$
(b)	콘덴서	C	$Z(s)=\dfrac{1}{Cs}$
(c)	인덕턴스	L	$Z(s)=Ls$

여기서, 시정수 $T=RC$이다.

또한 이러한 1차 지연 회로는 미분 방정식을 사용하면 다음과 같다.

$$T=\frac{dy}{dt}+y(t)=x(t)$$

여기서 $x(t)$: 입력 신호, $y(t)$: 출력 신호, $T=RC$이다.

라플라스 변환의 제 정리에서 미분 변환을 적용하면 다음과 같은 전달 함수가 얻어진다.

$$Ts \cdot Y(s)+Y(s)=X(s)$$

$$\therefore G(s)=\frac{Y(s)}{X(s)}=\frac{1}{1+Ts}$$

따라서 출력 신호는 다음과 같다.

$$\therefore Y(s)=G(s) \cdot X(s)=\frac{1}{1+Ts} \cdot \frac{1}{s}=\frac{1/T}{s(s+1/T)}$$

과도 응답은 이것을 역변환하면 구할 수 있다. 직접 역변환의 공식을 사용하여 계산하는 것은 복잡하다. 이 예의 경우는 라플라스 변환대 중의 $\dfrac{1}{s(s-a)}$ 를 사용하여 다음의 응답을 얻을 수가 있다.

$$\therefore y(t)=1-e^{-t/T}$$

이와 같은 분모가 대수 함수인 임의의 $F(s)$의 역변환은 $F(s)$를 부분 분수로 전개하여 각 항에 대하여 구한 시간 함수의 합으로써 구할 수가 있다.

[5] 주파수 응답

라플라스 변환에 의하여 전달 요소의 과도 응답이 구해지면, 전달 요소의 주파수 응답 (frequency response)을 아는 것도 중요하다. 정현파 입력 신호를 가한 경우 정상 상태에서 출력 신호의 입력 신호에 대한 진폭비(gain) 및 위상 지연이 입력 신호의 주파수에 의하여 변화하는 특성을 주파수 특성이라고 하며 주파수 응답에 의해 표시한다.

주파수 특성을 표시하는 것으로서 주파수 전달 함수가 사용되며, 주파수 전달 함수는 전달 함수의 s를 $j\omega$로 대체함으로써 얻을 수가 있다. 〈표 6-2〉의 (b)는 전달 요소를 주파수 전달 함수에 의하여 나타낸 것이다.

예를 들면, 1차 지연 회로의 주파수 응답을 구하기 위해서는 주파수 전달 함수 $G(j\omega)$에서 다음과 같이 계산을 하면 된다.

$$\therefore G(j\omega)=\frac{1}{1+j\omega T}=\frac{1}{1+\omega^2 T^2}-j\frac{\omega T}{1+\omega^2 T^2}$$

주파수 응답을 표시하는 방법에는 벡터 궤적, 보드 선도 등이 있다. 벡터 궤적은 복소 평면 상에 주파수 ω를 대수 눈금으로 가로축에 잡고 이득과 위상의 지연을 별도로 세로축으로 한 2장 1조의 선도이다. 이득은 데시벨(dB : $20\log_{10}K$)로 눈금을 취하는 수가 많고, 위상의 지연은 도(度) 또는 라디안(radian)을 눈금으로 한다.

〈표 6-2〉는 주요 전달 요소의 단위 스텝 신호에 대한 스텝 응답, 벡터 궤적 및 보드 선도로 표시한 주파수 응답을 나타낸 것이다.

〈표 6-2〉 전달 요소의 특성

구 분	전달 요소	전달 함수	스텝 응답	벡터 궤적	보드 선도
(a)	비례 요소	K	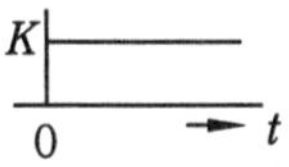	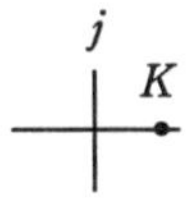	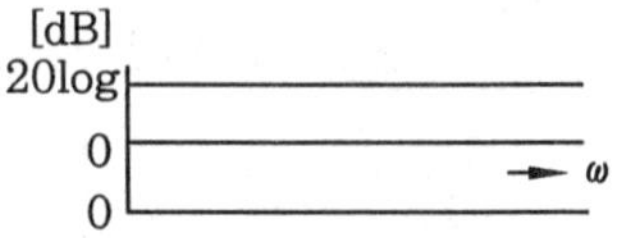
(b)	1차 지연 요소	$\dfrac{1}{1+Ts}$		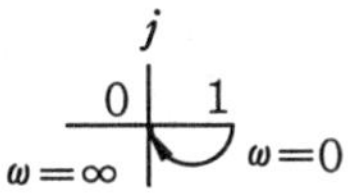	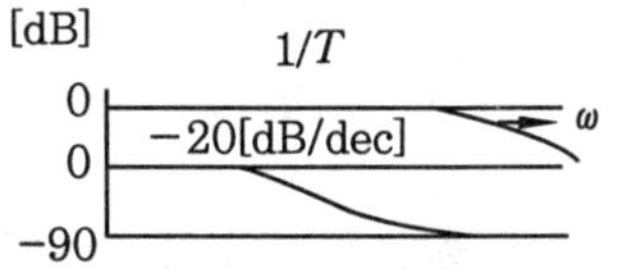
(c)	2차 지연 요소	$\dfrac{1}{(1+T_1s)(1+T_2s)}$	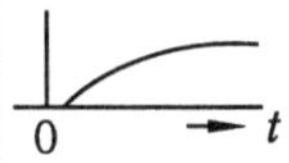	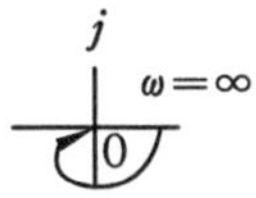	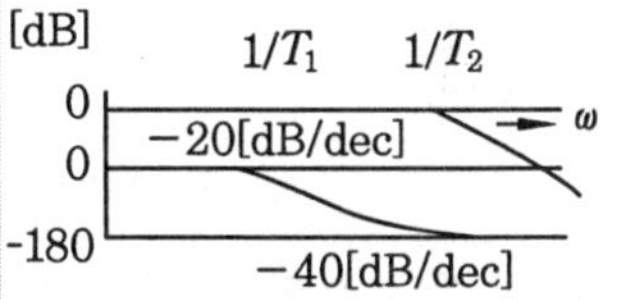
(d)	불감 시간 요소	e^{-Ls}	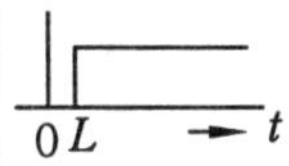		
(e)	적분 요소	$\dfrac{1}{T_1s}$	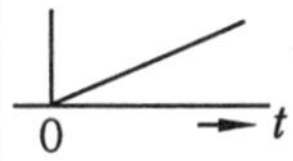	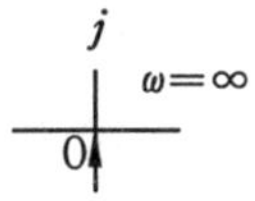	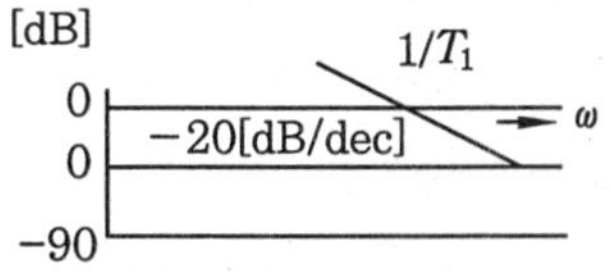
(f)	미분 요소	T_Ds		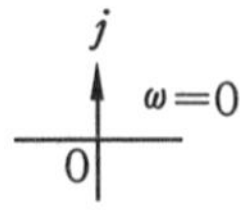	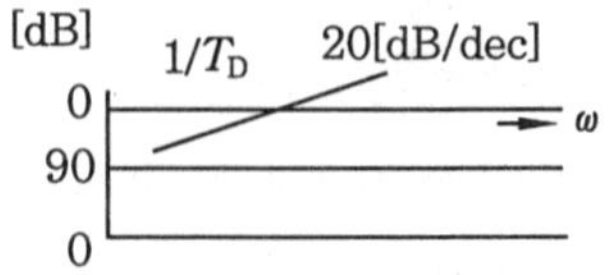

5 피드백 제어와 안정성

【1】 1차 전달 함수의 게인

프로세스의 피드백 제어계를 단순화하고 전달 요소를 비례 요소로 생각하여 블록 선도로 나타내면 〈그림 6-14〉와 같다.

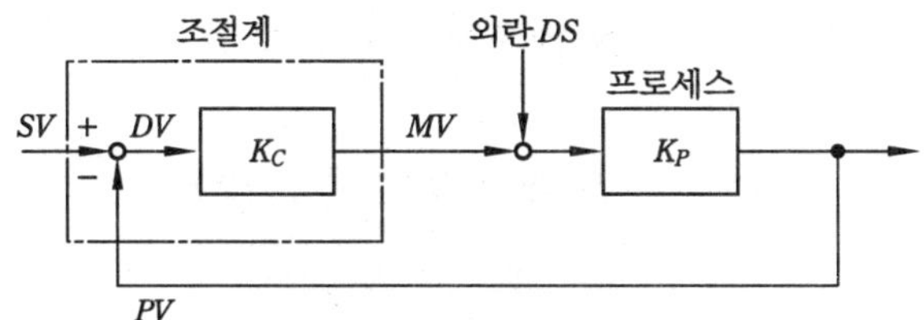

〈그림 6-14〉 단순화된 프로세스 제어계

프로세스 변량 PV 및 제어 편차 DV에 대하여 풀면 다음 식과 같다. 이때 함수 표시의 s 기호는 생략한다.

$$PV = \frac{K_P K_C}{1+K_C K_P} \cdot SV + \frac{K_P}{1+K_C K_P} \cdot DS$$

$$DV = \frac{1}{1+K_C K_P} \cdot SV - \frac{K_P}{1+K_C K_P} \cdot DS$$

설정에 관한 항   외란에 관한 항

이에 의하여 외란의 영향이 피드백 제어에 의하여 $\dfrac{1}{1+K_C K_P}$ 가 된다는 것을 알 수 있다.

여기서, $K_C K_P$는 1차 전달 함수라고 하며, 이 값을 충분히 크게 취하면 다음과 같다.

$$PV = SV + \frac{1}{K_C} DS, \quad DV = -\frac{1}{K_C} DS$$

프로세스 제어에서 1차 전달 함수의 이득을 크게 하는 것은 조절계의 게인 K_C를 크게 하는 것을 의미하므로 결국 $PV = SV$, $DV = 0$으로 된다. 즉, 조절계의 이득을 충분히 크게 하면 제어량은 목표값과 일치되며, 외란의 영향은 0이 된다.

그러나 실제로는 프로세스의 지연 때문에 조절계의 이득을 충분히 올릴 수 없는 경우가 많고 안정성이 문제가 된다. 제어량이 감쇠 진동을 하는 경우를 안정, 일정 진폭의 지속 진동을 하는 경우를 안정 한계, 발산 진동을 하는 경우를 불안정이라고 한다.

[2] 특성 방정식

〈그림 6-15〉는 일반화된 피드백 제어계의 블록 선도를 나타낸 것이다.

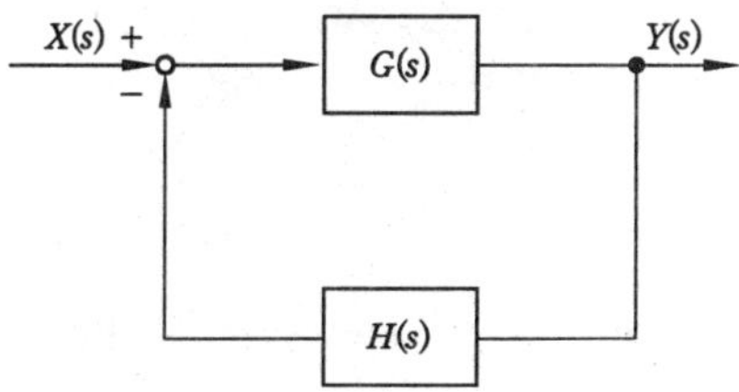

〈그림 6-15〉 일반화된 피드백 제어계

$$Y(s) = \frac{G(s)}{1+G(s)H(s)} \cdot X(s)$$

여기서, $1+G(s)H(s)=0$으로 한 것을 제어계의 특성 방정식이라고 하며, 이 방정식의 근 (특성 근)에 의하여 안정도 판별을 할 수 있다.

특성 근을 S_1, S_2, $\cdots$, S_n이라고 하면, 계가 안정되기 위해서는 특성 근의 실수부는 모두 부(−)이어야 한다.

① 라우스−후르비츠의 안정도 판별법

특성 방정식의 근을 구하는 것은 반드시 용이하지 않으므로 라우스(Routh)와 후르비츠 (Hurwitz) 두 사람에 의해 독립적으로 특성 방정식의 계수에서 안정도 판별을 하는 방법이 제안되었다.

현재는 양쪽의 특징을 합쳐 라우스 후르비츠의 안정 판별법으로 알려져 있다.

특성 방정식을 $a_0 s^n + a_1 s^{n-1} + \cdots + a_{n-1}s = 0$이라고 했을 때 다음 조건을 만족해야 한다.

- a_0, $a_1 \cdots\cdots$, a_n이 모두 존재하고 정(+)일 것(2차까지는 이 조건뿐임)
- 고차의 경우는, 다시

  3차의 경우 : $a_1 a_2 - a_0 a_3$

  4차의 경우 : $a_3(a_1 a_2 - a_0 a_3) - a_1^2 a_4$

  5차의 경우 : $a_1 a_2 - a_0 a_3(a_1 a_2 - a_0 a_3)(a_3 a_4 - a_2 a_5) - (a_1 a_4 - a_0 a_5)^2$

을 구하고 그 모두가 존재하며 정(+)일 것

② 나이퀴스트의 안정 판별법

1차 전달 함수$[G(j\omega)H(j\omega)]$의 벡터 궤적을 그린다. $\omega=0$에서 $\omega=\infty$로 증가시켰을 때의 벡터 궤적이 $(-1, 0)$의 점을 왼쪽으로 보고 지나면 안정, 오른쪽으로 보고 지나면 불안정이다. 이것을 나이퀴스트(Nyquist) 안정도 판별법이라고 한다.

〈그림 6-16〉은 이러한 나이퀴스트의 안정도 판별법을 나타낸 것이다.

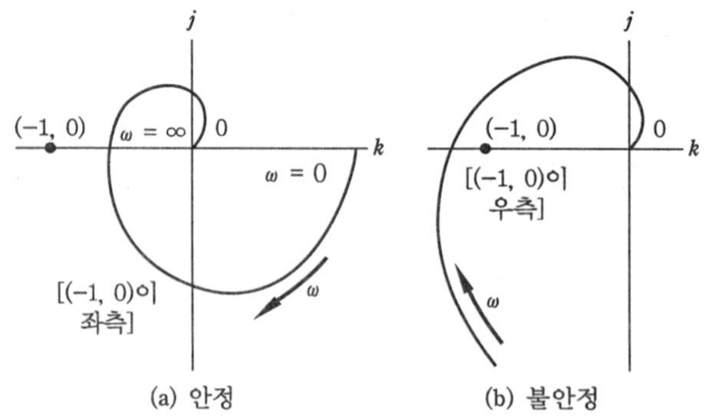

〈그림 6-16〉 나이퀴스트의 안정 판별법

[3] 이득 여유와 위상 여유

나이퀴스트 안정도 판별법에서 궤적이 $(-1, 0)$의 점을 왼쪽으로 보고 지날 때 $(-1, 0)$의

점에 가까울수록 불안정에 가까워지며, (−1, 0)의 점을 지날 때가 안정 한계이고, 이득이 1, 위상 지연이 180°(정 궤환을 의미)가 되면 그때의 주파수에서 지속 진동이 발생한다. 따라서 안정 한계에서 어느 정도 떨어져 있는지에 따라 안정도를 표시할 수가 있다.

〈그림 6-17〉은 벡터 궤적 및 보드 선도 상에 이득 여유와 위상 여유를 나타낸 것이다.

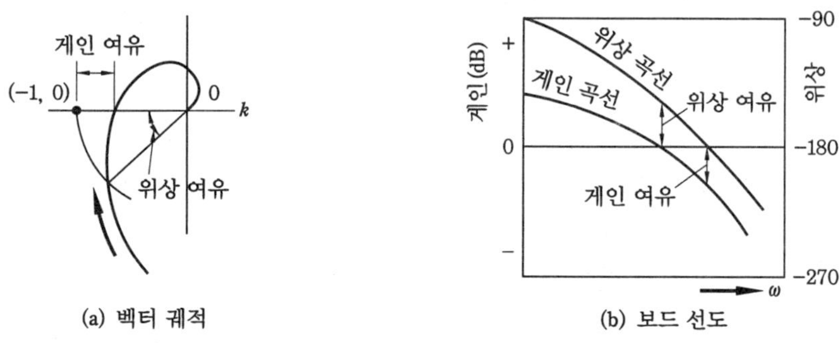

〈그림 6-17〉 이득 여유와 위상 여유

① 이득 여유(GM : gain margin)

위상이 −180°가 되는 주파수에서의 이득이 1에 대하여 어느 정도 여유가 있는지를 표시하는 값이다.

② 위상 여유(PM : phase margin)

이득이 1이 되는 주파수에서의 위상이 −180°에 대하여 어느 정도의 여유가 있는지를 표시하는 값이다.

3. 프로세스 특징

1 프로세스의 자유도, 제어량 및 조작량

평형 상태에 있는 프로세스에서 서로 독립적으로 변화시킬 수 있는 프로세스 변수의 개수를 프로세스의 자유도(degree of freedom)라고 한다.

예를 들면 〈그림 6-18〉의 (a)에서 관로 속에 흐르는 유체의 유량과 압력은 자유도 1, 그림 (b)에서 탱크 액위는 자유도 2(유입량 및 유출량), 그림 (c)에서 열 교환 기기의 수출구 온도는 자유도 4(증기 유량과 온도, 물의 유량과 온도)이다. 즉, 제어계에서 자유도는 조작량의 수와 일치한다.

제어하기 위해서는 조작량이 필요하며, 그림 (a)의 예에서 제어량은 유량 또는 압력, 조작량은 유량이다. 이와 같은 경우에 어느 쪽이든지 하나의 제어량만이 제어가 가능하며, 동일 조작량을 사용하여 복수의 제어계를 구성하면 서로 간섭을 야기한다.

오버라이드 제어는 프로세스의 조건에 따라 어떤 것인가의 제어량을 선택하여 제어한다. 그림 (b)의 예에서는 제어량은 액위, 조작량은 유입량 또는 유출량으로 어느 쪽에 의해서도 제어가 가능하다. 그러나 버퍼 탱크의 경우와 같이 유입량을 조작할 수 없을 때에는 자유도가 1이 되므로 유출량과 액위의 양쪽을 제어하려면 오버라이드 제어가 필요해진다.

그림 (c)에서는 제어량은 출구 온도, 조작량은 4개 중 어느 것을 선택해도 좋은데 실용상 증기 유량을 조작량으로 한다. 이와 같이 '제어량의 수<조작량의 수' 인 경우 선택되지 못한 조작량의 변동은 제어량에 대하여 외란이 되므로 일정값으로 유지하는 것이 좋다.

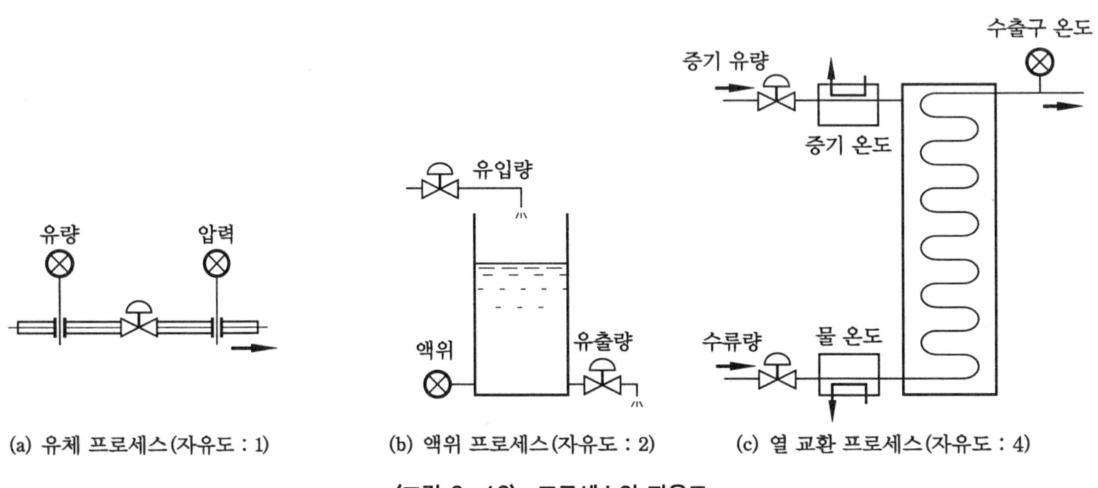

〈그림 6-18〉 프로세스의 자유도

② 프로세스 특성

【1】 정특성

정특성(static characteristic)이란 입력 신호에 여러 가지 크기의 스텝 신호를 가했을 때 정상 상태의 특성을 말한다. 이 특성은 자기 평형성의 어떤 프로세스에서는 조작량의 크기에 대한 제어량의 크기를 나타내는 성질, 즉 프로세스의 정(靜)이득이다. 조작량, 제어량은 반드시 같은 차원이 되지 않으며, 이 경우 전달 요소가 차원을 가지게 된다.

자기 평형성이란 스스로 안정이 되는 성질로서 1차 지연계, 열 교환기 등 많은 프로세스는 자기 평형성이 있다.

이에 비해 자기 평형성이 없는 프로세스의 하나로 그림과 같은 두 정량 유출 액위 프로세스가 있다. 이 프로세스는 '유입량=유출량' 일 경우에만 액위가 변화하지 않고 '유입량>유출량' 일 경우 액위는 증가를 계속하고 반대인 경우에는 감소를 계속하는 적분성 프로세스이다.

적분성 프로세스 이외에도 중합 반응과 같은 발열성의 화학 반응 프로세스 등은 자기 평형성이

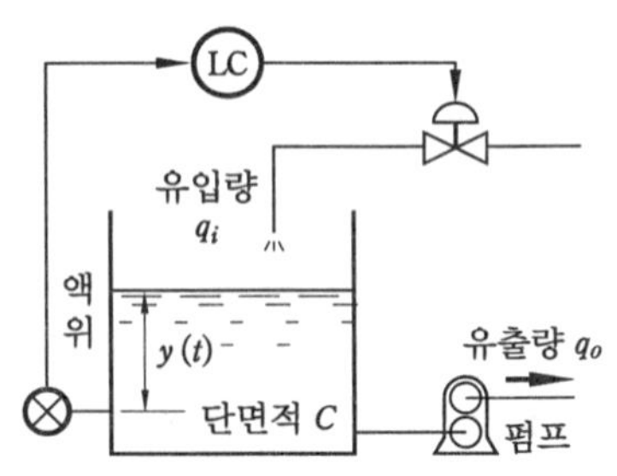

〈그림 6-19〉 자기 평형성이 없는 프로세서의 예
(정량 유출 액위 프로세서)

없는 프로세스이다. 자기 평형성이 없는 프로세스를 운전하려면 반드시 제어가 필요하며, 자기 평형성이 있는 프로세스에 비해 제어하기 어렵다. 또한 프로세스는 대부분의 경우 비선형성이며 평형점의 근방에서는 선형으로 보고 처리할 때가 많다.

[2] 동특성

동특성(dynamic characteristic)이란 입력 신호 $x(t)$에 대한 출력 신호 $y(t)$의 특성으로, 시간 영역에서는 인벌류션 적분이고, 주파수 영역에서는 전달 함수 또는 주파수 전달 함수로 관련지을 수가 있다.

동특성을 나타내는 방법으로서 시간에 대해서는 과도 응답, 주파수에 대해서는 주파수 응답이 있다.

[3] 외 란

프로세스에는 제어계의 상태를 어지럽게 하는 외적 작용, 즉 외란(disturbance)이 존재한다. 외란은 들어오는 장소, 크기, 형태 등 여러 가지이며, 프로세스의 입력 신호에 가해지는 단위 스텝 신호로 대표되는 수가 많다.

예를 들면, 열 교환에 들어오는 외란에는 조작량으로서 선택된 증기 유량 이외에 증기 온도, 수온, 부하 변동에 상당하는 수유량의 변동이 있으며, 외기 온도의 변화 등도 외란이 된다.

③ 프로세서 모델

실제 제어 시스템의 입력과 출력 사이의 관계를 수식으로 표현하려면 매우 복잡한 형태로 나타나므로 해석하려고 하는 대상의 본질적인 특성을 파악하기 위하여 가정을 세우고 동작을 단순화하면 다음의 기본 요소로 표현하게 된다.

제어 시스템을 전달 함수라는 입력과 출력 사이의 관계에 의해 표시하면 다음과 같다.

$$G(s) = \frac{C(s)}{R(s)}$$

여기서, $R(s)$는 입력이고, $C(s)$는 출력을 나타낸다. s는 라플라스 연산자이다.

프로세스도 전달 요소의 하나로 볼 수 있다.

[1] 비례 요소

〈그림 6-20〉 비례 요소의 예와 같은 링크 기구에 있어서 A의 변위 $x(t)$를 입력 신호라 가정하면 출력 신호는 B의 변위 $y(t)$이다. 입력 신호와 출력 신호는 링크 기구의 길이에 비례하고 $y(t) = \frac{l_1}{l_2} x(t) = Kx(t)$로 되며 이것을 전달 함수로 표현하면 다음 식과 같다.

$$G(s) = \frac{Y(s)}{X(s)} = K$$

여기서, K는 비례 상수이다.

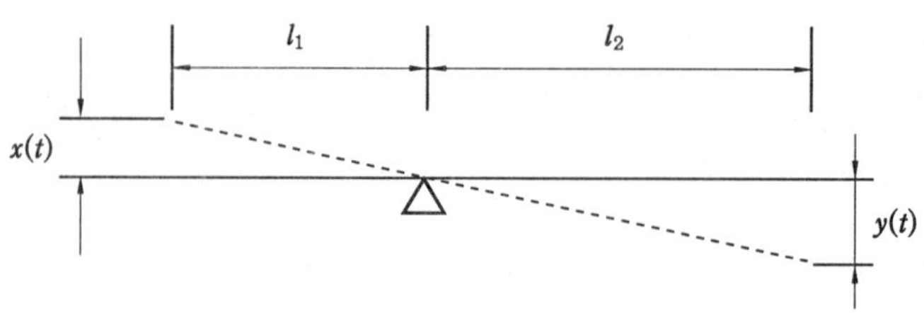

〈그림 6-20〉 비례 요소의 예(링크 기구)

비례 요소를 블록 선도와 단위계단파 입력을 인가하였을 때의 출력으로 나타내면 〈그림 6-21〉과 같다.

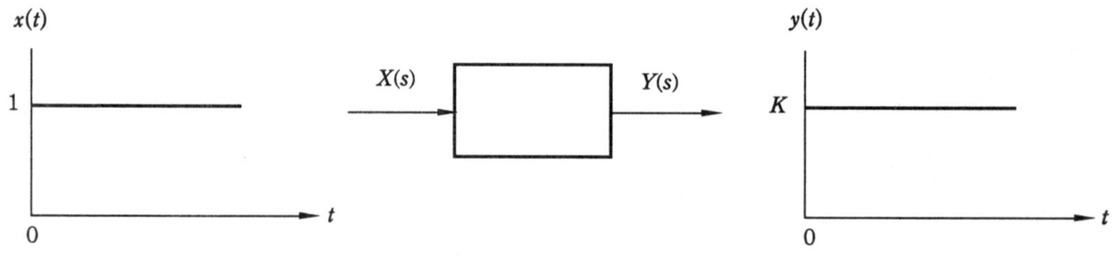

〈그림 6-21〉 비례 요소의 블록 선도와 단위계단파 응답

〈그림 6-18〉 프로세스의 자유도 중 (a)에 든 관로 속에 흐르는 액체는 관성에 의한 지연을 무시하면 비례 요소(proportional control element)로 볼 수 있다.

〈표 6-2〉 전달 요소의 특성 중 (a) 경우와 같이, 단위량만큼 밸브 개도를 바꾸었을 때 유량의 변화량 K가 비례 이득이다.

[2] 불감 시간 요소

벨트 컨베이어에서 불감 시간 요소(dead time element)를 가진 호퍼의 출구와 평량기까지의 거리를 l, 컨베이어의 속도를 v라고 하면 분체가 잘라지기 시작하여 평량되기까지의 시간은 $\dfrac{l}{v}$이며, 이것을 불감 시간(dead time)이라 하고 통상 L로 표시한다. 불감 시간 L의 라플라스 변환은 e^{-Ls}이다.

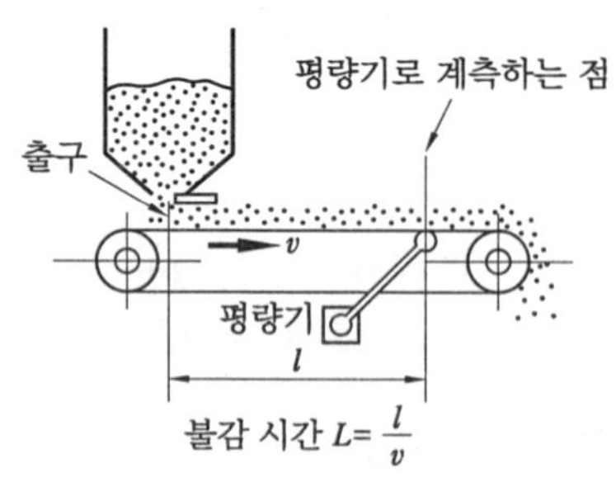

〈그림 6-22〉 벨트 컨베이어에서 불감 시간 요소의 예

〈표 6-2〉에서 (d)의 보드 선도와 같이 이득은 주파수에 관계없이 항상 일정하며, 한편 위상은 주파수와 함께 한없이 지연된다. 이득 여유, 위상 여유를 생각할 것도 없이 불감 시간 요소는 제어가 곤란한 것임을 알 수 있다.

[3] 적분 요소

정량 유출 탱크의 액위계는 적분 요소(integral element)의 프로세스이다. 유입량을 q_i, 유출량을 q_o, 액위를 $y(t)$, 탱크 단면적을 C라고 하면 다음과 같다.

$$C\frac{dy(t)}{dt}=q_i-q_o$$

q_o=일정, $q_i-q_o=x(t)$라 하면, $y(t)=\frac{1}{T}\int x(t)dt$가 된다. (단, $C=T$(시정수))

또 전달 함수로 표시하면 다음과 같다.

$$\frac{Y(s)}{X(s)}=\frac{1}{Ts}$$

〈표 6-2〉에서 (c)의 보드 선도와 같이 이득은 $\omega T=1$의 주파수에서 1이 된다. -20dB/dec의 오른쪽 아래로 내려가는 직선이 된다. $\omega=0$에서의 이득은 ∞이며, 위상은 주파수에 관계없이 $90°$ 늦어진다.

[4] 1차 지연 요소

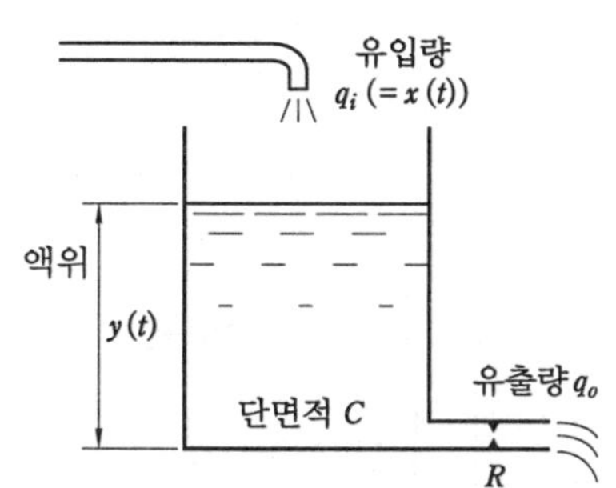

〈그림 6-23〉 1차 지연 요소의 프로세스 예
(1차 지연 액위 프로세서)

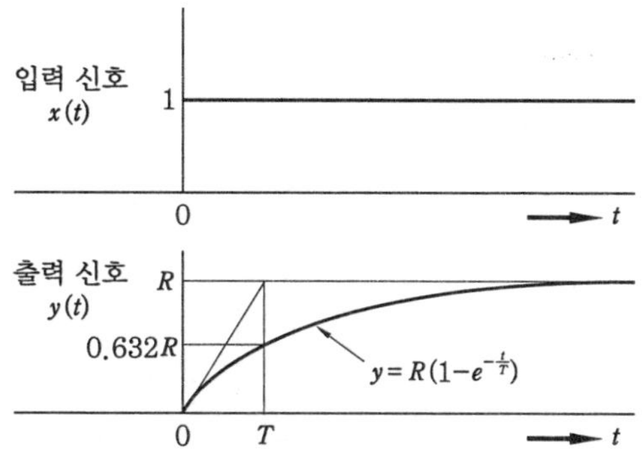

〈그림 6-24〉 1차 지연 요소의 스텝 응답

〈그림 6-23〉은 자연 유하에서의 탱크 액위계로 1차 지연 요소(first order lag element)의 계이므로 다음과 같다.

$$C\frac{dy(t)}{dt}=q_i-q_o$$

유입량 $q_i=x(t)$로 놓고 유출 저항을 R이라 할 때, 유출량이 액위에 비례한다면,

$$q_o=\frac{y(t)}{R},\ C\frac{dy(t)}{dt}=x(t)-\frac{y(t)}{R}$$

$RC=T$(시정수)로 놓으면

$$T\frac{dy(t)}{dt}+y(t)=Rx(t)$$

가 되며, 전달 함수로 표시하면

$$\therefore\ \frac{Y(s)}{X(s)}=\frac{R}{1+Ts}$$

〈그림 6-24〉는 1차 지연 요소의 스텝 응답을 나타낸 것이다. $t=0$에서 응답 곡선에 접선을 그리고, 그것이 최종값에 도달하기까지의 시간이 시정수 T가 된다. 또한 시정수 T를 경과했

을 때의 값은 최종 도달값의 63.2%가 된다.

〈표 6-2〉 전달 요소의 특성 중 (b)의 보드 선도와 같이 이득은 $\omega T=1$의 주파수를 절점 주파수로 하고 그보다 낮은 주파수에서의 점근선은 이득이 일정한 직선이며, 그보다 높은 주파수에서는 -20dB/dec의 점근선에 따라 저하한다. 절점 주파수에서의 이득은 -3dB이다. 위상은 절점 주파수에서 45° 늦고 주파수의 증가와 함께 90°의 지연에 접근한다.

[5] 2차 지연 요소

1차 지연 요소를 〈그림 6-25〉의 (a)와 같이 2단 직렬로 접속한 2차 지연 요소(second order lag element)의 전달 함수는 각 1차 지연 요소의 전달 함수의 곱이 된다.

이와 같은 후단의 영향이 전단에 미치지 못하는 직렬 접속을 캐스케이드(cascade) 접속이라고 한다. 전단 탱크의 전달 함수는 다음과 같다.

$$\frac{Y_1(s)}{X_1(s)} = \frac{R_1}{1+T_1(s)}$$

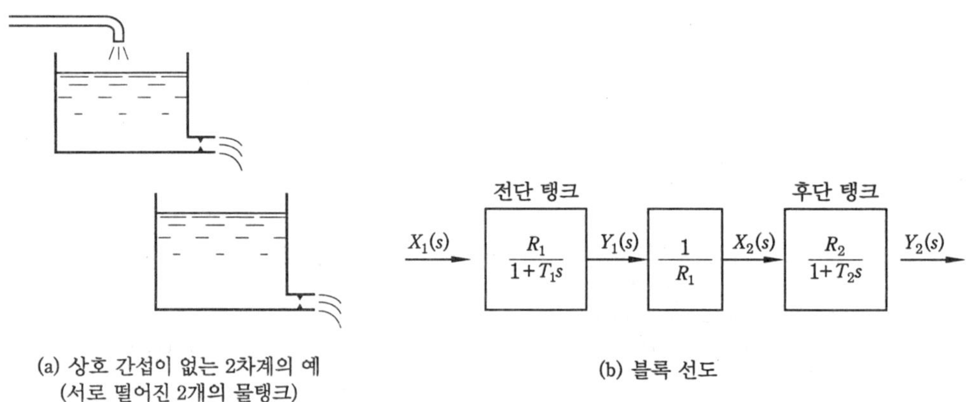

(a) 상호 간섭이 없는 2차계의 예
　　(서로 떨어진 2개의 물탱크)

(b) 블록 선도

〈그림 6-25〉 탱크의 캐스케이드 접속

여기서, 후단 탱크의 입력 $X_2(s)$는 전단 탱크의 유출량이므로 $X_2(s)=\dfrac{Y_1(s)}{R_1}$이 된다. 따라서 전체의 전달 함수는 다음과 같이 된다.

$$\frac{Y_2(s)}{X_1(s)} = \frac{R_2}{(1+T_1 s)(1+T_2 s)}$$

블록 선도는 그림 (b)와 같다.

〈표 6-2〉의 전달 요소 특성 중 (c)에 2차 지연계의 스텝 응답을 나타내었다. 2차 이상의 지연계가 되면 $t=0$에서의 상승 경사는 0이 되며, 도중에 변곡점을 가지고 있으므로 지연을 단일의 시정수로 표시할 수는 없다.

이득 선도에서는 $1/T_1$과 $1/T_2$의 주파수에 절점이 있으며, 주파수가 높은 쪽의 절점을 초과하면 점근선은 $2\times(-20$dB/dec$)$가 된다.

위상은 최대 $2\times90°=180°$까지 지연된다.

2개의 탱크를 그림과 같이 접속하면 후단 탱크의 액위가 전단 탱크에 영향을 미치므로 캐스케이드 접속이 아니다.

이러한 전달 함수는 다음과 같다.

$$\frac{Y_2(s)}{X_1(s)} = \frac{R_2}{T_1 T_2 s^2 + (T_1 + T_2 + R_2 C_1)s + 1}$$

2차 지연계이나 $R_2 C_1$의 시정수가 2개의 탱크 사이에 간섭이 있다는 것을 나타내고 있다.

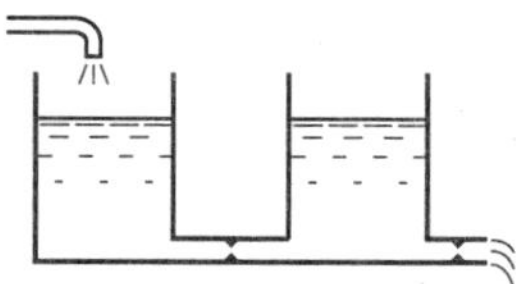

〈그림 6-26〉 상호 간섭이 있는 2차 지연계의 예

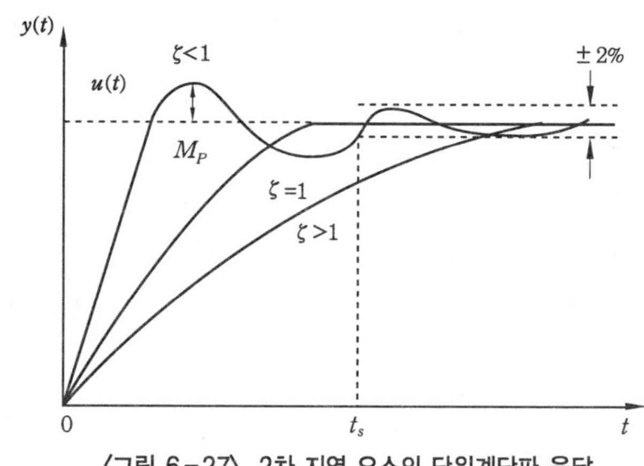

〈그림 6-27〉 2차 지연 요소의 단위계단파 응답

【6】 고차 지연계

1차 지연계가 다수 직렬로 접속된 계를 고차 지연계라고 한다. 동일 시정수의 1차 지연계를 캐스케이드 접속했을 때의 스텝 응답을 나타낸 것이 〈그림 6-28〉이다.

이와 같이 지연의 차수가 증가될수록 상승이 시작되기까지의 시간이 길어지며 불감 시간 요소가 가해진 것 같은 특성을 나타낸다.

고차 지연계의 특성을 나타낼 때 변곡점에서 접선을 그리고 '불감 시간+시정수'로 근사시키는 것이 많이 실시되고 있다.

이때의 불감 시간을 등가 불감 시간, 시정수를 등가 시정수라고 하며, 이것을 전달 함수로 표시하면 다음과 같다.

$$G(s) = \frac{Ke^{-Ls}}{1 + Ts}$$

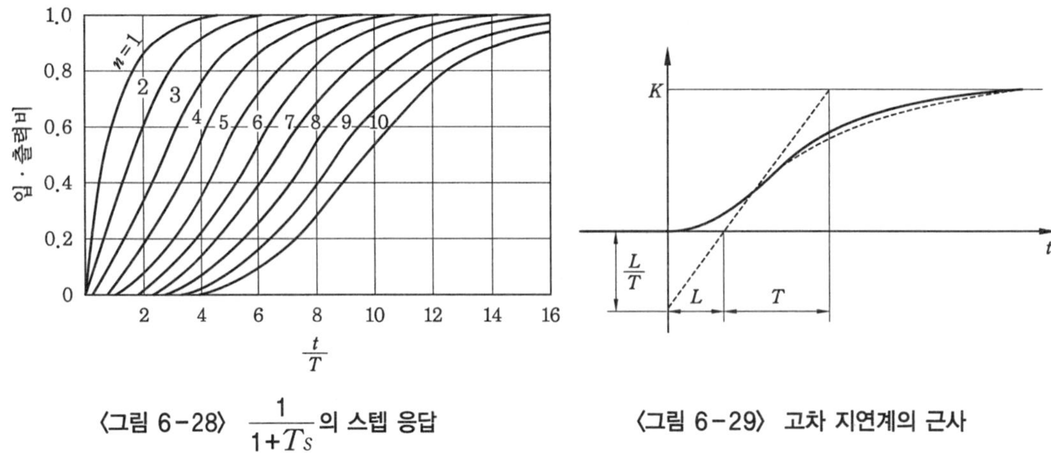

〈그림 6-28〉 $\dfrac{1}{1+Ts}$ 의 스텝 응답

〈그림 6-29〉 고차 지연계의 근사

$\dfrac{L}{T}$ 의 값은 차수가 커질수록 증가하며, 제어의 난이도를 표시하는 지표로서 사용되고 있다. 동일 시정수의 5차까지의 값은 〈표 6-3〉과 같다.

주파수 응답을 $T_1 > T_2 > \cdots > T_n$ 이라고 하면, 이득의 점근선은 $0 < \omega < \dfrac{1}{T_1}$ 에서 $0[\text{dB/dec}]$, $\dfrac{1}{T_1} < \omega < \dfrac{1}{T_2}$ 에서 $-20[\text{dB/dec}]$, $\dfrac{1}{T_n} < \omega$ 에서 $-20n[\text{dB/dec}]$가 된다.

위상은 $n \times 90[°]$까지 지연이 발생된다.

〈표 6-3〉 등가 불감 시간과 등가 시정수

지연 치수	등가 불감 시간	등가 시정수	등가 불감 시간 / 등가 시정수
1차 지연	0	T	0
2차 지연	$0.28T$	$2.7T$	0.103
3차 지연	$0.81T$	$3.7T$	0.218
4차 지연	$1.43T$	$4.5T$	0.321
5차 지연	$2.10T$	$5.1T$	0.410

4. 공업량의 제어

1 온도 제어

일반적으로 물질의 상태는 온도와 압력에 의하여 결정되므로 반응의 상태나 품질을 제어 대상으로 할 때에는 비교적 측정이 쉬운 온도의 검출 및 제어를 간접적으로 하는 경우가 많다. 그러므로 온도 제어는 프로세스 제어 중에서 가장 중요한 위치를 차지하고 있다.

〈그림 6-30〉에 나타낸 것과 같이 탱크 내의 온도 t, 온수의 온도 t_H, 냉수의 온도 t_C, 실내 온도 t_r, 온수의 유량 q_H, 냉수의 유량 q_C, 비중량을 γ라고 할 때, 온수의 유량을 조작량으로 하고 탱크 내의 물의 온도를 제어하는 경우를 살펴본다.

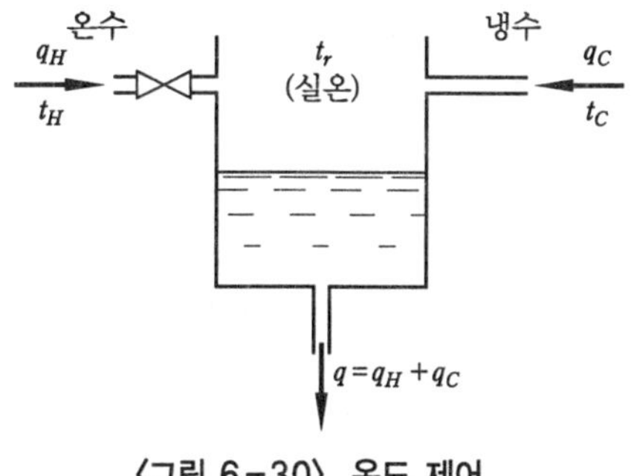

〈그림 6-30〉 온도 제어

이때 탱크의 저수량은 적당한 방법으로 일정하게 유지된다고 하면 유출 유량 $q=q_H+q_C$이 된다.

탱크에서 빠져 나가는 열량은 주위의 방열 계수를 H라고 할 때 $H(t-t_r)$이 되고, 탱크 내로 들어오는 열량과 주위로 방산되는 열량은 평형 상태이며, 온도 t로 유지되므로 다음과 같이 된다.

$$\gamma q_H t_H + \gamma q_C t_C = \gamma t(q_H+q_C) + H(t-t_r) = \gamma q t + H(t-t_r)$$

위의 식에서 왼쪽 변은 유입량에 의한 열량이고, 오른쪽 변은 유출량 및 방산에 의해 손실로 나가는 열량을 나타낸다.

지금 밸브를 조작하여 온수 유량을 변화시켰을 때 유량 변화를 ΔQ라고 하면, 밸브의 개도 변화 Δx와 유량의 변화는 미소한 변화일 때 서로 비례한다고 생각해도 되므로 $\Delta Q = k_1 \Delta x$(단, k_1은 탱크의 단면적과 유체의 밀도에 따라 결정되는 상수)가 되며, 온수 유량이 ΔQ만큼 변화했을 때 온도 변화 Δt는 다음과 같이 1차 지연 특성이 된다.

$$\Delta t = \frac{\Delta Q}{\Delta x} = \frac{K}{1+Ts}$$

온도 제어는 간단한 경우 1차 지연이 되지만 일반적으로는 2차 지연이 된다.

열처리 노의 목적은 노 내의 온도를 일정하게 유지하도록 하여 노 내에서 가열되는 물체의 조성 등을 제어하는 것이며, 일반적으로 고온이고 제어의 이력 현상이 제품에 영향을 주므로 응답성에 충분한 주의를 해야 한다.

연소에 의한 노 내 온도 제어 프로세스의 동특성에는 노 자체의 열용량에 기인한 비교적 큰 1차 지연과 검출기, 조절기 등의 비교적 작은 지연이 있으나 제어의 안정성은 좋다. 그러나 시정수의 절대값이 수 분 내지 수 시간에 달해 큰 외란에 대해서는 회복이 느리므로 별도의 대책을 세우는 것이 좋다.

〈그림 6-31〉의 (a)에서 연료 압력이 변화하면 조절 밸브의 개도가 일정하여도 연료 유량이 변하므로 온도가 변화된다. 이때 온도 변화에는 큰 시간 지연을 수반하므로 온도 변화를 검출한 다음 조절기가 밸브를 조절하도록 하는 것은 좋은 제어 결과를 기대할 수 없다.

이와 같은 경우에는 그림 (b)와 같이 연료의 압력 제어를 별도로 하든지 또는 그림 (c)와 같이 온도 제어계의 출력을 입력으로 하는 유량 제어 방식이 외란의 영향을 제거하는 데 유효하다. 후자의 제어 방식을 캐스케이드 제어 방식이라고 하며, 이것은 연료의 압력 변동뿐만 아니라 연료의 유량 변동의 원인이 되는 모든 외란에 대해서도 효과가 있다.

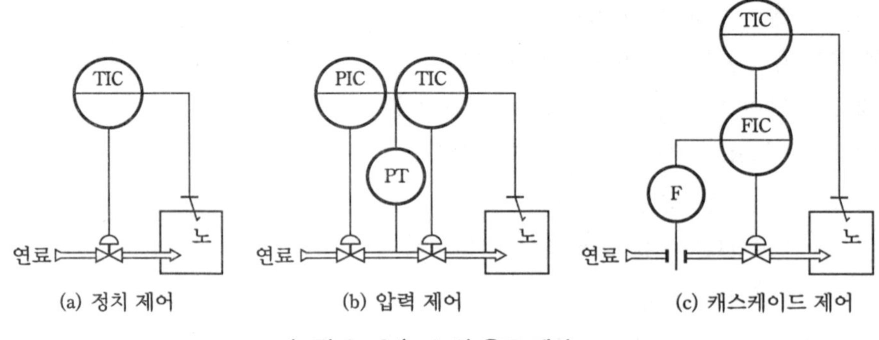

〈그림 6-31〉 노의 온도 제어

② 압력 제어

프로세스 공업에서의 압력 제어는 탱크나 보일러 내의 압력 제어에서와 같이 압력 제어 자체가 주목적인 경우와 온도 제어나 유량 제어할 때에 차압을 일정하게 유지함으로써 제어 특성을 좋게 하는 경우가 있으며, 어느 경우나 프로세스 제어에서 차지하는 비중은 크다.

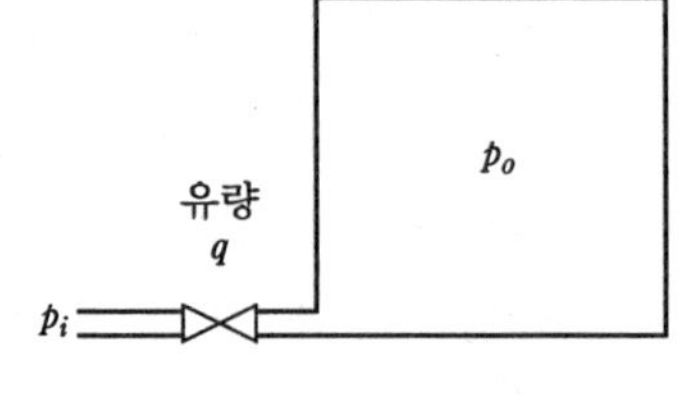

〈그림 6-32〉 압력계

〈그림 6-32〉의 압력계에서 입구 압력 p_i, 출구 압력을 p_o라 하고 그 특성을 구해 보면, 유량 q는 입구와 출구의 차압 제곱근에 비례하므로 다음과 같이 나타낸다.

$$q = k\sqrt{p_i - p_o}$$

이상의 각각의 변화를 Δp_i, Δp_o, Δq라 하고, 압력을 단위량만큼 증가시키는 데 필요한 유량을 Q라고 하면 다음과 같이 된다.

$$\frac{\Delta p_o}{\Delta p_i} = \frac{1}{1+RQ_S} = \frac{K}{1+T_S} \ (T=RQ)$$

그러므로 압력 제어의 특성은 1차 지연이 된다.

Q는 압력을 단위량만큼 증가시키는 데 필요한 유량이므로, 탱크의 부피를 V, 압력을 p라고 하면 다음과 같다.

$$Q = \frac{V}{p}$$

즉, p는 유량을 압입하게 되면 변화하므로 일정하지 못하며, 압력이 일정하게 약간 변동하는 경우에는 평균 압력 p로 부피 V를 나눈 일정한 값 Q라고 생각한 것이다.

압력 제어 방식에는 여러 가지가 있으므로, 프로세스의 성질과 요구 조건에 맞도록 제어 방식을 선택해야 한다.

【1】 탱크 내의 압력 제어

프로세스 공업에 사용되는 탱크 내의 압력은 대개 일정한 범위 안에 있으면 만족되는 경우가 많다. 이를테면 계장용 공기원 장치의 공기 탱크 내의 필요 압력은 0.6~0.7MPa 사이 압력이면 되므로, 제어 회로를 ON-OFF 회로로 하여도 좋다.

〈그림 6-33〉은 압축기의 전동기 용량이 작아서 전동기 전원이 단속이고 전원 계통에 영향을 주지 않을 경우 채용되는 회로이다. 공기 탱크 내의 압력이 정해 준 하한 압력 이하로 되면 압력 스위치의 하한 접점이 작동하여 전동기를 회전시키므로 공기 탱크 내의 압력은 점차 올라간다. 압력이 상한값에 달하면 압력 스위치의 상한 접점에 의하여 전동기의 전원이 끊기고 압축 작용이 멈춘다.

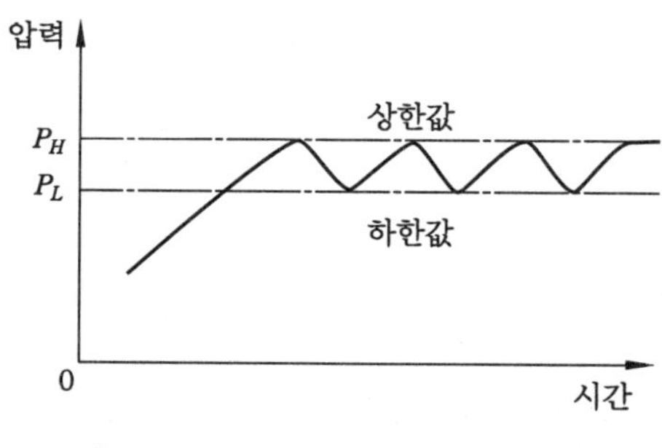

〈그림 6-33〉 탱크 내의 압력 특성

이와 같은 동작을 반복함으로써 탱크 내의 공기 압력은 설정해 준 하한값과 상한값 사이의 압력을 유지하게 된다. 이러한 제어 방식으로 하면 탱크 내의 공기 압력은 그림과 같이 된다.

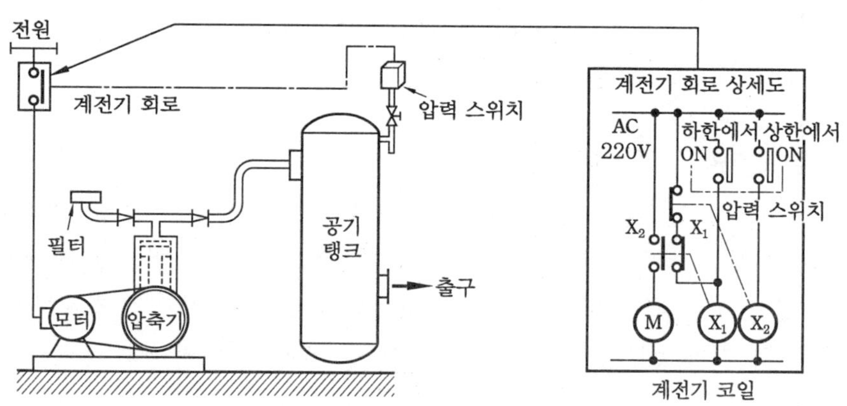

〈그림 6-34〉 소용량 압축기의 공기 탱크 압력 제어

【2】 증기·가스 계통의 압력 제어

〈그림 6-35〉의 (a)는 증기의 압력 제어에 가장 일반적으로 사용되는 방식으로 고압 측의 증기를 감압 밸브를 통하여 저압 측으로 흘려 주고, 감압 밸브의 2차 측의 압력이 일정하게 유지되도록 제어하는 방식이다.

검출기는 2차 측에 압력을 검출하여 조절계에 보내고, 조절계는 2차 측의 압력이 일정하도록 감압 밸브의 개도를 제어하는 신호를 출력한다.

그림 (b)에서 보일러 출구의 증기 압력은 공급되는 열량과 보일러의 부하로 없어지는 열량의 평형이 깨졌을 때에 변동한다. 만약, 증기 압력이 낮아지면 연료의 공급을 증가시켜 주고, 압력이 증가하면 연료의 공급을 감소시켜 항상 증기 압력이 일정하게 되도록 제어한다.

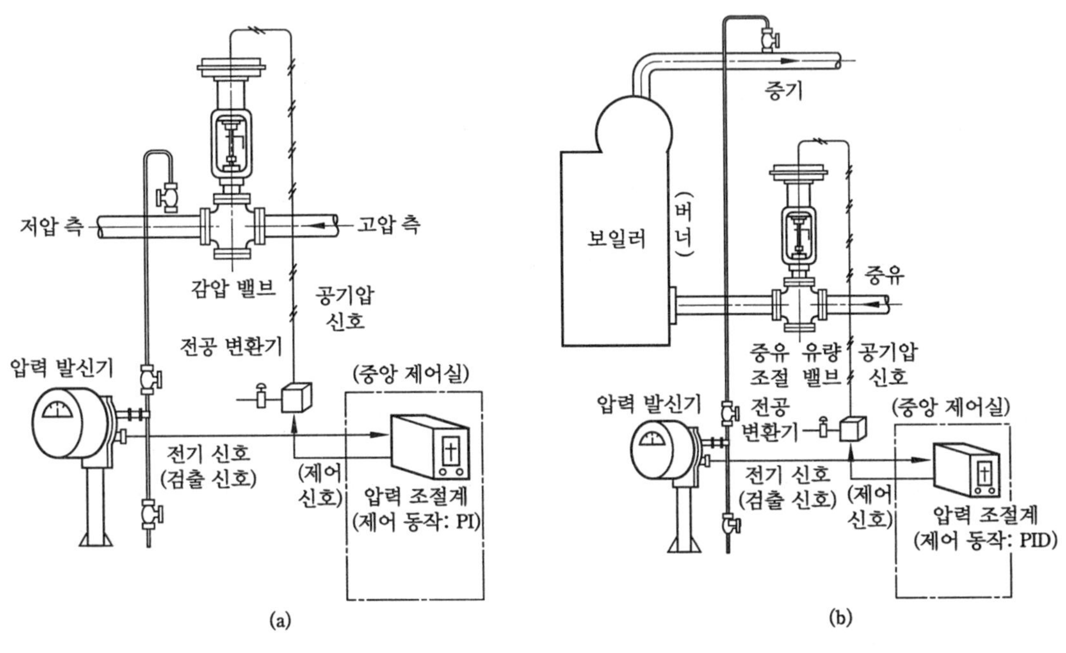

〈그림 6-35〉 압력 제어 루프(1)

[3] 액체의 압력 제어

온도 제어계에서 연료 유량의 외란으로서 작용하는 압력 변동을 제어하기 위하여 많이 이용되는 방식을 나타낸 것이 〈그림 6-36〉이다. 그림 (a)와 같이 연료의 양을 정확하게 제어하기 위해서는 연료 조절 밸브 앞의 압력이 일정하게 되어야 하며, 이 압력 조절계의 출력에 의해 작동되는 압력 제어 밸브에서 연료의 피드백 양을 제어함으로써 연료의 압력은 일정하게 된다.

액체의 감압도 증기의 감압 방식을 사용할 수 있으나 유량이 적을 경우에는 액체의 비압축성 때문에 제어가 불안정하게 된다.

이러한 경우 그림 (b)와 같이 감압 밸브를 통과하는 최저의 유량을 확보하기 위해 감압 오리피스를 설치하여 분류된 유량을 탱크나 배수로로 흐르게 하면 적은 유량의 제어도 정확하게 할 수 있다.

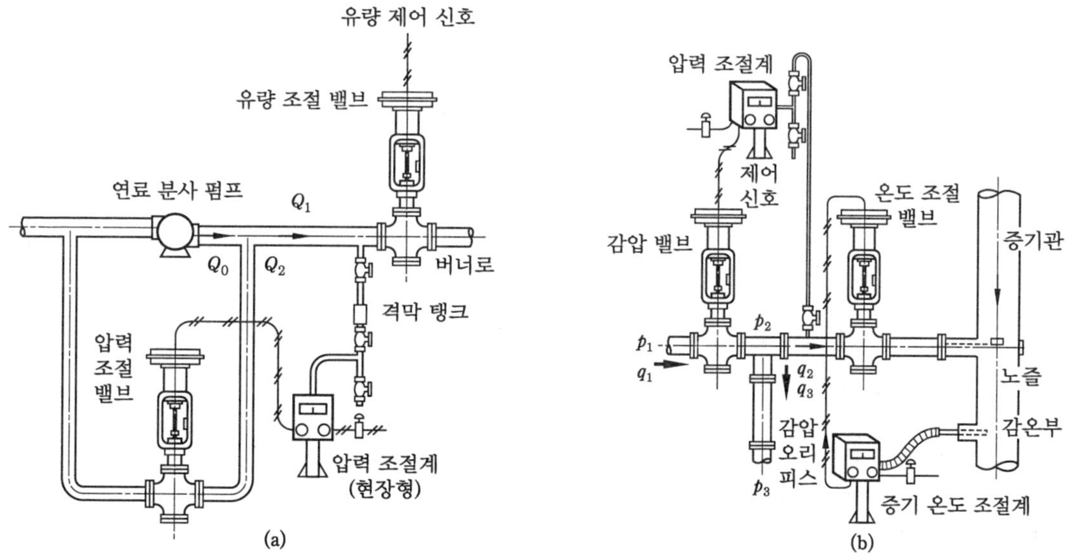

〈그림 6-36〉 압력 제어 루프(2)

③ 유량 제어

유량 제어는 온도 제어와 대부분 조건이 다르다. 온도 제어는 검출부의 응답 지연이 있으나 유량 제어는 응답 지연이 없다. 또 전송부에서도 마찬가지로 온도 제어는 응답 지연이 있으나 유량 제어는 응답 지연이 없다. 따라서 유량 제어는 부동 시간이 거의 없다고 생각하여 응답의 시상수도 작게 본다. 그러므로 유체가 파이프 내를 흐를 때 차압만 생각하며 이 차압을 이용하여 유체를 전송한다. 또 유체를 전송하는 도중에 조절 밸브를 설치하고 이 밸브의 개도를 변화시켜서 유량을 조절한다.

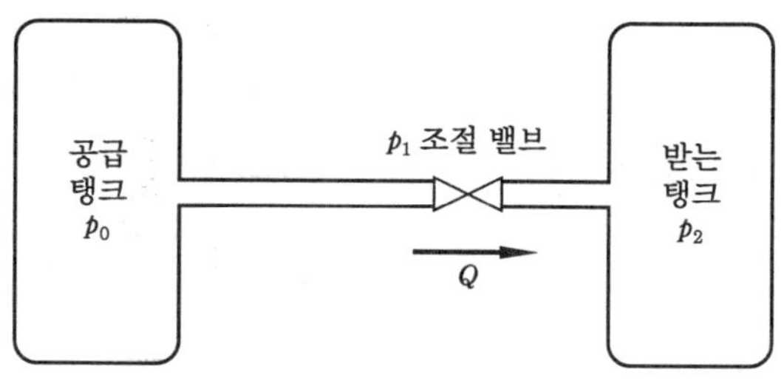

〈그림 6-37〉 유량계

〈그림 6-37〉은 기본적인 유량계를 나타낸 것이며, 공급 탱크의 압력을 p_0, 조절 밸브의 앞부분의 압력을 p_1, 유체를 받는 탱크의 압력을 p_2라고 하면, 베르누이 정리(Bernoulli's theorem)에 의하여 유체의 수두식은 다음과 같다.

$$\frac{v_0^2}{2g} + \frac{p_0}{\gamma} = \frac{v_1^2}{2g} + \frac{p_1}{\gamma} \,[\text{m}]$$

여기서, g는 중력 가속도, $\gamma[\text{kgf/cm}^3]$는 비중량, v_0, v_1은 공급 탱크와 조절 밸브 앞에서의 유속이다.

식에서 $v_1 \gg v_0$이므로 $\dfrac{v_0^2}{2g} \fallingdotseq 0$ 이면 v_1은 다음 식과 같이 된다.

$$v_1 = \sqrt{\frac{2g}{\gamma}} \cdot \sqrt{p_0 - p_1} = C\sqrt{p_0 - p_1}\,[\text{m/s}]$$

여기서, $C = \sqrt{\dfrac{2g}{\gamma}}$ 이며 유량 계수라고 한다.

파이프의 단면적을 A라 하고, 파이프를 흐르는 유량 Q를 구하면 다음 식과 같다.

$$Q = A_{v1} = AC\sqrt{p_0 - p_1}\,[\text{m}^3/\text{s}]$$

또 조절 밸브의 앞뒤 부분을 생각하여 식을 다시 쓰면 다음 식과 같다.

$$Q = A_v C_v \sqrt{p_1 - p_2}\,[\text{m}^3/\text{s}]$$

여기서, A_v는 조절 밸브의 개도, C_v는 A_v의 유량 계수이다.

위의 두 식에서 유량 Q는 $\sqrt{p_0 - p_1}$ 또는 $\sqrt{p_1 - p_2}$에 비례하므로 파이프 부분이나 밸브에서 압력 손실이 작아야 차압에 정비례하게 된다.

유량 제어계에서의 압력 손실은 배관을 포함한 계통 전체에 대해서 고려해야 한다. 유량이 증가되면 관로 저항도 증가되며, 관로 저항이 계통 전체에 허용되는 압력 손실에 이르면 조작 밸브 전후에 차압이 전혀 걸리지 않으므로 유량을 제어할 수 없다.

그러므로 배관 저항을 포함한 계통 전체의 압력 강하량 1/3 이상이 조작 밸브에서 발생되도록 하여야 한다.

〈그림 6-38〉에서 조절 밸브의 특성을 보면, 차압과 유량의 관계는 a와 같이 유량이 변하여도 조절 밸브의 차압은 일정한 경우가 있으며, b와 같이 유량이 증가하면 압력이 크게 떨어지는 경우도 있다.

그러므로 a의 경우에는 유량이 증가함에 따라 조절 밸브의 개도를 비례적으로 증가시키면서

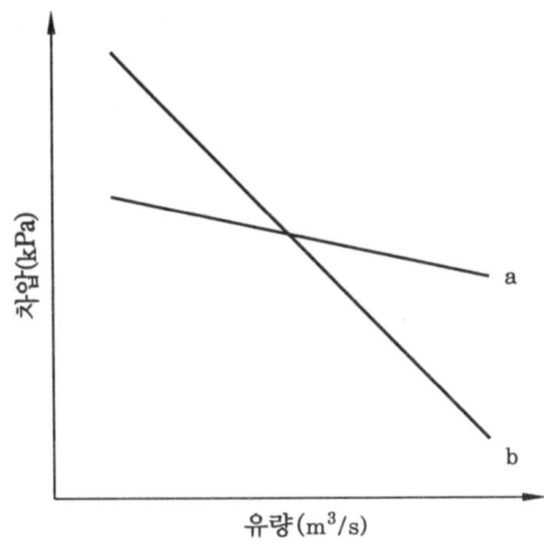

〈그림 6-38〉 차압과 유량의 관계

유량을 제어하고, b의 경우에는 유량이 증가함에 따라 조절 밸브의 개도를 포물선적으로 조절하여 유량을 제어한다.

④ 액위 제어

보일러 속의 수면, 프로세스 공업의 탱크 및 증류탑 속의 액위 제어는 프로세스 조업상 중요한 분야이다.

〈그림 6-39〉에서 유출량 $q_o[\text{m}^3/\text{s}]$가 일정한 경우는 생략하고 유입량을 $q_i[\text{m}^3/\text{s}]$라고 하면, 미소한 시간 $\Delta t[\text{s}]$ 동안 탱크에 저장되는 유량은 $q_i\Delta t - q_o\Delta t = (q_i - q_o)\Delta t$이다.

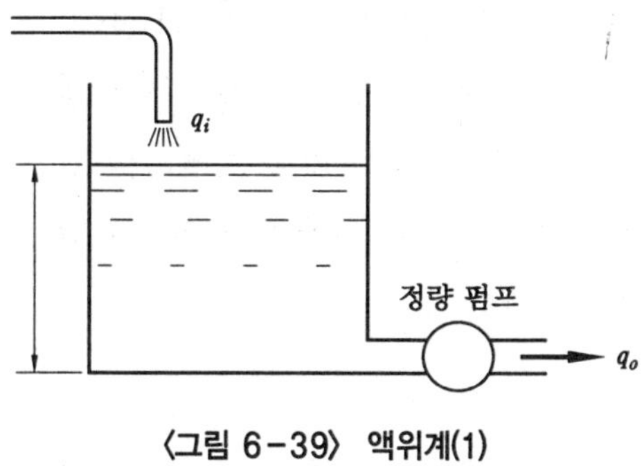

〈그림 6-39〉 액위계(1)

따라서 탱크의 단면적을 $A[\text{m}^2]$라고 하면 액위의 변화 Δh는 다음과 같다.

$$\Delta h = \frac{1}{A}(q_i - q_o)\Delta t$$

$$\frac{\Delta h}{\Delta t} = \frac{1}{A}(q_i - q_o)$$

$q_i = q_o$인 경우에는 유량의 변화가 없으므로 $\Delta h/\Delta t = 0$이다. 이때 액위를 h_0라 하고 이것의 변화를 생각하여 동특성을 구한다. 유입량이 Δq_i만큼 변화하였다면, 이때 유입량 $q_i{}'$는 다음과 같다.

$$q_i{}' = q_i + \Delta q_i$$

$q_i = q_o$이므로 q_i는 액위의 변화에 영향을 끼치지 않고 액위의 변화는 Δq_i만큼 생각하면 된다.

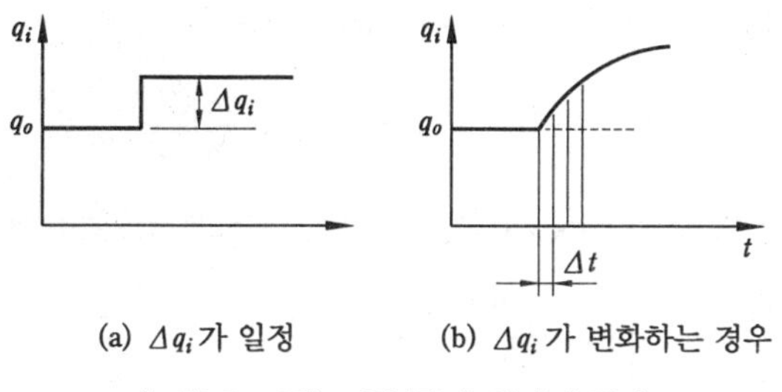

〈그림 6-40〉 유입량과 시간의 관계

Δq_i가 윗 〈그림 6-40〉의 (a)와 같이 일정할 경우에 t[s] 동안에 유량의 변화량은 $\Delta q_i t$가 된다.

그림 (b)와 같이 Δq_i가 변화하는 경우, 미소한 시간 Δt를 생각하여 t[s] 동안의 시간을 미소한 시간 Δt마다 나누어 생각한다면 다음과 같이 된다.

$$\Delta q_{i1} \Delta t + \Delta q_{i2} \Delta t + \cdots$$

위 식에서 Δt를 무한히 짧은 시간으로 생각하면 $\int_0^t \Delta q_i dt$로 쓸 수 있다.

그러므로 액위의 변화 Δh는 다음과 같다.

$$\Delta h = \frac{1}{A} \int q_i dt = \frac{\Delta q_i}{As}$$

$$\frac{\Delta h}{\Delta q_i} = \frac{1}{As}$$

여기서, $\int dt = \frac{1}{s}$, 즉 이 경우의 프로세스 특성은 적분이 된다.

유출량 q_o가 일정하지 않은 〈그림 6-41〉과 같은 경우 프로세스 제어에서 조작은 보통 밸브를 개폐하여 유량을 조정하는 경우가 많다. 유량 q는 밸브 개구의 면적 a와 차압의 제곱근에 비례하므로, 다음과 같이 나타낼 수 있다.

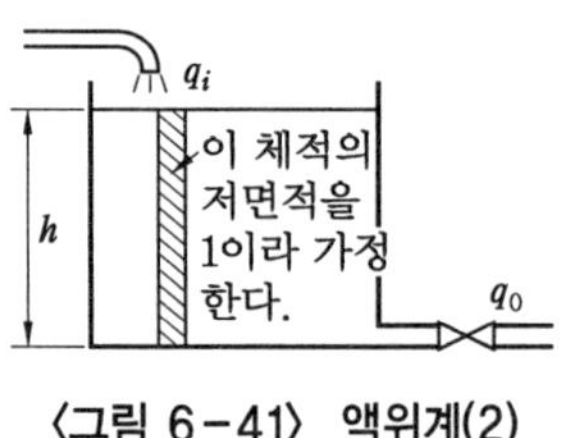

〈그림 6-41〉 액위계(2)

$$q = ka\sqrt{q_i - q_o} \ [\mathrm{m^3/s}]$$

따라서 액위를 h, 유체의 비중량을 γ라고 하면, 바닥면의 압력 p는 단위 면적당의 무게가 바닥면에 작용하는 것이 되므로 다음과 같이 된다.

$$p = \gamma h$$

지금 유입량이 Δq_i만큼 변화하고 액면이 $(h + \Delta h)$로 되었을 때 Δq_i와 Δh의 관계를 알아본다.

유입량이 Δq_i만큼 증가함에 따라 액위가 Δh만큼 변화하였다면, 유출량도 Δq_o만큼 증가하므로 다음과 같이 된다.

$$\Delta h = \frac{1}{A} \int (\Delta q_i - \Delta q_o) dt$$

$q = ka\sqrt{q_i - q_o}$ 에서 a가 일정하고 출구 압력도 일정하면 다음과 같다.

$$q_o = k\sqrt{h - h_o}$$

여기서, h_o는 출구 압력에 상당하는 높이로 일정하다.

액위가 Δh만큼 변화하였을 경우에는 다음과 같이 된다.

$$q_o + \Delta q_o = k\sqrt{(h + \Delta h) - h_o} = k\sqrt{(h - h_o)}\sqrt{1 + \frac{\Delta h}{h - h_o}}$$

$\sqrt{1+x}$는 x가 작은 경우 이항 정리에 의해 $\sqrt{1+x} \fallingdotseq 1 + (\frac{x}{2})$이므로 다음과 같이 된다.

$$q_o + \Delta q_o \fallingdotseq k\sqrt{h - h_o} \left[1 + \frac{\Delta h}{2(h - h_o)} \right]$$

따라서, 다음 식과 같이 된다.

$$\Delta q_o = \frac{k\,\Delta h}{2\sqrt{(h-h_o)}} = \frac{\Delta h}{R}$$

여기서, $R = \dfrac{2\sqrt{(h-h_o)}}{k}$ 이다.

그러므로 다음과 같이 된다.

$$\Delta h = \frac{1}{A}\int(\Delta q_i - \Delta q_o)dt = \frac{1}{A}\int(\Delta q_i - \frac{\Delta h}{R})dt = \frac{1}{A\,s}\int(\Delta q_i - \frac{\Delta h}{R})$$

$$A_S\,\Delta h + \frac{\Delta h}{R} = \Delta q_i, \quad \frac{(AR_s+1)\,\Delta h}{R} = \Delta q_i$$

$$\frac{\Delta h}{\Delta q_i} = \frac{R}{ARs+1} = \frac{K}{1+Ts}$$

여기서, $T=AR$, $K=R$이며, 이 경우에도 1차 지연이 된다.

액위 제어에도 ON-OFF 제어와 연속 제어가 있다. ON-OFF 제어는 압력 제어의 ON-OFF 제어와 같지만, 검출 소자에 압력 스위치 대신 레벨 스위치를 사용한다. 연속 제어에서는 탱크의 유입량 또는 유출량을 제어함으로써 액위를 제어한다. 액위 제어식의 검출 방식에는 여러 가지가 있으며, 계장에 사용되는 액위 검출법에는 부자식, 압력식, 기포식, 초음파식, 정전 용량식 등이 있다.

〈그림 6-42〉는 액위의 ON-OFF 제어 방식을 나타낸 것이며, 〈그림 6-43〉은 부자의 부력을 검출하여 수위를 제어하는 계통도이다.

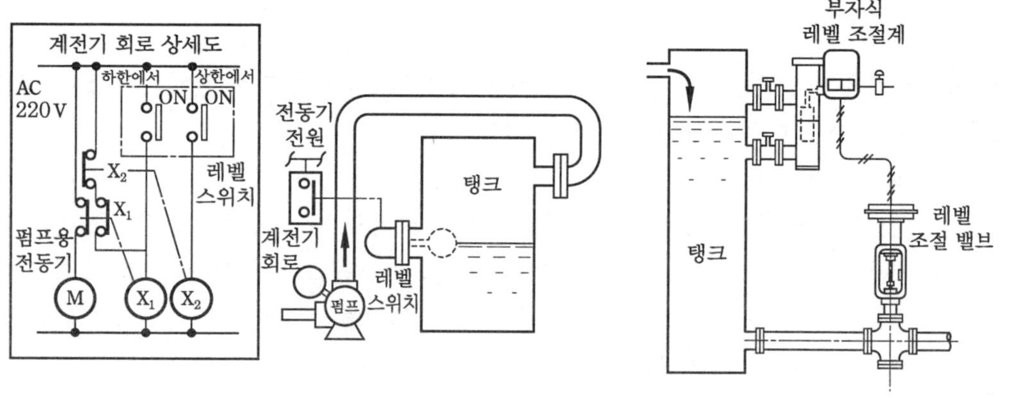

〈그림 6-42〉 레벨 ON-OFF 제어 장치   〈그림 6-43〉 부자식 레벨 제어 장치

보일러의 부하로서의 증기량이 증가될 때 수위가 낮아지지 않고 일시적으로 증가하는 현상이 생기므로, 보일러 드럼의 수위 제어에서는 〈그림 6-44〉와 같이 3요소식 액위 제어 계통을 사용하여 추종하도록 하는 것이 좋다.

액위 조절에 사용하는 조작 밸브는 밸브의 차압이 크지도 않고 또 일정하지도 않으므로 대개는 등백분율(equal percent) 특성이 사용되고 있다.

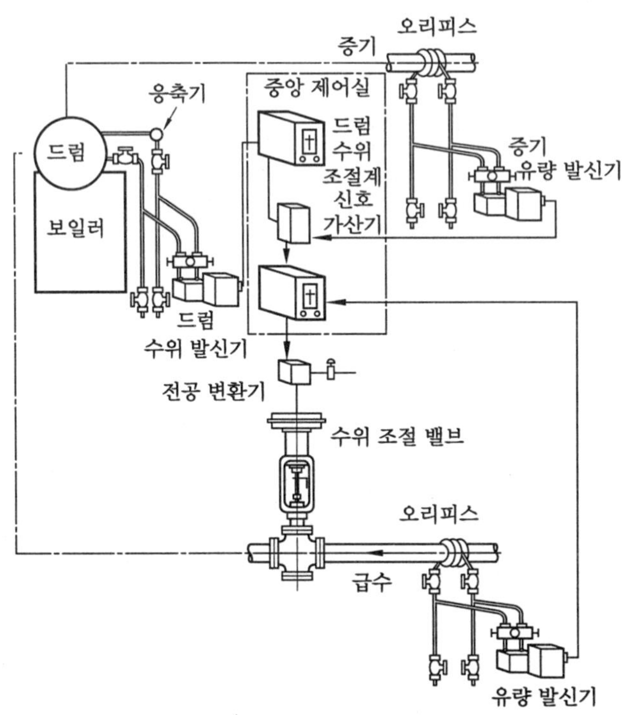

〈그림 6-44〉 보일러 드럼의 3요소식 레벨 제어 장치

5 성분 제어

플랜트의 출력은 (양)×(품질)에 의해서 평가된다. 이러한 품질에 직접 관련되는 것이 성분 제어이다. 성분 제어는 다음과 같이 두 가지로 대별된다.

① 중간 프로세스의 성분 제어

② **종점 성분 제어(종점 품질 제어)** : 종점 성분 제어는 제품의 제조 공정 최종점의 성분을 측정해서 제품의 성분이 소정값으로 되도록 제어하는 것이다. 그러나 일반적으로 종점 제어만으로는 잘 되지 않기 때문에 중간 공정이나 중간 생성물의 성분을 소정값으로 눌러 놓아야 할 경우가 많다. 이것이 중간 프로세스의 성분 제어이다.

제어면에서 볼 때 성분 제어의 특징은 다음과 같다.

- 무용 시간, 시정수가 대단히 크고, 특히 무용 시간은 반응이나 제품 유량에 의한 이송 시간에 따라 변화하는 경우가 많다.
- 반응을 수반하는 경우에는 프로세스 특성이 비선형으로 되는 예가 많다.
- 촉매의 열화 등에 의해서 프로세스 특성이 경시 변화한다.
- 성분의 온라인 측정이 어려운 것이 많다.

단순히 획일적인 제어에서는 잘 되지 않아 각기 프로세스 특성에 맞추도록 하는 것이 필요하다.

최근에는 분석계의 개량이 진행되어 프로세스의 개량이나 해석이 진전되었으며, 성분 제어의 도입도 확대되어 성분 제어의 환경 조건도 점점 좋아지고 있다.

〈그림 6-45〉는 성분 제어 루프의 구성 예로서 기본형 pH 제어를 나타낸 것이다. 처리액이 목표 pH로 되도록 pH계로 처리액의 pH값 X_0를 측정하고, 이것을 pH 조절기에 넣어서 목표 pH값 X_S와 비교하여 그 제어 편차가 0이 되도록 pH 조정액(산 또는 알칼리)의 유량은 조절 밸브로 조정한다.

pH 중화 제어의 경우에는, 중화점(pH=7)의 근처에서 프로세스 이득이 대단히 커 제어 편차의 증대와 함께 프로세스 이득이 급격히 저하하는 특성을 갖고 있으므로, 제어 알고리즘 (algorism)은 근사적으로 역특성을 갖는 편차 제곱형 PID(비례-적분-미분) 또는 갭(gap) 제어를 이용한다.

또 프로세스의 응답 특성에 따라 샘플 제어, 가변 샘플 제어를 조합해서 적용한다. 농도(성분) 제어계는 큰 이송 시간, 연속적 제어에서는 무리가 있기 때문에 샘플값 제어(wait and see control)를 적용한다. 그러나 원료 유량이 변화하는 경우에는 첨가액 주입점에서 성분계 까지의 유체 이송 시간이 변화하므로 총 이송 시간이 변화한다. 이 때문에 대기 시간을 원료 유량에 합해서 가변해야 한다.

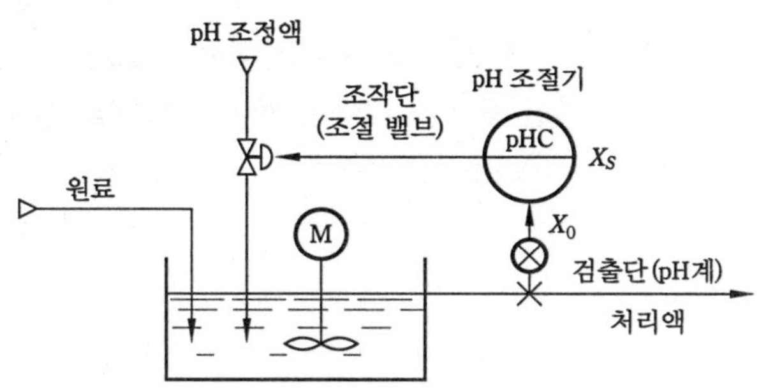

〈그림 6-45〉 기본형 pH 제어

〈그림 6-46〉은 가변 샘플 주기 제어를 나타낸 것이다.

q_i : 원료 유량, V_o : 약주점에서 프로세스 변수 검출점까지의 탱크, 배관 등의 용적, T : 성분계의 이송 시간과 시정수, T_D : 이송 시간, T_S : 제어 주기, q : 첨가액 유량이라고 하면, 용적 $V_o = \int (q_i + q) dt$이다.

즉, $(q_i + q)$를 적분하여 V_o와 같을 때까지의 이송 시간 T_o를 구한 다음 리셋하여 이 동작을 반복한다. 이것에 의해 제어 주기 T_S는 다음과 같다.

$$T_S = T_D + T$$

이 T_S를 써서 샘플링 제어를 행하며, 이 제어 주기 T_S마다 성분 조절기를 동작시켜 주입 비율을 보정 조정한다.

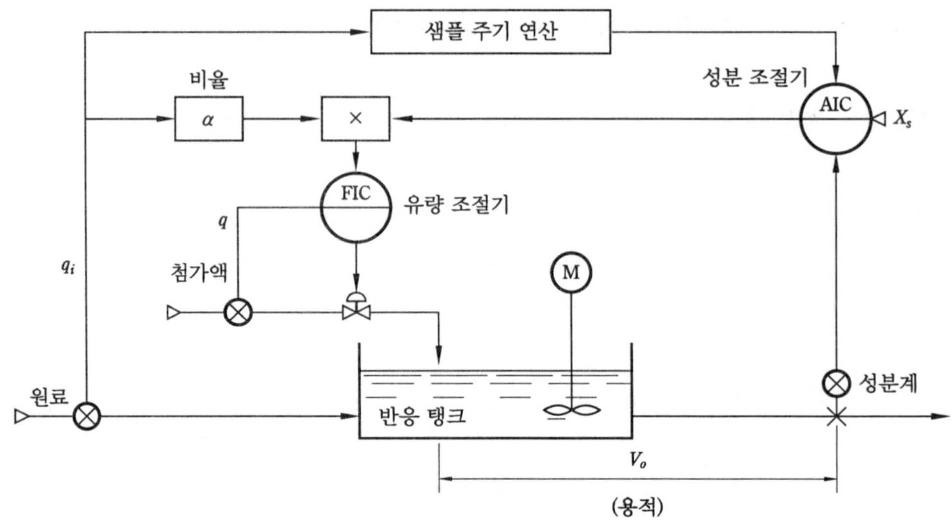

〈그림 6-46〉 가변 샘플 주기 제어

5. 조절계의 제어 동작

제어기의 설계는 주어진 설계 사양에 맞추어 설계되어야 한다. 설계 사양은 계단 입력에 대한 상승 시간, 오버슈트, 정상 상태 오차 등이 고려되고, 외란(disturbance) 등의 외부 요인도 함께 고려한다. 또한 시스템의 원활한 동작을 위하여 제어기가 가질 수 있는 이득 여유(gain margin)와 위상 여유(phase margin) 등도 고려한다.

1 단일 루프 제어계

【1】 ON-OFF 제어

제어기의 가장 간단한 형태로 두 위치나 두 개의 동작 상태만을 가지며, 2 위치 제어기로도 한다. 예를 들어 열교환기의 온도 제어를 가정하면, 〈그림 6-48〉의 (a)에서와 같이 기준값을 100℃라고 할 때 온도 센서에 의한 측정값이 100℃보다 낮으면 밸브를 개방하고, 100℃보다 높은 경우에는 밸브를 폐쇄하도록 한다. 측정 온도의 응답은 그림 (b)에 나타냈으며, 이때 온도에 따른 밸브의 개방은 그림 (c)와 같다. 일반적으로 온도 제어의 경우 기준값에 대한 온도 측정의 결과로 밸브의 개폐가

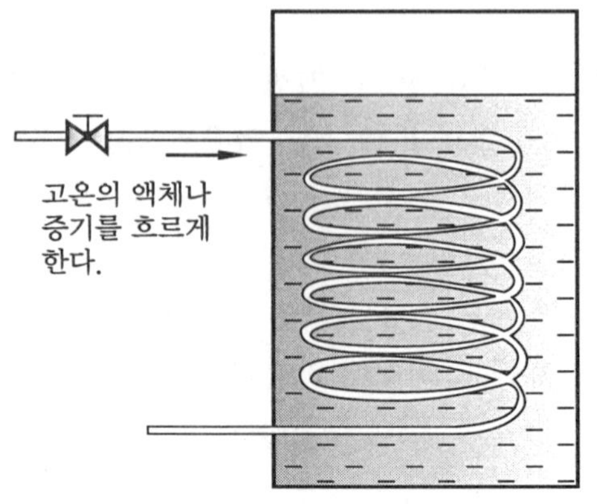

〈그림 6-47〉 열교환기

빈번하게 발생하므로 불감대(dead zone)를 두어 너무 민감하게 동작하지 않도록 하고 있다.

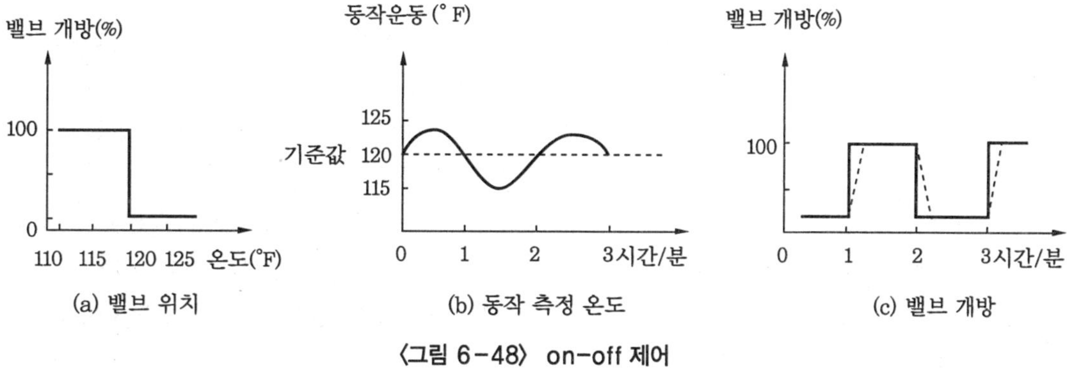

(a) 밸브 위치 (b) 동작 측정 온도 (c) 밸브 개방

〈그림 6-48〉 on-off 제어

〈그림 6-49〉의 (a)와 같이 편차의 극성에 따라 출력을 ON 또는 OFF하므로 2위치 조절계라고도 한다. ON 또는 OFF일 때의 조작량은 제어량을 목표값으로 유지하기 위해서 너무 크거나 너무 작기 때문에 진동(cycling)이 생긴다.

실제의 ON-OFF 조절계에서는 그림 (b)와 같이 동작 간격(hysteresis)을 가지고 있다. 동작 간격이 없으면 조절계는 목표값의 부근에서 빈번하게 ON-OFF를 반복하여 ON-OFF 기구의 수명이 짧아진다.

바이메탈 온도 조절기(bimetallic thermostat)와 같이 어느 정도의 동작 간격을 원래 가지고 있는 것도 있고 ON-OFF 조절계와 같이 동작 간격을 일부러 설치하는 것도 있다. 동작 간격이 있으면 사이클링의 주기는 길어지는데 일반적으로 진폭도 커진다.

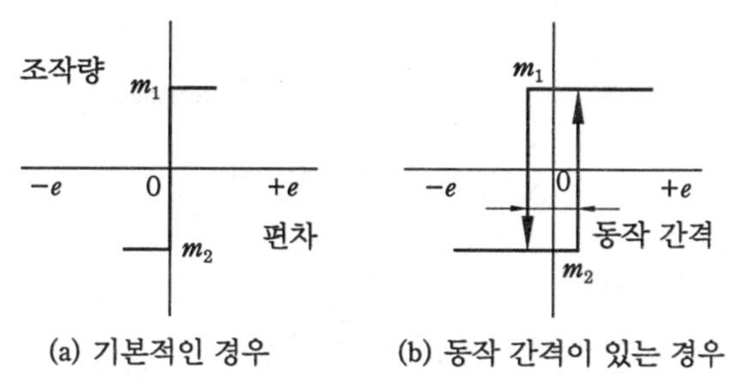

(a) 기본적인 경우 (b) 동작 간격이 있는 경우

〈그림 6-49〉 ON-OFF 조절계

또한 ON-OFF 제어계에서 ON일 때와 OFF일 때 중간의 조작량으로 제어량이 목표값에 일치되지 않으면 평균값이 목표값에서 벗어나 잔류편차(offset)가 생긴다. 프로세스가 큰 하나의 시정수를 가지고 다른 시정수가 불감 시간의 존재가 문제되지 않을 때에는 ON-OFF 조절계로도 상당히 좋은 제어가 가능하다. 항온조, 전기 가마 등에 이용되는 항온기는 이 동작의 대표적인 예이며 정밀도가 매우 높은 공정 제어에는 사용이 곤란하다.

[2] 비례 제어

입력에 비례하는 크기의 출력을 내는 제어 동작을 비례 동작(proportional action) 또는 P

동작이라고 한다. 비례 동작의 기본식은 다음과 같다.

$$Y(s) = KcX(s)$$

여기서, Kc는 비례 게인이다. 실제의 조절계에서는 비례 게인 대신 비례대(PB: proportional band)가 사용되며 비례대 PB는 $PB = (1/Kc) \times 100[\%]$이다.

비례 제어(proportional control)는 on-off 제어와는 달리 연속 가변 위치를 갖는다. 이러한 위치는 오차 신호에 비례하여 주어진다. 비례 제어형 온도 제어 시스템을 〈그림 6-50〉의 (a)에 나타내었다. 온도 기준량이 100℃라고 가정한다. 그림 (b)는 밸브 개방 백분율과 오차 신호 사이의 비례 관계이다. 만약 측정 온도가 100℃보다 낮으면, 기준량과 차이가 나는 만큼 밸브의 개방되는 비율은 높아질 것이고, 측정 온도가 100℃보다 높으면 밸브 개방 비율이 낮아져 유입되는 양을 줄이게 된다.

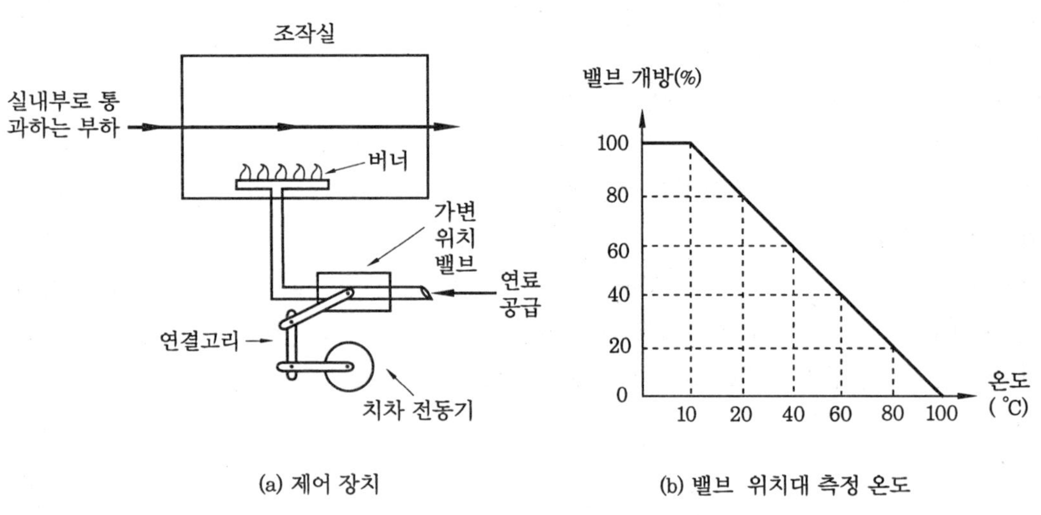

(a) 제어 장치   (b) 밸브 위치대 측정 온도

〈그림 6-50〉 비례 제어

비례 제어가 on-off 제어에 비해 가지는 장점은 기준값 부근에서 발생하는 오차로 인해 발생하는 상진동(constant vibration)을 크게 줄일 수 있다는 점이다. 이에 따라 더욱 정확한 온도 제어가 가능해진다.

비례대란 출력이 유효 변화 폭의 0~100% 변화하는 데 요하는 입력 변화 폭을 퍼센트(percent)로 표시한 것이다.

비례 동작의 과도 응답, 주파수 응답은 〈표 6-2〉의 (a)와 같으며 가변 게인의 비례 요소이다. 비례 제어에서 조절계의 출력값은 제어 편차에 대응하여 특정한 값을 취하므로 편차 0일 때의 출력값에 상당하는 조작량에

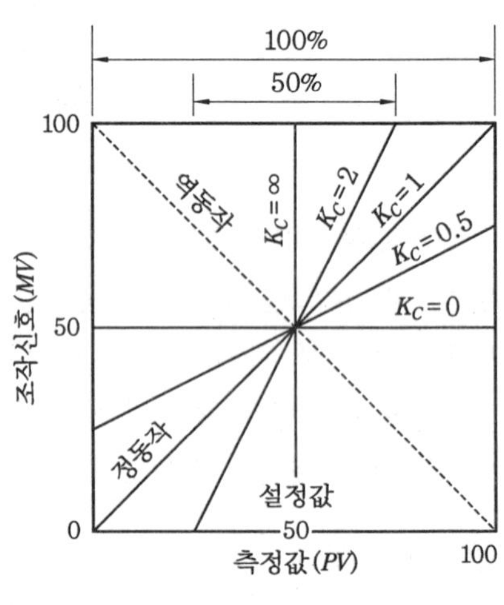

〈그림 6-51〉 비례대

의하여 제어량이 목표값에 일치되지 않는 한 잔류 편차가 발생한다.

그러므로 위의 비례 동작의 기본식에 바이어스 M을 부가하면 $Y(s)=K_C X(s)+M$이다. 이 바이어스를 가변으로 하면 조절계에 출력을 제어 편차에 관계없이 변화시킬 수 있으므로 수동으로써 제어량을 목표값으로 리셋(reset)할 수가 있다. 이것을 수동 복귀(manual reset)라고 하며 보통 비례 조절계에 비치되어 있다.

【3】 적분 제어

① **적분 요소** : 시간에 따라 누적되는 양을 나타내기 위한 것이 적분 요소이다. 입력 신호 $x(t)$와 출력 신호 $y(t)$의 관계는 $y(t)=\int Kx(t)dt$로 표현된다. 적분항 $\int dt$를 적분을 나타내는 라플라스 연산자 $\dfrac{1}{s}$로 하면 전달 함수는 다음과 같다.

$$G(s)=\frac{Y(s)}{X(s)}=\frac{K}{s}$$

〈그림 6-52〉는 적분 요소의 예를 나타냈으며 유압 실린더 장치, 서보 모터의 입력의 인가 전압에 대한 축의 회전각, 수위계 등이 해당된다.

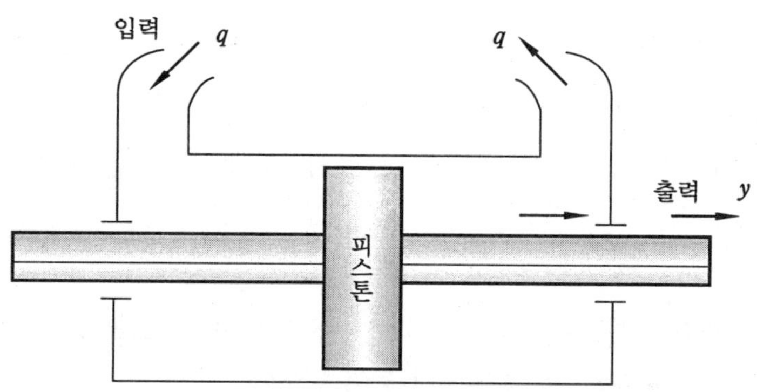

〈그림 6-52〉 적분 요소의 예(유압 실린더)

적분 요소의 블록 선도와 단위계단파 입력을 인가하였을 때의 출력을 나타내면 〈그림 6-53〉과 같다.

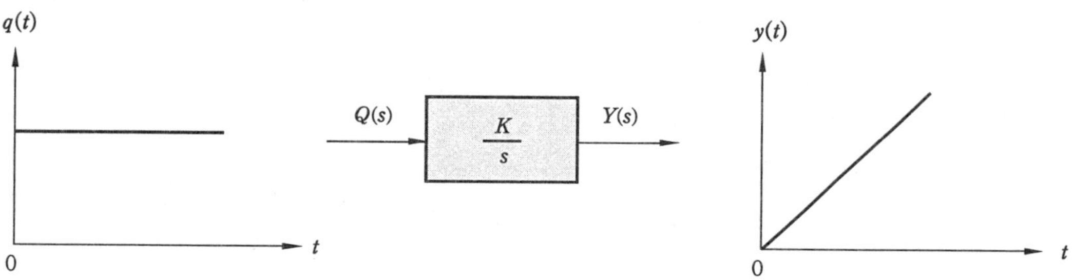

〈그림 6-53〉 적분 요소의 블록 선도와 단위계단파 응답

② **적분 제어 동작** : 적분 제어의 동작을 I 동작 또는 리셋 동작(reset action)이라고도 하며 입력 $X(s)$에 비례하고 적분 시간에 반비례하는 크기의 출력 $Y(s)$를 낸다.

$$Y(s) = \frac{1}{T_i} X(s)$$

여기서, T_i는 적분 시간이다.

편차가 없어질 때까지 출력은 증가 또는 감소를 계속하므로 비례 제어에서 생기는 잔류 편차를 제거할 수 있으며 리셋 동작이라고 하는 명칭의 연유가 여기에 있다.

I 동작의 강도는 적분 시간으로 표시되며 적분 시간이 짧을수록 I 동작은 강해진다. 단위는 보통 분[min] 또는 초[s]가 사용된다. I 동작의 과도 응답, 주파수 응답은 〈표 6-2〉의 (e)와 같다. $\omega = 0$에서는 이론상 게인은 ∞가 된다. 비례 제어로 높이면 잔류 편차는 감소되는 동시에 전주파수 대역에서 불안정하게 된다. 따라서 I 동작은 저주파수 대역에서만 게인을 높임으로써 잔류 편차를 제거할 수 있다.

【4】 미분 제어

① **미분 요소** : 입력 신호와 출력 신호의 비가 시간의 변화율에 따라 변화하는 것을 미분 요소라 한다. 입력 신호 $x(t)$와 출력 신호 $y(t)$의 관계는 $y(t) = K \dfrac{dx(t)}{dt}$로 표현된다. 미분항 $\dfrac{d}{dt}$를 미분을 나타내는 라플라스 연산자 s로 표시하면 전달 함수는 다음과 같다.

$$G(s) = \frac{Y(s)}{X(s)} = Ks$$

미분 요소는 속도의 변화를 측정하기 위하여 사용하며 근사값으로 표시된다. 미분 요소에는 인덕턴스 회로, 미분 회로, 태코 발전기 등이 있으며, 〈그림 6-54〉에 미분 요소의 예로 RC 회로를 나타내었다.

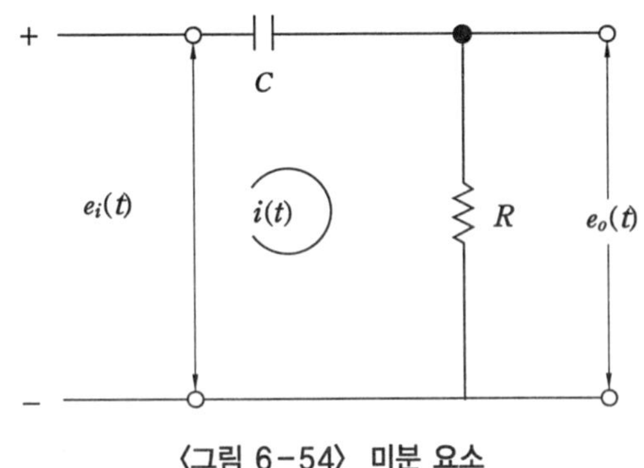

〈그림 6-54〉 미분 요소

〈그림 6-55〉는 미분 요소의 블록 선도와 램프 입력을 인가하였을 때의 출력이다.

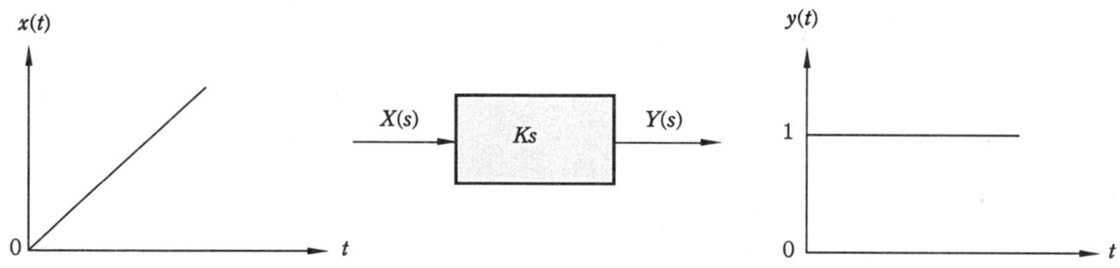

〈그림 6-55〉 미분 요소의 블록 선도와 램프 응답

② **미분 동작** : 미분 동작은 D 동작 또는 레이트 동작(rate action)이라고 하며 입력 $X(s)$의 미분 시간(입력의 변화율, 즉 레이트)에 비례하는 크기의 출력 $Y(s)$를 낸다.

$$Y(s) = T_D s\, X(s)$$

여기서, T_D는 미분 시간이다.

미분 동작은 입력의 변화 속도에 비례하는 출력을 내는 동작이므로 단독으로 사용할 수 없으며 반드시 P 동작 또는 PI 동작과 함께 사용된다.

【5】 비례 적분 제어

위상 지연은 전주파수 대역에서 90°가 되므로 제어의 안정상 좋지 않다. 그러므로 보통은 비례 동작과 함께 구성한 PI 동작으로서 사용된다.

$$Y(s) = K_C(1 + \frac{1}{T_i s})X(s)$$

〈그림 6-56〉의 PI 동작의 스텝 응답과 보드 선도 중 그림 (a)에서 P동작에만 의존하는 출력과 I 동작에만 의존하는 출력이 같아질 때까지의 시간이 적분 시간이다. 그림 (b)에서 $\omega = \dfrac{1}{T_i}$로서 위상 지연은 45°로 감소하고, 또한 주파수가 상승함에 따라 0에 가까워진다는 것을 알 수 있다.

PI 동작은 제어량을 언제나 목표값에 가깝게 유지할 수 있는 장점이 있는 반면 I 동작은 등

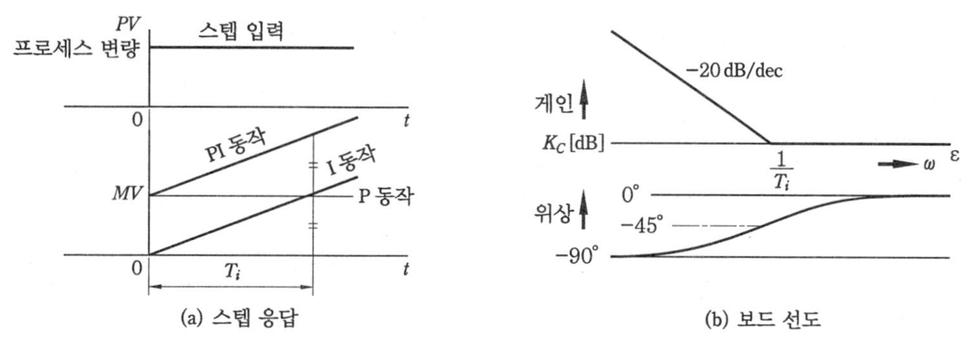

(a) 스텝 응답　　　　(b) 보드 선도

〈그림 6-56〉 PI 제어

가적으로 지연되므로 시스템을 진동적으로 만들기 쉽다. 특히 전달 지연이 큰 프로세스나 불감 시간이 있는 경우는 안정성이 나쁘게 되므로 적분 시간 T_i를 너무 작게 할 수 없고, 또한 크게 하면 응답이 늦어진다.

【6】 비례 미분 제어

램프 응답에서 비례에 의한 출력과 미분에 의한 출력이 같아질 때까지의 시간이 미분 시간이며 미분 시간이 길수록 D 동작은 강해진다. 단위는 보통 분(min) 또는 초(s)가 사용된다.

$\omega = \dfrac{1}{T_D}$ 에서 위상은 45° 앞서고 주파수가 올라가는 것과 함께 90°까지 앞선다. 이에 의하여 프로세스의 위상 지연을 보상하고 따라서 제어의 안정성을 증가시킬 수가 있다. 한편 절 점 주파수를 초과하면 게인은 20[dB/dec]의 점근선에 따라 상승한다. 이로 인하여 약간의 설정값 변경, 측정값 변화나 잡음에 대해서 출력이 크게 변하여 좋지 않다.

실제의 조절계에서는 미분에 1차 지연계를 가한 불완전 미분이 사용된다. 미분항만을 추출하면 다음과 같다.

$$Y(s) = \frac{T_D s}{1 + T_d s} X(s)$$

여기서, 1차 지연의 시정수 T_D를 미분 시정수, $\dfrac{T_D}{T_d}$를 미분 진폭이라고 하며 미분 진폭으로서는 보통 10 전후의 값이 선정된다.

스텝 응답에서 입력 스텝 신호의 진폭과 D 동작에 의하여 얻어지는 최대 진폭과의 비가 미분 진폭이고 응답 곡선이 표시하는 시정수가 미분 시정수이다.

또한 보드 선도와 같이 위상은 90°까지 앞서지는 않으나 게인은 미분 진폭비로 최대가 된다.

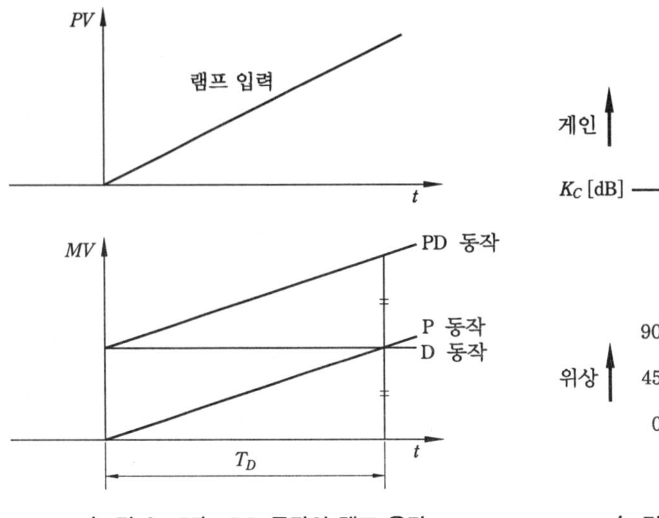

〈그림 6-57〉 PD 동작의 램프 응답

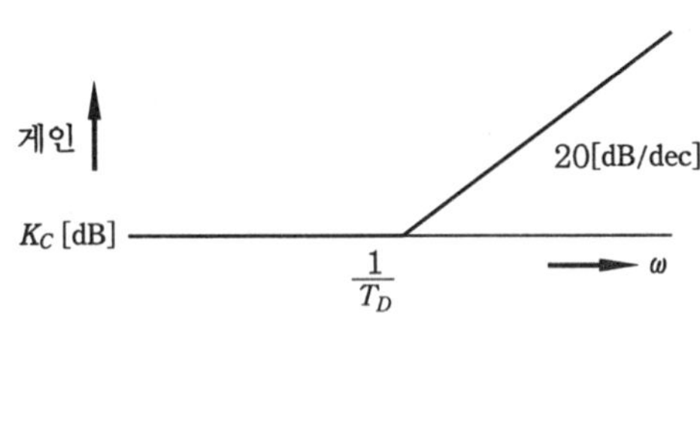

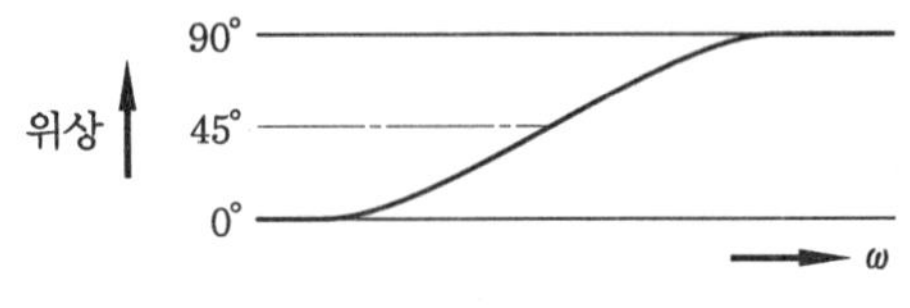

〈그림 6-58〉 PD 동작의 보드 선도

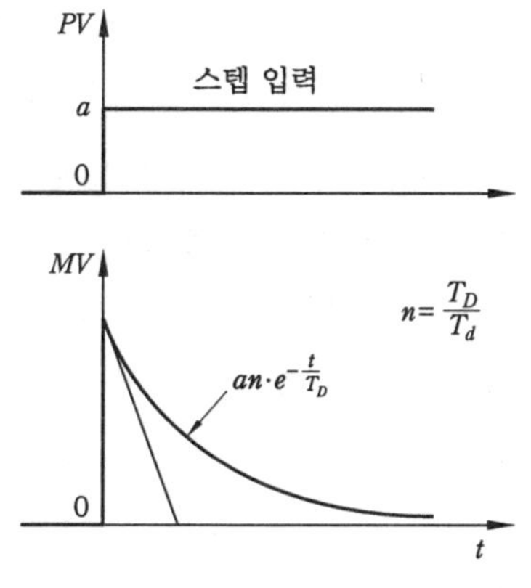

〈그림 6-59〉 불완전 미분의 스텝 응답

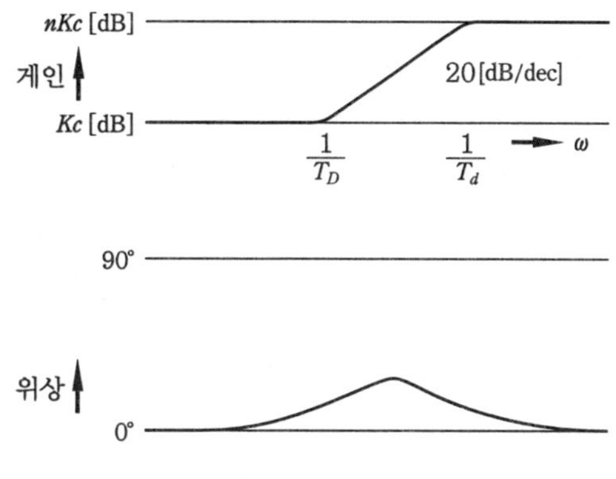

〈그림 6-60〉 비례+불완전 미분의 보드 선도

지금까지 $X(s)$로서 암묵 중에 제어 편차를 상정하고 있었는데 입력 신호에 측정값(PV)을 가하는 것이 있으며 이것을 미분 선행이라고 한다.

미분 선행형은 외란에 대해서는 편차 미분형과 마찬가지로 동작하는 한편 설정값(SV) 변경에 대해서는 출력이 급변하지 않고 설정값 변경이 용이하다. 미분 선행형 PID의 블록 선도는 〈그림 6-61〉과 같다.

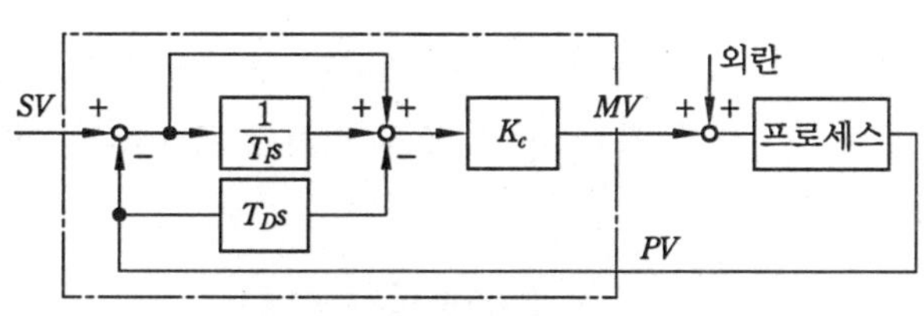

〈그림 6-61〉 미분 선행 블록 선도

또한 디지털 조절계에서는 미분항 뿐만 아니라 비례항도 측정값에 작용하는 알고리즘이나 그들의 효과도 조절할 수 있는 2자유도 PID가 채용되며 설정값 변경에 대해서는 제어 모드 (auto 또는 cascade)에 맞추어 최적의 알고리즘을 선정할 수 있게 되었다.

[7] 비례 적분 미분 제어

비례, 적분, 미분의 3동작을 합성한 것이 PID 동작이다. PID 동작의 기본식은 다음과 같다.

$$Y(s) = K_C(1 + \frac{1}{T_I s} + \frac{T_D s}{1 + T_d s})X(s)$$

〈그림 6-62〉는 PID 조절계의 스텝 응답을 나타낸 것이다.

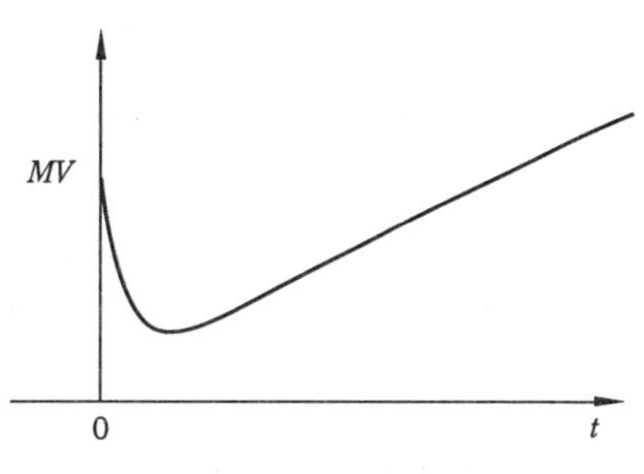

〈그림 6-62〉 PID 조절계의 스텝 응답

[8] PID 제어기

PID 제어기는 광범위한 동작 조건에서 양호한 성능을 얻을 수 있어 대부분의 제어기 설계에 적용하고 있다. PID 제어기는 비례(P, proportional), 적분(I, integral), 미분(D, differential) 요소가 단독으로 또는 혼합되어 적용되며, 이러한 조합은 설계 사양에 따라 달라진다.

〈그림 6-63〉은 이러한 PID 제어 시스템을 제어 대상의 입출력 특성을 나타내는 전달 함수 $G(s)$와 PID 제어기 $K(s)$로 표시한 블록 선도이다. 여기서, $H(s)$는 출력을 감지하여 입력으로 궤환시키는 센서의 특성을 보여준다.

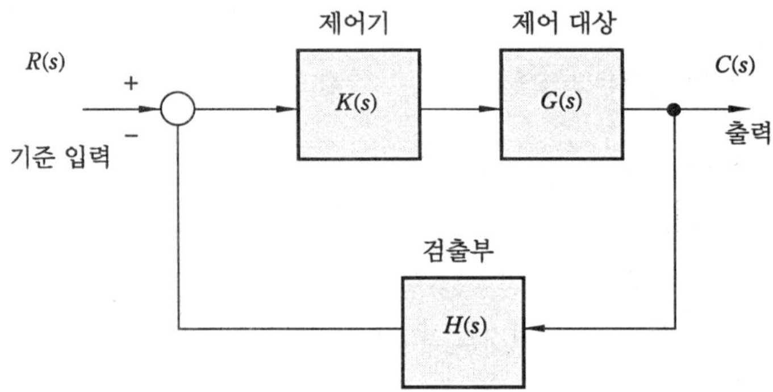

〈그림 6-63〉 PID 제어기 블록 선도

① **비례(P) 제어기** : 제어기의 형태가 비례 제어기로만 구성되어 있는 경우, 제어기는 상승 시간을 줄이고 오버슈트를 크게 하며 정상 상태 오차를 줄여주는 역할을 수행한다. 제어 기의 구성은 다음과 같다.

$$K(s) = K_P$$

② **비례 적분(PI) 제어기** : 비례 적분 제어기는 상승시간을 감소시키며 오버슈트와 정착 시간을 증가시키고 정상 상태 오차를 제거해 주는 효과를 갖는다. 제어기의 구성은 다음과 같다.

$$K(s) = K_P + \frac{K_I}{s}$$

③ **비례 미분(PD) 제어기** : 비례 미분 제어기는 오버슈트와 정착 시간을 줄이는 효과를 갖는 다. 제어기의 구성은 다음과 같다.

$$K(s) = K_P + K_D s$$

④ **비례 적분 미분(PID) 제어기** : 비례 적분 미분 제어기는 비례 적분 제어기와 비례 미분 제 어기를 혼합한 형태로 안정도를 향상시키고 정상 상태 오차를 줄여주는 효과를 갖는다. 제어기의 구성은 다음과 같다.

$$K(s) = K_P + \frac{K_I}{s} + K_D s$$

이제 제어 대상이 다음과 같은 전달 함수를 갖는 2차 지연 요소라 가정한다.

$$G(s) = \frac{1}{s^2 + 10s + 20}$$

제어 대상에 대하여 위에서 설명한 여러 가지 형태의 제어기를 적용하였을 때의 단위계단파 응답을 〈그림 6-64〉에 나타내었다. 단위계단파 응답 특성에서 보는 것과 같이 PID 제어기는 특정한 시스템의 설계 사양에 따라 선택되어야 하고 각각의 계수들은 시스템에 따라 적절한 값으로 조정하여야 한다.

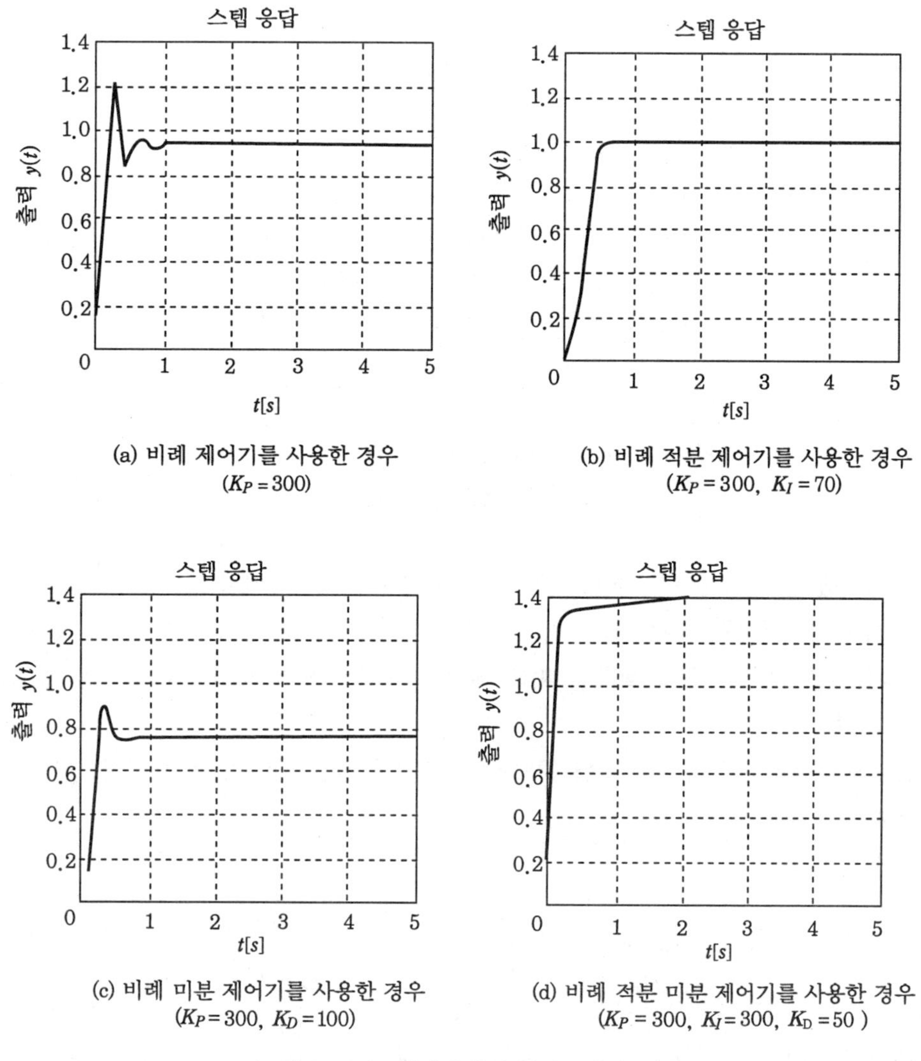

(a) 비례 제어기를 사용한 경우
($K_P = 300$)

(b) 비례 적분 제어기를 사용한 경우
($K_P = 300,\ K_I = 70$)

(c) 비례 미분 제어기를 사용한 경우
($K_P = 300,\ K_D = 100$)

(d) 비례 적분 미분 제어기를 사용한 경우
($K_P = 300,\ K_I = 300,\ K_D = 50$)

〈그림 6-64〉 제어기 형태에 따른 응답 특성

② 복합 루프 제어계

피드백 제어계에서 하나의 제어 장치(1차 조절계)의 출력 신호에 의하여 다른 제어 장치(2차 조절계)의 목표값을 변화시켜 실시하는 제어를 캐스케이드 제어(cascade control)라고 한다.

【1】 캐스케이드 제어

〈그림 6-65〉는 가열로의 단일 루프 제어계와 캐스케이드 루프 제어계의 예를 나타낸 것이다.

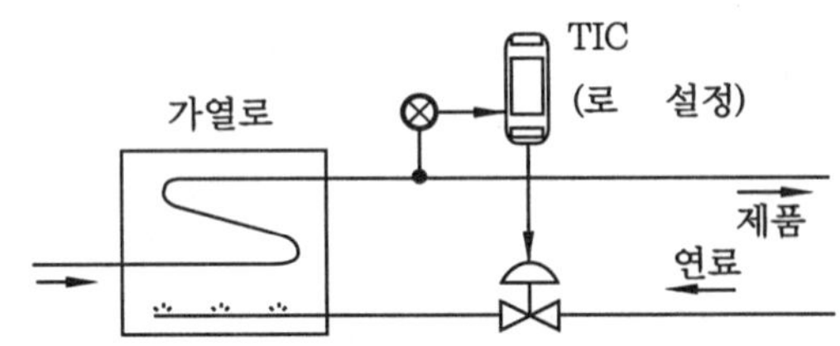

(a) 단일 루프 제어계

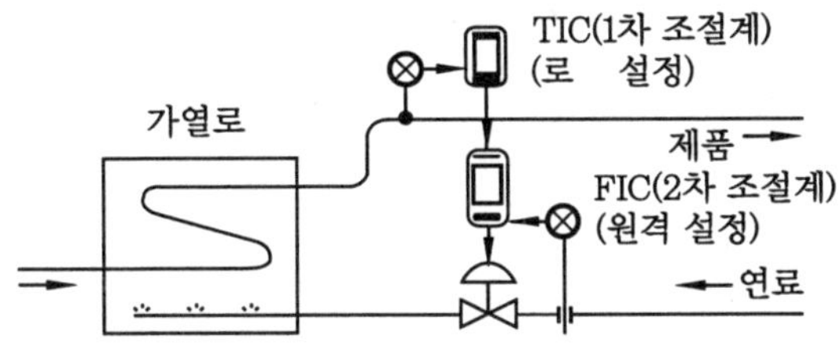

(b) 캐스케이드 루프 제어계

〈그림 6-65〉 가열로 제어계

〈그림 6-66〉은 캐스케이드 제어계의 블록 선도를 나타낸 것이고, 〈그림 6-67〉은 중합부의 캐스케이드 제어 예를 나타낸 것으로, 온도 · 유량 제어계만큼 1차와 2차의 사이에 고유 주기의 차가 없으므로 2차 조절계는 비례 제어를 주체로 해서 제어계의 응답을 될 수 있는 한 빨리 한다.

또 2차 제어계에 비선형이 있으면 1차 제어계의 1차 전달 함수의 게인이 변동하여 바람직하지 못하다.

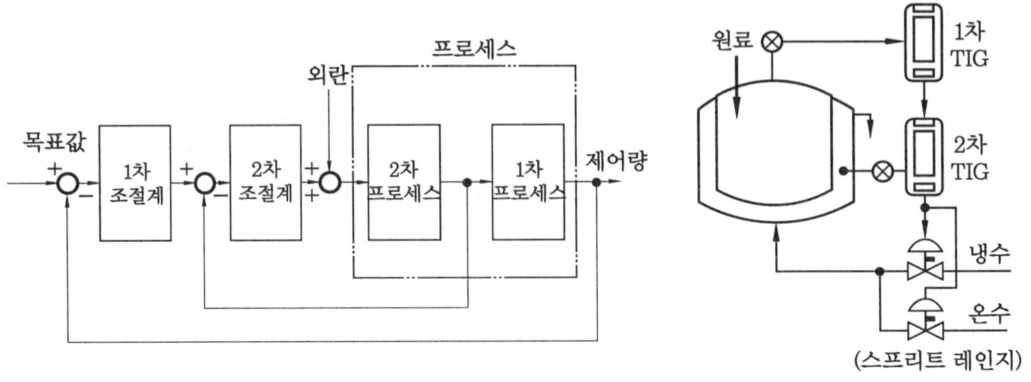

〈그림 6-66〉 캐스케이드 제어계의 블록 선도   〈그림 6-67〉 중합부의 케스케이드 제어

【2】 비율 제어

　2개 이상의 변량 사이에 어떤 비례 관계를 유지시키는 제어를 비율 제어라고 한다. 연소로의 공연비 제어 등 일반적으로 유량 사이의 비율을 제어하는 데 사용된다. 〈그림 6-68〉은 비율 제어의 기본 개념을 나타낸 것으로, 2개의 유량 비율을 제산기로 구하고 목표 비율을 설정한 조절계로 한쪽의 유량을 조작한다. 그러나 이 방법을 채용하면 루프 내에 제산기가 들어가기 때문에, 분자 측의 유량 라인에 조절 밸브를 넣으면 분모 측의 PV의 변화에 의해 루트 이득이 변화하고, 분모 측의 유량 라인에 조절 밸브를 넣으면 MV에 의하여 이득이 변하는 비선형계가 되므로 좋지 않다.

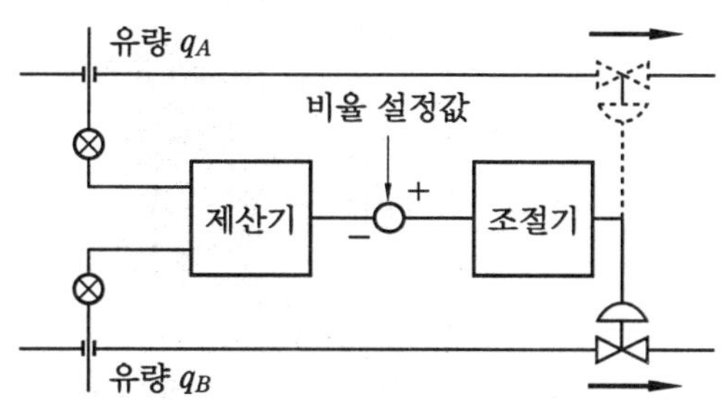

〈그림 6-68〉 비율 제어의 개념

　실제로는 직렬형과 같은 구성으로 한다. 즉, 비율 설정기에 의해 하나의 유량에 비율을 곱하고 또 한편의 유량을 제어하는 조절계의 설정값으로 한다.

　이 직렬 설정 방식에 대하여 병렬 설정 방식이 있으며, 직렬 방식에서 발생하는 피제어 측의 유량 추종 지연을 제거할 수가 있다. 비율 설정기의 설정 범위는 아날로그 계기에서는 0.3~3.0이다. 오리피스 등 제곱 특성을 가진 유량계를 사용할 때에는 설정 비율의 제곱이 실제의 비율이 되므로 눈금 범위는 0.6~1.7이 된다.

　〈그림 6-69〉는 비율 제어의 직렬형과 병렬형을 나타낸 것이다.

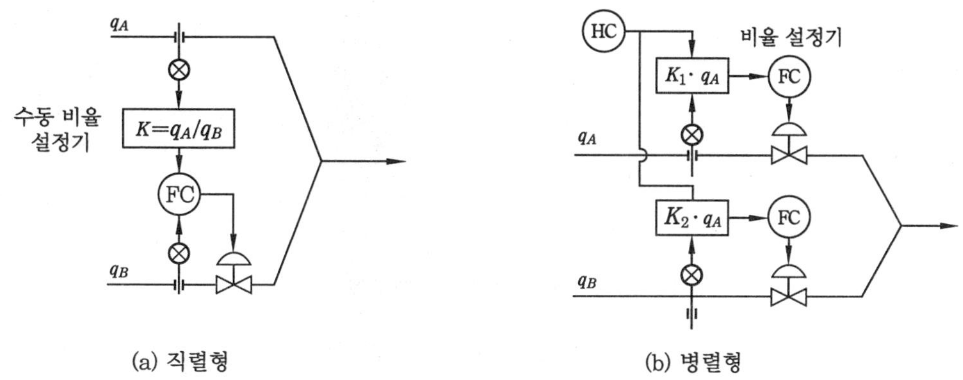

〈그림 6-69〉 비율 제어

마이크로프로세스를 사용한 비율 설정기에서는 설정 범위도 0.0~8.0으로 넓으며 또한 개평 연산 기능도 갖추고 있다. 즉, 설정하는 비율은 각 유량의 측정 범위를 0~100%로 했을 때의 비율로 실제 유량의 비율은 아니다.

마이크로프로세서를 사용한 비율 설정기 등 비율의 외부 설정이 가능한 것이 있다. 〈그림 6-70〉은 이 예를 든 것으로, 칼로리가 일정한 값이 되도록 설정기의 비율을 원격 설정하고 있다.

순시 유량의 비율 제어에 대하여 적산 유량의 비율 제어 방식이 있으며 혼합 제어 (blending control)라고 한다. PD 미터, 터빈 미터 등 펄스를 발신하는 정도가 좋은 유량계를 사용한다.

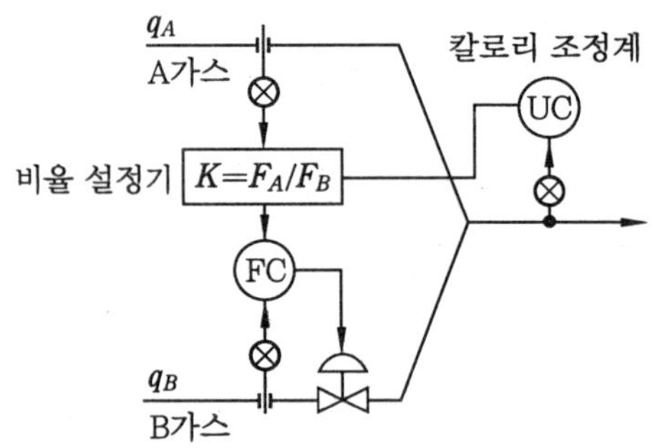

〈그림 6-70〉 비율의 외부 설정

[3] 선택 제어

선택 제어에는 측정값의 선택 제어와 하나의 조작량에 대해 제어량이 다른 2개의 조절계의 출력을 선택하여 제어하는 오버라이드 제어가 있다.

〈그림 6-71〉은 PV의 선택 제어의 예를 나타낸 것으로, 그림 (a)는 노의 보호, 그림 (b)는 분석계의 고장에 대한 용장화(冗長化)를 목적으로 하고 있다.(용장 : 글이나 말 따위가 쓸데없이 길다.)

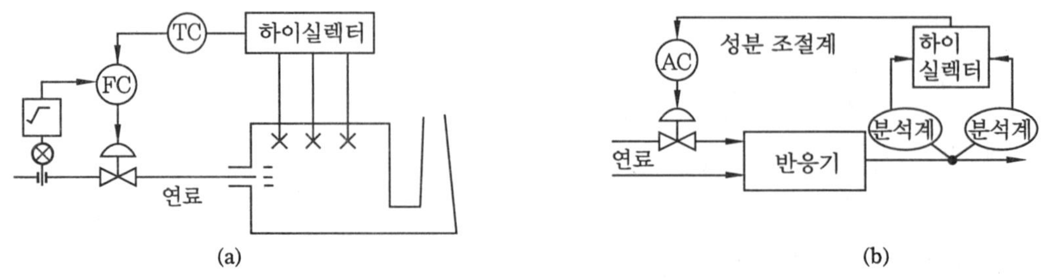

〈그림 6-71〉 측정값의 선택적 제어

〈그림 6-72〉의 (a)는 버퍼 탱크(buffer tank)의 오버라이드 제어의 예로서, 이 버퍼 탱크 제어의 목적은 탱크가 비지 않는 범위에서 다음 단 프로세스에의 피드량을 일정값으로 유지

하는 것이다. 액위가 설정값 이상인 경우에는 유량 제어가 선택되고 피드량을 일정값으로 유지하지만, 액위가 설정값에 달하면 액위 제어계가 선택되어서 액위가 설정값보다 내려가지 않도록 제어한다.

그림 (b)는 제어 결과를 나타낸 것이다. 이 예로 조절 밸브에 역동작(air to open)의 것을 사용하면 유량 조절계는 역동작, 액위 조절계는 정동작으로 되고 실렉터(selector)는 로어 실렉터가 된다. 이와는 반대로 조절 밸브가 정동작일 때에는 하이 실렉터이다.

선택되지 않은 제어 루프에는 당연히 편차가 있으며, PI 조절계의 적분 동작에 의하여 리셋 와인드 업(reset wind up)이 생긴다.

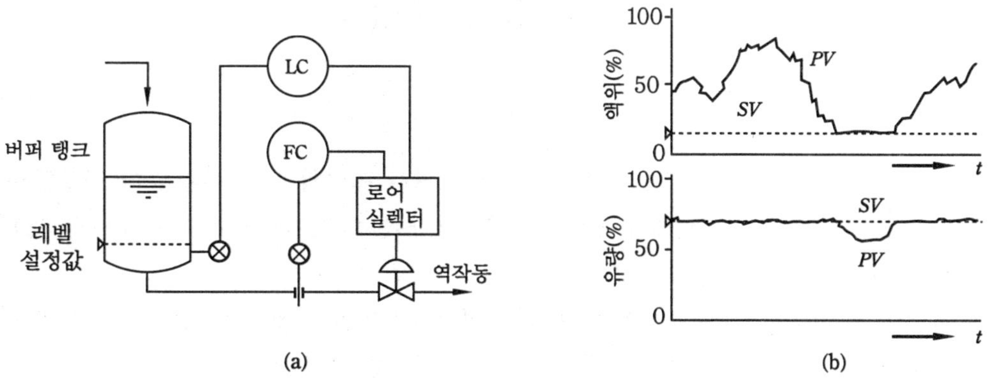

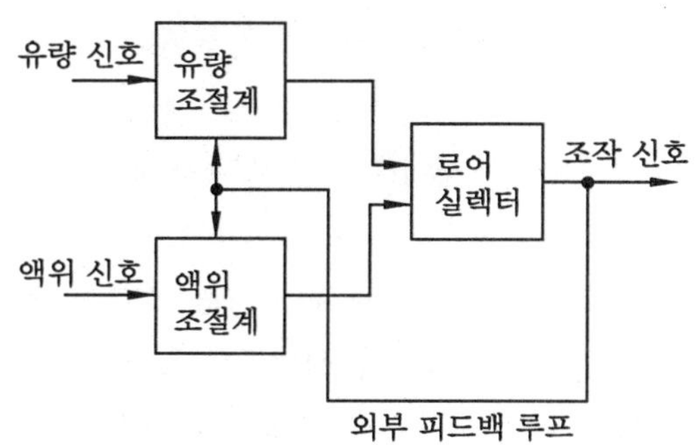

〈그림 6-72〉 버퍼 탱크의 오버라이드 제어와 결과

이것을 피하기 위해 〈그림 6-73〉과 같은 외부 피드백형의 조절계가 사용된다.

〈그림 6-73〉 외부 피드백

① 선택된 조절계

$$Y_F(s) = -K_C\left(1 + \frac{1}{T_{IS}}\right)X_F(s)$$

② 선택되지 않은 조절계

$$Y_L(s) = K_C X_L(s) + Y_F(s)$$

여기서, 유량 조절계가 선택되었다고 가정하면 정동작의 액위 조절계에는 $(+)$의 편차 $(SV < PV)$가 발생하므로 $Y_L(s) > Y_F(s)$이다. 유입량이 감소되고 액위가 설정값에 도달하면 액위 조절계의 편차도 0이 되며 $Y_L(s) - Y_F(s)$가 된다. 이어서 액위가 설정값보다 내려가면 편차의 극성이 반전하여 $Y_L(s) < Y_F(s)$가 되는 동시에 액위 조절계가 가치 없는 프레스(bum press)로 전환된다.

6. 시퀀스 제어

1 개 요

시퀀스 제어는 KS에 의하면 '미리 정해진 순서에 따라 제어의 각 단계를 순차 진행하는 제어' 라고 정의하고 있다. 여기에 해당하는 우리 주변의 시퀀스 제어에는 전자동 세탁기, 엘리베이터 등이 있다.

프로세스 제어에서는 중합부, 결정부 등 배치 프로세스에서도 셧 업(shut up)이나 셧 다운(shut down)일 때는 수동 · 자동을 막론하고 시퀀스 제어를 해야 한다.

2 시퀀스 제어의 종류

시퀀스 제어(sequence control)는 다음의 2가지로 분류된다.

① 프로그램 제어 (공정형)

미리 정해진 프로그램(공정)에 따라 제어를 진행해 나간다.

② 조건 제어 (감시형)

내부 · 외부 상태를 감시하고, 그 조건에 따라 제어를 행한다. 프로그램 제어의 예로서는 전자동 세탁기를 들 수 있다. 세탁물 · 세제를 세탁조에 넣은 다음 수도꼭지를 열고 기동 버튼을 누르면 급수－세탁－헹굼－탈수와 수위 신호나 타이머, 카운터로부터의 신호와 함께 미리 설정된 프로그램에 따라 전처리가 진행되어 끝으로 차임(chime)을 울려서 종료된다.

조건 제어의 예로서는 엘리베이터가 여기에 해당한다. 외부의 상태에는 호출, 행선지 지정 등이 있으며, 내부의 상태에는 케이지(cage)의 상태, 즉 현재의 계수, 정지, 운전, 승객의 유무 등이 있다. 또 엘리베이터 복수대가 있을 경우에는 다른 케이지의 상태도 조건의 하나가 되어 이들의 조건에 따라 운전이 진행된다.

프로세스 제어에 있어서 시퀀스 제어는 프로그램 제어와 조건 제어가 혼재되어 있는 경우도 많다.

3 시퀀스 제어의 기술 방식

【1】 시퀀스 제어 동작

시퀀스 제어의 동작을 기술하는 방식에는 여러 가지가 있으며, 다음과 같은 것이 사용되고 있다.

① 릴레이 회로(relay circuit)

시퀀스 제어 회로는 오래 전부터 릴레이, 타이머 등을 사용해서 실현되어 왔으므로 그 릴레이 회로도가 기술 형식으로서 사용되고 있다.

② 논리 회로(logic circuit)

논리 기호를 사용해서 기술한 것으로, 회로의 기호는 KS 등에서 규정된 것이 사용되고 있다.

③ 플로 차트(flow chart)

컴퓨터 프로그램 작성과 같이 플로 차트를 사용해서 기술한 방식이다.

④ 타임 차트(time chart)

시간의 추이에 따라 시퀀스 제어기 사이의 상호 동작을 그림으로 나타내는 방식이다.

⑤ 디시전 테이블(decision table)

조건과 그에 대응하는 조작을 테이블 상에 매트릭스형으로 표시하는 방식이다.

⑥ 동작 선도(motion diagram)

스텝의 진행에 따라 시퀀스 제어기의 동작 상태를 그림으로 나타내는 방식이다.

이와 같이 여러 가지의 기술 방식이 있으며, 각각의 방식은 서로 다른 장점과 단점을 가지고 있다. 일반적으로 말하면, 프로그램 제어에는 플로 차트 방식이나 타임 차트 방식, 조건 제어에는 릴레이 회로나 논리 회로가 적합하다.

디시전 테이블은 양쪽으로 사용할 수 있으며 실용상 사용하는 시퀀스 제어 기기의 프로그램 방식에 따라 각각의 기술 방식을 채용하는 것이 보통이다.

【2】 냉각 공정

〈그림 6-74〉는 간단한 냉각 공정의 시퀀스 제어의 예를 나타낸 것으로, 여기에 릴레이 회로도, 플로 차트 및 디시전 테이블에 의한 각각의 기술 방식을 설명한다.

냉각 공정은 다음과 같다.

① **시퀀스 제어의 개시** : 탱크 내에 액체가 들어가지 않을 때, 즉 액면 하한 스위치 LA_2가 ON이 되었을 때 개시 누름 버튼 PB_1을 누르면 시퀀스 제어가 시작된다.

② **액 유입 조작** : 전자 밸브 V_3이 닫혀 있는 것을 확인한 뒤 전자 밸브 V_1을 열어서 액면 상한 스위치 LA_1이 ON이 될 때까지 전 공정에서의 액을 탱크에 받아들이고 전자 밸브 V_1을 닫는다. 전자 밸브 V_3이 열려 있을 경우에는 닫는 조작을 한 후에 전자 밸브 V_3의 확인을 하고 액 유입 조작을 행한다.

③ **냉각 조작** : 액 유입 조작의 종료 후에 전자 밸브 V_2를 열고 온도 하한 스위치 TA가 ON 이 될 때까지 냉각한 다음 전자 밸브 V_2를 닫는다.

④ **액 송출 조작** : 냉각 조작의 종료 후에 전자 밸브 V_3을 열고 액면 하한 스위치 LA_2가 ON 이 될 때까지 액을 다음의 공정에서 찾아내고 전자 밸브 V_3을 닫는다.

⑤ **시퀀스 제어의 반복 및 종료** : 액 송출 조작이 끝난 시점에서 반복 지정 스위치 SW_1이 ON 으로 되었을 때 다시 액 수납 조작에서 시퀀스 제어를 실행시킨다. 또 SW_1이 OFF로 되어 있을 때에는 시퀀스 제어를 종료시킨다.

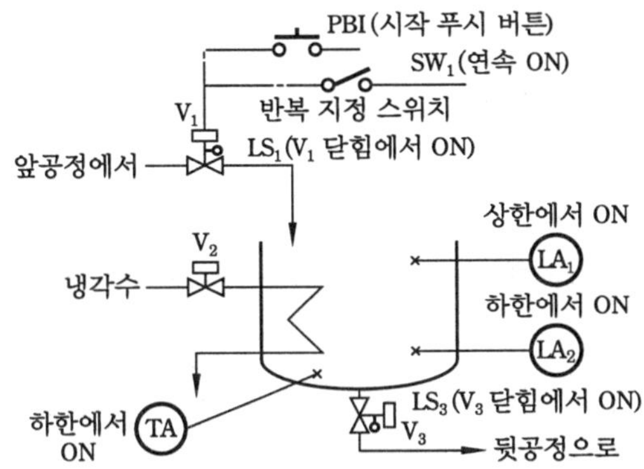

〈그림 6-74〉 간단한 냉각 공정

〈표 6-4〉는 이 냉각 시퀀스 제어의 조작 조건과 조작 내용을 합쳐서 표시한 것이다.

〈표 6-4〉 냉각 공정의 조작 내용

조작명	조작 내용	조작 조건
액받이	V_1을 연다.	PB_1 ON 또는 LA_2 DHS, 또한 LS_3 ON 또는 SW_1 ON, 또한 LA_2 ON 또는 LS_1 ON
냉각	V_1을 닫고 V_2를 연다.	LA_1 ON
액 이송	V_2를 닫고 V_3를 연다.	TA ON
액 이송 종료	V_3를 닫는다.	LA_2 ON

이 시퀀스 제어는 프로그램 제어형을 위해 이것을 릴레이 회로로 실현하면 〈그림 6-75〉
와 같이 각 공정을 기억하는 $R_1 \sim R_4$의 상태 기억 릴레이가 필요하게 된다.

또 이것을 플로 차트로 나타내면 〈그림 6-76〉과 같이 되고 공정별로 표현을 용이하게
할 수 있다.

다음에 이것을 디시전 테이블을 이용해서 나타내면 〈그림 6-77〉과 같다. 테이블의 상반
부에는 조건, 하반부에는 조작의 룰(rule) 번호를 구분하여 기입한다.

조건의 기술은 조건 성립의 요건으로서 조작 개시 신호가 ON일 때는 Y, OFF일 때는 N
을 기입하고, 조건에 관계없을 때는 공백으로 한다.

〈그림 6-78〉은 릴레이 회로를 그대로 디시전 테이블로 기술한 것이다. 심벌(symbol) 난
의 기호는 디시전 테이블로 사용하는 시퀀스 제어 소자이다.

$R_1 \sim R_4$의 상태 기억, 릴레이는 시퀀스 제어 소자의 하나인 내부 스위치로 치환된다.

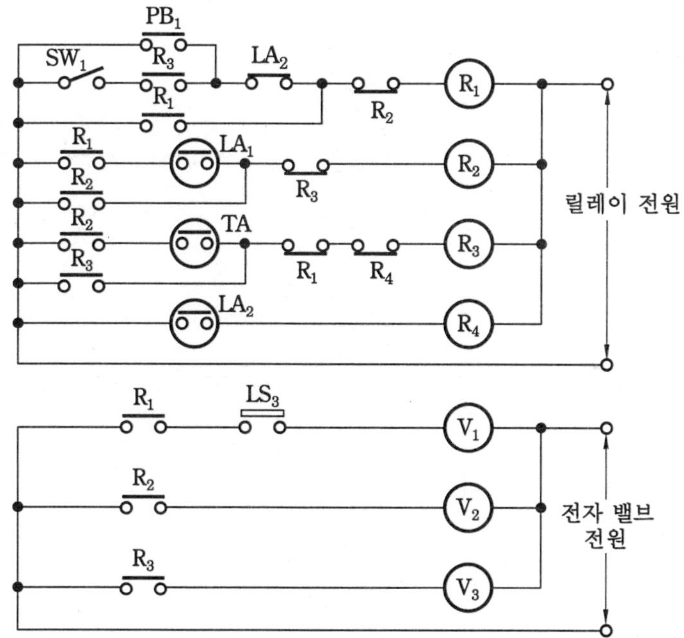

〈그림 6-75〉 냉각 공정에 있어서의 릴레이 회로에 의한 시퀀스 제어

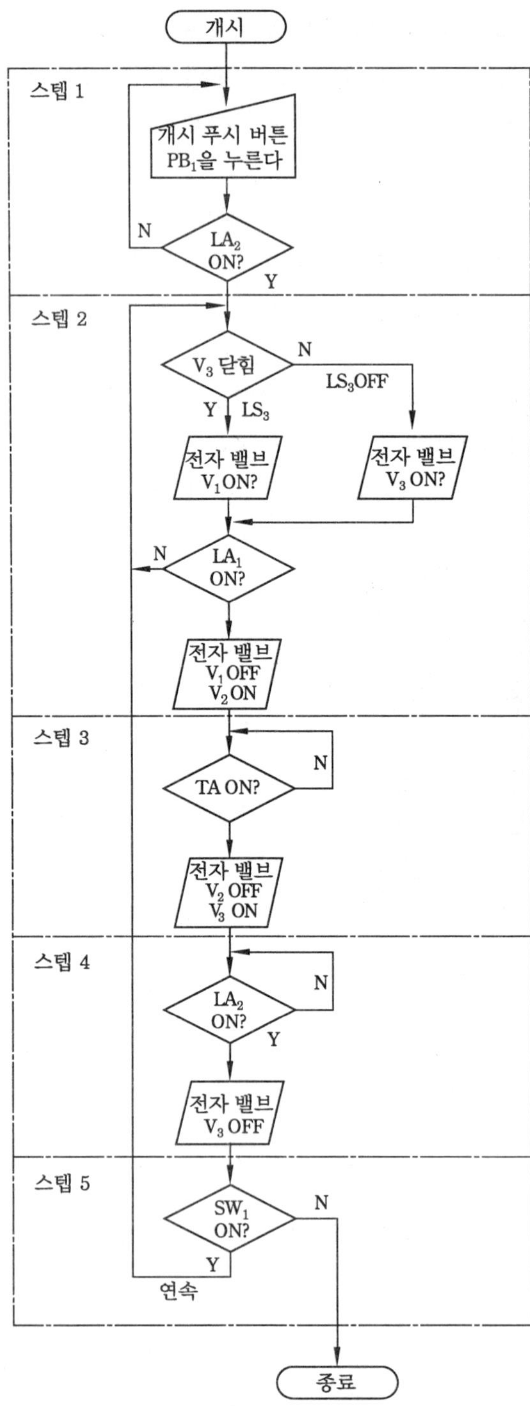

〈그림 6-76〉 냉각 공정의 플로 차트

TABLE NO		DESCRIPTION												
193	ST002	① 냉각 공정												

01 / 02	SYMBOL	COMMENTS (RULE NO / STEP NO)	01	02	03	04	05	06	07	08	09	10	11
11	NDI016	PDL	Y										
12	NSW204	R_1						N	N				
13	NSW202	R_2	N	N	N								
14	NPI1005	SW_1		Y									
15	NSW203	R_3		Y		N	N		Y				Y
16	NSW201	R_3			Y	Y		N	N		Y		
17	NDI001	LA_1				Y							
18	NDI000	TA_0						Y					
19	NDI002	LA_2	Y	Y							Y		
20	NDI004	LS_2										Y	
42													
111	NSW201L	R_1	Y	Y	Y								
112	NSW202L	R_2				Y	Y						
113	NSW203L	R_3						Y	Y				
114	NSW204L	R_4								Y			
115	NDO010L	V_1									Y		
116	NDO011L	V_2										Y	
117	NDO012L	V_3											Y
141													
142													
191	NEXT STEP	THEN											
192	NEXT STEP	ELSE											

CONTINUE TABLE NO: 193

〈그림 6-77〉 릴레이 회로의 디시전 테이블에 의한 기술

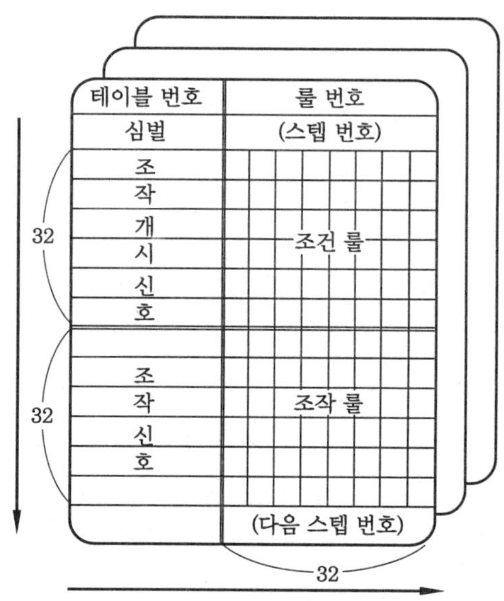

〈그림 6-78〉 디시전 테이블의 예

7. 계장용 기호

1 계장용 기호의 정의

계장용 기호는 화학, 철강, 석유 정제 등의 장치 공업 공정도 등에 계측 제어의 기능 또는 설비를 나타내는 것이다. 여기서 기인 변량이란 어떤 동작을 불러일으키는 계기가 되는 변량이며, 로프란 프로세스의 변량을 표시, 기록 또는 제어하기 위해 구성되고, 서로 접속된 계측용 기기의 계통이 루프를 구별하기 위해 붙인 번호를 루프 번호라 한다.

모세관이란 압력식 온도계의 온도 검출기에서 전송기, 표시기, 조절기까지의 도관과 같이 압력을 전달하는 가느다란 관이며, 멀티 루프 컨트롤러는 소프트웨어에 의해 표현된 내부 연산 모듈과 제어 모듈의 임의의 결합에 의해 제어계가 구성되고, 복수 루프로 공유되어 시간표로 사용되는 제어 장치를 말한다.

2 기호의 종류

【1】 기본 기호

① 문자 기호

• 문자 기호 : 계기의 변량 기호, 기능 기호, 개별 번호 등을 나타내는 문자로 변량 기호, 변

량 수식 기호 및 기능 기호로 이루어지며, 이 순서로 구성된다.

〈표 6-5〉 계장용 문자 기호

문자 기호	기호의 뜻		
	변량 기호	변량 수식 기호	기능 기호
A	품질 또는 조성	−	경보(alarm)
B	−	−	상태 표시, 운전 표시
C	도전율(conductive)	−	조절(control)
D	밀도 또는 비중(density)	차(differential)	−
E	전기적인 양(voltage)	−	검출기(element)
F	순시 유량(flow)	비율	−
G	위치(position) 또는 길이(length)	−	유리
H	−	−	수동(hand)
I	−	−	지시(indicate)
J	−	자동주사	
K	시간(time)	−	조작 스테이션
L	레벨(level)	−	−
M	수분(moisture) 또는 습도(humidity)	−	−
N	임의 선택	−	임의 선택
O	임의 선택	−	제한 오리피스(orifice)
P	압력(pressure) 또는 진공(vacuum)	−	시료 측정점 또는 측정점 (measuring point)
Q	품질(조성, 농도, 도전율)(quality)	적산(quantity)	적산(quantity)
R	방사선(radiation)	−	기록(record)
S	속도(speed), 회전수, 주파수(frequency)	−	스위치(switch)
T	온도(temperature)	−	전송(transfer)
U	다종의 변량(multi variable)	−	다기능계기 (multi-function meter)
V	점도(viscosity)	−	밸브(valve) 등의 조절부
W	질량(mass) 또는 힘(force)	−	보호관(wall)
X	불특정의 변량(unspecific variable)	−	기타 기능

Y	임의 선택	–	연산기, 변환기, 릴레이
Z	–	–	안전(safety) 또는 긴급 (smergency)

- 변량 기호 : 측정 변량 및 기인 변량을 나타내는 문자 기호로 대문자이다
- 변량 수식 기호 : 필요에 따라 변량 기호와 같이 사용하고, 대문자로 표기한다. 단, 오해가 발생될 소지가 없을 경우에는 소문자를 사용해도 된다.
- 기능 기호 : 기능을 나타내는 문자 기호로서 대문자로 표기하며, 2개 이상의 기능 기호를 배열할 경우 I, R, C, T, C, S, Z, A 순서로 하며, 식별할 필요가 없을 경우에는 생략해도 좋다.

② **개별 번호** : 개개의 측정 및 제어 루프의 식별을 위해 사용하는 것으로 아라비아숫자로 나타낸다.

③ **원 기호** : 계측 제어의 기능을 표시하는 것으로 지름 약 10mm의 가는 실선으로 나타낸 원기호 내에 문자 기호, 개별 번호를 기입해서 표시하며, 이들을 원 내에 기입할 수 없을 경우에는 일부를 원 외에 기입해도 된다.

종 류		그림 기호
감시, 조작의 장소를 구별할 필요가 없는 경우		◯
감시, 조작의 장소를 구별할 경우	현장	◯
	계기실	⊖

④ **문자 기호의 배열**

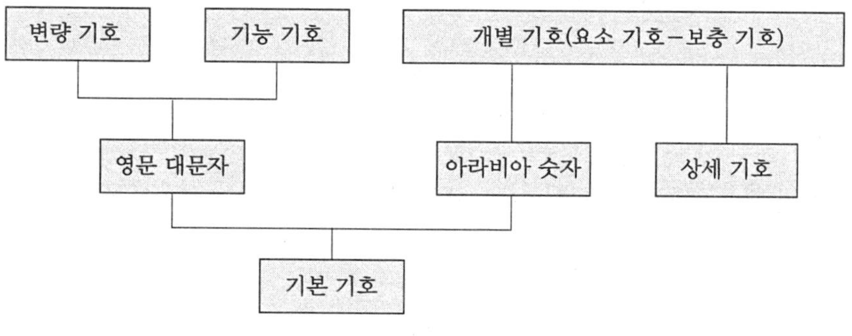

〈그림 6-79〉 문자 기호의 표시법

<표 6-6> 문자 기호의 배열

계측 설비의 종류		문자 기호	계측 설비의 종류		문자 기호
측 정	지시계	XI	경 보	경보	XA
	기록계	XR		기록 경보계	XRA
	지시 기록계	XIR		지시 조절 경보계	XICA
	감시기	XG		기록 적산 경보계	XRQA
조 절	조절기	XC	안전 또는 긴급	긴급 동작기	XZ
	지시 조절계	XIC		지시 경보 긴급 동작계	XIAZ
	조절 밸브	XCV		기록 조절 경보 긴급 동작계	XRCAX
적 산	적산계	XQ		안전밸브	XZV
	지시 적산계	XIQ			
	조절 밸브	XRCQ			
계기에 접속되지 않은 요소	검출기	XE	시퀀스 제어	시퀀스 제어계	XS
	시료 채취 또는 측정점	XP	로 깅	로거(logger)	XL
	전송기	XT	수 동	수동 조절기	XHC
				수동 조절 밸브	XHCV

⑤ 기호 작도

• 선

㉮ 계기와 프로세서와의 접속선

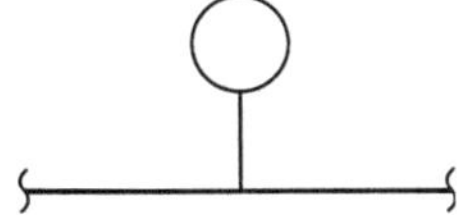

㉯ 신호선

- 원칙적으로 계기와 프로세서 접속선에 대하여 60°의 경사진 선을 등간격으로 일반 배관보다 가는 실선으로 한다.

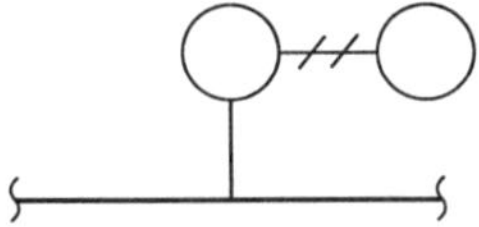

- 혼동되지 않을 경우에는 수평선으로 표시하며 굵기는 가는 실선으로 한다.

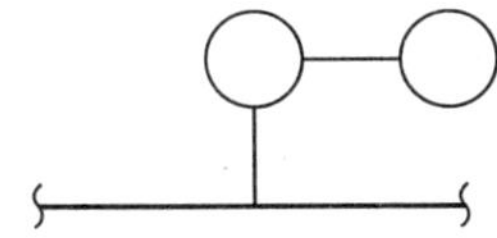

〈표 6-7〉 신호선의 접속 방식

접속 상태	기 호
신호선이 접속되지 않을 때	
신호선이 접속되었을 때	
분기되어 있을 때	

㉰ 신호선의 흐름 방향

 – 복잡한 회로 등에서 신호의 방향을 표시할 필요가 있을 경우 화살표로 표시한다.

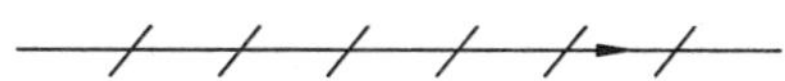

 – 혼동되는 일이 없으면 사선이 없어도 된다.

• 측정점

㉮ 측정점은 일반 배관 또는 플랜트 기기를 표시한 외형선에 접속하는 가는 실선의 인출선
 과의 교점으로 표시한다.

(a) 일반 배관의 경우   (b) 플랜트 기기의 경우

㉯ 측정점의 위치는 기능적으로 보아 올바른 장소이고, 프로세서의 흐름 순서에 맞아야 하
 지만 반드시 설비상의 구체적인 장소를 나타낼 필요는 없다.

㉰ 측정점을 명확하게 표시할 필요가 없는 경우에는 플랜트 기기를 나타낸 그림 속에 약
 2mm의 원으로 측정점을 인출선 끝에 표시할 수도 있다.

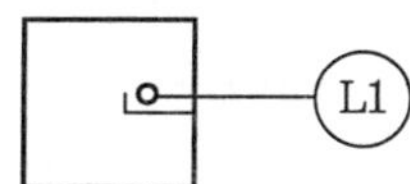

㉱ 부득이한 경우 ○ 대신 × 기호를 사용해도 무방하나 두 가지를 혼용하여 사용해서는
 안 된다.

- 조절부

종 류	적 용	그림 기호
조절단	조절단의 종류가 정해져 있지 않은 경우	
	조절단이 밸브인 경우	
조작부	자동 조작인 경우	
	자동 조작부에 수동 조작부가 부속되어 있는 경우	
	수동 조작일 경우	
조절부	조절단과 조작부와의 조합 보기	

【2】 상세 기호

① 그림 기호

종 류	그림 기호	
전기 신호		
공기압 신호		
유압 신호		
모세관		
방사선, 가시광선		
내부 결합		

② 유량 검출기

〈표 6-8〉 유량 검출기 기호

종 류	그림 기호	종 류		그림 기호
오리피스		터빈식 유량계		
벤투리관		용적식 유량계		
노즐		전자 유량계		
면적식 유량계		삽입형 유량계		
		그 밖의 유량계	관로 부착형	
			관외 부착형	

〈표 6-9〉 유량 검출기 작도법

명 칭	작도 방법
유량 지시계(관로 삽입형)	FI 1
유량 적산계(관로 삽입형)	FQ 7
차압식 유량 검출기(표시 계기에 접속되지 않을 때)	FE 12
차압식 유량 지시계(현장 설치)	FI 9
차압식 유량 기록계(현장 설치)	FR 5
전기 전송식 유량 기록계(전송기 : 관로 삽입형, 표시 계기 : 패널 설치)	FR 2

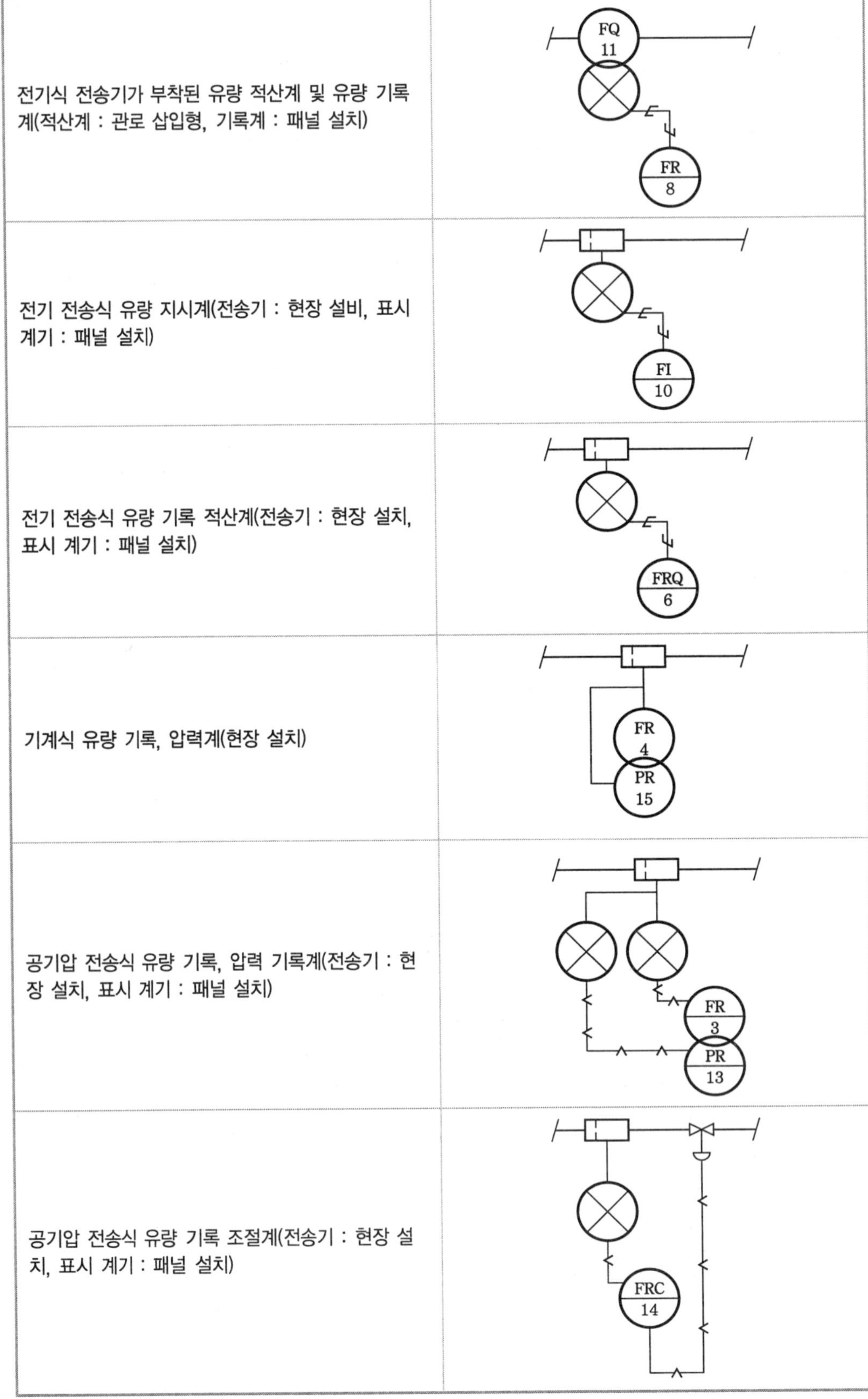

전기식 전송기가 부착된 유량 적산계 및 유량 기록계(적산계 : 관로 삽입형, 기록계 : 패널 설치)	
전기 전송식 유량 지시계(전송기 : 현장 설비, 표시 계기 : 패널 설치)	
전기 전송식 유량 기록 적산계(전송기 : 현장 설치, 표시 계기 : 패널 설치)	
기계식 유량 기록, 압력계(현장 설치)	
공기압 전송식 유량 기록, 압력 기록계(전송기 : 현장 설치, 표시 계기 : 패널 설치)	
공기압 전송식 유량 기록 조절계(전송기 : 현장 설치, 표시 계기 : 패널 설치)	

③ 레벨기

〈표 6-10〉 레벨기의 기호

종 류	그림 기호	종 류	그림 기호
기기 몸체 직접 부착된 레벨계 ⑩ 붙이는 유리식, 로드 셀 등		탱크 게이지(일반계)	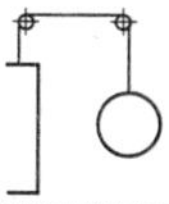
단일 노즐 부착형 레벨계 ⑩ 내구식 레벨 스위치, 내통식 액면계		탱크 게이지(정상부 부착형)	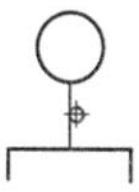
2 노즐 부착형 레벨계 ⑩ 차압식, 외동식 레벨계			

〈표 6-11〉 레벨기의 작도법

명 칭	작도 방법
내부 검출식 레벨 지시계	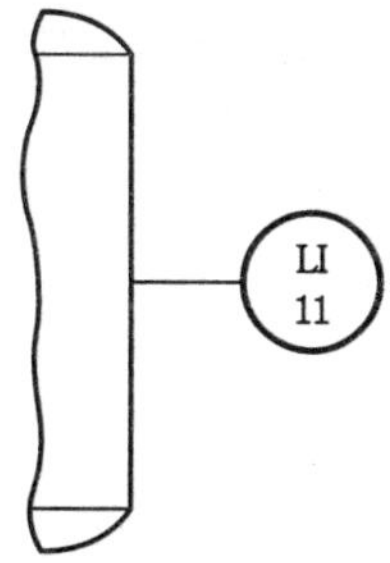
외부 검출식 레벨 지시계	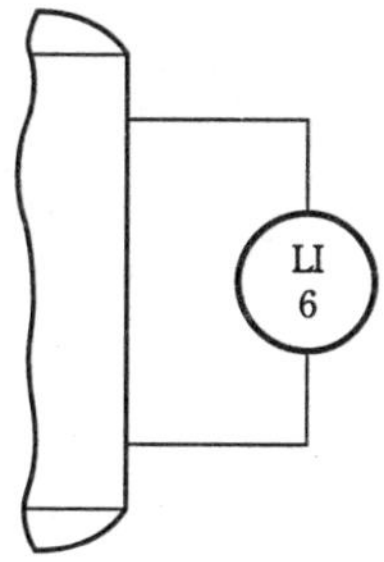
공기압 전송식 레벨 기록계(전송기 : 외부 검출식, 표시 계기 : 패널 설치)	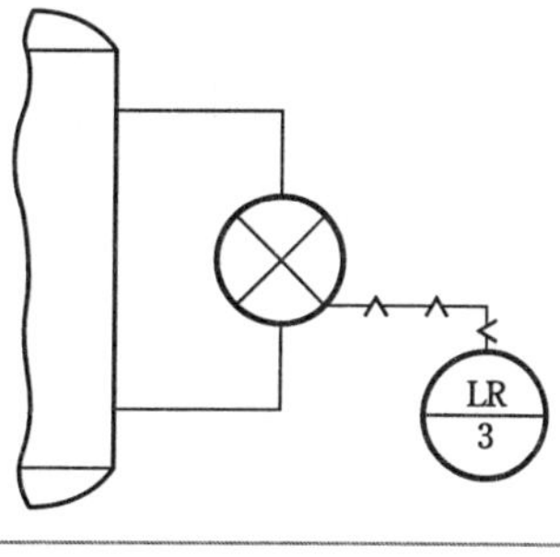

가스 홀더 레벨 지시계(전송기 : 현장 설치, 표시 계기 : 패널 설치)	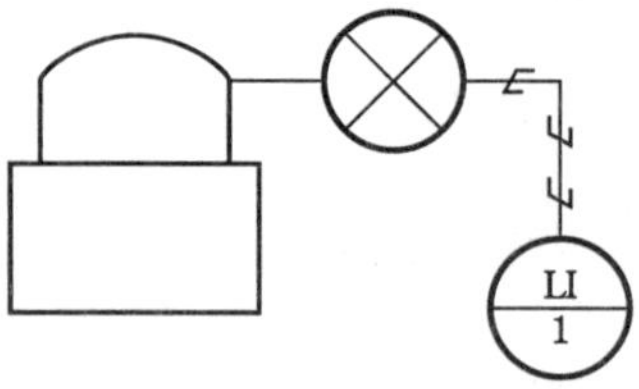
공기압 전송기 달린 레벨 지시 조절계 및 레벨 기록계(조절계 : 현장 설치, 기록계 : 패널 설치)	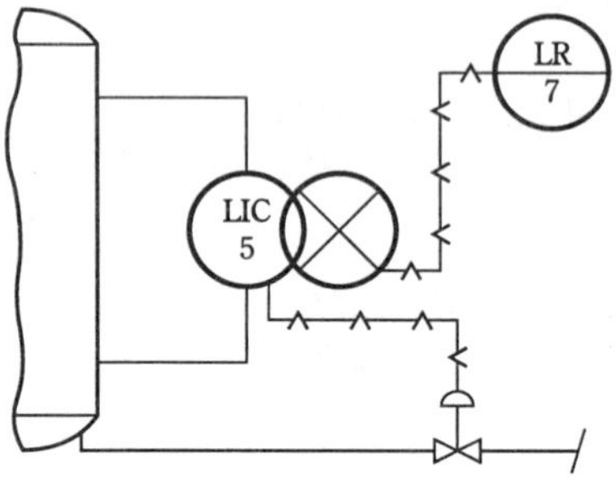
전기 전송식 레벨 기록 조절계(전송기 : 차압 검출기, 표시 계기 : 패널 설치)	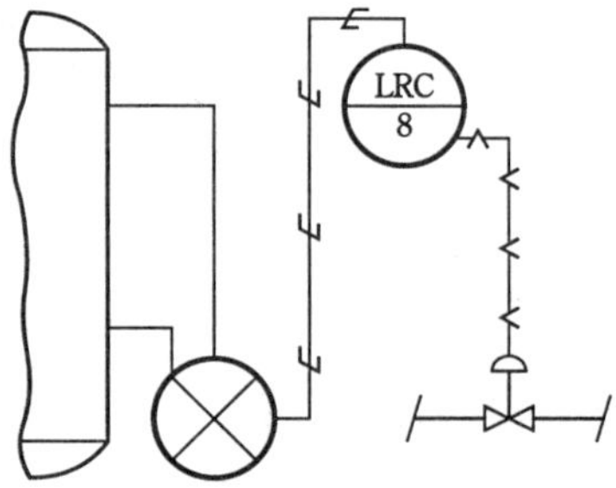
레벨 경보기(내부 검출기)	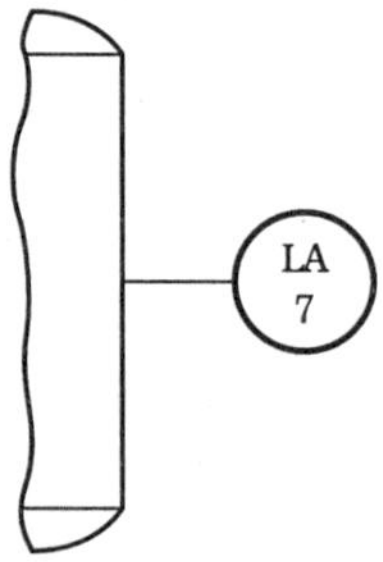
레벨 조절기(내부 검출기)	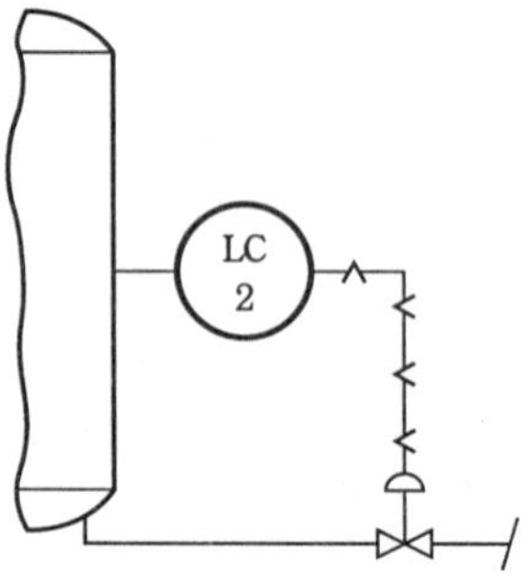

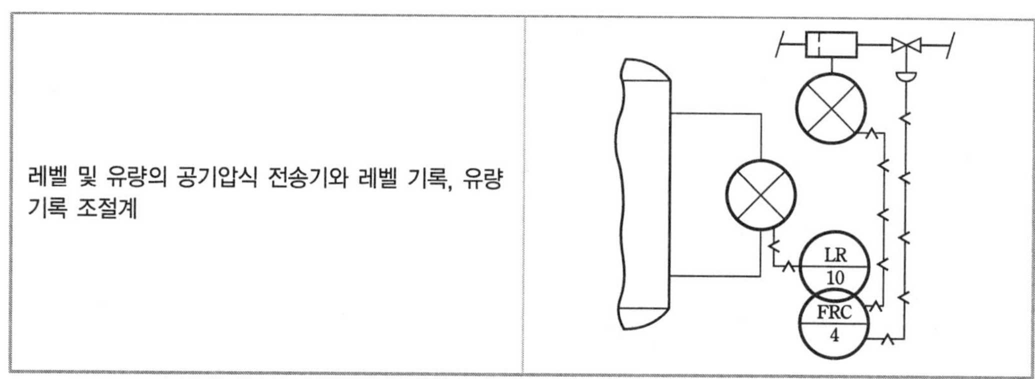

레벨 및 유량의 공기압식 전송기와 레벨 기록, 유량 기록 조절계	

④ 자력식 조절 밸브

〈표 6-12〉 자력식 조절 밸브의 기호

종 류	그림 기호	종 류	그림 기호
자력식 유량 조절 밸브		외부 검출형 자력식 차압 조절 밸브(노즐 2개)	
내부 검출형 자력식 압력 조절 밸브		자력식 레벨 조절 밸브	
외부 검출형 자력식 압력 조절 밸브			

⑤ 조작부

〈표 6-13〉 조작부의 기호

종 류	그림 기호	종 류	그림 기호
다이어프램식		피스톤식	
다이어프램식(압력 밸런스형)		수동 리셋 붙이 전자식	
전동식		원격 전기 리셋 붙이 전자식	
전자식		유압식	

〈표 6-14〉 조작부의 작도법

명 칭	작도 방법
공기압식 수동 조작기(패널 설치)	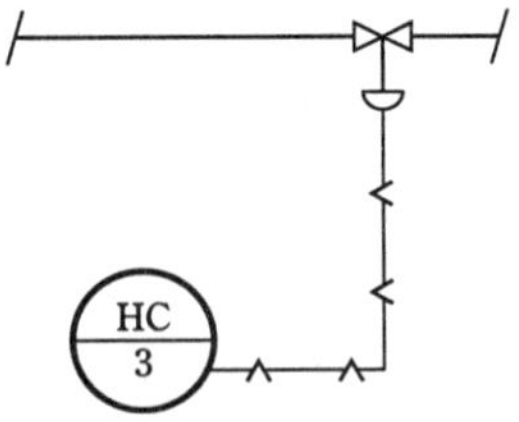

〈표 6-15〉 조절단의 기호

종 류	그림 기호	종 류	그림 기호
밸브(일반)		버터플라이 밸브 댐퍼 또는 루퍼	
앵글 밸브		볼 밸브	
3방향 밸브			

〈표 6-16〉 다이어프램 조절 밸브의 동작

종 류	그림 기호	종 류	그림 기호
동력원이 0일 때 열리는 밸브		동력원이 0일 때 개도가 일정하지 않은 밸브	 F1
동력원이 0일 때 닫히는 밸브		동력원이 0일 때 허용 이동 방향을 나타낼 경우	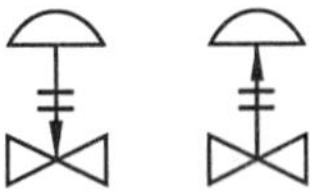
동력원이 0일 때 그 직전의 개도를 유지하는 밸브		동력원이 0일 때 아래쪽으로 출구가 열리는 밸브	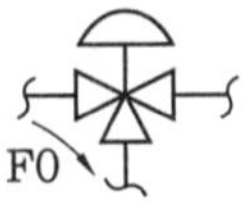 FO

⑥ 그 밖의 기호

〈표 6-17〉 그 밖의 기호

종 류	그림 기호	설 명
전송기		원속에 문자 기호를 넣어 나타낸다. 입력일 경우 : PT PT는 압력 전송기
다이어프램식	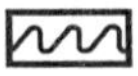	

퍼지		
변환 스위치		변환 위치가 3개일 경우
변환 밸브		변환 위치가 3개일 경우

〈표 6-18〉 온도에 관한 작도법

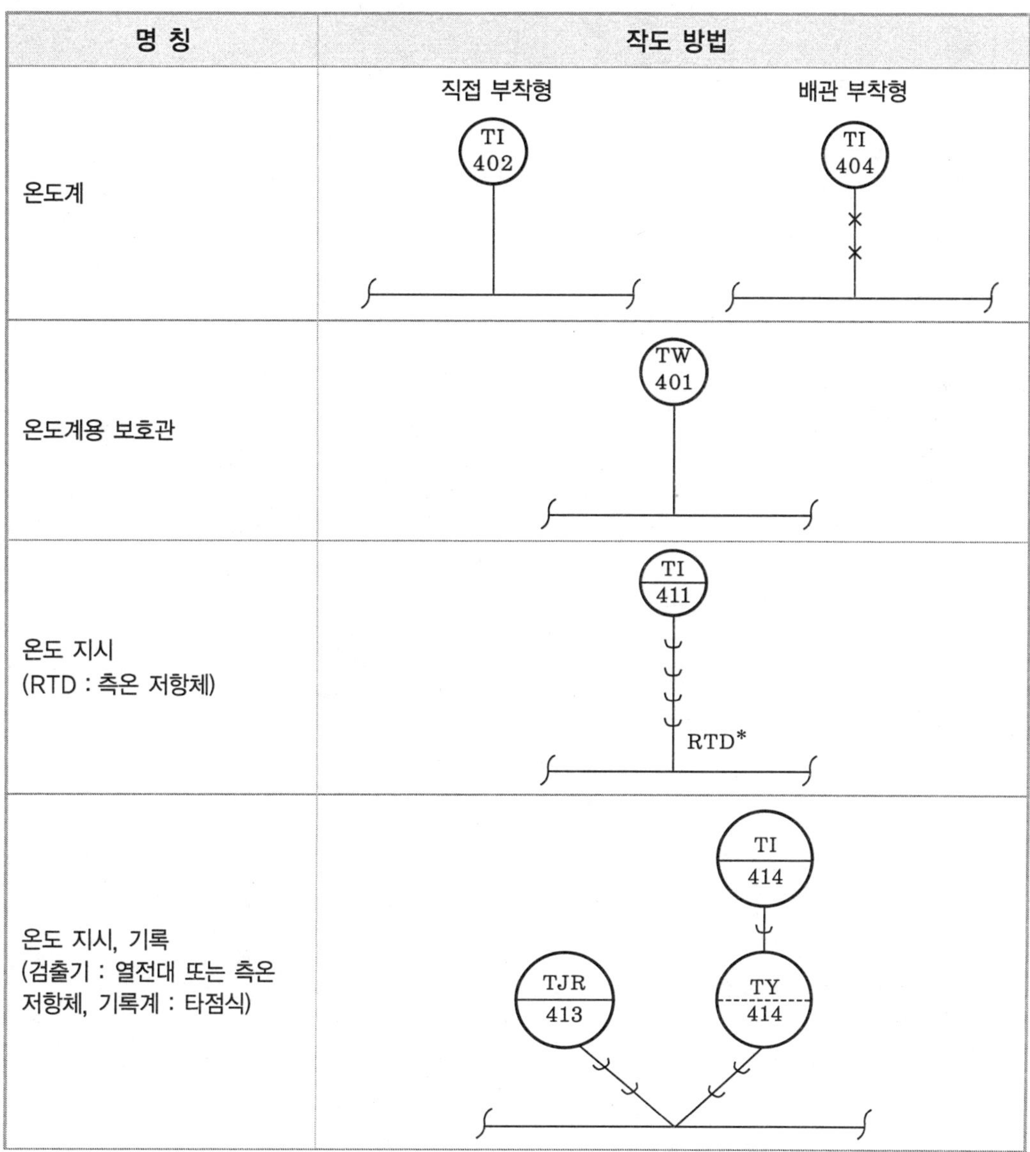

명 칭	작도 방법
온도계	직접 부착형 (TI 402) / 배관 부착형 (TI 404)
온도계용 보호관	TW 401
온도 지시 (RTD : 측온 저항체)	TI 411 / RTD*
온도 지시, 기록 (검출기 : 열전대 또는 측온 저항체, 기록계 : 타점식)	TI 414 / TJR 413 / TY 414

온도 측정점(온도 요소가 설치되지 않을 때)	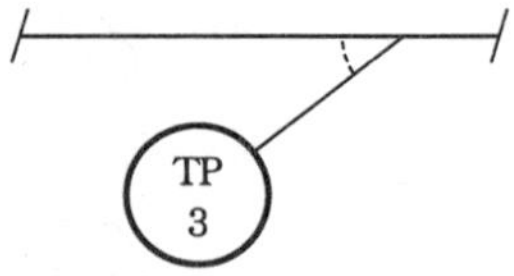
온도 지시계(온도계가 관로에 삽입되어 있을 때)	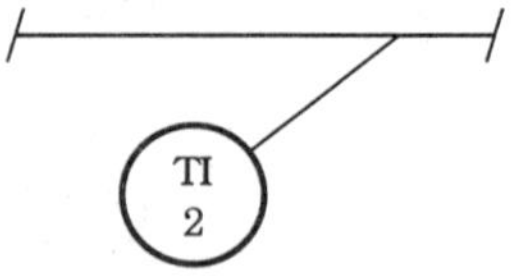
온도 검출기(표시 계기에 접속되어 있지 않을 때)	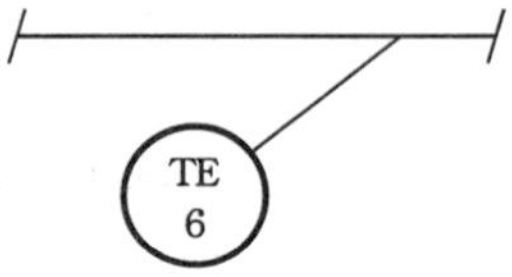
다점식 온도 기록계(패널 설치, 3점의 예를 표시)	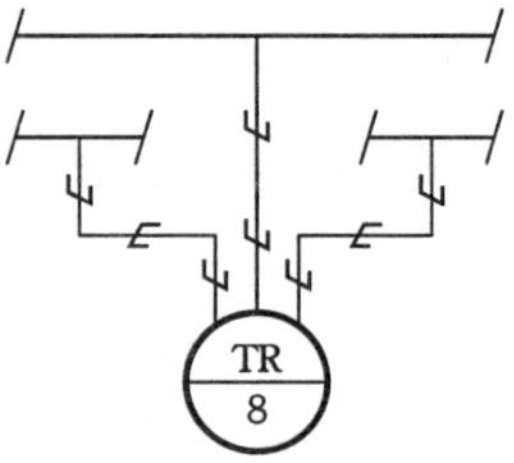
다점식 온도 기록계(측정 개소별로 표시할 때, 패널 설치, 3점의 예를 표시)	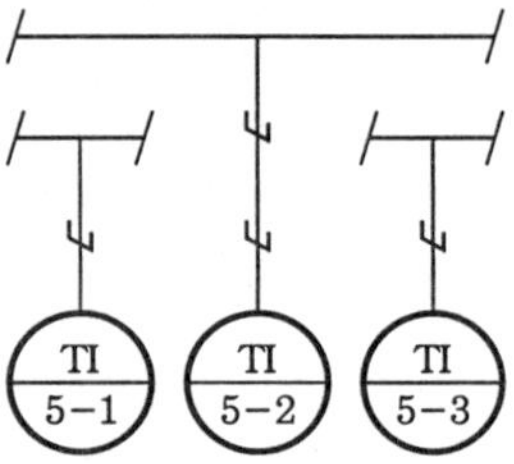
온도 기록 조절계(패널 설치)	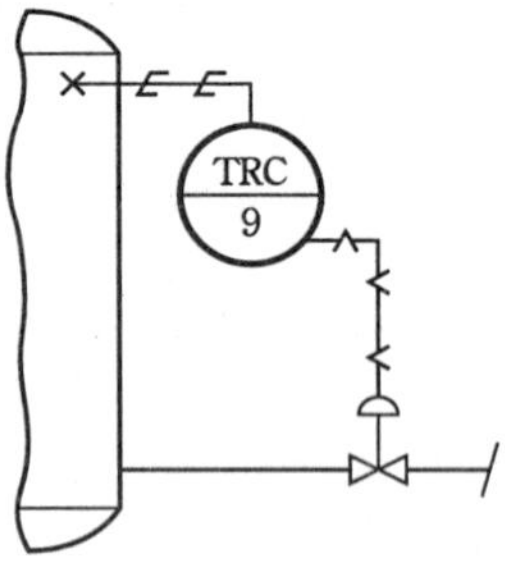
액체 팽창식 온도 지시 조절계(현장 설치)	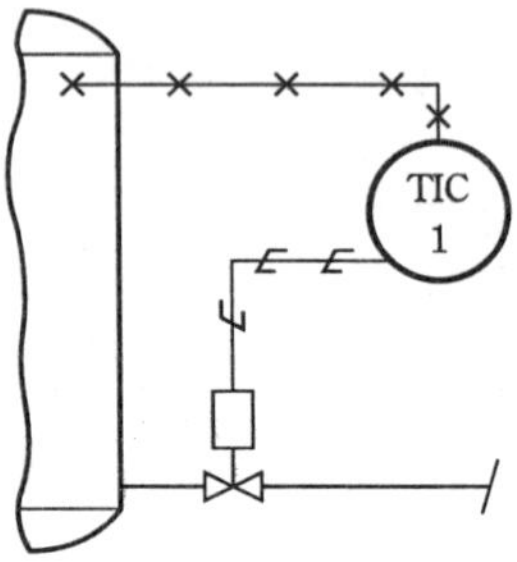

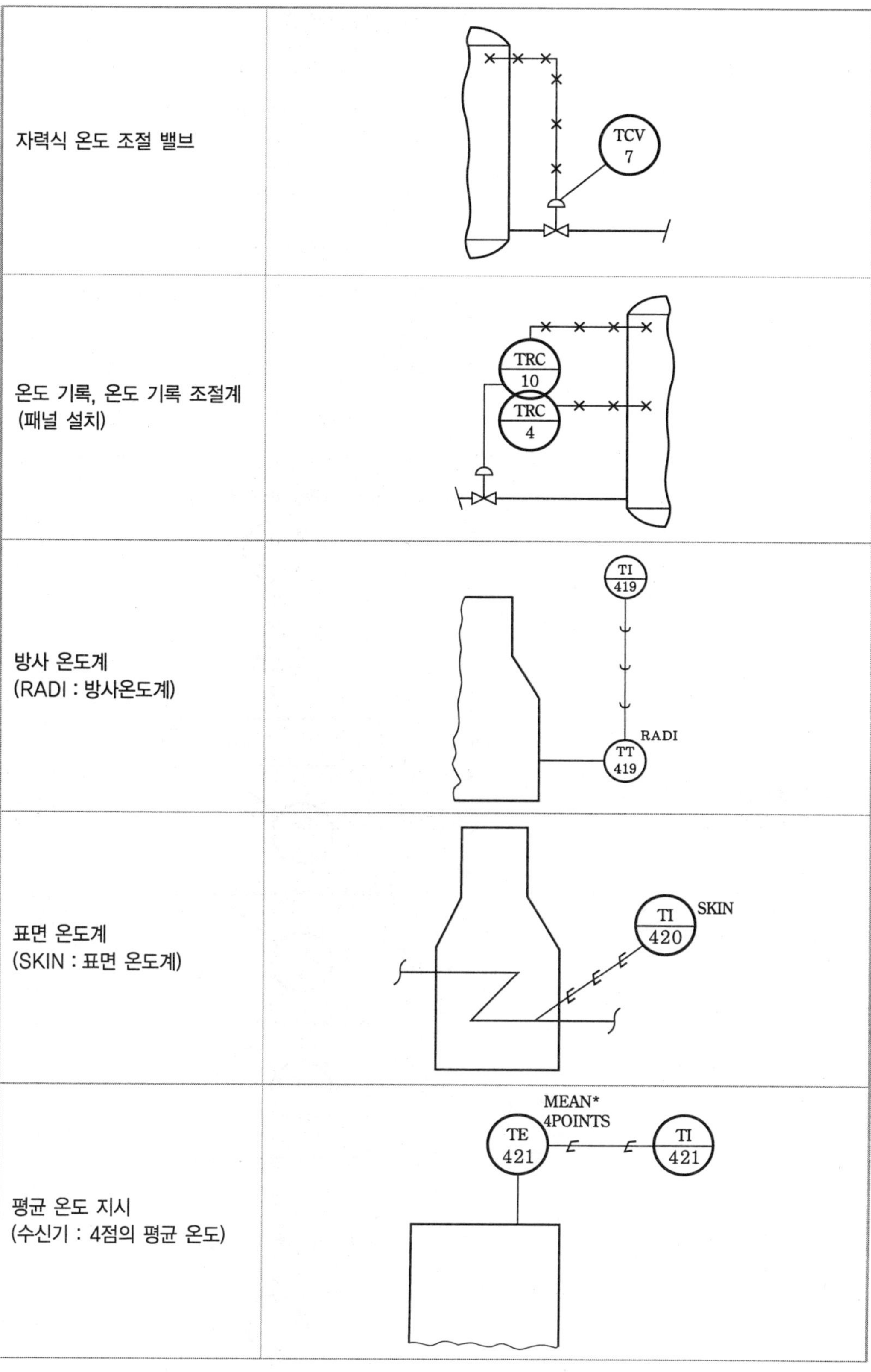

자력식 온도 조절 밸브	
온도 기록, 온도 기록 조절계 (패널 설치)	
방사 온도계 (RADI : 방사온도계)	
표면 온도계 (SKIN : 표면 온도계)	
평균 온도 지시 (수신기 : 4점의 평균 온도)	

<표 6-19> 압력에 관한 작도법

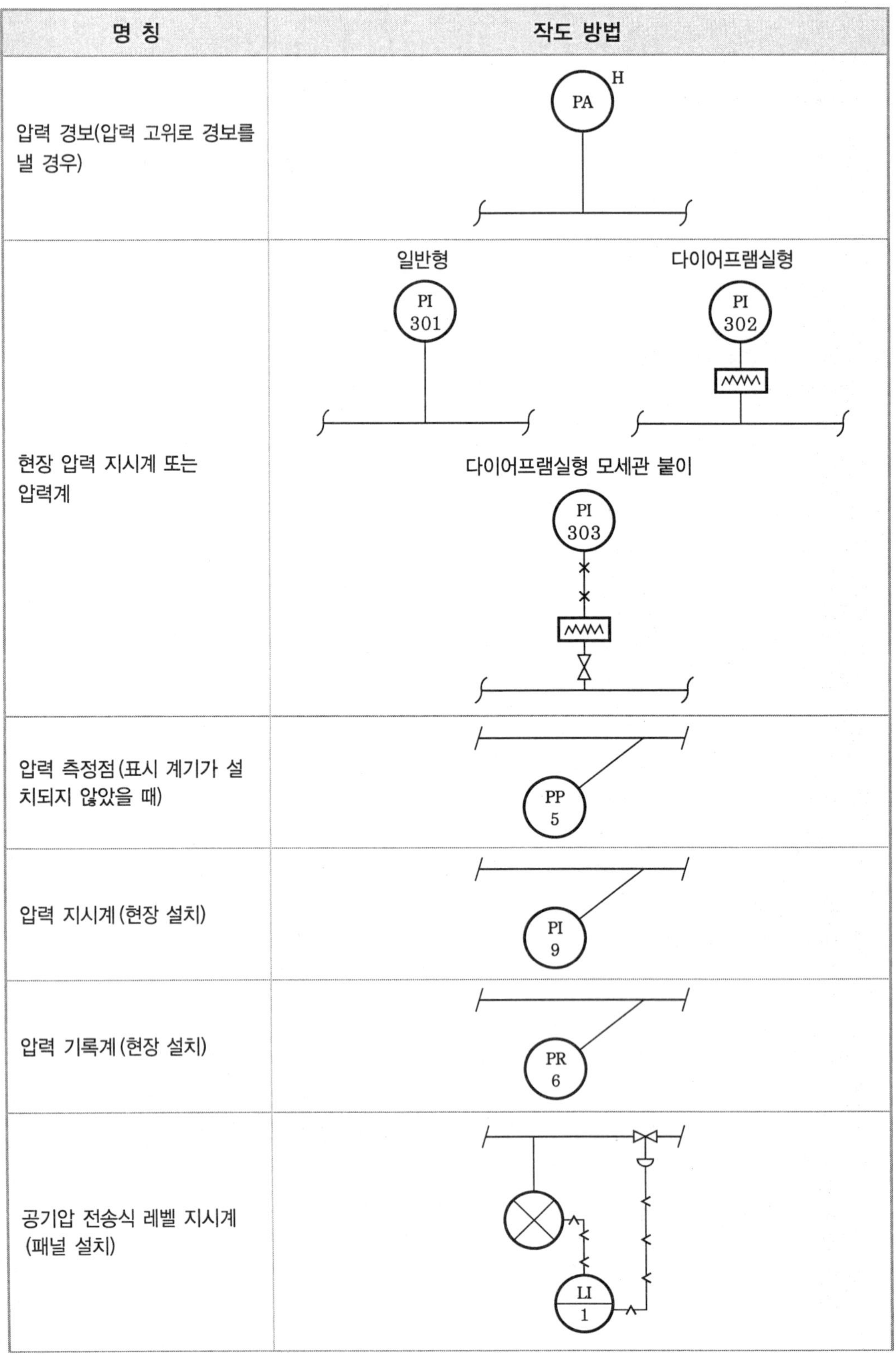

명 칭	작도 방법
압력 경보(압력 고위로 경보를 낼 경우)	
현장 압력 지시계 또는 압력계	
압력 측정점(표시 계기가 설치되지 않았을 때)	
압력 지시계 (현장 설치)	
압력 기록계 (현장 설치)	
공기압 전송식 레벨 지시계 (패널 설치)	

자력식 압력 조절 밸브	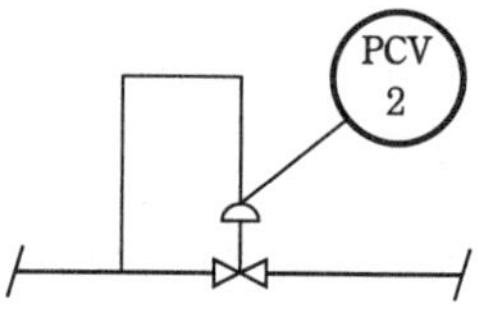
압력 조절계	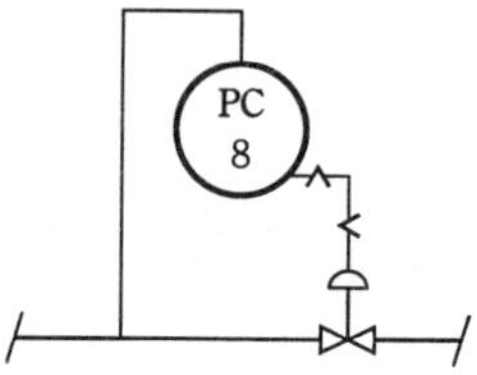
압력 경보기(현장 설치)	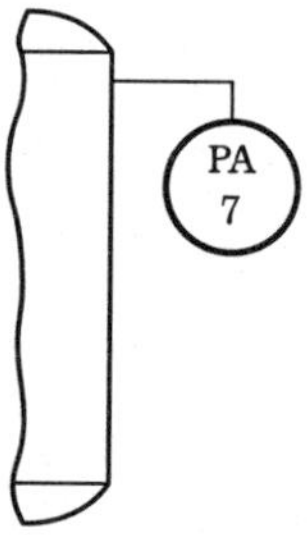
차압 지시계(현장 설치)	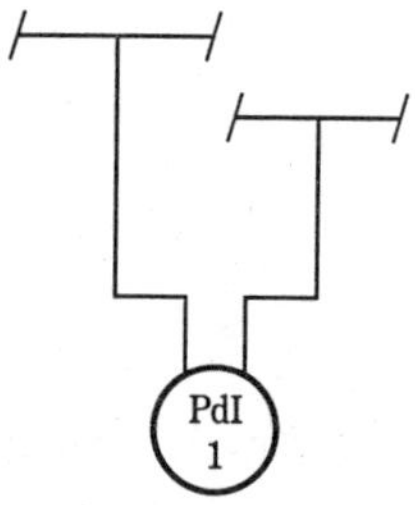
유량 및 압력의 공기압 전송기와 유량 기록, 압력 기록 조절계	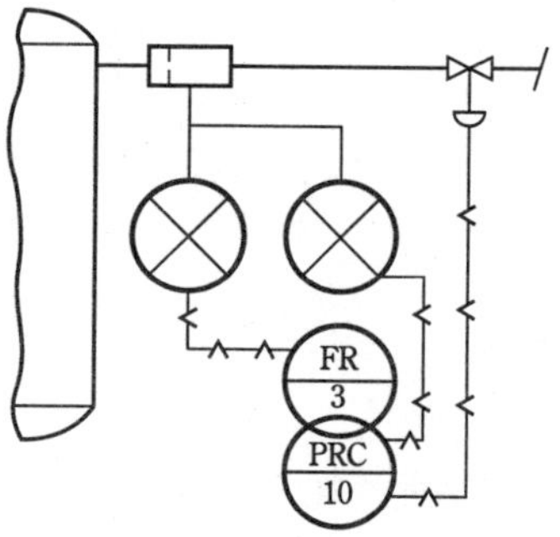

<표 6-20> 기타 작도법

명 칭	작도 방법
공기압 전송식 밀도 기록계(전송기 : 관로 삽입형, 표시 계기 : 패널 설치)	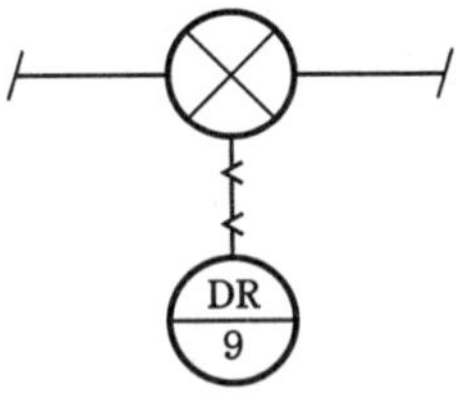 DR 9
조성 분석용 시료 채취점(표시 계기에 접속되어 있지 않을 때)	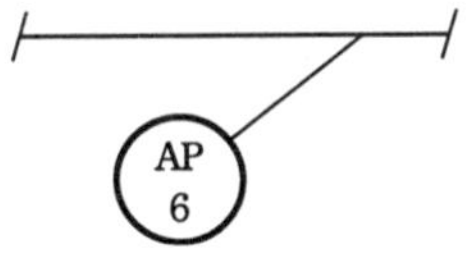 AP 6
전기 전송식 기록 이산화탄소 분석계(패널 설치)	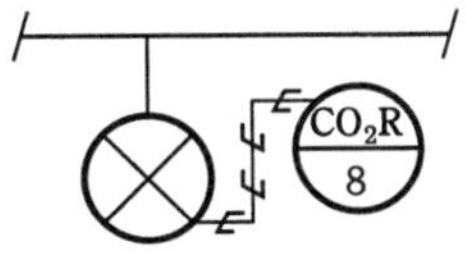 CO_2R 8
CO_2 농도 기록	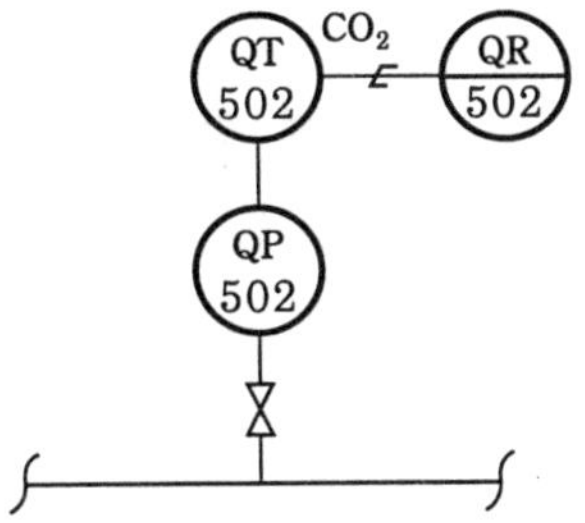 QT 502 / CO_2 / QR 502 / QP 502
pH 기록 조절계(전송기 : 현장 설치, 표시 계기 : 패널 설치)	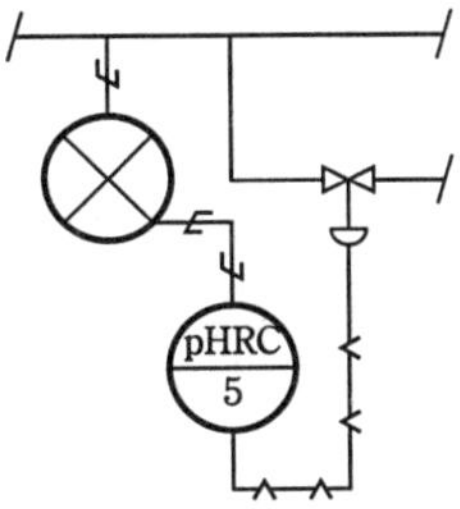 pHRC 5
pH 지시(기록 조절 경보)	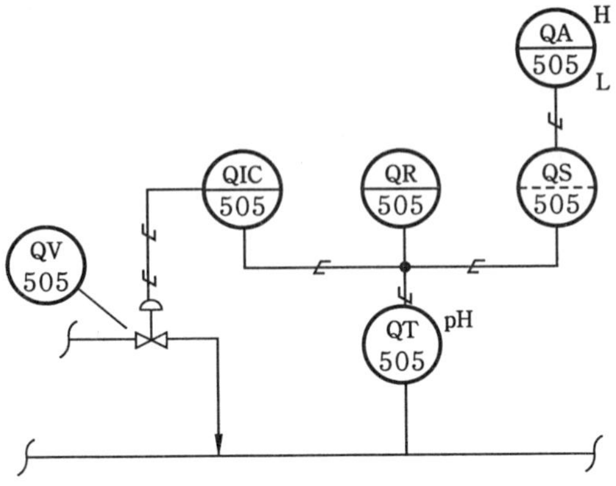 QA 505 H L / QIC 505 / QR 505 / QS 505 / QV 505 / QT 505 pH

점도 기록	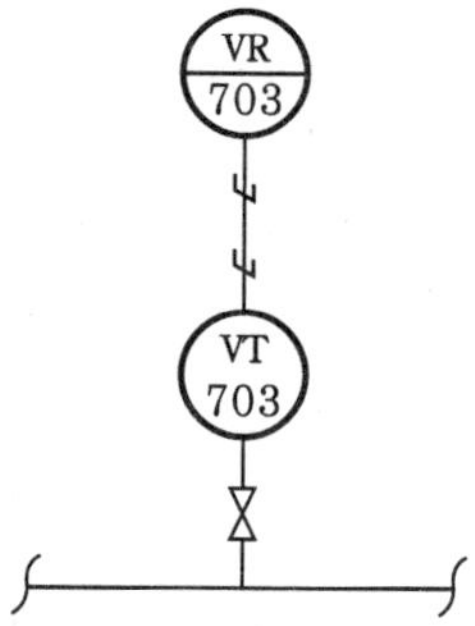
밀도 지시	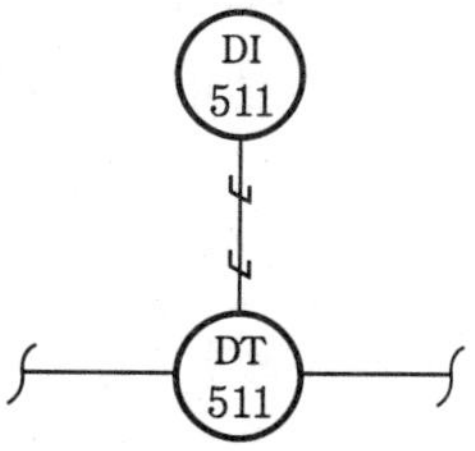
중량 지시계 (현장 설치)	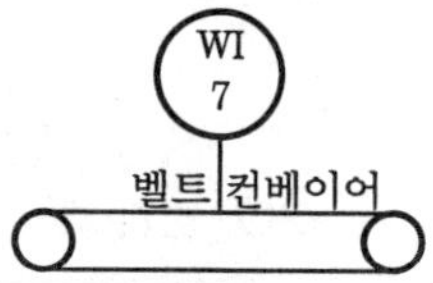
수분 기록계 (현장 설치)	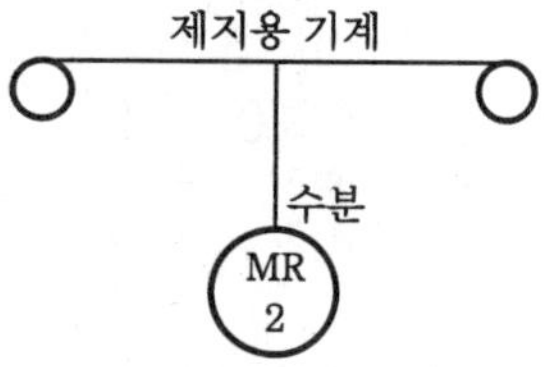
전기 전송식 두께 측정 기록 경보계 (현장 설치)	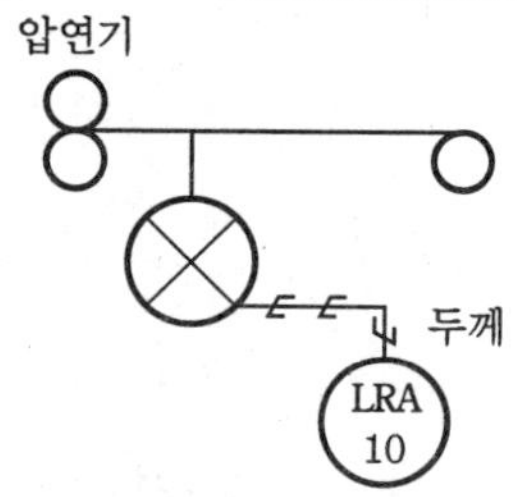
속도 지시계 (현장 설치)	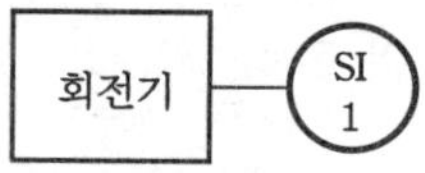
농도 기록 조절계 (패널 설치)	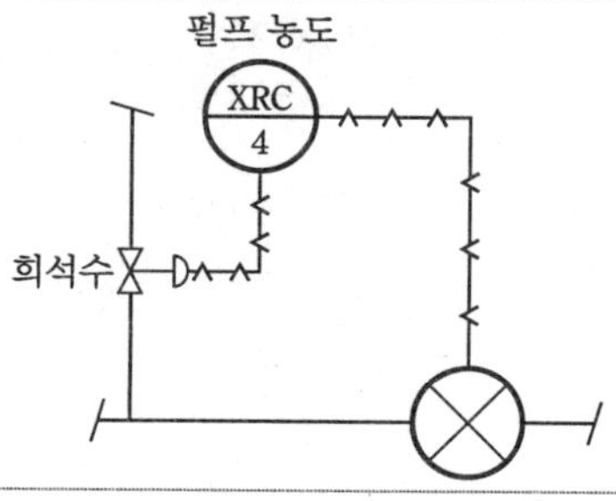

유량 비율 조절기(전송기 : 관로 삽입형, 연산기와 조절기 : 현장 설치)	

【3】 컴퓨터 및 CRT 또는 멀티 루프 컨트롤러

〈표 6-21〉 컴퓨터 및 CRT 또는 멀티 루프 컨트롤러의 기호

종 류	기 호	비 고
컴퓨터 또는 컴퓨터 입출력		회전 작도 가능
CRT 또는 멀티 루프 컨트 롤러		회전 작도 불가능

〈표 6-22〉 감시 조작 장소의 컴퓨터 및 CRT 또는 멀티 루프 컨트롤러의 기호

종 류	기 호	비 고
현지에서 제공될 경우 또는 전혀 제공되지 않는 블라인드인 경우		
계기실에서 제공될 경우		원 기호인 경우 패널 뒤에 설치하는 것임 을 표시하고자 할 때 가로 파선을 표시할 수 있다.
현장반에서 제공될 경우		현장반의 이름을 기호 근방에 써서 나타 내어도 된다. compressor 압축기의 보기

〈표 6-23〉 컴퓨터 및 CRT 또는 멀티 루프 컨트롤러의 접속

접속의 종류	설 명
컴퓨터 기호, CRT, 멀티 루프 컨 트롤러 기호 간의 접속 또는 이들 과 원 기호 간의 접속	접촉하고 있는 기호의 계기 간에서 정보 교환이 있다. 보기 1 :　　　　　　보기 2 : 보기 3 :
그 밖의 기호 간의 접속	하나의 유닛이 다기능으로 이루어지고, 그것을 구별하여 나타낸다. 보기 : TR 21　PR 23

【4】 그 밖의 결합

〈표 6-24〉 계기를 결합하여 사용하는 경우의 작도법

명 칭	작도 방법
온도 기록 조절계와 유량 지시 조절계와의 결합	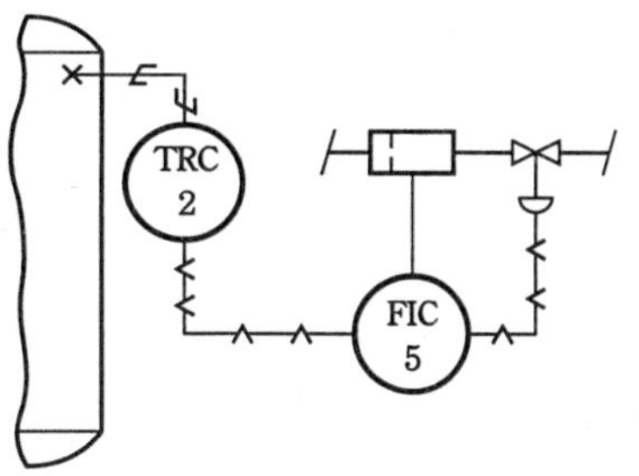
1개의 압력 기록 조절계와 2개의 유량 기록 조절계의 결합	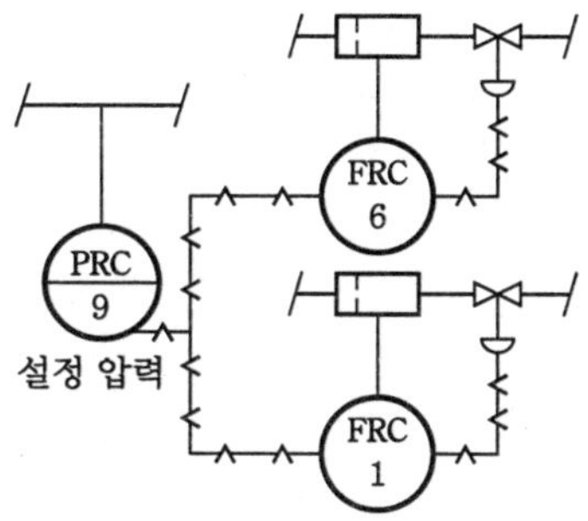
전기 전송식 열량 기록 조절계와 유량 비율 조절계와의 결합(조절부는 유압식)	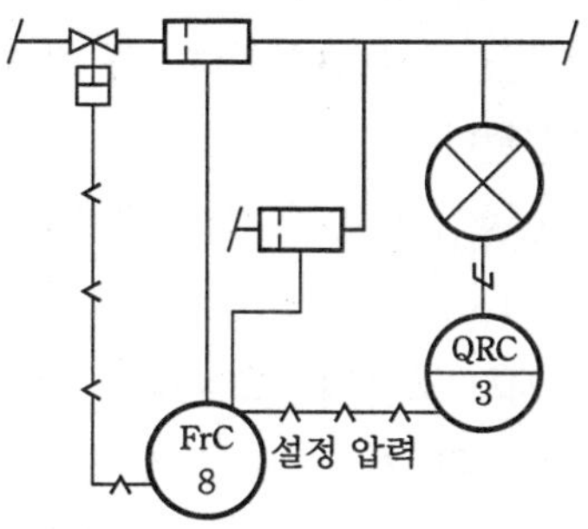
유량의 공기압 전송식과 유량 기록계(패널 설치) 및 원격 수동 조작기부 유량 조절계(조작기는 패널 설치, 조절기는 현장 설치)의 결합	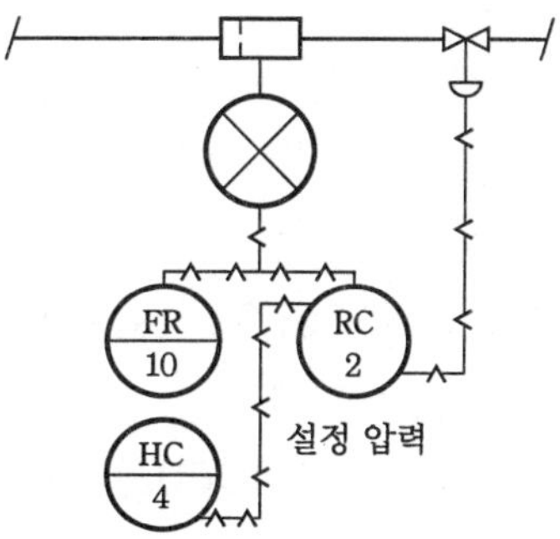

3 현장의 공정 계기도

현장의 공정 계기도는 수증기의 양을 조절하여 냉수를 온수로 만들고 온수의 배출량을 일정하게 유지하는 공정 계기도이다.

① 표준 공정 계기도에서 공정 유체가 흐르는 배관은 굵은 실선으로 표시한다.

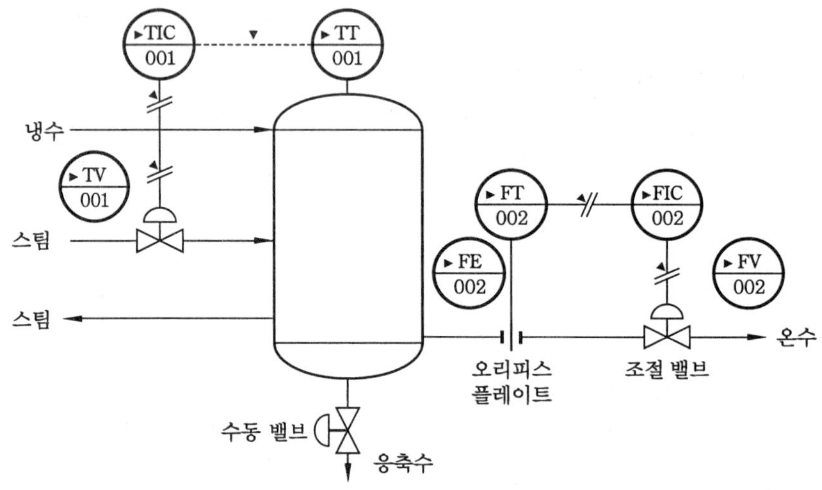

〈그림 6-80〉 공정 계기도

② **온도 조절 밸브(TV001)** : 공정 제어 루프를 구성하는 계기 요소들은 문자와 숫자가 표시된 작은 원으로 표시한다. 원 안의 첫 문자는 측정 또는 제어하는 제어 루프의 변수에 의해 선정된다.

③ **공기 신호** : 수증기 제어 밸브와 공정 유출 유량 제어 밸브의 공기 신호는 2점 쇄선으로 작도한다.

④ **온도 지시 조절계(TIC001)** : T는 변량 기호로 온도, IC는 기능 기호로 지시와 조절을 의미하며, 개별 기호 001은 계기 숫자를 의미한다.

⑤ **전기 신호** : 파선은 다양한 계기들의 전기 신호를 뜻한다.

⑥ **온도 전송기(TT001)** : T는 변량 기호로 온도, 두 번째 T는 전송, 개별 기호 001은 계기 숫자를 의미한다.

⑦ **유량 센서(FE002)** : F는 변량 기호로 유량, E는 기능 기호로 검출, 개별 기호 002는 계기 숫자를 의미한다.

⑧ **유량 전송기(FT002)** : F는 변량 기호로 유량, T는 기능 기호로 전송, 개별 기호 002는 계기 숫자를 의미한다.

⑨ **유량 지시 조절계(FIC002)** : F는 변량 기호로 유량, IC는 기능 기호로 지시와 조절, 개별 기호 002는 계기 숫자를 의미한다.

⑩ 유량 조절 밸브(FV002) : F는 변량 기호로 유량, V는 기능 기호로 밸브, 개별 기호 002
는 계기 숫자를 의미한다.

8. 제조업에서의 계장 실례

1 석유 공업

【1】 석유 공업과 계장

석유 공업은 장치 산업 중에서도 가장 프로세스 자동화의 진전이 빠른 산업의 하나이다.

계장 면에서 석유 공업의 특색을 고려할 때, 석유 공업은 일정한 부하 운전의 연속 프로세스
이며, 기본적으로 제어가 용이한 프로세스이다. 그러나 대량 생산 시대에서 원료의 다양화, 고
부가 가치 제품의 방향 전환에 의하여 계장에 대한 사고방식도 변해 가고 있다.

석유가 이용되기 시작한 당초에는, 원유의 증류 하나만 보더라도 단독 솥을 사용한 증류로
서 온도를 보면서 유출유를 차례로 분류해 가는 방법으로 당시의 계장으로서는 계측 단계 이
상의 것은 없었다.

20세기에 들어서자 석유의 수요가 대폭적으로 증가하여 증류 장치도 연속식이 되었으며, 계
장 시스템도 계측에서 제어로 발전되었다. 이 시점에서는 제어의 이론적 뒷받침도 진전되었
고, 또한 계장 제어 기기의 발달은 프로세스의 대형화를 가능하게 했다. 현재 장치의 경제성
뿐만 아니라 원료의 다양화 및 제품의 고품질화에 대응하기 위해 계장과 장치가 일체가 된 개
발이나 개선이 이루어지고 있다.

현재의 계장 기술은 이와 같은 장치의 개혁을 진행시키는 기초가 되고 있다. 또한 고도의 제
어를 위해 마이크로프로세서를 도입한 계기류 및 프로세스용 컴퓨터를 구사하여 장치의 최적
화에 도전하고 있다.

여기서 말하는 석유 공업은 원유의 채굴, 원유의 정제 및 배합을 의미하며, 광의로 해석하면
석유 화학 제품의 출하까지 포함한다. 이들 중에서 실제의 증류, 분해, 중합 등을 하는 장치를
온 사이트(ON‑site)라 하고 배합, 출하, 수입 등을 담당하는 부분을 오프 사이트(OFF-site)
라고 한다.

【2】 상압 증류 장치에서의 계장

원유를 처리하여 각종 섬유 제품을 제조하는 것을 제유 또는 정제라고 한다. 원유를 정제의
출발 원료로 하여 분리, 정제, 개질 또는 분해 등 여러 가지의 정제 공정을 거쳐 가솔린, 등유,
경유, 중유 등의 부가 가치가 높은 제품이 생산된다.

상압 증류 장치는 원유를 처음에 처리하는 장치이며, 여기서 연속적으로 공급된 원유는 증
류탑의 사이트 리플렉스(side refllex)나 각 제품과 열 교환되어 탈염조로 들어간다. 탈염된 원

유는 다시 고온도 레벨의 유체에서 열 회수를 한 후에 가열로에서 소정의 온도(300~350℃)로 가열되어 상압 증류탑으로 간다. 상압 증류탑에서는 비점의 차에 따라 나프타(naphtha) 등·경유, 상압 찌꺼기로 분류되어 유출된다. 탑 측에서 나온 각 유출분에는 경질분의 유분이 다소 혼합되어 있으므로 스트리퍼(stripper)에 의해 경질분을 증발시킨다. 전에는 1루프별의 공업 계기로 증류 장치의 온도, 압력, 액면 등을 제어하고 있었으나 최근에는 마이크로프로세서를 이용한 분산형 제어 시스템으로 제어하는 예가 많아지고 있다.

〈그림 6-81〉은 상압 증류 장치의 흐름 선도를 나타낸 것이다. 원료유는 원유 탱크에서 주증류탑으로 송유되는데, 송유 기기로서는 증기를 구동원으로 하는 터빈 펌프가 이용되고 있다. 터빈 펌프에는 부하에 따라 터빈 출력을 조절하는 조속기가 있으며, 조속기의 밸브를 개폐함으로써 증기의 유입량을 변화시켜 회전수를 제어하고 있다.

원유는 펌프에 의하여 연속적으로 탈염조로 이송된다. 탈염조에서는 전기 탈염법 등에 의해 원유 중에 함유되어 있는 염분이 유분과 분리되어 디스플레이서라고 하는 계면 지시 조절계(LIC-1)에 의해 탈염조 밖으로 제거된다. 변위형 액면계는 석유 플랜트에서 사용하는 예가 많

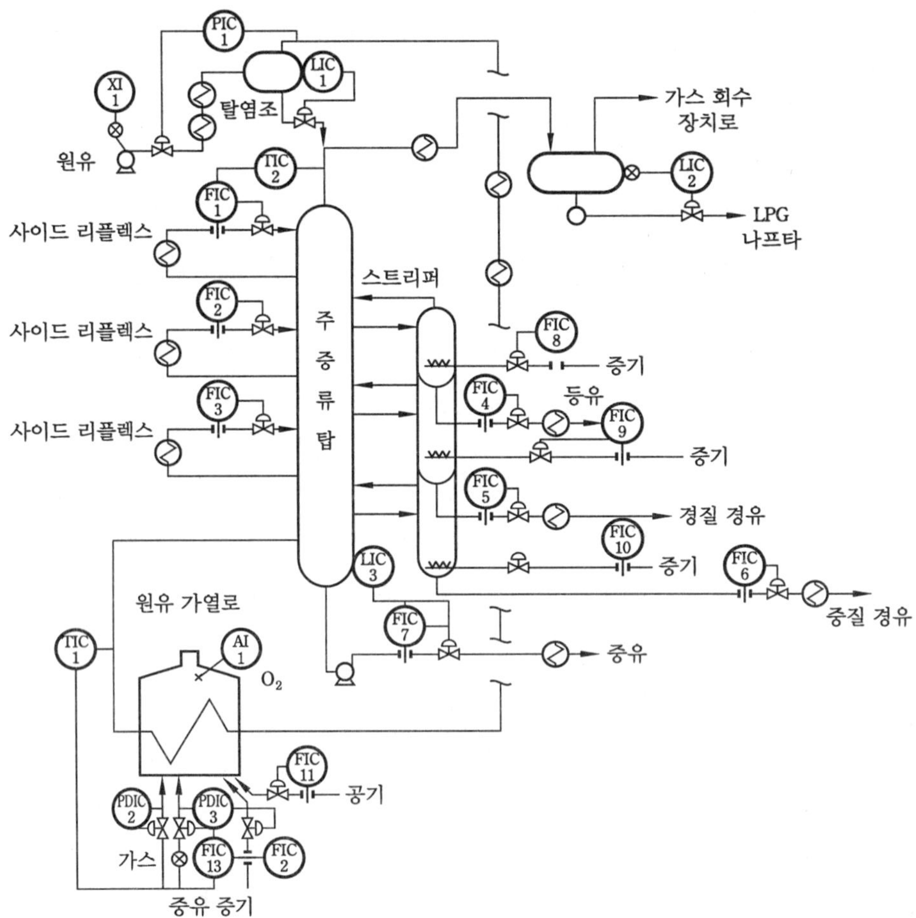

〈그림 6-81〉 상압 증류 장치의 흐름 선도

고 특히 현장의 지시 조절계나 전송기로 채용되고 있다.

탈염조에서는 기름과 물을 효과적으로 분리하기 위한 온도 조절과 원유 경질분이 증발하지 않도록 하기 위한 압력 제어(PIC-1)가 중요하다. 탈염된 원유는 파이프 스틸형 가열로에서 350℃ 가까이 가열된다. 가열로 출구에는 열전대를 검출단으로 하는 온도 조절계(TIC-1)가 설치되어 가열로 연료를 제어한다. 연료로서는 중유 및 가스(메탄, 에탄)가 사용되는데, 통상 가스를 전량 연소시켜 중유로 온도 제어하는 경우가 많다.

연소계의 제어는 기본적으로는 보일러의 연소 제어와 같다. 연료로서 중유를 사용할 경우에는 용적형의 유량계가 사용된다. 또한 중유의 경우 적절한 연소 상태를 유지하기 위해 중유를 분무하는 증기가 필요하면 그들의 차압을 일정하게 하기 위해 차압 조절계(PDIC-3)가 사용된다. 그 밖에 연소 공기의 적정화를 기하기 위해 연소 폐가스의 산소량을 질코니아식 산소 분석계(AI-1)로 측정하여 공기 유량을 수정 제어하는 예도 많이 있다. 또한 연소 감시의 안전 설비로서 화염 검출기를 설치하여 소염 시에 연료 계통을 차단하는 안전 시스템도 있다. 원유에 함유되어 있는 탄화수소의 종류는 매우 많으며 석유 제품으로서 각각의 용도에 적합한 범위의 비점을 가진 혼합물이면 된다.

〈그림 6-81〉과 같이 탑정부에서는 탑정 온도가 일정해지도록 온도 조절계(TIC-2)에 의해 사이드 리플렉스 양을 조절하고 있다. 원유 중에서도 가장 가벼운 성분은 탑정부에서 분리되어 탑정의 콘덴서를 통과하고, 응축되지 않는 가스 성분은 가스 회수 장치로 이송되며, 나프타 유분은 액면 조절계(LIC-2)에 의하여 가스 회수 장치로 이송되어 LPG와 분리된다.

상압 증류탑 속에서는 비점이 높은 순으로 응축되며, 중간 단부터 각각의 유량 조절계(FIC-4, 5, 6)에 의하여 일정량이 회수된다. 사이드 스트리퍼에서는 스트리핑 스팀의 증기 유량 조절계(FIC-8, 9, 10)에 의해 비점이 낮은 유분을 스트리핑한다. 상압 증류탑의 리플렉스로서 각 유분의 분리를 양호하게 하기 위해 사이드 리플렉스 방식이 채용되고 있다. 여기서는 원유에 열 회수를 하는 동시에 각 제품의 정류도를 좋게 하기 위해 부하 일정 조건하에 유량 제어(FIC-1, 2, 3)를 한다.

상압 증류탑의 하부에는 가장 증발이 어려운 중유(상압 찌꺼기)가 남는데 그 속에 증기를 불어 넣어 중유 중에 함유되어 있는 경질분을 증발시킨다. 상압 찌꺼기는 감압 증류 장치나 탈유황 장치로 이송하기 위해 하류 측에 외란을 주지 않는 루프를 구성해야 한다. 종래로부터 비선형 모양의 갭부가 조절계를 채용하여 일정한 범위 내에서는 하류 측에 외란을 주지 않는 균류 제어가 되고 있고, 그림에서는 외란을 없애기 위해 갭부가 조절계(LIC-3)와 유량 조절계(FIC-7)에 의한 캐스케이드 제어 루프를 구성하고 있다.

② 제철 공업

철강의 프로세스는 철광석, 석탄 등의 원료 처리부터 제철, 제강 및 압연, 제품 처리와 많은 공정으로 이루어졌으며 설비의 종류도 많다. 그러므로 여기에서는 제철 공장을 상징하는 고로

(高爐)의 계장에 관해 알아본다.

고로는 철광석, 코크스 및 석회석 등을 원료로 하여 선철을 생산하는 설비이다. 대형 고로의 부피는 5,000m³가 되며 하루에 10,000t이 넘는 선철 생산 능력을 가지는 것도 있다. 고로의 화구에서 불어넣는 열풍에 의하여 고로의 상부에 들어간 원료 중 산화철이 환원되어 선철이 되며 고로의 하부 출구에서 쇳물 상태로 나오게 된다.

고로 송풍기에서 승압된 냉각 공기는 산소의 함유량을 높이고 습도를 조정한 다음 열풍로에서 약 1,250℃로 가열된 열풍이 된다. 열풍로는 고로 가스를 연소시켜 열풍로 내의 벽돌에 축열시키는 공정과 벽돌에 축열된 열로 냉각 공기를 가열하여 송풍을 하는 공정의 노이며, 1개의 고로에 3~5기의 열풍로가 설치되어 있다. 열풍로가 4기 이상인 경우에는 2기씩 순차적으로 송풍한다.

〈그림 6-82〉는 송풍 계통을 중심으로 한 고로의 계장 계통을 나타낸 것이다.

고로 송풍의 온도 제어는 고온과 저온의 열풍로를 통과하는 풍량의 비율을 바꾸어서 온도 제어를 하며, 노를 절환하는 과도 상태의 보정으로 일부 혼합 냉풍을 사용한다.

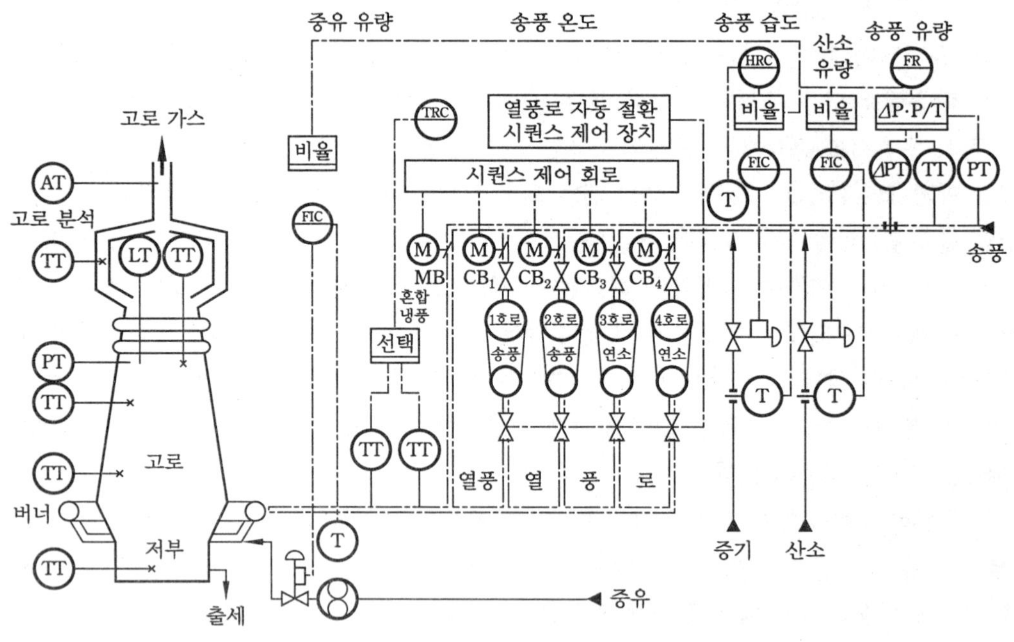

〈그림 6-82〉 고로의 계측 제어 계통

〈그림 6-83〉은 각 열풍로의 절환 및 열풍로 출구의 열풍 온도, 송풍용 나비형 밸브(butterfly valve)와 혼합 냉풍용 나비형 밸브의 개도 관계를 나타낸 것이다. 각 나비형 밸브의 조작부는 전동식이고, 조절계에 전기식 펄스 출력을 사용하면 시퀀스 제어 장치와의 연동을 통한 인터로크 동작을 쉽게 할 수 있으며 경제적인 시스템을 구성할 수 있다.

송풍 온도의 검출은 R(백금 로듐) 열전대 또는 방사 온도계로 검출하고, 신뢰성을 높이기 위해 이중으로 검출 장치를 사용하며, 송풍 습도는 염화리튬 습도 발신기로 검출한다. 증기 유량으로 송풍 유량을 비율 제어하고, 이 비율을 습도 제어의 출력으로 하여 캐스케이드로 설정한다. 증기는 고로의 연료 입구에서 열분해되며 흡열 반응을 한다. 그러므로 열량의 손실이 발생하게 되며 이런 현상을 방지 하기 위해, 즉 생 에너지를 위해 공기를 탈습하고 건조한 공기를 송풍하는 방법도 채용한다. 공기 중에 산소의 포함 비율을 높인 유량 및 중유 흡입 유량은 각각 송풍 유량으로 비율 제어한다.

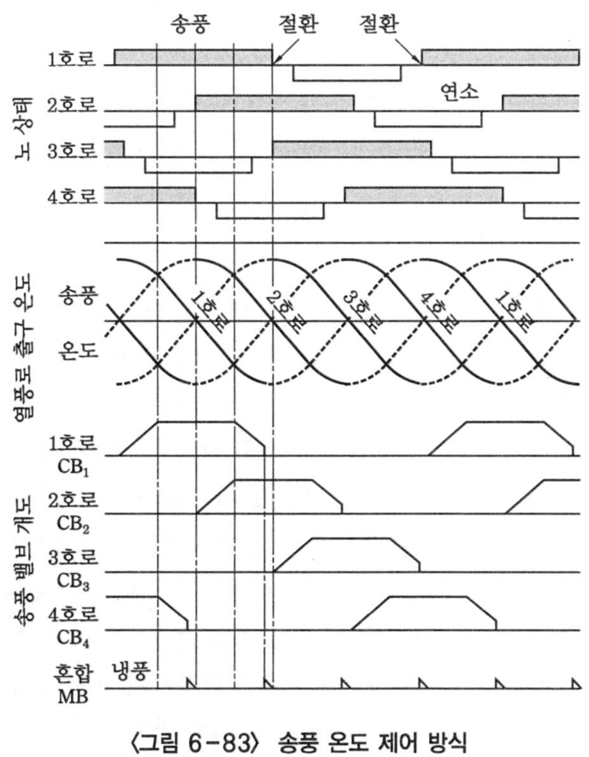

〈그림 6-83〉 송풍 온도 제어 방식

고로에서 나오는 가스는 노 내에서 연소 반응의 지표로서 중요하며, 적외선식 가스 분석계(CO, CO_2), 열전도식 가스 분석계(H_2) 등으로 가스 분석을 한 다음 고로 자체의 온도 감시, 고로로 넣는 원료의 레벨 계측 등 고로에 있어서 계측점은 수백 가지에 달한다. 열 기록 장치에 의한 고로 내의 온도 분포 측정, 열 측정 막대를 고로 내에 넣어서 노 내의 온도, 압력, 가스 성분 등을 측정하는 특수한 계측 방법도 있다.

고로의 제어는 앞에서와 같이 많은 정보를 종합하여 제어를 하며, 정보의 수집은 쉬우나 제어로 인한 위험을 분산시킬 수 있는 분산형 제어 방식이 채용되는 경향도 있다.

③ 시멘트 공업

시멘트 공업은 철강과 나란히 기간산업의 하나로서, 시멘트 플랜트에서의 계장도 플랜트의 안정 또는 경제 운전이라는 견지에서 자동화는 필수적인 것으로 되어 있지만, 프로세스 대상이 고온·다진하고, 취급하는 원료 제품이 분입체이며, 가마(kiln)는 거대화하여 지연 시간이 있기 때문에 만족할 만한 자동화가 이루어지지 않았다.

그러나 컴퓨터가 채용된 이래 신설 시멘트 플랜트에서 계산기 제어의 도입이 활발하게 되어 계장 기술의 발달과 더불어 플랜트의 대형화 능률 향상에 공헌하고 있다.

시멘트의 제조는 석회질과 점토질의 원료를 적당한 비율로 배합하여 충분히 혼합·분쇄하여 미세한 분말로 만들고, 이것을 회전 가마(rotary kiln) 또는 샤프트 가마(shaft kiln) 등 적당한 소성 장치로 구운 다음, 그 일부가 용융할 정도로 급랭시킨 후 클링커(clinker)에 적당량의 석회를 넣어 미분말로 만드는 것이다.

여기서는 원료 조정 시스템의 계장에 대해 알아본다. 원료 조정 부문은 각종 원료를 분쇄하여 질이 좋은 시멘트를 만들기 위해 화학 성분, 분말도, 또 습식의 경우에는 수분을 균일하게 공급하는 공정이다.

【1】 원료 배합 제어

원료 분쇄기에 원료를 공급하는 원료 공급기에는 테이블 피더, 포트 미터, 피드웨어 등이 사용된다. 요즘은 정밀도가 높은 피드웨어가 보급되어서 분쇄기에의 원료 정량 공급, 제 원료의 혼합 분쇄 비율 제어에 많이 사용된다.

〈그림 6-84〉는 피드웨어에 의한 분체 원료의 비율 배합을 나타낸 것이다. 분체 공급기에서 나온 분체 원료는 계량용 벨트로 옮겨진 다음 베겔(Begels)식 또는 메릭(Meric)식으로 중량 측정되며, 순시값 또는 적산값이 미리 설정된 목표값과 일치하도록 조절계의 출력 신호를 내보낸다. 이 출력 신호로써 공급기의 구동용 가변 속도 전동기(VS-M, variable speed motor)의 속도를 제어하고 메이저 플로(major flow)를 일정 값으로 유지시킨다. 또한 동시에 플로어 플로(floor flow) 공급량이 차동 변압기로 검출되며 이것을 변환기에 의해 직류 전압으로 변환한다.

플로어 플로의 신호에다 비율 설정기에 의해 일정 배합 비율을 곱한 메이저 플로 신호 설정 값을 목표값으로 하여 조절계가 작동한다. 이 출력 신호가 플로어 플로 공급기인 가변 속도 전동기의 속도를 제어한다.

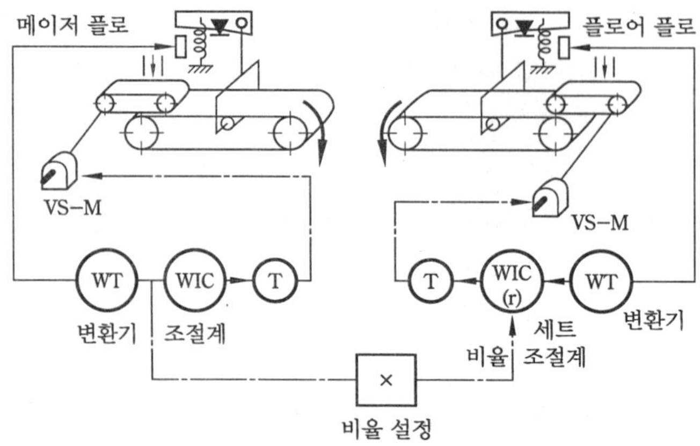

〈그림 6-84〉 일정 피드웨어에 의한 원료의 비율 배합

또 같은 방식으로 메릭 적분기 원판(Meric integrator disc)의 회전을 측정하여 적산 제어도 할 수 있다. 최근에는 피드웨어 공급량 신호를 직접 펄스로 발신시킨 다음 그 펄스를 사용하여 디지털 혼합기(digital blender) 제어 장치로 배합 제어를 하는 것도 있다. 또 이 펄스는 계산기의 입력으로서 배합 제어 연산을 계산기로 할 수 있다.

[2] 원료 밀 제어

원료 밀(mill) 제어는 완성 공정에서의 밀 제어와 거의 같지만 습식 분말 방식에서는 원료에 물을 첨가하여 슬러리(slurry) 모양으로 분쇄한다. 그림은 그 경우를 나타낸 것이다. 즉, 조정된 분체 연료는 피드웨어로 밀에 공급된다. 동시에 물을 공급하여 원료 슬러리를 만드는데, 그 수분을 일정하게 유지하기 위하여 급수 탱크의 레벨 제어를 하여 급수계의 안정을 유지하도록 한다.

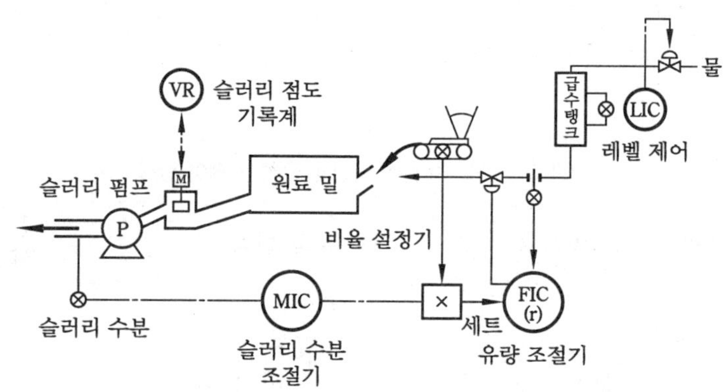

〈그림 6-85〉 원료 밀의 계장 제어

수분은 밀 아웃렛(mill outlet)에서 회전 원통형의 슬러리 점도계 또는 기포식 비중계에 의해 제어된다. 중성자 수분계는 온라인 수분계로서 프로브(probe)에 Ra-α-Be 등의 고속 중성자 원과 BF_3 계수관 등을 사용한 열 중성자 검출기가 삽입되어 있다. 이 출력은 단위 체적의 수소 원자에 거의 비례하므로 시료 수소 원자가 함유 수분에만 의존할 때에 출력은 수분량에 비례한다. 그림에서 슬러리 수분 조절기는 원료와 급수량의 비율 설정기의 비율을 캐스케이드하여 소정의 급수를 제외한다.

이 밖에 가마 가스에 의해 건조할 경우에는 열풍의 온도, 풍량 등의 자동 제어가 행해진다. 또 분체 원료의 균일화를 도모하기 위한 분체 혼합기(air blending tank) 또는 사일로(silo) 등의 레벨계로서 차압식(air purge), 방사선식, 정전 용량식 등이 실용화되어 있어 공정 관리를 쉽게 하고 있다.

4 전력업

전력 계통은 수력, 화력, 원자력 등의 발전소나 송전·변전을 포함한 송배전 설비 및 공장이나 가정에서의 전력 소비 부하로 되는 대규모 시스템이다. 한편, 전력 소비량은 시시각각으로 변화하는데 전력은 저장할 수 없는 에너지이므로 소비에 맞는 발전을 늦지 않게 해야 된다는 특수한 사정에서 발전소의 운전에 대한 고도의 제어 결과가 시급히 요구된다.

【1】 전력 계통의 제어

전력 계통은 전동기의 회전수 유지나 컴퓨터 등 전기 제품의 정도 유지를 위해 주파수의 변동을 최소한으로 억제해야 하며, 전력 계통이 발전소와 수요 부하가 직결되어 있으므로 부하 변동의 상황에 따라 발전량을 정확히 제어해야만 한다. 또한 발전소 전체의 효율 향상을 도모해야 하며, 이를 위해 여러 가지의 방법을 채용하고 있다.

전력 계통의 부하 변동에 대응하기 위해서는 변동된 부하에 적합한 발전기 출력, 즉 터빈에의 증기 유입량을 가감해야 되며, 이러한 발전기 출력의 변경 지령은 많은 발전소에 대해 중앙 급전 지령소에서 실시된다. 화력 발전소에서의 보일러와 터빈 사이의 제어에는 보일러 추종 방식, 터빈 추종 방식, 보일러·터빈 협조 제어 방식이 있는데, 〈표 6-25〉는 이러한 제어 방식을 비교한 것이다.

〈표 6-25〉 보일러 터빈을 구성한 제어 방식

제어 방식	보일러 추종 방식	터빈 추종 방식	보일러·터빈 협조 제어 방식
제동	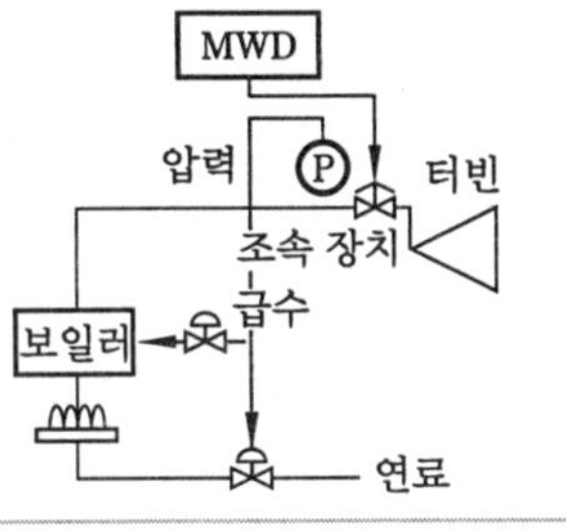	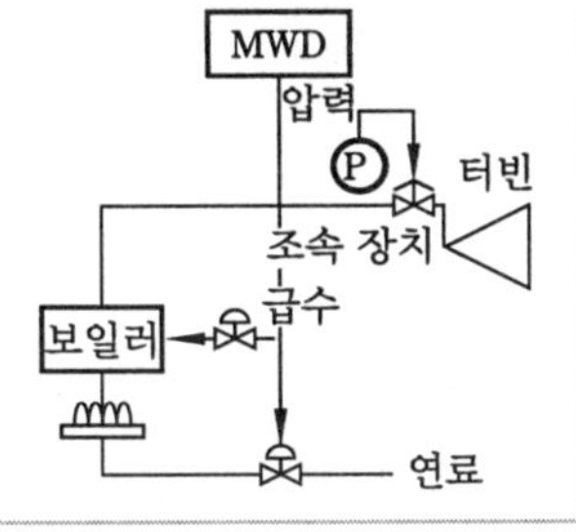	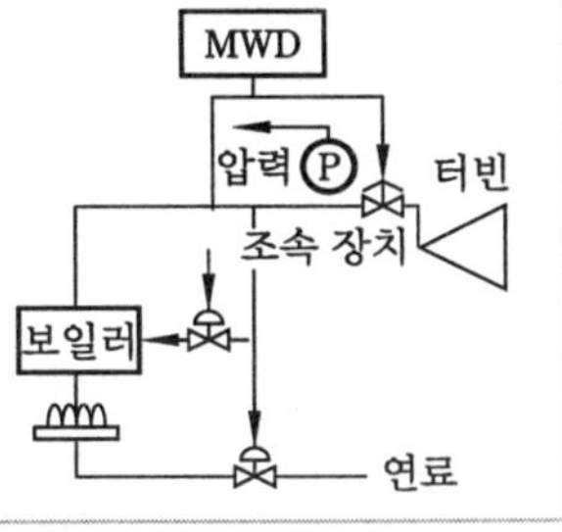
기본 제어	부하 제어 → 터빈(조속 제어) 주 증기 압력 제어 → 보일러 (연료)	부하 제어 → 보일러(연료) 주 증기 압력 제어 → 터빈(조속 제어)	부하 제어 → 터빈(조속 제어), 보일러(급수, 연료) 주 증기 압력 제어 → 보일러 (급수)

보일러 추종 방식에서 요구 부하 신호(MWD)는 터빈의 조속 장치에 작용하여 터빈 유입 증기량을 가감하고, 보일러에서는 연소 제어(ACC)에 의하여 증기 압력을 제어한다. 이 방식은 축열 용량이 큰 드럼형 보일러에 사용되며, 부하 변동 시의 응답성은 좋으나 보일러로서는 과중한 운전이 된다.

터빈 추종 방식에서 MWD는 연료량에 작용하여 증발량을 제어하고 조속 장치는 증기 압력이 일정하게 되도록 터빈 유입 증기량을 제어한다. 이 방식에서는 보일러 시정수를 통해 터빈 부하가 변하므로 부하 응답성은 나쁘나 보일러는 안정된 운전을 할 수 있다.

보일러·터빈 협조 제어 방식은 위의 2가지 방식의 중간으로서 주로 대형의 관류 보일러를 사용한 화력 발전소에서 채용되고 있다.

【2】 가압수형 경수로(PWR)의 계장 설비 제어

① 원자로 계장

계측 제어 설비 중 특히 노심에 관한 정보를 얻기 위한 다음과 같은 원자로 계장이 있다.

노 외 핵 계측 장치는 원자로 용기의 주위에 중성자 검출기를 설치하여 원자로 출력에 비례하는 중성자속 레벨을 감시하는 것이며, 중성자원 영역, 중간 영역 및 출력 영역의 3개 계측 영역을 설치하여 원자로 정지 상태에서 정격 출력의 120%까지 노심 중성자속 레벨을 감시한다.

노 내 계측 장치는 노심 내의 출력 분포를 파악하기 위해 설치된 것이며, 노 내 온도 계측 장치 및 노 내 중성자속 계측 장치로 구성된다. 노 내 온도 계측 장치는 연료 접합체 출구의 1차 냉각재 온도를 열전대(크로멜·알루멜)로 측정하여 노심의 출력 분포를 감시한다. 노 내 중성자속 계측 장치는 가동 소형 중성자 검출기를 노심 내의 연료 집합체의 중심부에 삽입하여 연료 집합체 축 방향 중성자속 분포를 측정한다.

제어봉 위치 지시 장치는 각 제어용 클러스터(cluster)마다 제어용 구동 장치의 압력 하우징 외부에 부착한 42개의 코일에 의해 구성되는 위치 검출기로 제어봉 클러스터의 위치를 디지털 신호로 변환하여 중앙 제어반상에 표시한다.

② 프로세스 계장

1차 냉각계를 비롯하여 기타의 각 보조계에서 필요한 프로세스 양을 측정해야 한다. 프로세스 계장은 검출기 및 각종 계기를 수납하는 계기 랙(rack)으로 구성되며, 계기 랙에서의 출력은 이상이 있을 때에 원자로를 자동 정지시키는 원자로 보호 설비, 사고가 발생되었을 때에 필요한 설비를 기동시키는 공학적 안전 시설, 작동 설비에 필요한 파라미터에 대해서는 안전 보호계의 프로세스 계장으로 취급되며, 다음과 같이 설계를 한다.

안전 보호계의 프로세스 계장은 다중성이 있는 설계로 하고, 다중화된 각 채널 상호간은 검출기를 포함하여 분리한다. 계기 랙은 4채널로 분할하고 독립성을 기하는 설계로 하며, 각 채널의 전원도 각각 독립된 계장용 전원에서 공급한다. 이러한 안전 보호계의 프로세스 계장의 일부는 원자로 제어계에도 제어 신호로서 사용하는데, 이 경우에는 절연 증폭기를 사용하여 제어계에 발생한 고장이 안전 보호계에 영향을 미치지 않도록 한다.

지시계·기록계에의 신호도 절연 증폭기를 통하여 보내진다. 또한 원자로 운전 중에도 시험을 하여 그 이상 유무를 확인할 수 있도록 설계하여야 한다.

③ 원자로 제어 설비

통상 운전할 때에 발생할 수 있는 운전 조건의 변화, 부하의 변화에 대해 원자로의 출력 등을 제어하는 것이다. 통상 운전 중의 플랜트 출력 제어는 터빈 증기 유량의 조정 및 원자로의 반응도 제어에 의해 실시한다. 원자로의 반응도 제어는 제어봉 클러스터의 위치 조정과 1차 냉각재 중의 붕소 농도 조정의 두 방식을 병용하여 실시한다.

제어봉 클러스터의 위치 조정에 의한 것은 출력, 온도 등 플랜트 운전 조건의 변화에 의한 단기의 반응도 변화의 보상과 고온 정지할 때에 과잉 반응도의 흡수에 사용하며, 붕소 농도 조정에 의한 것은 연료의 연소 핵분열 생성물의 독작용 등의 장기간에 걸친 반응도 변화의 보상과 저온 정지할 때에 과잉 반응도의 흡수에 사용한다. 제어봉 클러스터에 의한 원자로 의 출력 제어는 정격 부하의 약 15% 이하의 범위에서는 수동으로 실시하고, 정격 부하의 약 15% 이상에서는 자동으로 실시한다.

이 자동 제어의 범위 내에서는 ±5%/min의 램프상의 부하 변화와 ±10%의 스텝상의 부하 변화에 응할 수가 있다. 또한 터빈 바이패스 제어계의 동작에 의해 정격 부하의 50%(또는 95%) 상당까지의 급격한 부하 변화에서도 원자로 트립을 일으키지 않고 대처할 수 있다. 〈그림 6-86〉은 가압수형 경수로(PWR)의 계장 제어 설비 계통을 나타낸 것이다.

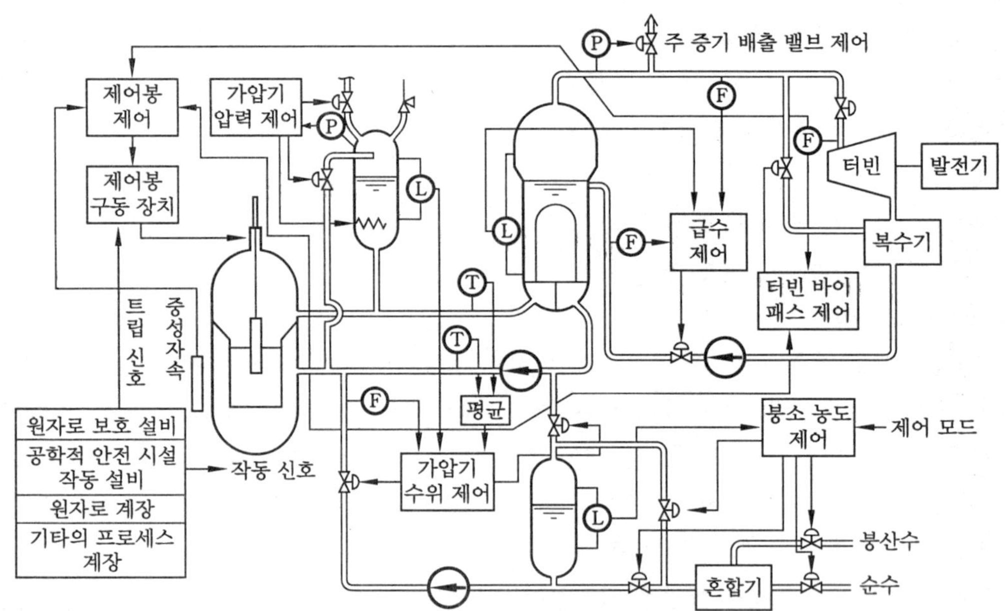

〈그림 6-86〉 가압수형 경수로(PMR)의 계장 제어 설비 계통

5 식품 공업

식품 공업은 생활 양식의 근대화·구미화에 따라 급속히 발전한 분야로서, 프로세스 산업 중에서도 배치(batch) 프로세스를 주체로 하고 자동 기계에 의한 핸들링 시스템 또는 라인의 세정, 품질의 확보 등 계장 자동화도 특이한 산업이다.

또한 업종 자체가 다품종이기 때문에 기업 규모 및 기업수도 다른 공업에 비해 극단적으로 많으며, 기업 형태도 원료, 중간 제품, 최종 제품 등 복잡한 구조로 되어 있다. 따라서 자동화 의 방법도 다종다양하며 각각 독특한 기술이 채용되고 있다.

여기에서는 위스키 제조의 계장 중 로이터 여과 장치의 계측과 제어에 대하여 알아본다.

〈그림 6-87〉은 로이터 여과 장치의 운전에 수반한 계측 제어를 나타낸 것이다.

① **당화 원료 유량 제어(FQC-11)** : 당화 공정에서 이 장치로의 당화 원료(맥즙＋맥박)는 일정량의 배치 적산값 제어에 의해 공급된다. 유량 측정에는 통상 전자 유량계가 사용된다.

② **격탕, 설탕(및 역세) 유량 제어(FQC-8)** : 이 제어는 용수 라인에 설치된 전자 유량계로 일정량의 배치 적산값 제어를 행한다.

③ **순환 유량 제어 및 여과 유량 제어(FQC-7)** : 엑기스 추출을 위한 순환 유량 및 여과 유량에는 오리피스, 와유량계 또는 전자 유량계에 의한 정치 제어 또는 조절 밸브에 의한 밸브 개도의 프로그램 제어가 행해진다. 즉, 여과 유량 제어에 의한 맥즙 송출의 경우 로이터 차압(PdI-2)에 의해 타이밍을 결정하는 경우도 있다.

④ **로이터 내 온도(TI-6)** : 로이터 내는 맥즙의 품질 관리상 온도가 기록계로 상시 기록된다.

⑤ **기타의 계측** : 기타의 계측으로서 해박기(解粕機)의 높이(LI-3), 유압(PI-4), 전류(AI-5) 및 박출의 스크루 컨베이어 전류(AI-10) 등이 측정된다. 또한 순환 라인에 로이터 베셀을 세워 순환량을 액위 제어(LIC-9)에 의해 행하는 경우도 있다.

이상의 계측 제어와 시퀀스 제어가 조합되어 로이터 여과 장치의 운전이 행해진다.

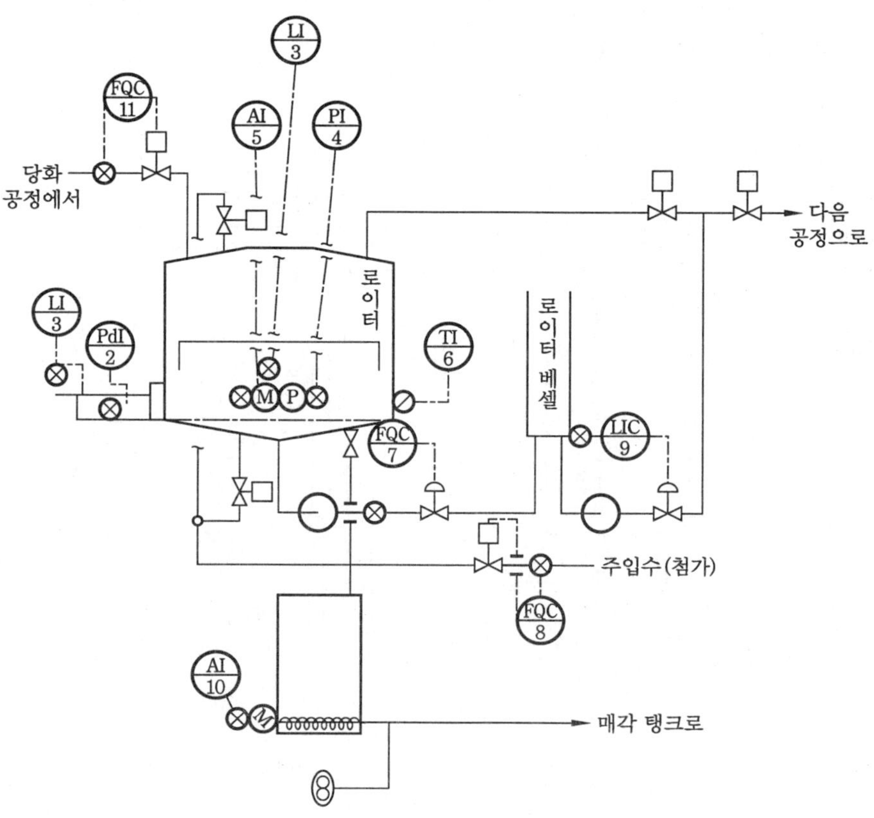

〈그림 6-87〉 로이터 관계 계장

⑥ 제지 공업

제지 플랜트는 펄프 플랜트와 펄프를 주원료로 하여 종이를 제조하는 초지 플랜트로 대별된다.

펄프 플랜트에서는 목재나 그 외의 식물 원재로부터 펄프를 제조하는데, 이에 따른 펄프 플랜트의 계장에 대해 알아본다.

증해 공정의 중심 설비인 증해 가마(나무 가마, digester)는 배치 다이제스터 및 연속 다이제스터로 대별된다. 여기서는 카미어(Kamyr)식 연속 다이제스터의 계장을 예로 한다.

연속 다이제스터(연속 가마)는 높이가 20~80m, 지름이 3~8m인 중공상의 원관 용기이다. 칩은 칩 미터, 스터밍 베셀, 고압 로터리미터 등을 거쳐 가온·가압되어 증해액과 함께 가마의 윗부분으로부터 연속적으로 공급된다. 칩은 가마 내를 연속적으로 하강하는 과정을 통하여 증해액의 가열 순환으로부터 다시 가열되어 증해 반응이 진행된다.

칩의 가마 안에서 총 체류 시간의 약 1/2 경과한 시점이 되면 대체로 증해 반응이 끝난다. 그 이후의 과정에서는 가마 밑 부분으로부터 공급되는 세정액에 의해 향류 세정이 된 후 가마 밑 부분의 보텀 스크레버에 의해 가마 밖으로 배출된다.

연속 가마의 조업에서 중요한 지침이 되는 것은 칩의 증해도를 목표값 근방으로 유지하는 동시에 조업 코스트 요인이 되는 각종 프로세스 변수를 최적값으로 유지하는 것이다. 〈그림 6-88〉은 연속 가마의 프로세스와 그 제어를 나타낸 것이다.

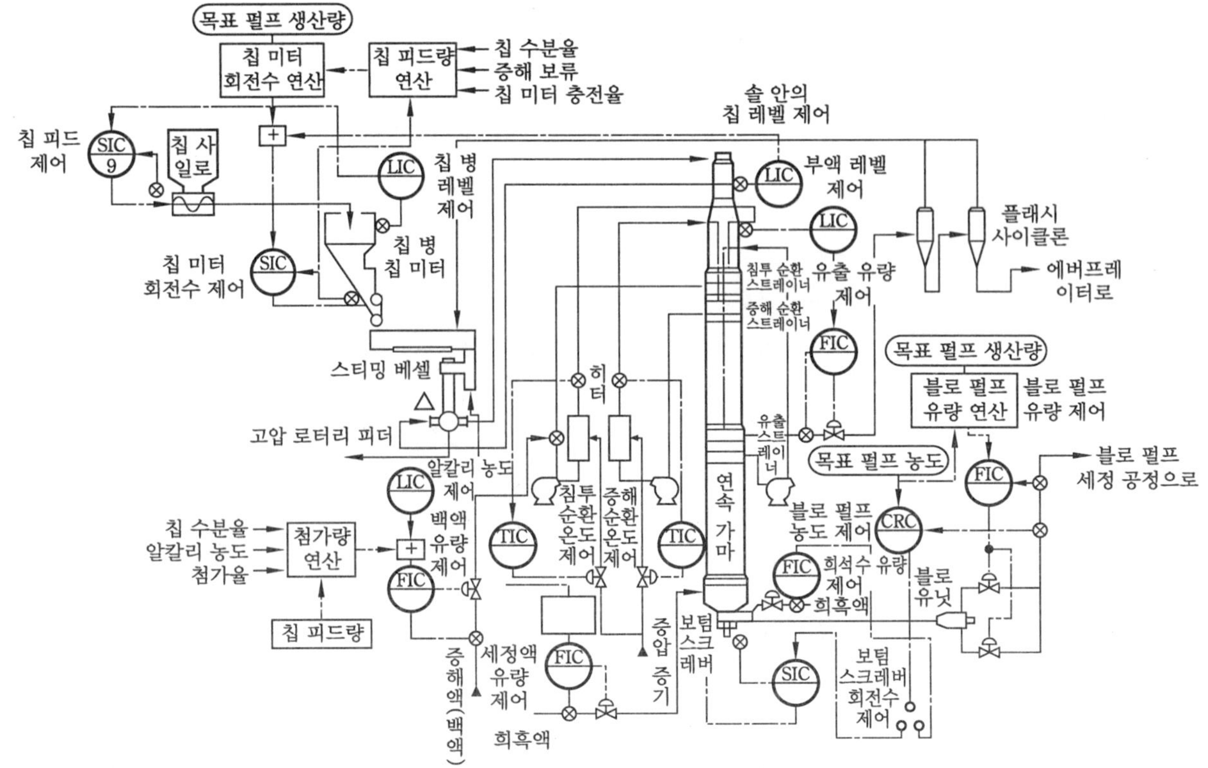

〈그림 6-88〉 연속 가마의 프로세스와 그 제어

7 상·하수도 설비

상수도 설비는 대별하면 취수·도수 설비, 정수 설비, 배수 설비로 구성된다. 취수·도수 설비에서는 계획 취수량을 상시 확보할 수 있을 것, 수질이 양호해야 할 것이 기본 조건이다. 취수량의 조절은 취수 게이트의 개도 제어, 취수 펌프의 대수 운전, 회전수 제어로 한다. 일반적으로 취수장은 정수장에서 떨어져 있기 때문에 텔레미터/텔레컨트롤 장치에 의해 정수장의 중앙 관리실에서 감시·조작하는 시스템으로 되어 있다.

정수 설비는 정수 공정으로서 착수, 침전, 여과로 구성되며, 배수·배니(排泥) 공정으로서 세정 배수, 침전 배니, 오니 처리 설비가 있다. 정수 공정은 원수에 함유되어 있는 여러 가지의 미립자, 미생물, 세균 등을 제거하고 음료수로서 사용할 수 있는 물로 만드는 공정이다.

제거 방법으로서는 약품 주입 침전-급속 여과의 방법을 채택하고 있다. 여기서는 여과지 설비의 계장과 송·배수 설비의 계장, 오수 처리 공정의 계장에 대하여 알아본다.

【1】 여과지 설비의 계장

여과지 설비는 약품 침전 처리를 할 수 없는 미세한 탁질분을 모래층에 통과시킴으로써 제거하는 것이다. 여과지 계장의 중심은 여속을 일정하게 유지하기 위한 여과 유량 제어와 모래층의 오염을 청정하게 하기 위한 못의 세정 제어이다. 〈그림 6-89〉는 여과지 주위 전체의 계장 플로시트를 나타낸 것이다.

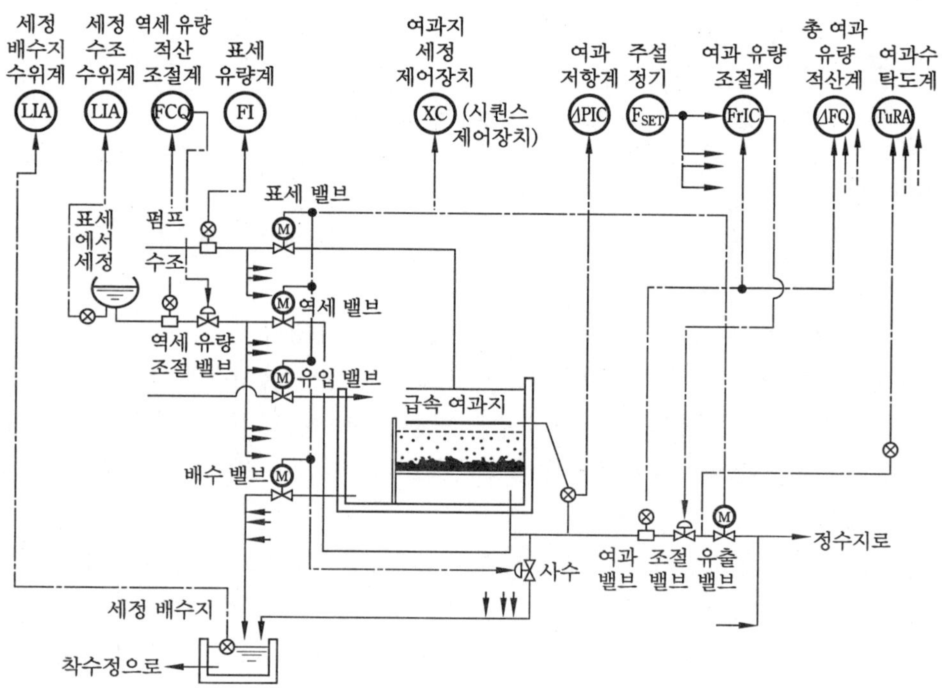

〈그림 6-89〉 금속 여과지의 계장 플로시트

여과 속도는 120~150m/day가 표준으로 되어 있으며 일정하게 유지하도록 제어한다. 여과 유량의 설정은 여과지군 공통의 주설정기를 설치하고 가동(여과 중) 여과지 전체의 총 여과 유량을 설정하여 각 못의 여과 유량 조절기에 자동 설정한다. 가동 못 수 및 총 여과 유량의 설정은 운전원의 판단에 의한 수동 설정 방식과 배수 수요량을 자동적으로 예측하여 못의 수위 밸런스를 계산하여 자동 설정하는 방식이 있다. 급격한 여과 속도의 변경은 여과지 모래의 상태에 충격을 주고 여과수 탁도의 상승을 초래하므로 슬로 스타트 처리를 한다.

모래층의 막힘을 제거하기 위해 밑에서 물을 분사하여 모래를 띄워 사립(砂粒)을 서로 충돌시킨다. 모래의 세정 수량을 일정한 유속으로 유지하기 위해 유량 제어를 한다.

[2] 송 · 배수 설비의 계장

정수장에서 정화된 물은 수용가에 적정한 수압 및 수질을 유지하면서 공급한다. 정수장에서 배수지까지를 송수계, 배수지에서 각 수용가까지를 배수계라고 한다. 〈그림 6-90〉은 송 · 배수 계통을 나타낸 것이다.

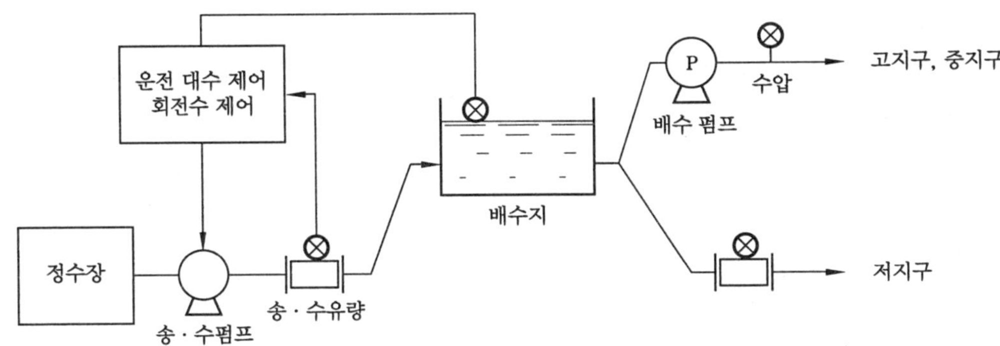

〈그림 6-90〉 송 · 배수의 계통도

① 송수량 제어

배수지는 일반적으로 높은 곳에 설치되기 때문에 송수량 제어는 배수지의 수위를 유지하도록 수위에 의한 송수 펌프의 운전 대수 제어를 한다.

최근에는 컴퓨터에 의한 수계 운용 기술의 진전으로 배수량의 일간 수요 변동, 시간 단위의 수요 변동의 요인을 해석하여 예측식을 세우고 다음 날의 24시간 앞까지의 배수량을 예측한다. 이 예측 배수량에 의해 저수지의 수위 변동을 예측하고, 상 · 하한 허용 수위에 들어가도록 송수량의 제어를 하는 개선된 제어의 기술도 정수장에서 도입되고 있다.

② 배수량 제어

저지구의 배수는 자연 유하 방식에 의해 각 수요 단에 공급되기 때문에 특별히 제어하지 않는 경우가 많다. 수압이 특별히 높아지는 곳은 감압 밸브에 의하여 감압한다.

고지구의 배수는 가압 펌프 방식에 의해 공급한다. 관 말단에서 적정한 수압(150kPa 이상)을 유지하도록 펌프의 회전수 또는 운전 대수 제어를 하며 이것을 말단 압력 제어라고 한다. 〈그림 6-91〉은 유량에 의한 도중의 관로 저항을 고려하여 넣은 말단 압력 제어의 일례를 나타낸 것이다.

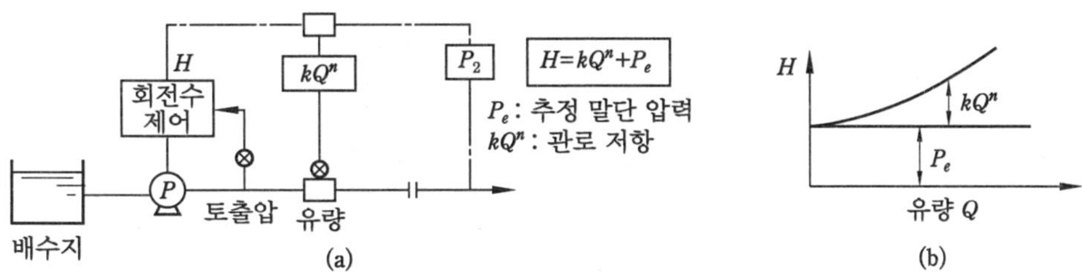

〈그림 6-91〉 고지구 추종 말단 압력 제어

【3】 폐수 처리 공정의 계장

미생물 반응을 이용하여 유기성 오탁 물질을 제거하는 처리 방식을 활성 오니법이라고 한다. 〈그림 6-92〉는 활성 오니법의 공정 흐름을 나타낸 것으로 침사지, 스크린, 폐수 펌프를 거치는 동안에 하수의 토사, 거친 먼지 덩어리의 제거, 최초 침전지까지 양수한다. 그 후에 하수는 각 시설을 자연 유하하면서 정화되어 간다.

최초 침전지는 단순한 중력 침강으로 제거 가능한 오탁질을 침전시켜 다음의 폭기 (aeration) 탱크에 유입하는 부하를 경감한다. 침전 오니는 정기적으로 펌프로 뽑아낸다. 폭기 탱크는 상승 기포로부터 산소 공급과 교반 혼합을 행하는 미생물 반응 탱크이다. 이 중에는 하수 중의 유기물을 영양원으로 하여 호기성 미생물이 번식하고 생 오니가 생성된다. 이 오니는 활성 오니라고 하는 젤라틴상의 플록을 형성하지만, 폐수의 정화 기능과 침강성이 좋은 특성이 있다. 최종 침전지에서는 활성 오니와 정화수를 중력 침전으로 분리하고 오니는 폭기 탱크로 반송하여 다시 폐수 정화를 시킨다.

활성 오니의 양은 폐수 정화에 따른 번식에 의하여 증가하는데, 이 증량분은 정기적으로 잉여 오니로서 제거해야 된다. 또 최종 침전지의 상등수는 염소 멸균(소독 설비)을 실시하여 위생상 안전하게 방류시킨다.

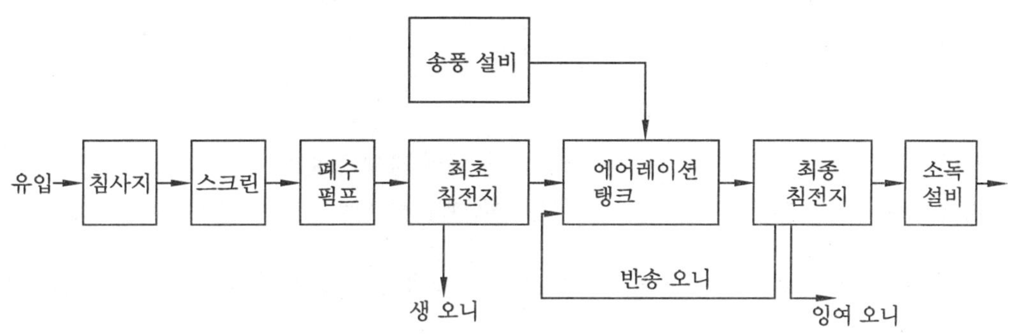

〈그림 6-92〉 활성 오니법의 공정 흐름

연 습 문 제

1. 1차 지연 요소의 전달 함수는?

   ㉮ $1+Ts$　　　　　　　　㉯ K/s

   ㉰ Ks　　　　　　　　　㉱ $\dfrac{K}{1+Ts}$

2. 유량 지시계를 계장 기호로 나타낸 것은?

   ㉮ LIC　　　　　　　　　㉯ FI

   ㉰ TRC　　　　　　　　　㉱ FRC

3. 계기호 X는 변량을 나타낸 것으로, 지시 기록계를 나타낸 것은?

   ㉮ XCV　　　　　　　　　㉯ XIQ

   ㉰ XIR　　　　　　　　　㉱ XRA

4. 다음 계장용 그림 중 틀린 것은?

   ㉮ 공기압 배관　　　　　　　　㉯ 유압 배관

   ㉰ 전기 배선　　　　　　　　㉱ 모세관

5. 다음 계장 도면은 무엇을 나타낸 것인가?

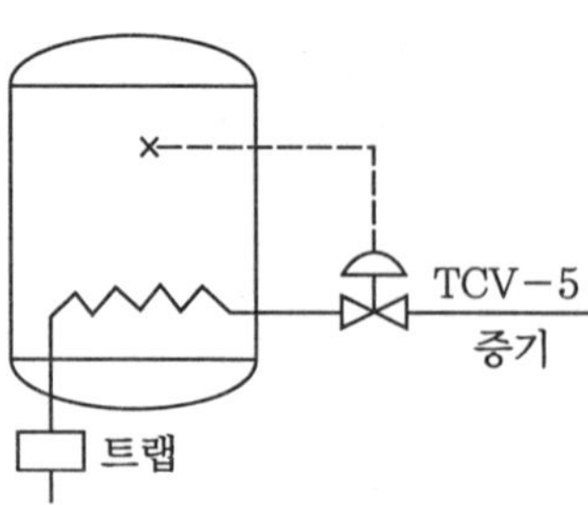

   ㉮ 압력계　　　　　　　　㉯ 유리 레벨 조절기

   ㉰ 자력식 온도 조절 밸브　　　　㉱ 패널용 다점 온도 기록계

6. 자동 제어 공학에서는 가능한 한 운전 조건 근방에서 어떻게 하여 동특성을 해석하는 것이 좋은가?

7. ON−OFF 제어는 무슨 제어인가?

8. 잔류 편차를 일으키는 제어는 어떤 제어인가?

9. 사이클링(cycling)을 일으키는 제어는 어떤 제어인가?

10. PI 제어의 단점은 무엇인가?

11. 전달 함수의 정의는 무엇인가?

12. 제어량이 온도, 압력, 유량 및 액면 등과 같은 일반 공업량일 때의 제어는 무엇인가?

13. 피드백 제어계에서 꼭 있어야 할 5가지는 무엇인가?

14. 출력 오차가 변화하는 속도에 비례하여 조작량을 가감하는 제어는 어떤 제어인가?

15. 어떤 제어계에 입력 신호를 가하고 난 후 출력 신호가 정상 상태에 도달할 때까지의 응답을 무엇이라고 하는가?

16. 고로(高爐) 내의 온도 검출 방법을 설명하시오.

17. 정밀도가 높은 공정 제어에 사용이 어려운 것은?

   ㉮ 비례 제어   ㉯ on/off 제어
   ㉰ 비례 적분 제어   ㉱ 비례 미분 제어

18. 제어량을 목표값으로 유지하기 위해 조작량이 너무 크거나 작아 진동이 생길 수 있어 실제로는 동작 간격(히스테리시스 : hysteresis)을 가지며 정밀도가 높은 공정 제어에는 사용이 곤란한 제어는?

   ㉮ 비례 제어   ㉯ 온/오프 제어
   ㉰ 비례 적분 제어   ㉱ 비례 미분 제어

19. 제어 요소의 동작 중 연속 동작이 아닌 것은?

   ㉮ 미분 동작   ㉯ on-off 동작
   ㉰ 비례 미분 동작   ㉱ 비례 적분 동작

20. ON−OFF 제어의 설명으로 틀린 것은?

   ㉮ 항온조, 전기가마 등에 널리 쓰인다.

㉯ 정밀도가 높은 제어에 사용된다.

㉰ ON, OFF 조절계에서 동작 간격의 히스테리시스를 가지고 있다.

㉱ ON, OFF 기구의 수명이 짧아진다.

21. 조절 요소의 제어 동작에는 세 가지 기본 동작형이 있다, 해당되지 않는 것은?

㉮ 비례 동작

㉯ 적분 동작

㉰ 미분 동작

㉱ 적산 동작

22. P 동작의 비례 이득이 4일 경우 비례대는 몇 %인가?

㉮ 1

㉯ 4

㉰ 10

㉱ 25

23. 다음 공식에 해당되는 제어는?

$$Y(s) = \frac{1}{Ts} X(s)$$

㉮ 비례 적분 제어

㉯ 비례 미분 요소

㉰ 미분 요소

㉱ 지연 요소

24. 적분 시간이 3분, 비례 감도가 4인 PI 조절계의 전달 함수는?

㉮ $4s + 3$

㉯ $\dfrac{12s + 4}{3s}$

㉰ $\dfrac{3s}{12s + 4}$

㉱ $4 \cdot \left(\dfrac{1}{3s} \right)$

25. 다음 중 미분 동작의 설명으로 잘못된 것은?

㉮ 응답 속도가 빠르다.

㉯ PID 동작이라 한다.

㉰ 목표값의 변동이 작다.

㉱ 잔류 편차를 결정한다.

26. PD 제어 동작은 제어계의 무엇을 개선하기 위해 쓰이나?

㉮ 안정도

㉯ 이득

㉰ 정상 특성

㉱ 속응성

27. 미분 시간 3분, 비례 이득 10인 PD 동작의 전달 함수는?

㉮ $10(1+2s)$ ㉯ $1+3s$

㉰ $10(1+3s)$ ㉱ $5+2s$

28. 복합 로프 제어계가 아닌 것은?

㉮ 캐스케이드 제어 ㉯ 비율 제어

㉰ 선택 제어 ㉱ 비례 적분 미분 제어

29. 시퀀스 제어와 관계가 없는 것은?

㉮ 순차 제어 ㉯ 순서 제어

㉰ 정성적 제어 ㉱ 정량적 제어

30. 시퀀스 제어를 크게 3가지로 구분할 때 적당치 않는 것은?

㉮ 시한 제어 ㉯ 되먹임 제어

㉰ 순서 제어 ㉱ 조건 제어

연습 문제
정답 및 해설

[연습 문제 정답 및 해설]

O1 공업 계측의 개요

1. ㉣ **2.** ㉡ **3.** ㉣ **4.** ㉡

5. ① 직접 측정(direct measuremenet) : 측정하고자 하는 양을 직접 접촉시켜 그 크기를 구하는 방법으로, 버니어 캘리퍼스, 마이크로미터, 휘트스톤 브리지 등의 측정기를 사용하여 측정한다.
② 간접 측정(indirect measuremenet) : 측정량과 일정한 관계가 있는 몇 개의 양을 측정하고 이로부터 계산에 의하여 측정값을 유도해 내는 경우를 말하며, 예로서 변위와 이에 소요된 시간을 측정하여 속도를 구하는 경우와 사인바에 의한 각도 측정 등이 있다.
③ 비교 측정(relative measuremenet) : 이미 알고 있는 기준 치수와 비교하여 측정하는 방법으로 다이얼 게이지, 전기 마이크로미터, 한계 게이지, 휘트스톤 브리지 등이 사용된다.
④ 절대 측정(absolute measuremenet) : 정의에 따라서 결정된 양을 사용하여 기본량만의 측정으로 유도하는 것을 절대 측정이라고 한다. 예로서 압력을 U자관 압력계로 수은주의 높이·밀도·중력 가속도를 측정해서 유도하여 압력의 측정값을 결정하는 것이 절대 측정이다.

6.

종 류	내 용	예
편위법	측정량을 변환기를 통해 지침의 편위에 의해 측정	다이얼 게이지 지시 전기 계기 부르동관 압력계
영위법	가변 표준량을 가감하여 측정량과 평형시켜 측정량의 크기를 측정하는 방식	전위차계 마이크로미터 휘트스톤 브리지
치환법	기지량과 측정량의 차이를 측정하는 방식	다이얼 게이지
보상법	측정량에서 기지량의 일정량을 빼고 잔량에 대하여 측정하는 방식	천평

7. ① 이론 오차 : 측정 원리나 이론상 발생되는

오차로서, 예를 들면, 탱크의 액위를 차압 액위계로 측정할 경우 설계 시와 사용 시의 밀도 차에 의한 오차이다.
② 계기 오차 : 측정기 본래의 기차(器差)에 의한 것과 히스테리시스(hysteresis) 차에 의한 것이 있다. 예를 들면, 기계적인 유극이나 저항값의 오차 등에 의한 것으로서 계측기를 교정함으로써 측정값을 보정할 수 있다.
③ 개인 오차 : 눈금을 읽거나 계측기를 조정할 때 개인차에 의한 오차이다.
④ 환경 오차 : 주위 온도, 압력 등의 영향, 계기의 고정 자세 등에 의한 오차로서 일반적으로 불규칙적이다.
⑤ 과실 오차 : 계측기의 이상이나 측정자의 눈금 오독 등에 의한 오차이다.

8. 계측계의 기본 구성에는 검출기, 전송기, 수신기가 있다.

9. 외부 압력에 대한 탄성체의 기계적 변위를 이용한 것으로, 다이어프램(diaphragm), 벨로스(bellows), 부르동관(bourdon tube)의 압력을 전기적 신호로 변환한 차압 변환기, 변위 검출기, 반도체 스트레인 게이지(strain gauge) 등이 있다.

10. • 공압식 : 방폭형이고 본질적으로 안전하지만 전송 거리가 먼 경우에 곤란하다.
• 전기식 : 대규모의 계장, 연산의 용이, 응답의 신속, 컴퓨터 제어의 용이 등의 장점은 있지만 가격이 비싸고 유지 보수에 고도의 기술이 필요하다는 단점이 있다. 유압식은 응답성이 좋고 큰 조작력을 가지고 있으나 공사비가 많이 드는 결점이 있다.

O2 공업량의 계측

1. ㉮ **2.** ㉮ **3.** ㉣ **4.** ㉢
5. ㉮ **6.** ㉡ **7.** ㉣ **8.** ㉡

9. ㉱ 10. ㉣ 11. ㉮ 12. ㉲

13. ㉯ 14. ㉱ 15. ㉱ 16. ㉮

17. 저항 온도계와 열전 온도계는 단순한 구성으로 값이 싸고 취급이 간편하며 온도 측정의 정도는 높지만, 특징을 잘 이해하지 못하고 사용하면 예상외의 오차가 생기거나 그 기능을 충분히 이용할 수 없으므로 주의해야 한다.

18. 온도 저항체나 열전대의 소자 자체의 측정 정도가 높아도 보호관을 씌우기 때문에 검출 소자의 온도가 피측정물의 온도에 정확하게 일치하지 않으므로 오차가 생기며, 이 오차에는 정적 오차(static error)와 동적 오차 (dynamic error)의 두 종류가 있다.

① 정적 오차 : 보호관의 열전도에 의해 생기는 오차이다. 보호관의 지름 d를 작게 하면 삽입 길이 l은 짧아서 좋으나 실제의 적용에 있어서는 기계적 강도상의 배려가 필요하게 된다. 특히 유동하고 있는 기체나 액체, 고형물인 경우 등에서 가는 보호관이나 시드형을 사용하면 진동하거나 마모되어서 수명이 짧아지므로 매우 주의해서 선정해야 한다. 또 보호관의 전 길이는 설치벽의 두께, 보온재의 두께, 단자함의 한계 온도 등에 따라 선정할 필요가 있다.

② 동적 오차 : 온도가 변화하고 있는 상태를 측정하는 경우 정적 오차와 함께 동적 오차를 고려하여야 한다. 피측정물 온도→보호관→열전대 또는 측온 저항체→신호의 온도 검출 프로세스로 각 부분의 열 저항이나 열용량으로 늦음이 생겨 피측정물 온도가 변화하면서 검출 신호가 정확한 온도로 되기까지의 시간이 필요하다. 결국 피측정물 온도가 시간적으로 변화하고 있는 경우 열전대 또는 측온 저항체로 검출한 온도는 피측정물 온도의 정확한 온도를 나타내지 않고 시간적으로 늦은 값을 나타내기 때문에 오차를 일으키는데 이것을 동적 오차라고 한다. 이 동적 오차는 피측정물 온도 변화가 빠르면 빠른 만큼 정도가 크게 된다.

이상과 같이 보호관에 의한 정적 및 동적 오차를 작게 하기 위해서는 피측정물 온도에서 열전대(또는 측온 저항체)에 이르는 열 저항을 작게 하고 열전대(또는 측온 저항체)의 열용량을 될 수 있는 한 적게 한다. 이러한 사항을 만족시키는 방법은 다음과 같다.

㉮ 열전대의 선단을 보호관에 용접한다.

㉯ 시드형을 사용한다.

그러나 ㉮에서는 열전대만을 교환할 수 없고 ㉯에서는 강도상 또는 마모 등의 문제가 발생하는 경우가 있으므로, 온도 측정의 응답 속도가 문제되는 경우에 대해서는 이들의 조건을 충분히 검토해서 선정해야 한다.

19. ① 부르동관식 압력계(Bourdon-tube type pressure gauge)

- 단면이 원 또는 타원형인 관을 환상으로 구부려 만든 부르동관의 한쪽 끝을 고정시키고 다른 끝을 밀폐시킨 것이다. 고정시킨 끝으로부터 압력을 관 안에 작용시키면 관의 단면은 원형에 가깝게 되고 링의 반지름을 크게 변화하여 자유단이 이동한다.
- 이 변위는 거의 압력에 비례하므로 이것을 링크와 기어로 확대해서 바늘을 회전시킨다.
- 탄성 수압 소자에는 관의 기동단의 동작을 변형 또는 증폭시키기 위하여 관의 길이를 길게 한 것이 있다. 이들 중 전자는 주로 저압 측정에 사용하고 후자는 고압 측정에 사용된다. 저압용의 부르동관 재료로는 인청동(phosphor bronze) 및 황동을 사용하고, 고압용에는 강이나 합금강이 사용되며, 사용 범위는 50kPa~300MPa이다.

② 다이어프램식 압력계 (diaphragm type manometer)

- 다이어프램은 가해진 미소 압력의 변화에 대응된 수직 방향으로 팽창 수축하는 압력 소자이다. 또한 그 압체를 분리하는 역할 및 가압체를 용기로부터 외부로 밀봉시켜 주는 역할을 한다.
- 다이어프램식 압력계는 압력을 받는 면적이 넓어 큰 힘이 생기고 감도가 좋기 때문에 저압 측정은 물론 공기압식 자동 제어의 압력 검출 기구에도 사용되며, 다이어프램의 상·하면에 작용하는 차압에 의한 변위를 확대·축소한다.
- 다이어프램의 재료에는 강, 스테인리스강, 인청동, 황동 등이 사용되고, 저압일 때는 고무, 니트릴 고무, 가죽 등의 비금속막이 사용된다. 측정 범위는 금속성에서는 10mm H_2O~2kPa, 비금속성에서는 1~200mm

H_2O이다.
- 압력이 증가하면 다이어프램에 가해진 압력에 의해 격막이 수축하고, 링크가 위 방향으로 움직이며, 섹터 기어가 반시계 방향으로 회전한다. 피니언은 시계 방향으로 회전하고, 압력 지침은 피니언에 의하여 시계 방향으로 회전한다.
- 압력이 감소하면 다이어프램에 가해진 압력에 의해 격막이 팽창하고, 링크가 아래 방향으로 움직이며, 섹터 기어가 시계 방향으로 회전한다. 피니언은 반시계 방향으로 회전하고, 압력 지침은 피니언에 의하여 반시계 방향으로 회전한다.
- 이 압력계의 장점은 부르동관 압력계에 비해 다음과 같다.
  - 다이어프램의 면적을 크게 하면 큰 힘이 생긴다.
  - 이물질로 인하여 막힐 염려가 적다.
  - 막을 도금하면 부식성 물체의 압력을 측정할 수 있다.

③ 벨로스식 압력(bellows type manometer)
- 벨로스는 그 외주에 주름상자형의 주름을 갖고 있는 금속 박판 원통상으로, 그 내부 또는 외부에 압력을 받으면 중심축 방향으로 팽창 및 수축을 일으키는 압력 센서이다.
- 벨로스가 압력을 받는 압력계로서 내부에 압력을 걸어도 좋으나, 보통은 외측에서 압력을 걸고 내부에는 탄성의 보조로서 코일 스프링이 들어 있다.
- 벨로스는 금속으로 만든 초롱처럼 주위에 깊은 물결형이 있고, 재료로는 인청동, 황동이 사용되며, 그 두께는 0.1~0.35mm이다.
- 이것은 벨로스 자체의 탄성 계수를 작게 하여 비금속 다이어프램과 같이 압력을 스프링으로 평형시키고 그 변위량은 링크, 기어 등에 의해서 확대, 지시된다.
- 벨로스는 작동이 느린 결점이 있으나 큰 힘을 낼 수 있으므로, 실제로 압력의 측정보다도 다이어프램식 압력계와 같이 공기식 조절기·전송기의 요소로서 사용된다.

20. ① 액체식 : U자관식, 단관식, 경사관식, 환상 평형식, 침종식
② 탄성식 : 부르동관식, 다이어프램식(금속), 다이어프램식(비금속), 벨로스식, 분동식
③ 전기식 : 저항선식, 압전기식

21. 차압식 유량계, 면적식 유량계, 용적식 유량계, 전자 유량계, 와류식 유량계, 터빈식 유량계, 초음파식 유량계

22. 차압식 액면계, 기포식 액면계, 부자식 액면계, 디스플레이스먼트 액면계, 정전 용량식 액면계, 사운딩식 액면계, 방사선식 액면계, 초음파식 액면계

23. ① 수관 점도계 : 일정량의 부피 시료가 수관 층을 흘러내릴 때 필요한 시간을 측정
② 단관 점도계 : 일정량의 부피를 짧은 모세관을 통하여 나갈 때까지 필요한 시간을 측정
③ 차압형 모세관 점도계 : 액체를 모세관에 넣고 흘러 보낼 때 모세관 양단에 걸리는 차압을 측정
④ 일정 압력형 모세관 점도계 : 액체를 모세관에 넣고 흘러 보내며 면적 유량계로 유량을 측정
⑤ 낙구 점도계 : 액체 중에 구를 낙하시켜 일정 거리의 낙하 시간을 측정
⑥ 기포 점도계 : 일정량의 시료 중에 기포를 상승시켜 상승 속도를 측정
⑦ 피스톤식 점도계 : 액체 속을 피스톤식이 낙하하는 데에 필요한 시간을 측정
⑧ 버저식 점도계 : 면적 유량계로 유량을 일정하게 하고 버저의 위치를 추적
⑨ 안쪽 통 회전식 점도계 : 안쪽 통을 일정한 회전수만큼 회전시키는 데 필요한 시간을 측정
⑩ 바깥쪽 통 회전식 점도계 : 바깥쪽 통을 일정한 회전수만큼 회전시키는 데 필요한 시간을 측정
⑪ 진동식 점도계 : 유체 중에서 물체를 진동시켜 진동이 줄어드는 정도를 측정

03 변환기

1. 신호 변환기

2. 비선형성 신호를 지시계나 기록계에 전달하여 프로세서의 상태를 알기 쉽게 하기 위함이다.

3. ① 공기압 신호 방식 : 공업 계측의 전송 신호의 크기는 일반적으로 20~100kPa으로 사용된다. 공기압 신호 방식은 본질적으로 구조가 단순하고 조작부의 구동 속도가 빠르지만, 전

송 거리가 먼 경우 송출단의 공기압 변동이 일정하지 않고 신호의 전송에 시간 지연을 가져오는 결점이 있다. 따라서 전송 거리는 100m 이내로 제한하며, 컴퓨터와 결합이 어려운 결점이 있다.

② 전기 신호 방식 : 전기 신호는 응답이 빠르고 전송 지연이 거의 없으며 열 기전력, 저항 브리지 전압과 같이 직접 전기적으로 측정할 수 있다는 점과 전송 거리의 제한을 받지 않는 특징이 있다. 또한, 컴퓨터와의 결합도 공기식보다 더욱 용이하다.

4.

구 분	공기압식	전기식
검출과의 관계	직접 검출할 수 있는 경우는 좋으나 제한 있음	좋음
신호 전송	시간 지연이 큼. 전송 거리 100m 이내	시간 지연 없음
연산 능력	전기식에 비해 떨어지지만 비교적 좋음	매우 좋음
컴퓨터 등과의 결합	변환기 필요	좋다
조작부	압축성 때문에 조작 지연이 있음	조작 지연이 큰 경우는 사용 불가
동력원	압축기, 냉각 장치 등 부속 설비 필요	간단함
배관, 배선	공기 누출의 주위를 요함	배선 용이
내구성	비교적 튼튼함	주의를 요함
보수	비교적 용이함	고도의 기술 요구
장치	비교적 소형	소형
가격	가격 저렴	고가

5. • mV 레벨 신호를 안정하게 높은 레벨까지 증폭할 수 있을 것
• 입력 임피던스(impedance)가 높고, 장거리 전송이 가능할 것
• 온도와 열전대의 열기전력 관계 또는 온도와 측온 저항체의 저항값 변화에서 생기는 비직선 특성을 보정하여 온도와 출력 신호의 관계를 직선화시킬 수 있는 리니어 라이저(linear riser)를 갖고 있을 것
• 외부의 노이즈(noise) 영향을 받지 않는 회로일 것
• 주위 온도 변환, 전원 변동 등이 출력에 영향

을 주지 말 것
• 입·출력 간은 직류적으로 절연되어 있어야 할 것

6. ① 절대압 변환기 : 절대압을 측정하는 것으로 차압 변환기와 동일하지만, 저압 체임버(chamber)를 10^{-3}mmHg의 진공 상태로 봉하고 있다.
  측정 범위는 절대압에서 0~50mmHg에서 0~1520mmHg 사이의 여러 가지가 있으며 최대 사용 압력은 10.5MPa이다.

② 중압용 압력 변환기 : 수압부는 SUS316으로 된 벨로스(bellows)이며 측정 범위에 따라 종류가 다양하다. 이 벨로스는 압력 검출 소자로서의 성능을 완전히 갖추고 최대 정압의 3.5배 이상의 내압을 갖고 있으며 과압 방지용 장치가 부착되어 있다.
  벨로-플렉슈어(bello-flexure)는 압봉(force bar)에 연결되어 벨로스에 걸리는 힘은 압봉을 통하여 힘 평형 변환기에 전달된다.
  변위용 스프링은 측정 범위가 0이 아닌 경우에 부가되는 것으로서, 이것을 조정하여 최저 측정 압력을 선정할 수 있다.

③ 저압용 압력 변환기 : 수압 부분에 사용되는 벨로스(bellows)의 재질은 청동 또는 SUS316이고 구조 및 동작 원리는 중압용과 같다. 측정 범위는 0~0.7에서 0~420kPa, 최대 허용 압력은 보통 700kPa이다.

④ 고압용 압력 변환기 : 수압용 요소는 부르동관으로서 과압 방지 장치가 부착되어 있다. 고감도, 고내압으로 구조가 간단하고, 측정 범위는 0~7에서 0~84MPa이며 최대 허용 압력은 126MPa이다.

7. ① 가변 저항기(변위→전기 저항) : 기계적인 선 변위 또는 회전각 변위를 저항으로 변환한 것으로 가변 저항기가 있다. 온도계수가 작은 저항체의 표면에 접촉자를 이동시켜 저항 변화를 얻는다.

② 저항선 스트레인 게이지(힘→저항) : 저항선이 축 방향으로 인장 또는 압축을 받으면 선의 길이와 단면적이 변화하여 저항값이 변화한다. 또 저항선의 고유저항 자체도 변화한다. 이러한 성질을 이용하여 힘에 의한 미소 변위

를 저항 변화로 변환할 수 있으며, 이와 같은 원리의 게이지를 스트레인 게이지라 한다.

③ 변위 변환기 : 유량, 액면, 압력, 진공 등의 측정에서 측정량은 벨로스, 격막, 부르동관 튜브 등에 의하여 기계적 변위량으로 검출되는 것이 많다. 이 기계적 변위량을 전기적 신호로 변환하는 것이 변위 변환기이다. 변위를 전기 신호로 변환하는 방법으로는 차동 변압기, 홀(hall) 발전기, 변위 자기 변조기 등이 있다

④ 정전 용량 변환(변위→정전 용량) : 변위 등의 입력 신호를 정전 용량으로 변화시켜 전압이나 전류의 변화로 변환할 수 있다. 이 변환기는 기본적으로 유전체와 이를 사이에 두고 끼어 있는 전극판으로 구성되어 있다. 정전 용량을 변화시키는 방식에는 가변 면적식과 가변 간격식, 그리고 가변 유전율식이 있으며 미소 치수 변화의 검출에는 가변 간격식을 많이 사용한다.

⑤ 인덕턴스 변환(변위→인덕턴스) : 입력 신호로 코일의 자기 인덕턴스 또는 상호 인덕턴스를 변화시켜 이것을 전압, 전류로 변환할 수 있다. 자기 인덕턴스 변화를 이용하는 경우 코일에 일정 전압을 인가하면 인덕턴스 변화에 따라 전류의 변화를 얻으며, 상호 인덕턴스의 경우는 1차 코일에 일정 전압을 인가하면 상호 인덕턴스의 변화에 따라 2차 코일에 전압의 변화를 얻는다.

8. 홀 효과는 1879년 홀(E.H. Hall)에 의하여 발견된 전류 자기 효과로, 반도체 연구에 매우 중요한 현상이다. 이것은 그림과 같이 x, y, z에 각 변의 길이가 $2w$, $2l$, 직육면체의 샘플에서 사선을 친 부분의 전극에서 샘플 내부로 전류를 x 방향으로 흘려 z 방향에 자계를 가하면, y 방향에 전계가 나타나는 현상이다. 이와 같은 현상을 사용한 소자를 홀(Hall) 발전기라고 한다.

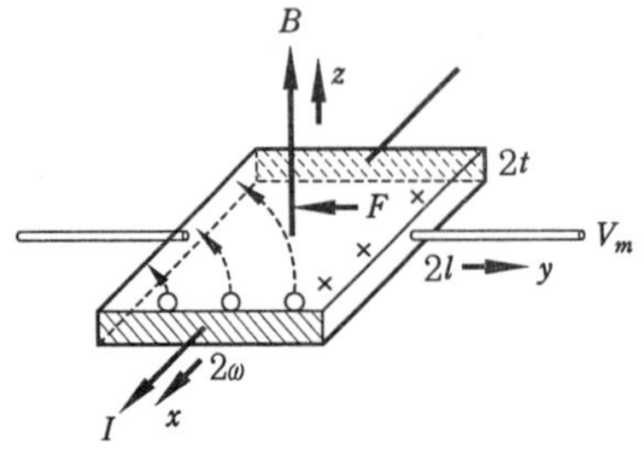

9. • 공간적 강도의 변화로 자계를 만들어 홀 소자를 이용시키는 것

• 평등자계 내에서 홀 소자에 각 변위를 주어 유효 자계를 변화시키는 것

• 자기 회로의 중간에 공극을 2군데 설치하여 각각에 회전자석, 홀 소자를 삽입하여 회전자석의 회전 변위에 의해 홀 소자의 자계를 변화시키는 것

10. ① 전·공 변환기 : 전기-공기 변환기를 의미하며, 공기식 계기를 사용하여 온도를 측정할 때에 가스 또는 액체의 체적이나 압력 등의 변화를 봉입식 측온체로 검출하여 공기압으로 변환하는 온도 변환기가 쓰이지만 조정이나 측정 정밀도가 전기적으로 검출한 것보다는 떨어진다. 그러나 프로세스 제어에서는 공기식 제어 기기가 많이 사용되며 전기적으로 검출, 공기압으로 변환하는 변환기를 말하기도 한다. 전·공 변환기의 직선성은 공기 회로 부분이 갖는 특성과 평행 기구의 특성을 서로 없애는 경향이 있다. 히스테리시스(hysteresis)의 주된 원인은 링크 기구의 마찰, 공기식 전송 기구의 배관 부분의 마찰에 의한 것이다. 주위 온도에 의한 영향은 출력 100%에서 온도 특성이 0.2%/10℃이다.

② 공·전 변환기 : 공기-전기 변환기를 의미하며, 공기압 계기의 출력을 전자식 계기로 수신할 경우나 공기압 계기로 계장되어 있는 프로세스를 컴퓨터와 인터페이스할 때에는 공기압 신호를 전기 신호로 변환할 필요가 생긴다.

이와 같은 목적으로 만들어진 것이 공기-전기 변환기이다. 공·전 변환기의 입출력 특성을 보면 전원 전압의 변동에 의한 영향은 전압을 ±10% 변화시켰을 때 출력 변화는 출력 0% 및 100%의 점에서 스팬(span)의 ±0.05% 이하이다. 주위 온도 변화에 의한 영향은 주위 온도가 25℃에서 85℃까지 상승할 때에 0점의 이동은 스팬의 -0.55% 변화는 스팬의 ±0.4%라는 특성이 얻어진다.

11. ① 전도(傳導) : 수분이나 절연 불량에 의한 리크(leak)로 인해 수신 측의 입력 단자 사이에 전압이 발생한다.

② 정전 유도 : 전력선이나 그 외의 외부 전원에

의한 전계(電界)가 신호 전송 라인과 정전 결합
되어 노이즈와 전압으로써 신호에 중첩된다.

③ 전자 유도 : 전력선, 모터 릴레이 등에 의한 자
계를 신호 전송 라인이 통할 때 유도 전류가 흘
러 노이즈로 된다.

④ 중첩(cross link) : 서로 접근하고 있는 신호
전송 라인의 전자적(電磁的)·정전적(靜電的)인
결합에 의하여 한쪽에 다른 쪽의 신호가 중첩하
는 현상으로서, 양자의 신호 레벨이 다른 만큼
크게 되는 현상을 말한다.

⑤ 접지 루프(loop) : 측정점이 2점 이상 접지되어
있을 때, 각 접지점의 전위가 다르면 신호 전송
라인에 전류가 흘러 노이즈 전압이 발생한다.

⑥ 접합, 전위차 : 각종 금속 결합부에 노이즈 전압
이 발생하여 온도에 의해 그 크기가 변화한다.

12.

노이즈 대책	효 과	주의 사항
실드의 사용	정전 유도의 제거	• 실드 접지는 발신 측의 1점만으로 처리한다. 실드의 대지로부터의 절연에 주의할 것 • 보통 실드는 자기 유도에 대하여 효과가 없다.
관로 사용	자기 유도의 제거	
연선 사용	자기 유도의 제거	• 케이블의 접속 부분은 2in 정도가 적당하다.
저임피던스 신호원의 사용	CMNR의 증대	• 가능하면 중간 탭이 붙은 것을 사용하여 중간 탭에 접지하는 것이 바람직하다.
신중한 배선	유도 장애 경감	• 신호선은 가능한 한 짧게 하고, 절연에 대해 주의할 것 • 신호선은 전력선 등 장해를 주는 전원으로부터 되도록 멀리 할 것. 또 경우에 따라서는 직교시킬 것 • 접촉 불량에 주의할 것

13. • 1점으로 접지할 것
• 가능한 한 굵은 도선(도체)을 사용할 것
• 직렬 배선을 피하고 병렬로 할 것
• 실드 피복, 패널류는 필히 접지할 것

14. ㉯ **15.** ㉮ **16.** ㉰ **17.** ㉮

18. ㉰ **19.** ㉯ **20.** ㉮ **21.** ㉮

22. ㉰

○4 기록계 및 조절계

1. 동작 방식에 따라 분류하면 자동 평형형 기록
계와 래스터 스캔형 기록계가 있다.

2. 측정 신호는 미리 설정한 측정 범위에 따라 증
폭된 후 적분형 A/D 변환기에 의해서 디지털
신호로 변환된다. 변환된 디지털 신호는 연산
제어부에서 선형화 또는 경보 처리 등의 연산
을 실행한 후 램 메모리에 일시 기억되며 기록
데이터로 변환된다. 또한 이 데이터는 D/A 변
환기에 의해 다시 아날로그 신호로 변환되고,
서보 증폭기에 전송되어 위치 귀환 소자에서
얻어지는 펜 위치 신호와 비교된다.

3. 발열이 작고 소형 경량인 이 전동기는 고정자
에 코일이 고정되어 계자 마그넷이 회전하는
회전계자형 직류 전동기이다. 전기자 코일과
회전 계자의 상태 위치를 비접촉으로 검출하는
위치 검출기로서는 홀 소자를 사용하고 있다.

4. 발신 코일인 초음파 구동용 코일에 전류를 통
함으로써 코일의 위치에 펄스 자계가 발생하
면, 자왜 효과에 의해서 자왜 재료의 초음파가
가이드 속에서 기계 변형이 발생되어 초음파
펄스가 전반된다. 이 초음파 펄스(N_0에서 N_1으
로의 반사파)가 코일 N_1에 도달하면 역자왜 효
과에 의해서 검출 코일에 펄스 전압이 발생한
다. 이때 발생한 펄스 과형의 전반 시간을 측정
함으로써 가동부의 위치를 구할 수 있다.

5.

기능	방식	아날로그	디지털
측정	스캐너	로터리 스위치	릴레이
	시그널 컨디셔너	직류 증폭기	프로그래머블 직류 증폭기
	변환기	D/A 변환기	A/D 변환기
처리	직선화	함수 퍼텐쇼미터	ROM 테이블
	경보	아날로그 콤퍼레이터	디지털 연산
	내부 시퀀스 제어	동기 전동기 및 기어 기구	마이크로프로세서
기폭	방식	서보	래스터 스캔
	인자	잉크 해머 (모터, 캠 구동)	와이어 도트
	종이 이송	동기 전동기	스텝 모터

6. 타점식 기록계는 아날로그부, 연산 제어부, 기
록부 및 키보드부로 이루어져 있다.

7. 조절계는 검출부에 의하여 측정된 측정값 (PV)을 받아 이것을 설정값(SV)과 비교하여 편차 신호를 만들어 연산하여 제어량이 목표값에 정확하고 신속하게 일치되도록 조작부에 신호를 보내는 부분으로 제어계의 핵심부이다.

8. 공기식은 폭발성 가스의 분위기 속에서도 사용할 수 있는 것이 가장 큰 장점이지만, 컴퓨터를 사용한 프로세스의 집중 감시 또는 디지털 제어에서는 전자식 조절계가 많이 사용된다.

9. 신호 전송의 특성을 비교하면 공기식은 늦고 전자식은 빠르다.

10. 조절계의 동작은 수동(M), 자동(A), 캐스케이드(C)의 3가지 모드로 전환시킬 수가 있다.

11. 조절 동작에서 온−오프(ON−OFF) 동작이 가장 간단하다. 예를 들면, 히터에 의한 온도 제어의 경우 목표값보다 온도가 높아지면 히터를 오프(Off)하고, 낮아지면 온(On)하는 방식이지만, 목표값에서 오버슈트나 귀환이 커서 지그재그의 제어 결과가 된다. 따라서 양호한 제어 결과를 얻기 위해서는 PID 동작이 일반적으로 사용된다.

12. 마이크로프로세서를 사용한 디지털 조절계의 특징은 자기 진단 기능이 있는 것이다.

13. • 마이크로프로세서의 이상
• A/D변환기 및 D/A변환기의 정밀도
• 입력 신호의 범위 초과
• 연산의 과다
• 전류 출력의 단선 검출

14. 설정기(set controller)에는 경보 설정기, 비율 설정기, 프로그래머블 설정기 등이 있다.

15. 입력 신호가 경보 설정점 부근에 있을 때 릴레이 출력이 ON−OFF를 반복하지 않도록 하는 기능

16. 입력 신호로서 DC 1~5V가 많이 쓰이지만, 정확한 연산을 하기 위하여 고정된 1V를 제외한 0~4V로 바꾸어 입력 0%를 0V에 대응시킬 필요가 있다.

17. ㉰

해설 : 프로세스 변량은 PV, 조절계 설정값은 MV, 제어 편차는 PV이다.

18. ㉱

해설 : $500 \times 0.6 = 300$

19. ㉺

해설 : 조절계에서 PID 제어는 적분 연산 등을 한다. ON−OFF 제어는 동작에서 이루어진다.

20. ㉯   **21.** ㉺   **22.** ㉮   **23.** ㉰

05 조작부

1. 프로세스 제어 시스템에 있어서 조작부란 조절기 또는 수동 조작기에서 조절 신호를 받아 조작량으로 바꾸어서 액체, 기체, 증기 등의 제어 대상을 움직이는 부분이며, 신호 또는 수동에 의하여 조작된다. 인간에 비유하면 조절계가 두뇌인 것에 대하여 조작부는 팔다리에 해당된다.

2. 포지셔너는 조절 신호를 설정값으로 하고 구동축의 위치를 측정값으로 하여 구동부에 출력을 조절하는 비례 조절기라고 볼 수 있다.

3. • 제어 신호에 정확히 동작할 것
• 주위 환경과 사용 조건에 충분히 견딜 것
• 보수 점검이 용이할 것
• 가격이 저렴할 것

4. ① 공기식 조작부 : 공기압, ON−OFF 신호
② 전기식 조작부 : 전류(전압) 신호, 펄스 신호, ON−OFF 신호
③ 유압 및 수압식 조작부
④ 자력식 조작부

5. 일반적으로 조작량에 비례한 20~100kPa의 공기압이 사용된다.

6. IEC(International Electrotechnical Commission)의 권고에 따라 4~20mA DC로 사용되고 있다.

7. 유압 및 수압식 조작부

8. 압력, 차압 등의 프로세스 변수를 직접 동력원으로 하든지 감온부(感溫部)에 봉입된 액체의 증기압 변화를 이용하여 밸브를 조작하는 것으로서, 현장 설치형의 간이 조절기로 이용된다.

9. 공기압식 제어 밸브, 전기식 제어 밸브, 유압식 제어 밸브, 수압식 제어 밸브, 자력식 제어 밸브

10. 제어 밸브의 정격 용량은 밸브를 통과하는 유체 조건으로부터 산출하며 C_v로 표시한다. 이때 제어 밸브의 정격 C_v값을 산출하여 적절한 밸브를 선정하는 것을 사이징이라고 한다.

11. 정격 유량은 액체에 대한 C_v의 계산식으로

$$C_v = 1.17 Q_t \sqrt{\frac{G_t}{\Delta p}}$$

로 표시하며, 여기서 Q_t : 액체의 체적 유량 [m³/h], G_t : 액체의 비중, Δp : 밸브의 차압 $(p_1 - p_2)$[kgf/cm²]이다.

12. 밸브용 재료는 크게 본체 재료, 트림(trim) 재료, 실(seal) 재료로 구분된다.

13. 구동부의 구조가 다른 형식에 비해 간단하고 고장이 적으며 큰 구동력을 얻을 수 있다.
- 방폭성을 보유하고 있어 취급이 용이하다.
- 신호의 원거리 전송에 대해 전기/공기 포지셔너, 전기/공기 변환기, 전자 밸브 등의 병용으로 용이하게 대응할 수 있다.
- 다른 형식에 비해 비교적 값이 싸다.

14. 실린더식 스프링리스형 공기압 작동식 구동부

15. ① 유압식 구동부
- 유압식 구동부는 유압의 힘을 높임으로써 보다 큰 조작력과 높은 응답성이 얻어지기 때문에 동특성이 좋은 소형 조작부로서 다른 방식에 비해 큰 이점을 갖고 있다.
- 유압식은 오일의 압력을 10~21MPa의 고압에서 사용되므로 유압원과 고압 배관이 필요하다.
- 비교적 소형으로 큰 출력을 얻을 수 있다.
- 구조상 오일이 외부로 누설되지 않도록 배관

회로를 만들어 동작 후의 오일을 유압원으로 되돌리는 방식으로 되어 있다.

② 전동식 구동부
- 동력원의 운전이 쉬우며, 큰 조작력이 얻어지고, 신호 전달의 지연이 없다.
- 구조가 복잡하여 방폭 구조가 필요하다.
- 석유 탱크원 밸브, 상하수도용 슬루스 밸브 등 대구경의 밸브에 널리 사용된다.
- 전류 신호를 사용하는 경우 전기 신호로 직접 구동부를 조작하는 경우는 거의 없고, 전기/전기, 전기/공기, 전기/유압 등의 보조 기기인 포지셔너를 통해 구동부를 조작한다.

16.

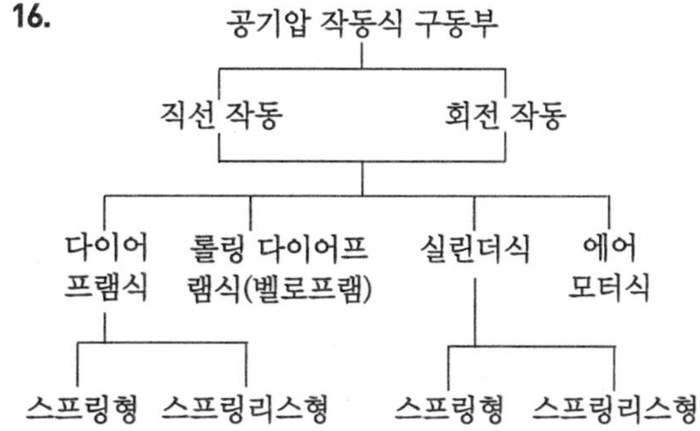

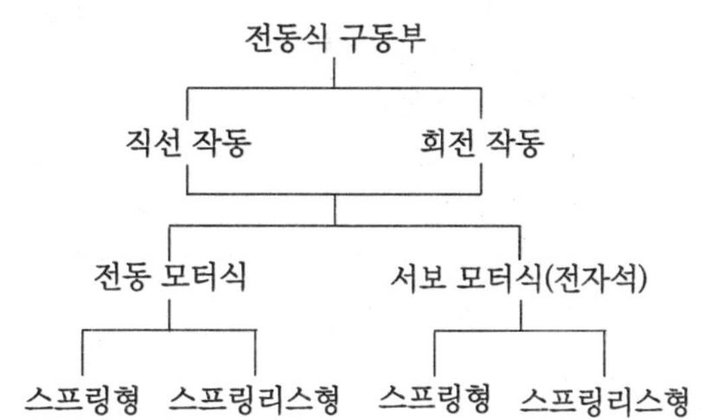

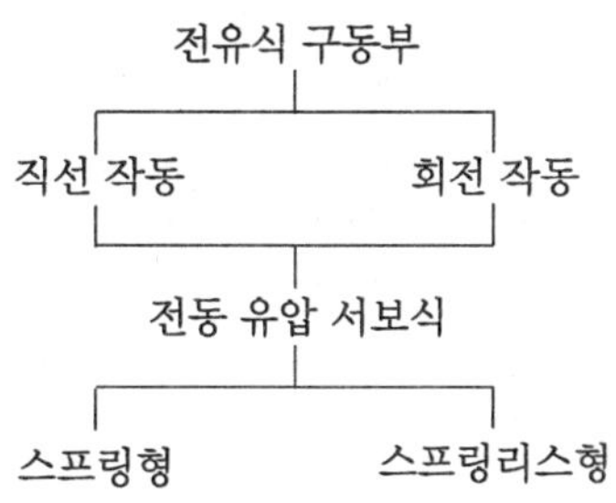

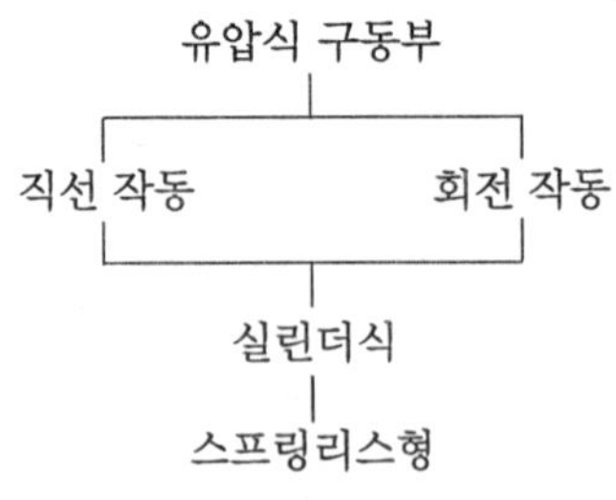

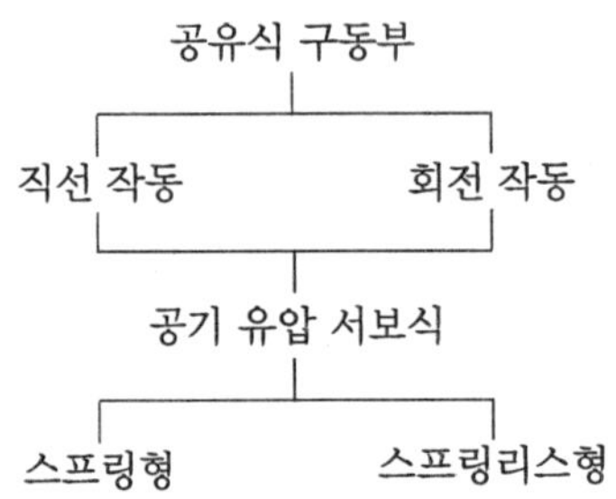

17. 서보 모터식은 소형 밸브와 조합하여 사용되며, 적은 출력이지만 고정밀도로서 응답성이 좋은 것이 최대 특징이다.

- 입력 신호로 4~20mA DC를 인가하면 입력 신호와 개도의 편차가 없어지는 방향으로 DC 모터를 구동한다.
- 모터의 회전은 평 기어를 통해 축과 연결된 사다리꼴 나사를 상하 이동시킨다. 이 동작은 랙 기어로 개도 검출용 차동 변압기에 피드백(feedback) 된다. 이 동작에 의해 입력 신호에 비례한 출력축 위치가 얻어진다.
- 회전 동작을 필요로 하는 경우는 출력축을 웜과 웜 기어의 조합으로 회전시킨다.

18. 밸브 전후의 차압이 크고 유체압 변동의 영향을 받기 쉬운 경우

- 그랜드 패킹의 마찰이 크고 히스테리시스가 있어 직선성을 나쁘게 하는 경우
- 조절계 신호와 구동부 신호가 다른 경우
- 조절계와 제어 밸브가 멀리 떨어져 있어 응답이 지연되는 경우(공기압 신호의 경우)
- 제어 밸브의 구경이 100mm를 초과하여 부하 용량이 크고 응답이 지연되는 경우
- 하나의 신호로 2대 이상의 제어 밸브를 동작시킬 경우

- 큰 조작력을 필요로 하기 때문에 작동 신호를 확대할 경우(공기압 신호의 경우)
- 버터플라이 밸브와 같이 구조상 유체의 영향을 받기 쉬운 경우
- 다이어프램 밸브와 같이 제어 밸브의 특성을 개선할 필요가 있는 경우

19. 전기－전기식 포지셔너 : 전동 밸브의 제어성을 양호하게 하기 위하여 사용

20. ㉰   **21.** ㉰   **22.** ㉰

23. ㉰

해설 : 조작부의 구비 조건
① 제어 신호에 정확히 동작할 것
② 주위 환경과 사용 조건에 충분히 견딜 것
③ 보수 점검에 용이할 것

24. ㉮

해설 : 공기식 조작부에는 일반적으로 조작량에 비례한 20~100kPa의 공기압이 사용되며 큰 조작량이 필요한 경우 40~200kPa의 공기압이 사용된다. 실린더식이나 대형 구동부와 전송 거리가 먼 경우에는 포지셔너를 사용하여 그 출력으로 구동된다. 0 또는 140kPa의 공기압 신호를 모터 또는 실린더에 가하여 밸브 등에 ON-OFF를 행한다.

O6 프로세스 제어

1. ㉰   **2.** ㉯   **3.** ㉯   **4.** ㉮

5. ㉯

6. 동특성(dynamic characteristic)이란 입력 신호 $x(t)$에 대한 출력 신호 $y(t)$의 특성으로, 시간 영역에서는 인벌류션 적분이고, 주파수 영역에서는 전달 함수 또는 주파수 전달 함수로 관련지을 수가 있다.

동특성을 나타내는 방법으로서 시간에 대해서는 과도 응답, 주파수에 대해서는 주파수 응답이 있다.

7. 단일 루프 제어계

8. 비례 제어

9. ON-OFF 제어

10. 적분 시간이 너무 클 때 잔류 편차가 제거되지 못하며 제어에 지연 발생, 적분 시간이 너무 작을 때 규칙적인 진동이 발생되거나 발산하는 불안정 현상 발생

11. 전달 요소 입력 신호 $X(t)$ 및 출력 신호 $y(t)$의 초기 값을 0으로 했을 때의 라플라스 변환을 각각 $X(s)$, $Y(s)$라 하고, 그 입·출력 신호의 비 $Y(s)/X(s)$를 $G(s)$로 표시하며, 이 $G(s)$를 전달 함수라고 한다.

12. 프로세스 제어

13. 비교기, 연산기, 조작기, 제어 대상, 검출기

14. 피드백 제어

15. 과도 응답(transient response)

16. 송풍 온도의 검출은 R(백금 로듐) 열전대 또는 방사 온도계로 검출하고, 신뢰성을 높이기 위해 이중으로 검출 장치를 사용한다.

17. ㉯

해설 : 프로세스 공압에 사용되는 탱크 내의 압력은 일정 범위 내에서만 있으면 만족되는 경우가 많다. 예를 들면 계장용 공기원 장치의 공기 탱크 내의 필요 압력은 6~7kgf/cm^2 사이의 압력이면 되므로 제어 회로를 ON-OFF 회로로 해도 좋다.

18. ㉯

19. ㉯

해설 : 액위 제어에도 ON-OFF 제어와 연속 제어가 있다.

20. ㉯

21. ㉴

해설 : 단일 루프 제어계는 ON-OFF 제어, 비례 제어, 비례 적분 제어, 비례 미분 제어, 비례 적분 미분 제어가 있다.

22. ㉴

해설 : $PB = \dfrac{1}{K_C} \times 100[\%]$이므로 25%

23. ㉮

해설 : 비례 적분 제어는 PI 제어이다.

24. ㉴

해설 : $Y(s) = \dfrac{1}{T_S} X(s)$

25. ㉯

해설 : 미분 동작은 D 동작 또는 레이트 동작(rate action)이라고 하며 단독으로 사용할 수 없다.

26. ㉮

해설 : 비례 미분 제어는 PD 동작으로 게인은 $\omega = \dfrac{1}{T_D}$ 에서 위상은 45° 앞서고 주파수가 올라가는 것과 함께 90°까지 앞선다. 이에 의해 제어의 안정성을 증가시킬 수가 있다.

27. ㉰

28. ㉴

해설 : 복합 로프 제어계는 캐스케이드 제어, 비율 제어, 선택 제어가 있다.

29. ㉵

해설 : 정량적 제어는 제어량이 현재 값을 시시각각으로 자동 수정하여 일정하게 유지하거나 정해진 목표값에 따라 변화시키는 제어이다.

30. ㉯

계측제어공학

2012년 1월 15일 1판1쇄
2023년 1월 15일 1판5쇄

저　자 : 임호 · 강구홍
펴낸이 : 이정일

펴낸곳 : 도서출판 **일진사**
www.iljinsa.com
(우) 04317 서울시 용산구 효창원로 64길 6
전화 : 704-1616 / 팩스 : 715-3536
등록 : 제1979-000009호 (1979.4.2)

값 22,000 원

ISBN : 978-89-429-1271-1